# 长江中游

## 河道勘测体系

### 研究与应用

张潮 等 著

长江出版社
CHANGJIANG PRESS

图书在版编目（CIP）数据

长江中游河道勘测体系研究与应用 / 张潮等著 .
—武汉 ： 长江出版社，2022.7
ISBN 978-7-5492-8485-6

Ⅰ．①长… Ⅱ．①张… Ⅲ．①长江－中游－河道－水文观测－研究 Ⅳ．① TV882.2

中国版本图书馆 CIP 数据核字 (2022) 第 159189 号

长江中游河道勘测体系研究与应用
CHANGJIANGZHONGYOUHEDAOKANCETIXIYANJIUYUYINGYONG
张潮　等著

责任编辑： 郭利娜
装帧设计： 刘斯佳
出版发行： 长江出版社
地　　址： 武汉市江岸区解放大道 1863 号
邮　　编： 430010
网　　址： http://www.cjpress.com.cn
电　　话： 027-82926557（总编室）
　　　　　 027-82926806（市场营销部）
经　　销： 各地新华书店
印　　刷： 武汉精一佳印刷有限公司
规　　格： 787mm×1092mm
开　　本： 16
印　　张： 33
字　　数： 800 千字
版　　次： 2022 年 7 月第 1 版
印　　次： 2022 年 7 月第 1 次
书　　号： ISBN 978-7-5492-8485-6
定　　价： 198.00 元

# 前　言
## PREFACE

　　长江是我国第一大河流,流域面积约占国土面积的 1/5,流域总人口和经济总量约占全国的 1/3,长江中游地区人口密集、城镇化水平较高,水资源丰沛,是长江流域的精华地带。2008 年三峡工程试验性蓄水,2010 年 10 月 26 日首次蓄水至正常蓄水位 175m 以来,三峡水库的入库泥沙量和出库泥沙量都大幅减少,对长江中游干流河道变化带来了一定的影响。

　　长江河道勘测属于内河勘测,主要是对河道进行实地勘测、调查、测验等收集河床地形及水文泥沙资料,进行整理与分析,掌握河道冲淤和演变特性,为防洪减灾、岸线保护、河道综合治理及水电工程运行管理等提供科学依据。目前,陆地和海洋测绘已形成相对完整的标准体系,内河勘测由于内陆水体形态多变、种类众多、组成复杂等原因,测量手段相对落后,勘测方式较为混乱。

　　长江水利委员会水文局长江中游水文水资源勘测局(以下简称"水文中游局")自新中国成立初期开始长江河道勘测技术研究,当时主要通过固定断面测量监测河道的变化,后来河道观测机构及队伍不断壮大,业务范围日益拓宽,观测手段也逐步得到改善。目前,水文中游局主要承担长江干流城陵矶至九江河段的河道观测和分析研究任务。几十年来沿江布设了水文站、水位站、基本观测断面、高等级控制点等基础设施,引进了全站仪、GNSS、单频双频测深仪、测量机器人、多波束测深系统、无人机航测系统、机载激光雷达、侧扫声呐、合成孔径雷达干涉(InSAR)、船载多传感器一体化测量系统等,勘测技术水平大幅提升,开展了大量河道地形测绘、泥沙监测等原型观测工作,收集了较为连续的、系统的河道勘测资料,构建了较为完备的长江中游河道勘测体系。

　　近年来,水文中游局先后承担了长江三峡工程现下游杨家脑以下河段水文泥沙观测、三峡后续工作长江中下游影响处理河道观测(宜昌—湖口)、长江水利委员会(以下简称"长江委")大江大河水文监测系统建设工程(一期)长江及汉江中下游干流河道基础设施建设项目、国家重点基础研究发展计划(973 计划)项目"长江中游通江湖泊江湖关系演变及环境生态效应与调控"课题 1"长江中游通江湖泊江湖关系演变过程与机制"(2012CB417001)、水文中游局基础性研究课题等国家大型项目与课题。项目研究成果"东、南洞庭湖水下地形测量"获 2013 年国家优秀测绘工程银奖、"山洪灾害调查评价关键技术"获 2018 年湖北省科技进步二等奖、"长江中下游河道 2016 年度测量工程"获 2019 年全国优秀测绘工程铜奖、"青藏高原湖泊地理信息精细感知关键技术"获 2019 年湖北省科技进步二等奖、"长江三峡工程杨家脑以下河段水文泥沙观测研究项目(城陵矶—九江河段)"获 2021 年全国优秀测绘工程铜奖,本书为上述研究成果的全面总结。

本书共分 11 章。第 1 章为绪论,主要介绍长江中游河道基本情况,河道勘测的发展历程、目的和意义;第 2 章阐述中游河道勘测体系的总体布局;第 3 章至第 4 章分别从河道勘测常规技术和现阶段专题新技术两个阶段对其原理、方法、技术路线等方面进行了介绍;第 5 章介绍了河道勘测、水力泥沙等资料的数据处理、整编方法和要求;第 6 章至第 8 章介绍了中游河道勘测体系中河道基本观测、崩岸预警监测以及应急监测等 3 个方面应用;第 9 章介绍了通过多年观测资料分析研究长江中游河段河床演变和冲淤分析情况;第 10 章介绍了河道海量数据管理及分析系统研发与应用情况;第 11 章介绍了对长江中游河道勘测技术的认识及存在的问题,对未来的发展进行了展望。

本书的第 1 章由魏猛撰写;第 2 章由杨柳撰写;第 3 章中 3.1~3.5 节由杨柳撰写、3.6~3.9 节由罗倩撰写;第 4 章中 4.3~4.6 节由王超撰写,其余部分由魏猛撰写;第 5 章中 5.3、5.5 节由吴士夫撰写,其余部分由黎鹏撰写;第 6 章中 6.1~6.3 节由魏凌飞撰写、6.4 节由吴士夫撰写;第 7 章戴永洪撰写;第 8 章中 8.2.4、8.4.4 节由王超撰写,其余部分由郭志金撰写;第 9 章由邹振华撰写;第 10 章由彭全胜、魏猛撰写;第 11 章由魏猛撰写。全书由魏猛统稿,张潮、毛北平、罗兴审定。本书参阅了大量相关文献以及水文中游局在各阶段的相关研究成果,在此谨致谢意。

由于本书涉及面广,未免挂一漏万,不足之处,敬请批评指正。

作　者

2022 年 4 月

# 目　录
CONTENTS

3

# 第1章 绪 论

## 1.1 长江中游河道基本情况

### 1.1.1 河道概况

长江发源于青藏高原的唐古拉山主峰各拉丹冬雪山西南侧,干流全长约6300km,总落差约5400m,横贯我国西南、华中、华东三大区,流域面积约180万km²,约占我国国土面积的18.8%。长江中游河段主要位于华中地区,上起宜昌,下至鄱阳湖湖口,流经湖北、湖南、江西3省,长度约955km,流域面积约68万km²。根据河势河型和控制节点,本书重点探讨城陵矶至鄱阳湖湖口河段相关内容,位置区域见图1.1-1。

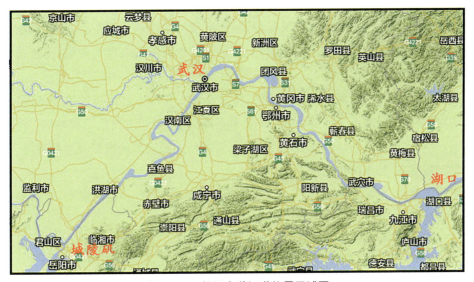

图1.1-1 长江中游河道位置区域图

长江中游(本书指城陵矶至鄱阳湖湖口,下同)河段左岸主要有汉江、涢水、倒水、举水、巴河、浠水、蕲水等入江水道;右岸主要有洞庭湖水系、陆水、富水、鄱阳湖水系等。洞庭湖汇集湘江、资水、沅江、澧水"四水"调蓄后,在城陵矶注入长江,江湖关系最为复杂。城陵矶以下至鄱阳湖湖口主要为宽窄相间的藕节状分汊河道,总体河势比较稳定,呈顺直段主流摆动、分汊段主、支汊交替消长的河道演变特点。

长江中游干流河道由微弯单一型、蜿蜒型和分汊型河段组成,以分汊型河道为主。城陵矶至湖口河段长 547 km,为宽窄相间的藕节状分汊型河道,上承荆江和洞庭湖来水,下受鄱阳湖顶托,河道两岸分布有疏密不等的节点控制着总体河势。据统计,本段分汊型、弯曲型、顺直微弯型三种河型分别占总河长的 63%、25%、12%。在该河段中,岳阳河段因两岸一系列节点控制,呈藕节状顺直分汊河型,随着两岸洲滩的消长,主流顶冲点变化,过渡段航槽上提下移,1994 年实施界牌河段综合整治工程以来,航道条件有所改善,但由于界牌河段顺直段过长,主流平面摆幅较大,浅滩过渡段变化频繁,河势仍处于调整之中,导致近年来南门洲左汊分流比变幅较大,左汊内发生强烈崩岸;陆溪口河段为典型的鹅头三分汊型河道,受赤壁山和老湾、套口、陆溪口、邱家湾段护岸工程以及陆溪口航道整治工程的控制,陆溪口河段河势较为稳定;簰洲湾河段弯曲系数达 16,凹岸深泓逼岸,河道泄洪不畅,航行条件较差;武汉河段两岸多处分布有天然节点,为微弯分汊型河道,河道演变特点主要是洲滩变化较大,如天兴洲汊道段,自 20 世纪 50 年代起,主流逐渐南移,天兴洲汊道主支汊随之易位,汉口边滩淤涨,北汊逐渐萎缩,20 世纪 80 年代中期以后,北汊枯水期已基本断流,但汛期分流比仍高达 30%,形成了枯水为单一河道,高、中水期为分汊河道的态势;阳逻至湖口河段中除黄石至武穴河段大多为单一微弯型河道以外,其余均为分汊型河道,河道演变主要特点为局部河段的深泓摆动、洲滩的冲淤和主支汊的交替消长。三峡水库蓄水后,城陵矶至湖口河段总体河势基本稳定,但河道纵向冲刷,从河道冲刷纵向断面分布来看,城陵矶至武汉河床纵向冲刷较大的有嘉鱼河段、簰洲湾和武汉河段,其余河段冲淤变幅相对较小;武汉至湖口河段除黄石河段、源口河段和田家镇河段呈淤积状态外,其他河段均表现为冲刷,河床纵向断面变化总体表现为冲刷。

三峡水库蓄水后,由于泥沙在库区落淤,将改变进入长江中游河道的水沙条件,在相当长的时间内,中游河道水流挟沙能力处于非饱和状态,河道将相应发生沿程冲刷。河床演变分析表明,三峡水库蓄水后,城陵矶以下河段总体冲刷,但在局部河段以及一些边滩、汊道部位河道呈淤积状态,如韦源口河段等。

从总体上来看,三峡水库建成后,对长江中下游河道将产生一定的影响,但河势相对稳定的基本格局不会变化。

## 1.1.2 水文气象

### 1.1.2.1 水沙特性

长江中游干流河道的泥沙主要来源于长江宜昌以上的干支流及中游两岸支流、湖泊等水系的入汇。当局部河段的水流挟沙能力处于非饱和状态时,水流将从河床获取泥沙并输往下游。三峡水库蓄水前后长江干流悬移质泥沙均主要集中在 6—10 月。蓄水前,各站 6—10 月的泥沙占全年总量的 79.8%～92.1%,汉口站多年平均输沙量和多年平均含沙量为

3.97亿t和0.559kg/m³;蓄水后,各站6—10月的泥沙占全年总量的72.8%~98.0%,汉口站多年平均输沙量和多年平均含沙量为1.14亿t和0.165kg/m³。蓄水后各主要控制站的多年平均含沙量和历年最高含沙量减少均较明显。

三峡水库蓄水前,干流各主要控制站的最高水位均出现在1896年、1954年、1981年、1998年等大水年;三峡水库蓄水后,中游河段最高水位出现在2020年。三峡水库蓄水前后中游河段一般7—9月为高水期,各站历年最高水位主要在该段时期内出现;1—3月为枯水期,各站历年最低水位主要在该段时期内出现。三峡水库蓄水前后,水位年内变化规律未有大的改变。三峡水库蓄水前后长江中下游干流各河段的汛期(5—10月)、枯期(1—4月、11—12月)、多年平均水面比降及各河段的水面比降互有增减。

三峡水库蓄水前,螺山以下干流的最大流量均出现在1954年。三峡水库蓄水前干流各控制站的径流量均集中在5—10月,占全年的71%~79%,非汛期径流量仅占全年的21%~29%;三峡水库蓄水后干流各控制站的径流量仍集中在5—10月,但受水库调度影响,5—10月径流量占全年的69.1%~76.4%,较蓄水前有所减小;枯期径流量占全年的23.6%~30.1%,较蓄水前有所增加。

汉口站多年平均年径流量为7090亿m³,径流年际变化呈支流大、干流小的规律,年内丰枯差异明显。丰水年份1954年和1998年出现了严重的洪涝灾害,枯水年份1972年、1978年和2006年则造成了大面积的旱灾。径流年内分配规律与降雨相似,年内分配不均,左岸比右岸集中程度更高,干流连续最大4个月径流占全年径流百分比自上游至下游呈递减趋势。

### 1.1.2.2 洪水特征

中游洪水主要由暴雨及上游来水形成。长江中游干流洪水峰高量大,持续时间长,螺山、汉口多年平均年最大洪峰流量均在50000m³/s以上。按暴雨地区分布情况,长江洪水可分为流域性大洪水、区域性大洪水两种类型。一般年份长江流域上下游、干支流洪峰相互错开,中游干流可顺序承泄干支流洪水,不致造成大洪水。但遇气候反常,上游洪水提前,或中游洪水延后,长江上游洪水与中游洪水遭遇,形成流域性大洪水。上游干支流洪水相互遭遇或中游汉江、澧水等支流发生强度特别大的集中暴雨可形成区域性大洪水。长江洪水发生时间一般下游早于上游,江南早于江北。鄱阳湖水系、洞庭湖水系和清江一般为4—8月,汉江则为7—10月。中游干流因承泄上游和中下游支流的洪水,汛期为5—10月。

### 1.1.2.3 气象条件

长江中游地区季风气候特征显著,冬冷夏热,四季分明,雨热同季,湿润多雨。地区内普遍为丘陵和平原,冬季常受寒潮的入侵而天气寒冷,夏季受西太平洋副热带高压控制而酷热。冬、夏两季稍长,春、秋两季较短。冬季的寒潮大风、春季的低温阴雨、初夏的梅雨、盛夏的高温和秋季的秋高气爽等是中游地区的气候特色。中游地区降水较丰,降水年内分配不均,年际变化较大,主要暴雨区按其范围的大小依次是江西暴雨区、鄂西南暴雨区。长江中游暴雨天气系统主要有冷锋低槽、低涡切变、梅雨锋及热带气旋(台风)等。各大支流水系平均年降水量为:洞庭湖水系 1431mm,汉江 904mm,鄱阳湖水系 1648mm。受季风活动影响,各地雨季迟早不一。3 月,湘江和赣江上游开始进入雨季;4 月,长江中游地区各地均进入雨季;5 月,主要雨带位于湘、赣水系;6 月中旬至 7 月上旬,长江中游地区为梅雨季节,雨带徘徊于长江干流两岸;7 月中旬至 8 月,长江中游地区常受副热带高压控制,出现伏旱;9 月,雨带又南旋回至长江中上游,多雨区从川西移至川东至汉江,形成华西秋雨;10—11 月,各地雨季先后结束。

长江中游地区各地年平均气温差异很大。其中,年平均气温受纬度的影响明显,由南部的 19℃逐步向北递减至 15℃;受季风影响,长江流域冬夏气温差异较大,尤其在长江中游更为显著,1 月气温最低,为 2～8℃;7 月最热,达 28～30℃,湖北南部、湖南、江西等地月平均气温接近 30℃,是我国最热的地区之一。长江中下游地区冬季盛行偏北风,夏季盛行东南风和南风,大风主要出现在春、夏两季。

### 1.1.3 地形地貌

长江中游位于长江流域自西向东地势第三级阶梯,地貌形态为堆积平原、低山丘陵和河流阶地。汉江—洞庭湖平原及下游左岸广大平原为冲湖积平原,城陵矶至湖口长江右岸多狭窄的冲洪积平原。岳阳附近有少数低丘,鄂州—武穴段低山丘陵沿两岸分布。河道两岸有反映其演变过程的多级阶地,其级数越向下游越少,城陵矶以下沿江丘陵有三级阶地发育。长江中游洲滩较多,两岸滩地一般在长江高水位以下,易发生冲淤变化,江心洲多发育于上下节点间的河道宽阔段。

城陵矶至武汉河段上起城陵矶,下迄武汉市新洲区阳逻镇,流经湖南省岳阳、临湘和湖北省监利、洪湖、赤壁、嘉鱼、咸宁、武汉等地,武汉龟山以下有汉江入汇。受地质构造的影响,河道走向为北东向。左岸属江汉拗陷,右岸属江南古陆和下扬子台拗。两岸湖泊和河网水系交织,本河段属藕节状分汊河型。武汉至湖口河段上起阳逻镇,下迄鄱阳湖湖口,全长 272km,流经湖北省武汉、黄冈、鄂州、浠水、黄石、阳新、武穴、黄梅和江西省瑞昌、九江、湖口以及安徽省宿松等地。本段河谷较窄,走向东南,部分山丘直接临江,构成对河道较强的控制。本段两岸湖泊支流较多,河道总体河型为两岸边界条件限制较强的藕节状分汊河型。

从中游地区地形起伏度所占比例结构来看,小于 30m 的平原所占比例高达 56.79%,30～70m 的台地所占比例为 7.54%,70～200m 地形起伏度的丘陵所占比例为 28.48%,500～1000m 的中起伏山地所占比例仅为 0.28%。由此可知,长江中游地形以平原、小起伏山地为主。

### 1.1.4 区域地质

长江中游的主要地质构造单元为江汉拗陷的扬子准地台,新构造运动以来江汉拗陷为沉降区,江汉盆地连接洞庭湖盆地,外围山地抬升,中部下降,地势低洼,水系发育,形成复杂的江湖吞吐关系。城陵矶以下的扬子准地台位于淮扬地盾与江南古陆之间的狭长地带,构造运动方向受制于两侧的地盾与古陆,发生强烈的断裂和褶皱运动,形成二级或三级的单元,成为隆起区或拗陷区。长江中游构造方向在九江以西以近东西向为主,长江河谷基本沿各构造单元的分界线及主要构造线方向发育,长江河道的发展演变受各地段条件的制约。

长江中游河道岸坡按物质组成可分为基岩(砾)质岸坡、砂质岸坡和土质岸坡。基岩(砾)质岸坡为数不多,而以后二者为主。砂土质岸坡多具双层或多层结构,一般上部为黏土、亚黏土,下部为粉细砂、细砂夹少量黏土层等。砂、土质岸坡多具有二元结构,一般上部以细粒物质为主,下部为砂卵石或粉细砂等。长江中游河床组成沿程变化总的趋势是由粗变细。

基岩(砾)质岸坡主要分布在中游地区,如黄石至武穴对岸等段属基岩(砾)质岸坡。下游基岩(砾)质岸坡较少且多位于右岸,有的则在近岸形成节点。单一土质岸坡结构较少,一般是上部黏土、亚黏土较厚,下部为粉土或细砂,河谷岸坡以上部土层为主,如城陵矶至武汉左岸多数岸坡均为此类岸坡。

基岩(砾)质岸坡、极少数阶地老黏土岸坡抗冲刷能力强,岸坡稳定,往往构成控制河势的节点;土质岸坡及砂土质双层或多层岸坡相对比较稳定;粉细砂、细砂组成的岸坡抗冲刷能力差,稳定性差。

## 1.2 河道勘测发展历程

长江中游河道勘测工作开始于 20 世纪 50 年代,当时主要开展固定断面测量,监测河道的变化,后来河道观测机构及队伍不断壮大,业务范围日益拓宽,观测手段也逐步得到改善。目前,中游河段主要承担城陵矶至九江的河道观测和分析研究任务。几十年来开展了大量的河道地形测绘、泥沙监测等原型观测工作,收集了较为连续的、系统的河道勘测资料,取得了巨大的社会效益。

为满足早期河道泥沙观测研究需要,长江水文相继研制应用了 58 型流向仪、1801 型和南实Ⅲ型回声仪、动船测流仪、挖斗式河床质采样器、多种近底层悬沙采样器、沙卵石推移质采样器等;后来又研制和引进了激光测距仪、红外测距仪、全站仪、GPS、单频双频测深仪、长江河道简易测绘系统、内河自动测绘系统等;近几年,随着测绘技术发展的日新月异,又大力引进或建设了长江先进实时差分播发系统、测量机器人、多波束测深系统、无人机航测系统、机载激光雷达、侧扫声呐、合成孔径雷达干涉(InSAR)、船载多传感器一体化测量系统等,大大提高了测量精度和效率。

20 世纪 90 年代以前,河道勘测处于模拟测绘时代,以光学机械为主要标志的传统测绘技术体系是河道勘测工作的主要技术支撑;90 年代末,以 GPS 为核心的空间观测技术和数字化成图技术在长江河道勘测中得到逐步应用,传统的控制测量、地形测量方法彻底改变,生产效率极大提高,测绘成果全面实现数字化。近年来测绘与通信技术飞速发展,以多波束测深系统、三维激光扫描、无人机航测等为代表的多源点云数据获取技术与测绘行业加快融合，在河道勘测工作中发挥了重要作用，逐步从数字化迈向信息化。结合长江水文信息化实际需求和"四个水文"、"五大体系构建"的发展思路，现阶段河道勘测正大力构建长江水文信息化建设体系，主要包括五个方面建设内容(图1.2-1)。

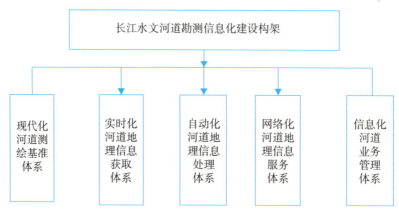

图 1.2-1　长江水文河道勘测信息化建设构架图

# 1.3　河道勘测目的及意义

河道勘测的主要目的是掌握内河河道的水文泥沙和河床形态变化的基本情况，为河道冲淤和演变特性的研究以及河流开发利用、工程规划、科学研究等提供技术支撑，为水道防洪、抢险、工农业、交通和国防等建设收集基础地理信息资料。

长江中游河道变化呈动态、复杂的特点，在巨大的时空跨度内准确开展海量基础地理信息和水文泥沙专题信息采集，并深入研究揭示其变化规律，是一项艰巨的工作。长江委水文中游局以水利前期项目(长江中下游河道水道地形测量、长江三峡工程杨家脑以下河段水文泥沙观测)、财政预算项目(堤防险工护岸监测和汊道分流分沙监测)等为依托，几十年来积累了大量的实测资料，探索了一整套长江河道勘测技术以及河道演变分析及计算方法，实现各类河道基础地理信息与水文泥沙资料的融合分析，成功构建长江中游河道勘测技术体系，支撑长江中游河段综合治理的战略决策。

# 第 2 章　中游河道勘测体系

## 2.1　河道勘测体系总体布局

　　长江中游河道勘测工作开始于 20 世纪 50 年代,在 70 多年的河道勘测过程中,针对长江中游河道基本特点,逐步融合测绘、水文等专业特点,形成了以水文为特色、河道观测设施为基础、河道勘测项目为中心、河道勘测技术为抓手、河道数据管理为支撑、河道崩岸预警及河床演变分析为目标的勘测体系(图 2.1-1),也为后续一系列工程建设、科学研究等服务长江河道综合治理开发及防洪决策等提供有力支撑。

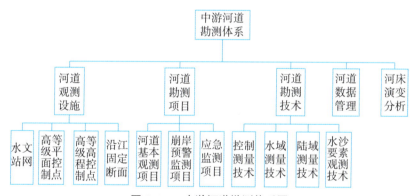

图 2.1-1　中游河道勘测体系图

## 2.2　河道观测设施

　　为全面获取长江中游河道基本地形、水沙要素等基础地理、河流特性信息,针对长江中游河道的特点,在中游水文站网和国家基本控制网的基础上,埋设控制点标石、建立河道基本控制,埋设断面标标石、布设河道基本固定断面;水文站网通过设立基本点、校核点、观测水尺、测流取沙断面等设施,系统地收集水位、流量、泥沙等水沙要素资料。河道基本控制、沿江断面及水文站网统称为基本河道观测设施。

### 2.2.1 河道基本控制

#### 2.2.1.1 中游河道基本控制布设原则

由于国家高等级控制点在中游河道范围内数量较少,又大部分远离河道测区,无法满足河道勘测精度要求。为此,必须在国家高等级控制点的基础上加密水体岸边基本控制网(点),方可为中游河道勘测提供基准和起算数据。与国家基本控制网布设原则相似,内陆水体岸边基本控制网布设需要满足以下原则:

(1)分级布网、逐级控制

通常先布设精度要求最高的首级控制网,随后结合测区面积的大小再加密若干级较低精度的控制网。

(2)确保足够精度

一般要求最低一级控制网(四等网)的点位中误差能满足大比例尺 1∶500 的测图要求。以图上 0.1mm 的绘制精度计算,相当于地面上的点位精度为 5cm。

(3)保持足够密度

控制网要求在水体测区内有足够多的控制点,除设站控制点外,还需要有足够多的已知检校点。

(4)制定统一规格

为满足不同测量部门或使用单位要求,需要严格采用国家或行业制定的规范、规格。

#### 2.2.1.2 中游河道基本控制网布设特点

(1)控制网临水布设

河道基本控制网是河道地形、断面、水沙要素观测的基础,为了便于水下地形与近岸地形测量观测,基本控制一般沿河道布设。对于临水区域不便布设基本控制点的,也需布设加密控制点。

(2)控制路线需跨河布设

长江中游河道基本控制网是为长江中游河道勘测而布设的,控制网应覆盖整个河道区域。为对整个带状河道提供无缝基准,需在多处进行跨河联测,以减少左右岸基准的裂隙差。

### 2.2.2 沿江固定断面

沿江固定断面是与河道走势相交的有界竖平面,其下周界是与河床及岸坡相交的曲(折)线,上周界是与规定高程相交的直线。断面是作为河道地形的一种补充,通常布设在河道平面形态显著变化处,垂直于主流方向,其目的是控制地形变化,正确反映冲淤部位和形

态,满足计算的精度要求。其布设基本原则如下:

1)固定断面的断面间距可为 0.5~1.0km,须使断面法与地形法计算的运行水位下库容相对误差在 5%以内,能基本控制库区地形变化,正确地反映冲淤部位和形态。

2)固定断面应尽量与已有水文测验断面结合。

3)断面布设须控制河道平面和纵向的转折变化。

4)断面方向宜垂直于水位变幅内的地形等高线走向。

5)固定断面一经选定,应保持断面位置相对稳定,长期不变。

同时,根据《水道观测规范》(SL 257—2017)的要求,断面法作为河道冲淤测验方法中常用的简便方法。冲淤断面的布设应符合下列要求:

1)固定断面布设的原则,应能控制河道地形、满足计算冲淤量的精度要求,正确反映冲淤部位和形态。

2)用断面法计算的总量与地形法计算的总量,相对误差不得超过±10%。

3)所设固定断面尽量与已有的水文测验断面和固定断面结合。

断面法冲淤测量的测次,必须先多测后少测,重点冲淤区多测,一般冲淤区少测,冲淤厚度小于测深允许误差的可简测或停测。固定断面间距布设见表2.2-1。

表 2.2-1　　　　　　　　　　　　　固定断面间距布设表

| 阶段 | 测区地段 | 断面间距(km) |
|---|---|---|
| 规划 | 山区段 | 2~3 |
| | 平原段 | 3~5 |
| 河道整治、防洪模型试验、水文计算、溃坝研究 | | 0.2~1 |
| 湖泊冲淤、河口拦门沙冲淤观测 | | 3~5 |

## 2.2.3　水文站网

水文测验是从水文站网布设到收集和整理水文资料的全部过程。水文测验的内容包括:水文站网的规划、布设、调整;在野外测站上观测和测量,在流域、河段上进行水文调查;对资料进行系统整理、汇编、刊布,以及用现代化技术进行存储、检索等。其基本观测项目有降水、蒸发、水位、水温、流量、泥沙、水质等。

水文测站是在河流、渠道、湖泊、水库上或流域内设立的,按一定技术标准经常收集或提供水位、流量、泥沙、降水等水文要素的各种水文观测现场的总称。水文测站常简称为测站。水文站最显著的特点是观测水位和流量,通常情况下也是观测项目最全的一类水文测站。

长江中游测区负责长江中游干流城陵矶至九江长 513km、汉江中下游干流宜城至汉江河口长 458km、洞庭湖区约 2700km²、陆水流域 3950km² 范围内的水文测验、河道勘测和水环境监测等工作。根据测区范围布设了 41 个水文站(断面)、38 个水位站(其中国家级报汛站 35 个)、16 个雨量站。

## 2.3 河道勘测项目

河道勘测内容主要包括基准确定与维持、地形测量、断面测量、险工险段观测、河道演变观测、应急监测、水力泥沙要素观测、流速流向观测、河床组成勘测与调查、专题研究观测、河道工程观测、河道图编制、观测资料分析、河道量算、河道专业地理信息系统数据更新维护等。

本书根据中游测区河道勘测目的和要求,将中游河道勘测项目归类为河道基本观测、崩岸预警监测、应急监测三大类。

### 2.3.1 基本观测

其主要目的是掌握河道的水文泥沙和河床几何形态变化的基本情况,为河道冲淤和演变特性的研究以及河流开发利用、工程的规划提供基本资料。观测内容包括:长程水道地形、固定断面测量、重点河道演变观测、水文泥沙测验以及河床边界条件的勘测调查等。

#### 2.3.1.1 长程水道地形

长程水道地形测量的目的是为了掌握河床冲淤和几何形态(平面形态和断面形状)的基本情况。在长江中游干流及重要支流汉江等冲积性河道上,一般5年左右施测一次1:10000或1:5000比例尺的水道地形图,特大洪水年或特枯水年适当增加测次。施测范围包括河道水下地形和水边至两岸大堤间的陆上地形,严重崩岸地段增加必要局部河段地形测量或坎边线观测。

水道地形测量资料经整理后,按相应比例尺成图提交使用,以满足断面切割、河床演变研究及河道泥沙基本运动规律分析等。

#### 2.3.1.2 固定断面测量

固定断面测量是研究河流纵、横向变形的一种经常性的测量工作,与长程水道地形测量资料配合使用。在不进行长程水道地形观测的年份,进行固定断面观测,断面间距以能控制河床的平面和纵向变化为原则布设。

长江中游干流一般每2km左右布设一个断面,在束窄、展宽、弯道的进出口及顶湾处、分汊段的口门及出口等处适当加密。固定断面测量资料经整理后,提交断面成果表、断面图、断面布置图等,以便提供使用。

#### 2.3.1.3 重点河道演变观测

一般根据河道整治和科学研究的需要开展此项工作,通常选在河床变形显著、河道整治和生产建设需要或具有科研试验价值的典型河段进行。长江中游河段一般在长江与洞庭湖汇流河段(以下简称"江湖汇流段")、簰洲湾段、武汉河段等典型河段开展此项工作。一般5年左右施测一次,测量内容包括1:10000地形测量、流量测验、床沙取样、比降观测等。

#### 2.3.1.4　水文泥沙测验

（1）控制断面的水文泥沙测验

水文泥沙测验主要是在基本水文站和专用水文站上进行。对开展河道演变观测的河段，根据需要设立临时性的水文观测断面，收集水位、比降、流量、悬移质和河床泥沙资料。

（2）长程水面线观测

在长江中游干流及其重要支流汉江上，沿程布设若干基本水位站和专用水位站进行水面线观测。测站的数量和间距以能控制水面线变化，满足水力和泥沙冲淤计算为原则。

（3）分流分沙测验

结合长程水道地形测量，在分汊河段上对主汊及支汊的流量和悬移质输沙率进行同步测验，以了解汊道分流与分沙比及其变化，以及汊道的发展与衰亡过程。

#### 2.3.1.5　河床边界条件的勘测调查

河床边界包括滩岸和河床两部分，其内容有地质地貌调查和河床组成物的取样、勘测。通过地质地貌调查，了解河流的大地构造单元、各河段的构造运动，弄清两岸岩层分布及土壤结构、沉积物性质和抗冲强度。河床组成资料在冲积性河道上通过床沙取样分析来收集。取样分析包括水文测站的经常性取样分析以及与长程水道地形测量（或固定断面测量）结合进行的取样分析。

### 2.3.2　崩岸预警监测

崩岸观测目的是通过多年观测，对长江中游河段崩岸的成因、发展有深入的了解，对后期长江崩岸的预警和防护提供科学支撑。长江中游河段常规崩岸监测主要包括重点险工护岸监测和三峡后续工作长江中下游影响处理河道监测。其中，重点险工护岸监测一般在每年汛前、汛后各一次，施测1∶2000地形并形成简要分析报告；三峡后续工作长江中下游影响处理河道监测一般2年一次，分汛前、汛中、汛后测次，施测1∶2000地形和1∶1000断面，断面间距约40m，并根据实测资料针对岸线、深泓、典型断面、水沙情况等形成近岸河床演变分析报告和发展趋势预估。

### 2.3.3　应急监测

河道应急监测一般出现在与水有关的突发事件中，如堰塞湖、滑坡、溃口、崩岸等，可通过对水体等进行临时、紧急的监测，以及时获取突发事件河段的河道、水文等基本资料。

河道应急监测具有临时、紧急的特征，对时效性要求较高，一般需紧急成立应急监测队伍、编制应急监测方案、配备相关仪器设备、后期物资等。现阶段应急监测缺乏相应监测标准、规程，一般根据监测区环境特点、资料收集情况等现场确定技术路线，多采用非接触式的先进监测手段开展工作，如航测、激光雷达、电波流速仪、电子浮标等方式。

## 2.4　基本河道勘测技术

在多年的河道基本信息收集过程中,已建立了一套完备的河道勘测技术体系,并随着技术的发展,在河道勘测过程中不断创新,多项新技术、新方法在经过严密验证后广泛应用于基本河道勘测中。至今,河道勘测技术从用途上讲,主要分为基本控制测量、水域测量、陆域测量及水沙要素观测等;从技术发展历程讲,可分为河道综合勘测技术和河道专题勘测技术(也可称为河道勘测新技术)。

### 2.4.1　控制测量

由于任何一种测量工作都会产生误差,为了使测量误差不积累,同时为满足大区域多人多组同步开展测量工作,必须采用一定程序和方法,遵循"从整体到局部,先控制后碎部"的原则来进行,以保证测量成果的质量。控制测量的主要作用表现在:为河道测量提供起算数据,是各项测量工作的首道工序;限制测量误差累积,保障测量成果总体质量;将大量的碎部测量工作化整为零,以便作为细部测量基准。

#### 2.4.1.1　平面控制

1)根据平面控制网等级划分,平面控制测量包括基本平面控制(二、三、四、五等)、图根平面控制(一、二、三级)及测站点平面控制(用于碎部点测图)。

2)根据采用不同的仪器及测量方法,平面控制测量有三角网、三边网、边角网(分二、三、四、五等和一、二级),GNSS 网(分二、三、四、五等和一、二、三级,GNSS 控制网二、三、四、五等可对应为 GNSS B、C、D、E 级),导线或导线网(三、四、五等和一、二级)。

3)基本平面控制必须经过严密平差,需精度评定;平面图根及测站点控制一般采用简易平差或解析法得到。

#### 2.4.1.2　高程控制

随着卫星定位测量技术(GNSS)的成熟开发应用,从 20 世纪 90 年代中后期开始,长江带状河道控制网逐步采用 GNSS 施测。

GNSS 施测长江带状河道控制网具有传统控制测量无可比拟的优势,主要有:

1)GNSS 控制网选点灵活,构网精度不受网型影响,相邻点无需通视;

2)GNSS 网边长限制小,按照等级可从几十米到几十千米;

3)GNSS 可 24 小时连续自动观测,精度高、效率高,测绘人员劳动强度小;

4)采用 GNSS 技术可以施测大型控制网,各网点精度均匀一致,最弱点精度主要取决于点的静态观测数据的质量,不影响相邻点的精度;

5)GNSS 控制网除了可以获得全网的平面坐标成果外,还可以为 GNSS 高程拟合、似大地水准面精化提供基本观测数据。

## 2.4.2 地形测量

地形测量工作主要是对地形、地貌及具有属性特征的地物进行基础地理信息获取的过程。地形测量按测量区域,以测时水边线为界,可分为陆域测量和水域测量。

(1)陆域测量

河道勘测中的陆域测量与陆地测绘方法相同,有全站仪极坐标法、RTK法、机载激光扫描测量、三维激光扫描测量、无人机低空数字摄影测量等方法。在控制测量的基础上对水边线以上的地物、地形、地貌进行观测,河道勘测中特别关注的涉水建筑物、堤线等也属于陆上的测量范围。

通过全站仪、RTK等进行地形测量,可采用编码法、草图法或内外业一体化成图法等进行数据处理与地形图绘制。

(2)水域测量

水下数据由于不可视、水介质阻隔等特殊原因,数据获取难度及精度要高于陆域测量。在基本河道勘测体系的建立过程中,如何提高准确度、精度是获取水下数据的重要研究方向。目前,水域测量主要采用测深仪获取水深、GNSS平面定位获取水深三维信息,再配合水位观测得到水下点的三维信息。

(3)成果形式

河道勘测成果按成果形式的不同,也可分为地形测量和断面测量。一般提供地形图或断面成果,两者不同的是:地形图能基本完整反映施测区域的真实地物、地貌,提供每一点地形的三维信息$(x,y,h)$。断面测量主要提供河段内某些区域的典型断面的起点距和高程$(s,h)$,可分为横、纵断面。为了更好地反映某一个典型区域的河床变化,横断面需要垂直于水流方向,而纵断面则主要为了反映局部河段或部分河床区域的一个整体变化、冲淤趋势。

随着新仪器、新技术的发展,陆上及水域测量都获得了长足的进步。在成熟的以传统观测方式为主的测量中,也引入新一代无人机搭载三维激光或相机对陆上岸坡进行测量,水下采用多波束扫测等海量数据获取技术。这给弱化比例尺概念,为用户提供更丰富的河岸地理信息产品形式提供了可能。

## 2.4.3 水沙要素观测

长江中游河段水沙要素观测由于涉及的点多线长、时间跨度大,以及水沙数据的不可再生性、系统性、规律性、繁杂和不确定性等特点,对时效性的要求较高(同步或准同步),因此快速获取相关的水沙资料就显得尤为重要。为此,长江委水文中游局自主研发、引进新的测验手段和数据处理及整编技术,快速服务于项目的开展。

水沙要素观测主要涉及水位观测、流量测验、河床质泥沙测验、悬移质泥沙测验、推移质输沙率测验、沿程水面线观测等。水沙资料整编是按照科学的方法和统一的格式对测得的水沙要素原始资料进行整理、分析、统计,提炼成为系统的整编成果。

## 2.5　河道数据管理

河道数据管理是将长江中下游防洪河道动态监测及长江泥沙观测海量空间数据与矢量数据进行组织,为数据管理和各类功能提供快速、合理的存储方式,并进行二维、三维联合查询与表达,实现长江水沙综合分析与管理、专题图制作、工程管理、河床演变分析、泥沙预测模拟与仿真显示。

通过长江水文泥沙信息分析管理系统的应用,长江委水文中游局已建立起多年河道地形及水文泥沙数据库,并在一个集成的网络计算环境中完成几乎所有水文泥沙专业计算和数据处理工作,大大提高了日常工作效率,并且可以提高计算分析的精度。通过使用该系统,能够方便高效地为长江流域开发、防洪调度和河道治理服务,通过网络发布信息,还提供了水文泥沙信息的共享和社会化服务能力。

## 2.6　河床演变分析

长江中游的冲积平原河道是在挟沙水流与河床相互作用的漫长过程中逐渐形成的,具有一定的几何形态和演变规律。本书主要根据长江中游干流城陵矶至九江河段近几十年来的水文、河道等观测资料,对长江中游河道演变特别是近期演变较为剧烈的典型河段进行分析研究,主要包括:河道平面变形(包括岸线、深泓)、纵向变形(深泓纵剖面及其形态),洲滩、深槽及分布格局变化,重点汊道段主、支汊河床冲淤特性与分流分沙变化,河床冲淤与断面形态变化,河型出现的新变化等。

通过开展大量的河道基本观测、崩岸预警监测、应急监测等任务后,收集了海量的观测数据,最大限度地发挥数据价值,快速、高效地处理大量的历史数据和实时动态监测数据,并结合现代水文泥沙分析计算和预测模型来进行科学的分析和处理,实时、动态、准确地反映长江干流水沙特征及河床变化规律。

# 第3章　河道综合勘测技术

河道综合勘测是获取河道基本地理、水文、泥沙信息的方法,包括了河道勘测技术、水文测验及其他水沙要素观测技术等。通过各种河道勘测技术获取的基础信息为河道范围内工程建设的规划、设计、施工、管理运行及防汛、抗旱提供依据。本章重点介绍河道勘测技术的基本知识和常规观测方法。

## 3.1　基本知识

### 3.1.1　河道测量基本知识

#### 3.1.1.1　水准面和参考椭球体

地球的自然表面是一个形状极其复杂而又不规则的曲面。地面上有高山、丘陵、平原、江河、湖泊、海洋等。通过长期的测绘工作和科学调查,人们了解到地球表面上的海洋面积约占 71%,陆地面积约占 29%。我们可以把地球总的形状看成是一个被海水包围的形体,也就是设想一个静止的海水面向大陆延伸,最后包围起来的闭合形体。我们将海水在静止时的表面叫水准面。

地球上的任意一点,都同时受地球自转的表面离心力和地心引力的共同作用,其合力称为重力,重力的方向主要取决于引力的方向,同时受离心力的影响,通常称为铅垂线方向(图 3.1-1)。铅垂线与水准面是测量所依据的基准线和面,两者的关系是水准面上任一点的铅垂线都与水准面成正交。

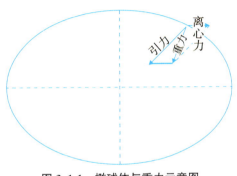

**图 3.1-1　椭球体与重力示意图**

水准面有无数个,其中一个与平均海水面重合并延伸到大陆内部,并且包围了整个地球的特定的重点等位面叫大地水准面。它是一个没有皱纹和棱角的、连续的封闭曲面。大地水准面是决定地面点高程的起算面。由大地水准面所包围的形体叫大地体,一般认为大地体可以代表整个地球的形状。在测量工作中,可选取大地水准面为基准面,而与其相垂直的铅垂线为基准线。

由于大地体内部物质分布不均匀,就使得地面各点铅垂线方向发生不规则的变化,因此大地水准面实际上是个略有起伏而不规则的光滑曲面(图3.1-2)。在这样的曲面上进行各种测量数据的计算和成图等处理是十分困难的。然而,人们经过长期的精密测量,发现大地体十分接近于一个两端稍扁的旋转椭球体,这个与大地的形状和大小十分接近的旋转椭球体是地球椭球体。它是一个数学曲面,用 $a$ 表示地球椭球体的长半径,$b$ 表示其短半径,则地球椭球体的扁率 $f$ 为:

$$f = \frac{a-b}{a} \tag{3.1-1}$$

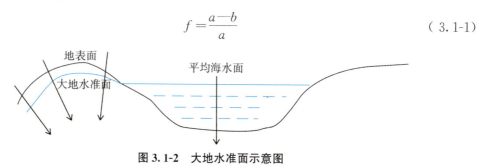

**图 3.1-2　大地水准面示意图**

为了处理大地测量成果,首先要在地面上适当的位置选择一点作为大地原点(推算地面点大地坐标的起算点),用于归算地球椭球定位结果,并作为观测元素归算和大地坐标计算的起算点;进而采用与地球大小和形状接近的并确定了和大地原点关系的地球椭球体,称为参考椭球体,其表面称为参考椭球面。见图3.1-3,在地面上适当地方选择一点 $P$,设想把椭球与大地体相切,切点 $P$ 位于 $P'$ 点的铅垂线方向上。这时,椭球面上的 $P'$ 点的法线与大地水准面的铅垂线相重合,使椭球的短轴与地轴保持平行,其赤道面与地球赤道面平行,且椭球面与这个国家范围内的大地水准面的差距尽量小。于是椭球与大地水准面的相对位置便确定下来,这就是参考椭球体的定位。这样的定位方法有三点要求:

1)大地原点上的大地经度和大地纬度分别等于该点上的天文经、纬度;

2)由大地原点至某一点的大地方位角等于该点上同一边的天文方位角;

3)大地原点至椭球面的高度恰好等于其至大地水准面的高度。

参考椭球面是处理大地测量成果的基准面。如果一个国家(或地区)的参考椭球选定适当,参考椭球面与本国(本地区)的大地水准面的差距就会很小,它将有利于测量成果的处理。

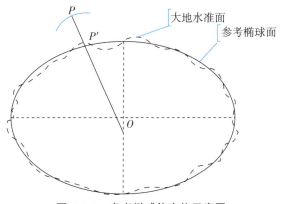

图 3.1-3　参考椭球体定位示意图

我国所采用的参考椭球几经变化。1949 年前,曾采用海福特椭球;1949 年后,采用的是克拉索夫斯基椭球。由于克拉索夫斯基椭球参数与 1975 大地测量参考系统相比,其长半轴差 105m,而 1978 年我国根据自己掌握的测量资料推算出的地球椭球为 $a=6278143m, f=1:298.255$,这个数值与 1975 大地测量参考系统十分接近,因此我国决定自 1980 年采用 1975 大地测量参考系统作为参考椭球,它将更适合我国大地水准面的情况,从而使测量成果的归算更准确。

随着社会的进步,国民经济建设、国防建设和社会发展、科学研究等对国家大地坐标系提出了新的要求,迫切需要采用原点位于地球质量中心的坐标系统(以下简称"地心坐标系")作为国家大地坐标系。采用地心坐标系,有利于采用现代空间技术对坐标系进行维护和快速更新,测定高精度大地控制点三维坐标,并提高测图工作效率。2008 年 3 月,《关于中国采用 2000 国家大地坐标系的请示》由国土资源部正式上报国务院,并于 2008 年 4 月获得国务院批准。自 2008 年 7 月 1 日起,我国全面启用 2000 国家大地坐标系,国家测绘局授权组织实施。

### 3.1.1.2　测量坐标系

测量工作的根本任务是确定地面点的位置。要确定地面点的空间位置,通常是求出该点相对于某基面和基准线的三维坐标或二维坐标。由于地球自然表面高低起伏变化较大,要确定地面点的空间位置和该点沿投影方向到大地水准面的距离三个量来标识。投影位置通常用地理坐标或平面直角坐标来表示,到大地水准面的距离用高程表示。测量中用到的坐标系主要有大地坐标系、天文坐标系、空间直角坐标系、平面直角坐标系等。

(1)大地坐标系

大地坐标系也称地理坐标系,是表示地面点在参考椭球面上的位置,用经度和纬度为参数表示地面点的位置和球面坐标系。大地坐标系是一种球面坐标系,它的基准是法线和参考椭球面(图 3.1-4),N 和 S 分别为地球北极和南极,NS 为地球的自转轴。设球面上有任一点 $P$ ,过 $P$ 点和地球自转轴所构成的平面称为 $P$ 点的子午面,子午面与地球表面的交线称为子午线,又称经线。按照国际天文学会规定,通过英国格林尼治天文台的子午面称为起始子午面,以它作为计算经度的起点,向东从 $0°\sim180°$ 称为东经,向西从 $0°\sim180°$ 称为西经。$P$ 点沿子午面与起始子午面之间的夹角为 $P$ 点的经度。$P$ 点的法线与赤道平面之间的夹角称为该点的纬度。$P$ 点沿法线至椭球面的距离称为大地高。赤道以北从 $0°\sim90°$ 称北纬,赤道以南从 $0°\sim90°$ 称南纬。若一点的经度和纬度已知,该点在地球椭球面上的投影位置即可确定。如北京市中心的地理坐标为北纬 $39°54'20''$,东经 $116°25'29''$。

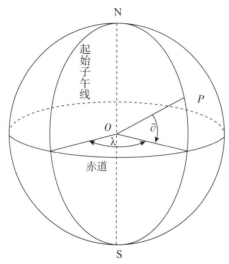

图 3.1-4　参考椭球体定位示意图

实际使用中大地经纬度根据其起始大地原点(大地原点是国家水平控制网中推算大地坐标的起算点,亦称大地基准点)的大地坐标和参考椭球确定的,因此同一点在不同的大地坐标系中的大地经纬度可能不同。我国以陕西省泾阳县永乐镇大地原点为起算点,由此建立的大地坐标系称为"1980 年国家大地坐标系"或称"1980 西安坐标系",简称 80 系或西安系。我国曾使用过的"1954 北京坐标系"是通过与苏联 1942 年普尔科沃坐标系联测,简称 54 北京坐标系,其大地原点位于苏联列宁格勒天文台。

(2)天文坐标(天文地理坐标)系

天文坐标又称天文地理坐标,表示地面点在大地水准面上的位置,它的基准是铅垂线和大地水准面,它用天文经度和天文纬度两个参数来表示地面点在球面上的位置。过地面上任一点的铅垂线与地球旋转轴 NS 所组成的平面称为该点的天文子午面,天文子午面与大地水准面的交线称为天文子午线,也称经线。通过英国格林尼治天文台的天文子午面为起始子午面。

大地经纬度以参考椭球面为基准面(以法线为依据),天文经纬度以大地水准面为基准面(以铅垂线为依据),由于两者依据的基准线不同,得出两种经纬度,但实际差异很小,只有高精度的大地测量才需要考虑两者的区别,在一般的地形测量中其差异可不考虑。

（3）空间直角坐标系（地心坐标系）

空间直角坐标系也称地心坐标系，其坐标系的原点设在椭球的质心，用相互垂直的 $X$、$Y$、$Z$ 三个轴表示。其中，$Z$ 轴与地球旋转轴重合，$X$ 轴通过起始子午面，$Y$ 轴的指向使坐标系构成右手坐标系（图 3.1-5）。

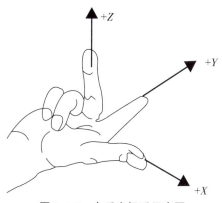

图 3.1-5 右手坐标系示意图

WGS-84 坐标系又称世界大地坐标系，是美国国防局为进行 GPS 导航定位于 1984 年建立的地心坐标系，1985 年投入使用。WGS-84 坐标系的几何意义是坐标系的原点位于地球质心，$Z$ 轴指向国际时间局（BIH）1984.0 定义的协议地球及 CTP 方向，$X$ 轴指向 BIH1984.0 的零度子午面和 CTP 赤道的交点，$Y$ 轴与 $Z$ 轴、$X$ 轴相互垂直构成右手坐标系，通过右手规则确定。

2000 中国大地坐标系，也称 2000 国家大地坐标系，是 2008 年 7 月 1 日启用的我国的地心坐标系，英文缩写为 CGCS2000。其坐标系原点为包括海洋和大气的整个地球的质量中心，定向的初始值与 1984.0 时 BIH（国际时间局）的定向一致，$Z$ 轴指向 IERS 参考极方向，$X$ 轴为 IERS 参考子午面与通过原点且同 $Z$ 轴正交的赤道面的交线，$Y$ 轴完成右手地心直角坐标系。CGCS2000 的长半轴 $a = 6378137\text{m}$，扁率 $f = 1/298.257222101$。

（4）平面直角坐标系

大地坐标系一般在大地测量和制图中经常用到，但在地形测量中很少使用。在地形测量中经常使用的一般为平面直角坐标系。

平面直接坐标系是由平面内两条相互垂直的直线组成的坐标系，测量中使用的平面直角坐标系与数学上的笛卡儿坐标系有所不同，测量上将南北方向的坐标轴定为 $x$ 轴（纵轴），东西方向的坐标轴定为 $y$ 轴（横轴），规定的象限顺序也与数学上的象限顺序相反，并规定所有直线的方向都是以纵坐标轴北端顺时针方向量度的。这样使所有平面上的数学公式均可使用，同时又便于测量中的方向和坐标计算（图 3.1-6）。

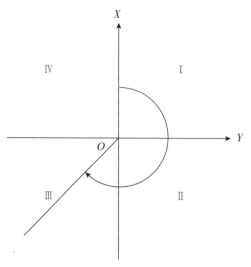

图 3.1-6　平面直角坐标系示意图

平面直角坐标系,一般适用于测区范围较小时。当范围很大时,就不能将水准面看成平面,必须采用适当的投影方法建立全球性统一的平面直角坐标系。投影的方法有很多种,在地形测量中通常采用高斯—克吕格投影。

(5)高斯平面直角坐标系

高斯—克吕格投影是由德国数学家、物理学家、天文学家高斯于 19 世纪 20 年代拟定,后经德国大地测量学家克吕格于 1912 年对投影公式加以补充,故称为高斯—克吕格投影,又名"等角横切椭圆柱投影",是地球椭球面和平面间正形投影的一种。高斯—克吕格投影的几何概念是:假想有一个椭圆柱与地球椭球体上某一经线相切,其椭圆柱的中心轴与赤道平面重合,将地球椭球体面有条件地投影到椭球圆柱面上。高斯—克吕格投影条件:①中央经线和赤道投影为互相垂直的直线,且为投影的对称轴;②具有等角投影的性质;③中央经线投影后保持长度不变。

高斯投影虽然不存在角度变形,但长度变形还是存在的,除去中央子午线保持长度不变外,只要离开中央子午线任何一段距离,投影后其长度都会发生变形,且离中央了午线越远,长度变形越大。为控制这种长度变形在一定的范围内,高斯投影将地球按经线划分成带,称为投影带,投影带是从首子午线起,每隔经度 6° 划分为一带(称为统一 6°带),自西向东将整个地球划分为 60 个带。带号从首子午线开始,用阿拉伯数字表示(图 3.1-7)。

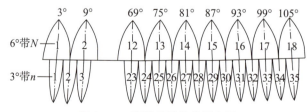

图 3.1-7　高斯投影分带示意图

为控制投影变形,这种投影方法把地球分成若干范围不大的带进行投影,带的宽度一般分为经差 6°、3°和 1.5°几种,简称 6°带、3°带和 1.5°带,中心的子午线为中央子午线。每一投影带展开成平面,以中央子午线的投影为纵轴 $X$,赤道的投影为横轴 $Y$,建立全国统一的平面直角坐标系统(图 3.1-8)。解决了地面点向椭球面投影而后展绘于平面上的投影变换问题,满足了全国范围内地形图测绘的要求。我国高斯投影坐标的表示方法是 $X$ 坐标不变,$Y$ 坐标先加 $500km$,再在其之前冠以该投影带的带号。

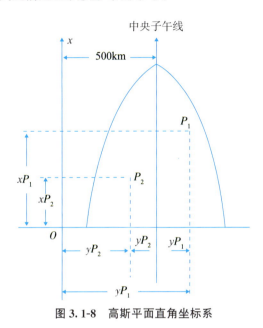

**图 3.1-8　高斯平面直角坐标系**

### 3.1.1.3　高程系统

高程是指某地面点沿着基准线到对应基准面的距离。根据基准线和基准面的不同,得到的高程也会不一样。常见的高程主要分为大地高、正高和正常高。

大地高代表地面上某一点沿着法线到参考椭球面的距离。它以该点在参考椭球面上的法线为基准线,以参考椭球面为基准面。虽然总体上与地球表面贴合,但是在局部地区往往拟合效果并不一定是最优的,所以在实际的生产过程中,各个国家或地区通常采用与本地区更加贴合的椭球面作为当地的参考椭球面。

正高代表地面上某一点沿着重力线到大地水准面的距离。它以重力线为基准线,以大地水准面为基准面。重力线是指重力的作用线,也叫作铅垂线。正高也被称作海拔高。

正常高代表地面上某一点沿着正常重力线到似大地水准面的距离。它以正常重力线为基准线,以似大地水准面为基准面。正常重力线指的是正常重力场中的力线。因为地球内部质量分布不均匀,所以地球的重力场也是不规则的,为了便于研究与分析地球的空间分布,假设地球的内部质量分布均匀,得到一个规则的地球重力场,就称为正常重力场。在我国范围内,似大地水准面是大地测量的高程基准面,所以正常高也被称为标准高程。

在河道勘测工作中,常采用的高程基准如下:

(1)1956 年黄海高程系

1957 年,我国确定青岛验潮站为基本验潮站,并根据该站 1950—1956 年 7 年间的黄海验潮资料,推求出黄海平均海水面(该站验潮井里横铜丝高度为 3.61m,即此铜丝 3.61m 以下处为黄海平均海水面)作为我国的高程基准面和统一起算面,此高程系统称为"1956 年黄海高程系"。我国测量的高程,都是根据这一原点推算的。

(2)1985 国家高程基准

由于计算 1956 年黄海高程所依据的青岛验潮站的资料系列较短等原因,中国测绘主管部门决定重新计算黄海平均海面,以青岛验潮站 1952—1979 年共 28 年的潮汐观测资料为计算依据(1950 年和 1951 年的数据因水尺变动原因而不使用)建立了"1985 国家高程基准"。具体计算方法是:根据 1952—1979 年的潮汐观测资料,计算时取 19 年的资料为一组,滑动步长为 1 年,得到 10 组以 19 年为一个周期的平均海面,取均值得到的结果作为黄海平均海水面,然后再推算出水准原点的高程。

1985 国家高程基准与 1956 年黄海高程系的差值仅为 0.029m。这表明青岛附近的年平均海平面是非常稳定的。1985 国家高程基准已于 1987 年 5 月开始启用,1956 年黄海高程系同时废止。

(3)吴淞高程系

清光绪九年(1883 年),将清咸丰十年(1860 年)至清光绪九年在黄浦江张华浜信号站测得的最低水位作为水尺零点。后又于清光绪二十六年(1900 年),根据清同治十年至清光绪二十六年(1871—1900 年)该站的水位资料,制定了比实测最低水位略低的高程作为水尺零点,并正式确定为吴淞零点。民国十一年(1922 年),扬子江水利委员会技术委员会确定长江流域均采用吴淞高程系,吴淞零点＝1956 年黄海高程系＋1.688m。目前,尚有部分长江沿岸水利工程及水文站点采用此高程系统。

(4)冻结基面

冻结基面主要用于长期水文观测。一般情况下,水文(位)站会将第一次观测所使用的基面固定下来,并作为以后观测使用的基面,称为冻结基面。为便于与国家高程系统一致,一般需加注冻结基面与绝对基面间的差值。

## 3.1.2　水文测验基本知识

### 3.1.2.1　水文测验的主要任务

水文测验在河道勘测中的主要任务是:

1)根据勘测区域各方面情况,科学地进行水文站网规划和站网调整。

2)勘测设立水文测站,设置水文观测设施,配置测验仪器设备,并对水文测验设施设备进行维护、保养,进行必要的校测、校核。

3)开展水文测验项目。观测水位、测验流量、测验泥沙(悬移质、推移质、河床质)、颗粒分析、观测降水、蒸发、水温、冰情、风速、风向等。

4)报送实时水情信息。测站将监测的各类水情信息,根据报汛任务书的要求,及时报送给各用户。

5)整编刊印水文资料。分析、计算、整编、刊印水文资料,并建立水文资料数据库。

6)开展水文调查。当流域或区间发生暴雨、洪水、泥石流、漫滩、决堤、溃坝、分洪、蓄滞洪、水体污染等异常水文现象时,收集有关资料,必要时进行现场测量、撰写调查报告。

#### 3.1.2.2 水文站网

水文测站是在河流、渠道、湖泊、水库上或流域内设立的,按一定技术标准经常收集和提供水位、流量、泥沙、降水等水文要素的各种水文观测现场的总称。水文站网是水文测站在地理上的分布网,是在一定地区或流域内,按一定原则,用适当数量的各类水文测站构成的水文资料收集系统。由基本站组成的水文站网称基本水文站网,把收集某一项水文资料的水文测站组合在一起,则构成该项目的站网,如流量站网、水位站网、泥沙站网、雨量站网、水面蒸发站网等。

长江中游测区负责长江中游干流城陵矶—九江长 513km、汉江中下游干流宜城—汉江河口长 458km、洞庭湖区约 2700km$^2$、陆水流域 3950km$^2$ 范围内的水文测验、河道勘测和水环境监测等工作。根据测区范围布设了 41 个水文站(断面)、38 个水位站(其中国家级报汛站 35 个)、16 个雨量站。

#### 3.1.2.3 水文测站分类

##### (1)按设站的目的分类

水文测站按设站的目的分为基本站、辅助站、实验站、专用站。

1)基本站是为综合需要的公用目的,经统一规划而设立,能获取基本水文要素值多年变化资料的水文测站。基本站应保持相对稳定,在规定的时期内连续进行观测,收集的资料应刊入水文年鉴或存入数据库长期保存。基本站也称为国家基本水文测站。

2)辅助站是为帮助某些基本站正确控制水文情势变化或为补充基本站网不足而设立的一个或一组测站。辅助站是基本站的补充,弥补基本站观测资料的不足,在计算站网密度时辅助站一般不参加统计。

3)实验站是在天然和人为特定实验条件下,为深入研究某些专门问题而设立的一个或一组水文外业试验场所,实验站也可兼作基本站。实验站又可分为国家基本水文实验站和专用水文实验站。

4)专用站是为科学研究、工程建设、工程管理运用、专项技术服务等特定目的而设立的水文测站。它可兼作基本站或辅助站,其观测项目和年限依设站目的而定。这类站不具备或不完全具备基本站提供水位、流量数据的特点。

（2）按观测项目分类

水文测站按观测项目可分为水位站、流量站、泥沙站、雨量站、水面蒸发站、水质站、地下水观测站(井)、墒情站等。

1）水位站是以观测水位为主的水文测站。水位站可仅观测水位，也可兼测降水量、水面蒸发量等项目。水位站又可分为河道水位站(设在河道上具代表性的地方进行水位观测的水文测站)、潮水位站(设在感潮河段上记录潮位涨落变化的测站，潮水位站也称验潮站)、水库水位站(设在水库区有代表性的地方进行水位观测的水文测站)、湖泊水位站(设在湖泊区有代表性的地方进行水位观测的水文测站)。

2）流量站通常称作水文站，设在河、渠、湖、库上以观测水位和测验流量为主的水文测站，根据需要有的还兼测泥沙、降水量、水面蒸发量与水质等。

3）泥沙站是测验河流含沙量、输沙率或颗粒分析的水文测站。泥沙站一般同时观测水位和测验流量。

4）雨量站是以观测降水量为主的水文测站，也称降水量站。雨量站又分为面(或基本)雨量站和配套雨量站。

（3）按观测精度分类

水文测站按观测精度分成一类站、二类站和三类站。

1）《河流流量测验规范》(GB 50179—2015)中，按流量测验精度，将国家基本水文测站又分为一类精度的水文站、二类精度的水文站和三类精度的水文站。

2）《河流悬移质泥沙测验规范》(GB 50159—2015)中，按悬移质泥沙测验精度，将国家基本泥沙站又分为一类站、二类站和三类站。

### 3.1.2.4 测验要素

水文测验的要素涉及降水量、蒸发量，及河流、湖泊内的水位、流量、泥沙、水体化学成分的变化过程。

## 3.2 控制测量

测定控制点的平面位置($X,Y$)和高程位置($H$)的工作称控制测量。在河道勘测过程中，我们一般沿河道进行测量。国家高等级控制点数量较少，也远离河道测区，无法满足测量精度需求。因此，在国家高等级控制的基础上，对河道测区基本控制进行加密，构建河道观测基本控制。

河道观测基本控制构建工作通常分为前期工作、控制网设计(选点)、标石埋设、外业观测、平差计算、成果检验、资料归档与提交等。控制网设计一般是在前期工作的基础上兼顾河道控制点选取的基本原则来进行。

### 3.2.1 前期工作

控制测量的前期工作主要包括资料收集、实地踏勘。资料收集主要是收集测区内已有的控制点资料、卫星定位连续运行基准站的资料、中小比例尺地形图及测区基本情况等。实地踏勘是在收集到的中小比例尺地形图上进行初步设计后,对拟选点进行实地踏勘,按基本布设原则筛选点位,为控制网设计做好准备工作。

### 3.2.2 控制网设计

控制网设计在前期工作的基础上进行,在控制网设计时,对 GNSS 网点、水准点应统一考虑,尽量做到相互兼顾,不进行重复建设。与此同时,设计过程中既要考虑控制网的精度,又要考虑节约作业成本,应从多种方案中选择技术和经济指标最佳的方案。在基本确定控制网的布设后应编制相应的专业技术设计书或控制测量实施方案。

### 3.2.3 标石埋设

河道勘测工作中一般埋设的 GNSS 点等级为 C 级、D 级或 E 级,水准点一般情况下不单独埋设,采用与 GNSS 点标石共用的方式进行。

### 3.2.4 平面控制测量

常规的平面控制测量通常采用三角网、三边网、边角网、导线测量、交会测量和天文测量等方法。目前,河道勘测中建立平面控制网最常用的方法是全球导航卫星系统(Global Navigation Satellite System)。

#### 3.2.4.1 导线测量

(1)基本原理

由测量人员根据测量任务在测区内选定若干控制点,点与点的边线组成的多边形或折线称导线,这些点称导线点。导线计算的基本原理是坐标正反算(图 3.2-1)。即若已知点 $A$ 的平面坐标为($X_A$,$Y_A$),测得 $A$、$B$ 两点的水平距离为 $S_{AB}$,$AB$ 边与 $X$ 轴的夹角(坐标方位角)为 $\alpha_{AB}$(称为 $AB$ 边的坐标方位角),则可按式(3.2-1)、式(3.2-2)计算出待定点 $B$ 的平面直角坐标:

$$\Delta x = S_{AB}\cos\alpha_{AB}$$
$$\Delta y = S_{AB}\sin\alpha_{AB} \tag{3.2-1}$$
$$X_B = X_A + \Delta x$$
$$Y_B = Y_A + \Delta y \tag{3.2-2}$$

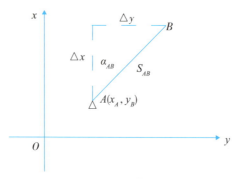

**图 3.2-1 坐标计算基本原理**

（2）导线的布设形式

导线测量单线推进速度快，布设灵活，容易克服地形障碍和穿过隐蔽地区，因此主要用于高山峡谷或障碍物较多的平坦或隐蔽地区、GNSS 接收信号较弱的测区。导线布设常采用单一导线（附合导线、闭合导线）和具有一个或多个结点的导线网、支导线等。导线观测值是角度（或方向）和边长。

1）附合导线。

附合导线是由一个已知点出发开始测量，经过若干未知点，到达另一个已知点，然后通过平差计算得到未知点平面坐标的导线测量。附合导线布设形式见图 3.2-2。

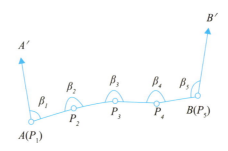

**图 3.2-2 附合导线布设形式**

2）闭合导线。

导线从已知控制点和已知方向出发，经过数点最后仍回到起点，形成一个闭合多边形，这样的导线称为闭合导线。闭合导线本身存在着严密的几何条件，具有检核作用。闭合导线是导线测量的一种方法，已知一条边，测量若干个边长和夹角后又闭合到已知边，通过计算平差后，可得到经过的未知点的平面坐标。闭合导线布设形式见图 3.2-3。

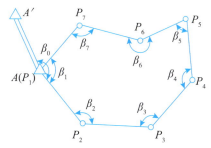

图 3.2-3  闭合导线布设形式

3）支导线。

由一已知点出发，既不附合也不闭合于一已知点的导线为支导线。由于支导线缺乏检核条件，因此一般只限于地形测量的图根导线中采用。支导线布设形式见图 3.2-4。

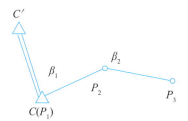

图 3.2-4  支导线布设形式

（3）导线测量的主要技术要求

按《水利水电工程测量规范》（SL 197—2013），在河道测量中一般会用到三、四、五等及图根导线测量，其测量精度指标应满足表 3.2-1、表 3.2-2 的规定。

表 3.2-1　　　　　　　　　各等级导线主要技术指标

| 等级 | 导线长度（m） | 测距中误差（mm） | 最多转折角数 | | | | 水平角观测测回数 | | | 测角中误差（"） | 方位角闭合差（"） | 导线全长相对闭合差 | 最弱边边长相对中误差 |
|---|---|---|---|---|---|---|---|---|---|---|---|---|---|
| | | | 1:500, 1:1000 | 1:2000 | 1:5000 | 1:10000 | DJ1 | DJ2 | DJ6 | | | | |
| 三 | $15.0×M$ | $±15$ | 15 | 15 | 25 | 35 | 6 | 9 | — | $±1.8$ | $±3.6\sqrt{n}$ | 1/60000 | 1/80000 |
| 四 | $10.0×M$ | $±20$ | 10 | 20 | 35 | 40 | 4 | 6 | — | $±2.5$ | $±5\sqrt{n}$ | 1/40000 | 1/40000 |
| 五 | $4.0×M$ | $±30$ | 10 | 20 | 35 | 40 | — | 3 | 6 | $±5.0$ | $±10\sqrt{n}$ | 1/14000 | 1/20000 |
| | $2.5×M$ | $±30$ | 6 | 15 | 23 | 25 | — | 2 | 4 | $±10.0$ | $±20\sqrt{n}$ | 1/10000 | 1/10000 |

注：①表中 $M$ 为测图比例尺分母；$n$ 为导线转折角数。②当测区测图比例尺大于 1:1000 时，其导线长度按 1:1000 比例尺执行。③五等导线在狭长困难地区长度可适当放长，但折角数不应大于表中的规定，在一般情况下五等导线闭合差不应超过图上 0.3mm。

表 3.2-2            图根导线测量的主要技术要求

| 发展级数 | 等级 | 导线长度（m） | 最多转折角数 | | 方位角闭合差(″) | | 测角中误差(″) | | 坐标闭合差（图上，mm） |
|---|---|---|---|---|---|---|---|---|---|
| | | | 1:500，1:1000，1:2000 | 1:5000，1:10000 | 1:500，1:1000，1:2000 | 1:5000，1:10000 | 1:500，1:1000，1:2000 | 1:5000，1:10000 | |
| 仅发展一级 | 一级 | $2.0 \times M$ | 15 | 30 | | | | | 0.40 |
| 共发展二级 | 一级 | $1.5 \times M$ | 15 | 30 | $\pm 60\sqrt{n}$ | $\pm 40\sqrt{n}$ | $\pm 30$ | $\pm 20$ | 0.30 |
| | 二级 | $1.0 \times M$ | 10 | 20 | | | | | 0.26 |

注：①表中 $M$ 为测图比例尺分母；$n$ 为导线转折角数。②导线在困难地区长度可适当放长，最后一次图根点对于邻近基本平面控制点的点位中误差不应大于图上 0.1mm。

（4）导线测量的程序

1）导线测量操作程序。

仪器架设在 $O$ 点，盘左位置按顺时针方向，依次瞄准 $A$ 和 $B$，观测并记录；倒转望远镜成盘右，按逆时针方向依次瞄准 $B$ 和 $A$，观测并记录；重复以上过程，直至测回数满足要求（图 3.2-5）。

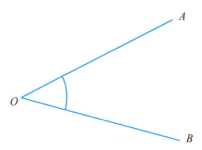

图 3.2-5   导线观测顺序图

2）导线的测量内容。

①测角。

导线的左、右角见图 3.2-6。

图 3.2-6   导线左、右角示意图

观测方法：单导线采用方向观测法观测左角或右角，支导线观测左、右角，导线网采用全圆方向观测法测角。

②电磁波测距。

光电测距仪是目前测距的主要仪器设备,不同等级的测距仪在用于导线测距时其技术要求也不同。测距仪的等级是按标称精度划分。

误差的计算公式为:

$$m_D = a + b \times D \tag{3.2-3}$$

式中:$m_D$——测距中误差;

$a$——标称精度中的固定误差;

$b$——标称精度中的比例误差系数;

$D$——测距长度。

③连接角测量。

根据已知点坐标求下一点坐标,需要求出导线边的方位角。与高级点联测的由已知点坐标求得。独立导线要测定一条边的方位角。

现在一般采用全站仪进行导线测量,其具有测距、测角、测高差一次性完成功能,并得出导线点坐标和高程,此导线为三维导线。

④测距时气压、气温观测。

测距仪(全站仪)所测数值受到温度和气压等外界因素的影响,因此边长测量时必须同时测定温度和气压,并进行气象改正,才能得到精度较高的距离观测值。

将采集的气象元素平均值输入仪器后测量距离。但当气象元素值(温度变化值大于1℃、气压变化值大于200Pa)发生变化时,应立即输入新值,再测量距离。

对于二、三、四等测边,温度的最小读数是0.2℃,气压的最小读数是50Pa;对于一、二级网及三级导线边,温度的最小读数是0.5℃,气压的最小读数是100Pa。

⑤导线计算。

a. 测距边的修正及归算。

经过气象、加常数、乘常数(必要时顾及周期误差)修正后的斜距,才能化算为水平距离。如必须对斜距加精测频率修正值,则需在计算加常数和乘常数之前进行此项改正。

测距边的加、乘常数修正值计算:

$$\Delta D_K = R \times S + C \tag{3.2-4}$$

式中:$\Delta D_K$——加、乘常数修正值(mm);

$R$——由测距仪检定求得的乘常数值(mm/km);

$C$——由测距仪检定求得的加常数值(mm);

$S$——斜距观测值(km)。

测距边化为水平距离,当采用三角高程测量时,可采用天顶距计算:

$$D = S \times \sin(Z - f) \tag{3.2-5}$$

$$f = (1-K) \frac{S}{2R} \rho \tag{3.2-6}$$

式中：$D$ ——测距边水平距离（m）；

$S$ ——经气象、加常数、乘常数等修正后的斜距（m）；

$Z$ ——天顶距观测值（°）；

$f$ ——地球曲率和大气折光对天顶距的修正值（″）；

$K$ ——当地大气折光系数；

$R$ ——测区地球曲率半径或平均曲率半径 6369000m。

测距边水平距离归算到测区平均高程面或规定的某一高程面上的长度：

$$D_0 = D \left( 1 + \frac{H_p - H_s}{R_A} \right) \tag{3.2-7}$$

式中：$D_0$ ——归算到测区平均高程面或规定的某一高程面上的长度（m）；

$H_p$ ——测区的平均高程或规定的某一高程（m）；

$H_s$ ——测距边两端点的平均高程（m）；

$R_A$ ——测距边所在法截线的曲率半径（m）。

测距边水平距离投影到参考椭球面上的长度：

$$D_1 = D \left( 1 - \frac{H_m + h_m}{R_A + H_m + h_m} \right) \tag{3.2-8}$$

式中：$D_1$ ——投影到参考椭球面上的长度（m）；

$h_m$ ——测区大地水准面高出参考椭球面的高差（m）。

把参考椭球面上的长度归算到高斯平面上的长度：

$$D_2 = D \left( 1 + \frac{y_m^2}{2R_m^2} + \frac{(\Delta y)^2}{24R_m^2} \right) \tag{3.2-9}$$

式中：$D_2$ ——参考椭球面上的边长（m）；

$y_m$ ——测距边两端点横坐标平均值（m）；

$\Delta y$ ——测距边两端点横坐标之差（m）；

$R_m$ ——参考椭球面上测距边中点的平均曲率半径（m）。

b. 导线测角中误差的计算。

按左、右角闭合差计算：

$$m_\beta = \pm \sqrt{\frac{[\Delta \Delta]}{2n}} \tag{3.2-10}$$

式中：$m_\beta$ ——测角中误差（m）；

$\Delta$ ——测站圆周角闭合差（m）；

$n$ ——测站圆周角的个数。

按导线方位角闭合差计算：

$$m_\beta = \pm \sqrt{\frac{1}{N}\left[\frac{f_\beta f_\beta}{n}\right]} \tag{3.2-11}$$

式中：$f_\beta$——附合导线（或闭合导线）的方位角闭合差（m）；

$\quad n$——计算 $f_\beta$ 时的测站数；

$\quad N$——附合导线或闭合导线的个数。

c. 测距边的精度评定。

一次测量距离的中误差计算：

$$m_0 = \pm \sqrt{\frac{[dd]}{2n}} \tag{3.2-12}$$

式中：$d$——化算至同一高程面的各边往、返水平距离之差（mm）；

$\quad n$——对向观测值的个数。

对向观测的平均值中误差的计算：

$$m_d = \pm \frac{m_0}{\sqrt{2}} \tag{3.2-13}$$

式中：$m_0$——一次测量的中误差（mm）。

边长相对中误差计算：

$$\frac{m_d}{D} = \frac{1}{D/m_d} \tag{3.2-14}$$

式中：$m_d$——对向观测的平均值中误差；

$\quad D$——各测距边水平距离平均值。

三、四等导线网在各项外业观测结束后，应进行各项限差的验算：

Ⅰ. 方位角条件自由项限值验算：

$$W_f = \pm 2\sqrt{nm_\beta^2 + m_{a_1}^2 + m_{a_2}^2} \tag{3.2-15}$$

式中：$m_\beta$——相应等级导线规定的测角中误差（m）；

$\quad n$——导线测站数；

$\quad m_{a_1}$、$m_{a_2}$——附合导线两端已知的方位角中误差（m）。

Ⅱ. 闭合图形的自由项限值验算：

$$W_s = \pm 2 m_\beta \sqrt{n} \tag{3.2-16}$$

导线网的计算应采用严密平差法，平差后应进行各项精度评定。

### 3.2.4.2 GNSS 测量

GNSS 测量是目前应用范围最广、最普遍的平面控制测量方法。GNSS 基本测量是以卫星定位为基础的一种测量技术。卫星定位是利用地面接收机接收导航卫星信号，接收机利用接收到的卫星信号计算出接收机天线的位置。GNSS 常用的定位方式有静态相对定位、实时动态差分、精密单点定位、实时广域差分等方式。静态相对定位的精度最高,在长距离和短距离 GNSS 基线解算中,一般都能获得满意的定位结果。接收机接收的卫星信号主要的观测量为伪距、载波相位及多普勒三种。

(1)常用的 GNSS 系统

目前在河道勘测中,常用的有 GPS(美国全球定位系统)、GLONASS(格洛纳斯系统)、GALILEO(伽利略系统)、BDS(北斗系统)四种。

(2)基本观测量

无论采用哪种卫星定位系统,都是通过 GNSS 接收机接收信号,来观测计算接收机的位置。

在通常情况下,对于接收机 $r$ 和卫星 $i$,利用观测值建立的观测方程为伪距和载波相位观测方程,如式(3.2-17)和式(3.2-18)。

$$\rho_r^i = R_r^i + c\delta t_r - c\delta t^i + I_r^i + T_r^i + \varepsilon_{\rho,r}^i \tag{3.2-17}$$

$$\varphi_r^i = \lambda^{-1}(R_r^i + c\delta t_r - c\delta t^i - I_r^i + T_r^i) + N_r^i + \varepsilon_{\varphi,r}^i \tag{3.2-18}$$

式中:$\rho_r^i$ 和 $\varphi_r^i$ ——伪距及载波相位观测量;

$c$ ——光速;

$\delta t_r$ ——接收机钟差;

$\delta t^i$ ——卫星钟差;

$I_r^i$ ——电离层延迟;

$T_r^i$ ——对流程延迟;

$\varepsilon_{\rho,r}^i$ ——伪距观测噪声;

$\varepsilon_{\varphi,r}^i$ ——载波相位观测噪声;

$N_r^i$ ——载波相位的整周模糊度;

$R_r^i$ ——接收机与卫星之间的星地距离,可由接收机坐标 $(x,y,z)$ 及卫星坐标 $(x^i, y^i, z^i)$ 表示。

$$R_r^i = \sqrt{(x-x^i)^2 + (y-y^i)^2 + (z-xz^i)^2} \tag{3.2-19}$$

(3)GNSS 控制网布设

GNSS 网形设计在很大程度上取决于接收机的数量和作业方式。如果只用两台接收机同步观测,一次只能测定一条基线向量;如果有三四台接收机同步观测,GNSS 网则可布设由三角形和四边形组成的网形(不同观测时段之间,一般采用边连接,点连接方式较少)。GNSS 控制网布设形式见图 3.2-7,GNSS 接收机架站设测见图 3.2-8。

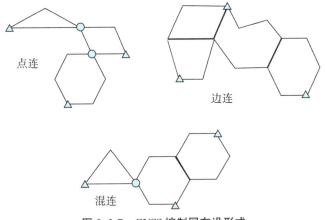

图 3.2-7　GNSS 控制网布设形式

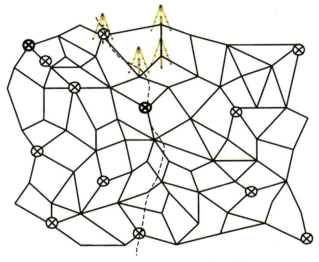

图 3.2-8　GNSS 接收机架站设测

河道测量主要涉及 C、D、E 级 GNSS 控制点,其技术要求如下:

1)C、D、E 级的测量精度及最简异步观测环或附合路线的边线要求不低于表 3.2-3 要求。

表 3.2-3　　　　　　　　C、D、E 级 GNSS 测量精度及网闭合环或附合路线边数要求

| 级别 | 相邻点基线分量中误差 | | 相邻点间平均距离 | 闭合环或附合 |
| --- | --- | --- | --- | --- |
| | 水平分量(mm) | 垂直分量(mm) | (km) | 路线的边数(条) |
| C | 10 | 20 | 20 | 6 |
| D | 20 | 40 | 5 | 8 |
| E | 20 | 40 | 3 | 10 |

2)各级 GNSS 网点位应均匀分布,相邻点间距离最大不宜超过该网平均点间距的 2 倍。新布设的 GNSS 网宜与附近已有的国家高等级 GNSS 网联测,联测点数应不少于 3 点。在

需用常规方法加密控制网地区,D、E 级网点应有 1～2 方向通视。

（4）GNSS 接收机选用

各级网测量采用的 GNSS 接收机的选用按表 3.2-4 规定执行。

表 3.2-4 　　　　　　　　　　GNSS 测量仪器精度要求标准

| 级别 | C | D、E |
|---|---|---|
| 单频/双频 | 双频/全波长 | 双频或单频 |
| 观测量至少有 | L1、L2 载波相位 | L1 载波相位 |
| 同步观测接收机数 | ≥3 | ≥2 |

（5）GNSS 控制网观测要求

GNSS 控制网观测的基本规定应符合表 3.2-5 的要求。

表 3.2-5 　　　　　　　　　　GNSS 控制网观测的基本技术要求

| 项　　目 | 级别 | | |
|---|---|---|---|
| | C | D | E |
| 卫星截止高度角（°） | 15 | 15 | 15 |
| 同时观测有效卫星数（个） | ≥4 | ≥4 | ≥4 |
| 有效观测卫星总数（个） | ≥6 | ≥4 | ≥4 |
| 观测时段数（个） | ≥2 | ≥1.6 | ≥1.6 |
| 时段长度（min） | ≥240 | ≥60 | ≥40 |
| 采样间隔（s） | 10～30 | 5～15 | 5～15 |

注：①计算有效观测卫星总数时,应将各时段的有效观测卫星数扣除其间的重复卫星。②观测时段长度,应为开始记录数据到结束记录的时间段。③观测时段数≥1.6,指采用网观测模式时,每站至少观测一时段,其中二次设站点数应不少于网点总数的 60%。④采用基于卫星连续运行基准站点观测模式时,可连续观测,但观测时间应不低于表中规定的各时段观测时间的和。

（6）GNSS 平差计算

GNSS 平差包括基线向量处理、无约束平差、约束平差和联合平差等步骤。

1）基线向量处理。

C 级以下的基线处理采用广播星历。

GNSS 观测值对流层延迟修正模型采用标准气象元素。

基线解算应以同步观测时段为单位。单基线解时,须提供每条基线分量及其方差—协方差阵。

D、E 级 GNSS 网基线长度允许采用不同的数据处理模型。长度小于 15km 的基线,应采用双差固定解;长度大于 15km 的基线可在双差固定解和双差浮点解中选择最优结果。

GNSS 基线向量处理流程见图 3.2-9。

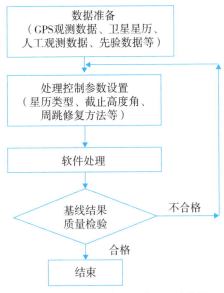

图 3.2-9 GNSS 基线向量处理流程图

2）无约束平差。

基线向量处理符合要求后，以三维基线向量及其相应方差—协方差阵作为观测信息，以一个点在 2000 国家大地坐标系中的三维坐标作为起算依据，进行无约束平差。无约束平差输出 2000 国家大地坐标系中各点的三维坐标、各基线向量及其改正数和精度。

基线向量的各分量改正数绝对值（$V_{\Delta x}$、$V_{\Delta y}$、$V_{\Delta z}$）满足式（3.2-20）的要求。

$$V_{\Delta x} \leqslant 3\sigma, V_{\Delta y} \leqslant 3\sigma, V_{\Delta z} \leqslant 3\sigma \qquad (3.2-20)$$

3）约束平差。

利用无约束平差后的观测量，选择在 2000 国家大地坐标系或地方独立坐标系中进行三维约束平差或二维约束平差。平差中，对已知点坐标、距离和方位进行强制约束或加权约束。

平差结果包括相应坐标系中的三维或二维坐标、基线向量改正数、基线边长、方位、转换参数及相应的精度。

约束平差中，基线向量的各分量改正数与经过粗差剔除后的无约束平差结果的同一基线，相应改正数较差的绝对值（$dV_{\Delta x}$、$dV_{\Delta y}$、$dV_{\Delta z}$）满足式（3.2-21）的要求。

$$dV_{\Delta x} \leqslant 2\sigma, dV_{\Delta y} \leqslant 2\sigma, dV_{\Delta z} \leqslant 2\sigma \qquad (3.2-21)$$

4）联合平差。

GNSS 静态控制网中，设立两个以上的基准点进行连续观测，取逐日观测结果的平均值，以提高基线的精度。用两个基准点作为固定边，加入地面常规观测值进行联合平差，可提高 GNSS 静态控制网质量。GNSS 静态控制网平差处理流程见图 3.2-10。

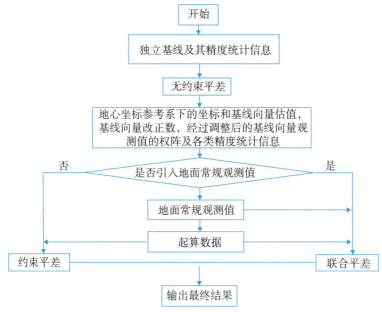

图 3.2-10　GNSS 控制静态网平差处理流程图

5）质量控制。

根据基线向量改正数的大小，判断基线向量中是否含有粗差。如果发现构成 GNSS 静态控制网的基线含有粗差，则采用剔除含有粗差的基线重新进行解算或重测含有粗差的基线等方法解决。如果发现个别起算点数据有质量问题，则应放弃有问题的起算数据。

（7）GNSS 误差源

GNSS 观测量受到不同来源误差的影响，抑制或消除测量误差显然是提高定位精度的措施之一。按误差的性质可分为系统误差和随机误差两大类，但对定位精度影响最大的还是系统误差。见图 3.2-11，GNSS 系统误差可分为三类：与卫星相关的误差、与信号传播相关的误差，与接收机相关的误差。其中，与卫星相关的误差包括卫星星历误差、卫星钟差及相对论效应；与信号传播相关的误差包括电离层延迟误差、对流层延迟误差；与接收机相关的误差包括接收机钟差、天线的相位中心、多路径效应和接收机噪声等。

图 3.2-11　GNSS 误差源

1）卫星星历误差。

卫星星历可分为广播星历和精密星历,卫星星历误差主要指星历表示卫星轨道与真实卫星轨道之间的误差。其中,广播星历是一种实时星历,精密星历是非实时的。在四大导航系统中广播星历误差最小的是 GPS,而 BDS 系统中 GEO 卫星广播星历误差最大。一般广播星历的误差在米级,而 IGS 给出的精密星历误差在厘米级别。在高精度定位中为了削弱或者消除卫星星历带来的误差,常采用两种方式:对于高精度单点定位,一般采用 IGS 给出的精密星历;而对于相对定位来说,可以利用短基线差分方法消除广播星历误差。

2）卫星和接收机钟差。

卫星钟差是指 GNSS 卫星上高精度原子钟的时间与地面采用的标准时间(UTC 或 GPST)之间的偏差。这种偏差在 $1\sim0.1ms$,乘以光速后定位误差将达到 $300\sim30km$。因此必须仔细消除,消除方式一般采用对卫星时钟频率漂移建立数学模型,计算卫星时钟漂移改正值,而对于相对定位可以采用单差方式进行消除。

接收机钟差是由采用精度较差的石英钟引起的,与卫星钟差相比误差更为明显。接收机钟差不仅受本身的石英钟影响,而且还受接收机周围的环境影响。因此,对接收机钟差的消除,一般采用将每个历元的接收机钟差作为未知数,利用单点定位的基于伪距求得,精度可以达到 $0.1\sim0.2\mu s$。对于相对定位,可以利用双差法来消除接收机钟差的影响。

3）电离层和对流层误差。

电离层为地球表面高度 $50\sim1000km$ 范围的大气层区域。电磁波信号在紫外线、X 射线、$\gamma$ 射线和高能粒子作用下,受电离层中的自由电子的影响,形成自由电子和正离子,导致传播路径发生弯曲和传播速度发生变化,使信号传播时间与真空中光速的乘积不等于卫星至接收机天线之间的几何距离。该延迟的大小主要与电子密度和信号频率有关,引起的最大误差可达 50m。

对流层位于距地面 40km 以内,主要的气象现象都发生在对流层。由于对流层大气成分较为复杂,主要构成为氮气、氧气和水蒸气等,这些气体构成了整个大气层 90％的质量,也是造成 GNSS 信号传播延时的主要原因。

表 3.2-6,给出了电离层和对流层误差在差分定位中的特性,这两种误差的消除一般采用模型改正法,利用模型计算出误差影响的大小,直接对观测值进行修正。在相对定位中,可以利用短基线情况下电离层和对流层对的空间相关性,使用单差法可以基本消除电离层误差和对流层误差。

表 3.2-6　　　　　　　　　　电离层和对流层误差源在差分定位中的特性

| 误差源 | 变化周期（min） | 差分定位误差大小（m） |
| --- | --- | --- |
| 电离层延迟 | 约 10 | 误差方差约 1 |
| 对流层延迟 | 约 10 | 误差方差约 0.2 |

4)多路径误差。

在较为复杂的环境中接收机天线不仅会接收 GNSS 卫星直达信号,而且还会接收周围物体反射的卫星信号,两路信号会叠加造成干扰,导致观测值偏离真实值,这种误差称为多路径误差。多路径误差取决于测站周围的环境、接收机的性能以及观测时间的长短,所以为了降低多路径误差的影响,一般将 GNSS 观测站建立在开阔无干扰的区域或者配置高性能扼流圈的 GNSS 天线。

### 3.2.5 高程控制测量

在河道勘测中,常用的高程控制方法有几何水准测量、三角高程测量及 GNSS 高程拟合,观测等级一般为二等及以下。

#### 3.2.5.1 几何水准测量

(1)基本原理

几何水准测量是利用水准仪提供的水平视线,通过读取竖立于两个点上的水准尺读数,测定两点间的高差,再根据已知点高程计算待定点高程。

见图 3.2-12,若要测定 $A$、$B$ 两点间的高差,则在 $A$、$B$ 两点上分别垂直竖立水准尺,在 $A$、$B$ 两点中间安置水准仪,用仪器的水平视线分别读取 $A$、$B$ 两点在标尺上的读数 $a$ 和 $b$,则 $A$、$B$ 两点间的高差为:

$$H_{AB} = a - b \tag{3.2-22}$$

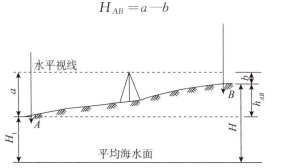

**图 3.2-12 几何水准测量原理**

如果 $A$、$B$ 两点相距较远或高差较大,安置一次仪器无法测得高差时,就需在两点间增设若干传递高程的临时立尺点(称为转点),见图 3.2-13。若测出的各站高差为 $h_1, h_2\cdots, h_n$,则 $A$、$B$ 两点间的高差为:

$$H_{AB} = \sum h = h_1 + h_2 + \cdots = (a_1 - b_1) + (a_2 - b_2) + \cdots = \sum a - \sum b \tag{3.2-23}$$

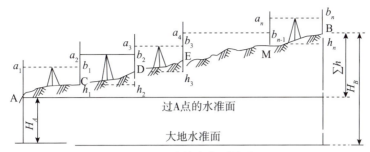

**图 3.2-13 连续水准测量原理**

（2）水准测量基本原则

1）选择有利的观测时间，保证望远镜中成像清晰、稳定，遇不利天气要停止测量工作。

2）前、后标尺至仪器的距离要大致相等，尽可能地削弱与距离有关的误差影响，如 $i$ 角误差、垂直折光等。

3）相邻观测站要严格遵守观测顺序，尽可能削弱 $i$ 角变化、仪器垂直升降等与时间有关的误差影响。

4）一个测段测站数应为偶数，以尽可能地消除标尺零点差的影响。由往测转为返测时，两标尺要互换位置。

5）水准测量间歇时最好落在固定点，否则应选择两个固定点，间歇后对两个间歇点的高差进行校核。

6）安置水准仪三脚架时，要使其中两脚与水准路线的方向平行，第三脚轮换置于路线方向的左侧或右侧。

（3）误差来源

1）仪器误差。

仪器的 $i$ 角误差，可以通过控制前后测站视距差来减少其影响；仪器的 $\phi_i$ 角误差，可以通过对水准仪上的圆水准器进行检验与校正对交叉误差 $\phi$ 进行检验与校正，来减少其影响；水准标尺每米长度误差，必须在观测前检验标尺，通过计算标尺长度改正来减少其影响；两个水准标尺零点差，可以通过在水准实际观测作业中各个测段的测站数安排成偶数并且在相邻的两个测站上使用两个水准标尺轮流作为前视尺以及后视尺，来减少其影响。

2）外界因素引起的误差。

温度变化对 $i$ 角的影响，可以通过水准测量作业前提前取出仪器并在作业中将各个测段的测站数安排成偶数来减少；仪器和水准标尺垂直位移的影响，可以通过设法减少水准标尺垂直位移（如将立足点选在中等结实的土壤上）以及水准标尺放置尺台后一段时间再进行观测来减少；大气垂直折光的影响，可以采取使前后两站的视距尽量相等并且视线与地面有足够高度的措施来减少；应选用精度足够高的水准仪来减少磁场对补偿式自动安平水准仪的影响。

3)观测误差。

主要有水准器气泡居中误差,照准水准标尺上刻度分划的误差和读数误差,这些误差均属于偶然误差。实验表明,这些误差影响很小,作业人员在观测时细心点可以有效将此误差控制在很小的范围内。

### 3.2.5.2 三角高程测量

水准测量一般适用于地势相对平坦区域,若所测区域地形起伏较大,一般采用三角高程的测量方法,此方法主要采用全站仪进行施测。

(1)基本原理

三角高程测量是通过观测两点间的水平距离和天顶距(或高度角),利用三角关系求定两点间高差的方法。见图 3.2-14,$A$、$B$ 为地面上两点,自 $A$ 点观测 $B$ 点的竖直角为 $\alpha$,$D$ 为两点间水平距离,$i$ 为 $A$ 点仪器高,$s$ 为 $B$ 点觇标高,则 $A$、$B$ 两点间高差为:

$$h_{AB} = D\tan\alpha + i - s \tag{3.2-24}$$

$B$ 点高程为:

$$H_B = H_A + D\tan\alpha + i - s \tag{3.2-25}$$

式(3.2-25)是假设地球表面为水平面,观测视线为直线条件推导出来的。在大地测量中,当两点距离大于 300m 时,应考虑地球曲率和大气折光对高差的影响。三角高程测量,一般应进行往返观测(双向观测),它可消除地球曲率和大气折光的影响。

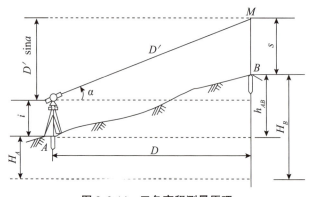

图 3.2-14 三角高程测量原理

(2)观测方法

用全站仪代替水准仪进行高程测量应满足以下条件:

1)全站仪的设站数为偶数,否则不能把转点觇标高抵消掉。

2)起始点和终点的觇标高应保持相等。

3)转点上的觇标高在仪器迁站过程中保持不变。

4)仪器在观测过程中高度保持不变。

5)垂直角可采用全站仪(或电子经纬仪、经纬仪)以中丝法或三丝法进行观测,其角值范

围为 $0°\sim\pm90°$。视线在水平线的上方称为仰角,符号为正($+\alpha$);视线在水平线的下方称为俯角,符号为负($-\alpha$)。

(3)三角高程测量计算

1)单向观测高差计算。

地球大气密度呈上疏下密分布,不同地区及地质条件,不同季节、天气,不同时刻甚至不同地面覆盖物的大气密度梯度都不相同。大气密度会影响到光线的折射,长江中游地区折光系数 $K$ 值范围一般为 $0.90\sim0.16$。在实际测量过程中,都可准确测定某一地区测量时间内的平均折光系数。

测区范围内大气垂直折光系数可利用对向观测高差计算:

$$K = 1 + \frac{R}{D_{AB}^2}[(S_{AB}\cos Z_{AB} + S_{BA}\cos Z_{BA}) + (i_A - l_B) + (i_A - l_A)] \quad (3.2\text{-}26)$$

或利用已知高差计算:

$$K = 1 + \frac{2R}{D_{AB}^2}[(S_{AB}\cos Z_{AB} + i_A - l_B) - h_0] \quad (3.2\text{-}27)$$

利用测定的垂直折光系数 $K$,就可计算单向观测高差:

$$h = D_{AB} \times \cot Z_{AB} + i_A - l_B + \frac{1-K}{2R} \times D_{AB}^2 \quad (3.2\text{-}28)$$

对向观测高差计算公式为:

$$h = \frac{1}{2}\left[D_{AB} \times \cot Z_{AB} - D_{AB} \times \cot Z_{BA} + (i_A - l_B) - (i_B - l_A) - \frac{K_{AB} - K_{BA}}{2R} \times D_{AB}^2\right]$$

$$(3.2\text{-}29)$$

式中:$S_{AB}$——$A$ 站至 $B$ 站经修正后的斜距(m);

$D_{AB}$——$A$ 站至 $B$ 站的平距(m);

$Z_{AB}$——$A$ 站至 $B$ 站的天顶距(°);

$i_A$、$i_B$——$A$、$B$ 站的仪器高(m);

$l_A$、$l_B$——$A$、$B$ 站的觇标高(m);

$h_0$——$A$、$B$ 点间的已知高差(m);

$R$——地球平均曲率半径(m)。

2)误差源分析。

a.直角和水平距离的观测误差。

测角观测误差主要有照准误差和竖盘指标差及水准管气泡居中误差。若前视和后视水平距离相等,测站通过变换仪器高进行两次观测,则高差中误差可按下式计算:

$$m_{\Delta h\text{中}}^2 = 2\tan^2\alpha \times m_s^2 + \frac{2s^2}{\cos^4\alpha}\left(\frac{m_a}{\rho}\right)^2 \quad (3.2\text{-}30)$$

式中：$m_{\Delta h中}$——高差中误差；

$m_s$——水平观测距离中误差；

$m_\alpha$——垂角观测中误差；

$s$——前后视水平距离；

$\alpha$——前视和后视垂直角的最大值。

在高差误差中，距离观测误差所占比例随垂直角的增大而增大，而垂直角观测误差所占比重随垂直角的增大而减少。在坡度小于 20°时，垂直角观测误差是主要的，因此要想提高观测精度，必须设法提高垂直角的观测精度。

b. 地球曲率和大气折光的影响。

水准测量要求前后视距相等主要是为抵消视准轴与水准管轴不平行误差，同时也是为抵消地球曲率和大气折光的影响。用全站仪代替水准仪测量，同样存在上述问题。

在观测的过程中，若假定大气折光系数 $k$ 保持不变，并使前后视水平距离相等，则球气差为 0。若不能保证前后视距严格相等，如 $S_前 \approx S_后 = 200m$，且 $S_前 - S_后 = 10m$，取 $k = 0.107$ 不变，可计算出球气差为 0.28mm。可见，前后视距不严格相等，对球气差的影响是比较小的。

如果 $k$ 发生变化，其变化量为 0.1，在上述同样情况下，球气差为 0.03mm，因此，如果把视距控制在 200m 左右，前后视距差控制在 3m 之内，球气差的影响完全可以忽略不计。

c. 觇标沉降、仪器沉降、觇标倾斜影响。

全站仪测量通常用下端呈尖形的对中杆作为觇标，可通过转点时垫比较坚硬的尺垫、提高迁站速度、采用往返观测的方法抵消部分觇标沉降影响。仪器沉降主要发生在观测过程中，若一个测站变换仪器高观测的两个测回采用相反的观测次序，即"后—前—前—后"或"前—后—后—前"，可有效地减弱仪器沉降的影响。觇标倾斜的影响只要仔细检验对中杆上面的圆水准气泡，在立杆时保证气泡居中或采用三脚支架对中杆，就可减少倾斜带来的误差影响。

d. 竖直度盘指标差影响。

全站仪竖直度盘存在指标差，只用正镜或倒镜观测，对观测高差影响较大；若采用正倒镜观测，可以抵消指标差的影响。

e. 竖直倾斜误差影响。

全站仪能够进行竖轴倾斜的自动补偿，补偿后的精度能达到 0.1″。即使有一点倾斜，也可用盘左、盘右取中值的方法抵消。

### 3.2.5.3 GNSS 高程

（1）基本原理

GNSS 所测高程为相对于椭球面的大地高，通常采用的 1985 国家高程基准中的高程是相对于似大地水准面的高程。两者之间存在差异，通常称之为高程异常。可通过 GNSS 测量联测的水准点,求得联测点的高程异常值,再根据拟合模型,采用数学拟合模型拟合,得到该区域每一个 GNSS 点的高程异常值,从而求得这些点的正常高(基于似大地水准面)。

面对大范围的布点任务时,传统地面高程测量往往需要付出大量的人力物力,效率还比较低下,在平坦地区使用几何法可以大大降低工作量,提高工作效率,完成精度要求不高的布点任务。但该方法要求在区域内有一定密度、一定数量、分布均匀的 GNSS 控制点,否则拟合精度会受到较大影响。

目前,常用的 GNSS 水准拟合模型有平面拟合法、多项式曲面拟合法和多面函数拟合法,其中平面拟合法适合于平原地区,小区域内利用曲面法拟合精度较好,多面函数拟合法适于地形较复杂的山区。

1)平面拟合法。

平面拟合法采用的模型如下:

$$\xi = a_0 + a_1 x_i + a_2 y_i \quad (i = 0, 1, 2, \cdots, n) \tag{3.2-31}$$

平面拟合法要求已知点大于 3 个,利用最小二乘法的参数平差原理求解未知数 $a_0$、$a_1$、$a_2$,则式(3.2-31)的矩阵形式如下:

$$V = AX + L \tag{3.2-32}$$

式中:$X = \begin{bmatrix} 1 & x_1 & y_1 \\ 1 & x_2 & y_2 \\ & \vdots & \\ 1 & x_n & y_n \end{bmatrix}$;$A = \begin{bmatrix} a_0 \\ a_1 \\ a_2 \end{bmatrix}$;$L = \begin{bmatrix} \xi_1 \\ \xi_2 \\ \vdots \\ \xi_n \end{bmatrix}$。

根据最小二乘原理,可得:

$$A^{\mathrm{T}} PAX + A^{\mathrm{T}} PL = 0 \tag{3.2-33}$$

将已知数据代入函数,解出未知数 $a_0$、$a_1$、$a_2$,这样就确定了一个拟合平面。把待求点的平面坐标代入式(3.2-31),可求出待求点的残余高程异常 $\xi$,其与重力场模型高程异常 $\xi_{GMi} i$ 之和即为待求点的高程异常 $\xi_i$。最后,通过计算得到正常高 $h_i$。

2)多项式曲面拟合法。

多项式模型在 GNSS 水准函数模型中是一种应用最多、最普遍且简单易解算的方法。多项式曲面拟合法的基本原理是在高程异常和与其相对应点的平面之间建立一定的函数映射关系,求得模型拟合系数,继而确定局部似大地水准面模型。

在公共点不多、拟合区域较小且高程异常变化平缓的情况下,可采用多项式模型中的二次曲面拟合模型。随着公共点数量增加,拟合区域范围扩大及其地理环境变得复杂,可采用 3 次曲面或 7 次曲面等模型进行拟合计算。多项式拟合模型如下:

$$\xi = f(B, L) + \varepsilon$$
$$f(B, L) = a_0 + a_1 B + a_2 L + a_3 B^2 + a_4 L^2 + a_5 BL + \cdots \tag{3.2-34}$$

式中:$\xi$ —— 高程异常;

$\varepsilon$ —— 残差;

$a_i$——待拟合参数;

$B$ 与 $L$——GNSS 水准公共点的大地纬度和大地经度。

多项式拟合法解算过程以二次曲面拟合为例,则误差方程可表示为:

$$V = BX - L \qquad (3.2\text{-}35)$$

式中:$V = [V_0 \quad V_1 \quad \cdots \quad V_5]^{\mathrm{T}}$;$X = [a_0 \quad a_1 \quad \cdots \quad a_5]^{\mathrm{T}}$;$L = [\xi_0 \quad \xi_1 \quad \cdots \quad \xi_5]^{\mathrm{T}}$;拟合系数矩阵 $B$:

$$B = \begin{bmatrix} 1 & B_{11} & L_{12} & B_{13}^2 & L_{14}^2 & B_{15}L_{15} \\ \vdots & \vdots & \vdots & \vdots & \vdots & \vdots \\ 1 & B_{51} & L_{52} & B_{53}^2 & L_{54}^2 & B_{55}L_{55} \end{bmatrix}$$

依据误差方程的形式可知,若要求取二次曲面拟合模型的拟合参数,至少需要 6 个已知公共点的高程异常及大地经纬度。将公共点数值代入拟合系数矩阵 $B$ 中,依据最小二乘准则可得待估拟合参数 $X$:

$$X = (B^{\mathrm{T}}B)^{-1}B^{\mathrm{T}}L \qquad (3.2\text{-}36)$$

3)多面函数拟合法。

多面函数的核心理论是:任何圆滑的数学表面,总可以利用一系列的有规则的数学表面的总和,以任意精度逼近。模型具体表示如下:

$$\xi = \sum_{j=1}^{n} k_j Q(x, y, x_j, y_j) \qquad (3.2\text{-}37)$$

式中:$k_j$——模型待定系数;

$Q(x, y, x_j, y_j)$——核函数;

$n$——核函数个数;

$(x_j, y_j)$——选取的中心点坐标。

核函数一般选用正双面核函数:

$$Q(x, y, x_j, y_j) = [(x - x_j)^2 + (y - y_j) + \delta]^{1/2} \qquad (3.2\text{-}38)$$

多面函数拟合法是基于几何原理的纯数学逼近的方法,旨在解决依据数据点所形成的平差数学曲面问题。在不考虑数据源影响仅就模型本身而言,核函数的选取与中心点的选取是影响多面函数拟合法拟合精度的主要因素。依据拟合区域范围大小与地理情况等因素,核函数除正双曲面函数以外还可选锥面函数、倒双曲面函数、三次曲面函数和旋转面等函数。在通常情况下,核函数会选对称性的距离型函数,如正、倒双曲面函数,通过调节这两个函数中的平滑因子 $\delta$ 来获得最佳模型。人工中心点选取具有很强的经验性,结果也因人而异。为规避此种经验性,可在模型计算前利用聚类分析等方法进行优化选点。最后,依据最小二乘准则可得模型待定系数 $k_j$,即 $X = (Q^{\mathrm{T}}Q)^{-1}Q^{\mathrm{T}}\xi$,其中 $X = [a_1 \quad a_2 \quad \cdots \quad a_i]^{\mathrm{T}}$。

(2)观测要求

在河道勘测中,一般用 GNSS 测高代替四、五等水准测量。其 GNSS 测量应符合 GNSS

C级、D级网观测要求。其中,网内 GNSS 点/水准点(高程异常控制点)的布置与测量应满足下列规定:

1)GNSS/水准点,宜分布在测区的四周和中央。若测区为带状地形,GNSS/水准点应分布于测区两端及中部。相邻 GNSS/水准点(高程异常控制点)最大间距不宜大于下式计算结果。

$$d = 7.19 m_\xi c^{-1} \lambda^{-\frac{1}{2}} \tag{3.2-39}$$

式中:$d$——相邻 GNSS/水准点(高程异常控制点)最大间距(km);

$m_\xi$——似大地水准面的精度(cm);

$c$——平均重力异常代表误差系数(平原、丘陵、山地、高山地分别取 0.54、0.81、1.08、1.50);

$\lambda$——平均重力异常格网分辨率(′)。

2)GNSS/水准点,宜大于选用计算模型中未知参数个数的 1.5 倍;山地、高山地地区,应适当增加 GNSS/水准点(高程异常控制点)的点数。

3)测量精度要求,用于代替四等水准的 GNSS 高程测量的高程异常控制点,其坐标和高程精度应不低于 C 级 GNSS 网点和国家三等水准网点的精度。用于代替五等水准的 GNSS 高程测量的高程异常控制点,其坐标和高程精度应不低于 D 级 GNSS 网点和国家四等水准网点的精度。

4)拟合高程计算。

a. 充分利用当地的重力大地水准面模型或资料。

b. 应对联测的已知高程点进行可靠性检验,并剔除不合格点。

c. 对于地形平坦的小面积测区,可采用平面拟合模型;对于地形起伏较大的大面积测区,宜采用曲面拟合模型。

d. 对拟合高程模型应进行优化。

e. GNSS 点的高程计算,不宜超出拟合高程模型所覆盖的范围。

5)GNSS 拟合高程检验。

对 GNSS 点的拟合高程成果,应进行检验。检测点数不少于全部高程点的 10% 且不少于 3 个点;高差检验,可采用相应等级的水准测量方法或电磁波测距三角高程测量方法,其高差较差不应大于 $30\sqrt{D}$ mm($D$ 为检查路线的长度,单位为 km)。

6)GNSS 正常高差代替等级水准高差条件。

使用 GNSS 正常高差代替等级水准高差时,GNSS 测量模式应采用静态模式。采用静态测量模式进行 GNSS 相对定位,可求定相邻 GNSS 点间的大地高差,减去利用似大地水准面成果计算的 GNSS 点间的高程异常差,可得到相邻 GNSS 点间 GNSS 正常高差。

(3)误差源分析

为获得较高精度的局部似大地水准面,有必要进行误差控制与质量优化。影响 GNSS

水准拟合精度的误差主要来自以下三个方面：

1）GNSS 大地高测量误差。

对于一相对较大的区域，GNSS 控制网的组成可能会是不同时期观测结果的，GNSS 大地高的数据稳定性不佳会影响最后的拟合精度。此外，区域内高差较大，对流层延迟的影响会比地形起伏较小的地区带来的误差要大。

2）水准测量误差。

为联测 GNSS 点，通常需要进行远距离水准测量，其最大的误差来源为误差的累计与传递。同 GNSS 大地高测量一样，区域水准网也可能是不同时期施测的，其点位可能发生相对移动或沉降，进而影响最后的模型拟合精度。

3）模型误差。

数学模型是对客观世界的抽象描述，其结果不可避免地与真实世界存在差异。并且，模型选择不同其模型误差也不尽相同。针对 GNSS 水准拟合，有些模型只考虑趋势性，如多项式拟合法等。

针对三种误差来源，提高 GNSS 水准拟合精度的措施主要有以下方面：

①对于控制大地高测量误差，主要是通过高精度观测仪器（GNSS 接收机）、具有相应资质的观测人员与良好的观测条件来提高 GNSS 观测精度。在 GNSS 大地高数据解算过程中，应尽量选择多个高等级且相对整个区域较近的 GNSS 起算点。水准测量结果对提高拟合精度起着至关重要的作用，故除了施测时应按照相应等级的水准测量规范外，还需考虑进行水准联测的点位分布。待拟合点的精度很大程度取决于公共点的分布情况，若待拟合点在公共点拟合区域外，则模型拟合外推精度会大大降低，故水准联测点应均匀分布整个区域。

②模型误差不可避免，但通过对拟合区域范围、高差分布以及公共点的分布进行分析，可选择适合区域特性的拟合模型。例如，在大范围且高差较大的区域进行拟合，则要选取综合性模型。此外，模型的解算也具有较大的影响。对于根据公共点信息与拟合模型建立的误差方程，通常采用最小二乘准则进行平差计算以获得参数最优解。但当源数据中含有粗差或精度较低时，应选择抗差估计方法。在测量数平差处理中，最为常用的抗差估计是基于极大似然估计（M 估计）的选权迭代法。此法计算简单且计算过程类似最小二乘法，可最大限度剔除粗差对模型的影响。

## 3.3 陆域测量

在河道勘测中，陆域测量一般指的是近岸区域陆上地形或断面测量，一般是从水边线测至大堤，或最高历史水位处。目前，河道基本观测主要采用 GNSS 或全站仪进行数据的获取。地形测量和断面测量采用的测量方法基本无差异，主要区别在于精度控制指标及成果形式的差异。

## 3.3.1 陆域测量基本方法

### 3.3.1.1 全站仪法

全站仪可获取散点数据,具有后方交会、前方交会、导线测量等功能。对于地形数据的获取,可采用全站仪电子平板法和全站仪测记法。

(1)全站仪电子平板法

该模式为野外测绘,就是全站仪内装有配套的成图软件,在测站上观测地物点时,计算机屏幕现场显示点位和图形,并可对其现场绘制,绘制完成后,对其成果和数据存盘,并进行编辑整理打印。其主要技术流程包括数据采集、数据处理及图形编辑等。

作业开始之前,测量员先根据测区的大小、测图的比例尺,先设定好图形所在屏幕的范围及所用全站仪的型号,并把测区内已有的控制点输入计算机,用数据线缆与全站仪相互连接,就可以进行外业工作了。经过上述设定后,电脑上显示出可以看得见的测图范围,除了已有的控制点之外,还显示出图形的大小、比例尺等,全站仪所测得碎部点通过电缆传送到微机中,屏幕上即显示点的位置,并附带显示出点的类别、点号、高程(点号、高程可根据需要自行开放或关闭)。随着所测点数的增多,现场可以根据实地情况对线状、面状地物进行连接,修改等编辑方法,所测图形过大时,也可根据需要而放大测区范围,利用专用光笔鼠标可随意放大或缩小某细部图形,当所测数据增多时,也可以根据测绘需要来"分割"某部分图形进行单独处理。

(2)全站仪测记法

全站仪测记法测图是目前测绘行业应用较广的一种模式,主要应用于地形或断面的碎部测量。

碎部测量是数字测图的主要内容,它是通过全站仪测定地形特征点的平面位置和高程,将这些点位信息自动记录和存储在全站仪中,再传输到计算机中。全站仪测记法测图外业一般由 3 个人组成,分别承担观测仪器、草图绘制和跑尺工作,也可以由跑尺人员同时承担草图绘制工作。因为仪器的自动化程度越来越高,所以对观测者的要求越来越低,但为了避免出错,在测量过程中观测者对能够确认属性的点可以加入属性代码。草图的绘制者承担领尺(跑尺)、草图现场勾绘和配合内业成图等多项工作,是测记法测图的关键,测图速度、内业成图出图及成图精度都与草图的绘制有直接关系。跑尺员必须具备丰富的经验,可以加快外业工作进度,减少草图绘制人员的工作量。

每一个地形特征点都要记录,包括点号、属性编码、平面坐标、高程等。属性编码指示了该点的性质,由现场作业人员根据实地特性并以便捷的数字或字母在测量过程中输入全站仪中。

近年来,全站仪法逐渐被 GNSS 法取代,在 GNSS 无法施测或信号不好的区域采用免棱镜全站仪测记法进行数据获取。

### 3.3.1.2　GNSS 法

陆域测量 GNSS 法主要是采用 RTK 法(包含网络 RTK)进行陆上数据的获取。RTK 技术是建立在实时处理两个测站的载波相位基础上的。它能实时提供观测点的三维坐标,并达到厘米级的高精度。通过 RTK 技术能够在野外实时得到厘米级定位精度的测量方法,它采用了载波相位动态实时差分方法,是 GNSS 应用的重大里程碑。它的出现为工程测量、地形测图、各种控制测量带来了新曙光,极大地提高了外业作业效率。RTK 技术通常由一台基准站接收机和一台或多台流动站接收机以及用数据传输的电台组成,在 RTK 作业模式下将一些必要的数据输入 GPS 控制手簿,如基准站的坐标、高程、坐标系转换参数、水准面拟合参数等,流动站接收机在若干个待测点上设置。基准站与流动站保持同时跟踪至少 4 颗以上的卫星,基准站不断地对可见卫星进行观测,将接收到的卫星信号通过电台发送给流动站接收机,流动站接收机将采集到的 GPS 观测数据和基准站发送来的信号传输到控制手簿,组成差分观测值,进行实时差分及平差处理,实时得出本站的坐标和高程。

采用 RTK 进行陆上观测有以下几个特点:

(1)作业效率高、质量高

在一般的地形地势下,RTK 只需设站一次即可完成半径为 10km 区域测量,大大减少了传统测量所需的控制点数量以及挪移测量仪器的次数。操作只需一个作业人员,在一般的电磁波环境下几秒钟即可获取一点坐标,具有高效率、高质量的优势。

(2)定位精度高

在一定的作业半径范围内,若满足 RTK 条件时,其平面精度、高程精度都能达到厘米级标准,且 RTK 测量的数据可靠、准确。

(3)作业条件限制小

RTK 技术只需满足"电磁波通视",而不是传统要求的两点之间达到光学通视。所以通视条件、能见度、气候以及季节等因素,对 RTK 技术造成的影响和限制比较小。

(4)测绘功能强

RTK 具有自动化、集成化程度高的特点,强大的测绘功能适用于各种测绘内业和外业。流动站采用内装式软件控制系统,能自动实现多种测绘功能,无需人操作,大大减少辅助测量下工作量和人为误差,确保精度准确。

(5)操作简便

RTK 的设置简单,操作简便,可边走边获取测量结果坐标,甚至进行坐标放样,具备多项功能,包括:数据的输入、储存、处理、转换以及输出等,能简便快速与计算机及其他测量仪器连接通信。

### 3.3.2　陆域地形测量

河道勘测中的陆域地形测量主要是对近岸区域地物、地貌的平面位置及高程进行测量,并按一定的比例尺对其在图纸上进行绘制的过程。主要测量内容包括水边线及以上周边陆地的各种地物地貌及其属性测量,重点为涉水建筑物及构筑物、堤防工程、护岸加工工程、滩地等的测绘和说明。

根据河道勘测成果的用途区别,应进行不同比例尺的测量。河道勘测陆域地形测量常用比例尺要求见表3.3-1。

表 3.3-1 河道勘测陆域地形测量常用比例尺

| 测量类别 | 地形图比例尺 |
|---|---|
| 水道地形观测 | 1∶2000～1∶50000 |
| 典型河段地形观测 | 1∶5000～1∶10000 |
| 险工险段观测 | 1∶500～1∶2000 |
| 工程河段观测 | 1∶200～1∶2000 |
| 库区观测 | 1∶1000～1∶10000 |
| 坝区观测 | 1∶500～1∶1000 |
| 湖泊观测 | 1∶10000～1∶50000 |

不同的比例尺测区,基本技术方法大同小异,主要是通过测量过程中的精度指标、点的疏密程度来进行控制。一般而言,地形点最大点距应根据成图比例决定。一般采用表3.3-2中的指标进行控制。遇到地貌转折处或起伏剧烈处,为真实还原地物、地貌还应加密测点。因此,在河道勘测的地形测量汇总,地形点密度分布以能真实反映地物形状和地貌形态特征为原则,特殊困难区域(如密集芦苇、淤泥滩等)在保证地形地貌不失真的情况下地形点间距可适当放大。

表 3.3-2 河道勘测陆域地形测量地形点间距

| 测图比例尺 | 陆上地形点间距(m) |
|---|---|
| 1∶500 | 5～8 |
| 1∶1000 | 10～20 |
| 1∶2000 | 20～40 |
| 1∶5000 | 50～80 |
| 1∶10000 | 80～150 |
| 1∶25000 | 200～300 |
| 1∶50000 | 320～480 |

长江中游河段在主流水边线以上还存在大面积水塘,应采用充气筏或无人船搭载GNSS和测深仪,进行水塘地形测量。

当测区地物过于繁杂时,测绘过程中应根据成图比例进行适当取舍,保留主要地貌,保留与水利水电工程有关的地物和方位物。对陆上地形因人类活动作用而发生变化的(吹填、围垦等)地段,应在图上标注,并进行实地拍照,同时在技术文件中说明。

### 3.3.3 陆域断面测量

陆域断面测量的基本内容及方法与地形测量几乎一致。主要差异在于点距及精度控制方面,最大的区别在于断面点应严格处于断面线上。一般而言,测前应将已知的断面线内置于全站仪或 GNSS 手簿中,采用"放样"的方式进行测量。

(1)基本要求

河道断面测量一般执行《水道观测规范》(SL 257—2017)中的技术要求。其常用比例尺及测点间距见表 3.3-3、表 3.3-4。

表 3.3-3　　　　　　　　　　　　　水道断面测图比例尺

| 测量类别 | 测图比例尺 |
| --- | --- |
| 长程固定断面观测 | 1∶2000～1∶10000 |
| 典型河段断面观测 | 1∶2000～1∶10000 |
| 险工险段断面观测 | 1∶500～1∶2000 |
| 工程河段断面观测 | 1∶100～1∶1000 |
| 库区断面观测 | 1∶1000～1∶2000 |
| 坝区断面观测 | 1∶500～1∶1000 |
| 湖泊断面观测 | 1∶2000～1∶10000 |
| 近海水域断面观测 | 1∶500～1∶25000 |

表 3.3-4　　　　　　　　　　　　　水道断面测点间距要求

| 水道断面比例尺 | 1∶500 | 1∶1000 | 1∶2000 | 1∶5000 | 1∶10000 |
| --- | --- | --- | --- | --- | --- |
| 断面测点间距(岸上,m) | ≤5 | ≤10 | ≤20 | ≤50 | ≤100 |

采用全站仪测距法测计时仪器的设置及测站上的检查需要符合下列要求:

1)仪器对中偏差不大于 5mm。

2)以较远的平面控制点标定方向,其他点进行校核,以检验测站的正确性,检核点的平面位置允许误差为图上 0.2mm,高程允许较差不大于 20% 基本等高距。

3)测量过程中随时检核后视方向,后视方向归零差不大于 2′。

4)采用全站仪观测最大测距,不同比例尺有不同的要求,其中 1∶10000 固定断面测量,其最大测距为 1500m。

5)当施测长度超出最大测距规定时,允许在不低于二级图根点上转放支点(转站点),至多可转放一次。全站仪转放支点的高程测定垂直角可按中丝法单向观测棱镜(觇牌)两个不同高度,或变动仪器高不小于 0.1m 各测一个测回,分别计算平面和高程坐标。平面较差不超过 ±1m;高差较差平原不超过 ±70$\sqrt{D}$(mm),山区不超过 ±90$\sqrt{D}$(mm)。两个测回距离较差不超过±30mm($D$ 为水平距,以 km 为单位,取值 0.1km)。

当采用 GNSS 测记时,一般采用 RTK 技术,并应符合下列规定:

1)每次作业开始前或重新架设基准站后,至少进行一个同等级或高等级已知点的检核。比测同级标点时,平面较差不大于 7cm,高程较差不大于 7cm;比测高等级的控制点,平面较差不大于 7cm,高程较差不大于 4cm。

2)RTK 碎部点测量流动站观测时可采用固定高度对中杆对中、整平,观测历元数须大于 5 个,采样间隔 2s。连续采集一组地形碎部点数据超过 50 点,要重新进行初始化,并校核一个重合点。当校核点位平面坐标和高程较差均不大于 7cm 时,方可继续测量。

3)固定断面测量点位精度应满足测图比例要求,最大点距不得超距,不得遗漏转折点和特征点。岸上断面必须详细测记出地形转折点及特殊地形点,如陡坎、悬崖、坎边、水边、地质钻孔、取样坑点等,并详细填记测点说明,如堤顶、堤脚、山坡、岩石、卵砾、泥沙、树林、草地、耕地、建筑物等。岸上断面遇有障碍物无法通视时,可在断面线两侧转放旁支点,用旁交法施测断面。

(2)成果表达

断面测量的成果表达形式一般是由起点距和高程组成的断面成果表或断面图。

一般而言,项目完成后须绘制断面位置平面布置图,并将重要的地名、城镇居民点及其重要的地理特征标注在图中。编制固定断面成果表一般按断面编号顺序排列,断面方向必须是面向下游,左岸在左,右岸在右。各测点一律自项目第一测次左岸标为零计算起点距,其左为负、右为正。横断面绘图比例尺一般可采用横比 1:5000,纵比 1:200,床沙取样垂线的位置点绘在横断面图上。每一断面均要注记编号及名称,横、纵比例尺和高程系统(注明施测日期),横断面通过的建筑物和重要地物,两个断面标点的坐标。

资料说明及图题则在每张图右下角注记。资料说明及图例包括:施测单位、平面、高程系统、施测时间和测量、绘图、检查人员及负责人签名,图例包括图上符号代表的意义。

## 3.4　水域测量

在河道测量中,水域测量是核心组成部分,水深主要利用传统测深仪单波束测深或多波束测深技术进行数据获取。这一节主要介绍传统单波束测深技术。随着全球卫星定位系统技术及应用不断深入,测深仪设备数字化程度不断提高,差分 GNSS 与测深仪集成系统已成为当前传统单波束测深的主要方法。

### 3.4.1　工作原理

差分 GNSS 与测深仪集成系统主要包括 GNSS 差分定位单元、水深测量单元、数据采集融合单元、船载移动平台等四个部分组成。GNSS 差分定位单元包括基准站和移动站两个部分,包括基准站 GNSS 接收机及数据链、移动站 GNSS 接收机及数据链;水深测量单元主要是测深仪测深系统,包括信号处理主机、换能器等;数据采集融合单元是指计算机、水下测量导航软件,如水文综合测量软件 Hypack,能实现定位、测深等多源数据同步采集与融合;船载移动平台主要用于集成系统设备搭载及测深作业工作平台。

(1)差分 GNSS 工作原理及主要工作模式

差分定位是利用基准站和流动站两台接收机同时测量来自相同卫星的导航定位信号,用以联合确定用户的精确位置。其中,位于已知点基准点上的信号接收机称为基准站接收机,安设在运动载体上的信号接收机称为移动站接收机。基准站接收机所测得的三维位置与该点已知值进行比较,便可获得定位数据的改正值。如果及时将改正信息发送给若干台共视卫星用户的移动站接收机来改正后者所测得的实时位置,便叫实时差分动态定位。

根据差分基准站发送的信息方式可将差分工作模式分为 4 类,即位置差分、伪距差分、相位平滑伪距差分和载波相位差分。其中,载波相位差分定位精度较高。实时载波相位差分技术也称为 RTK 技术,是将基准站的相位观测数据及坐标信息通过数据链方式及时发送给动态用户,动态用户将收到的数据链连同自采集的相位观测数据进行实时差分处理,从而获得动态用户的实时三维位置。

(2)测深仪基本工作原理

测深仪测深基本工作原理是:船在理想状态下,用安装在测量船下的发射换能器,垂直向水下发射一定频率的声波脉冲,以声速 $C$ 在水中传播到水底,经反射或折射返回,被接收换能器所接收。由于发射的声波脉冲有一定的开角,因此选定从发射至接收水底回波时间最短的声波脉冲为中心脉冲,设传播时间为 $t$,则换能器表面至水底的距离 $H$(水深)为:

$$H = \frac{1}{2}Ct \tag{3.4-1}$$

上式中的水中声速 $C$ 与水介质的体积弹性模量及密度均有关,而体积弹性模量和密度又是随温度、盐度及静水压力变化而变化的。而时间 $t$ 是仪器测量得到的,一旦声速 $C$、时间 $t$ 确定后,即可得到换能器到水底的距离,加上吃水改正即得水深。

由于声波在传播的过程中,受水的温度、盐份、压力等诸多影响,在不同的时间、地点,声波的传播速度均不同。在实际生产上,通常用一个平均传播速度 $C_m$ 来替代,则换能器表面至水底的距离 $H$(水深)为表示为:

$$H = C_m(t_r - t_t)/2 \tag{3.4-2}$$

式中:$t_t$ 和 $t_r$——发射声波和接收回波的瞬间时刻。

测深仪一般分为模拟式测深仪和数字式测深仪两大类,按发射频率可分为单频测深仪和双频测深仪。

## 3.4.2 作业流程

差分 GNSS 与测深仪集成系统作业流程主要包括作业准备、设备安装与调试、检测比测、数据采集等,作业流程见图 3.4-1(当采用网络 RTK 或星站差分型等无基准站相关流程时,基准站架设流程可忽略)。

**图 3.4-1　差分 GNSS 与测深仪集成系统作业流程示意图**

作业开展前应收集测区已有资料,有必要时开展外业查勘工作,主要工作包括:

1)收集测区历史地形图、计划测线等资料用于导航底图及计划测线布设。

2)外业查勘主要了解测区礁石、沉船、水流、险滩、浅滩等分布情况,以制定适宜的工作计划。

计划测线布设注意事项:

1)测区已有计划测线时,应检查是否符合设计要求,符合后方可采用,否则需重新布设或调整。

2)横断面法布设测线时,主测深线宜垂直于等深线总方向、挖槽轴线或岸线,测线布设间距应符合表 3.4-1 规定。

表 3.4-1　　　　　　　　　　　　水下地形测深线及测点间距

| 测图比例尺 | 测深线间距(m) | 测点间距(m) |
|---|---|---|
| 1∶500 | 8~13 | 5~10 |
| 1∶1000 | 15~25 | 12~15 |
| 1∶2000 | 20~50 | 15~25 |
| 1∶5000 | 80~150 | 40~80 |
| 1∶10000 | 200~250 | 60~100 |
| 1∶25000 | 300~500 | 150~250 |
| 1∶50000 | 750~850 | 230~400 |

注:①当河宽小于测深线间距时,测深线间距和测点间距均应适当加密;当河宽超过 3km,且地形平坦时,1∶10000~1∶25000 比例尺测图测线间距可放宽 20%。

②边滩及平滩地区测点间距可放宽 50%,测线间距可放宽 20%。

③山区性河道、河道弯度较大时宜加密布设;在崩岸、护岸、陡坎、峭壁附近及深泓区,测点应当加密。

### 3.4.3 水深数据采集

1)水深测量前应量测水体水温、含盐度,校正声速、检测检验精度。水温、盐度应在水深不小于 1.0m 处测定,观测时间不小于 5min。一般内陆水域可只测定水温,潮汐河段还应测定盐度。当测深水域流速大于 1.0m/s 时,可只在畅流区测定一个水温与盐度;当测深水域为滞流和流速普遍小于 1.0m/s 的缓流,水面、水底水温相差 3℃以上或垂直方向盐度梯度变化明显时,水温与盐度应分层测定或直接测定垂线声速剖面。

2)在进行精密水深测量或 1:5000 以上比例尺测图时,应测定换能器动态吃水改正数。当动态吃水大于 0.05m 时应做动态吃水改正,动态吃水改正宜在数据后处理中进行,测量时测船航速宜与动态吃水测定时的速度保持一致。

3)水深测量作业宜在风浪较小的情况下进行。测深时由风浪引起测船颠簸从而使回波线起伏变化达到 0.3m(内河)或 0.5m(近海)时,应停止作业。

4)水深测量应控制船速,保持测船匀速姿态稳定。地形较平坦或水深不超过 100m 的水域,船速宜控制在 11.11km/h 以下;地形复杂或水深超过 100m 的水域,船速宜控制在 $4 \times 1.852$km/h 以下。

5)当山区河段地形测区比例尺大于等于 1:5000 时,平原河段地形测区比例尺大于等于 1:2000 时,GNSS 应进行延时测定。

6)水边线及水位观测应与水深测量同步。

7)作业过程中,作业人员应密切注意定位、测深等设备工作状态,当出现设备状态报警或观测数据不正常时应及时停止作业,并进行检查处理。作业结束后应对水深数据采集文件、作业区域是否有空白等进行检查,原始数据文件应备份保存。

### 3.4.4 水深测量误差控制

测深误差来源主要包括测深设备性能、水体环境、河床介质、测量环境效应等。测深设备性能影响因素主要包括仪器发射超声波的功率、频率、波束角等;水体环境影响因素主要有水温、含盐度、水压、流速等;河床介质影响误差因素主要是指不同河床介质结构层面反射声波的能力不同;测量环境效应误差影响主要包括船体姿态效应、船速效应、波束角效应、测深设备安装效应、测深数据延迟效应等。

#### 3.4.4.1 测深设备性能误差

(1)测深仪输出功率对测深精度影响

根据长江中下游河段多年水深测量经验,当测深仪输出功率大于 150W 时,能完整收集所需的水下回声信号,而当测深仪输出功率小于 100W 时,由于输出功率小,发射脉冲信号被水的流速、泥沙等散射与吸收大部分能量,而无回波记录,因此为满足水深测量精度,应考虑测深仪必须有较大的输出功率,使之在大水深测量条件下能接收到完整清晰的回波信号。

（2）测深仪工作频率对测深精度影响

工作频率是超声波测深仪最重要的参量之一，测深仪性能指标的工作频率同许多因素有关，必须优先加以考虑。

声呐方程可以表示为：

$$SL - TL = NL - DI + DT \qquad (3.4\text{-}3)$$

式中：$DI$——接受指向性指数，$DI = 10 \lg \gamma$；

$\gamma$——接收聚集系数，对于圆形、正方形换能器，$\gamma = 4\pi s / \lambda^2$；

$s$——换能器面积；

$DI = 10 \lg(4\pi s/\lambda^2) = 10 \lg(4\pi s/c^2 f^2)$；

$SL$——声源级，$SL = 7.15 + \lg p + Dit$，$Dit$ 为发射指向性指数，$Dit = 10 \lg(4\pi s/c^2) + 20 \lg f$；

$NL$——噪声级，NL 的大小决定于发射脉冲宽度；

$TL$——传播损失，$TL = 20 \lg r + \alpha \gamma/1000 + A$，其中，$\alpha$ 为水体介质的吸收系数，$\alpha = k f^h$。

声呐方程中，除检测阀 $DT$ 与 $f$（工作频率）无关外，其他几项均与频率相关，不考虑外界因素（如水的浑浊度、流速等），选择超声波测深仪工作频率对不同水深条件的最佳范围：当深程为 1000m 时，$f = 15 \sim 40$kHz；当深程为 200m 时，$f = 75 \sim 200$kHz；当深程为 60m 时，$f = 200$kHz。

换能器发射频率越高，超声波在水中传播损失越大，换能器高频发射信号被水体吸收，不能有效返回至换能器。换能器收到的回波信号为换能器发射的主波束的回波信号，则测深精度更高。当发射频率较低时，其声波信号在水下传播损失较小，如声波束功率较大，换能器指向角旁瓣信号也能反射至换能器，导致了回声测深的精度下降。

（3）测深波束角对测深精度影响

测深仪是根据声波在水下的反射时间来计算测点水深，其测深精度与测声仪的声测面积有关，声测面积越大其测深精度越低。测深仪的声测面积是一个与测深仪指向角宽、水深、发射脉冲重复频率和船速有关的函数。如果假定脉冲重复频率相当高，在航行路线的声测区域可以提供充足的重叠，那么回声仪换能器指向角的主波瓣所覆盖的河底（平坦河床）为一半径为 $r$ 的圆的面积，其声测面积公式可用式（3.4-4）表示：

$$r = h \times \tan\beta \qquad (3.4\text{-}4)$$

式中：$h$——测点水深；

$\beta$——换能器半指向角。

从式（3.4-4）中可以看出，测深仪的声测面积随水深及换能器指向角增大而增大。表 3.4-2 为不同波束角在不同深度条件下覆盖河床面直径计算值。

表 3.4-2 不同波束角在不同深度条件下覆盖河床面直径 （单位：m）

| $h$(m) | $2\beta$(°) | | | | | |
|---|---|---|---|---|---|---|
| | 6 | 8 | 10 | 14 | 20 | 24 |
| 50 | 5.2 | 7.0 | 8.8 | 13.2 | 17.6 | 21.1 |
| 100 | 10.4 | 14.0 | 17.6 | 24.5 | 35.2 | 42.5 |
| 150 | 15.7 | 21.0 | 26.2 | 36.8 | 52.9 | 63.8 |
| 200 | 21.0 | 28.0 | 35.2 | 49.1 | 70.4 | 85.0 |

从表 3.4-2 中可以看出，当换能器波束角为 8°时，在 150m 深的河床中测量时，覆盖直径为 21m；与换能器波束角为 24°在 50m 深的河床床面覆盖直径为 21.1m 基本一致。假设水介质、河床床面特性和测深仪工作频率相同条件下，其水深测量精度相同。也就是说，换能器波束角越小在深水河床中测深精度越高。

### 3.4.4.2 水体环境影响因素造成的误差

测深仪利用声波在水中的传播特性测量水体的深度，声波在均匀介质中作匀速直线传播，在不同介面上会产生反射。可以通过声速和温差的改正来校正测深仪测量水深值。

见图 3.4-2，安装在测量船体下的测深仪换能器，垂直向水下发射一定频率的声波脉冲，以声速 $C$ 在水中传播到水底的校正标上，经反射或散射返回，被换能器所接收。设自发射脉冲声波的瞬时起，至接收换能器收到水底校正标的回波时间为 $t$，换能器的吃水深度为 $D$，$L$ 为换能器反射声波和接收回波位置差（声波在实际水体中为非直线传播），$H$ 为真实水深值，$H_{回声仪}$ 为实际测得水深值，即

$$H_{回声仪} = \frac{1}{2} \times C \times t + D \qquad (3.4-5)$$

式中：$C$——声速在水中的传播速度；

$t$——声速在水中的传播时间。

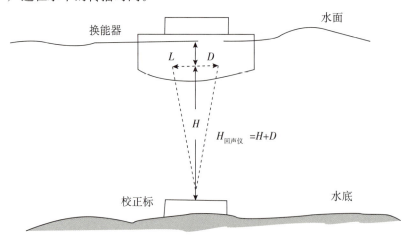

图 3.4-2 水深校正标原理图

但深水测量时会存在温跃层，必须采用声速剖面仪实测水体温度、声速剖面线。

（1）方法一：公式法改正法

当水体存在水温跃层时，应分层进行声速改正。水中声速应按下式计算：

$$C = 1449.2 + 4.6T - 0.0557^2 + 0.000297^3 + (1.34 - 0.01T) \cdot (S - 35) + 0.017D$$

$$(3.4\text{-}6)$$

式中：$C$——水中声速（m/s）；

$\qquad T$——水温（℃）；

$\qquad S$——含盐度（%）；

$\qquad D$——深度（m）。

（2）方法二：采用实测水体声速剖面线和模型改正法

1）算术平均值法。用声速剖面仪测得不同深度的声速后（一般每 0.5m 为一层），根据测深仪按声速 $V_1$ 所测得的每个点的水深 $H_1$。采用声速剖面仪测得声速，算出该点水深以上的平均声速 $V_2$。根据公式 $t = H_1/V_1$ 得到该点声速传播的时间。根据公式 $H_2 = V_2 \cdot t$，得到该点改正后的水深 $H_2$。

2）距离加权平均值法。用声速剖面仪测得不同深度的声速后（一般每 0.5m 为一层）。设某点水深 $H_1$，据声速剖面仪测得数据，设有 $0 \sim H_1$ 被分为 $n$ 层。根据加权公式 $V_{\Psi} = \sum_{i=0}^{n} (V_1, V_2, \cdots, V_n)/n$，则可得到分层加权后的平均声速，据 1 同理可得到改正后的水深值。

数据表明，当温跃层为 $6 \sim 7$℃时，两种方法算出的声速差值为 $0 \sim 0.3$m/s，水深在 $0 \sim 100$m 时，其水深差值在 $0 \sim 0.005$m。

（3）方法三：深度改正值计算

$$\Delta H_c = \left( \frac{C}{C_0} - 1 \right) \cdot H \qquad (3.4\text{-}7)$$

式中：$\Delta H_C$——深度改正值（m）；

$\qquad H$——水深改正数；

$\qquad C_0$——水中标准声速，$C_0 = 1500$m/s。

### 3.4.4.3　姿态改正和归位计算

船体姿态主要受风、水流等外界的作用影响。根据水深测量中各个系统的标定原则，理想状态下，在换能器的波束断面与航向正交。但在实际测量中，由于风、水流等外界因素造成船体姿态时时刻刻都在变化，安装在船体上的换能器姿态也随之变化，导致瞬时实测断面与理想测量状态存在一定旋转变化，同样铅垂方向也会存在一定的夹角。瞬时姿态的变化也导致波束入射角等的改变，致使后续水底测点无法正确反映波束脚印在理想坐标系下的位置。因此，讨论船体姿态的受动因素，分析姿态及进行姿态改正对于真实反映水底实际地形非常重要。

船体姿态主要是横摇（Roll）、纵摇（Pitch）、艏摇（Yaw）和涌浪（Heave）四个参数标定，外界干扰因素主要是风、浪、水流、偏航角、船速和水深等。相关改正方法见第 4 章(河道专题勘测技术)相关内容。

(1)偏航角受动影响

偏航角受动因素主要是船体操纵和外界因素影响,在流速一定的情况下,船速越高偏航情况越容易发生。水深对偏航角影响:水深越浅,流速越大,偏航角越大。当螺旋桨转速不变时,外界因素会使船偏离航线,这时只有通过改变偏航角来使船航向不变。

(2)横摇受动影响

船体横摇主要受船速影响,船速突然改变的瞬间横摇会有显著变化。据李良雄的观点,船体的横摇还与偏航角有着密切的关系,偏航角发生突变时,横摇幅度较大,只是这种变化有 5~10s 的延迟。横摇与水深和测区的相关性:在深水区横摇受动影响小,但在深水与浅水交界区,横摇变化相对较大。

(3)纵摇受动影响

一般情况下,纵摇受动影响相对较弱。纵摇与船速有关,船体加速或减速时,纵摇变化较大,加速度最大和最小时纵摇最大。匀速时,纵摇变化幅度较小,相对稳定。纵摇与航偏角有一定的关系,航偏角突变时,纵摇变化幅度较大,平稳变化时,变化幅度相对较小。

(4)动态吃水受动影响

船体的动态吃水总体表现为:船头的动态吃水较尾部吃水要大,船边的动态吃水因受多种因素的影响,呈现无规律性变化。船体动态吃水与船速(或加速度)关系密切,加速时船头上扬,船尾下沉,到达一定极限后,船头迅速下沉;减速时船头吃水开始减小,尾部亦上扬,随即又下沉;速度变化不大时,首尾动态吃水变化不大。

## 3.4.5　水位控制

水位控制测量的目的就是将陆地的高程基准引到水面上,得到水面高程基准(瞬时水面基准),然后将测得的水深数据通过水位转换为河床测点高程。因此,水位控制测量对河道测量成果质量有直接的、重要的影响,也是获取河床数据的重要内容之一。水位控制点布置的合理性及水位控制测量等级与方法等,都直接影响到河道测量成果,并且对河床数据的影响具有区域性或整体性,所以水位控制测量属于河道测量中的关键性数据和重点控制环节,是外业测量、室内资料检查的重点和工作难点。

水位控制应充分依据河流已建的基本水文(水位)站的信息,并在测区内非控区建立控制水位变化的临时水尺,通过水位站自计仪、固定或临时水尺人工观测、水位遥测系统观测等方法获取。

水位控制测量的高程引据点一般不低于四等水准精度;测定水面点高程应不低于五等几何水准精度或相应于五等水准的三角高程,即采用水准仪进行联测时,线长在 1km 以内其高程往返闭合差应不大于 3cm,超过 1km 时按五等水准限差计算;当采用 2 秒级及以上全站仪极坐标测量高程时,其高程精度也应达到五等水准精度。用于比降观测使用水尺的零点高程,不得低于四等几何水准精度。

目前水位控制测量常用测量方法,主要有几何水准、三角高程测量、RTK 测高及无验潮模式等方法。

# 3.5 水位观测技术

水位是水体的主要参数,通过水位观测可以了解水体的状态,观测的水位值可直接为工程建设、防汛抗旱等服务。水位是相对易于观测的重要的水文要素,不仅可以直接用于水文预报,通过观测的水位值可推求出其他水文观测项目,如流量、泥沙、水温、冰情、水库库容等,常需要通过水位推求。常用观测的水位过程;依据已建立的水位流量关系,可直接推求出流量过程,也可再通过推求的流量过程,进一步推算出输沙率过程;也可利用观测的水位计算水面比降,进而计算河道的糙率等。

## 3.5.1 观测设备

水位的观测设备可分为直接观测设备(也称人工观测设备)和间接观测设备两大类。

(1)直接观测设备

直接观测设备主要是指各种传统水尺。水尺是观测河流或其他水体水位的标尺。由人工直接观测水尺读数,加水尺零点高程即得水位。水尺是每个水位测量点必需的水位测量设备,是水位测量基准值的来源。一个水位测量点的水位约定真值都是依靠人工观读水尺取得的,所有其他水位仪器的水位校核都以水尺读数为依据。在一些不能安装自记式水位计的测量点,观读水尺更是唯一测量水位的方法。水尺设备简单,使用方便,但需要人工观读,工作量大。

主要有立式、倾斜式、矮桩式、悬锤式、测针水尺(即水位测针,包括直针式测针和钩形测针两类)等几种。

(2)间接观测设备

间接观测设备是利用机械、电子、压力等传感器的感应作用,间接反映水位变化。间接观测设备构造复杂,技术要求高,但无须人员值守,工作量小,可以实现水位自动连续记录,是实现水位观测自动化的水位观测重要条件。间接观测设备也称为自记水位计。

目前,世界上使用的自记水位计主要有浮子水位计、压力水位计、超声波水位计(又有液介式和气介式之分)、微波(雷达)水位计、电子水尺、激光水位计等。其中,浮子水位计、压力水位计、液介式超声水位计、电子水尺等仪器,在测量时仪器的采集器直接与水体接触,又称为接触式测量仪器。而气介式超声水位计、微波(雷达)水位计、激光水位计等仪器,测量时仪器不与水体接触,又称为非接触式测量仪器。

### 3.5.2 基本要求

水位观测的基本要求是可靠、连续、控制变化过程。在水位的观测过程中,发现问题应及时排除,使观测数据准确可靠。同时,还要保证水位资料的连续性,不漏测洪峰和洪水过程的涨、落和转折点水位。对于暴涨暴落的洪水,应更加注意适当加密观测次数,控制洪水过程中水位的变化。

### 3.5.3 精度要求

1)水位用某一基面以上米数表示,一般读记至 0.01m。

2)上、下比降断面的水位差小于 0.2m 时,比降水尺水位可读记至 0.005m。

3)对基本、辅助水尺水位有特殊精度要求者,也可读记至 0.005m。

### 3.5.4 影响水位变化的主要因素

水位的变化主要取决于水体自身水量的变化,约束水体条件的改变,以及水体受干扰的影响等因素。在水体自身水量的变化方面,河流、渠道来水量的变化,水库、湖泊进入、引出水量的变化,或蒸发、渗漏等损失量,会使其总水量发生变化,使水位发生相应的涨落变化;在约束水体条件的改变方面,河道、水库、湖泊发生冲刷或淤积,改变河道、湖泊、水库底部的高程,会导致其水位发生变化;闸门的开启与关闭能引起水位的变化;河道内水生植物生长、死亡使河道糙率发生显著变化,也能导致水位变化。另外,有些特殊情况,如堤防的溃决、大坝截流、分洪,以及河道结冰、冰塞、冰坝的产生与消亡,河流的封冻与开河等,都会导致水位的急剧变化。

水体的相互干扰影响也会使水位发生变化,如河口汇流处的水流之间会发生相互顶托,水库蓄水产生回水影响使水库末端的水位抬升,潮汐、风浪的干扰同样影响水位的变化。水位观测不仅要完整地控制水位变化的过程(如起涨、回落、峰顶、谷底等转折),同时注意分析水位变化的原因和变化规律。

## 3.6 流量测验技术

流量是指流动的物体在单位时间内通过某一截面的数量。在水文学中流量是单位时间内流过江河(或渠道、管道等)某一过水断面的水体体积,通常用立方米每秒(m³/s)表示。流量是反映江河的水资源状况及水库、湖泊等水量变化的基本资料,也是河流最重要的水文要素之一。只有通过流量测验才能准确获得江河流量的大小,流量测验是泛指通过实测或其他水力要素间接推求流量的过程,一般情况下是指实测流量。实测流量(常简称测流)是通过采用专用的仪器设备进行流速和断面面积测量,并计算出断面流量的作业过程。

### 3.6.1　流量测验的原理

#### 3.6.1.1　河道的流速分布和特征

（1）河水的运动状态

按水流内在结构的差异,可将水流的运动状态分为层流和紊流两种类型。层流的水流状态是全部水流呈平行流束运动,即水质点运动的轨迹线(流线)平行,在水流中运动方向一致,流速均匀;而紊流的流态则是水流中每个水质点运动速度与方向均随时随地都在变化,而且其变化是围绕一个平均值上下跳动的。

天然河道的水流一般均呈紊流状态,紊流即使在流量不变的情况下,水流中任一点的流速和压力也随时间呈不规则的脉动。紊流具有扩散性,通过在管道中的流态观察实验可清晰地看到,紊流能把带色的溶液扩散到全管,使其与管中不带色的水体充分混合,紊流的这种扩散作用,也称紊动扩散作用,它能够在水层之间传送动量、热量和质量。

（2）河流中的流速分布

研究河流中某一横断面上的流速分布,主要是研究流速沿水深的变化,即垂线上的流速分布,以及横断面上不同位置的垂线流速分布的变化。研究流速分布对深入了解泥沙运动、河床演变等都有很重要的意义。

1)垂线上的流速分布。

天然河道中常见的垂线流速分布曲线见图3.6-1。从图3.6-1中可见,一般水面的流速大于河底,且曲线呈一定形状。只有封冻的河流或受潮汐影响的河流,其曲线呈特殊的形状。由于影响流速分布曲线形状的因素很多,如糙率、冰冻、水草、风、水深、上下游河道形势等,致使垂线流速分布曲线的形状多种多样。

许多学者经过实验研究导出一些经验、半经验性垂线流速分布模型,如抛物线模型、指数模型、双曲线模型、椭圆模型及对数模型等,但这些模型在使用时都有一定的局限性,其结果多为近似值。

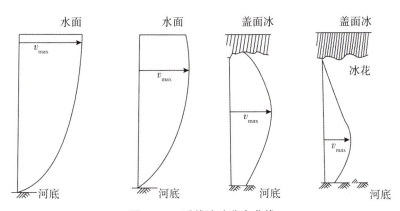

**图 3.6-1　垂线流速分布曲线**

2)横断面上的流速的分布。

横断面上流速的分布受到断面形状、糙率、冰冻、水草、河流弯曲形势、水深及风等因素的影响。可通过绘制等流速曲线的方法来研究横断面流速分布的规律,图3.6-2分别为畅流期及封冻期的某站等流速曲线示意图。

从图3.6-2中及大量观测资料分析结果表明:河底与岸边附近流速最小,对水面而言,近两岸边的流速小于中泓流速,最深处水面流速最大;垂线上最大流速,畅流期出现在水面至 $0.2h$($h$ 为水深)范围,封冻期则受盖面冰的影响,对水流阻力增大,最大流速从水面移向半深处,等流速曲线形成闭合状。

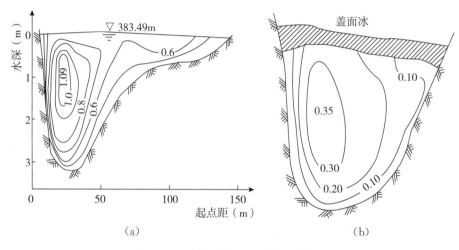

图 3.6-2　等流速曲线(畅流期、封冰期)

垂线平均流速沿河宽的分布曲线见图3.6-3。从图3.6-3中可见,流速沿河宽的变化与断面形状有关。在窄深河道上,垂线平均流速分布曲线的形状与断面形状相似,水深的地方流速也大,水浅的地方流速也小。

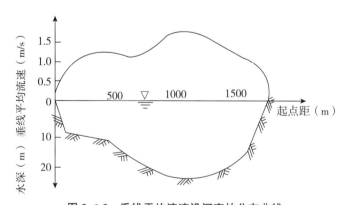

图 3.6-3　垂线平均流速沿河宽的分布曲线

### 3.6.1.2　流量的概念

为描述流量在断面内的形态,可采用流量模型来描述(图3.6-4),通过某一过水断面的流量是以过水断面为垂直面、水流表面为水平面、断面内各点流速矢量为曲面所包围的体积,表示单位时间内通过水道横断面水流的体积,即流量。该立体图形称为流量模型,简称流量模,它形象地表达了流量的定义。

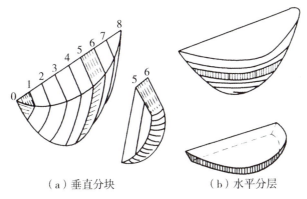

（a）垂直分块　　　　（b）水平分层

**图 3.6-4　流量模型**

用流速仪测流时,假设将断面流量垂直切割成许多平行的小块(图 3.6-4(a)),每一块称为一个部分流量,所有部分流量累加,即得到全断面的流量。用超声波分层积宽测流时,假设将断面流量水平切割成许多层部分流量(图 3.6-4(b)),各层部分流量之和即为全断面流量。

### 3.6.2　流量测验方法

根据流量测验原理,分为流速面积法、水力学法、化学(稀释)法、直接法等。

#### 3.6.2.1　流速面积法

流速面积法(也称面积流速法)是通过实测断面上的流速和过水断面面积来推求流量的一种方法。流速面积法是目前应用最为广泛的一种流量测验方法。根据测定流速的方法不同又分为流速仪法、测量表面流速的流速面积法、测量剖面流速的流速面积法、测量整个断面平均流速的流速面积法和其他流速面积法。

（1）流速仪法

流速仪法是指用流速仪测量断面上一定测点流速,推算断面流速分布。它包括机械流速仪、电磁流速仪和多普勒点流速仪。

根据流速仪法测定平均流速的方法不同,又分为选点法(也称积点法)和积分法等。

1)选点法是将流速仪停留在测速垂线的预定点即测点上,测定各测点流速,计算垂线平均流速,进而推求断面流量的方法。目前,普遍用它作为检验其他方法测验精度的基本方法。

2)积分法是流速仪以运动的方式测取垂线或断面平均流速的测速方法。根据流速仪运动形式的不同,积分法又可分为积深法和积宽法。

a. 积深法是流速仪沿测速垂线匀速提放测定各垂线平均流速来推求流量的方法,积深法具有快速、简便,并可达到一定精度等优点。

b. 积宽法是利用桥测车、测船或缆道等渡河设施设备拖带流速仪,并将其置于一定水深处,渡河设施设备沿选定垂直于水流方向的断面线匀速横渡,边横渡边测量,连续施测不同水层的平均流速,并结合实测或借用的测断面资料来推求流量的方法,积宽法可连续进行全断面测速。积宽法又根据使用积宽设备仪器的不同分为动车、动船和缆道积宽法等。

积宽法适用于大江大河(河宽大于 300m、水深大于 2m)的流量测验,特别适用于不稳定流的河口河段、洪水泛滥期,以及巡测或间测、水资源调查、河床演变观测中汊道河段分流比的流量测验。积分法过去在流量测验中有少量使用,由于 ADCP 的投产应用,目前使用更少。

(2)测量表面流速的流速面积法

测量表面流速的流速面积法有水面浮标测流法(以下简称"浮标法")、电波流速仪法、光学流速仪法、航空摄影法等。这些方法都是通过先测量水面流速,再推算断面流速,结合断面资料获得流量成果。

1)浮标法是通过测定水中的天然或人工漂浮物随水流运动的速度,结合断面资料及浮标系数来推求流量的方法。

一般情况下,认为浮标法测验精度稍差,但它简单、快速、易实施,只要断面和流速系数选取得当,仍是一种有效可靠的方法,特别是在一些特殊情况下(如暴涨、暴落、水流湍急、漂浮物多),该法有时是唯一可选的方法,也有些测站把它作为应急测验方法。

2)电波流速仪法是利用电波流速仪测得水面流速,然后用实测或借用断面资料计算流量的一种方法。电波流速仪是一种利用多普勒原理的测速仪器,也称为微波(多普勒)测速仪。由于电波流速仪使用电磁波,频率高,可达 10GHz,属微波波段,可以很好地在空气中传播,衰减较小,因此其仪器可以架在岸上或桥上,仪器不必接触水体,即可测得水面流速,属非接触式测量,适合桥测、巡测和大洪水时其他机械流速仪无法实测时使用。

3)光学流速仪法测流有两种类型仪器:一种是利用频闪效应,另一种是用激光多普勒效应。

a. 频闪效应原理制成的仪器是在高处用特制望远镜观测水的流动,调节电机转速,使反光镜移动速度趋于同步,镜中观测的水面波动逐渐减弱;当水面呈静止状态时,即在转速计上读出物镜的角度。如仪器光学轴至水面的垂直距离已知,用二角关系即可算得水面流速。

b. 激光多普勒测速仪器是将激光射向所测范围,经水中细弱质点散射形成低强信号,通过光学系统装置来检测散射光,通过得到的多普勒信号,可推算出水面流速。

4)航空摄影法测流是利用航空摄影的方法对投入河流中的专用浮标、浮标组或染料等连续摄像,根据不同时间的航测照片位置,推算出水面流速,进而确定断面流量的方法,目前的视频测流就属于此方法。

（3）测量剖面流速的流速面积法

测量剖面流速的流速面积法有声学时差法、声学多普勒流速剖面仪法等。

1）声学时差法是通过测量横跨断面的一个或几个水层的平均流速流向，利用这些水层平均流速和断面平均流速建立关系，求出断面平均流速。配有水位计测量水位，以求出断面面积，计算流量。时差法有数字化数据、无人值守、常年自动运行、提供连续的流量数据、适应双向流等特点。

2）声学多普勒流速剖面仪法也称 ADCP 法（Acoustic Doppler Current Profiler）。ADCP 是自 20 世纪 80 年代初开始发展和应用的流量测验仪器。按 ADCP 进行流量测验的方式可分为走航式和固定式。固定式按安装位置不同可以分为水平式、垂直式。垂直式根据安装方式又分为坐底式和水面式。

（4）测量整个断面平均流速的流速面积法

这类方法主要是指电磁法。电磁法测流是在河底安设若干个线圈，线圈通电后即产生磁场，磁力线与水流方向垂直，当河水流过线圈，就是运动着的导体切割与之垂直的磁力线，便产生电动势，其值与水流速度成正比。只要测得两极的电位差，就可求得断面平均流速，计算出断面流量。该法可测得瞬时流量，但该法技术尚不够成熟，测站采用很少，目前国外有少量使用，且只用于较小的河流和一些特殊场合。

（5）其他流速面积法

采用深水浮标、浮杆等方法测得垂线流速，根据断面资料计算出流量。

### 3.6.2.2　水力学法

测量水力因素，选用适当的水力学公式计算出流量的方法，叫水力学法。水力学法分为量水建筑物测流法、水工建筑测流法和比降面积法 3 类。

（1）量水建筑物测流法

在明渠或天然河道上专门修建的测量流量的水工筑物叫量水建筑物，它是通过实验按水力学原理设计，建筑尺寸要求准确，工艺要求严格，其系数稳定的建筑物，测量精度较高。

根据水力学原理知，通过建筑物控制断面的流量是水头和率定系数的函数。率定系数又与控制断面的形状、大小及行近水槽的水力特性有关。系数一般是通过模型实验给出，特殊情况下也可由现场试验，通过对比分析求出。

量水建筑物的形式很多，外业测验常用的主要有两大类：一类为测流堰，包括薄壁堰、三角形剖面堰、宽顶堰等；另一类为测流槽，包括文德里槽、驻波水槽、自由溢流槽、巴歇尔槽和孙奈利槽等。

（2）水工建筑物测流法

河流上修建的各种形式的水工建筑物，如堰、闸、洞（涵）、水电站和抽水站等，不但是控制与调节江河、湖、库水量的水工建筑物，也可用作水文测验的测流建筑物。只要合理选择有关水力学公式和系数,通过观测水位就可以计算求得流量(当利用水电站和抽水站时,除了观测水位,还常需要记录水力机械的工作参数等)。利用水工建筑物测流,其系数一般情况下需要通过现场试验、对比分析获得,有时也可通过模型实验获得。

（3）比降面积法

比降面积法是指通过实测或调查测验河段的水面比降、糙率和断面面积等水力要素,用水力学公式来推求流量的方法,是洪水调查估算洪峰流量的重要方法。

### 3.6.2.3　化学法

化学法又称为稀释法、溶液法、示踪法等,是根据物质守恒原理,选择一种适合于该水流的示踪剂,在测验河段的上断面将已知一定溶度量的示踪剂注入河水中,在下游取样断面测定稀释后的示踪剂浓度或稀释比,由于经水流扩散充分混合后稀释的浓度与水流的流量成反比,由此可推算出流量。

化学法根据注入示踪剂的方法方式不同,分为连续注入法和瞬时注入法(也称突然注入法)两种。稀释法所用的示踪剂,可分为化学示踪剂、放射性示踪剂和荧光示踪剂。因此,稀释法又可分为化学示踪剂稀释法、放射性示踪剂稀释法、荧光示踪剂法等,使用较多的是荧光染料稀释法。

化学法具有不需要测量断面和流速、外业工作量小、测验历时短等优点,但测验精度受河流溶解质的影响较大,有些化学示踪剂会污染水流。

### 3.6.2.4　直接法

直接法是指直接测量流过某断面水体的容积(体积)或重量的方法,又分为容积法(体积法)和重量法。直接法原理简单,精度较高,但不适用于较大的流量测验,只适用于流量极小的山涧小沟和实验室测流。

## 3.6.3　流量测验的基本要求

### 3.6.3.1　流量测验的精度要求

为便于对不同类型的测站进行流量测验误差控制,《河流流量测验规范》(GB 50179—2015)将国家基本水文站按流量测验精度分为3类,测站精度类别根据其控制面积、资料用途、服务需求、测验条件等因素确定。其划分标准参见表3.6-1。但水文测站因受测站控制和测验条件限制而需要调整时,可降低一个精度类别;个别站若有特殊需要,也可提高一个精度类别。

表 3.6-1 各类精度水文站的划分标准参考表

| 类别 | 测验精度要求 | 测站主要任务 | 集水面积(km²) | |
|------|------------|------------|------------|------------|
| | | | 湿润地区 | 干旱、半干旱地区 |
| 一类精度的水文站 | 应达到按现有测验手段和方法能取得的可能精度 | 收集探索水文特征值在时间上和沿河长的变化规律所需长系列样本和防汛需要的资料 | ≥3000 | ≥5000 |
| 二类精度的水文站 | 可按测验条件拟定 | 收集探索水文特征值沿河长和区域的变化规律所需具有代表性的系列样本资料 | <10000 ≥200 | <10000 ≥500 |
| 三类精度的水文站 | 应达到设站任务对使用精度的要求 | 收集探索小河在各种下垫面条件下的产、汇流规律和径流变化规律,以及水文分析计算对系列代表性要求所需资料 | <200 | <500 |

### 3.6.3.2 流量测验的次数要求

流量测验次数的多少,与测站水位流量关系的稳定性、流量的变幅、测站特性、用户对实测流量的要求等因素有密切的关系。

(1)《河流流量测验规范》(GB 50179—2015)对流量测验次数布置的要求

根据《河流流量测验规范》(GB 50179—2015)的规定,流量测验次数的布置,应符合以下要求。

1)水文站一年中的测流次数,必须根据高、中、低各级水位的水流特性,测站控制情况和测验精度要求,掌握各个时期的水情变化,合理地分布于各级水位和水情变化过程的转折点处。水位流量关系稳定的测站测次,每年不应少于 15 次。水位流量关系不稳定的测站,其测次应满足推算逐日流量和各项特征值的要求。当发生洪水、枯水超出历年实测流量的水位时,应对超出部分增加测次。

2)潮流量测验应根据试验资料确定的各代表潮期布置测次。每个潮流期内潮流量的测速次数,应根据各测站流速变化的大小、缓急适当分布,以能准确掌握全潮过程中流速变化的转折点为原则。

3)结冰河流测流次数的分布,应以控制流量变化过程或冰期改正系数变化过程为原则。流冰期小于 5 天者,应 1~2 天施测一次,超过 5 天者,应 2~3 天施测一次。稳定封冻期测次可较流冰期适当减少,封冻前和解冻后可酌情加测。对流量日变化较大的测站,应通过加密测次的试验分析确定一日内的代表性测次时间。

4)对新设测站初期的测流次数,应适当增加。

(2)受冲淤和洪水涨落等因素影响测站流量测次的布设

《河流流量测验规范》(GB 50179—2015)对受冲淤、洪水涨落、变动回水、水生植物等因素影响测站的流量测验次数布置未作明确规定。在这种情况下,实测次数以控制流量变化过程和水位流量的变化为原则,遇特殊情况要及时加测。

## 3.7 流速流向测量技术

### 3.7.1 流速测验

#### 3.7.1.1 流速测验基本概况

流速是指流动的物体在单位时间内所经过的距离,用 m/s 表示。河(渠)道水流各点的流速不相同,靠近河(渠)底、河边处的流速较小,河中心近水面处的流速最大,通常用横断面平均流速来表示该断面水流的速度。流速测验是流量测验的基础。

#### 3.7.1.2 流速测验仪器

(1)转子式流速仪

转子式流速仪是水文测验中常规测速仪器,使用广泛,历史悠久。我国 1943 年仿制了美国普莱斯旋杯式流速仪,经过多年的使用和不断的改进,于 1961 年定型,命名为 LS68 型旋杯式流速仪。在此基础上,又研制了 LS78 型旋杯式低流速仪和 LS45 型旋杯式浅水低流速仪。这三种仪器组成我国水文测验中的旋杯式系列流速仪,主要用于中、低流速测量。

为适应我国河流流速高、含沙量大、水草漂浮物多的特殊水情,1956 年仿制苏联 ж—3型旋桨式流速仪,定名为 LS25—1 型旋桨式流速仪。1983 年研制了适应高流速、高含沙量的 LS25—3 型、LS20B 型旋桨式流速仪。为满足水利调查、农田灌溉、小型泵站、大型水电站的装机效率试验,以及环保污水监测的需要,还研制了 LS10 型、LS1206 型旋桨式流速仪。

(2)电波流速仪

电波流速仪是一种利用多普勒原理测速的仪器,可以称为微波多普勒测速仪。电波流速仪使用的是频率高达 10GHz 的微波波段,可以很好地在空气中传播,衰减较小。因此,使用电波流速仪测量流速时,仪器不必接触水体,即可测得水面流速,属非接触式测量。

电波流速仪由探测头、信号处理机、电池三部分组成。探测头上装有发射体和抛物面天线。信号处理机按照预定的设置,控制探测头发射微波,并处理接收到的反射波,计算频移,再根据俯角、方位角计算出水流速度。

电波流速仪主要用于测量一定距离外的水面流速,测速时不受水面、水内漂浮物影响,也不受水质、流态等影响,而且流速越快,漂浮物越多,波浪越大,反射信号就越强,越有利于电波流速仪工作。电波流速仪最适用于巡测、桥测,是高洪测流的一种方式。

电波流速仪测得的是水流表面流速,可以取代浮标测流,但不能取代常规的流速仪测流。它的低速测量性能不太好,流速测量范围的低速端较高,常在0.5m/s以上。如果水面相当平滑,流速较高时也不会有强反射,仪器也不能正常工作。由于波浪和漂浮物的速度并不等于水面流速,其差值因各种水流、漂浮物、风速风向而不同,其造成的测速误差不可忽视。波浪和漂浮物除了随水流运动外,它们自己也有运动,也会造成一些附加误差。

(3)声学多普勒流速仪

声学多普勒流速仪分为测量点流速的声学多普勒流速仪和测量剖面流速分布的声学多普勒剖面流速仪两种。测量点流速的声学多普勒流速仪只用于测量一个测点的水流速度,由声波发收换能器、控制及数据处理部分组成。它的传感探头很小,便于放入浅水中对水体干扰也很小。仪器可以是一个(或一对)收发换能器,只测量沿声束轴方向的水流速度。测量剖面流速分布的声学剖面流速仪常被称为ADCP(Acoustic Doppler Current Profile),也有称为ADP。使用时此仪器可以安装在船上,横跨河流测得整个断面的流速分布,称为走航式;也可固定安装在一岸,称为水平式(H−ADCP)或侧视式(Side Looking);在条件合适的地点还可以安装在河底,称为座底式,甚至可以安装在基本固定的水面浮体上,向下测量某一垂线的流速分布。

声学多普勒流速仪测速快,测速准确度较高,还可以长期自动测量点流速和剖面流速分布,被广泛地用于河流、湖泊、海洋中的流速自动测量。点流速仪体积很小,适用于浅水低流速测量,也适于在水力模型试验中应用。但点流速仪仍需要放到流速测点,会对附近流速产生影响,测得的流速与天然流速有一定差异,取代转子式流速仪的优越性不大。

ADCP测量原理是将测流断面分成若干子断面,在每个子断面内测量垂线上一点或多点流速并测量水深,从而得到子断面内的平均流速和流量,再将各子断面的流量叠加得到整个断面的流量。

尽管声学多普勒流速仪较为准确,但仍有以下误差因素存在:① 发生多普勒频移的是水中泥沙颗粒和气泡的运动速度,不是水流速度,假定水流速度和水中漂浮物速度完全相同,并用测得水中漂浮物速度代表水流速度,无疑会有一定的误差。②流速仪假定小范围内流速相等,在天然河流中,这样的假定会有较大误差。③声速受水温影响很大,虽然换能器测量水温,用以修正声速,但因为和实际剖面上水温的不同会引起距离测量误差,使得测到的某一单元处的流速与该点测得的流速不一样。④在进行断面流量测验过程中,ADCP实际测量的区域为断面的中部区域,这个区域称为ADCP实测区,而在四个边缘区域内ADCP不能提供测量数据或有效测量数据,其流速和流量需通过实测区数据外延来估算。

(4)浮标

浮标是漂浮在水面上的一个标志,可以认为浮标的运动是水面流速推动的结果,其运动速度和水面流速基本一致。因此,测出它的漂移速度就测得了水面流速,测出它的运动轨迹就测得水面流向。

见图 3.7-1,在测流断面上下游确定两个浮标测速断面,在河边岸上顺河流方向确定一条测速基线。测流前,将平板仪安装在基线的端点,将平板仪对准基线。测量时,首先在上浮标测速断面的上游施放浮标,使用平板仪跟踪浮标,当浮标通过两个测速断面和测流断面时,立即定下浮标在三个断面上的位置,同时记下浮标通过上下测速断面的时间,从而可计算出流速,该流速代表浮标通过测流断面上这一点的流速。

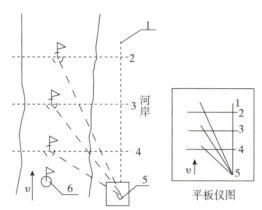

**1. 基线;2. 下测速断面;3. 测流断面;4. 上测速断面;5. 平板仪;6. 浮标**

**图 3.7-1 使用平板仪进行浮标测速原理图**

浮标浮在水面上,其形状、重量,以及风的影响,都会对测量结果产生影响。重的浮标惯性大,浮标不能很快地随流速变化而变化,导致其运动不能很好地代表水流的运动;反之,浮标太轻,容易受风的影响,且不容易稳定。浮标测得的是水面流速,往往比垂线平均流速偏大,因此要将浮标测得的水面流速乘上一浮标系数,才能得到垂线平均流速。浮标系数一般通过比测获取。

### 3.7.2 流向测量

#### 3.7.2.1 流向及流向测量的概念

流向是反映水流特征的重要因素,流向即水流之方向。在水文测验中流向的意义:一是水流的流动方向,二是水流流动方向与测验断面之间夹角与 90°之差(也称为流向偏角)。天然河道水流的流向在不断变化,流向不仅影响流量测验精度,也影响河流测流断面的确定、水工建筑物的布置、河道冲淤变化、岸坡的冲刷。

流向测量是测量水流方向的作业,当水流方向与断面不垂直时,为获得准确的流量数值,需要进行流向测量,对实测的流速(流量)进行流向改正。断面布设或工程设计时需要断面平均流向,断面平均流向是指断面内各部分流量的分矢量所确定的合矢量方向,断面平均流向是在测量各点的流向后通过计算求得。

#### 3.7.2.2 流向测量方法

流向测量可采用流向仪法、流向器法、系线浮标法、普通浮标法等进行。

（1）流向仪法

应用多种原理可制造流向仪，用于测量水下流向。使用时将流向仪悬吊至水下测点处，测量该处流向，实际应用中多使用流速流向仪进行测量，有声学多普勒流速仪、转子式流速仪、时差法流速测量、电磁流速仪、电波流速仪等。

（2）流向器法

流向器法是根据各站的特点自行研制的器具，一般采用一管筒固定在测船上，筒内安装转轴，轴的下端入水部分安装一方向舵，以指示水流方向，轴上端装有指针，与下端的方向舵平行，上下轴转动一致，指针下面有固定不动的刻度盘，通过观读指针在刻度盘上的位置，实现流向测量。

（3）系线浮标法

系线浮标法是把浮标系在20～30m长的柔软细线上，细线放入水后，浮标随水流向下游运动，待细线拉紧后，采用六分仪、水平读盘或量角器测算出其流向偏角。

（4）普通浮标法

浮标在水面漂流时，定出浮标在水面上的不同位置，这些位置的连线就是水面流向。

# 3.8　水面比降观测技术

沿水流方向单位水平距离内铅直方向的落差称为比降，比降是水流铅直方向的落差与水平距离之比，常用万分率表示，比降特别大的山区河流也可用千分率表示。比降是水流的重要水力要素，是流量计算、糙率计算、水位流量关系线延线等重要因子。

比降有水面比降、能面比降、摩阻比降、附加比降、河道比降、河床比降、水面横比降、倒比降等，本节主要介绍水面比降。水面比降是沿水流方向，单位水平距离水面的高程差。

## 3.8.1　一般规定

比降水尺水位的观测应符合以下规定：

1）受变动回水影响，需要比降资料作为推算流量辅助资料的测站，应在测流和定时观测基本水尺水位的同时，观测比降水尺水位；

2）需要取得河床糙率资料时，应在测流开始和结束时观测比降水位；

3）采用比降面积法推流时，应按流量测次的要求观测比降水尺水位，并同时观测基本水尺水位；

4）当比降资料是用于其他目的时，其测次应根据收集资料的目的合理安排。

## 3.8.2　观测要求

人工观测比降水尺水位时，一般应由两位观测员同时观测上、下游比降水尺。水位变化缓慢时,可由一人观测,观测步骤为先观读上(或下)比降水尺,后观读下(或上)比降水尺,再返回观读一次上(下)比降水尺,取上(或下)比降水尺的均值作为与下(或上)比降水尺的同时水位,两次往返的时间应基本相等。

### 3.8.3 计算方法

水面比降以万分率表示时,计算公式为:

$$S = \frac{Z_u - Z_l}{L} \times 10000 \qquad (3.8\text{-}1)$$

式中:$S$ ——水面比降(‰);

$Z_u$ ——上比降水尺水位(m);

$Z_l$ ——下比降水尺水位(m);

$L$ ——上、下比降断面间距(m)。

## 3.9 河床质勘测调查技术

河床质勘测一般又分为河床组成勘测和干容重测量。河床质(床沙质)是河流、水库中极为重要的基本泥沙资料。它既揭示河床冲淤变化,又是预测河床演变发展趋势的基本资料。河床组成勘测又分为河床组成调查、河床质勘测及床沙勘测等三部分内容。

### 3.9.1 河床组成的调查

河床组成调查的目的是全面准确地掌握河道勘测区域的河床组成情况,调查内容包括河段上游及区间来沙变化、地质地貌、洲滩调查、采沙调查、人类活动对区间来沙的影响调查等内容。

(1)河段上游及区间来沙变化调查

主要调查测区内及上游水文测站的悬移质、推移质泥沙年输沙量,悬移质、推移质、床沙的级配组成变化。其中,悬移质、推移质来量可通过收集水文站资料获取,对于无推移质观测资料的河流,可采用坑测分各支流估算推移质量。

支流卵砾石推移质来量比例估算测坑布置方法为:将汇合口—上游10~20km的干、支流分别作为一个河段,在每个河段2个以上的洲滩上布设探坑数量不少于4个;在汇合口—下游20~30km的河段布设探坑数量不少于8个,洲滩数量不少于4个。

(2)地质地貌调查

地质地貌调查主要包括:①观察河谷地形、土壤植被,调查走访当地的水利、气象和修志部门,了解气候、水文、河流、水系变迁等河段自然环境;②结合地形图,对山体丘陵的高度,形态,阶地级数与高度进行描述,收集其相关地质地貌资料;③河床地形与组成调查包括岸坡形态,岸坡组成,河滩基岩调查,地质灾害,卵石胶结岩、古遗址和墓葬调查等。

（3）洲滩调查

洲滩调查又包括州滩调查和洲滩取样两个部分。

洲滩调查的主要工作包括：在现势性强的地形图或现场实测获取洲滩的平面位置及长、宽、滩顶高程等信息；现场了解并描述洲滩的形态、表面特征；洲滩表层床沙按基岩、卵石夹沙、沙、泥等类别分区，采用 GPS 测绘分区界线，绘制洲滩的表层床沙组成平面分布图，描述各分区床沙的代表性粒径级；对局部河势、洲滩的全貌和微地貌进行照相、摄像；调查主要洲滩的堆积形成过程及近期演变特点，重点关注洲滩在现阶段是处于冲刷、淤积或平衡。

洲滩取样主要利用洲滩冲刷或崩坍形成的剖面，或人工采砂、淘金等挖掘的深坑巷道坎壁等，进行分层取样、量测各层厚度、用 GPS 定位，描述竖向组成变化规律，并分析形成原因。

（4）河道采砂调查

河道采砂调查包括采砂方式调查、采砂范围调查、采砂量调查及采矿区床沙级配调查等内容。

采砂方式调查可分为人工采砂、机械采砂。机械采砂应调查采用的铲车、挖掘机、采砂船种类和数量。采砂船种类有链斗式、抓斗式、虹吸式。调查采砂是否有弃石及弃石的堆放位置。

采砂范围调查应调查陆上开采部位位于洲滩的相对位置，如洲头、洲尾、水边、坎边等；水下开采部位位于顺直段、分汊段，离主泓、坎边的横向距离等。开采范围包括纵、横向长度及深度。

采砂量调查主要根据采砂方式和范围等估算采砂量。

采砂区床沙级配调查主要对采砂区未筛选过的原状样、弃样进行床沙级配分析。

（5）人类活动影响调查

人类活动影响调查主要包括：调查河段水利设施、交通设施、航道整治工程等情况；水利枢纽修建的时间、坝址位置、装机容量、水库库容、运行调度方式等；新修筑的公路和铁路修建的时间、范围，估算进入干、支流的路渣数量；开矿（可分为铜、铁、锡、煤矿等）的时间、范围，估算每年进入干、支流的矿渣数量；封山育林范围、实施时间、效果、管理机构等。

## 3.9.2　河床质勘测

### 3.9.2.1　河床质采样

河床质一般采用床沙采样器，采样器应根据河床组成、测验设备、采样器的性能和使用范围等条件综合选用。

（1）淤泥质床沙采样

淤泥质河床质取样一般采用转轴式、小型锤击挖斗式采样器。

采用转轴式采样器取样时,仪器应垂直下放,当用悬索提放时,悬索偏角不应大于15°。

采用小型锤击挖斗式采样器取样时,必须密封良好,当下放接近水底时,应慢放轻落,取样后紧关口门再上提。

(2)砂砾质床沙采样

砂砾质河床质一般采用拖斗式、横管式、钳式、中型挖斗式采样器。

采用拖斗式采样器取样时,牵引索上应吊装重锤,使拖拉时仪器口门伏贴河床。

采用横管式采样器取样,横管轴线应与水流方向一致,并应顺水流下放和提出。

采用钳式、中型挖斗式(水底松散较软时,用锤击式;水底较硬时,用触脚式)采样器取样时,应平稳地贴近河床,并缓慢提离床面,若宽级配床沙样品中的卵石卡住口门,导致小粒床沙漏掉时,应重新取样。

(3)卵砾质床沙采样

卵砾质河床质一般采用挖斗式锤击重型、犁式、沉筒式采样器。

用挖斗式锤击重型采样器取样时,应注意慢放轻落,避免冲击床面,破坏原型组成,若口门未闭合严密时,所获沙样不能作为正式级配样品。

采用犁式采样器时,应预置15°的仰角;下放的悬索长度,应使船体上行取样时悬索与垂直方向保持60°的偏角,犁动距离可在5~10m。

采用沉筒式采样器时,应使样品箱的口门逆向水流,筒底铁脚插入河床。取样勺在筒内不同位置采取样品,上提沉筒时,样品箱的口部应向上,不使样品流失。

(4)基岩等河床观测

由基岩、坚硬黏土、含砾黏土、镶嵌严紧的卵石以及松散的卵石、漂石、块石、大卵石等组成河床,一般使用河床打印器探测。打印时,要求垂直急放重落,以取得好的打印效果。探测级配用的打印器底面积宜大,最小面积应为卵石床沙 $D_{max}$ 面积的 3 倍。

### 3.9.2.2 河床质观测方法

河床质观测内容包括定位、取样、颗粒级配分析、泥沙岩性鉴定等,其采样方法可采用坑测法、器测法、物探法、揭面法、照相法。泥沙岩性鉴定可采用肉眼法、室内磨片法。

(1)观测时机

河床质观测年内变化的测次布置可分为汛前、汛中、汛后;年际变化的测次布置可分为枯水年、中水年、丰水年;一年或多年施测一次的水道,一般选择在枯水季节观测;一年施测多次的水道,一般选择在水、沙平稳期观测。

(2)观测垂线

水下床沙观测一般采用固定断面床沙取样,若无重大河势变化,取样垂线应相对固定。若河宽在 1000m 以内,一般每一断面取样不少于 3 线,且主泓应布设一线;河宽 1000~2000m 不少于 5 线;河宽大于 2000m 不少于 7 线,水边和主泓应布设一线;遇分汊河道应在汊道内均匀布设。

陆上床沙观测包括固定断面床沙观测陆上部分和洲滩床沙勘测。固定断面床沙取样遇洲滩时,应在洲滩上沿断面线均匀布设取样点;在水文测站测流断面线通过的洲滩上布置取样点时,应尽量与高水期的推移质、悬移质泥沙测验垂线重合。

洲滩床沙勘测取样点应布置在滩头、滩中、滩尾,洲顶、洲脊等有代表性位置;取样点布设一般满足下列要求:①取样洲滩选择"选新不选老,择大不择小"的原则,以期取得代表性高的演变过程样品;②取样点位布设,一般按照洲滩的床沙组成分布变化布置,通常在洲滩的上、中、下、左、中、右等部位安排5～7点。组成单一的洲滩,或人力有限的条件下,可减至上、中、下三点。如只需大体了解洲滩组成时,可在洲滩迎水面洲脊上,自枯水边至洲顶3/5～4/5的位置布设1点,作活动层分层取样。

(3)技术要求

采取坑测法取样方式,取样位置应选在不受人为破坏和无特殊堆积形态处,使用栏隔方框模。粒径分布均匀或洲滩窄小时,可取三个点位的样品;粒径分布不均匀或洲滩宽大时,应取5个点位的样品。试坑平面尺寸应符合表3.9-1的规定。

表 3.9-1 试坑平面尺寸及分层深度

| $D_{max}$(mm) | 平面尺寸(m) | 分层深度(m) | 总深度(m) |
|---|---|---|---|
| <50 | 0.5×0.5 | 0.1～0.2 | 0.5 |
| 50～300 | 1.0×1.0 | 0.2～0.5 | 1.0 |
| >300 | 1.0×1.0 或 1.5×1.5 | 0.3～0.5 | 1.0～2.0 |

试坑分为表层、次表层、深层。表层采用面块法取样;次表层以一个最大粒径为厚度;深层可分多层,层数和厚度视实际组成分布与需要确定。

## 3.10 推移质泥沙测验技术

推移质分为沙质推移质和卵石推移质等,是河流输移泥沙中的重要组成部分,在河床演变与水库淤积中起着十分关键的作用。悬移质的运行速度与水流相同,测验比较容易,但对于推移质,在测验仪器、测验方法以及理论研究方面都不够完善。本节仅介绍长江中游测区的沙质推移质泥沙测验技术。

多年来,国内外测定推移质的方法有直接测量法(器测法)和半定量测量法(沙波法、体积法、示踪法、差测法、声学法和光学摄影法)。我国推移质测验方法基本以器测法为主,其他方法为辅。

(1)垂线布设

推移质垂线布设,以能控制垂线单宽推移质输沙率横向变化、准确地计算断面推移质输沙率为原则,一般推移带较稀,强推移带较密。在布设垂线前应先经过一段时间的施测,探明推移带的边界和强推移带的位置。

水文站按常测法和简测法的要求分布确定垂线,精测法用于探测推移质输沙率的横向分布。水文断面一般布设 15~20 线,常测法的垂线位置和数目一般与悬移质相同,为精测法的一半左右(对沙推移质而言),在强推移带内加辅助垂线。两垂线部分输沙率超过全断面输沙率的 20% 时,需要增加辅助线和调整原垂线位置。简测法则根据资料分析,在 2~3 条与全断面输沙率有良好相关关系的垂线上施测推移质输沙率。

(2)测定位置历时与重复取样次数

推移质采样器放置在河底后停留一定时间收集样品,并进行重复取样以求得有代表性的时段输沙量。采样器的取样历时应使采样器进沙量不超过其有效容量的 2/3,每次采样时间一般为 3~5min,推移量大时可缩短时间但不少于 60s,特大时也不少于 20s。

取样时如样品沙重相差 3 倍以上则应进行重测,如确系测量误差则予以舍弃。对强输移带的垂线应增加重复测量次数。

(3)野外沙样处理

推移质沙样较多如全部运往泥沙室处理,则工作量大,搬运繁琐。因此,可在野外将大于 1kg 的沙样进行水中称重,卵石样品用卡钳和筛析法进行处理。

(4)测次

推移质输沙率的测次以能获得某时段(如一次洪水,日、月、年)的推移质为目的。由于推移质输沙率的随机性,一般根据对输沙率的变化过程掌握,在涨水前输沙率大时每日测一次,洪峰附近输沙率变化急剧适当增加测次,输沙率小时 2~3 日测一次。可进行全断面输沙率与 1~2 条垂线的输沙率建立相关关系,减少断面输沙率的测次,增加单位推移质的测验次数。

对于沙推移质输沙率,一般按流量或水位变幅布设测次,汛期月测 3~4 次,枯季月测 1~2 次,全年 30 次左右,以能满足整编定线为原则。

# 第4章　河道专题勘测技术

本章在第3章介绍河道勘测技术的基本知识和常规观测方法的基础上,专题研究现阶段各种较为成熟的、具备在河道勘测中推广应用的前沿技术,主要包括GNSS三维水深测量技术、多波束测深技术、航空摄影测量技术、倾斜摄影测量技术、机载激光雷达低空测量技术、地面三维激光扫描技术、水陆一体化监测技术、侧扫声呐技术等。

## 4.1　GNSS三维水深测量技术

随着GNSS技术的不断发展,特别是RTK、PPK技术的出现,使得水下地形测量采用GNSS免验潮方式进行工作成为可能;加之RTK的精度比一般的DGNSS精度高,其精度可以达到厘米级,从而大大提高了测量精度和测量成果的可靠性,GNSS三维水深测量技术应运而生。

### 4.1.1　GNSS三维水深测量原理

GNSS三维水深测量是利用GNSS动态测量技术、测深仪及其他附属设备实测的数据,通过实时或事后联合解算,计算出测深仪换能器声学中心的三维位置,从而获得水下测点的平面位置和高程。该方法也被称作无验潮测深、随船一体化测深等,其关键技术包括水位的实时获取和高程转换模型的确定。

GNSS三维水深测量的基本原理见图4.1-1。

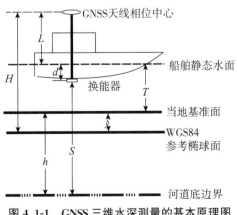

**图4.1-1　GNSS三维水深测量的基本原理图**

假设船舶静止在水面上,$H$ 为大地高,$L$ 为 GNSS 接收机天线相位中心到水面的高度,$d$ 为换能器到水面的距离(静吃水),$T$ 为船舶静态吃水面到当地基准面的距离(潮位),$S$ 为换能器到河道底边界面的距离,$\S$ 当地基准面到 WGS84 椭球面的距离,$h$ 为当地基准面下的河底高程。由图 4.1-1 可以得到以下三个关系式:

$$h = S + d - T \tag{4.1-1}$$

$$T = H - \S - L \tag{4.1-2}$$

$$h = S + d + L - (H - \S) \tag{4.1-3}$$

若当地基准面为 1985 国家高程基准面时,$\S$ 即为高程异常,此时 $H - \S = H_{85}$ 高程。由式(4.1-3)转换得到:

$$h = S + d + L - H_{85} \tag{4.1-4}$$

### 4.1.2 GNSS 三维水深测量关键技术

GNSS 三维水深测量中主要涉及高程转换模型的确定、测深、RTK/PPK 定位、姿态参数、航向参数等,其中测深和定位为两个主要数据源,其质量直接决定着最终成果的精度,因此需要作为关键技术进行质量控制。

#### 4.1.2.1 高程转换模型的确定

根据测区的面积和控制网点的分布特点,高程转换模型可采用似大地水准面精化模型、七参数转换模型或者曲面拟合模型。一般采用七参数转换模型实现从大地高向测图高的转换,七参数转换模型的原理为:设 $X2$ 和 $X1$ 分别为地面网点、GNSS 网点的参心和地心坐标向量。由布尔萨(Bursa)模型可知:

$$X2 = \Delta X + (1+k)R_0 X1 \tag{4.1-5}$$

式中:

$$X2 = (X_2, Y_2, Z_2) \tag{4.1-6}$$

$$X1 = (X_1, Y_1, Z_1) \tag{4.1-7}$$

$$\Delta X = (\Delta x, \Delta y, \Delta z); \tag{4.1-8}$$

式中:$\Delta X$——为平移参数;

$k$——尺度变化参数;

$R_0$——旋转矩阵。

$$R_0 = \begin{pmatrix} 1 & \varepsilon_Z & -\varepsilon_Y \\ -\varepsilon_Z & 1 & \varepsilon_X \\ \varepsilon_Y & -\varepsilon_X & 1 \end{pmatrix} \tag{4.1-9}$$

由于公共点的坐标存在误差,求得的转换参数将受其影响,公共点坐标差对转换参数的影响与点位的几何分布及点数的多少有关。为求得较好的转换参数,应选择一定数量的精度较高且分布均匀并有较大覆盖面的公共点。

#### 4.1.2.2　测深数据质量控制

测深数据一般通过测深仪获得,通常测深仪的声图数据为参考背景,实现对单/双频测深数据质量控制、插补和删除等项编辑,还可依据距离或时间,实现对测深数据的重新定标,实际上是传统对照测深纸校验测深值的自动化实现,见图4.1-2。

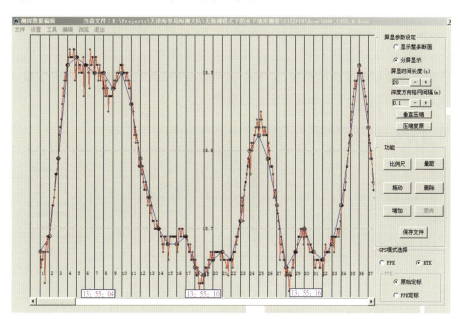

**图4.1-2　测深数据质量控制**

测深数据的声速改正一般通过检查板法和声速剖面两个途径来实施。

（1）基于检查板的声速改正

利用检查板法进行声速改正是根据检查板深度与测深仪实测深度之间的差值构造一个深度与深度误差序列,依据该序列,结合实际测量深度,对水深数据进行改正。

（2）基于声速剖面改正

若施测了声速剖面,根据测深仪测量时的设定声速以及相应深度层的实测声速,计算该层的声速改正量。

若已知声速剖面 $H_{S-i}$,对于层 $i$ 声速改正 $\Delta Hc\text{-}i$ 为:

$$\Delta H_{c-i}=H_{S-i}\left(\frac{C_{0-i}}{C_m}-1\right) \tag{4.1-10}$$

则总改正量 $\Delta H$ 是通过对各层的改正量叠加得到:

$$\Delta H = \sum_{i=1}^{n} \Delta H_{c-i} \tag{4.1-11}$$

式中:$C_m$——初始输入到测深仪中的声速,实际声速为 $C_0$。

#### 4.1.2.3　定位数据质量控制

GNSS 三维解是确定 GNSS 潮位的重要参数,是 GNSS 三维水深测量平面和垂直基准的依据,其精度直接影响最终水下地形测量成果的精度。对于 GNSS 定位中平面位置异常的问题,主要是借助罗经、船速等参数,构建 Kalman 综合滤波模型,实施对异常定位数据的质量控制(图 4.1-3、图 4.1-4)。高程数据质量控制分为两种情况,即短时异常修正和长时异常修正。

短时异常修正(3min 以内),GNSS 高程质量控制采用 Kalman 滤波和 Heave 修正综合滤波技术来实现。考虑 Heave 和 GNSS 高程时序同反映船体的瞬时垂直运动,短时间内,可以利用 Heave 信号检查和修正 GNSS 高程信号的高频频段信息。

长时间异常或中断的问题,借助已观测的 GNSS 高程信号对其进行修补。但需要注意,正常 GNSS 高程时序的观测时间长度和异常时间长度在总观测时序中所占的比例。对 GNSS RTK 定位数据中的整周跳变、卫星失锁等非 RTK 状态引起的异常定位数据则进行探测、修复或剔除,以提高平面和高程定位的质量。

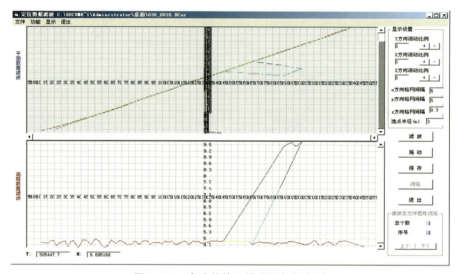

图 4.1-3  滤波前的三维定位数据序列

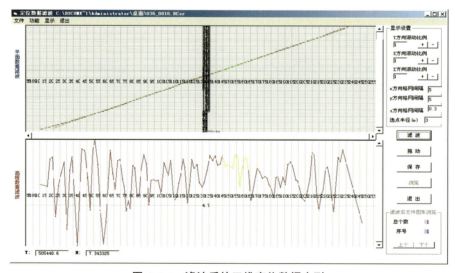

图 4.1-4  滤波后的三维定位数据序列

#### 4.1.2.4　精密船姿改正

不同于常规 GNSS 潮位测量,GNSS 三维水深测量数据处理中的姿态改正需要结合 GNSS 天线处的高程和测深数据,直接改正到河底,获得河底点高程。

姿态改正的主要作用有 3 个:

1)由 GNSS 天线处的瞬时高程精确获取瞬时水面高程;

2)由姿态改正后的精确水深,结合瞬时水面高程获取河底点高程;

3)补偿船姿变化给瞬时水面高程确定、测深以及平面位置带来的影响。

姿态改正关键是研究理想船体坐标系与瞬时船体坐标系之间的关系,构建由横摇和纵摇组成的瞬时旋转矩阵,对 GNSS 天线在船体坐标系下的瞬时坐标进行计算,再结合其瞬时定位和测深信息,最终获得河底点的三维坐标,位置关系见图 4.1-5 至图 4.1-7。

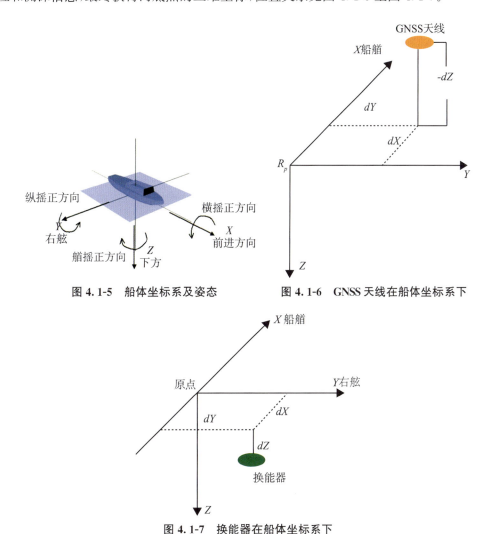

图 4.1-5　船体坐标系及姿态　　　　图 4.1-6　GNSS 天线在船体坐标系下

图 4.1-7　换能器在船体坐标系下

理想情况下,GNSS 天线在 VFS 下的坐标为$(x_0,y_0,z_0)$,受船姿影响变化为$(x,y,z)$,

则实际杠杆臂为：

$$\begin{bmatrix} x \\ y \\ z \end{bmatrix} = R_p R_r \begin{bmatrix} x_0 \\ y_0 \\ z_0 \end{bmatrix} \tag{4.1-12}$$

则水面瞬时高程 $Hs$ 为：

$$H_s = H_{GPS} - z$$

式中：$H_{GPS}$——GNSS 天线处的瞬时大地高；

$z$——GNSS 天线到 $R_p$ 的瞬时垂直距离。

若知道换能器在船体坐标系下的坐标，则利用上式，可以得到测深仪换能器相对 VFS 原点 $R_p$ 之间的坐标分量。

$$\begin{bmatrix} x \\ y \\ z \end{bmatrix}_T = R_p R_r \begin{bmatrix} x_0 \\ y_0 \\ z_0 \end{bmatrix}_T \tag{4.1-13}$$

根据测深原理，声波为直线传播，顾及波束角影响，以换能器为参考原点，则可以得到实际波束在河底投射点相对换能器的坐标矢量。

$$\begin{bmatrix} x \\ y \\ z \end{bmatrix}_{footprint} = R_p R_r \begin{bmatrix} 0 \\ 0 \\ D \end{bmatrix}_{footprint} \tag{4.1-14}$$

则根据上述模型，可以将 GNSS 天线处的绝对坐标首先传递到 VFS 的原点 $R_P$（通常为 MRU 的中心位置），再根据换能器相对 $R_p$ 的矢量，传递到换能器；再根据波束投射点相对换能器的关系，传递给每个波束点，最终获得河底点的三维坐标。自此，通过姿态改正，实现了定位、测深的一体化改正。

### 4.1.2.5 时延的测定和改正

GNSS 三维水深测量中，GNSS RTK 输出数据与测深仪输出数据存在时间延迟问题，并导致水下点的平面定位和测深不匹配，因此必须进行时延确定和改正。

时延确定一般采用两种方法，即特征点对法和断面相似法。

（1）特征点对法

特征点确定时延是根据测深仪在一固定点两次测深结果，计算由时延造成的距离差，借助当时的船速，确定时延（图 4.1-8）。

$$\Delta t_i = \frac{\Delta s_i}{v_{i-1} + v_{i-2}} = \frac{\sqrt{((x_1 - x_2)^2 + (y_1 - y_2)^2)}}{v_1 + v_2} \tag{4.1-15}$$

式中：$v_1$——往测速度；

$x_1, y_1$——位置；

$v_2$——返测速度；

$x_2, y_2$——位置。

综合断面中所有特征点，则系统时延为：

$$\Delta t = \frac{1}{n}\sum_{i=1}^{n}\Delta t_i$$

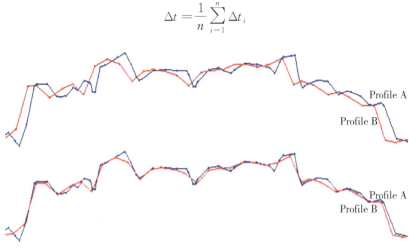

**图 4.1-8 特征点对法效果图**

（2）断面相似法

由于往返测量的是同一断面，因此也可根据往返断面曲线通过平移$\Delta s$后达到一致，得到时延$\Delta t$（图 4.1-9）。

$$\Delta t = \frac{\Delta s}{v} = \frac{\Delta s}{(v_1 + v_2)} \tag{4.1-16}$$

时延改正采用如下模型：

$$x_0 = x_t + \Delta x = x + \Delta t v \cos\alpha$$
$$y_0 = y_t + \Delta y = y + \Delta t v \sin\alpha \tag{4.1-17}$$

式中：$\alpha$、$v$—— 当前的航向、航速；

$x_t$，$y_t$—— 系统提取的位置；

$x_0$，$y_0$—— 真实位置。

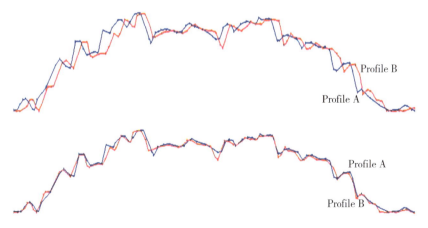

**图 4.1-9 断面相似法效果图**

### 4.1.3　GNSS 三维水深测量流程

GNSS 三维水深测量技术是以测船为载体,通过对 GNSS 三维解、heave、声速、航向、姿态、潮位等数据异常探测及修复,再进行姿态改正和归位计算,得到改正后的 GNSS 平面坐标和换能器处 GNSS 高程,最后计算水下点坐标,无需水位接测与改正,直接获得水下地形平面与高程数据的作业方式。

其主要工作流程如下:

(1)设备参数设置

主要包括传感器在船体坐标系下的坐标、姿态传感器安装偏差、罗经安装偏差、天线到水面的垂距、吃水、时延等(图 4.1-10)。

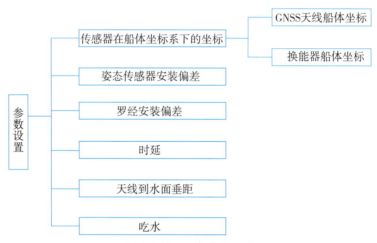

**图 4.1-10　设备参数设置**

(2)偏差探测

偏差探测主要包括时延测定、MRU 安装偏差测定和罗经安装偏差测定(图 4.1-11)。

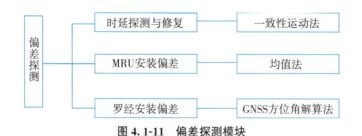

**图 4.1-11　偏差探测模块**

(3)质量控制

质量控制主要包括 heave 数据异常与修复、声速质量控制。传统模式下,进行潮位异常探测及修复;GNSS 简易模式下,进行 GNSS 三维异常探测及修复;GNSS 精密测深下,需要进行 GNSS 三维解异常探测及修复、航向异常探测及修复和姿态数据异常及修复(图 4.1-12)。

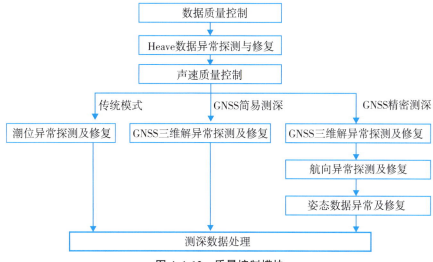

**图 4.1-12　质量控制模块**

(4)测深数据处理

测深数据编辑及内插、声速改正,在传统模式下,需进行吃水改正、涌浪改正,然后进行测深点三维坐标计算;GNSS 简易模式和 GNSS 精密测深下,需进行时延改正,然后进行测深点三维坐标计算(图 4.1-13)。

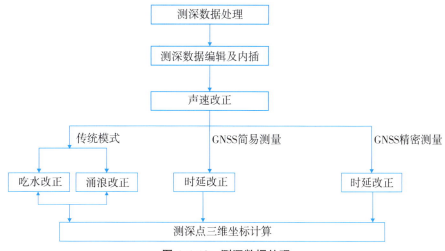

**图 4.1-13　测深数据处理**

(5)测深点三维坐标计算

主要进行测深点的三维坐标计算,传统模式下,水下点平面坐标为 GNSS 平面坐标。水下点高程为:水位—水深。GNSS 简易模式下,水下点平面坐标为 GNSS 平面坐标,然后计算换能器处 GNSS 高程。再计算水下点高程为：换能器 GNSS 高程—水深。GNSS 精密模式下，需先进行姿态改正和归位计算，得到改正后的 GNSS 平面坐标和换能器处 GNSS 高程。再计算水下点高程：换能器 GNSS 高程—水深。

（6）精度评估

测量成果的精度通常通过布设检查线来检验。通过计算主测线和检查线重合点的水深差值，评价测深结果的精度，最后上交测量资料，对相关材料进行检查，确认准确无误。

（7）垂直基准转换

将数据进行不同垂直基准下的转换，方便将数据转换到工程需要的基准。

（8）成果输出

主要包括测深数据编辑成果输出、姿态改正成果输出、声速改正成果输出、定位数据滤波成果输出、测量精度评估报告输出、垂直基准转换成果输出。

### 4.1.4　GNSS 三维水深测量的优势

与传统的验潮法相比，GNSS 三维水深测量具有如下优势：

1）无须观测水位，减少工作量。验潮法需要专门的人员测量水位或者到相关部门获取测量时段的水位数据。GNSS 三维水深测量只需在采集水深的同时在同一台电脑上采集 GNSS 三维数据，这样至少可以减少读水尺的工作人员，且不需要需建一个或多个水位站（临时水尺）。

2）每个测点的水位数据均同步采集，提高了水下测点的精度。GSNN 高程数据更新速度达 10Hz，每个水深点都对应精确的水位值，不需要内插或外推整个区域的水位。

3）减少浪涌等引起的误差。传统验潮法受浪涌影响较大，探头起伏致使测得的水深数据存在误差，且无法消除。而 GNSS 三维水深测量是通过 GNSS 天线高程来推算水下高程的，天线与探头的相对位置固定，无论船怎样上下波动都不会改变处理后的水下高程。

4）数据处理方便、快捷。由于所有的数据都采集到一个文件中，并且存储计算机中，减少了获取和编辑潮位数据的时间，能即时进行后处理，编辑水下地形图或断面图。

5）可进行全天候作业，不受昼夜影响可提高作业效率。

## 4.2　多波束测深技术

随着时代的发展，多波束测深系统凭借其高效率、高精度、高分辨、全覆盖的测量方式，已广泛应用于海洋测绘。与此同时在三峡工程建成后，常态化险段预警监测、应急监测、河床冲淤分析，对水域测量数据精度及时效性要求越来越高，多波束系统的应用显著提高了长江河道测量精度。本章将在阐述多波束测深系统组成、工作原理及作业流程的基础上，对多波束测深系统主要误差来源、辅助参数的补偿方法等方面进行阐述。

## 4.2.1 多波束测深的基本组成和工作原理

### 4.2.1.1 多波束测深系统的组成

多波束测深系统是一种用来进行水下地形测绘的由多传感器组合而成的设备。它利用安装于水下的换能器发射扇形波束,并接收海底反射回波信号,根据记录声波在水下的传播时间来测量水深。它是水声学、电子技术、计算机以及现代信号信息处理理论等高新技术的融合与发展。它可以对水下地形进行大范围、全覆盖的测量及实时声呐图像显示,结合实时动态(RTK)GNSS 定位,可以迅速获取各种比例尺的水下地形图、DTM 数字高程图,测量成果可以精确反映水下细微的地形变化和目标物情况,极大地提高了测量的精度和效率。

多波束测深系统大体上可分为多波束声学系统、多波束数据采集系统、数据处理系统、外围辅助传感器和成果输出系统。见图 4.2-1,换能器为多波束的声学系统,负责波束的发射和接收。多波束数据采集系统完成波束的形成和将接收到的声波信号转换为数字信号,并通过记录的声波往返时间反算测量的距离。外围设备主要包括 GNSS(定位传感器)、运动传感器、声速剖面仪和电罗经。其中,GNSS 主要用于多波束测量时的导航和定位;运动传感器主要负责纵摇、横摇以及浪涌参数的测定,以反映实时的船体姿态变化;电罗经主要提供船体在一定坐标系下的航向,以用于后续的波束归位计算;声速剖面仪用于获取测量水域声速的声速剖面。

**图 4.2-1 多波束测深系统基本组成**

### 4.2.1.2 多波束测深的基本原理

不同于单波束测深仪,多波束条带测深系统的发射、接收基阵采用互相垂直的方式。多波束测深系统的信号发射和接收是由 $n$ 个成一定角度分布且指向性正交的两组换能器来完成的。发射阵平行于船纵向(龙骨)方向,并呈两侧对称向正下方发射扇形脉冲声波。接收阵沿船横向(垂直龙骨)排列。在垂直于测量船航向的方向上,通过波束形成技术在若干个预成波束角方向上形成若干个波束,根据各角度声波到达的时间或相位就可以分别测量出每个波束对应点的水深值。若干个测量周期组合起来就形成了一条以测量船航迹为中心线的带状水深图,因此多波束测深系统也被称为条带测深系统。

多波束测深系统的工作原理见图 4.2-2。通过对每个接收波束内的回波信息进行振幅检测(用在中央波束附近的小入射角波束)或相位检测(用于其他的边缘波束),计算出每个波束的中心以及某一点回波的斜距,从而得到波束脚印位置,即测点水深。

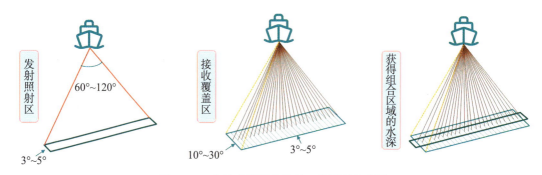

**图 4.2-2 多波束测深系统的工作原理示意图**

具体测量过程为:换能器阵发射形成的扇形声波波束,照射测量船正下方的一条狭窄水域,同时启动计数器;声波在水中传播,接触到该水域底部时发生反射,因各反射点的空间位置不同,回波返回的时间也不相同;到达换能器的回波中包含了水下地形起伏等信息,对回波信号进行固定方向的多波束形成、幅度检测、能量累积等处理,当检测到相应角度的回波信号时,记录其计数值,直至所有待测角度的回波都到达完毕,即完成了一次测量。此时根据对应角度的计数值和测量时的声速值可以反算每个反射点距离换能器的深度,再经过简单的三角变换即可同时测出多点的深度信息。测量船沿着航道方向运动并连续测量,便可完成对船两侧条带水域的水下地形测量。

## 4.2.2 多波束测深作业流程

### 4.2.2.1 多波束系统安装

多波束系统在测船上的安装较为复杂,且系统的保护装置较为笨重,安装工艺要求较高。此外,需注意多波束探头的正负极性,避免探头安装出错;同时注意各连接螺栓的紧固程度,避免受风浪等外界影响损坏仪器。测船及多波束探头的坐标系,向船艏方向看,向左为 $X$ 轴正向,与船艏艉线平行为 $Y$ 轴正向,垂直向上为 $Z$ 轴正向,坐标原点一般选在多波束探头发射中心。多波束探头、姿态传感器、电罗经、GNSS 等的安装位置及其坐标系均依测量船坐标系确定(图 4.2-3)。

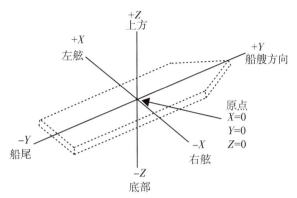

图 4.2-3　多波束系统安装示意图

#### 4.2.2.2　多波束系统校正

多波速测深系统需要在两种不同的河底地形上进行特定的测量来完成相关的校正工作,具体如下:

(1)时延(Nav. Time Error)的校正

在特征地形(斜坡或礁石上,下同)的同一条测线上沿同一航向(上坡或下坡)以不同船速测量二次,其中一次的速度应大于另一次速度的 2 倍。

(2)横摇(roll)的校正

在平坦地形的同一条测线上以相同船速、互相相反的航向各测量一次。

(3)纵摇(pitch)的校正

在特征地形的同一条测线上分别以相同船速、互相相反的航向各测量一次。

(4)艏摇(yaw)的校正

在特征地形两旁的 2 条测线上以相同船速,沿同一航向各测量一次,2 条测线的间隔应等于最大条带宽。

#### 4.2.2.3　外业施测

(1)测前准备

水下地形施测前应选取岸上至少一个平面控制点对 RTK 定位精度进行检验,达到精度要求方可用于水下定位测量。声速剖面测量:声速剖面测量采用声速剖面仪,量测扫测区域水表面至河床底(最大水深)的温度和声速,形成声速文件。在进行施测前还要完成多波速系统的校正。

(2)测线布设

主测线宜平行于等深线总方向或岸线,检查线垂直于主测线方向且均匀布设,一般测线间距取有效扫宽的 1/2,采用全覆盖测量,测线间距不大于有效扫宽的 4/5。在保证全覆盖的前提下,测线部分地段超宽长度小于测线长度 1/5 的不需要补线。垂直于主测线方向均匀布设 3 条或 3 条以上检查线,进行多波束测深检查。

(3)测量实施

多波束水深测量时,系统配置的数据采集软件自动融合 GNSS 所提供 NMEA 格式的定位数据,并提供分频导航界面,保证测船可以沿着预设的测深计划线匀速航行。测深过程中实时监测动态传感器、定位及测深设备的运行状态。姿态传感器或测深设备发生故障必须停止作业;罗经持续 10s 故障应立即停止作业,定位数据持续 20s 不正常停止作业,并合理补线。尽量避免急转弯,测量结束后应再次核对多波速测深系统的关键参数设置,及时将外业原始数据转换为后处理软件数据格式。测量过程中应注意发射功率应足够高,保证在全测区(或分区施测的某一区域整体)内都有足够强的回波信号;发射功率也不宜太大,以抑制二次回波、击穿海底等不良现象发生。接收增益宜取较低水平,以避免超饱和现象,并适当抑制噪声,接收增益也不可太小,否则会丢失信号。

#### 4.2.2.4　数据处理

多波束测量结束后一般使用 CARIS HIPS 软件进行水深后处理,其主要目的为除去假水深,在 Caris 软件中录入潮位数据,对水深数据进行水位改正,并完成成果的输出,具体处理流程见图 4.2-4。

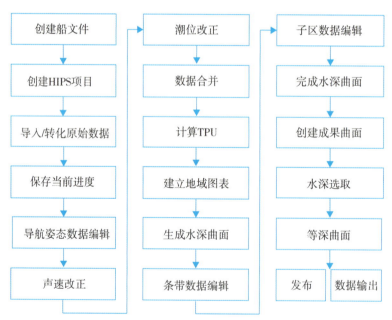

图 4.2-4　Caris9.1 数据处理流程图

### 4.2.3　多波束测深系统主要误差来源

水道地形测量有两个基本要素:水深和坐标。多波束测深系统主要是测量水的深度,而深度数据的平面坐标由辅助参数测定,由此可见多波束测深系统的误差主要来自两个方面:

一个是设备本身的误差,另一个是来自辅助设备的误差。综合来说,影响测深精度的因素有回波检测误差、传感器安装误差、船姿误差、定位误差、声速误差和潮位误差。

（1）回波检测误差

多波束声呐在脉冲发射和接收过程中,因使用不同的河底回波检测方法而引入误差。目前,多波束测深系统河底回波的检测方法主要有相位检测法和振幅检测法。这两种方法各有不同的误差特点。相位检测法是检测接收波束的入射角度和相位;振幅检测法是检测波束的射程。无论哪种方法其测量计算误差都对波束点的水深和水平位置产生影响。从原理上来说,振幅检测法在中央附近波束测量精度较高;相位检测法在边缘波束测量精度较高。这两种方法均对多波束的测量精度有一定影响且影响程度与河底地质、地形及海况有关。在实际应用中常常同时使用多种检测方法。目前从多波束测深系统对回波信号的检测精度来看,在平坦的河底条件下相位检测可使入射角计算误差达到 $0.05°$;在近似于垂直入射的情况下能检测可使射程计算误差达到 $1\sim2$ 个脉冲波长,而且该项误差还可能随入射角的增加而增加。这两项误差均会影响波束点的水深和水平位置,但总体来说对多波束测量精度影响不大。

（2）传感器安装误差

多波束测深系统安装有换能器、GNSS 天线和运动传感器,它们安装在测船的不同位置,测船运动时,各设备的位移方向和幅度都不一样,从而造成测线与测点定位测深误差。换能器安装误差可分为横偏误差和纵偏误差,其对测量精度的影响与运动传感器的横摇、纵摇误差相同,两者无法截然分开。

（3）船姿误差

船姿主要受控于风、水流等外界作用。在内河主要表现为风的作用,在海域主要表现为风、流的共同作用。根据多波束测量原理,在理想状态下换能器的波束断面与航向、水面正交。但在实际测量中由于风、流等外界因素的作用及船姿的瞬时变化,致使多波束的理想测量状态被打破,瞬时实测断面或者同铅垂方向存在一定的夹角,或者同航向正交方向存在一个小的夹角,或者上述两种情况并存。船姿的误差主要是指航偏角、横摇角、纵摇角和动态吃水等四个姿态参数对多波束测深结果的综合影响。

（4）定位误差

多波束测深时采用 GNSS 确定测船的平面位置。一般来说,现代 GNSS 定位技术已经能够满足多波束测深时的定位精度要求。然而,测深工作环境具有动态性,不仅要求实时定位,还要求测深与定位保持同步。若测深与定位不同步,则测深值将产生位移,从而使所测整个测区水下地形产生失真,这种影响被称为延时效应。与此同时,在测量过程中定位中心与测深中心位置应该一致。在实际工作中,通常把 GNSS 接收天线直接安装在换能器上,即可保证定位中心与测深中心平面位置的一致性,然而由于测深中心处于水面之下,定位中心处于水面之上,并且在有些船只上换能器无法直接安装在船底,只能安装在船舷之外,或者由于其他的硬件安装上的困难,经常使得定位中心偏离测深中心,造成水深值移位,这种影响被称为定位中心与测深中心的偏移效应。以上两种效应均对多波束测深系统的测量结果产生一定影响,统称为测量的定位误差。

(5)声速误差

多波束测深系统依赖于海水介质对声波的传播和河底的反射、散射,它把接收到的信号按旅行时间经过声速剖面折算成深度和测向水平距离。与单波束不同,由于目前多波束测深大多采用150°广角发射,边缘波束处于倾斜收发状态,因此声线遇不同声速界面的折射会加大,仪器对声速剖面的要求也更加严格。同时,海水又是一种高度流动介质,其温度、盐度特征不仅受到洋流高盐度入侵和径流淡水的影响,而且还受到季节、气温、流场等因素的作用。海水介质显著变化的温度、盐度必然导致声速剖面随着时间、空间的不同发生巨大变化,从而对多波束测深产生重大影响。

(6)潮汐影响

多波束测量实践表明,潮汐改正前,多波束测量结果直接成图的等值线呈锯齿状,潮汐改正后的等值线较为平滑,数据质量明显提高。潮汐改正是否科学准确对多波束测深条带的拼接具有重要影响,不合理的潮汐改正将导致测深条带出现拼接断层现象。

### 4.2.4 辅助参数的补偿方法

船位、船姿、潮汐三类辅助参数的测定精度对多波束测深系统的成果精度起到了至关重要的作用。在实际的测量过程中,对辅助参数进行测量时常常伴有系统误差,因此为了获得高精度的测深成果,除了对测得的辅助参数进行滤波外,还应该对辅助参数的系统误差进行补偿。本节将具体探讨三类辅助参数的补偿方法。

#### 4.2.4.1 船位数据的补偿方法

在常规多波束系统测量中,船位信息通常由 GNSS 负责测定。GNSS 除了为测量船提供导航和定位信息,还服务于每个波束的归位计算,以获得测深点精确的平面位置。随着RTK 技术的发展,在航道/海道测量中 RTK 提供的平面位置坐标已经能够满足水下地形测量的精度要求。然而,由于测深工作环境的动态性使得测深与定位不同步,则测深值将产生位移,从而使所测整个测区海底地形产生失真,这种影响被称为时延效应。若测深中心与定位中心不一致,也将造成水深值偏移,这种影响称为定位中心与测深中心的偏移效应。在多波束系统测量过程中,由于 GNSS 具有电磁波特性,且工作在水面之上;测深系统具有声学特性,工作在水面之下,因此分属两个不同系统的定位和测深系统始终存在着不同程度的时延效应和偏移效应。

时延效应和偏移效应建立于测量船定位与测深系统之间的关系,而且还受波浪、船速等众多因素影响,空间结构比较复杂。因此,为了研究方便,本书引入测线坐标系、船体坐标系、当地坐标系,转换关系(图4.2-5)。

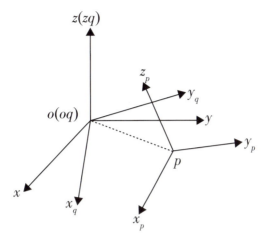

**图4.2-5　三个坐标系及相互关系示意图**

$o\text{-}xyz$为测线坐标系,$p\text{-}x_p y_p z_p$为船体坐标系,$o_q\text{-}x_q y_q z_q$为当地坐标系。三个坐标系之间的相互关系为:当地坐标系与测线坐标系之间的空间坐标旋转向量为$(0,0,\psi)$,测线坐标系与船体坐标系之间的空间坐标旋转向量为$(\alpha,\beta,\gamma)$。其中,$\gamma$为测船船艏晃动角,船艏右偏取正值;$\alpha$为测船横摇角,左倾取正值;$\beta$为测船纵摇角,船艏下沉取正值。测线坐标系与当地坐标系的原点始终重合保持不变。

(1)时延效应分析

时延效应对测量的影响见图4.2-6。$P$为真实位置,$Q$为记录位置,$\Delta$为位移。从图4.2-6(a)中可知,当测船同一方向施测时,延时将使每个水深值移位$\Delta$,使整个海底地形产生漂移;而当测船按正反方向交替施测时(图4.2-6(b)),延时将使正向测深值右移$\Delta$,反向时测深值左移$\Delta$,使整个水下地形产生条带交叉错位。移位$\Delta$的大小与航速成正比,当延时$\Delta t = 1s$,船速$V = 12$节,则$\Delta = 6.2m$。目前,GNSS水上动态定位误差不大于1m,因此时延效应在高精度的水上工程测量中不容忽视。

对时延效应有两种探测方法:同一目标法和同一测线法。在实际应用中,一般采用同一目标法。在水域内选定一突出目标(容易从水深图上准确识别),沿某一方向往返观测两次,得到同一目标的两个位置$P_1$、$P_2$(图4.2-7),可计算得到延时位移:

$$\Delta = \frac{P_1 P_2}{2} \tag{4.2-1}$$

式中:$P_1 P_2$——$P_1$、$P_2$两点之间的距离。

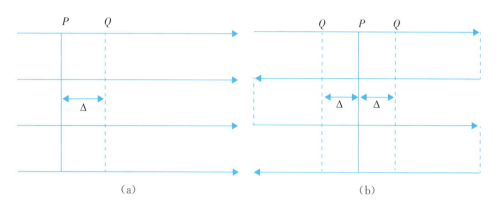

（a）　　　　　　　　　　（b）

图 4.2-6　时延效应示意图

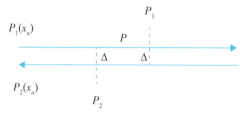

图 4.2-7　同一目标观测法

测定船速 $V$，可进一步得定位测深系统延时：

$$t = \frac{\Delta}{V} \tag{4.2-2}$$

对于延时 $t$ 有两种改正方法，可以在测量前对定位与测深系统中的时间基准进行调整，使两系统时间同步；或者在数据后处理过程中按照以下方法进行改正。

该测线正确的水深值 $P_1(x_n) = P_1(x_n - \Delta)$ 或 $P_1(x_n) = P_2(x_n + \Delta)$，其中 $n = 1, 2, \cdots, N$。进一步可得整个测区的正确水深值 $P(x_n)$（正向取"—"号，反向取"＋"号），则测船沿同一方向施测时：

$$P(x_n) = P(x_n - \Delta) \tag{4.2-3}$$

测船往返实测时：

$$P(x_n) = P(x_n \pm \Delta) \tag{4.2-4}$$

（2）偏移效应分析

在实际工作中，由于硬件安装上的困难，定位中心偏离测深中心，造成水深值的偏移。见图 4.2-5，设定位中心与测深中心之间存在位移 $(\Delta x_0, \Delta y_0, \Delta z_0)$，令 $\Delta l = (\Delta x_0, \Delta y_0, \Delta z_0)$。在测船航行时，尽管定位中心与测深中心之间的位移在船体坐标系中固定不动，但由于在测量时船体姿态会发生改变，因此两中心之间的位移以及对测深位置的影响会随船体姿态和测深线方向而改变。当通过姿态仪测定船姿参数时，可以通过坐标变换求得其偏移量。下面给出具体过程。

测深中心与定位中心的位移在测线坐标系中可表示为：

$$\begin{bmatrix} \Delta x \\ \Delta y \\ \Delta z \end{bmatrix} = R_\lambda R_\alpha R_\beta \begin{bmatrix} \Delta x_0 \\ \Delta y_0 \\ \Delta z_0 \end{bmatrix} \tag{4.2-5}$$

式中

$$R_\lambda = \begin{pmatrix} \cos\lambda & \sin\lambda & 0 \\ -\sin\lambda & \cos\lambda & 0 \\ 0 & 0 & 1 \end{pmatrix}$$

$$R_\alpha = \begin{pmatrix} \cos\alpha & 0 & -\sin\alpha \\ a & 1 & 0 \\ \sin\alpha & 0 & \cos\alpha \end{pmatrix}$$

$$R_\beta = \begin{pmatrix} 1 & 0 & 0 \\ 0 & \cos\beta & \sin\beta \\ 0 & -\sin\beta & \cos\beta \end{pmatrix}$$

换能器在测线坐标系中的真实坐标为：

$$\begin{bmatrix} x_{p2} \\ y_{p2} \\ z_{p2} \end{bmatrix} = \begin{bmatrix} x_{p1} \\ y_{p1} \\ z_{p1} \end{bmatrix} + \begin{bmatrix} \Delta x \\ \Delta y \\ \Delta z \end{bmatrix} \tag{4.2-6}$$

式中：$(x_{p2}, y_{p2}, z_{p2})$——测深中心在测线坐标系中的坐标值；

$(x_{p1}, y_{p1}, z_{p1})$——定位中心在测线坐标系中的坐标值。

从而可得测深中心在当地坐标系中的位置：

$$\begin{bmatrix} x_q \\ y_q \\ z_q \end{bmatrix} = \begin{bmatrix} x_{p1} \\ y_{p1} \\ z_{p1} \end{bmatrix} + R_\varphi R_\lambda R_\beta \begin{bmatrix} \Delta x_0 \\ \Delta y_0 \\ \Delta z_0 \end{bmatrix} \tag{4.2-7}$$

$$R_\varphi = \begin{pmatrix} \cos\varphi & \sin\varphi & 0 \\ -\sin\varphi & \cos\varphi & 0 \\ 0 & 0 & 1 \end{pmatrix}$$

式中：$\varphi$——测线坐标 $y$ 轴在当地坐标系中的方位角,由北顺时针量取正值。

（3）改正方法

在实际应用中,若时延效应和偏移效应同时存在于测深系统中,两者在耦合作用下引起测深值改正。此时,可以进行综合改正,也可以进行分步改正。

1）综合改正。

设定位系统测得点 $p$ 在当地坐标系中的坐标为 $Q$,令测深中心与定位中心在当地坐标

系下位移为 $\Delta P$，则换能器在当地坐标系下的坐标 $P$ 可表示为：

$$P = Q + \Delta P + \Delta \tag{4.2-8}$$

将式(4.2-2)、式(4.2-7)代入式(4.2-8)可得：

$$P = Q + R_\varphi R_\lambda R_\alpha R_\beta \Delta l + V \Delta t \tag{4.2-9}$$

由上式可知，只要准确测得船速、延时和船姿，就可对时延效应和偏移效应进行改正。

2)分布改正。

在测量时，对时延效应和偏移效应分别改正，即测深前就对系统延时进行测定、校正。实际应用时，按同一目标法测定 $\Delta t$ 后，根据 $\Delta t$ 的大小调整定位与测深系统的时间基准系统，使系统延时为零。则式(4.2-7)即为改正模型。

### 4.2.4.2 船姿数据的补偿方法

测量船在水上行驶，最常出现的外界影响因素就是波浪。为了削弱其对测量定位和水深测量的影响，需要进行姿态补偿，这里的姿态补偿是一种动态测量状态下的改正，有别于安装校正中由换能器的安装偏差引起的姿态偏差。姿态补偿主要涉及航偏角、横摇角、纵摇角和动态吃水。

为了下面叙述方便，设入射角为 $\theta$，斜距为 $R$，水深为 $D$，在当地坐标系下波束脚印的坐标为 $(x, y, z)_{LLS}$，姿态测量误差对其影响为 $(dx, dy, dz)_{LLS}$。在船体坐标系下波束脚印的坐标为 $(x, y, z)_{VFS}$，姿态测量误差对其影响为 $(dx, dy, dz)_{VFS}$。

（1）航偏角影响分析

见图 4.2-8，船的实际航行路线不可能与计划航向完全一致，而是绕 $z$ 轴有一个 $h$ 角的扭动。该角度不会给船体坐标系下的坐标造成影响，但是它使船体坐标系和当地坐标系的旋转向量变为 $(0, 0, \varphi + h)$（此时，忽略船的横摇和纵摇）。

其中相对于计划航线，偏左 $h$ 取正值。则当地坐标系下的坐标受航偏角的影响改正公式为：

$$\begin{bmatrix} x \\ y \\ z \end{bmatrix}_{LLS} = \begin{pmatrix} \cos(\varphi+h) & \sin(\varphi+h) & 0 \\ -\sin(\varphi+h) & \cos(\varphi+h) & 0 \\ 0 & 0 & 1 \end{pmatrix} \begin{bmatrix} 0 \\ R\sin\theta \\ R\cos\theta \end{bmatrix} \tag{4.2-10}$$

$$\begin{bmatrix} dx \\ dy \\ dz \end{bmatrix}_{LLS} = \begin{bmatrix} R\sin\theta\sin\Delta h \\ R\sin\theta\cos\Delta h - R\sin\theta \\ 0 \end{bmatrix} = \begin{bmatrix} D\tan\theta\Delta h \\ D\tan\theta\Delta h^2/2 \\ 0 \end{bmatrix} \tag{4.2-11}$$

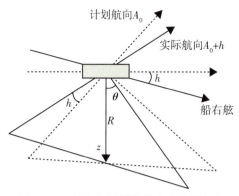

**图 4.2-8 航向角引起的姿态变化示意图**

（2）横摇误差分析

横摇使换能器在 $yOz$ 面内绕 $x$ 轴发生了 $r$ 角的旋转，顺转为正，其引起的姿态变化见图 4.2-9（虚线断面为理想测量状态，实线为有横摇误差时的实际测量断面）。当有横摇时，入射角由理想状态变为 $\theta+r$，则波束脚印在船体坐系下的坐标以及横摇的测量误差 $\mathrm{d}r$ 对其坐标影响的改正公式见式（4.2-12）。

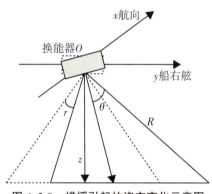

**图 4.2-9 横摇引起的姿态变化示意图**

$$\begin{bmatrix} x \\ y \\ z \end{bmatrix}_{LLS} = \begin{bmatrix} 0 \\ R\sin(\theta+r) \\ R\cos(\theta+r) \end{bmatrix} \tag{4.2-12}$$

$$\begin{bmatrix} \mathrm{d}x \\ \mathrm{d}y \\ \mathrm{d}z \end{bmatrix}_{VFS} = \begin{bmatrix} 0 \\ R\cos(\theta+r)\mathrm{d}r \\ -R\sin(\theta+r)\mathrm{d}r \end{bmatrix}_{VFS} = \begin{bmatrix} 0 \\ D\mathrm{d}r \\ -D\tan(\theta+r)\mathrm{d}r \end{bmatrix}_{VFS} \tag{4.2-13}$$

由式（4.2-12）、式（4.2-13）可知横摇对 $x$ 坐标不产生影响，但对 $y$ 坐标和 $z$ 坐标产生了一定的影响。

（3）纵摇误差分析

见图 4.2-10，纵摇使得换能器随 $y$ 轴在 $xOz$ 面内发生 $p$ 角的旋转，顺时针为正。当测量中存在纵摇时,理想测量断面将与实际测量断面产生二面角 $p$,则波束脚印在船体坐标系下的坐标以及横摇的测量误差 $dp$ 对其坐标影响的改正公式为:

$$\begin{bmatrix} x \\ y \\ z \end{bmatrix}_{VFS} = \begin{bmatrix} R\cos\theta\sin p \\ R\sin\theta \\ -R\cos\theta\cos p \end{bmatrix} \tag{4.2-14}$$

$$\begin{bmatrix} dx \\ dy \\ dz \end{bmatrix}_{VFS} = \begin{bmatrix} R\cos\theta\cos\Delta p\,dp \\ 0 \\ -R\cos\theta\sin p\,dp \end{bmatrix}_{VFS} = \begin{bmatrix} D\,dp \\ 0 \\ -D\tan p\,dp \end{bmatrix} \tag{4.2-15}$$

由式(4.2-14)和式(4.2-15)可知,$p$ 和 $dp$ 对 $y$ 坐标不产生影响,仅对 $x$ 坐标和 $z$ 坐标产生影响。且当纵摇存在于测量中时,深度的计算公式应为:

$$D = R\cos\theta\cos p \tag{4.2-16}$$

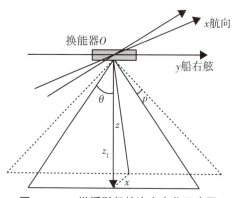

图 4.2-10 纵摇引起的姿态变化示意图

(4)动态吃水的误差分析

动态吃水($h_{ds}$)是指测量时船体在垂直方向上的瞬时变化。这种变化仅对 $z$ 坐标产生影响,对平面位置不产生影响。$h_{ds}$ 向上为正,向下为负。$h_{ds}$ 对波束角归位的影响为:

$$\begin{bmatrix} dx \\ dy \\ dz \end{bmatrix} = \begin{bmatrix} 0 \\ 0 \\ \Delta h_{ds} \end{bmatrix} \tag{4.2-17}$$

对于测船动态吃水的补偿和改正,目前有三种方法:①监测改正法,即通过传感器直接测定测量船的动态吃水进行改正。②补偿消除法,是通过动态吃水补偿测深仪来进行测量,即将测得的动态吃水数据直接输入测深仪中,从而自动抵偿其动态吃水影响。③计算机水深数字滤波法,即将数字水深信号进行分段,对每一段用多项式进行最小二乘曲线拟合,取拟合多项式计算得到的值作为水深值。

### 4.2.4.3 潮汐数据的补偿方法

利用多波束测深系统进行水域测量时,水位改正对于提高其测量精度具有十分重要的意义。影响水深测量精度的水文要素很多,如波浪、海流和潮位。波浪影响一般在姿态补偿中得以消除,海流的影响也可在海平面中得到反映,因此消除潮位影响是多波束水位更正中最核心的环节。实践表明,潮汐改正后,多波束数据精度明显提高。现阶段,潮汐的改正方法主要有传统改正模式和GNSS三维水深测量改正模式。

(1)传统改正模式

传统改正模式是基于验潮站控制及潮汐场数值解算技术来对测深值进行潮汐改正。潮汐改正是在瞬时测深值中剔除水面时变影响,获得与时间无关的"稳态"深度场。将海域内某点 $D(x,y)$ 的瞬时测深值记为 $D(x,y,t)$、稳态深度场记为 $D_0(x,y)$,时变水位记为 $w(x,y,t)$,则瞬时测深值可表示为:

$$D(x,y,t)=D_0(x,y)+w(x,y,t) \tag{4.2-18}$$

潮汐改正的目的是通过计算测深点的水位 $w(x,y,t)$ 及式(4.2-18)求解稳态深度值。水域内时变水位场 $w(x,y,t)$ 的表达如下:

$$w(x,y,t)=L+h(t)+\delta(t) \tag{4.2-19}$$

式中,$L$——理论最低潮面;

$h(t)$——天文潮位;

$\delta(t)$——余水位,也称增减水。

$\delta(t)$ 即为潮汐预报误差,该部分主要由天气因素产生的短时间水位变化及由天气因素造成的海面季节变化而引起。

在港口、码头和航道等浅水域,潮汐性质较复杂,潮汐场阶段精度不高的水域进行多波束测量时,一般采用布设验潮站的方式得到潮汐改正值。在近海水域,潮汐规律比较明显。在这些水域进行多波束测量时,一般采用基于余水位配置的潮汐场数值预报方法,即天文潮位加余水位内插模型。其基本思想是将水域内某测点的时变水位场 $w(x,y,t)$ 分解为两个部分,其中 $L+h(t)$ 部分的潮汐场调和常数采用天文潮预报方式得到,$\delta(t)$ 部分采用沿岸布设的验潮站或海上定点站计算。对于近海水域多波束测深,其潮汐改正精度的关键在于潮汐场解算的精度以及余水位的计算精度。

(2)GNSS三维水深测量改正模式

GNSS三维水深测量改正模式是指在GNSS获得高精度和大地高的基础上,利用平面及垂直方向的基准转换技术获取水深数据的方法。这种潮汐改正方法在测区无须布设验潮站和实施动态吃水改正,可分为实时处理和后处理两种模式,其工作原理和方法详见GNSS三维水深测量技术章节。

## 4.3 航空摄影测量技术

航空摄影测量技术在测绘技术应用比较广泛,主要以计算机技术、空间科学理论、网络技术与信息技术为基础,利用定位系统和遥感以地理信息为核心,将地面的信息采集出来并借助测量手段将地表形状绘成图形。当前,航空摄影测量在地形测量、土地规划、生态保护等方面有着广泛应用。

### 4.3.1 测量原理

摄影测量是通过非接触成像系统和其他传感器系统采集影像数据,对影像数据进行记录、量测、分析与处理,获取所摄物体的形状、大小、位置及其相互关系的一门科学和技术。基本理论依据就是摄影构像的数学模型。对单张像片而言,这个数学模型是基于摄影时物点、镜头中心、像点三点位于同一直线上,由此建立的方程称之为共线条件方程或构像方程。对于一个立体像对(由不同摄影站摄取的、具有一定影像重叠的两张像片),则又可引申出能够表明内部和外部几何关系的数学模型,具体到实际作业中,这些数学模型构成了单像摄影测量和双像(立体)摄影测量的理论基础。

航空摄影测量是通过搭载精密摄影机的飞行器对地面进行像片拍摄,作业过程分为飞行航空摄影(外业)和工作站影像处理(内业)两大部分。航空摄影测量技术分为垂直航空摄影测量技术和倾斜航空摄影测量技术,其中,倾斜航空摄影测量技术是在垂直摄影技术上发展起来的,通过搭载多方位、多角度摄像镜头实现了获取多角度、多方位航空影像数据的目的,有效地避免了垂直摄影技术仅能获取垂直方向影像数据的缺陷,为反映地物的三维信息奠定了基础。

### 4.3.2 数据采集

数据采集工作包括准备工作、航空扫描与摄影、数据后处理等。在利用无人机航摄系统进行地形图测绘之前,应首先要保证平台所搭载的传感器(非量测数码相机)应满足获取厘米级分辨率影像指标。另外实际获取的数据质量能否满足大比例尺地形图测图的要求,主要取决于无人机低空摄影数据获取的过程,也就是航摄过程中摄区分区是否合理,地面分辨率、影像重叠度、摄影基面等是否符合要求,航线设计是否合理,是否严格执行了无人机操控的相关要求。在数据获取过程中不但要保证获取的数据质量能满足要求,也要保障无人机平台和传感器的安全。

#### 4.3.2.1 航线规划

航线规划是信息采集工作的关键环节,作为指导航空拍摄的技术性文件,其重要性不言而喻。在信息采集过程中,不仅要考虑测量范围、地形地貌以及测绘精度,还要结合测试装备的精度以及测绘目的、影像用途等综合规划,进行最优设计,保质保量地完成任务。

航线规划完成以后,要对其进行检查,主要检查内容包括线路走向是否合理,是否可能出现出点落水不利情况,判断区域覆盖齐全,分区合理,分区地形高差是否在一定的摄影航高,摄影基面的选择是否合理,飞行高度是否合适,地面分辨率和像片重叠度是否达到要求等。

在航高一定时,保证其他航测参数不变的情况下,最小地面分辨率一般位于该摄影地区的最低处,最小像片重叠区一般位于该摄影区域的最高点。为了保证测绘精度,地面分辨率和像片重叠度应控制在公差允许范围内。

(1)地面分辨率计算

地面分辨率(GSD)是指两个相邻像素中心在地面的距离,其会影响到成果的精度、质量和正射影像的细节。

$$\text{GSD} = (H + \Delta h \text{ 高程}) \times a/f \tag{4.3-1}$$

式中:GSD——最低地面分辨率(m);

$H$——相对于摄影基准面的摄影航高(m);

$\Delta h$——基准高程与最低高程之差;

$f$——镜头焦距(mm);

$a$——像元尺寸(mm)。

(2)像片重叠度计算

$$p_x = p'_x + (1 - p'_x)\Delta h/H \tag{4.3-2}$$

$$q_y = q'_y + (1 - q'_y)\Delta h/H \tag{4.3-3}$$

式中:$p_x$、$q_y$——像片上各点的航向和旁向重叠度(%);

$p'_x$、$q'_y$——航摄像片的航向和旁向标准重叠度(%);

$\Delta h$——相对于摄影基准面的高差(m);

$H$——航高(m)。

一般情况下,采集区域需要保证航向 75% 的重叠率和旁向 60% 的重叠率,相机需要在同一个高度来保证地面分辨率(GSD),并且要保证以规则格网的方式来获取影像(图4.3-1)。

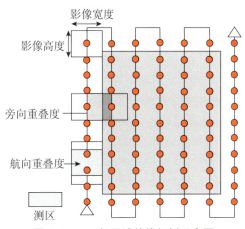

**图 4.3-1 一般区域航线规划示意图**

#### 4.3.2.2 像控测量

通过无人机航测来制作高精度、大比例尺的正射影像,必须根据要求布置地面控制点,将无人机影像配准到已有坐标系中。地面控制点(GCP)是航测区域内已知真实坐标的地面点,这些点的坐标可以通过传统的测量方法来获取,也可以通过 CORS 等其他方式获取。地面控制点除了能将结果经地理配准后输出外,也能通过该方法来判断成果的绝对精度。

(1)野外像片控制点的布设原则

1)像片控制点的布设要有大局观,以整个测区作为整体,满足测区布点的整体要求。

2)像片控制点在图像上应该便于判读,清晰可见。

3)对于无人机飞行有困难的地区,在拍摄前,应根据不同地区制作明显的地面标志,从而提高在困难地区的布点精度。

4)像片控制点应尽量远离像片边缘。例如,对于 18cm×18cm 的像幅,控制点距像片边缘不应小于 1cm。对于 23cm×23cm 的像幅,控制点距像片边缘不应小于 1.5cm。边缘地区受光线、拍摄角度的影响,会产生较大畸变,影响刺点精度。

5)像片控制点的布设尽量满足多个像片的公用,一般布设在相邻像片或相邻航线的重叠范围内,减少劳动强度,提高工作效率。

6)像片控制点也是控制点,需要满足一般控制点的布设原则和规范要求。

(2)野外像片控制点的布设方案

目前,普遍采用的布点方案主要包括以下几种:

1)航带网法布点。

航带网法布点是按照航线布设像控点,为了保证加密控制点的精度,两个像控点之间的距离和间隔基线数都要有一定的限制。根据布点方法的不同,该方法可以分为以下几种:

①六点法。

六点法是最标准的布点方法,应用也最为广泛。该方法在每条航带起止位置和中央,各布设一对平高点,该平高点需要布设在旁向重叠区域内部(图 4.3-2)。

图 4.3-2　六点法布设方案

②八点法。

该方法在每条航带起止位置的两端、中央和旁向重叠中央各布设一对平高点。在每段航带网内布设 8 个像控点,该方法主要是应用于区域范围内图像多于 16 幅且少于 48 幅时,可用八点法布设平高点(图 4.3-3)。

**图 4.3-3 八点法布设方案**

③五点法。

当航带长度没有达到最大允许长度的 3/4 时,可按五点法布设,航带中央只需要布设一个像控点。

2)区域网法布点方案。

采用区域网法布点时,像控点应选在相邻航线重叠区域的中央,即航向重叠区域内,使得布设的控制点可以达到公用的目的。常用的布点方案见 4.3-4(a),当像片的旁向重叠区域比较小时,可在重叠区域的部分增加高程点(图 4.3-4(b))。光束法按区域网布设像控点时,常采用平高点和高程点间隔布点,关键部位布设双平高点(图 4.3-4(c)、4.3-4(d))。

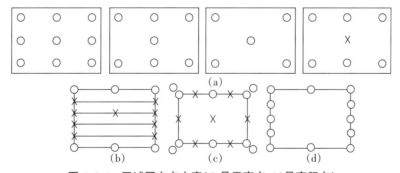

**图 4.3-4 区域网布点方案(O 是平高点,×是高程点)**

### 4.3.2.3 外业调绘

外业调绘工作主要是对航测立体采集的内业数据成果的检核与补充。其目的是确定各类地物地貌的真实现状情况,检查补充航测立体采集的底图上遗漏的实际现状要素,并对新增和有变化的要素进行现场实际测量工作。调绘主要内容包括:

1)底图标记的影像无法判读的地物地貌;必要测量的沟渠、陡坎的走向与坡向是否与底图表示相一致。

2)居民地范围内各类管线的调绘,如电杆实地的数量、位置,高压和低压的类型和走向判断,变压器、电线架的数量与位置等。

3)丘陵地区一般沿村落的道路线进行调绘,尽量沿半山腰走,方便看到山脊山沟的全貌以及沿途的植被类型。

4)居民区内建筑物的结构与楼层数,房屋的房檐改正等问题。

5)工作单位、各个道路、小区、河流等的名称要准确无误地注记全称。

### 4.3.3 数据后处理

目前对低空无人机小数码航拍数据,存在姿态稳定性差、旋偏角大、影像畸变大等缺点。针对传统大数码航拍数据后期处理难度大的缺点,数据后处理系统软件应根据上述缺点提出完整的解决方案,检测航拍质量,快速得到全景图,得到高精度空中三角测量结果及航测内业 3D 产品。其关键技术主要体现在以下几个方面。

#### 4.3.3.1 影像畸变差纠正

在进行解析空中三角测量前,首先要进行像点坐标畸变差改正,以避免空三加密平差迭代解算的计算结果不准确。相机物镜畸变差是影响图像几何质量的重要因素,其中径向畸变是对边缘处存在较大畸变的一种模型。在普通数码相机镜头中,切向畸变和薄棱镜畸变的影响很小,而径向畸变对结果影响较大,在进行校正时主要考虑径向畸变。径向畸变分为桶形畸变与枕形畸变。航摄作业时,当使用变焦镜头的长焦端或长焦镜头时,所拍摄的像片经常出现画面向中间收缩的现象,这种失真现象叫作枕形畸变。使用广角镜头或使用变焦镜头的广角端进行拍照时,常常出现成像画面呈桶形膨胀状的失真现象,桶形畸变又被称为桶形失真,桶形畸变主要由镜片的组成结构及镜头透镜物理性能所引起。在影像的拍摄过程中,摄影物镜畸变差对影像的质量影响最大,所以摄影测量相机检校的主要内容是对相机物镜光学畸变差的改正,通常利用相机检校获取相机的光学畸变参数、面阵变形参数和内方位元素等对镜头畸变差进行纠正。考虑到影像畸变,当非量测数码相机的主距 $f$ 和像主点坐标 $(x_0, y_0)$ 在像平面的坐标未知时,根据共线方程有下式:

$$x - x_0 + \Delta x = -f \frac{a_1(X - X_S) + b_1(Y - Y_S) + c_1(Z - Z_S)}{a_3(X - X_S) + b_3(Y - Y_S) + c_3(Z - Z_S)}$$

$$y - y_0 + \Delta y = -f \frac{a_2(X - X_S) + b_2(Y - Y_S) + c_2(Z - Z_S)}{a_3(X - X_S) + b_3(Y - Y_S) + c_3(Z - Z_S)} \tag{4.3-4}$$

式中,$\Delta x$ 和 $\Delta y$——畸变差改正值。

#### 4.3.3.2 空中三角测量

空中三角测量原理是利用像片与拍摄物体之间的几何关系,依据少量野外像控点数据和像片上的拍摄数据,采用全内业作业,测定像片的定向方位元素。其基本过程是通过连续拍摄有相同重叠部分的像片,利用最小二乘算法,建立相对应的数据模型,从而计算出需要获取的加密点的平面坐标和高程。空中三角测量根据研究模型的种类不同,可以分为航带法空中三角测量、航带法区域网空中三角测量、独立模型法区域网空中三角测量、光束法区域网空中三角测量、光束法解析空中三角测量等,本书重点介绍光束法解析空中三角测量。

光束法解析空中三角测量因其严密性,在处理航摄数据时常被用于区域网平差。其基本思想是:投影中心点、像点和相应的地面点三点共线构一条光束,以每条光束作为平差单元,共线方程作为基础,借助于像片之间的公共点和野外控制点,采用最小二乘平差方法,使区域中所有公共点的光束连成一个区域进行整体平差,实现最佳的交会,将整个区域最佳地整合到已知的控制点坐标系中,计算出待求点坐标以及像片的外方位元素(图 4.3-5)。

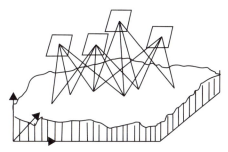

**图 4.3-5　光束法区域网空中三角测量示意图**

### 4.3.3.3　图像拼接

空中三角测量平差完成后,可以计算出各个影像比较精确的外方位元素,利用这些定向元素,采用数字微分纠正的方法,就可以得到单张像片的正射影像。图像拼接技术就是将两张或者两组有共同重叠部分的影像拼接成一个较大像幅的高分辨率影像,主要完成的是图像配准和图像融合这两项工作。

(1)图像配准

图像配准主要是基于特征点的匹配算法,利用计算机自动建立两幅或者多幅数字图像之间的对应来,完成数字图像的自动匹配。图像配准通常有两个步骤,首先是对影像特征点的提取,其次是把特征点进行匹配,完成整个图像配准的过程。

(2)图像融合

完成图像配准工作之后,就确定了图像间的几何变换模型,随后的工作就是把这些图像拼接成大像幅大范围的高分辨率影像,即图像融合。图像融合就是通过解决拼接处颜色曝光、最大限度上减小图像配准过程中的误差,实现图像大范围拼接的平滑过渡,完成整个图像拼接过程。无人机正射影像的图像融合工作主要集中在基础层面上的像素级,目前图像融合算法主要有 HIS 变换法、小波变换法、主成分分析法和 Brovey 法等。

### 4.3.3.4　影像匹配

航摄影像匹配过程就是找到两幅图像间的映射关系,将不同地点拍摄的两幅或多幅同地物点的图像位置点联系起来。对影像特征点的提取是影像内业处理的关键环节。它关系到前后方交会、自由网平差的精度,进而影响到影像外方位元素的解算,DEM 的精度,最终影响正射影像的平面精度。本书介绍在特征点提取过程中,综合 Harris 角点算子和 SIFT 算法,并利用两种算法各自的优点来提高影像匹配的速度和精度。

关于该匹配方法,其匹配流程见图 4.3-6。

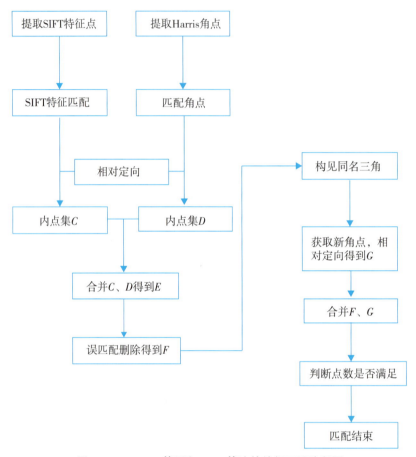

**图 4.3-6 Harris 算子和 SIFT 算法的特征匹配流程图**

其具体匹配步骤如下:

1)构建尺度空间,然后生成灰度金字塔影像。

2)对于金字塔影像,采用 SIFT 算法提取出特征点,运用次邻近距离比值法进行初匹配,初匹配点进行相对定向后得到内点集 C。

3)在灰度金字塔图像中,利用 Harris 角点算子提取特征点,并利用灰度相关系数进行初始匹配,相对定向后,就获得内点集 D。

4)合并点集 C、D,删除重复点后合并得到新点集 E。

5)运用误匹配剔除算法剔除点集 E 中的误匹配,得到点集 F。

6)根据内点的影像坐标来创建同名三角网。

7)缩小 Harris 角点阈值获得新的角点,依据 6)中创建的同名三角网对新角点进行约束,进行相对定向,然后得到点集 G。

8)合并内集点 F 和 G,剔除误匹配,生成新的同名三角网。

9)按照顺序循环迭代上述步骤 7)、8),多次加密匹配得到新的内点,直到生成的点数符合要求,匹配结束。

### 4.3.4 误差影响分析

#### 4.3.4.1 误差来源

(1)像片的地面分辨率和影像质量

在传统无人机航测法成图过程中,像片控制测量误差、空中三角测量误差、立体像对定向误差、立体采集过程中的位置判定误差等,会在作业过程中不断传递并积累,影响成图的最终精度。不难发现,所有环节误差的产生都与像片的分辨率和影像质量有关。分辨率越高、影像质量越好,判读就越准确,误差也就越小,所以要提高成图精度必须首先提高像片的地面分辨率和影像质量。

(2)镜头畸变

无人机航摄采用的相机一般为非量测型全画幅相机,镜头畸变大,尤其是边缘部分。尽管可以根据相机畸变参数对像片进行畸变纠正,但纠正过程中会产生纠正误差,且越往边缘,纠正误差越大。所以为了提高精度,应加大像片重叠度,尽可能使用像片中心部分的影像。

(3)像片外方位元素

一般的无人机没有配置高精度惯性导航装置,仅采用普通 GNSS 进行定位导航,所以在相机曝光同时记录的位置数据误差很大,需要后期在完成大量的像片控制测量后,才能进行空中三角测量。为了减少像片控制测量工作量及后续工序的误差累积,应尽可能提高曝光瞬间像片的外方位元素精度。

#### 4.3.4.2 高精度成图方法研究

根据误差来源分析,要提高成图精度,有必要采用一些关键技术手段和方法,以增强影像质量、提高影像地面分辨率、减小镜头畸变影响、提高像片外方位元素精度。

(1)事后差分 GNSS

事后差分 GNSS 系统包括基站 GNSS、移动站 GNSS 和事后差分解算软件。基站 GNSS 架设在已经测定精确位置的点位上进行长时间连续观测。移动站 GNSS 搭载在无人机上,其天线中心位置与相机中心位置经过量测标定。移动站在飞行过程中连续观测,并完整记录相机曝光瞬间给出的曝光时间戳信号。航摄完成后,事后差分解算软件根据基站精确位置数据、基站连续观测数据、移动站连续观测及曝光时间戳数据进行事后差分解算,获得每张像片的高精度位置坐标数据。

（2）相机曝光与移动站 GNSS 记录时间戳高度同步

相机曝光的真实时间与移动站 GNSS 记录的时间戳总会有些误差，需要采用一定的技术手段最大限度地减小这个差值，尽可能实现相机曝光时间与移动站 GNSS 记录的曝光时间戳同步。

（3）增强像片影像质量

像片影像质量直接影响影像判读准确度，对 1：500 测图尤为重要。所以需要选用成像质量较好的相机，选择空气洁净、光照充足的时间段，优化相机参数后进行航摄，以获得影像质量较好的像片。

（4）适度提高影像地面分辨率

影像分辨率越高，在航测法成图的各个环节中对影像的判读精度就会越高，但是航摄效率会下降。如根据《数字航空摄影规范》第一部分框幅式数字航空摄影规定，1：500 航测法成图要求航摄地面分辨率小于 0.08m，在兼顾航摄效率的同时为了提高成图精度，根据经验确定地面分辨率为 0.04～0.05m。

（5）减小像点位移

像点位移会降低影像解析能力，影响判读精度。规范规定像点位移一般不应大于 1 个像素，最大不应大于 1.5 个像素。由像点位移公式 $\delta = v \times t / GSD$ 可知，要减小像点位移就要降低飞行速度，缩短曝光时间。所以需要在确保影像质量的情况下将曝光时间缩到最短。根据经验，像点位移小于 1/3 个像素时可保证影像解析能力。

（6）提高像片重叠度

提高像片航向重叠度和旁向重叠度，有利于减少对像片边缘影像的利用，最大限度降低像片畸变纠正过程中的影像纠正误差。规范规定航摄重叠度一般航向应为 60％～65％，旁向 20％～30％。为了提高成图精度，可加大重叠度。根据经验，航向重叠度取 70％～75％，旁向重叠取 60％～65％可显著提高空中三角测量平差精度。

（7）增加构架航线

构架航线与正常航线垂直布设，起高程控制点作用，有利于减少像片控制点量测数量，增强区域网模型之间连续性，提高空中三角测量平差精度。构架航线结合事后差分解算提供的像片高精度 POS 数据，能够实现稀少像片控制点甚至无像片控制点完成空中三角测量。

## 4.4  倾斜摄影测量技术

倾斜摄影技术是国际测绘遥感领域近年发展起来的一项高新技术，通过在同一平台上搭载多台传感器，同时从垂直、倾斜等不同角度采集影像获取地面物体更为完善准确的信息。

## 4.4.1 系统组成及原理

### 4.4.1.1 系统组成

倾斜摄影测量系统(图4.4-1)主要由无人机飞行平台、任务传感器系统、地面保障系统组成。其中,无人机飞行平台主要指无人机硬件系统,任务传感器系统主要指多镜头倾斜相机,地面保障系统主要包括操控系统、数据传输系统、地面监控系统等。除上述硬件系统外,倾斜摄影测量还需相应的数据后处理软件,主要包括空三加密软件、三维模型构建软件、DLG成图软件等。

**图4.4-1 倾斜摄影测量系统设备示意图**

### 4.4.1.2 工作原理

倾斜摄影测量核心原理与传统航空摄影测量相同,都是基于共线方程,通过区域网平差计算影像的外方元素,然后利用高性能计算机和匹配算法提取特征点云,再在密集点云的基础上得到一系列产品。倾斜摄影测量一般使用同一飞行平台搭载多传感器,从垂直、倾斜不同角度采集影像,获取地面物体的信息更为完整准确,再通过对倾斜数据进行内业处理获得地表数据更多的侧面信息,整合成具有地物全方位信息的数据,生成三维模型成果。

## 4.4.2 技术路线

根据无人机倾斜摄影测量的技术特点及相关要求制定作业流程,一般情况下其技术路线见图4.4-2。

第一部分是倾斜摄影测量的外业航飞,也就是影像获取过程;第二部分是倾斜摄影测量的数据处理过程,包括空三加密、三维模型构建、地形图生成以及精度分析等,其核心技术就在空三加密和三维模型构建部分;第三部分精度分析,重点对平面、高程及相关边长进行精度评定。

基于倾斜摄影测量的三维模型的建模,其关键流程由三步组成。第一步是影像匹配,采用 SIFT 算子,在每张影像上通过同名点匹配和联合平差,算出很好的同名点匹配效果。第二步,影像匹配之后通过光束法区域网平差的方法进行空中三角测量解算,完成航带关系重建这个步骤。第三步,航带重建完之后需要多视影像密集匹配技术,使用空三角解算之后的结果得到密集点云数据,并构成 TIN 模型。TIN 模型中的每一个三角面的纹理部分从影像数据上获取,纹理映射之后完成三维模型的构建过程。

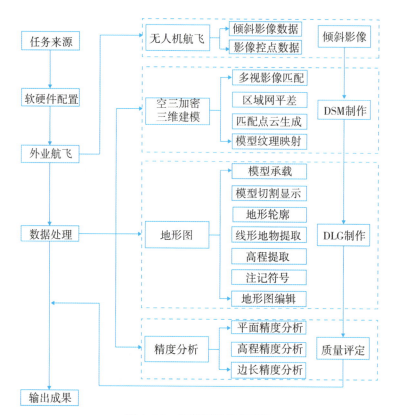

图 4.4-2 倾斜摄影技术路线

## 4.4.3 数据处理关键技术

(1)多视影像联合平差

多视影像联合平差需充分考虑影像间的几何变形和遮挡关系。结合 POS 系统提供的多视影像外方位元素,采取由粗到精的金字塔匹配策略,在每级影像上进行同名点自动匹配和自由网光束法平差,得到较好的同名点匹配结果。同时,建立连接点和连接线、控制点坐标、GPU/IMU 辅助数据的多视影像自检校区域网平差的误差方程,通过联合解算,确保平差结果的精度。

(2)多视影像密集匹配

影像匹配是摄影测量的基本问题之一,多视影像具有覆盖范围大、分辨率高等特点。因此,如何在匹配过程中充分考虑冗余信息,快速准确地获取多视影像上的同名点坐标,进而获取地物的三维信息,是多视影像匹配的关键。由于单独使用一种匹配基元或匹配策略往往难以获取建模需要的同名点,因此,近年来随着计算机视觉发展起来的多基元、多视影像匹配,逐渐成为研究的焦点。

(3)数字表面模型生成和真正射影像纠正

首先根据自动空三解算出来的各影像外方位元素,分析与选择合适的影像匹配单元进行特征匹配和逐像素级的密集匹配,引入并行算法,提高计算效率。在获取高密度 DSM 数据后,进行滤波处理,将不同匹配单元进行融合,形成统一的 DSM。多视影像真正射纠正涉及物方连续的数字高程模型 DEM 和大量离散分布粒度差异很大的地物对象,以及海量的像方多角度影像,具有典型的数据密集和计算密集特点。在有 DSM 的基础上,根据物方连续地形和离散地物对象的几何特征,通过轮廓提取、面片拟合、屋顶重建等方法提取物方语义信息;同时在多视影像上,通过影像分割、边缘提取、纹理聚类等方法获取像方语义信息,再根据联合平差和密集匹配的结果建立物方和像方的同名点对应关系,继而建立全局优化采样策略和顾及几何辐射特性的联合纠正,同时进行整体匀光处理。

# 4.5　机载激光雷达低空测量技术

机载激光雷达(Light Laser Detection And Ranging,LiDAR),是激光探测及测距系统的简称,是 GNSS、IMU、激光扫描仪、数码相机等其他光谱成像设备共同集成的遥感系统。机载激光雷达是近年来比较热门的主动式三维数据采集技术,是激光技术、计算机技术、高动态载体姿态测定技术和高精度动差分 GNSS 定位技术的集中体现。相比传统测量方法、航空摄影测量技术、微波雷达等具有采集速度快、数据量大、精度高等优点。

## 4.5.1　系统组成及原理

### 4.5.1.1　系统组成

机载激光雷达系统主要有三个组成部分(图 4.5-1):定位定姿组件、激光扫描系统和数据处理系统。定位定姿组件主要是用于确定激光雷达信号发射参考点空间位置的动态差分 GNSS 接收机和用于测定扫描装置主光轴姿态参数的姿态测量系统(惯性导航系统);激光扫描系统即用于测定激光雷达信号发射参考点到地面激光脚点间距离的激光测距仪;系统控制和数据处理由计算机及相关软件完成。从作用意义上说,机载激光扫描仪是集成系统的关键部件,它决定着系统的各项性能,而定位定姿组件则提供进行激光点云三维坐标解算的不可或缺的位置信息和姿态信息,并对激光点云坐标解算精度产生极大的影响。

机载激光雷达核心技术主要为激光扫描技术和定位定姿技术。激光扫描技术可分为激光测距技术和扫描技术,定位定姿技术又分为定位技术和惯性导航技术。

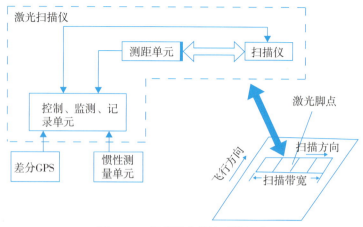

图 4.5-1　机载激光雷达系统组成

（1）激光雷达测距系统

激光雷达测距系统主要包括激光脉冲测距系统、光电扫描系统及控制处理系统（图 4.5-2）。测距系统由激光发射器和光电接收器组成。激光测距主要采用两种测距原理，即脉冲测时测距和激光相位差测距。

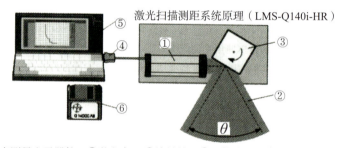

①距离测量电子器件；②激光束；③旋转镜；④通信接口；⑤PC；⑥软件

图 4.5-2　激光雷达测距系统

距离的测量主要有以下四个过程：

1）激光发射。

在触发脉冲的作用下，激光器发出一个极窄脉冲（约几纳秒），通过扫描镜的转动并反射向地面，同时激光信号被取样而得到激光主波脉冲。

2）激光探测。

通过同一个扫描镜和望远镜收集经地面反射回来的激光回波信号，并转换为电信号。

3）时延估计。

对不甚规则的回波信号进行相应处理，估计出对目标测距的可能时延，给出回波脉冲信号，该脉冲信号的时延就代表目标回波的时延。

4）时间延迟测量。

通过距离计数等方法测量出激光回波脉冲与激光发射主脉冲之间的时间间隔。

（2）INS 姿态测量系统

INS（Inertial Navigation System，惯性导航系统，简称惯导）或 IMS（Inertial Measurement System，惯性测量系统）其基本原理是根据惯性空间的力学定律，利用陀螺和加速度计等惯性元件感受运动载体在运动过程中的旋转角速度和加速度，通过伺服系统的地垂跟踪或坐标系旋转变换，在一定的坐标系内积分计算，最终得到运动体的相对位置、速度和姿态等参数。陀螺和加速度计等惯性元件总称为惯性测量单元（Inertial Measurement Unit，IMU），它是 INS 的核心部件。

惯性导航系统是机载激光雷达测量系统的一个重要组成部分，负责提供飞机等载体的瞬时姿态参数，包括仰俯角、侧滚角和航向角三个姿态角。姿态测定精度的高低对于能否获得高精度的激光脚点定位精度起着主导作用。限制 INS 系统精度的主要因素有两个：一是测角精度和加速度测量精度；二是测时精度。

### 4.5.1.2 对地定位原理

对地定位原理，即通过激光测距传感器（有文献称激光测高计）发射一束极窄的激光，经扫描装置对光束偏向后射向不同的目标地物，再由接收光学系统接收回波反射。基于光电探测原理计算发射到接收的时间差，从而得到传感器到目标地物的直线距离。根据摄影测量原理，如果已知此时激光束发射的位置和姿态，6 个外方位元素，就可以得到目标点在空间的位置和分布。若空间有一向量 $s$，其模为 $S$，方向为 $(\varphi, \omega, \kappa)$，如能测出该向量起点 $O_s$ 的坐标 $(X_s, Y_s, Z_s)$，则该向量的另一端点 $P$ 的坐标 $(X, Y, Z)$ 可唯一确定。对于机载激光雷达测量系统来说，起点 $O_s$ 为遥感器光学系统的投影中心，其坐标 $(X_s, Y_s, Z_s)$ 可利用动态差分 GNSS 或精密单点定位技术测定；向量 $S$ 的模是由激光测距系统测定的机载激光测距仪参考中心到地面激光脚点间的距离，姿态参数 $(\varphi, \omega, \kappa)$ 可以利用高精度姿态测量装置获得。此外，还必须顾及一些系统安置偏差参数：激光测距光学参考中心相对于 GNSS 天线相位中心的偏差，激光扫描器机架的 3 个安装角，即倾斜角、仰俯角和航偏角，IMU 机体同载体坐标轴系间的不平行等。这些参数都需要通过一定的检校方法来测定，图 4.5-3 诠释了它的基本原理。

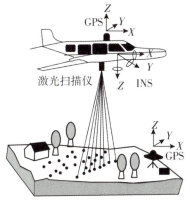

图 4.5-3 机载激光雷达技术原理

### 4.5.2 数据采集

#### 4.5.2.1 检校场的选择

在每次安装激光雷达设备以及相机系统后,为了确保测量数据的准确性,必须对其进行检校。激光检校的主要目的是为了消除激光扫描设备与惯性测量单元 IMU 之间的角度安置误差,以及激光测距与真实距离之间的误差。而相机检校的目的主要是消除相机与 IMU 之间的角度安置误差。角度安置误差主要为侧滚角(roll)、俯仰角(pitch)、航偏角(heading),侧滚角可以通过平整路面进行误差改正,俯仰角和航偏角可以通过尖顶房屋得到消除。激光测距误差主要通过地面控制点进行校正。分别按顺序进行迭代检校,最终能够获得精度较高的数据。因此,检校场应该选择在拥有较平整地面且附近有尖顶房屋的区域。飞行时,相邻航线间激光雷达扫描幅宽至少要有 60%的重叠率,且相邻航线间的朝向必须相反,便于后期数据的检校工作。

#### 4.5.2.2 航线的设计

航线的设计是在充分了解测区实际情况下(如地形、地貌、气候、已有控制点等),结合采集数据时各设备参数(如航高、航速、相机焦距、扫描角度等),为获取满足要求数据如旁向重叠度、航向重叠度、影像地面分辨率、激光点云密度的技术保障。

为了保证影像分辨率大小的一致性以及点云密度分布的均匀性,将测区按照平均高程划分成为多个区域进行航摄飞行,一般要求设计的航高尽量保持在同一高度,且在一条航线上航高变化不应超过相对航高的 5%~10%。

#### 4.5.2.3 数据采集

数据采集主要分为飞行准备阶段、飞行过程阶段、着陆后阶段。飞行准备阶段需要确保装备安装完全、设备连接无误、存储硬盘有足够的存储空间;在激光雷达系统开启后等待至少 5min,使 POS 系统(惯性测量单元与卫星导航技术集成)能够锁定卫星并改进其初始化数据。

飞行过程中,在进入测区前 500m 左右需要完成一个"8"字形航线,以激活惯性测量单元中的陀螺仪;在飞往、飞离测区或者航线转弯时可以关闭激光数据记录仪,以节省数据存储空间。飞机着陆后,依旧需要保持飞机静止 5min 再关闭机载激光雷达设备。

### 4.5.3 数据后处理

#### 4.5.3.1 建立点云工程

在实际作业开展期间,为了更好地完成对各项数据的管理,需要建立点云工程将作业中形成的各项原始数据、生产过程中形成的各项数据和成果数据进行分门别类的存放。

#### 4.5.3.2 点类定义

为了明确点云分类后各点所属类别,完成相应的分析工作,需要定义点类。本次项目分类处理期间采用的类点主要包括地面点、未分类点、水域、低点等,每个类点的区分都必须符合实际情况,以免对后续工作造成不良影响。

### 4.5.3.3　处理点云数据

（1）点云分块

点云数据整体数据量十分庞大,因此无法一次性将全部数据导入内存,对后续工作的顺利开展造成影响。为了方便后续工作的开展,在数据处理前采取切割方式进行分块处理,形成良好的作业数据处理单元和数据管理单元。

在实际分块过程中,要综合考虑所采用软件的内存和处理速度,完成相应分析工作。每块点云数据点个数通常应控制在 3000 万以内,存储大小则应控制在 700MB 以内。通常情况下,分块方式有 2000m×2000m、1000m×1000m、500m×500m 等不同类型。

（2）去除航带重叠点

项目建成区提供的点云数据航带之间存在一定的重叠区间。在完成分块之后,针对每块点数据都必须对叠加航迹文件进行去除重叠点作业,提出航带重叠点,再将其放入专门航带重叠点数据层。

（3）滤除噪点

噪点明显高于地表目标点、低于地面点或者点群,其存在会对其他点数据信息的查看和提取造成不良影响。故在地面点分类前,工作人员应根据实际情况制定滤波算法,对所出现各种噪音进行合理分类,然后检查每块点云,剔除遗留噪点。

### 4.5.3.4　点云分类

机载激光雷达点云数据主要包括地点区域内的植被点、地面点、水域点,以及噪点等多项内容,并且都在相同数据层。点云数据分类的目的是确保各个点都可以被放到提前定义好的数据层中。一般通过应用点云处理软件中的点云分类工具来自动完成对点云数据内容的合理分类。完成点云分块后,会形成区块数据,然后逐块滤波分类,对区域内的各种不同类型建筑物、地面点、植被、水域等类别分别进行区分。在实际作业开展期间,要对参数进行调整,获得精准分类精度,以减少后续工作人员的工作量。

### 4.5.3.5　转换坐标

在进行平面坐标转换时可采用四参数完成相应转化作业,进行高程转换作业时要对精准站内的 2 个不同坐标体系内的数据进行分析,对各项异常数据进行拟合,最终获取到高程异常值。完成上述作业后,将高程异常加到所有点云数据上即可。

## 4.5.4　误差影响分析

### 4.5.4.1　误差来源

机载激光雷达系统误差源主要分为 GNSS 定位误差、激光扫描测距误差、扫描角误差、姿态角误差、系统集成误差等。

（1）GNSS 定位误差

在激光雷达测量系统中，影响 GNSS 定位精度的误差源主要包括：卫星轨道误差、接收机钟差、相位中心不稳定、整周模糊度、基站间距等。

（2）激光扫描测距误差

激光测距仪是机载激光雷达系统最重要的设备之一，激光测距仪发射并接收激光脉冲，得到往返的时间差，从而计算得到激光发射点到目标地物的距离。激光测距误差主要有测距仪器误差、大气折射误差、与反射面有关的误差 3 类。

（3）姿态角误差

机载激光雷达系统的平面精度要比高程精度低，主要是受姿态测量精度的制约。姿态误差主要包括设备安置误差、陀螺仪漂移、各轴间不相互垂直、加速度计误差、水准面误差等。

（4）扫描角误差

扫描角误差是在实际应用中由于扫描电机的非匀速转动或者扫描转镜震动，而引起的微小的扫描角误差。一般扫描测距的视场角范围不是太大，为 30°～ 60°，一般情况下要求保证扫描电机匀速转动，但是在设计时并不能完全保证匀速旋转，所以存在着扫描角误差。

### 4.5.4.2 机载激光雷达测量的质量控制

（1）航摄设计书编制

测区航摄飞行设计要从高效、经济的原则出发，综合考虑仪器设备的性能、地形、地势、高差、摄区形状、航高、航向重叠度、旁向重叠度和航行协调等一系列要素进行设计。根据项目生产要求确定航测范围，对航测高度（相对高度）、航空摄影比例尺、重叠度（主要是影像重叠度）、激光点间距、相机镜头焦距、相机曝光速度、激光扫描仪扫描角度、激光扫描频率、影像分辨率等有关项目航摄参数分析编写航摄设计书。

（2）航摄中的质量控制措施

1）飞行控制措施。

整个航飞过程中，飞机转弯坡度一般要控制在 15°以内（标准转弯），避免造成 GNSS 卫星信号失锁，导致航飞数据作废而重飞。如果航路时间大于 30min，则在进入测线前必须转个"n"字形弯，才能开始正式测线航飞。在沿测线飞行过程中，必须满足航摄设计要求。

2）飞行前地面测试。

按照严格的仪器操作规范，每次起飞前认真做好地面通电测试及其相关准备工作，确保整套航摄系统处于正常状态。

3)航高和航线弯曲度控制。

航摄作业人员通过激光雷达测量系统实时监视飞行高度,当实际飞行高度数值与设计飞行高度发生偏差时,应及时与机长沟通给予修正,确保航高满足设计要求。航飞过程中航摄作业人员通过监视器观察航迹偏差漂移情况,当飞机沿航迹左右发生偏差即将超出规定值时,应及时提醒机长进行修正,确保航线弯曲度小于 3%。

4)航向和旁向重叠度控制。

激光雷达测量系统应实现 GNSS 定点曝光,确保飞机在设计规定的航线飞行后,航片的航向和旁向重叠度得到有效保证。

5)影像色彩质量控制。

在每天航摄作业时根据天气具体情况使用最佳曝光参数,在航飞过程中要一直监控航片质量,做好航测中飞行速度、高度、影像质量、激光回波的检查记录工作,并根据天气变化情况适时调整曝光参数,以确保同一项目不同架次、同一架次不同时段所拍摄的航片影像校色准确、色彩均匀、相同地物的色彩基本一致。

# 4.6　地面三维激光扫描技术

地面三维激光扫描技术又称"实景复制技术",能够完整并高精度地重建扫描实物及快速获得原始测绘数据。该技术可以真正做到直接从实物中进行快速的逆向三维数据采集及模型重构,无需进行任何实物表面处理,其激光点云中的每个三维数据都是直接采集目标的真实数据,使得后期处理的数据完全真实可靠。由于技术上突破了传统的单点测量方法,其最大特点就是精度高、速度快、逼近原形,是目前国内外测绘领域研究关注的热点之一。

## 4.6.1　系统组成及原理

### 4.6.1.1　系统组成

地面三维激光扫描系统由扫描仪、计算机和电源供应系统三部分组成。激光扫描仪包括激光测距和激光扫描两大系统,同时也集成 CCD、仪器内部控制系统和自动校正系统等。扫描数据可通过 TCP/IP 协议自动传输到计算机,数码相机拍摄的图像可通过 USB 数据线传输到电脑中。点云数据经过计算机处理后,可快速重构出被测物体的三维模型,能够直观地反映线、面、体、空间等信息。

### 4.6.1.2　工作原理

地基三维激光扫描仪主要由测距系统、测角系统及其他辅助功能构成,如内置相机双轴补偿器等(图 4.6-1)。按照测距原理的不同,可分为脉冲式扫描仪、相位式扫描仪和三角测量式扫描仪。其中,脉冲式扫描仪测程最远,但精度随距离的增加而降低;相位式扫描仪适合于中程测量,测量精度较高;三角测量式扫描仪测程最短,但精度最高,适合于近距离、室内测量。

无论是基于何种原理的扫描仪,其工作原理都是通过测距系统获取每个扫描点到扫描仪的距离 $S$,再配合精密时钟控制编码器测角系统获取每个激光束相对仪器坐标系的水平角 $\alpha$ 和垂直角 $\phi$(图 4.6-1)。利用式(4.6-1)即可计算出每一个扫描点(如 $p$ 点)与扫描仪的空间相对三维坐标信息 $X_p$、$Y_p$、$Z_p$,然后在扫描的过程中利用本身的垂直和水平马达等传动装置,完成对目标物体的全方位扫描,并最终获取扫描物体的点云数据。

在图 4.6-1 中,可计算点 $P$ 的坐标为:

$$\begin{cases} X_p = S\cos\beta\sin\alpha \\ Y_p = S\cos\beta\sin\beta \\ Z_p = S\cos\beta \end{cases} \quad (4.6\text{-}1)$$

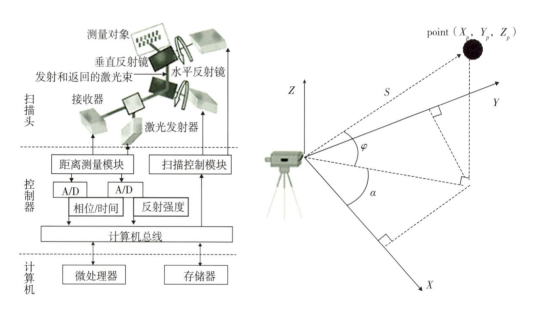

**图 4.6-1 三维激光扫描仪工作原理图**

## 4.6.2 数据采集

任何的扫描操作都是在特定环境下进行的,对于工程领域的三维数据获取应用,工作场地一般都为施工现场或者野外边坡等,对于环境复杂、条件恶劣的场地,在扫描工作前一定要对场地进行详细的踏勘,对现场的地形、交通等进行了解,对扫描物体目标的范围、规模、地形起伏做到心中有数,然后根据调查情况对扫描的站点进行设计,同时要考虑大地坐标参考点的选取。一般而言,在测量现场对一个边坡进行扫描,由于边坡范围较大、地形凹凸不平等原因,进行一次扫描很难覆盖整个目标,因此一般需要多次对不同位置进行扫描。合理布置不同扫描站点位置能够对后期点云数据的拼接精度有一定的提高,同时也应考虑尽可能全面地反映坡表的情况,获取更多的地面信息。另外,合理布置大地坐标参考点对坐标匹配转换也有着重要的影响,参考点的选择应该是明显、易识别,如果参考点只有三个,那么空间分布应尽量是等边形布置。

以 Trimble SX10 为例,数据采集流程如下:

### 4.6.2.1 全站仪工作流

全站仪工作流包含所有测量机器人全站仪功能,包括测量基本型、测站设立、后方交会、多后视点建站。通过建站,可进行测回、测地形等所有测量机器人的测量方式。

### 4.6.2.2 扫描仪工作流

(1)扫描

扫描区域选择:矩形、多边形、水平带、全景。

扫描密度:粗略、标准、精细、超精细。

(2)影像

可选择是否拍摄影像照片数据。

可选择拍照相机:主相机、广角相机、望远镜相机。

### 4.6.2.3 全自动一体化工作流

(1)一体化方式

可使用全站仪流程建站,使用导线、后方交会等方式进行测量和扫描。

结合 GNSS 设备,与 360°角棱镜紧密相结合,一个手簿同时控制 GNSS 与 SX10,多种方式应对多种环境进行多样化测量。

(2)免内业流程

使用全站仪工作流+扫描仪工作流,免去内业软件拼接及手动拼接。

## 4.6.3 数据后处理

### 4.6.3.1 点云自动着色

一般采用软件全自动真彩色着色,不需要人工干预;当点云不需要着色也可选择不着色(图 4.6-2)。

**图 4.6-2　三维激光扫描点云数据**

#### 4.6.3.2　配准拼接

（1）自动拼接

零干预,软件自动拼接,拼接精度不超过 0.01cm(需保证 10％以上重叠度)。

（2）手动拼接

对于重叠度过低扫描测站,可手动选取 1～3 个特征点进行半自动拼接。

（3）自动细化

对于手动拼接,可通过软件二次细化,提高拼接精度。

#### 4.6.3.3　点云分类

1)软件全自动"一指键"提取点云类别,可直接分类地面、高植被、电力线、标志和杆、建筑物等。

2)自动分类后,即可剔除不需要的点云数据(如植被、标志和杆)。

#### 4.6.3.4　输出成果

1)通过查看影像、点云、全景图,可直接绘制 CAD 成果(如水边线、建筑平面、剖立面),可直接在影像/点云上点绘的特征点。

2)通过点云生成表面,可直接生成等高线成果、土方量计算、填挖方计算。

3)通过测站视图查看影像,可直接使用虚拟 DR(虚拟免棱镜测量),获取任意位置高精度坐标。

4)通过将点云数据导出 Las 格式,可直接在 Autodesk3DMax、SketchUp 等软件建模。

### 4.6.4　误差影响分析

地面三维激光扫描系统作为一种多传感器的集成系统,各部件组成部分之间通过一定的轴系来维持整个系统的运转,导致误差的影响因素较多,大致可分为三类,即仪器系统误差、与扫描目标相关的误差及外界环境条件影响。

（1）仪器系统误差

1）轴系之间的相互旋转和镜面的旋转引起的测距、测角误差。

2）扫描系统内置相机的系统误差。

3）激光测距信号在处理的各个环节都会带来一定的误差,特别是光学电子、电路中激光脉冲回波信号处理时引起的误差,主要包括扫描仪脉冲计时的系统误差和测距技术中不确定间隔的缺陷引起的误差。

4）扫描角的影响包括激光束水平扫描角度和竖直扫描角度测量精度。扫描角度引起的误差是扫描镜的镜面平面角误差、扫描镜转动的微小震动、扫描电机的非均匀转动控制等的综合影响。

（2）与扫描目标相关的误差

扫描目标物体反射面倾斜及反射表面粗糙程度的影响。扫描目标的反射面与扫描光束交角较小时,激光光斑等影响测距及定位造成误差相对要大。另外,三维激光扫描点云的精度与物体表面的粗糙程度有密切关系。由于三维激光回波信号有多值性特点,将造成测量位置偏差。

（3）外界环境条件影响

温度、气压等外界环境条件对激光扫描的影响主要表现为温度变化对仪器的细微影响、扫描过程中风对仪器造成的微动、激光在空气中传播的方向等。

另外,对具有绝对定向功能的激光扫描系统,测站点和后视点定位定向精度会影响扫描获取数据的精度,如扫描仪整平对中操作中,人为因素造成的误差也是制约数据精度的一个重要原因。

# 4.7　水陆一体化监测技术

水陆一体化监测技术是改变单一平台、单一传感器的传统数据获取方式的结果,通过采用多平台、多类型的传感器融合技术,进行综合数据的观测及获取。在采用船载测深系统进行观测水深的同时,采用船载三维激光仪器同步进行岸边界的数据获取;并借助高效的数据融合技术,形成时空维度上完整的内陆水体边界观测。

## 4.7.1　船载多传感器一体化测量系统的组成及原理

船载多传感器水上水下综合测量系统硬件上由三维激光扫描仪、位姿传感器 GNSS/

IMU、多波束测深系统、传感器稳定平台、多传感器数据采集软件、数据后处理软件等组成。以先进成熟的计算机技术、传感技术、控制技术为主要手段,实现了高精度多传感器时间与空间配准、基于整体平差的多传感器空间关系精确标定、大规模激光与多波束点云数据处理及融合以及水上水下一体化成图等诸多关键技术的应用。

船载多传感器一体化测量系统通过对扫描仪、IMU 和 GNSS 的相对位置进行标定,确定出激光扫描仪、GNSS/IMU 的空间配准关系,通过动态、高精度的 GNSS/IMU 获取载体位置和姿态,将 GNSS 测得的中心位置信息和 IMU 测得的瞬时姿态信息实时传递给三维激光扫描仪和多波束系统,最终将采集得到的初始三维坐标数据转换到地理坐标系下,实现一体化测量,见图 4.7-1。

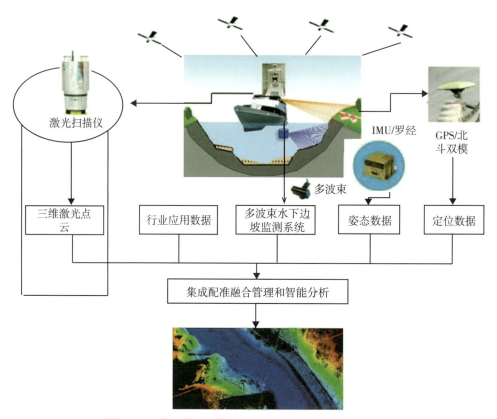

**图 4.7-1　水上水下一体化三维移动测量系统工作原理图**

### 4.7.2　空间配置

船载一体化扫描系统,每个传感器采集到的信息都是部分目标物三维空间信息在该传感器坐标系中的描述。但是,系统各传感器获取的目标物空间信息最终要在一个坐标系中进行表达,因此要得到多传感器局部坐标系和全局参考坐标系间的转换关系,进行多坐标系转换,称之为空间配准。

移动测量系统在求解空间坐标的过程中,主要涉及 4 个坐标参考系之间的转换,它们分别是三维激光扫描仪及多波束极坐标系统、三维激光扫描仪及多波束直角坐标系统、平台坐标系统、地理坐标系。

### 4.7.2.1　坐标系定义

(1)传感器极坐标系统

建立一个传感器的局部极坐标系统$(\rho,\theta)$,极轴为圆柱体轴线方向,极角 $\theta$ 为传感器扫描方向与极轴之间的夹角。

(2)直角坐标系统激光

传感器直角坐标系统$(X_L,Y_L,Z_L)$的原点 $O_L$ 与传感器极坐标系统的原点重合,$Z_L$ 与极轴平行,方向向上,$Y_L$ 方向为移动方向,$X_L$-$O_L$-$Z_L$ 平面与极平面重合,3 轴构成右手坐标系。

(3)地理坐标系

$X$ 轴沿 $O$ 所在的经纬度线指向东,轴沿 $O$ 所在经纬度指向北,$Z$ 轴指向天顶,$X,Y,Z$ 指向天顶。

(4)平台坐标系统

引入平台坐标系统的目的是给出惯导平台的姿态坐标系。平台坐标系统原点 $OG$ 位于惯导中心。

### 4.7.2.2　各坐标系统间转换

(1)传感器极坐标系统向传感器直角坐标系统转换

传感器极坐标系统的极点与坐标系统的原点重合,极轴与 $Z_L$ 轴重合,但方向相反,极平面与 $X_L$-$O_L$-$Z_K$ 平面重合,两坐标系统转换关系可表示为:

$$\begin{cases} X_L = \rho\cos\theta \\ Y_L = 0 \\ Z_L = \rho\sin\theta \end{cases} \tag{4.7-1}$$

(2)传感器坐标系统向平台坐标系统转换

坐标系统,$(X_L,Y_L,Z_L)$向平台坐标系统$(X_G,Y_G,Z_G)$转换可用一般的 2 个空间直角坐标系转换公式表达:

$$\begin{bmatrix} X_G \\ Y_G \\ Z_G \end{bmatrix} = \begin{bmatrix} X_t \\ Y_t \\ Z_t \end{bmatrix} + R_L^G \begin{bmatrix} X_L \\ Y_L \\ Z_L \end{bmatrix} = \begin{bmatrix} X_t \\ Y_t \\ Z_t \end{bmatrix} + \begin{bmatrix} a_1 & b_1 & c_1 \\ a_2 & b_2 & c_2 \\ a_3 & b_3 & c_3 \end{bmatrix} \begin{bmatrix} X_L \\ Y_L \\ Z_L \end{bmatrix} \tag{4.7-2}$$

（3）平台坐标系统向地理坐标系的转换

$$\begin{bmatrix} X_W \\ Y_W \\ Z_W \end{bmatrix} = \begin{bmatrix} X_{84} \\ Y_{84} \\ Z_{84} \end{bmatrix} + R_G^W \begin{bmatrix} X_G \\ Y_G \\ Z_G \end{bmatrix} \tag{4.7-3}$$

平台坐标系中的坐标可通过三次坐标轴旋转和平移转换到 WGS-84 坐标系中。其中，三个旋转角和平移向量可由校正过后的惯导得到，可以求出方向余弦阵 $R_G^W$，然后采用 7 参数化方法将 WGS-84 坐标系转换到需要坐标系。经过上述转换既可以获得最终所需准确的地理坐标。

### 4.7.3　时间配置

#### 4.7.3.1　时间系统

移动测量系统的高精度测量都是以 GNSS 时间作为测量基准，来精确刻画平台的连续性运动状态。移动平台的位置是随时间变化的，在给定移动轨迹的位置坐标时，必须给定相应的瞬时时刻。

系统传感器采用的时间系统分别有 GNSS 时间、UTC 时间，或者用户自定义的时间系统中的任一种时间历元来记录传感器获取的数据；实质上，它们都是基于 GNSS 时间的转化形成。探讨 GNSS 时间、UTC 时间和 TAI 原子时间之间的关系，对于研究平台的运动状态和时间的同步性，影像外方位元素的解算和激光点云的数据处理至关重要。

（1）GNSS 时与 UTC 时之间的关系

GNSS 时与协调世界时 UTC 之间的关系如式（4.7-4）所示：

$$T_{GPS} = T_{UTC} + 1 \cdot n - 19s \tag{4.7-4}$$

式中，$n$——调整参数，其值由国际地球自转服务中心（IERS）发布。例如，2009 年 1 月 1 日，$n$ 值调整为 34，两个系统的时间差为 15s。

（2）GNSS 时与原子时 TAI 的关系

GNSS 时属于国际原子时 TAI（International Atomic Time）系统，其秒长与原子时相同，但与国际原子时 TA 工具有不同的原点，在任一瞬间均有一常量偏差，式（4.7-5）所示。

$$T_{TAI} - T_{GPS} = 19s \tag{4.7-5}$$

（3）UTC 与 TAI 之间的关系

协调世界时 UTC 与国际原子时 TTA 之间的关系式，由公式 $T_{TAI} = T_{UTC} + 1 \cdot n$ 来定义，其中 $n$ 为调整参数，由 IERS 发布。IERS 发布从 2009 年 1 月 1 日起，UTC 与 TAI 时间的调整参数 $n$ 相差 34s，即 $T_{TAI} - T_{UTC} = 34s$。

见图 4.7-2，描述了 2009 年 1 月 1 日 GNSS 时，UTC 时和 TAI 时之间的关系。

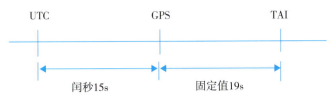

图 4.7-2　2009 年 1 月 1 日 GNSS 时、UTC 时和 TAI 时之间的关系

国际地球自转服务中心(IERS)提供的 GNSS 时、UTC 时间和原子时 TAI 之间的时间偏移量,该数据来自 IERS 的历史通告,见表 4.7-1。

表 4.7-1　　　　　　　　GNSS 时、UTC 时和 TAI 之间的时间偏移量关系

| 日期<br>(年-月-日) | GNSS 时<br>到 UTC 时<br>偏移量(s) | 日期<br>(年-月-日) | TAI 时到<br>UTC 时<br>偏移量(s) | 日期<br>(年-月-日) | GNSS 时到<br>UTC 时<br>偏移量(s) | 日期<br>(年-月-日) | TAI 时到<br>UTC 时<br>偏移量(s) |
|---|---|---|---|---|---|---|---|
| 1980-01-06 | 0 | 1980-01-06 | 19 | 1992-01-01 | 8 | 1992-01-01 | 27 |
| 1981-01-01 | 1 | 1981-01-01 | 20 | 1993-01-01 | 9 | 1993-01-01 | 28 |
| 1982-01-01 | 2 | 1982-01-01 | 21 | 1994-01-01 | 10 | 1994-01-01 | 29 |
| 1983-01-01 | 3 | 1983-01-01 | 22 | 1996-01-01 | 11 | 1996-01-01 | 30 |
| 1985-01-01 | 4 | 1985-01-01 | 23 | 1997-01-01 | 12 | 1997-01-01 | 31 |
| 1988-01-01 | 5 | 1988-01-01 | 24 | 1999-01-01 | 13 | 1999-01-01 | 32 |
| 1990-01-01 | 6 | 1990-01-01 | 25 | 2006-01-01 | 14 | 2006-01-01 | 33 |
| 1991-01-01 | 7 | 1991-01-01 | 26 | 2009-01-01 | 15 | 2009-01-01 | 34 |

### 4.7.3.2　内插外推时间匹配法

(1)时间匹配定义

所谓时间匹配,就是将基于同一目标的各传感器不同步的量测信息同步到同一时刻。通过各种算法处理,使得各传感器能在同一时刻提供对同一目标的观测数据。

受传感器采样周期不同、传感器采样起始时间不一致以及通信网络的不同延迟等因素的影响,各传感器对空中同一目标观测所得数据有可能存在时间差,融合中心所接收到的测量数据往往是异步的,而大部分的多传感器融合算法只能处理同步数据。要求融合处理的各传感器数据必须是同一时刻的,这样才可能计算出目标的正确状态,因此融合中心在进行融合处理前,通常需要先对测量数据进行时间配准,即将多个传感器的异步数据转换为相同时刻下的同步数据。消除时间上的影响。

(2)内插外推法

内插外推法的解决思路,是将高精度的观测数据推算到低精度的时间点上。不同之处在于它简单,不必求一阶导数。它的具体算法是:在同一时间片内将各传感器观测数据按测

量精度进行增量排序,然后将高精度观测数据分别向最低精度时间点内插、外推,以形成一系列等间隔的目标观测数据。最典型的代表算法就是拉格朗日三点插值法。它的原理如下:

假设 $t_{ki-1}$,$t_{ki}$,$t_{ki+1}$ 时刻测量数据为 $\beta_{ki-1}$,$\beta_{ki}$,$\beta_{ki+1}$。因为目标在采样间隔内移动距离一般不大,所以可以将 $t_{ki-1}$,$t_{ki}$,$t_{ki+1}$ 看成是等间隔的,即认为 $t_{ki+1}-t_{ki}=h$。要计算插值点 $t_i$ 时刻的测量值,假设插值点时间为 $t_i=t_{ki}+\tau h$,则运用拉格朗日三点插值法计算出 $t_i$ 时刻的测量值为:

$$\overline{\beta}_1 = \frac{(t_i-t_{ki})(t_i-t_{ki+1})}{(t_{ki-1}-t_{ki})(t_{ki-1}-t_{ki+1})}\beta_{i-1} + \frac{(t_i-t_{ki-1})(t_i-t_{ki+1})}{(t_{ki}-t_{ki-1})(t_{ki}-t_{k+1})}\beta_i +$$
$$\frac{(t_i-t_{ki-1})(t_i-t_{ki})}{(t_{ki+1}-t_{ki-1})(t_{ki+1}-t_{ki})}\beta_{i+1} \tag{4.7-6}$$

系统经过各传感器的时间系统转换以及内插外推法对时间配准,以 GNSS 时间为媒介,实现了多种传感器在时间上的一致性。

### 4.7.3.3　时间延迟探测

移动三维激光测量系统是一个多传感器集成的系统,为了获取高精度的定位数据,最关键的因素是精密时间的同步。而除了受仪器本身的测量精度影响外,GNSS 信号在传输以及数据处理过程中的时间延迟也是影响其精度的一项重要因素。试验通过基于相关系数迭代法(式(4.7-7))对系统时间延迟进行探测,采用两种信号序列一致性判断,以期进一步提高时延探测的稳定性。

$$\rho = \frac{E\{[H_{GPS}-E(H_{GPS})]}{\sqrt{E\{[H_{GPS}-E(H_{GPS})]^2\}}} \cdot \frac{[H_{Heave}-E(H_{Heave})]^T\}}{\sqrt{E\{[H_{Heave}-E(H_{Heave})]^2\}}} \tag{4.7-7}$$

$H_{GPS}$ 与 $H_{Heave}$ 同时反映了平台在垂直方向的运动状态,所以二者不是相互独立的,而是存在一定的关系。根据相关系数的特性可知:当 $|\rho|$ 较大时,$H_{GPS}$ 与 $H_{Heave}$ 的线性相关程度较好,特别当 $|\rho|=1$ 时,$H_{GPS}$ 与 $H_{Heave}$ 之间以概率 1 存在线性关系;当 $|\rho|$ 较小时,$H_{GPS}$ 与 $H_{Heave}$ 的线性相关程度较差,特别当 $|\rho|=0$ 时,$H_{GPS}$ 与 $H_{Heave}$ 不相关。事实上,随机变量 $H_{GPS}$ 与 $H_{Heave}$ 的相关系数 $|\rho|\leqslant1$,当 $|\rho|$ 越趋近于 1 时,$H_{GPS}$ 与 $H_{Heave}$ 相关程度越好。理论上当 $|\rho|=1$ 时两者的相关程度最佳,波形吻合程度最好,此时 $H_{GPS}$ 与 $H_{Heave}$ 的时间延迟量为 0,即对应的时间 $T_{GPS}=T_{Heave}$。

### 4.7.4　系统参数标定

移动测量系统的标定主要是指通过一定的方法测量或求取多传感器中心的相对位置关系以及传感器轴向的旋转角;移动测量系统的检校主要是计算标定参数的改正数,将传感器间的相对位置与姿态参数精确化。对于船载多传感器水上水下综合测量系统来说参数的标定主要包括 GNSS 天线与 IMU 相位中心位移参数标定、三维激光扫描仪安置参数标定、多波束安置参数标定等。

### 4.7.4.1 GNSS 天线与 IMU 相位中心位移参数标定

GNSS 以其天线相位中心为导航中心,而在 GNSS/IMU 组合定位系统中,通常以 IMU 相位中心为整个系统的导航中心,因此在进行数据融合前,需要精确测量出 GNSS 天线相位中心至 IMU 相位中心的偏移量,即 GNSS 天线相位中心在 IMU 坐标系中的坐标 $(X,Y,Z)_{ANT}^{IMU^T}$,见图 4.7-3。在实际标定过程中,一般将测量平台停放在平整场地上,利用全站仪精确测量得到该平移量。

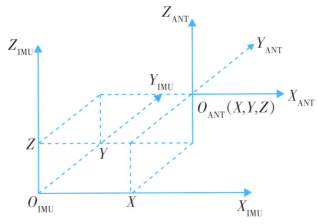

**图 4.7-3 IMU 坐标系轴向定义**

### 4.7.4.2 三维激光扫描仪安置参数标定

需准确标定出三维激光扫描仪的外参数,即 3 个平移参数(反映 IMU 中心与激光扫描仪中心位置关系)和 3 个旋转参数(反映 IMU 姿态与激光扫描仪的姿态关系)以及 1 个尺度变换参数。

(1)三维激光扫描仪平移参数

激光扫描仪平移参数是指激光扫描仪测量相位中心在 IMU 坐标系中的坐标 $(X,Y,Z)_{Laser}^{IMU^T}$,同 GNSS 天线相位中心至 IMU 相位中心的偏移量测量方法类似,可以利用全站仪精确测定。

(2)激光扫描仪角度参数

相对于平移参数,角度参数很难精确标定。在本项目研究中,提出了一种简便的非线性标定模型。具体数学模型和标定方法如下:

见图 4.7-4 所示,平台坐标系(VCS)的定义为:选取平台某一标志点作为原点,$Y$ 轴与平台底板平行指向平台正前方，$Z$ 轴与平台底板垂直指向天顶方向，$X$ 轴与 $Y$、$Z$ 轴组成右手直角坐标系；激光扫描仪空间坐标系(LSCS)的定义为：取激光扫描仪扫描中心为原点，第一条光线(扫描基准线)为 $X$ 轴，扫描平面上与 $X$ 轴垂直的光线为 $Y$ 轴，$Z$ 轴与 $X$ 轴、$Y$ 轴构成右手坐系。

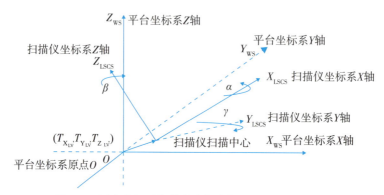

**图 4.7-4 平台坐标系与激光空间坐标系之间的相互关系**

根据坐标系转换公式，从激光扫描仪空间直角坐标系(LSCS)到平台坐标系(VCS)需经过以下几步转换：

①从 $X(L)$ 看向原点 $O(L)$，以 $O(L)$ 为固定旋转点，将 $O\text{-}XYZ$ 绕 $X$ 轴逆时针旋转 $\alpha$ 角；

②从 $Y(L)$ 看向原点 $O(L)$，以 $O(L)$ 为固定旋转点，将 $O\text{-}XYZ$ 绕 $X$ 轴逆时针旋转 $\gamma$ 角；

③从 $Z(L)$ 看向原点 $O(L)$，以 $O(L)$ 为固定旋转点，将 $O\text{-}XYZ$ 绕 $Z$ 轴逆时针旋转 $\beta$ 角；

④将 $O\text{-}XYZ(L)$ 中的长度单位缩放 $1+m$ 倍，使其与 $O\text{-}XYZ(V)$ 的长度单位一致；

⑤将 $O\text{-}XYZ(L)$ 的原点分别沿 $X$、$Y$、$Z$ 平移 $-T_{X_{LV}}$、$-T_{Y_{LV}}$、$-T_{Z_{LV}}$，使其与 $O\text{-}XYZ(V)$ 的原点重合。

该过程可用数学公式表达如式(4.7-8)：

$$
\begin{pmatrix} X \\ Y \\ Z \end{pmatrix} = \begin{pmatrix} T_{X_{LV}} \\ T_{Y_{LV}} \\ T_{Z_{LV}} \end{pmatrix} + (1+m_{LV})R_3(\beta)R_2(\lambda)R_1(\alpha)\begin{pmatrix} X \\ Y \\ Z \end{pmatrix}_L \tag{4.7-8}
$$

在实际工作中，$(T_{X_{LV}}, T_{Y_{LV}}, T_{ZLV})$ 可以参照激光扫描仪的技术说明书用全站仪或者直尺进行测量，误差一般小于 $0.01\text{m}$。$\gamma$ 角一般在安装时保证其为 $0°$。因此，需要标定的参数主要有两个：旋角扫描 $\alpha$ 和 $\beta$，它们分别为 $XOYLSCS$ 平面与 $XOYVCS$ 平面之间的夹角，以及 $XLSCS$ 在 $XOYVCS$ 平面上与 $XVCS$ 之间的夹角，见图4.7-5、图4.7-6。

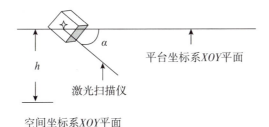

**图 4.7-5 *XOYLSCS* 平面与 *XOYVCS* 平面之间的夹角 *α***

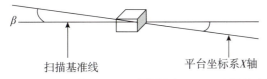

**图 4.7-6 *XLSCS* 在 *XOYVCS* 平面上与 *XVCS* 之间的夹角 *β***

（3）多波束安置参数

多波束换能器自身坐标系的原点 $O_{MB}$ 位于发射换能器的几何中心，$y_m$ 轴朝向多波束前进的方向，与多波束测深扇面垂直，中心波束方向为 $z_m$ 轴，向上为正，$x_m$ 轴与 $y_m$ 轴、$z_m$ 轴成右手坐标系，其坐标系见图 4.7-7。

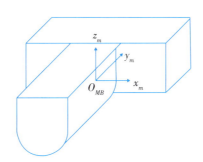

**图 4.7-7 多波束换能器坐标系**

根据其坐标系定义，按照激光扫描仪的标定方式进行多波束换能器的标定，不同的是多波束换能器本身相当于一套由多传感器组成的系统，其特征点位在组装后也是不可测的。因此对多波束换能器的标定采用如下方法进行：多波束换能器的坐标系中心定义为发射换能器的中心，因此首先对发射换能器进行单体标定；在多波束发射换能器的合适位置粘贴标志点，查看换能器设计参数，其特征点位仅有 4 个安装螺丝孔位，因此只能通过螺丝孔位进行标定；通过导流罩将仪器进行组装，在导流罩的合适位置粘贴标志点，发射换能器粘贴的标志点与导流罩粘贴的标志点通过经纬仪工业测量系统的测量连接起来，从而获取发射换能器中心与导流罩粘贴标志点之间的空间位置参数，从而完成多波束换能器的单体标定。

## 4.7.5 系统误差分析与处理

一体化扫描系统会受到很多误差源的影响，包括系统误差和偶然误差，其中系统误差将会使最后目标点的坐标存在系统性偏差。因此，分析系统误差的特点以及对目标点的影响将有助于设计系统的检校方法，并为消除这些系统误差提供可靠的理论依据。

### 4.7.5.1 误差源分析

（1）GNSS 动态定位误差

GNSS 动态定位误差，主要包括了接收机钟误差、多路径效应、卫星钟钟差、星历误差、整周模糊度求解误差，大气电离层误差，观测噪声。为了削弱 GNSS 对定位的影响，可以在测区建立多个基准站，保证 GNSS 动态定位差分解算结果符合要求。

（2）IMU 姿态测量误差

姿态测量误差，主要包括了元件误差、安装误差、原理误差、外干扰误差。元件误差是指加速度计与陀螺仪的不完善所引起的误差，主要指陀螺的漂移和加速度计的零位偏差，以及元件刻度因数误差；安装误差是指加速度计和陀螺安装在惯导平台上时不准确造成的误差；初始条件误差指初始对准及输入计算机的初始位置、初始速度不准所形成的误差；原理误差是由于力学编排中数学模型的近似，地球形状的差别和重力异常等引起的误差；外干扰误差主要是指载体移动时由于振动引起的加速度干扰。

（3）激光扫描测距测角误差

激光测距误差主要因素分为仪器误差和环境误差两类。仪器误差主要是指电子光学电路对经过目标点反射和空间传播后的不规则激光回波信号进行处理来确定时间延迟带来的误差，此外还包括棱镜旋转误差、震动误差、电路响应时间延迟误差。环境误差主要是指由于反射面的地理特征不同而产生不同的反射，信号发生漫反射时接收信号会有较大的噪声。同时信号产生过程中由于大气折射、气温变化等原因，当距离较远时反射信号会出现折射等。

（4）多波束校准误差

多波束系统在测量开始前需进行横摇校准、纵倾和时间延迟校准、船艏方位校准。另外在使用多波束测深仪测量水下地形时，需要在测区内现场采集适当数量的声速剖面，对多波束系统的测量水深数据进行实时校正。声速剖面的精度和有效性是影响多波束测深精度的主要误差来源之一。

（5）系统集成误差

系统集成误差主要包括了传感器安置误差、时间同步误差、坐标系转换误差等。

1）安置误差。

船载激光扫描系统由多个传感器组成，每个传感器都有自己的坐标系统。理论上多传感器应该严格配准，但受技术限制，各组成部分之间存在安置误差，主要指与设计坐标三个轴向上出现的较小旋转角度和偏心分量。这种安置误差会使最终三维数据存在系统性偏差，一般采用一些检校方法来削弱这种误差。

2)时空配准误差。

时空配准误差可分为时间同步误差和坐标转换误差。由于每个传感器的采样频率不同,需要进行时延改正,将时间系统统一到标准的 GNSS 时。同时,根据激光扫描仪扫描脉冲记录的 IMU 姿态参数也会由于时间不同步而存在误差,此时需要将采样频率低的数据信息内插到采样频率高的数据中,内插也会产生误差。就本书而言,时间同步控制器在接收到 1PPS 脉冲及 SPAN 发来的报文时,一方面将信号传给扫描仪,另一方面存储时间,信号到达扫描仪需要时间,而此时时间数据已经记录,会存在较小的时间延迟。

3)坐标系转换误差

在进行坐标转换时,由于模型的局限性,转换后的数据存在坐标转换误差。同时转换过程受到重力异常等影响,转换过程中使用参考椭球也使坐标结果存在垂线偏差的影响,导致转换误差。

### 4.7.5.2 系统误差估计

(1)扫描角误差

安装时,激光扫描仪扫描的平面不可能完全垂直激光扫描仪坐标系的 $X$ 轴。扫描的平面不完全垂直激光参考系的 $X$ 轴使得实际的激光扫描平面绕定义的激光扫描系的 $Y$ 轴与 $Z$ 轴有一个小的旋转角 $\Delta\phi$、$\Delta\kappa$。由这两个小角度可以得到一个新的坐标转换矩阵 $\Delta R_L$,那么对应的激光脚点在激光扫描参考系的坐标为:

$$P_L^* = \Delta R_L \cdot (r + \Delta r) \tag{4.7-9}$$

式中:$P_L^*$——受测距误差和扫描角误差影响后的激光脚点的位置矢量;

$\Delta r$——测距误差;

$r$——真值位置矢量。

(2)系统安置误差

系统安装扫描仪与 IMU 时,激光扫描坐标系及多波束系统与惯导坐标系不可能按照安置参数放置,在三轴必定有三个小角度(安置误差)。系统安置参数在出厂前都会测定,但是随着时间的推移,由于震荡等原因,安置参数都会发生变化,三个轴都会出现小角度误 $\Delta\alpha$,$\Delta\beta$,$\Delta\gamma$ 类似可得到安置参数误差旋转矩阵 $\Delta R_M$。

$$\Delta R_M = R(\Delta\gamma) \cdot (R\Delta B) \cdot R(\Delta\alpha) = \begin{bmatrix} 1 & -\Delta\gamma & \Delta\beta \\ \Delta\gamma & 1 & -\Delta\alpha \\ -\Delta\beta & \Delta\alpha & 1 \end{bmatrix} \tag{4.7-10}$$

偏心改正包括激光发射参考点在惯导平台参考系中的分量误差 $\Delta t_L$ 以及 GNSS 天线相位中心在惯导平台参考坐标系中的分量误差 $\Delta t_G$ 两部分,其中 $\Delta T_L$ 容易精确测定,$\Delta t_G$ 难以精确测定,对应的激光脚点在惯导平台参考系的坐标:

$$p_M^* = \Delta R_M \cdot R_M \cdot P_L^* + t_L + \Delta t_L - (t_G - \Delta t_G) \tag{4.7-11}$$

（3）姿态测量误差

INS确定的姿态角也存在误差。国内的 IMU 一般只能达到偏航 0.1°、侧滚和俯仰 0.05°的精度水平，采用 GNSS/IMU 组合也仅达到 0.03°的精度水平。国外先进的 IMU/DGNSS 系统姿态测量精度一般可达到偏航 001°、侧滚和俯仰 0.005°的水平。显然，姿态测量精度的好坏必然直接影响定向的结果。

假定三个姿态角的测定误差分别为 $\Delta R$ ，$\Delta P$ ，$\Delta H$，可得到误差旋转矩阵。

$$\Delta R_N = R(\Delta H) \cdot R(\Delta P) \cdot R(\Delta R) = \begin{bmatrix} 1 & \Delta H & \Delta P \\ \Delta H & 1 & -\Delta R \\ -\Delta P & \Delta R & 1 \end{bmatrix} \tag{4.7-12}$$

那么，对应的脚点在当地水平参考系的坐标为：

$$P_{LH}^* = \Delta R_N \cdot R_N \cdot P_M^* \tag{4.7-13}$$

式中，$R_N$——姿态角的旋转矩阵；

$\Delta R_N$——误差引起的旋转矩阵；

$P_{LH}^*$——受到测距误差、安置误差、姿态角误差、偏移量误差、姿态角测定误差影响后的激光目标点的位置向量。

（4）GNSS 动态定位误差

GNSS 动态定位过程中，会受到包括对流延迟误差、电离层延迟误差、多路径误差等系统影响，GNSS 动态定位精度一般为厘米级，且对激光目标点呈线性关系，也就是说 GNSS 的定位误差，直接加载到激光目标点的坐标值上。

## 4.8 侧扫声呐技术

侧扫声呐是由 Side-ScanSonar 一词意译而来，国内也叫旁扫声呐、旁视声呐或海底地貌仪，是利用回声测深原理探测海底地貌和水下物体的设备。其换能器阵装在船壳内或拖曳体中，走航时向两侧下方发射扇形波束的声脉冲，利用回声测深原理探测海底地貌和水下物体。我国从 20 世纪 70 年代开始组织研制侧扫声呐，经历了单侧悬挂式、双侧单频拖曳式、双侧双频拖曳式等发展过程。侧扫声呐有许多种类型，根据发射频率的不同，可以分为高频、中频和低频侧扫声呐；根据发射信号形式的不同，可以分为 CW 脉冲和调频脉冲侧扫声呐；另外，还可以划分为舷挂式和拖曳式侧扫声呐，单频和双频侧扫声呐等。

### 4.8.1 基本组成和工作原理

#### 4.8.1.1 侧扫声呐系统的组成

侧扫声呐基本系统的组成一般包括侧扫声呐声学系统、外围辅助传感器、外围安装设施、数据实时采集处理系统和成果输出系统（图 4.8-1）。

（1）侧扫声呐声学系统

换能器作为侧扫声呐声学系统，是系统的核心部件，是声电转换装置。大多数侧扫声呐换能器采用压电陶瓷结构，当一个电压加到发射换能器上时，引起其物理形态发生改变，将由发射机所产生的振荡电场转换成机械形变，这种形变传送到水中，产生振荡压力，即声脉冲；同样，接收换能器用来接收回声信号，通过检测声压力变化，将这种压力变化转换成电能。现代侧扫声呐系统在换能器设计时采用收发合一的线列阵，使声能在水平线以下范围内集中。

（2）外围辅助传感器

外围辅助传感器主要包括定位传感器、姿态传感器、声连剖面仪和罗经。定位传感器采用 GNSS 定位系统，主要用于测量时实时导航和定位，为侧扫声呐换能器提供位置信息；姿态传感器主要负责换能器横摇、纵摇和舷摇参数采集，实时反映换能器姿态变化，用于后续声呐图像改正；罗经主要提供拖体航向，用于后续回波点归位计算；声速剖面仪用于获取海水中声速空间变化结构，它直接影响回波点点位归算精度。

（3）外围安装设施

外围安装设施主要包括绞车、拖曳电缆以及拖鱼。

绞车是侧扫声呐必不可少的设备，由绞车和吊杆两部分组成，其主要的作用是对拖鱼进行拖曳操作。拖曳电缆安装在绞车上，其一头与绞车上的滑环相连，另一头与侧扫声呐的鱼体相连。拖缆有两个作用：第一是对拖鱼进行拖曳操作，保证拖鱼在拖曳状态下的安全；第二是通过电缆传递信号。

拖曳电缆有两种类型，强度增强的多芯轻型电缆和铠装电缆。沿岸比较浅的海区，一般使用轻型电缆，其长度从几十米到一百多米。轻型电缆便于甲板上的操作，可由一个人搬动。其负荷一般在 400～1000kg，取决于内部增强芯的尺寸。铠装电缆用于较深的海区，大部分侧扫声呐铠装电缆是"力矩平衡"的"双层铠装"，这意味着铠装电缆具有两层反方向螺旋绕成的金属套，铠装层可以水密，也可以不水密，由铠装的材料来决定；导线由绝缘层来水密。

拖鱼是侧扫声呐系统换能器的载体，一般是流线型稳定拖曳体，它由鱼前部和鱼后部组成。鱼前部由鱼头、换能器舱和拖曳钩等部分组成；鱼后部由电子舱、鱼尾、尾翼等部分组成。尾翼用来稳定拖鱼，当它被渔网或障碍物挂住时可脱离鱼体，收回鱼体后可重新安装尾翼。拖曳钩用于连接拖缆和鱼体的机械连接和电连接。根据不同的航速和拖缆长度，把拖鱼放置在最佳工作深度。

（4）数据实时采集处理系统

侧扫声呐数据采集系统实现波束形成，将接收到的回波信号转换为数字信号，并反算、记录其数据的返程时间。数据实时处理系统主要指甲板实时处理单元，实时显示海底声呐图像，便于操作者了解成果有效性，是根据数据采集系统获取后的后续数据预处理、显示工作。

（5）成果输出系统

成果输出系统主要包括数据后处理及成果输出。综合各类外业数据,通过相关数据处理软件对这些数据进行处理,最终获得各有效波束在海底反射点的地理坐标系下坐标及反射强度,最终形成测量成果,输出声呐图像。

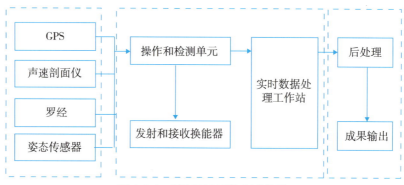

**图 4.8-1　侧扫声呐系统组成单元**

### 4.8.1.2　侧扫声呐系统的工作原理

侧扫声呐系统应用声学原理,并综合数字信号处理、导航定位和计算机技术,对海底微地貌和目标进行探测。侧扫声呐的基本工作原理与侧视雷达类似,基本原理就是侧扫声呐左右各安装一条换能器线阵,首先发射一个短促的声脉冲,声波按球面波方式向外传播,碰到海底或水中物体会产生散射,其中的反向散射波(也叫回波)会按原传播路线返回换能器被换能器接收,经换能器转换成一列电脉冲。

见图 4.8-2,左、右两条换能器具有扇形指向性。在航线的垂直平面内开角为 $\theta_V$,水平面内开角为 $\theta_H$。当换能器发射一个声脉冲时,可在换能器左右侧照射一个窄梯形海底,见图左侧为梯形 $ABCD$,可看出梯形的近换能器底边 $AB$ 小于远换能器底边 $CD$。当声脉冲发出之后,声波以球面波方式向远方传播,碰到海底后反射波或反向散射波沿原路返回换能器,距离近的回波先到达换能器,距离远的回波后到达。这样,发出一个很窄的脉冲之后,收到的回波是一个时间很长的脉冲串。

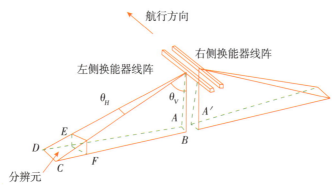

**图 4.8-2　侧扫声呐系统工作原理示意图**

见图 4.8-3，一般情况下，硬的、粗糙的、凸起的海底，回波强；软的、平滑的、凹陷的海底，回波弱；被遮挡的海底不产生回波，这一部分叫声影区；距离越远回波越弱。这样回波脉冲串各处的幅度就大小不一，回波幅度的高低就包含了海底起伏软硬的信息。一次发射可获取换能器两侧一窄条海底的信息，设备显示成一条线。在工作船向前航行，设备按一定时间间隔进行发射/接收操作，将每一发射周期的接收数据一线接一线地纵向排列，显示在显示器上，就构成了二维海底地貌声图，声图以不同颜色（伪彩色）或不同的黑白程度表示海底的特征。声图平面和海底平面成逐点映射关系，声图的亮度包涵了海底的特征，操作人员就可以判读海底的地形地貌。见图 4.8-3，2 点位于声呐的正下方，回波是很强的正发射波；4、5、6 点回波较强，6 点回波先到换能器，然后是第 5、6、7 点没有回波，是声影区。线图随着水下声呐载体的不断移动，声呐阵在前进过程中不断发射、接收处理，记录逐行排列，在显示器上每一行扫描线上逐行显示出每次发射返回的回波数据，各个回波到达时分别对应各点的位置，即像素坐标，回波的幅值对应各点的亮度，即像素灰度值。

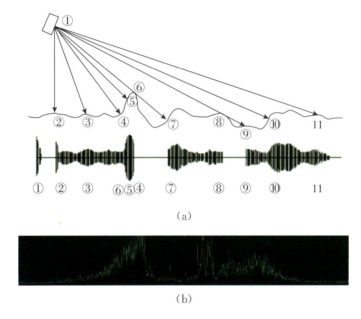

（a）

（b）

**图 4.8-3　侧扫声呐系统回波信号强度示意图**

## 4.8.2　声学参数设计

侧扫声呐的主要性能指标包括工作频率、传播损失、最大作用距离、波束开角、脉冲宽度及分辨率等。这些指标都不是独立的，它们之间相互都有联系。侧扫声呐的工作频率基本上决定了最大作用距离，在相同的工作频率情况下，最大作用距离越远，其一次扫测覆盖的范围就越大，扫测的效率就越高。脉冲宽度直接影响了分辨率，一般来说，宽度越小，其距离分辨率就越高。水平波束开角直接影响水平分辨率，垂直波束开角影响侧扫声呐的覆盖宽度，开角越大，覆盖范围就越大，在声呐正下方的盲区就越小。

（1）工作频率

侧扫声呐一般工作在 50～1.2MHz，较低的工作频率可以有较大的探测距离，而较高的工作频率能在有限长度的传感器尺寸下得到高的角度分辨力。一般 100kHz 左右的声呐作用距离可达 600m，500kHz 左右的声呐工作距离为 150m 左右。

（2）传播损失

传播损失 $TL$(dB)：水声传播损失主要计及球面拓展损失和吸收损失。$TL=20\lg arx 10-3$(dB)，设最大探测距离=150m，当频率较高时，海水的吸收衰减比较大，根据 Fisher-Simmons 吸收系数计算公式图表查得：频率为 455 kHz 时，$a=120$dB/km，所以传播损失双程 $2TL-120$dB（455kHz）。

（3）脉冲宽度

一般设计为 50～200$\mu$s。

（4）指向性 DI

换能阵列设计为一发多收，即用一个指向性较宽的发射波束照射目标，用多个平行窄指向性接收波束接受目标回波。

（5）脉冲类型

侧扫声呐发射脉冲形式主要有 CW 脉冲（单频矩形脉冲信号）和 Chirp 脉冲（调频脉冲）两种。CW 信号波形为正弦波形，其频率（$f_o$）和脉冲持续时间（$T$）固定（通常为 0.1～10ms，则相邻两信号可被区分开的最小距离为 $CT/2$（$C$ 为声速），即该信号类型决定了系统空间分辨率。当前侧扫系统大多采用 Chirp 信号，该信号是一种频率随时间线性增加（线性调频）的余弦波。

综上所述，线性调频信号具有以下特点：

1）具有可选择的时宽带乘积，而 CW 脉冲时宽乘积固定（约等于 1）。

2）在大时宽乘积条件下，线性调频信号具有近似矩形的幅频特性，频谱宽度近似等于调频变化范围，与时宽无直接关系。

3）在大时宽乘积条件下。线性调频相位谱具有平方律特性。

以上特点是设计匹配滤波器，对脉冲进行压缩的主要依据。

### 4.8.3 数据格式解析

（1）数据存储使用 XTF 格式

侧扫声呐数据的处理是获得海底信息的重要步骤，格式转换是数据处理的基础。现有的声呐数据主要有 Qmips 和 XTF 两种文件格式，二者均为二进制格式存储。

XTF 格式数据文件是 Triton Imaging Inc 公司使用的数据文件格式，是目前通用的地球物理声学探测数据格式。

近年来,我国开展的"近海海洋综合调查与评价专项"就将 XTF 格式作为侧扫声呐数据文件的标准格式。但此类数据需要配备专门的软件(如 sonarwizmap 等)才能读取,并且一般数据量都较大。

(2)XTF 文件格式

XTF 文件格式是一种可扩展的数据格式,它的伸缩性和可扩展性很强,可保存声呐、航行、遥测、测深等多种类型的信息,其文件格式说明见图 4.8-4。

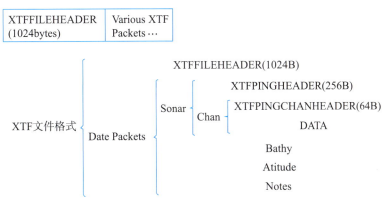

**图 4.8-4 XTF 文件格式说明**

XTF 文件格式可以很容易地扩展成将来所遇到的不同数据类型。每个文件都包括不同的数据包,根据数据包的标识信息识别数据包的类型。这样可以仅读取所需要可认识的数据包,而跳过其他不需要或不认识的数据包。数据包又叫作 Ping。

XTF 格式文件开始是 XTFILEHEADER 结构,长度最少为 1024B,它包括声呐通道信息和测深通道信息等,后面是不同的数据包,目前主要有声呐、测深、姿态和注释 4 种类型,每个数据包都有一个头结构。数据包的位置可以任意,读取时依据头结构的头类型信息来确定数据包的类型。对于通道,每个通道有通道头结构,后面是通道测量数据(表 4.8-1)。

表 4.8-1　　　　　　　　　　　　　　　　XTF 格式数据结构定义表

| 结构名 | 说明 |
| --- | --- |
| XTFFILEHEADER | 文件头结构,大小为 1024 字节 |
| CHANNINFO | 文件头中的通道信息结构,包含在文件头内。大小为 128 字节 |
| XTFPINGHEADER | 每一 Ping 头的结构,包含日期、经纬度等信息。大小为 256 字节 |
| XTFPINGCHANHEADER | 每一 Ping 中的通道信息,包含了斜距量程、采样点个数等信息。大小为 64 字节 |

所有 XTF 格式文件都是由文件头开始,文件头由一个头部说明和 CHANINFO 结构组成。形成一个完整的 XTFFILEHEADER 结构,最小长度为 1024 字节。当 XTFFILE-

HEADER 结构中的通道数大于 6 时,则 XTF 格式 FIL－HEADER 的长度应该增加 1024 字节。一个 2 通道 XTF 格式文件的数据组织结构见图 4.8-5。

| XTF文件头 | 通道1 | 通道2 | Ping头 | 通道1 | 数据1 | 通道2 | 数据2 |
|---|---|---|---|---|---|---|---|
| | 128 | 128 | 256字节 | 64字节 | | 64字节 | |
| 1024字节 | | | | | | | |

**图 4.8-5　XTF 格式文件数据组织结构**

解编 XTF 格式数据文件首先应正确读出文件头信息( XTF FILEHEADER )和文件头中的通道结构信息( CHANNINFO )。软件实现时先从文件头读取 1024 字节,读取成功以后判断该文件是否为 XTF 格式。判断依据是第一个字节必须等于 0X7B,转换为 10 进制为 123,否则该文件不是 XTF 格式。读取了文件头信息,便可取出文件头信息( XTF FILF-HEADER )结构中的声呐通道数,当通道数大于 6 时,需要再次读取 1024 字节。

每个通道都有一个通道结构信息( CHANNINFO),通道结构信息中最重要的两项是通道类型( TypeOfChannel )和采样精度( BytesPerSample)。当 TypeofChannel 值为 0 表示浅剖,值为 1 表示左舷,值为 2 表示右舷,值为 3 表示测深。采样精度( BytesPerSample )值为 1 表示 8 位,值为 2 表示 16 位。

1)头文件数据存储在 XTFFILEHEADER 结构体中。该结构体中包含 6 条信道空间,信道数据存储在 CHANINFO 结构体中。XTFFILEHEADER 结构体包含了该款侧扫声呐的一些基本信息,包括侧扫声呐名称、类型,记录软件的名称、版本,声呐的通道数,当前坐标等。

2)XTFPINGCHANHEADER 结构体显示了通道信息,包括当前通道是左舷还是右舷、斜距、每一 ping 的持续时间等。

## 4.8.4　数据处理

侧扫声呐是一种主动声呐系统,其工作过程是向测量船航向的垂直方向一侧或两侧发射一个水平角很小(1°左右)、垂直开角很大的短声波脉冲,脉冲到达海底后,根据海底距换能器的远近,被不断反射,并按反射信号的强弱程度画出灰度变化不均的声呐图像,从声呐图像可以观察出海底地貌变化,是否有碍航物和海底底质类型等信息。当侧扫声呐发射脉冲在水体中传播遇到目标时,目标对声能向各个方向散射,其中换能器接收反向散射回波,而目标侧后则声能难以到达(称为盲区),声呐阵随载体不断前进,在前进过程中声呐不断发射、不断接收并形成声呐图像,在声呐图像上对应位置处出现目标(目标的强回波信号)及其阴影(目标侧后的盲区)。因此,在整个测量过程中,高精度定位和准确收集声呐图像是外业测量的关键。

对于侧扫声呐数据预处理则主要从影响声呐图像的准确性和声呐数据提取两方面考虑。

#### 4.8.4.1 影响声呐图像的准确性因素

1)由于定位数据采样率与 Ping 采样率不同,在定位数据采样时间间隔内,不同 Ping 对应同一个位置,经过地理编码后侧扫声呐图像存在重叠。

2)由于姿态数据采样率与 Ping 采样率不同,一方面在姿态数据采样间隔内,不同 Ping 对应同一姿态参数,导致该时间间隔内各 Ping 平行;另一方面是在姿态参数改变时,Ping 线在拖鱼的一侧相互交叉,另一侧则形成裂缝。

#### 4.8.4.2 侧扫声呐数据提取

(1)拖鱼定位

为精确定位不同时刻海底回波,在测量时需对换能器进行精确定位,确定测量过程中拖鱼航迹。

(2)姿态测量

主要包括拖鱼升沉(Heave)、横摇(Roll)、纵摇(Pitch)、偏航 C(Yaw)等。拖鱼姿态决定了 Ping 的方向,一般认为 Ping 方向垂直于拖鱼航向。

#### 4.8.4.3 声呐图像的研判

声呐图像是通过采集声波回波信号形成灰度图像。声波受水体、折射、风浪、生物、仪器以及其他因素影响,对侧扫声呐发射脉冲强烈干扰形成非目标物的干扰信号,产生大量的噪声。噪声表现在声图上为离散或小区域聚集的高频信号,严重影响声图的判读,必须对图像进行去噪处理。一般情况下,要利用声图影像目标强弱的基本变化特征进行海底目标识别。因此通过声呐数据完成海底目标物的判读是首先要解决的难题。目前,对声呐数据的判读还主要通过人工目视完成,对于大区域的扫海工作,判读人员需要回放大量的声呐数据进行识别,大大增加了判读人员的工作量。

#### 4.8.4.4 基于侧扫声呐数据海底目标识别方法

对于声图数据而言,存在大量的噪声,表现为高频噪声,而声图中的目标物也是以高频信号的形式表现的,只不过目标物的高频为一种大区域聚集形式,噪声表现为离散或是小区域聚集的形式。由此可见,对于海底目标物的提取可以看作是对离散或小区域聚集的高频噪声的去除,对大区域聚集的高频信号提取的方法。其具体实现流程如下:

(1)声图数据读取

当前,XTF(extended trion fomat)格式数据是一种常用的侧扫声呐数据格式。其创建主要是为了满足保存侧扫、导航、测量记录以及浅剖等许多不同类型的数据。这种数据结构有利于以后的扩展,以便包含更多的海洋数据。

XTF 数据结构可以被想象为一种数据池,在采集数据时用这种数据格式,可以在任何时候写入数据,而不必考虑各种类型的数据包之间的同步问题,每个包层数据大小变化,数据应按照包的大小读取,并进行相应偏移量的判断,以便正确读取下一个包的数据。

（2）目标边缘检测

经典的边缘检测算法主要表现为影像上局部区域特征的不连续性,从而关于边缘检测算子的研究主要集中在灰度图像梯度的研究,并将图像中的边缘划分为阶跃形、屋顶形、线条形 3 种,并提出了 Roberts、Canny、Sobel 等算子,通过实验测试发现这些算子对于声图处理,均得不出较好的边缘效果。这是由于声图较普通的光学影像存在更多的大颗粒噪声,这种噪声对于具有信噪比大的 Canny 算子将其认为边缘一同进行了提取,因此对于声图的边缘提取不能用普通的光学方法。

假设海底地貌是平坦的并且没有噪声的存在,则采集的声图为一种均匀的灰度,正是由于海底的高低起伏,使得回波不同,通过换能器的转化产生高频信号,在声图上表现为明显的灰度增强,再加上水体、折射、风浪、生物等因素的影响（在声图上同样表现为灰度增强）,形成目前包含多种信息的灰度声图。

从上面假设可以看出,对于声图目标的提取,是对声图中有用的高频信号的提取。而声图中的目标主要表现为大区域聚集的高频信号,噪声多为离散或小区域聚集的高频信号。因此,声图中目标的边缘提取是去除离散以及小区域聚集的高频数据,提取大区域聚集的高频数据边缘的过程。其具体的算法如下。

1）二值化处理。

通过设置阈值,让声图变成黑白二值图,表达式为:

$$y = \begin{cases} 0 & (x < T) \\ 255 & (x \geqslant T) \end{cases} \qquad (4.8\text{-}1)$$

式中,$T$——阈值。

对于声图而言,其数据为 16 位的影像数据,即 $T \in [0 \ 65535]$。通过二值化,直接提取出声图中所有的高频信号数据。

2）滤波处理。

通过二值化处理后,可以获得声图的黑白图像,此时通过显示处理发现,目标和噪声被提取出来,通过中值滤波处理可以去除部分离散的噪声。此时还会由于小区域聚集高频噪声的存在,表现为较大的孔状噪声,影响目标的识别,此时可以利用数学形态学中开启和闭合处理结合的方法进行孔状噪声的去除,能得到很好的效果。

3）边缘提取。

经过上述处理后,即可获得包含目标的二值声图,此时再利用边缘提取的算法进行边缘提取,即可获得目标的边缘信息。Roberts、Canny、Sobel 三种边缘提取算子均可获得较好的边缘。

（3）阴影提取

阴影在声图上表现为一种低灰度图像,其提取与目标检测相似,要求在进行二值化的处理时进行取反,如式(4.8-2)。也可以理解为将低灰度数据转换到高灰度进行的边缘提取。

$$y = \begin{cases} 0 & (x \geqslant T) \\ 255 & (x < T) \end{cases} \tag{4.8-2}$$

（4）海底目标定位

利用声呐影像成像的特点将提取的目标与阴影同时计算,即可获得对于海底目标的识别信息。对于右舷影像,凸起的目标其目标影像在先、阴影在后;凹陷的阴影在先、目标在后,对于左舷影像为相反的识别方法。此时即可获得目标在影像 $y$ 方向上的位置,通过索引读取原始声呐数据中的经纬信息即可实现目标的概略定位。

上文分析了海底目标在声图上成像的特性,提出海底目标提取是对聚集高频噪声提取的一种方式,通过对声图影像依次进行二值化处理、滤波处理以及边缘检测等方法提取了海底目标和阴影边缘,利用两者成像特性确定目标物的位置信息,实现了海底目标的提取与定位。通过上文提出算法可以实现海底目标物的定位与识别,从而大大减轻了判读人员的工作量。

### 4.8.5　侧扫声呐系统应用

侧扫声呐技术不仅可以通过影像形式表达河底目标物形状与河底底质景况,让人通过视觉直接感受这个水下世界,而且可以分析数据的定位信息,获取目标物的坐标,为目标物的打捞提供基础。侧扫声呐系统在海洋测绘、海洋地质调查、海底障碍物扫侧、海事应急扫侧、管道探测等多方面具有很好的应用前景。常用侧扫声呐产品包括 StarFish 系列、KLEIN 系列(图 4.8-6)、DeepVision 公司系列(图 4.8-7)、Imagenex 系列等。

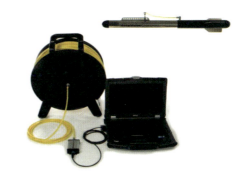

图 4.8-6　KLEIN4000 型侧扫声呐　　　图 4.8-7　DeepVision DE3468D 侧扫声呐

（1）海洋测绘

侧扫声呐可以显示微地貌形态和分布,可以得到连续的有一定宽度的二维海底声图,而且还可能做到全覆盖不漏测,这是测深仪和条带测深仪所不能替代的。因此港口、重要航道、重要海区,都要经过侧扫声呐测量(图 4.8-8)。

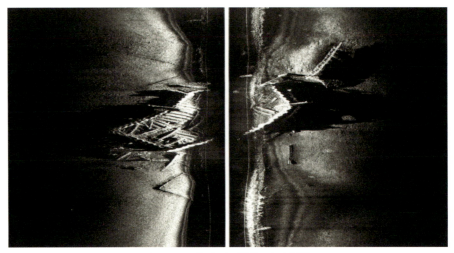

图 4.8-8 海底地形侧扫声呐图像

（2）海洋生态监测

一般情况下，造成海洋环境污染的原因主要有陆源污染物的排放、海洋石油勘探、海洋倾倒废物、海上事故等。这些活动破坏了海洋生物的多样性。例如，某些有价值的生态群落（如珊瑚礁生态系统、波西多尼亚水生植物群）受到类似活动影响日益消亡。将侧扫声呐系统应用于海洋生态环境监测，验证了声呐图监测水下环境变化的有效性。图 4.8-9、图 4.8-10 为侧扫声呐图像探测深海热液喷口示例。

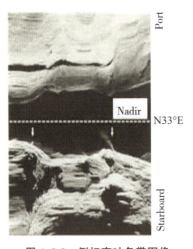

图 4.8-9 侧扫声呐条带图像

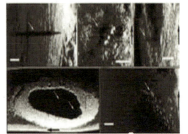

图 4.8-10 局部截取图像

（3）河道河底暗管排查

在配套的侧扫声呐声影软件中，可以清晰地看到暗管所在的位置，暗管附近的地形已经被排污水形成明显的冲刷坑，可以推测此暗管在不断排水，以致附近水下地形相对异常（图 4.8-11）。发现此结果立即上报进行进一步调查。

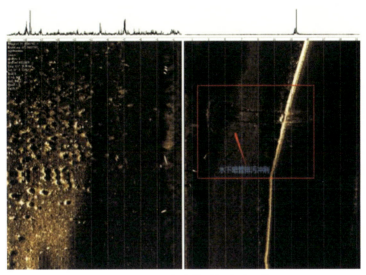

**图 4.8-11  河底暗管侧扫声呐图像**

（4）海洋地质调查

侧扫声呐的海底声图可以显示出地质形态构造和底质的大概分类，尤其是巨型侧扫声呐，可以显示出洋脊和海底火山，是研究地球大地构造和板块运动的有力手段。

# 第 5 章　数据处理和整编

## 5.1　概述

长江中游河道勘测工作始于 20 世纪 50 年代,数据处理及资料整编方法、制度日趋完善。河道勘测资料在许多方面使用的是系统的、长系列的,但原始的河道勘测资料,由于条件所限,多数资料是不连续的瞬时值,而且由于资料会存在错误、观测中断或缺测。因此,这些资料一般不成序列,必须经过数据处理、加工整理及整编,形成可应用的成果。数据处理作为整编前的工序,通过规范合理的方法对采集的数据进行加工处理,按照相应技术规范和要求得到一套完整的成果资料。整编就是基础考证、实测资料抽审,合理性检查、成果汇总后编制形成各类图表、图件的过程。成果的质量,不但取决于数据处理的水平、整编的技术、方法是否正确合理,工作是否认真细致,更主要的还要看原始资料正确、可靠的程度。通过数据处理和整编,可以检验勘测成果的质量,发现和解决河道勘测中的问题,提出改进的途径和方法。反之,改进的勘测方法又能够促进整编成果的进一步合理、可靠。因此,河道勘测是基础,整编成果是总结,两者互相联系,互为促进。长江中游河道勘测工作包括基础控制测量、河道地形测量、河道断面测量、水力泥沙观测等,因此所得的原始资料,种类繁多、篇幅浩繁。一方面,在经过整编之前,这些资料在时间上、空间上均是离散的,给用户使用和科研分析带来极大不便;另一方面,只有经过审核、查证,按照统一的标准和规格,整理成系统、简明的图表,以库的形式系统汇编,才能在防汛减灾、崩岸治理、水利工程建设及航道运输等领域发挥重要作用。

进入 21 世纪,随着计算机和测绘技术的飞速发展,数据处理和整编的形式、平台、手段都发生了很大变化。传统的依靠人工或计算机进行导线平差、展点的数据处理过程逐渐被强大的专业软件代替,依托纸质图、表的成果形式逐渐被数字化成果代替。本章将通过介绍中游河道勘测数据处理和整编、成果资料检验与验收、河道产品归档的方法、流程、形式等向大家介绍当前中游河道勘测数字产品生产周期(图 5.1-1)。

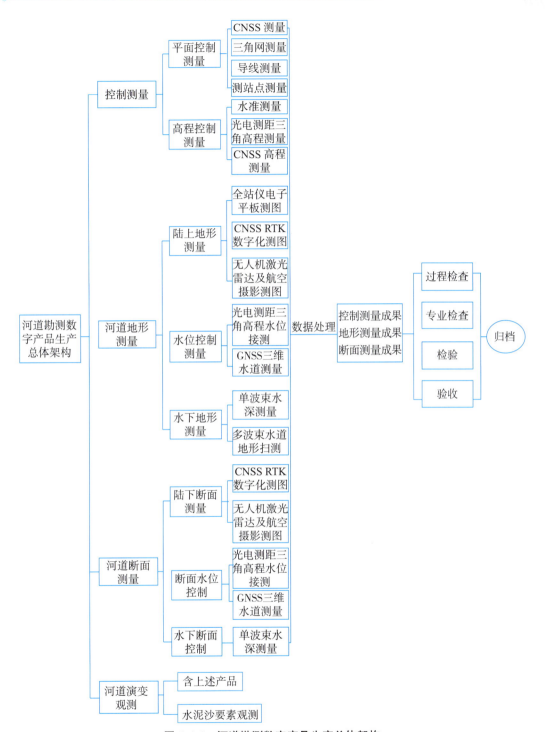

**图 5.1-1　河道勘测数字产品生产总体架构**

## 5.2 河道勘测数据处理

### 5.2.1 河道勘测数据处理概述

河道勘测数据处理是河道数字产品生产的重要环节,其主要目的是将采集的河道勘测原始数据处理加工成项目所需的成果。由于河道勘测所包含的成果种类较多,每一类成果所需要采集的数据、处理的方法、提交的成果也存在较大差异,因此本章节主要介绍河道勘测所涵盖的控制测量、河道地形测绘、河道断面观测等内容的数据处理。

### 5.2.2 控制测量数据处理

对河道基本控制而言,通常先布设精度要求最高的首级控制网,随后结合实际需求再进行加密;确保足够精度。河道基本控制一般要求最低满足1∶500比例尺测图需求,以图上0.1mm的测绘精度计算,相当于地面点位精度为5cm;保持足够密度。河道基本控制要求在水体测区内有足够多的控制点,除设站控制点外还需有足够的已知校核点,除满足地形测绘的控制点外还需足够的河道断面控制点;统一规格。为满足不同测量部门或使用单位的要求、互相协调,需严格采用国家或行业制定的规范、规格。

河道基本控制点一般选择河道两岸地势较高、位置稳固、分布均匀的位置,构成一定的几何图形,形成整个水体测区的骨架,见图5.2-1。

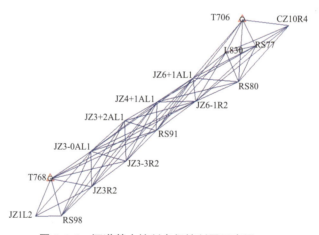

**图5.2-1 河道基本控制点级控制网示意图**

#### 5.2.2.1 平面控制测量

在长江中游河道勘测工作中,平面控制测量的主要内容包括基本平面控制、图根平面控制和测站点平面控制等,平面控制可采用GNSS测量、边角网测量(三角网、三边测量和边角测量)、导线(网)测量。边角网测量和导线测量技术方法多应用在GNSS测量无法使用的隐蔽区域,随着 GNSS 技术的发展成熟,GNSS 测量已成为目前最主要的平面控制测量手段。其具备不需要通视、运行与天气无关、测站的选择与网络无关,因而测站可以设置在野外大多数需要的地方;不间断地运行、测量高效、迅速,容易达到测量精度要求;可同时获得三维坐标等优势。另外,河道基础平面控制因其长跨度且需分布于河道两岸及重要洲滩上,因此在河道勘测中已成为主要的平面控制测量作业方式。平面控制测量的一般工作流程见图 5.2-2。

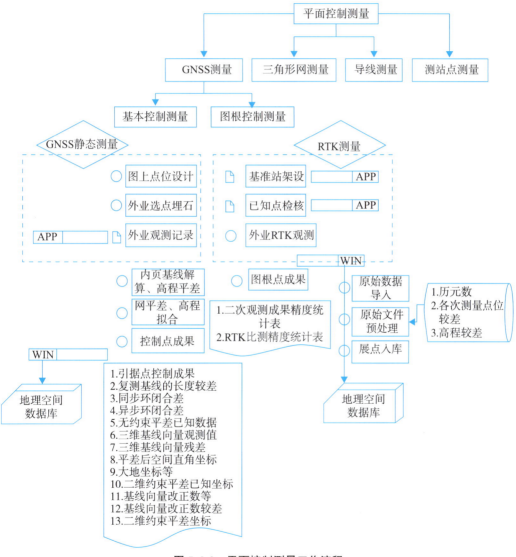

**图 5.2-2 平面控制测量工作流程**

GNSS 控制测量主要是通过 GNSS 控制网来实现的,其主要目的是利用点以及基线向量间的各种几何关系,通过参数估计的方法,消除由观测值和(或)起算数据中存在的误差所引起的网在几何上的不一致,从而获得精确可靠的测量成果。GNSS 控制网是由 GNSS 基线向量所形成的一种网络,一般是由多个同步观测网通过点连式、边连式、网连式或者混连式连接起来构成的。

GNSS 控制测量数据处理一般主要包括数据预处理、基线解算、网平差等三个部分,其主要数据处理流程见图 5.2-3。

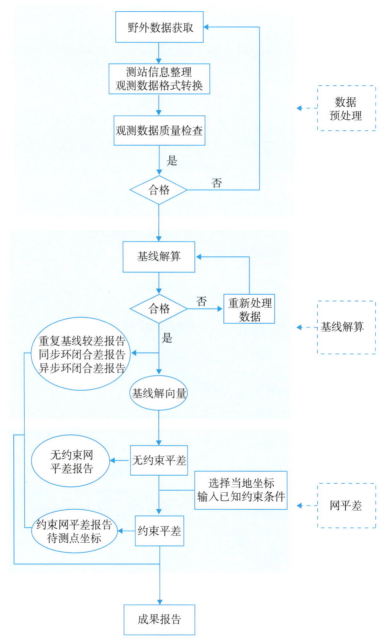

图 5.2-3 GNSS 控制测量数据处理流程图

（1）数据预处理

外业数据采集除了原始观测数据外还应提交包括测站和接收机初始信息,如测站名、测站号、观测单元号、时段号、近似坐标及高程、天线及接收机型号和编号、天线高与天线高测量位置及方式、观测日期、采样间隔、卫星截止高度角等。

根据GNSS测量手簿整理成测站信息表便于后期数据格式转换,其中特别要说明的是天线高,由于不同仪器天线定义和不同待测点量高方式会有不同,因此一般在整理测站信息表的时候需根据接收机相关参数换算到一个统一基准如天线相位中心。常见仪器量高方式见图5.2-4。

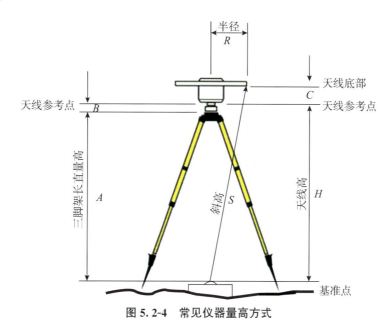

图5.2-4　常见仪器量高方式

主要信息见表5.2-1。

表 5.2-1　　　　　　　　　　　　　GNSS测站信息表

| 时段号 | 仪器编号 | 测站名称 | 天线型号 | 仪器高 | 观测文件名 | 开始时间（UTC） | 结束时间（UTC） | 观测号 |
|---|---|---|---|---|---|---|---|---|
| CH01 | 5427471726 | EH91 | TRMR10 | 1.629 | 17262500.20o | 2020-09-06 0:23 | 2020-09-06 9:41 | LJJ |
| CH01 | 5427471726 | CH50 | TRMR10 | 0.345 | 17272501.20o | 2020-09-06 1:42 | 2020-09-06 9:40 | ZSZ |
| CH01 | 5427471737 | CH58 | TRMR10 | 1.249 | 17372500.20o | 2020-09-06 0:23 | 2020-06-06 9:40 | ZJ |
| CH01 | 5430473467 | CH49 | TRMR10 | 0.357 | 34672500.20o | 2020-09-06 0:07 | 2020-06-06 9:41 | ZL |
| CH01 | 5430473470 | CH47 | TRMR10 | 1.217 | 34702500.20o | 2020-09-06 0:35 | 2020-09-06 9:40 | JY |
| CH02 | 5427471726 | CH57 | TRMR10 | 0.376 | 17262510.20o | 2020-09-06 0:07 | 2020-09-07 10:07 | LJJ |
| CH02 | 5427471727 | CH61 | TRMR10 | 0.345 | 17272510.20o | 2020-09-07 0:45 | 2020-09-07 10:06 | ZSZ |
| CH02 | 5427471737 | CH67 | TRMR10 | 1.569 | 17372500.20o | 2020-09-06 0:23 | 2020-09-06 9:40 | ZJ |

| 时段号 | 仪器编号 | 测站名称 | 天线型号 | 仪器高 | 观测文件名 | 开始时间（UTC） | 结束时间（UTC） | 观测号 |
|---|---|---|---|---|---|---|---|---|
| CH02 | 5430473467 | CH63 | TRMR10 | 0.356 | 34672510.20o | 2020-09-07 0:54 | 2020-09-07 10:07 | ZL |
| CH02 | 5430473470 | CH64 | TRMR10 | 0.346 | 34702510.20o | 2020-09-07 1:18 | 2020-09-09 10:05 | JY |

注：仪器高一般应由原始量高转换为"至天线相位中心高"或其他便于处理软件识别的位置。

1）数据格式转换。

外业数据采集完直接导出的原始数据一般都是各仪器设备厂家自有格式如天宝的T02、T04格式，通常需要转换为通用的Rinex（Receiver Independent Exchange Format）格式。Rinex格式已经成为GNSS测量应用等的标准数据格式，几乎所有测量型GNSS接收机厂商都提供将其格式文件转换为RINEX格式文件的工具，因此几乎所有的数据分析处理软件都能够直接读取Rinex格式的数据，这样在实际观测作业中可以采用不同厂商、不同型号的接收机进行组网观测，而数据处理软件则可根据实际情况灵活选择。

目前较为常用的是Rinex 2.x版本。为了使用一些专业软件进行数据处理可采用Rinex 2.x版本标准命名格式"sitedoyn.yrt"命名，其中："site"为4个字符测站名，"doy"为3个字符年积日，"n"为测段号，"yr"为2个字符的年（如2021年取21），"t"为文件类型（o表示观测数据，n表示导航数据，m表示气象数据）。目前，大多数GNSS接收机均由厂家配备了数据格式转换软件，如天宝GNSS接收机采集的原始数据就可以通过Convert To RINEX软件转换成所需要的Rinex版本。

2）数据质量检查。

GNSS观测数据质量检查一般通过TEQC（Translation Editing and Quality Checking）软件来进行。TEQC是功能强大且简单易用的GNSS数据预处理软件，其是由UNAVCO Facility（美国卫星导航系统与地壳形变观测研究大学联合体）研制的为地学研究GNSS监测站数据管理服务的公开免费软件，主要功能有格式转换（Translate）、编辑（Edit）和质量检核（Quality Check）等，一般使用此软件检查GNSSS观测数据质量。

TEQC的操作基于DOS界面，对它的使用是建立在命令的基础上。TEQC软件命令的基本格式为：

teqc〈options〉［File1 File2…］＞File

其中teqc是可执行程序的名字，options控制参数，teqc软件包含了300种左右的参数，可以控制完成各种功能，如格式转换、数据编辑、质量检查、点位坐标计算和帮助等。

TEQC的质量分析模式分为两种：完整模式（qc2full）和轻量模式（qc2lite）。其区别在于在进行质量检查时是否引入卫星广播星历文件，一般使用完整模式进行。例如，下面的命令用于检查BJFS测站在2016年1月1日的观测文件，其中星历文件使用brdc0010.16n、观测文件为bjfs0010.16o：

$ teqc ＋qc －nav brdc0010.16n bjfs0010.16o

运行此条命令即可完成对 bjfs0010.16o 在完整模式的方式下进行质量检查。质量检查结束后,程序将在屏幕上打印主要的质量检查结果,并在观测文件所在目录生成质量分析结果文件。其文件名与观测文件名相同,但是拥有不同的文件后缀名。例如:.16s 为质量检查报告,.azi 为卫星方位角,.ele 为卫星高度角,.ion 为电离层观测值,.iod 为电离层观测值变率,.mp1 为 L1 频段多路径效应,.mp2 为 L2 频段多路径效应,.sn1 为 L1 频段信噪比,.sn2 为 L2 频段信噪比。

一般情况下查看质量检查报告"bjfs0010.16s"文件即可,质量检查报告中包含非常多的内容,最重要的为第 2 部分观测数据记录及统计情况。衡量数据观测质量的多路径效应 MP1、MP1,信噪比 SN1、SN2,接收机钟差参数,观测值与周跳数比值 O/SLPS 等均可在该部分找到。除此之外,还包含开始观测时刻、最后观测时刻、观测时段长、观测历元数和大概的站点坐标等,主要内容见图 5.2-5。

```
4-character ID          : BJFS (# = 21601M001)
Receiver type           : TRIMBLE NETR9 (# = 5413K48204) (fw = 4.81)
Antenna type            : TRM59900.00     SCIS (# = 17361110)

Time of start of window : 2016 Jan  1 00:00:00.000
Time of  end  of window : 2016 Jan  1 23:59:30.000
Time line window length : 23.99 hour(s), ticked every 3.0 hour(s)
   antenna WGS 84 (xyz)  : -2148773.3796 4426646.0890 4044668.7204 (m)
   antenna WGS 84 (geo)  : N  39 deg 36' 30.93"  E 115 deg 53' 33.96"
   antenna WGS 84 (geo)  :   39.608592 deg    115.892768 deg
           WGS 84 height : 108.8053 m
...
Moving average MP12      : 0.387326 m
Moving average MP21      : 0.343590 m
Points in MP moving avg  : 50
Mean S1                  : 5.87 (sd=1.58 n=41281)
Mean S2                  : 7.82 (sd=1.18 n=40769)
...
     first epoch    last epoch    hrs   dt  #expt  #have   %   mp1   mp2 o/slps
SUM 16  1  1 00:00 16  1  1 23:59 24.00  30  43856  40769  93  0.39  0.34    129
```

图 5.2-5 观测数据记录及统计情况部分

一般只需查看 SUM 行内容,其中 MP1、MP2 一般以小于 0.6 为佳,否则表示数据存在多路径影响,数值越大表示影响越严重;数据有效率一般应大于 90%;观测值与周跳数比值 O/SLPS 一般为几百且数值越大越好。

(2)基线解算

基线解算(baseline vector solution)是指在卫星定位中,利用载波相位观测值或其差分观测值,求解两个同步观测的测站之间的基线向量坐标差的过程,见图 5.2-6。

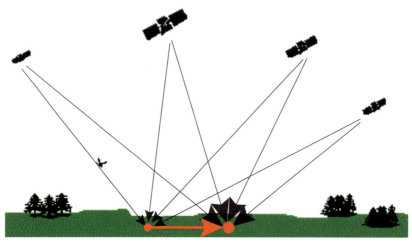

图 5.2-6　GNSS 基线

基线解算基本流程见图 5.2-7。

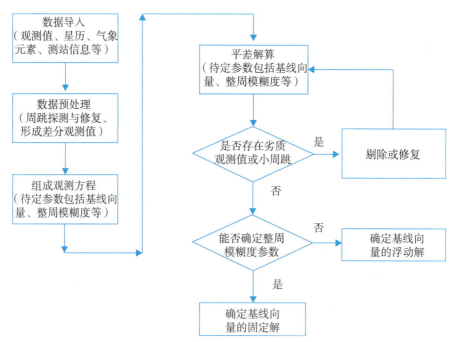

图 5.2-7　GNSS 基线解算基本流程

在河道勘测中,一般运用比较成熟的商用软件进行基线解算如 TBC、LGO 等。基线解算控制指标必须满足测量规范,其主要指标有数据剔除率、重复基线长度较差、同步环闭合差、独立(异步)环闭合差等。不合格基线处理的主要方式有选择合理的卫星高度截止角、选择合适的历元间隔、删除观测质量较差的数据等,往往需要以上方法的两种,甚至三种同时结合,才能将基线处理得合理。影响基线解算精度的因素主要有以下几种情况:

1)基线解算时所设定的起点坐标不准确,其主要导致基线向量发生偏差。由于基线向

量偏差与起点坐标存在式(5.2-1)所示关系:

$$\frac{\Delta}{b} = \frac{\Delta s}{r} \tag{5.2-1}$$

式中:$\Delta b$——基线向量偏差;

　　$b$——基线向量长度;

　　$\Delta s$——起点坐标偏差;

　　$r$——GNSS 卫星轨道高度。

从式(5.2-1)中可以看出,起点坐标偏差与基线向量偏差成正比,对于长基线影响尤为显著。因此在实际处理过程中应选取坐标精度高的点作为起算点。

2)少数卫星的观测时间较短,其主要导致与该卫星有关的整周未知数固定困难。在基线解算过程中,对于参与计算的卫星,如果与其相关的整周未知数没有准确确定的话,就将严重影响整个基线解算结果的质量。对于此种情况一般可剔除该卫星观测数据,使其不参与基线解算。

3)整个观测时段中有个别卫星或个别时间段内周跳太多,其主要导致整周未知数固定困难,严重影响基线向量的质量。对此情况一般处理方式为在发生周跳处新增模糊度参数或删除周跳严重的时间段。

4)多路径效应比较严重,观测值的改正数普遍较大,其主要导致基线向量质量下降,严重时导致整周未知数固定困难。多路径效应对基线向量的水平方向影响较大。对此情况主要采取剔除残差较大的观测值或删除多路径误差严重的时段或者卫星数据等方式处理。

5)对流层折射影响或电离层折射影响,其主要导致基线向量质量下降,严重时导致整周未知数固定困难。对流层折射影响或电离层折射影响主要对垂直方向影响较大。一般可通过提高截止高度角剔除易受对流层或电离层影响的低高度角观测数据,采用模型对对流层和电离层延迟进行改正,如果 GNSS 观测值是双频观测值,则可采用无电离层观测值来进行基线解算。

一般情况下只要按照规范要求进行观测,经过反复调试选择合理卫星高度截止角、合理的历元间隔、删除周跳卫星数据,基线都能合格。

(3)网平差

GNSS 静态控制网平差的目的主要有:

消除由观测量和已知条件中存在的误差所引起的 GNSS 网在几何上的不一致,包括闭合环闭合差不为零;复测基线较差不为零;通过由基线向量所形成的导线,将坐标由一个已知点传算到另一个已知点的符合差不为零等,通过网平差,可以消除这些不一致。改善 GNSS 网的质量,评定 GNSS 网的精度。通过网平差,可得出一系列可用于评估 GNSS 网的精度指标,如观测值改正数、观测值验后方差等。结合这些精度指标,还可以设法确定出可能存在粗差或质量不佳的观测值,并对它们进行相应的处理,从而达到改善网质量的目的。

在通常情况下,无法通过某个单一类型的网平差过程来达到上述目的,而必须分阶段采用不同类型的网平差方法。根据进行网平差时所采用的观测量和已知条件的类型和数量,可将网平差分为无约束平差、约束平差和联合平差三种类型。这三种类型网平差除了都能消除由观测值和已知条件所引起的网在几何上的不一致外,还具有各自不同的功能。无约束平差能够被用来评定网的内符合精度和探测处理粗差,而约束平差和联合平差则能够确定点在指定坐标系下的坐标。

在使用数据处理软件进行 GNSS 网平差前,需要提取基线向量构建 GNSS 基线向量网。提取基线向量时,一般需要遵循以下几项原则:必须选取相互独立的基线,若选取了不相互独立的基线,则平差结果会与真实的情况不相符合;所选取的基线应构成闭合的几何图形;选取质量好的基线向量,基线质量好坏可以依据 RMS、RDOP、Ratio、同步环闭合差、异步环闭合差及重复基线较差来判;选取能构成边数较少的异步环的基线向量;选取边长较短的基线向量。

1)三维无约束平差。

GNSS 网的最小约束平差/自由网平差中所采用的观测量完全为 GNSS 基线向量,平差通常在与基线向量相同的地心地固系下进行。在平差进行过程中,最小约束平差除了引入一个提供位置基准信息的起算点坐标外,不再引入其他的外部起算数据,而自由网平差则不引入任何外部起算数据。它们之间的一个共性就是都不引入会使 GNSS 网的尺度和方位发生变化的起算数据,而这些起算数据将影响网的几何形状,因而有时又将这两种类型的平差统称为无约束平差。这种通过一个起算点坐标来提供 GNSS 网位置基准的无约束平差,常常又被称为最小约束平差。

由于在 GNSS 网的无约束平差中,GNSS 网的几何形状完全取决于 GNSS 基线向量,而与外部起算数据无关,因此 GNSS 网的无约束平差结果实际上也完全取决于 GNSS 基线向量。所以,GNSS 网的无约束平差结果质量的优劣,以及在平差过程中所反映出的观测值间几何不一致性的大小,都是观测值本身质量的真实反映。由于 GNSS 网无约束平差的这一特点,一方面,通过 GNSS 网无约束平差所得到的 GNSS 网的精度指标被作为衡量 GNSS 网内符合精度的指标;另一方面,通过 GNSS 网无约束平差所反映出的观测值的质量,又被作为判断粗差观测值及进行相应处理的依据。

无约束平差主要达到以下目的:根据无约束平差的结果,在所构成的 GNSS 网中是否有粗差基线,如发现含有粗差的基线则需要进行相应的处理,必须使得最后用于构网的所有基线向量均满足质量要求;调整各基线向量观测值的权阵,使它们相互匹配。

无约束平差的流程如下:

①选取作为网平差时的观测值的基线向量。

②利用所选取的基线向量的估值,形成平差的函数模型。其中,观测值为基线向量,待定参数主要为 GNSS 网中点的坐标。同时,利用基线解算时随基线向量估值一同输出的基线向量的方差—协方差阵,形成平差的随机模型。最终形成平差完整的数学模型。

c. 对所形成的数学模型进行求解,得出待定参数的估值和观测值等的平差值、观测值的改正数以及相应的精度统计信息。

d. 根据平差结果来确定观测值中是否存在粗差,数学模型是否有需要改进的部分。若存在问题则采用相应的方法进行处理(如对于粗差基线,即可以通过将其剔除,也可以通过调整观测值权阵的方式来处理),并重新进行求解。

e. 若在观测值和数学模型中未发现问题,则输出最终结果。

2)约束平差。

GNSS 网约束平差中所采用的观测量也完全为 GNSS 基线向量,但与无约束平差所不同的是,在平差过程中,引入了会使 GNSS 网的尺度和方位发生变化的外部起算数据。只要在网平差中引入了边长、方向或两个以上的起算点坐标,就可能会使 GNSS 网的尺度和方位发生变化。GNSS 网的约束平差常被用于实现 GNSS 成果由基线解算时所用 GNSS 卫星星历所采用的参照系到特定参照系如北京 54 坐标系、西安 80 坐标系的转换。

在进行 GNSS 网平差时,如果采用的观测值不仅包括 GNSS 基线向量,而且还包含边长、角度、方向和高差等地面常规测量,这种平差被称为联合平差。联合平差的作用大体上与约束平差相同,也是用于实现 GNSS 成果由基线解算时所用 GNSS 卫星星历所采用的参照系到特定参照系的转换。

约束平差或联合平差可根据需要在三维空间或二维空间中进行。约束平差的主要步骤包括:指定进行平差的基准和坐标系统;指定起算数据;检验约束条件的质量;进行平差解算。

约束平差解算流程如下:

①利用最终参与无约束平差的基线向量形成观测方程,观测值的权阵采用在无约束平差中经过调整后(如果调整过)最终所确定的观测值权阵;

②利用已知点、已知边长和已知方位等信息,形成限制条件方程;

③对所形成的数学模型进行求解,得出待定参数的估值和观测值等的平差值、观测值的改正数以及相应的精度统计信息。

(4)质量分析与控制

在进行 GNSS 控制网质量评定时,可以采用下面的指标:

1)基线向量的改正数。

根据基线向量改正数的大小,可以判断出基线向量中是否含有粗差。

2)相邻点的中误差和相对中误差。

若在进行质量评定时发现有质量问题,则需要根据具体情况进行处理。如果发现构成 GNSS 网的基线中含有粗差,则需要采取删除含有粗差的基线、重新对含有粗差的基线进行解算或重测含有粗差的基线等方法加以解决;如果发现个别起算数据有质量问题,则应该放弃有质量问题的起算数据。

#### 5.2.2.2　高程控制

在长江中游河道勘测工作中,高程控制测量的主要内容包括基本高程控制、图根高程控制和测站点高程控制等,可采用水准测量、光电测距三角高程测量、GNSS 高程测量等方法。根据限差库实时或准实时质量检核、文本加密存储、自动化报表输出等对其进行作业流程的分析优化,见图 5.2-8。

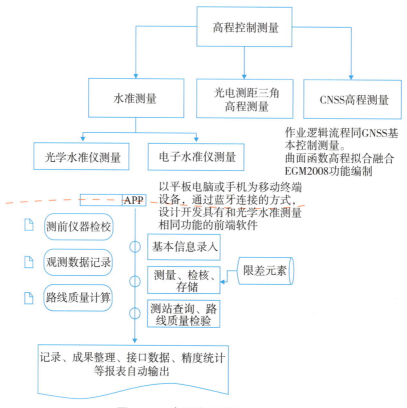

**图 5.2-8　高程控制测量工作流程**

根据测量方法,高程控制测量又可以分为水准测量(一等、二等、三等、四等、五等及图根)、三角高程测量(三等、四等、五等及图根)及 GNSS 拟合高程。在河道基础高程控制一般采用三等、四等几何水准测量以及 GNSS 跨河水准测量。

(1)几何水准测量

几何水准测量数据处理主要包括生成电子水准记录手簿、观测数据检核、生成平差文件、往返测高差较差计算、附合/环闭合差计算、水准网平差等步骤。水准网平差计算的软件一般使用科傻系列 CosaLEVEL、南方平差易等商用软件进行。在三、四等几何水准测量外业完成后得到相应的观测文件(如 Trimble dini<.dat>、Leica DNA<.GSI>等),使用相应的软件将原始数据转换为观测记录手簿,见图 5.2-9。

## 电子水准测量记录手簿

测自：ESN59　　　　　至：GPS19　　　　　日期：2020 年 7 月 12 日　　　　　观测顺序：BBFF
天气： 晴　　　　　呈像： 清晰　　　　　土质： 混凝土　　　　　仪器： Trimble Dini/749438

| 测站 | 视准点 | 视距读数 | | 标尺读数 | | 读数差（mm） | 测站高差（m） | 累计高差（m） | 备注 |
|---|---|---|---|---|---|---|---|---|---|
| | 后视 | 后距 1 | 后距 2 | 后尺读数 1 | 后尺读数 2 | | | | |
| | 前视 | 前距 1 | 前距 2 | 前尺读数 1 | 前尺读数 2 | | | | |
| | | 累积差（m） | 视距差（m） | 高差 1（m） | 高差 2（m） | | | | |
| 1 | ESN59 | 8.91 | 8.91 | 1.26024 | 1.26022 | 0.02 | | 0.000 | |
| | 1 | 9.01 | 9.02 | 1.22992 | 1.23026 | −0.34 | 0.03014 | 0.03014 | |
| | | −0.11 | −0.11 | 0.03032 | 0.02996 | 0.36 | | | |
| 2 | 1 | 8.85 | 8.85 | 1.20823 | 1.20824 | −0.01 | | | |
| | GPS19 | 9.34 | 9.35 | 2.23134 | 2.23133 | 0.01 | −1.02310 | −0.99296 | |
| | GPS19 | −0.61 | −0.49 | −1.02311 | −1.02309 | −0.02 | | 0.0000 | |
| 测段计算 | 测段起点 | ESN59 | | | 闭合差 | 992.96mm | | | |
| | 测段终点 | GPS19 | | | 累计距差 | 0.00060m | | | |
| | 累计前距 | 0.01840km | | | 测段高差 | −0.99296m | | | |
| | 累计后距 | 0.1780km | | | 测段距离 | 0.03620km | | | |

测量负责人：　　　　　　　　　　检核：　　　　　　　　　　监理：

**图 5.2-9　电子水准测量记录手簿**

利用电子水准测量记录手簿可对外业观测数据进行质量检核，检核内容主要包括：前后视距差、前后视距累积差、视线高度等，其相应指标见表 5.2-1。

表 5.2-1　　　　　　　　　　三、四等水准测量主要技术指标

| 等级 | 视线长度 | | 前后视距差（mm） | 每站的前后视距累积差（mm） | 视线高度 | 数字水准仪重复测量次数（次） |
|---|---|---|---|---|---|---|
| | 仪器类型 | 视距（mm） | | | | |
| 三等 | Ds3 | ≤75 | ≤2.0 | ≤5.0 | 三丝能读数 | ≥3 |
| | Ds1、Ds05 | ≤100 | | | | |
| 四等 | Ds3 | ≤100 | ≤3.0 | ≤10.0 | 三丝能读数 | ≥2 |
| | Ds1、Ds05 | ≤150 | | | | |

注：1. 相位法数字水准仪重复测量次数可以为表中数值减少一次；

2. 所有数字水准仪，在地面震动较大时，尤其是过桥水准时，应增加重复测量次数。

在外业观测质量检核合格后便可生成平差文件用于水准网计算，其生成的平差文件格式为：

已知点点名，已知高程

……

测段起始点点名，终点点名，高差，距离

测段起始点点名，终点点名，高差，距离

测段起始点点名，终点点名，高差，距离

……

在高程网平差文件中，已知高程以米（m）为单位，高差一般以米（m）为单位，距离以千米

（km）为单位，见图 5.2-10。

图 5.2-10　某高程网平差文件（截取部分）

1）往返测高差较差计算。

由往返测高差较差统计每千米水准测量的高差偶然中误差，其限差见表 5.2-2。

表 5.2-2　　　　　　　　三、四等水准往返高差不符值及闭合差指标表　　　　　　　（单位：mm）

| 等级 | 测段、路线往返测高差不符值 | 测段、路线的左右路线高差不符值 | 附合路线或环形闭合差 | | 检测已测测段高差的差 |
|------|------|------|------|------|------|
| | | | 平原 | 山区 | |
| 三等 | $\pm12\sqrt{K}$ | $\pm8\sqrt{l}$ | $\pm12\sqrt{L}$ | $\pm15\sqrt{L}$ | $\pm20\sqrt{R}$ |
| 四等 | $\pm20\sqrt{K}$ | $\pm14\sqrt{K}$ | $\pm20\sqrt{L}$ | $\pm25\sqrt{L}$ | $\pm30\sqrt{R}$ |

注：$K$ 为路线或测段的长度，km；$L$ 为附合路线（环线）长度，km；$R$ 为检测测段长度，km。当长度小于 1km 时，按 1km 计算。山区指高程超过 1000m 或路线中最大高差超过 400m 的地区。

往返测高差较差计算也可以检查高程网的外业观测质量，其结果见图 5.2-11。

图 5.2-11　往返测高差较差统计结果（截取部分）

2）附合/环闭合差。

计算高程网附合/环闭合差，并由高程网闭合差统计每千米水准测量的全中误差，其计算结果见图5.2-12。

**图5.2-12　高程网闭合差计算结果(截取部分)**

高程网闭合差应符合表5.2-2中的限差要求。高程网闭合差计算可检查高程网中闭合环闭合差的大小和探测所导入的观测值中是否含有粗差。

3)平差处理。

对所选择的高程网平差文件进行平差计算,并输出平差结果。平差结果包括概略高程、测段实测高差数据统计、高程平差值及其精度、高差平差值及其精度、高程控制网总体信息等,平差结果见图5.2-13。

**图5.2-13　高程网平差结果(截取部分)**

(2)GNSS跨河水准测量

长江中游河道江面较宽,为了使两岸水准基准能够统一,必须在适当位置施测跨河水准。长距离大跨度下常规的光学水准测量方法均难以达到精度要求,因此一般采用GNSS跨河水准测量进行。

GNSS跨河水准测量是以GNSS测高理论为基础进行的。GNSS所测高度是以WGS-84椭球为基准的大地高,而我国目前使用的高程系统为正常高系统,即相对于似大地水准面的高度。进行GNSS高程转换需要考虑WGS-84椭球和本地参考椭球的差异以及大地水准面和似大地水准面相对于本地参考椭球的高差,即大地水准面高和高程异常。大地高、正

常高和高差异常之间有如下关系:

$$H_G = H_N + \zeta \qquad (5.2\text{-}2)$$

式中: $H_G$——大地高;

$\quad H_N$——正常高;

$\quad \zeta$——高程异常。

高程异常,即同一测站点以 WGS-84 为基准的 GPS 大地高与以似大地水准面为基准的正常高之间的高程差值,其大致几何关系见图 5.2-14。

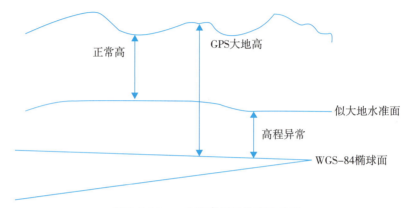

**图 5.2-14 大地高与正常高的关系**

由于地球是一个类椭球,而非严格意义上的椭球,在某些区域地球形状与几何椭球相去甚远;组成地球介质的质量分布不均匀使各地地球重力加速度分布不均匀,造成似大地水准面与 WGS-84 椭球面不一致。因此高程异常值在各地是不同的,但是对于某一个区域而言高程异常变化值是有规律可循的,在某一个较小的范围内,高程异常变化率呈现逐渐递增或者逐渐递减的变化趋势,见图 5.2-15。

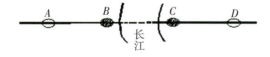

● 跨河点　　○ 非跨河点

**图 5.2-15 GNSS 跨河水准示意图**

其 $A$、$B$ 两点之间高程异常变化率可按式(5.2-3)进行计算。

$$\alpha_{AB} = (\Delta H_{GAB} - \Delta H_{\gamma AB}) / S_{AB} \qquad (5.2\text{-}3)$$

式中: $\alpha_{AB}$——$A$、$B$ 方向的高程异常变化率(m/km);

$\quad S_{AB}$——$A$、$B$ 点间的平距(km);

$\quad \Delta H_{GAB}$——$A$、$B$ 点间的大地高高差(m);

$\Delta H_{\gamma AB}$——$A$、$B$ 点间的正常高差(m)。

假设 $A$、$B$、$C$、$D$ 相邻点间距离相等,则 $B$、$C$ 区间的高程异常变化率为 $A$、$B$ 区间与 $C$、$D$ 区间的高程异常变化率的平均值,其计算关系如式(5.2-4)。

$$\alpha_{BC} = (\alpha_{AB} + \alpha_{CD})/2 \tag{5.2-4}$$

式中:$\alpha_{BC}$——$B$、$C$ 方向的高程异常变化率(m/km);

$\alpha_{AB}$——$A$、$B$ 方向的高程异常变化率(m/km);

$\alpha_{CD}$——$A$、$B$ 方向的高程异常变化率(m/km)。

最后将式(5.2-4)计算的结果代入式(5.2-5)即可求得跨河点 $B$、$C$ 两点间的正常高高差值:

$$\Delta H_{\gamma BC} = \Delta H_{GBC} - \alpha_{BC} \times S_{BC} \tag{5.2-5}$$

式中:$\Delta H_{\gamma BC}$——$B$、$C$ 点间的正常高高差(m);

$\Delta H_{GBC}$——$B$、$C$ 点间的大地高高差(m);

$\alpha_{BC}$——$B$、$C$ 方向的高程异常变化率(m/km);

$S_{BC}$——$B$、$C$ 点间的平距(km)。

(3)数据处理示例

数据处理主要包括 GNSS 数据处理部分以及水准数据处理部分。

GNSS 数据处理与控制测量中的 GNSS 控制网数据处理类似,主要包括基线解算和网平差处理。主要步骤为:导入观测点规定时段数期间同步数据,进行基线解算、剔除超限基线;输入中间点粗算坐标及高程作为起算点对整网进行平差,然后对整网进行精度估算,剔除不合理数据后得到最新网平差数据,详细方法可参考 5.2.2.1 节相关内容。

水准处理可参照高程控制数据处理中几何水准测量部分,主要目的为得到非跨河点间的正常高差。

水准数据处理完成后再根据式(5.2-3)和式(5.2-4)计算跨河点间的高程异常变化率,即图 5.2-16 中 $B$、$C$ 点间的高程异常变化率。按照直线型和对称型,其计算结果表 5.2-3。

表 5.2-3       各基线 $\alpha$ 值计算

| 直线型 | | | | | |
|---|---|---|---|---|---|
| 线路 | $S_{AB}$ | $\Delta H_{GAB}$ | $\Delta H_{rAB}$ | $\alpha_{AB}$ | $\alpha_{BC}$ |
| $A_1$-$B$ | 3479 | $-3.455$ | $-3.439$ | $-0.00000460$ | 0.00000313 |
| $A_2$-$B$ | 1726 | 2.317 | 2.308 | 0.00000521 | |
| $C$-$D_1$ | 1813 | 5.713 | 5.695 | 0.00000993 | |
| $C$-$D_2$ | 3556 | 11.492 | 11.485 | 0.00000197 | |
| 对称型 | | | | | |
| 线路 | $S_{AB}$ | $\Delta H_{GAB}$ | $\Delta H_{rAB}$ | $\alpha_{AB}$ | $\alpha_{BC}$ |
| $A_4$-$B$ | 1853 | 2.036 | 2.039 | $-0.00000162$ | 0.00000638 |

| 对称型 | | | | |
|---|---|---|---|---|
| $A_2$-$B$ | 1726 | 2.317 | 2.308 | 0.00000521 |
| $C$-$D_1$ | 1813 | 5.713 | 5.695 | 0.00000993 |
| $C$-$D_3$ | 1752 | 4.430 | 4.409 | 0.00001199 |

根据式(5.2-5)计算跨江段高差见表5.2-4。

表 5.2-4 $B$、$C$ 段计算高差

| 方法 | $S_{BC}$ | $\Delta H_{GBC}$ | $\alpha_{BC}$ | $\Delta H_{rBCjs}$ |
|---|---|---|---|---|
| 直线型 | 1711 | −1.429 | 0.00000313 | −1.434 |
| 对称型 | 1711 | −1.429 | 0.00000638 | −1.440 |

（4）精度评定

精度评定主要包括基线向量重复性基线较差、无约束平差基线向量改正数。其中,基线长精度指标要求应满足表5.2-5所示。

表 5.2-5 基线长精度指标

| 等级 | 跨距 $D$(m) | 非跨河点数 | GNSS 网相邻点间基线长精度 | |
|---|---|---|---|---|
| | | | $a$ | $b$ |
| 一等 | 1500≤$D$≤3000 | ≥4(每端两个) | ≤5 | 1 |
| 二等 | 500≤$D$≤3500 | ≥4(每端两个) | ≤8 | 2 |

基线长度标准差计算公式如式(5.2-6)。

$$\sigma = \sqrt{a^2 + (bd)^2} \tag{5.2-6}$$

式中：$\sigma$——基线长度标准差(mm)；

$a$——固定误差(mm)；

$b$——比例误差系数($1 \times 10^{-6}$)；

$d$——相邻点间距离(km)。

无约束平差基线向量改正数绝对值应满足以下条件：

$$\upsilon_{\Delta X} \leqslant 3\sigma$$

$$\upsilon_{\Delta Y} \leqslant 3\sigma$$

$$\upsilon_{\Delta Z} \leqslant 3\sigma$$

## 5.2.3 河道地形勘测数据处理

### 5.2.3.1 河道地形勘测概述

河道地形勘测分为陆上地形测绘、水陆分界线测绘、水下地形测绘3个部分。其中,陆

上地形测量一般采用全站仪测图、RTK 测图、三维激光扫描测图、数字航空摄影测图等方法。水陆分界线测量目前通常采用 RTK 测量、无人机低空摄影测量、船载或机载激光雷达测量、近景摄影测量等方法,其作为河道地形图上重要的特征线,需要与水下地形测量保持同步。水下地形测量可分为水深测量和水位控制测量两个部分。其中,水深测量又分为水下地形平面定位和水深测量两部分。水下地形平面定位分为常规模式和自动化模式。常规模式可采用前方交会法、后方交会法、极坐标法、断面索法;自动化模式可采用 RTK 法、GNSS 激光测距移动定位法等。在现有的技术条件下除自动化模式下的 RTK 法外,其他方法几乎不采用。因此,只对 RTK 法水下地形测量进行介绍。水位控制测量可采用常规和GNSS 三维水深测量的方法。常规水位控制测量,即采用水准测量、光电测距三角高程测量(高程导线)等方法进行水位接测,人工观测水尺或自记水位的方式进行水位过程控制。GNSS 三维水深测量技术方法执行《水道观测规范》(SL 257—2017)相关规定。常规河道地形勘测工作流程见图 5.2-16。

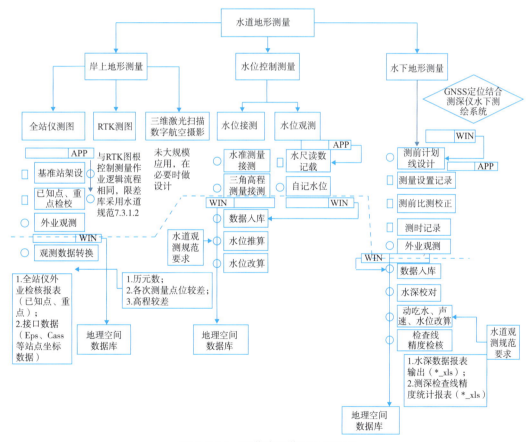

**图 5.2-16　河道地形勘测工作流程**

长江河道地形勘测主要生产陆上地形、水下地形和水陆分界线并融合绘制以河道地形图为主的多种类型河道地理空间数据。其中,河道水下地形测绘主要按照一定的断面间距和测点间距施测河道地形点,通过一定密度的高程点勾绘等高线用于反映河床地形起伏。水边线为水下地形及陆上地形的分界线,一般与水下地形同步施测。陆上地形除按常规地形测量绘制地物,还需绘制涉水建筑及构筑物、堤防工程、护岸加固工程、滩地等。主要内容包括:

①堤线、坎线、堤线里程碑、护岸界碑等。

②护岸工程起止范围、护岸类被,如散抛、干砌、浆砌、条砌、崩岸等。

③水文(位)站、气象站、渡口、码头、分洪码头、航标灯、过河灯塔、过江电缆、过江高压线等。

④涵闸、排水沟、取水口、抽水管、水沟渠等。

⑤居民地、特殊建筑物、桥梁、道路、砂场、防汛石等。

⑥所在行政地、地名、村名、矶头名、闸名等。

⑦植被和土质等测绘与注记。

⑧实地照片、录像等辅助资料。

### 5.2.3.2 河道地形测图

河道地形测图方法主要有白纸测图、数字测图和三维测图等方式。

(1)白纸测图

传统的白纸测图法是将测得的观测值用图解的方法转化为图形。但在地图所需承载信息要素剧增的今天,纸质图已难以承载诸多信息,其变更、修改也极不方便,难以适应现在经济建设的需要。其主要采用解析法和极坐标法,成果为模拟的图解图,其成图周期长、精度低、劳动强度大已被淘汰。

(2)数字测图

数字测图就是要实现丰富的地形信息、地理信息数字化以及作业过程的自动化或半自动化。数字测图的基本思想是将地面上的地形和地理要素(或称模拟量)转换为数字量,然后由电子计算机对其进行处理,得到内容丰富的电子地图,需要时由图形输出设备(如显示器、绘图仪)输出地形图或各种专题图图形。将模拟量转换为数字量这一过程通常称为数据采集。目前,数据采集的方法主要有航片数据采集法、原图数字化法、野外数据采集法。数字测图就是通过采集有关的绘图信息并及时记录在数据终端(或直接传输给便携机),然后在室内通过数据接口将采集的数据传输给电子计算机,并由计算机对数据进行处理,再经过人机交互的屏幕编辑,形成绘图数据文件。数字测图虽然生产成品仍然以提供图解地形图为主,但它以数字形式保存地形模型及地理信息。

数字化测图采用各种灵活的定位方法,将图解过程数字化,成图时完全保持了野外测量精度,野外数据采集不再受图幅范围限制,部分成图内容可以带到室内完成,减轻了野外劳动强度。其使用各种满足精度要求的测量手段获取足够数量位置的三维坐标信息及其相关属性,最终用于绘图软件成图。

(3)三维测图

三维测图是目前中游河道勘测测图的主要方式之一。相较于传统数字化测图在数字产品的生产方式以及成果产品类型的丰富程度上均有较大的提升。其可以融合多源数据进行三维立体测图实现更加精准的现实抽象和实景还原，能够实现所见即所得。其数据来源多种多样，如航空摄影测量、固定站式或移动式激光雷达测量、近景摄影测量。三维测图方式能够实现基于正射影像、立体像对、实景三维模型、全景影像、点云等数据的一体化高效采编，支持大数据浏览以及采编制图建库一体化，极大地方便了后期数据的应用。除了能够应用于河道地形勘测还应用于基础地形测绘、自然资源调查、三维不动产测量、多测合一等其他领域(图 5.2-17)。

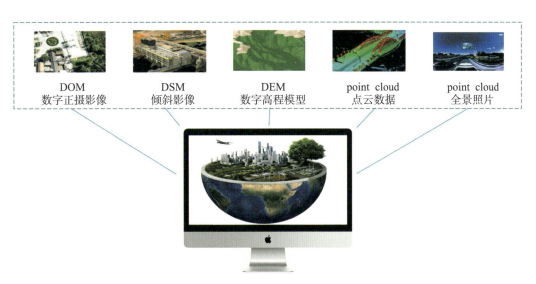

DOM
数字正摄影像

DSM
倾斜影像

DEM
数字高程模型

point cloud
点云数据

point cloud
全景照片

图 5.2-17 多元数据智能化融合实景三维多模式测图

三维测图可以根据项目要求、数据采集单位自身的硬件配置以及测区现势情况使用不同的手段采集的数据：基于 DOM 和 DEM 生成实景表面模型的源数据测图；基于倾斜摄影生成的实景三维模型及倾斜相片等源数据测图；基于各种地面激光扫描、机载 Lidar、测量车、无人机等点云及全景影像数据测图；采用立体眼镜、基于立体像对作为源数据进行立体测图等。三维测图具有所见即所得、成果精度均匀、二三维数据一体化、成果高度信息化等特点(图 5.2-18)。

图 5.2-18 三维测图作业窗口

在生产软件中除传统的数字化测图的操作外,还具有网络化生产数据统一管理;多窗口、双显示器二三维联动同步测图;透视投影与正射投影一键切换;模型裁剪显示去除植被与高楼;剖面与投影方式可采集立面图;点云海量数据加载;多窗口多视角显示点云;倾斜模型与点云联动采集;点云与全景影像叠加;点云自动识别与矢量提取;点云裁剪、显示等适用于三维测图的功能。

### 5.2.3.3 水下地形数据处理

水下地形测量的内容主要包括水深定位、水深测量、水位控制测量 3 个部分。在数据处理开始前,需要对外业资料进行检查。检查内容主要包括:测区范围是否合适、记录是否完整;外业要做的相应校准和各项改正,如深度比对、吃水改正、声速改正等;是否已按照相关要求进行等。水位改正对于水下地形测量的测深精度有着极大的影响,必须根据测区的位置和测量时间整理相应的水位资料。要保证水位能够满足规范要求的精度,注意测区的范围,验潮点能否满足测区的需要,设立多个验潮站的要进行水位分带改正,以保证水深的精度。

(1)声速改正

由于测深仪超声波在水中的传播速度与水体的一些特性如水温、盐度、水深等息息相关,而在长江中游区域,影响声速的主要因素就是水温。声速一般采用声速剖面仪直接测得,对于非潮汐河段或水深小于 150m 水体可通过量取水温和盐度根据《水道观测规范》(SL 257—2017)给定的公式计算声速。

$$C = 1410 + 4.21T - 0.037T^2 + 1.14S \qquad (5.2\text{-}7)$$

式中:$T$——水温(℃);

$S$——含盐度(‰)。

(2)时延改正

由于测深仪、GNSS 等设备的信号处理及传输相互独立,记录的水深、定位数据并不同步,存在时间延迟,因此在处理前须进行数据延时改正。延迟改正一般在外业采集时输入改正,也可事后进行改正。

(3)水深数据编辑

水深是利用超声波进行测量的。由于水草、悬浮物、游动的鱼群以及复杂的海底地形引起异常回波,并导致换能器底部检测失败,为此,必须以连续地形为参考对测深数据进行检测和异常数据的校正。测深数据编辑即以实际测量时的高采样率模拟记录回声图为参考,对测深采样记录进行全面的校对,并对地形特征点进行人工加密。测深数据编辑不但有效地消除了异常测深的影响,且增加了对河床地形特征的真实全面反映。

水深数据编辑一般先根据点号,将数据文件中的记录按记录点号、坐标和原始水深,与模拟记录纸进行对照检查,对不匹配的点进行认真核实,对个别点之间的特殊水深值量取内插。对水深图上的交叉点进行比对,如果水深差超过技术标准要求,查找原因并进行改正。

在没有交叉点的位置,从图上直观的检查是否有不合适的水深值,这种不合适的水深值一般指与周围水深相差太大的水深值,需要检查记录纸,是真实地形还是错误水深。

(4)水位改正

水位改正主要有单站水位改正、双站水位改正和多站水位改正,对于存在横向水位变化的河段一般采用多站水位改正。

1)单站水位改正。

在水位站控制范围内,水底高程根据回声测深仪测得的实测水深与相应的水位按式(5.2-8)计算获得:

$$G = z - h \tag{5.2-8}$$

式中:$G$——水底高程(m);

$z$——该水位站在某一基面以上的水位(m);

$h$——测点施测时的水深(m)。

2)双站水位改正。

在双站水位可控制或比降较小的河道中,两相邻站之间的水位可按距离线性内插求得。设 $A_1$、$A_2$ 两个潮位站某时刻的潮位为 $Z_1$、$Z_2$,求 $P$ 点的潮位(图 5.2-19)。

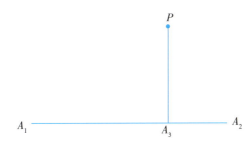

**图 5.2-19 双站水位改正平面图**

由 $A_1$、$A_2$ 和 $P$ 的坐标,可求得 $A_3$ 的坐标,然后在直线 $A_1$、$A_2$ 上按距离内插得到 $A_3$ 的潮位:

$$Z_P = Z_1 + (Z_2 - Z_1)S_{A_1A_3}/S_{A_1A_2} \tag{5.2-9}$$

式中:$S_{A_1,A_2}$——$A_1$ 与 $A_2$ 间距离;

$S_{A_1,A_3}$——$A_1$ 与 $A_3$ 间距离。

3)多站水位改正。

多站水位改正在计算测点水位时,一般是考虑了横向潮位变化。根据不同的条件,可采用二步内插法、平面内插法、距离加权法等方法进行潮位改算。

二步内插法计算方法如下:设 $A$、$B$、$C$ 3 个潮位站某时刻的潮位分别为 $Z_A$、$Z_B$、$Z_C$,求 $P$ 点的潮位(图 5.2-20)。

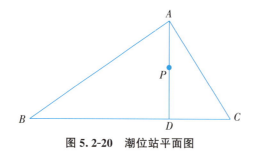

图 5.2-20 潮位站平面图

由 $A$、$B$、$C$ 和 $P$ 的坐标,可联解求得 $BC$ 与 $AP$ 两个直线方程,得交点 $D$ 的坐标,然后在直线 $BC$ 上以这两点潮位按距离内插得到 $D$ 的潮位;再在直线 $AD$ 上,以 $AD$ 的潮位线性内插求得测点 $P$ 的潮位:

$$Z_P = Z_A + (Z_D - Z_A)S_{AP}/S_{AD} \tag{5.2-10}$$

$$Z_D = Z_C + (Z_B - Z_C)S_{DC}/S_{BC} \tag{5.2-11}$$

式中:$S_{AD}$、$S_{AP}$、$S_{BC}$ $S_{CD}$——相应点间的距离。

平面内插法适用于 3 个验潮站之间潮时差很小,且潮差均匀变化,则可将瞬时水面作为一个平面处理。设 3 个水位站 $A$、$B$、$C$,其空间坐标分别为 $(x_A,y_A,z_A)$、$(x_B,y_B,z_B)$、$(x_C,y_C,z_C)$,其中 $z$ 为水位,$P$ 点某时刻的水位为 $(x_p,y_p,z_p)$,根据四点共面的条件,计算出 $P$ 点的水位 $ZP$(图 5.2-21)。

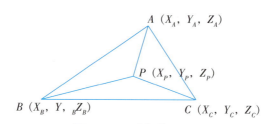

图 5.2-21 验潮站平面图

在湖泊地区,可采用距离加权法进行水位改算。设 $A_1$、$A_2$、$A_3$、$A_4$ 4 个水位站某时刻的水位分别为 $Z_1$、$Z_2$、$Z_3$、$Z_4$,则 $P$ 点的水位可由 $P$ 点至 4 个已知水位站距离的倒数加权求得 $P$ 点的水位 $ZP$。

经潮位改正后获取各测点河底高程,即可得到相应的测点文件。

### 5.2.3.4 地形图成图

地形图要素主要包括地物和地貌。地面的各类建筑物、构筑物、道路、水系及植被等都称为地物,用地物符号表示(表 5.2-6)。地貌一般用等高线表示。

地物符号根据其表示地物的形状和描绘方法的不同,又分为依比例符号、不依比例和半依比例符号。轮廓较大的地物,如房屋、运动场、湖泊、森林、田地等凡能按比例尺把它们的形状、大小和位置缩绘在图上的称为依比例符号,这类符号应表示出地物的轮廓特征。不依比例符号一般是轮廓较小的地物或无法将其形状和大小按比例画到图上的地物,如三角点、水准点、独立树、里程碑、水井、路灯和钻孔等,则采用一种统一规格、概括形象特征的象征性符号表示,只表示地物的中心位置,不表示地物的形状和大小。半依比例符号一般是一些带状延伸地物,如河流、道路、通信线、管道、垣栅等,其长度可按测图比例尺缩绘,而宽度无法按比例表示,这种符号一般表示地物的中心位置,但是城墙和垣栅等,其准确位置在其符号的底线上。

表 5.2-6                                                  地物符号说明

| 要素 | 说明 | 举例 |
|------|------|------|
| 点 | 各种点状要素,包括无向点和注记 | 路灯,独立树 |
| 线 | 各种线状要素,包括简单线、复合线、有向点、线条注记 | 电力线,首曲线 |
| 面 | 由闭合线构成的面状要素 | 水面,林地 |

地物注记是对地物加以说明的文字、数字或特定符号,如地区、城镇、河流、道路名称、江河的流向、道路去向以及林木、田地类别等的说明。

地貌一般用等高线表示,等高线是地面上高程相等的各相邻点相连接的闭合曲线。在图上不仅能表达地面起伏变化的形态,而且还具有一定的立体感。见图 5.2-22,设有一座小山头的山顶被水恰好淹没时的水面高程为 50m,水位每退 5m,则坡面与水面的交线即为一条闭合的等高线,其相应高程为 45m、40m、35m。将地面各交线垂直投影在水平面上,按一定比例尺缩小,从而得到一簇表现山头形状、大小、位置以及它起伏变化的等高线。

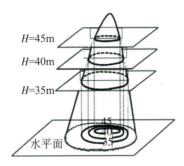

图 5.2-22  等高线示意图

在绘图时最能反映地貌特征的是地形线,亦称地貌结构线,它是地貌形态变化的棱线,如山脊线、山谷线、倾斜变换线、方向变换线等,见图 5.2-23。

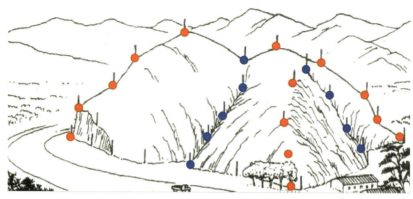

**图 5.2-23　地形图中特征点的选取**

#### 5.2.3.5　地形图检查

（1）编码合法性检查

用于检查编码的长度、无对照编码、属性层中的非属性编码等各对象编码的合法性。

（2）层合法性检查

用于检查在数据中对象层名与对照表中定义的层名不一致的错误。

（3）重叠地物检查

用于检查图中地物编码、图层、位置等相同的重复对象。

（4）空间逻辑检查

用于检查数据的空间逻辑性的正确与否。包括：线对象只有一个点；一个线对象上相邻点重叠；一个线对象上相邻点往返；少于 4 个点的面；不闭合的面等。

（5）自交叉检查

检查线地物自相交错误。

（6）悬挂点检查

用于检查图中地物（如房屋、宗地）有无悬挂点。悬挂点是指因该重合而未重合，两点之间或点线之间的线距很小的点。

（7）交叉检查

用于检查指定编码如房屋、宗地线等是否有交叉情况。如房屋、宗地理论上不能交叉，若出现交叉会造成面积计算错误。

（8）面交叉检查

定制时采用了 3 个检查模型，分别是面对象相交检查、面对象包含检查以及脚本编程检查（面交叉检查换层）。总之定制的此综合检查项是用于检查指定编码面之间是否存在相互交叉或相互包含的关系,并可将存在交叉错误地物放入指定图层。

(9)等高线逻辑检查

用于检查三根相邻的等高线值是否矛盾。

(10)高程点与等高线矛盾检查

用于检查两条等高线包夹的高程点是否在两条等高线高程之间。

(11)断线检查

用于检查线状地物本应为一整体却不合理断开的情况。

(12)重复对象修复

对检查出来的点、线、面、注记四类对象编码、层一致、位置也一致的重叠对象进行删除。

(13)空间逻辑修复

对块图中检查出来的空间数据非法性进行自动修复。包括:线对象只有一个点的将删除线;一个线对象上相邻点重叠的删除多余相邻点;一个线对象上相邻点往返(回头线)的删除多余点。

### 5.2.4 河道断面观测数据处理

河道断面观测是河道勘测的重要内容之一,其主要目的是收集河床剖面的现势形态。通过多年连续观测,分析和掌握河道演变的基本情况,在河道规划和治理中发挥着重要的作用。河道断面数据是河道时空变化的重要基础信息,其主要成果包括断面成果表、断面图和相应的电子文件。

#### 5.2.4.1 断面成果表

断面成果表一般由封面、内封(盖章)、工序签名表、目录、成果说明、观测布置图、成果表等七部分组成。

(1)封面注记

对固定断面,当有纵断面成果时,在标题注记中,将"固定"注记改为"固定纵"。对专业工程断面,应分别将"固定"改为相应的"纵"或"横"注记。

(2)起点距归算

对同一类型的多次观测断面,除基本观测与专题观测类在断面考证表中应反映起点距的关系外,若测时断面标不为同一点,还应将后测次断面的起点距归算到第一次的断面标上,成果表中反映的应是归算后的测点起点距,如荆江河控应急工程的可研观测断面与初设观测的重合断面,后者的测点起点距应归算到前者的零点标上,需要时可填制表5.2-7。

表 5.2-7 断面起点距关系表样式

| 序号 | ××××断面 (起点距 $S_1$) | | ××××断面 (起点距 $S_2$) | | 关系式 $S_2=S_1+\Delta$ (m) | 备注 |
|---|---|---|---|---|---|---|
| | 断面名称 | 测时标点名 | 断面名称 | 测时标点名 | | |
| | | | | | $S_1+××$ | |
| | | | | | | |
| ... | | | | | | |
| 说明 | $S_1$: $S_2$: | | | | | |

（3）成果说明编写内容

1）编写内容。

成果说明编写内容主要包括河段简况、任务来源与内容、采用基准、观测情况、资料整理、资料汇总方法、应用符号等（表 5.2-8）。

表 5.2-8 成果说明编写内容

| 编写项目 | 内容说明 |
|---|---|
| 任务来源与内容 | 一般简述任务来源 |
| 河段简况 | 对断面所处河段简况进行说明 |
| 采用基准 | 对本断面成果采用的基准进行说明，包括平面系统、高程系统、比例尺等 |
| 观测情况 | 1）标志考证；<br>2）观测布置，包括断面布置、与已有断面重合情况、床沙断面、断面编号及标石编号、标志埋设情况等；<br>3）观测实施，包括观测方法、断面取床沙情况，当陆上水下不为同一时期观测时，分别说明时间及原因 |
| 资料整理 | 包括计算方法、标点坐标填写、分带情况、坐标填写、起点距关系、资料引用情况及成果改正情况、数据格式等 |
| 资料汇总方法 | 包括测次编排及汇交情况等 |
| 应用符号 | 断面符号标识 |

在资料整理中对有分带的断面按表 5.2-9 列出跨带或分带线两侧邻近断面的两岸标点的坐标。

表 5.2-9 分带断面标点坐标表

| 断面名称 | ××带坐标 | | ××带坐标 | | 备注 |
|---|---|---|---|---|---|
| | 左标点名 | 右标点名 | 左标点名 | 右标点名 | |
| | | | | | |
| | | | | | |

2）附表。

成果说明后一般附"××年××河段断面布设一览表"，表格的填写行高为 5mm，样式见表 5.2-10。

表 5.2-10　　　　　　　　　　　××年××河段断面布设一览表样式

| 序号 | 断面名称 | 全河段顺序号 | 说明 | | 断面间距（m） | 累计距离（km） | 序号 | 断面名称 | 全河段顺序号 | 说明 | | 断面间距（m） | 累计距离（km） |
|---|---|---|---|---|---|---|---|---|---|---|---|---|---|
| | | | 名称 | 位置 | | | | | | 名称 | 位置 | | |
| 1 | | | | | | | | | | | | | |
| 2 | | | | | | | | | | | | | |
| … | | | | | | | | | | | | | |

（4）成果表填写

1）成果表结构。

成果表由标题区、控制系统说明区、表头、副表头、备用说明行、数据区等组成，成果表样式见图 5.2-24。

2）标点坐标填写。

在成果表中副表头的标点坐标填写中，对基本观测和专题观测一般不填 $X$、$Y$、$H$ 及三维坐标，而对专业工程类观测则应反映 $X$、$Y$、$H$ 及三维坐标。

对横坐标 $Y$ 中带号用左上角小号字注记以示区别，而带号以外的坐标应与一般坐标字体同样大小填写。

零点标应在表中副表头填写，当零点标与最新利用的断面标重合时则不填写。

3）成果表栏填写。

表中起点距一律为距零点标的距离，在零点标外侧（远离河道方向）的起点距一律写为负数。

对宽度较小的地物，如防洪墙、大坝等，在测量时应只测某一点的起点距，然后用钢尺量其宽度，记入成果表栏，并在说明栏注记。

说明栏称谓填写要求见表 5.2-11，当表中称谓无法满足要求时，可增补说明注记（不超过四字），但应力求文字简练达意。

××河段固定断面成果表

平面系统： 　　　　　　　　　　　　　　　　　　　高程系统：

| 测点号 | 起点距（m） | 高程（m） | 说明 | 测点号 | 起点距（m） | 高程（m） | 说明 | 测点号 | 起点距（m） | 高程（m） | 说明 | 测点号 | 起点距（m） | 高程（m） | 说明 |
|---|---|---|---|---|---|---|---|---|---|---|---|---|---|---|---|

断面1名称

测　　次： 　　　　$\alpha_{L\text{-}R}$：°　′
施测时间： 　　　　水位： 　　　　　　　　零点标名：$X=$　　　　$Y=$
（备注行）

断面2名称

测　　次： 　　　　$\alpha_{L\text{-}R}$：°　′　　　$L_2$：　　　　$X=$　　　$Y=$　　　$H=$
施测时间： 　　　　水位： 　　　　　　　　　$R_2$：　　　　$X=$　　　$Y=$　　　$H=$
　　　　　　　　　　　　　　　　　　　　　$O（L\times$或$R\times）$：$X=$　　　$Y=$　　　$H=$
（备注行）

断面3名称

测　　次： 　　　　$\alpha_{L\text{-}R}$：°　′
施测时间： 　　　　水位： 　　　　　　　　$O（L\times$或$R\times）$：$X=$　　　$Y=$
（备注行）

制表：　　　　　　年　月　日　　　校核：　　　　　　年　月　日　　　页码

**图5.2-24　断面成果表样式**

表5.2-11　　　　　　　　　　　　成果表说明栏注记

| 统一称谓 | 记 录 文 意 |
|---|---|
| 耕地 | 麦地、稻田、水田、菜地等各种农作物田地 |
| 草地 | 生长草的地块 |
| 堤内脚 | 受堤保护一侧的堤脚 |
| 堤外脚 | 临江河湖一侧的堤脚 |
| 堤腰 | 堤顶与堤脚之间的部分 |
| 堤顶 | 堤的最高部位 |
| 堤外顶 | 临江河湖一侧的堤顶 |
| 堤内顶 | 受堤保护一侧的堤顶 |
| 坎边 | 陡岸坡的边缘 |

| 统一称谓 | 记 录 文 意 |
|---|---|
| 坎脚 | 陡坎与低滩的交界处 |
| 坎腰 | 坎边与坎脚之间的部分 |
| 护岸 | 人工加固的河岸 |
| 边滩 | 坎脚至水边之间的滩地,包括江心洲的坎脚至水边之间的滩地 |
| 滩地 | 坎边至堤外脚之间的部分 |
| 山坎 | 水边以上的山丘部分 |
| 江心滩 | 位于江中,只低水位方露出水面者 |
| 江心洲 | 位于江中心,一般洪水不能淹没者 |
| 芦苇地 | 生长芦苇的滩地 |
| 树林地 | 生长树木的部位 |
| 左水边 | 江河左岸的水边 |
| 右水边 | 江河右岸的水边 |
| 洲水边 | 江心滩或江心洲的左右水边 |
| 塘水边 | 堤内水塘的水边 |
| 坑水边 | 堤外滩上低洼处的水边 |
| 套水边 | 与江河相通的倒套水边 |
| 回流分界 | 顺流与逆流分界之处 |
| 死水边 | 顺流与静水分界之处 |
| 垂线 $X$ | 水流泥沙测验垂线号(注:$X$ 为垂线编号) |
| 床沙 $X$ | 河床取床沙的垂线(注:$X$ 为垂线编号) |
| $L_1$ 或 $R_1$ | 断面左右岸标点 |
| 土台 | 人工筑成的台,如压浸台、民房屋基等 |
| $X$ 宽度 | 地物的宽度,$X$ 指地物,如大堤顶、防洪墙顶等 |
| 防洪墙顶 | 墙的最高部位 |
| 防洪墙外顶 | 临江河湖一侧的墙顶 |
| 防洪墙内顶 | 受堤保护一侧的墙顶 |
| 零点标 | 起点距的归算点,即零点标,以 $O(L\times)$ 或 $O(R\times)$,表示 $X$ 为标点的编号 |
| 石地 | 无植被的山地 |
| 混凝土地 | 无植被的水泥地 |

4)标点高程填写。

在成果表中应反映测时利用的断面标的起点距与高程。对已毁零点标,当高程与目前地形完全吻合时,在成果表中才能反映起点距与高程值,否则,不应填写已毁零点标及数值。测时利用的断面标及零点标以外仍存在的断面标点,坐标按原坐标值填写,高程按测时的实测散点高程填写。成果表栏中的标点高程以散点精度填写。测时利用的断面标点与已毁零

175

点标在考证表中高程均应反映。

5)施测时间与水位填写。

当陆上与水下为同一时间测定时,填测时水下施测时间。

当陆上与水下不为同一时间施测时,分别填施测时间,水下时间填在"水位"后,加括号写为"(年．月．日)",陆上施测时间填入"施测时间"栏,写为"(陆上 年．月．日)"。

横跨数泓断面,若次泓与主泓水位相差超过 0.1m 时,将"水位"栏对应分多排写,分别写各泓的施测时间和水位,在水位数值后注明"(左汉 年．月．日)""(右汉 年．月．日)"或"(中汉 年．月．日)"。

6)方位角填写。

对两岸标志齐全的断面填至度、分、秒,对不齐全的则填至度、分。

### 5.2.4.2 断面图

断面图册主要由封面、工序签名表、目录、成图说明、断面观测布置图、断面图部分等组成。

(1)成果说明

成图说明主要是对成图的情况进行简要说明,在图册开始部分,其内容主要包括基本情况、采用基准、成图情况、测图整理与汇总、应用图例符号等(表5.2-12)。

表 5.2-12 成果说明编写内容

| 编写项目 | 内容说明 |
|---|---|
| 基本情况 | 包括任务来源、河段简况、断面编排等 |
| 采用基准 | 包括平面、高程系统 |
| 成图情况 | 包括陆水、水下施测时间,测图比例尺,成图比例尺、电子版情况及格式 |
| 测图整理与汇总 | 包括套绘、起点距关系与处理、存在问题处理及成果汇总情况等 |
| 应用图例符号 | 图中涉及的主要图例及其说明 |

(2)断面间距表配置

断面观测布置图上一般绘制简单样式的断面间距表,见表5.2-13。每张断面观测布置图上宜布置成一张完整的表,当一张表无法满足要求时,应在断面图分布区左端留专门的空白配置表格,断面间距表在图上的布置宜与版面协调,美观且清晰易读。

表 5.2-13 断面分布图上断面间距表样式

| 序号 | 编号 | 间距 | 序号 | 编号 | 间距 | …… |
|---|---|---|---|---|---|---|
|  |  |  |  |  |  |  |
|  |  |  |  |  |  |  |
|  |  |  |  |  |  |  |

（3）断面观测布置图

断面观测布置图为断面在所处河道的分布情况，主要包含河道断面线、断面标志、断面编号、图例、断面间距表、指北针等要素，其具体样式见图 5.2-25。

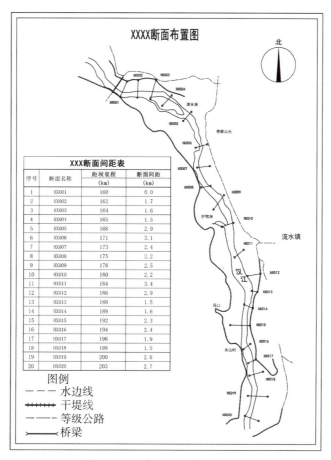

**图 5.2-25　断面观测布置图样式**

（4）断面线绘制

符号绘制见图 5.2-26，以"●"表示有标，以"○"表示无标或标点损毁。

（a）标点损毁　　　　　　　　　（b）有标

（c）切割断面　　　　　　　　　（d）半江断面
**图 5.2-26　断面线符号**

### 5.2.4.3 断面图式

**(1)一般规定**

断面图根据需要可进行套绘,各次采用图例符号或颜色区别。断面图单色(黑色)套绘时可采用图例符号区别。

常规的断面观测绘图比例尺根据 A3 图幅及河宽具体确定,应确定一个基本比例尺,特殊地段少数断面可调整比例尺。应使断面测点点距恰当,且断面图尽量协调地铺满整个图幅。对专业工程断面观测根据规定的比例尺绘制,有特殊要求时在任务书或技术设计中规定。

**(2)图幅版式组成**

断面图幅版式由外框线、图题、图区、说明区等部分组成,配置见图 5.2-27 所示,断面图版式见图 5.2-28、图 5.2-29 所示。

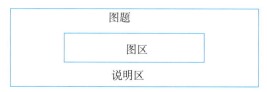

**图 5.2-27 图幅版式组成**

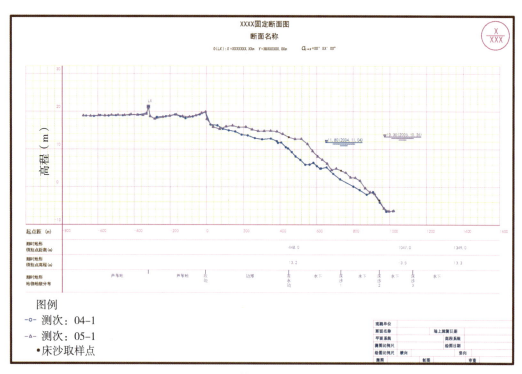

**图 5.2-28 基本观测断面图版式**

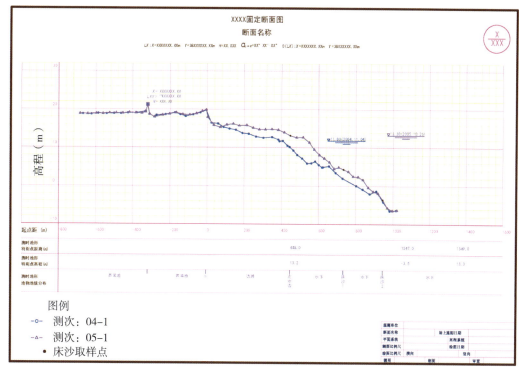

图例
- ─○─ 测次：04-1
- ─△─ 测次：05-1
- ● 床沙取样点

**图 5.2-29 工程观测断面图板式**

断面图题由标题名、断面名、流水号、标点坐标、方位角等组成。图区由坐标、坐标网格线、标点、断面线、地形散点、床沙取样点、水位线、说明栏等组成。说明区由图例、图注、观测信息表等组成。

（3）图题调制

断面图拟写其结构一般为：观测类别＋河段＋河道类别＋断面。但当同一资料分属于不同的观测时，如三峡杨家脑以下河段水文泥沙观测分属于三峡与水利前期观测，则图名中一律不加观测类别。

对险工护岸断面图后一般打括号加起止桩号。

固定断面图则应在断面图前加"固定"二字；对工程断面写为横断面图或纵断面图，若符合要求的，则应写为固定断面图或纵断面图。

图名结构一般为：河段＋河道类别或地点＋断面类别＋断面图，主要样式如下：

a.荆州河段 芦家河浅滩 固定 断面图
河段 河道类别 断面图类别

b.三峡库区 土脑子河段 固定 断面图
河段 地点 断面图类别

c.南京 下关电厂 横断面图
地址 工程类别 断面图类别

d.长江重要堤防隐蔽工程 武汉第四标段 横断面图 （X桩
号~X桩号） 观测类别 河段 断面图类

e.荆江河段 沙市险工护岸段 断面图
河段 河道类别 断面图类别

图号(流水号)宜按测区统一顺序流水编号,每幅断面图右上角加注一直径20mm的圆,圆内用分式表示图号,分子表示图号数,分母表示总图幅数。方位角填写一般与成果表对应。

（4）图区版式

断面图绘制区域绘制坐标网格线,网格线区域范围可根据断面图大小及绘图幅面调整。坐标轴 X 坐标线可不通过零点,而移至断面图形的左端一定距离,当有负高程时,Y 轴移至图形最低点下的一定高度。当测时起点桩与零点桩相隔较远,而图中只需反映测时断面图形时,则应将 X 轴不通过零点,而设置为一个整数。有关说明栏一般加在断面图横坐标下。

（5）水位注记

水位符号颜色与套绘颜色一致且包含水位及年份注记。单次图水位符号一般标注在断面图内的中央。多次套绘时,在满足水位符号远离岸线1.5~2.5cm,各次相间2cm的条件下,水位及时间注记在断面图上的符号处,按时间先后,从左到右等间距标注。

当不能满足规定的条件但能容纳以下规定的简单化符号时,图上则标绘简单化水位线符号,而将水位注记在图例符号处。简单化水位线符号样式见图5.2-30。

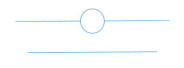

图5.2-30 简单化水位线符号样式

（6）图区说明栏注记

观测时地形特别点一般为水边、坎顶点、防洪墙、建筑及非常重要的地物等,防洪墙、建筑物等名称应在地物地貌分布栏中说明。在常规断面观测中,地物地貌分布栏中一般只标注占80%以上的成片连续块名称,其间或夹杂的小块则不标注。多次套绘只对最新测次进行说明。

在专业工程断面观测中,各项地物地貌分布应在说明栏详细标注。对成片的分布采用横向注记,对独立的或窄片的采用竖向注记。

(7)标点编号

对一般性观测只注记标点编号,不注记三维坐标 $X$、$Y$、$H$。专业工程性观测标点应注记标点编号及三维坐标 $X$、$Y$、$H$,断面图上只标注左标点所在岸坐标。对半江工程,应在其断面图上标注埋标点所在岸坐标。断面图标点符号样式见图5.2-31。

(a)现存并被利用和测时采用断面标　　(b)测时被利用的损毁或无埋标断面标点如零点标
　　　　　　　　　　　　　　　　　埋木桩断面标一律视为无埋标断面标点

**图5.2-31　断面图标点符号样式**

(8)说明区

图中出现的符号应在图例中说明。单色(黑色)图例注记样式如下:

①-○-测次:(空格)施测时间:年．月．日(空格)水位:×m(年　月　日采用阿拉伯数字注记,如2003.12.12);

②-△-测次:(空格)施测时间:年．月．日(空格)水位:×m;

③-×-测次:(空格)施测时间:年．月．日(空格)水位:×m;

④-+-测次:(空格)施测时间:年．月．日(空格)水位:×m;

⑤-◇-测次:(空格)施测时间:年．月．日(空格)水位:×m;

●床沙取样点或垂线点(只反映最新测次)。

图中套绘次数小于5次时,依顺序选择色样或图式。图例符号一般绘制在左下角,若绘制个别特殊比例尺图需留最大空时,可绘制在右边信息表上方。

(9)施测时间注记

当陆上与水下为同一时期施测时,水下施测时间在图例中反映或水位符号线上反映。当陆上与水下不为同一时期施测时,陆上施测时间在右下角观测信息表中相应栏反映。

# 5.3 河道水力泥沙要素数据处理

## 5.3.1 悬移质水样处理及计算

### 5.3.1.1 悬移质水样处理

（1）概述

水样处理，就是通过量积、沉淀、称重等工序，求得含沙量的过程，其计算式为：

$$C_5 = \frac{W_5}{v} \qquad\qquad (5.3\text{-}1)$$

式中：$W_5$——水样中的干沙质量（g）；

$V$——水样容积（L）；

$C_s$——含沙量（kg/m³）。

1）量积。

为了避免水样蒸发、散失，一般在现场应及时量积，量积的读数误差不得大于水样容积的 1‰，所取水样应全部参加处理。

2）水样沉淀、浓缩与称重，水样沉淀、浓缩，是为称重做准备的。水样经过一定时间的沉淀后，吸出上部清水，称水样浓缩。水样浓缩时间应根据试验确定，不得少于 24h，然后将浓缩后的水样倒入烘杯、滤纸或比重瓶中，经处理再放入天平中称重。

（2）沙样处理方法

沙样的处理方法很多，常用的处理方法有烘干法、过滤法、置换法等。

1）烘干法。

将浓缩后的水样倒入烘杯，放入烘箱内进行烘干。冷却后，用天平称出烘杯加泥沙的质量，再减去烘杯质量，即得干沙质量。此法处理水样精度较高。

2）过滤法。

当含沙量较大，烘杯装不下浓缩水样时，可用过滤法处理。过滤法有一般过滤、直接过滤和强制过滤三种：一般过滤是将滤纸铺在漏斗或专用的过滤筛上，将浓缩水样倒在滤纸上自然过滤；直接过滤是当水样容积不大时，不经沉淀，将盛水样瓶倒置于滤纸之上，内加通气管，靠水样自重流经滤纸过滤；强制过滤是当含沙量很小时，将特制的强制过滤器用气筒向密封的盛水样容器内打气加压，使水样迅速通过滤纸过滤。过滤后的工序与烘干法相同。烘干、称重后减去滤纸重，即得干沙重。

3）置换法。

置换法处理水样适用于多沙河流，能节省工序，效率较高。其原理为：将浓缩后的水样，装入比重瓶内称重，量比重瓶内水温。用置换法处理水样，需事先对比重瓶进行检定，求出各个比重瓶在不同温度下的瓶加清水质量，绘制各个比重瓶的工作曲线，以备查用。

#### 5.3.1.2 实测悬移质输沙率计算

在实际应用中,计算垂线平均输沙率的方法有直接测量法和间接测量法。

(1)直接测量法

$$\overline{q}_s = \frac{1}{n}\sum_{i=1}^{n}\frac{\overline{q}_{si}}{\alpha_i} \tag{5.3-2}$$

(2)间接测量法

$$\overline{q}_s = \frac{1}{n}\sum_{i=1}^{n}\frac{\overline{C}_{si}U_i}{\alpha_i} \tag{5.3-3}$$

式中:$\overline{q}_s$——垂线平均输沙率(kg/s);

$\alpha_i$——比例系数,等于$\dfrac{\overline{q}_{si}}{\overline{q}_s}$;

$\overline{q}_{si}$——测点时均输沙率(kg/s);

$\overline{C}_{si}$——测点时均含沙量(kg/s);

$U_i$——测点时均流速(m/s)。

目前,计算断面输沙率的方法是:先求出各测沙垂线平均含沙量,然后求两测沙垂线间部分平均含沙量,再与部分流量相乘,得部分输沙率,累加后得断面输沙率。在计算方法上,又分为分析法和图解法两种,因图解法不常用,下面只对分析法进行介绍。

1)垂线平均含沙量的计算。

用积深法或垂线混合法取样时,经处理求得的含沙量,即为垂线平均含沙量。用逐点法取样时,均需用流速加权法计算垂线平均含沙量。按定义垂线平均含沙量是在单宽流量中平均单位水体中所含的干沙重,可用单宽输沙率与单宽流量之比求得。

①畅流期。

常用的计算法有多点取样时的面积包围法和简易的算术平均法两种。

a. 五点取样时的面积包围法。

$$C_{sm} = \frac{1}{10V_m}(C_{S0.0}U_{0.0} + 3C_{s0.2}U_{0.2} + 3C_{s0.6}U_{0.6} + 2C_{s0.8}U_{0.8} + C_{s1.0}U_{1.0}) \tag{5.3-4}$$

b. 三点法。

$$C_{sm} = \frac{C_{s0.2}U_{0.2} + C_{s0.6}U_{0.6} + C_{s0.8}U_{0.8}}{U_{0.2} + U_{0.6} + U_{0.8}} \tag{5.3-5}$$

c. 二点法。

$$C_{sm} = \frac{C_{s0.2}U_{0.2} + C_{s0.8}U_{0.8}}{U_{0.2} + U_{0.8}} \tag{5.3-6}$$

d. 一点法。

$$C_{sm} = \eta_1 C_{s0.6} \tag{5.3-7}$$

②封冻期。

a. 六点法。

同畅流期一样,用面积包围法计算,只是多加 1 个 0.4 相对水深点:

$$C_{sm} = \frac{1}{10V_m}(C_{s0.0}U_{0.0} + 2C_{s0.2}U_{0.2} + 2C_{s0.4}U_{0.4} + 2C_{s0.6}U_{0.6} + 2C_{s0.8}U_{0.8} + C_{s1.0}U_{1.0})$$

(5.3-8)

b. 二点法。

$$C_{sm} = \frac{C_{s0.15}U_{0.15} + C_{s0.85}U_{0.85}}{U_{0.15} + U_{0.85}}$$

(5.3-9)

c. 一点法。

$$C_{sm} = \eta_2 C_{s0.5}$$

(5.3-10)

式中:$C_{sm}$——垂线平均含沙量($kg/m^3$ 或 $g/m^3$);

$C_{s0.0}$,$C_{s0.2}$,$\cdots C_{s1.0}$——垂线中各取样点的含沙量($kg/m^3$ 或 $g/m^3$);

$U_{0.0}$,$U_{0.2}$,$\cdots U_{1.0}$——垂线中各取样点的流速($m/s$);

$\eta_1$,$\eta_2$——一点法系数,应根据多点法实测资料分析确定,无试验资料时可采用 1.0。

2)断面输沙率和断面平均含沙量的计算。

本项目采用选点法垂线混合法测定垂线平均含沙量,断面输沙率和断面平均含沙量计算步骤是:首先要计算部分输沙率,部分输沙率是以测沙垂线为分界,计算垂线间部分平均含沙量和部分流量(图 5.3-1)。图 5.3-1 中为测沙、测速、测深垂线示意图。部分面积的计算是以测深垂线为分界,部分流量是以测速垂线为分界。

①部分平均含沙量计算。

岸边部分因含沙量不为零,且横向变化不大,故以第 1 根与第末根测沙垂线的垂线平均含沙量代替。

$$\overline{C}_{sb0} = C_{sm1}$$

$$\overline{C}_{sbn} = C_{smn}$$

其余部分采用两测沙垂线的算术平均值:

$$\overline{C}_{sb1} = \frac{C_{sm1} + C_{sm2}}{2} \qquad \overline{C}_{sb2} = \frac{C_{sm2} + C_{sm3}}{2}$$

(5.3-11)

②部分流量的计算。

以测沙垂线为分界,累计各部分流量之和,如第一部分为:

$$q_0 = q'_0 + q'_1, q_1 = q'_1 + q'_2$$

(5.3-12)

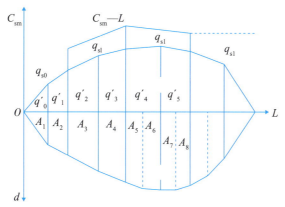

图 5.3-1 垂线间部分平均含沙量和部分流量计算

③部分输沙率的计算。

以上两者相乘得积：

第一部分：

$$q_{s0} = \overline{C}_{sb0} q_0 = C_{sm1}(q'_0 + q'_1) \tag{5.3-13}$$

第二部分：

$$q_{s1} = C_{sb1} q_1 = \frac{C_{sm1} + C_{sm2}}{2}(q'_1 + q'_2) \tag{5.3-14}$$

④断面输沙率计算。

为各部分输沙率累计和：

$$Q_s = C_{sm1} q_0 + \frac{C_{sm1} + C_{sm2}}{2} q_1 + \frac{C_{sm2} + C_{sm3}}{2} q_2 + \cdots + \frac{C_{smn} + C_{smn}}{2} q_{n-1} + C_{smn} q_n$$

$$\tag{5.3-15}$$

式中：$Q_s$ ——断面输沙率(L/s 或 kg/s)；

$C_{sm1}, C_{sm2}, \cdots C_{smn}$ ——各取样垂线的垂线平均含沙量(kg/m³ 或 g/m³)；

$q_0, q_1, \cdots, q_n$ ——以取样垂线为分界的部分流量(m³/s)；

⑤断面平均含沙量。

$$\overline{C}_s = \frac{Q_s}{Q} \tag{5.3-16}$$

式中：$\overline{C}_s$ ——断面平均含沙量(kg/m³ 或 g/m³)；

$Q$ ——断面流量(m³/s)。

具体采用列表法计算。

## 5.3.2  泥沙颗粒分析

### 5.3.2.1  泥沙颗粒分析的意义及内容

泥沙颗粒分析,是确定泥沙样品中各粒径组泥沙量占样品总量的百分数,并以此绘制级配曲线的操作过程。泥沙颗粒级配,是影响泥沙运动形式的重要因素。在水利工程设计管理。水库淤积部位的预测、异重流产生条件与排沙能力、河道整治与防洪、灌溉渠道冲淤平衡与船闸航运设计,以及水力机械的抗磨研究工作中,都离不开泥沙级配资料。

泥沙颗粒分析工作的内容包括:悬移质、推移质及床沙质的颗粒组成;在悬移质中,要分析测点、垂线(混合取样),单样含沙量及输沙率等水样颗粒级配组成和颗粒级配曲线计算并绘制面平均颗粒级配曲线;计算断面平均粒径和平均沉速等。图 5.3-2 为某站实测资料颗粒级配曲线,纵坐标为对数坐标,代表泥沙粒径,横坐标为概率格坐标,代表小于某粒径沙重的百分数。

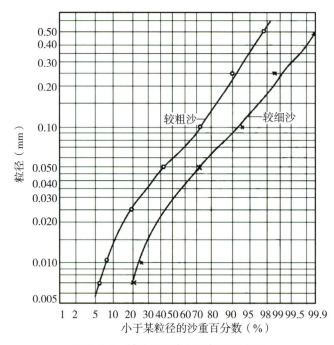

**图 5.3-2 某站实测资料颗粒级配曲线**

### 5.3.2.2 泥沙颗粒分析一般规定

**(1)悬移质泥沙颗粒分杆的取样方法**

进行泥沙颗粒分杆的目的是掌握断面的泥沙颗粒级配分布及随时间的变化过程。输沙率测验中,同时施测流速时,颗粒分杆的取样方法与输沙率的取样方法相同,即用选点法(一、二、三、五、六点等)、积深法、垂线混合法和全断面混合法等。输沙率测验的水样,可作为颗粒分析的水样。用选点法取样时,每点都作颗粒分杆,用测点输沙率加权求得垂线平均颗粒级配,再用部分输沙率加权,求得断面平均颗粒级配。

按规定做的各种全断面混合法的采样方法,可为断面颗粒的取样方法。其颗粒分杆结果,即为断面平均颗粒级配。

在输沙率测验中,根据需要,同一测沙垂线上,可用不同的方法另取一套水样,专作颗粒分杆水样用。断面颗粒级配曲线仍用部分输沙率加权法求得。

（2）取样数量及沙样处理

作颗粒分杆沙样的取样数量,应根据采用的分析方法、天平感量及粒径大小来确定。筛分析法主要考虑粒径大小,水分析法根据采用的具体分析方法来确定。根据最小沙重的要求及取样时含沙量的大小,确定采取水样容积的数量,具体规定见有关规范。

用水分析法分析沙样时,必须使用新鲜的天然水样（悬移质）或湿润沙样（推移质、河床质）,除全部使用筛分析的粗沙和卵石外,不允许使用干沙分析。为此,用置换法作水样处理的测站,水样处理后可留作颗粒分杆用;用过滤法,烘干法处理水样的测站,可用分沙器进行分样或同时取两套水样分别处理。颗粒分杆水样沉淀浓缩时,不得用任何化学药品加速沉淀。

水分析法必须使用蒸馏水或用离子交换树脂制取的无盐水。为避免分析时沙样成团下降,在浓缩水样中可加入反凝剂,一般使用浓度为25%的氨水反凝,也可加入反凝效果更好的其他药品,如偏磷酸钠、水玻璃等。

采取的水样静置1d,发现絮凝下沉或沉积泥沙的上部呈松散的绒絮状时,说明水中有使泥沙成团下降的水溶盐存在。遇到此情况,可用下述方法处理:

1）冲洗法。

将水样倒入烧杯,加热煮沸,待静止沉淀后,抽出部分清水,再用热蒸馏水冲淡、沉淀、抽去清水,如此反复进行至无水溶盐。

2）过滤法。

将硬质滤纸巾贴在漏斗上,将沙样倒入漏斗中,再注入热蒸馏水过滤。过滤时,应经常使漏斗内的液面高出沙样5mm,直至水溶盐过滤完毕。

（3）粒径级的划分及颗粒级配曲线的绘制规则

悬移质、推移质和河床质泥沙,按以下粒径级绘制级配曲线（单位为mm）:小于0.005（或0.007）,0.010,0.025,0.050,0.100,0.25,0.500,1.00,2.00,5.00,10.0,20.0,50.0,100,200。

在进行颗粒分析时,按以上划分的粒径级为界,进行分析计算,即分析沙样中小于某粒径以下沙重占总沙重百分数,从最小粒径级算起,逐渐向上直至最大粒径。

泥沙颗粒级配曲线,可点绘在纵坐标为对数坐标（表示粒径）,横坐标为频率坐标（表示小于某粒径沙重的百分数）的对数频率格纸上,也可点绘在纵坐标为方格（小于某粒径沙重百分数）,横坐标为对数格（粒径大小）的单对数格纸上。

将一沙样分析结果,按粒径为纵坐标,小于该粒径以下沙重占总沙重的百分数为横坐标,将全部分析测点展绘图中,然后通过测点重心,连成光滑曲线,即得颗粒级配曲线。

对绘制颗粒级配曲线的要求是:曲线的上限点,累计沙重百分数应在95%以上;下限点应分析到0.007mm的粒径,或累计沙重百分数在10%以下;曲线中间测点分布应比较均匀,若相邻两点距离过大(两粒径级间沙重所占比重过大),影响级配曲线形状时,颗分不受固定粒径级的限制。为了满足上述要求,颗分工作人员应对各个河流、各个测站泥沙粒径组成及曲线特性有所了解,以便合理划分粒径级,准确地绘出泥沙级配曲线。

### 5.3.2.3 泥沙颗粒分析方法

泥沙颗粒分析方法,分为直接观测法和水分析法两类。直接观测法中主要有卵石粒径测定法、筛分析法;水分析法中主要有粒径计法、移液法和光学分析法等。

(1)直接观测法

1)卵石粒径测定法。

当颗粒分杆沙样是大的卵石或砾石时,可用卡尺直接测量卵石的长($a$)、宽($b$)、高($c$)三轴的尺寸,用几何平均法或算术平均法求其平均粒径 $D$:

$$D = (abc)^{\frac{1}{3}} \qquad (5.3-17)$$

$$D = \frac{1}{3}(a+b+c) \qquad (5.3-18)$$

也可用等容粒径法求卵石平均粒径。等容粒径法是将与卵石体积相等的球体直径作为卵石粒径。设卵石体积为 $\bar{v}$,等容球体直径为:

$$\bar{v} = \frac{4}{3}\pi \left(\frac{D}{2}\right)^3 \qquad (5.3-19)$$

整理得

$$D = \sqrt[3]{\frac{6\bar{v}}{\pi}} = \sqrt[3]{\frac{6w_s}{\pi y_s}} \qquad (5.3-20)$$

式中:$W_s$ ——卵石质量;

    $y_s$ ——卵石密度。

若 $y_s$ 稳定不变,则 $D$ 与 $w$ 由函数关系称出 $w$ 值,即可计算 $D$,故可将 $D$ 刻在相应质量的秤臂位置上,即可直接测定卵石的粒径。

本法适用于粒径大于 $50\mu m$ 的推移质和河床质。分析时,将沙样按粒径分为 $50\sim$ $100mm$、$100\sim200mm$、$200\sim500mm$、$500\sim1000mm$ 分组,然后在每组中选取最大及最小卵石各一个,称重求出粒径,根据测量结果,调整各组卵石,直至认为无误。最后秤出各组卵石质量,再按粒径从小到大的累积沙重百分数(包含粒径小于 $50mm$ 用筛分析作颗粒分杆的沙重),作为绘制粒径级配曲线的资料。

2)筛分析法。

筛分析法适用于粒径大于 $0.1mm$ 的泥沙。其主要设备有:①粗筛一套,圆孔;②细筛一套,方孔;③洗筛一只,孔径为 $0.1mm$。其他还有天平、振筛机等。

分析、计算的主要方法和步骤如下:

①沙样准备。

筛分析所用沙样的准备工作主要解决两个问题：一是所用沙样的重量不能过大，以免破坏筛的标准规格，当沙样过大时，应进行均匀分样，取其一部分进行筛分；二是估计所用细沙（小于 0.1mm）的含量，然后确定是否采用水洗法作配合分析。当粒径小于 0.1mm 的沙重百分数大于 10% 时，此细沙应过洗筛，然后用水分析法分析；否则全部沙样用筛分析法。作筛分的泥沙必须将沙样烘干后称重。用水分析的沙样，先用置换法求出沙重。

②过筛。

取筛一套，按孔径大小次序重叠放置（大孔径在上，小孔径在下），将干沙倒入顶层，加盖过筛（在振动机上振动 15min）。

③分层累计秤重。

将每个筛上的泥沙，从上到下依次倒入已编号的盛沙皿中，倒 1 个在天平上秤重 1 次，从而得到小于某粒径泥沙的质量。

④测记最大粒径。

在最上层的沙中，取其最大一颗沙粒，量其粒径。

⑤级配计算。

当沙样全部用筛分析法时，计算公式为：

$$P = \frac{A}{W_s} \times 100\% \tag{5.3-21}$$

当沙样采用筛分析法和水分析法联合分析时，计算公式为：

a. 筛分析部分。

$$P = \frac{A + W'_s}{W_s} \times 100\% \tag{5.3-22}$$

b. 水分析部分。

$$P = \frac{A'}{W_s} \times 100\% \tag{5.3-23}$$

式中：$P$ ——小于某粒径沙重百分数；

$A$ ——大于洗筛孔径小于某粒径沙重；

$A'$ ——水分析法求得的小于某粒径沙重；

$W_s$ ——洗筛以下的总沙重。

筛分析法具有设备简单、操作方便、明确直观，并能反映泥沙颗粒的几何尺寸等优点。其缺点是：由于泥沙颗粒形状不同，同体积的泥过筛率是不同的，筛析率是不同的，筛分析粒径不能代表等容积球体直径；受筛孔径固定不变的影响，不宜控制泥沙级配转折点；筛孔使用长久后容易变形，使筛分成果产生误差。

（2）水分析法

水分析法是根据不同粒径的泥沙在静水中的沉降速度不同，利用有关沉速公式，测定泥沙颗粒级配的一种方法,有粒径计分析法和移液管分析法,水分析法目前用得较少,在此不再作介绍。

（3）光学分析法

1）基本原理。

当光线穿过含沙量为 $C$,厚度为 $L$ 的浑水层时,光强度将被减弱,其减弱的程度与浑水中所含泥沙的多少及颗粒组成有关。其关系可用下式表示:

$$I = I_O C^{-kC_s L/D} \tag{5.3-24}$$

式中:$k$——消光系数,与泥沙颗粒的几何形状有关;

$\quad\quad C_S$——浑水的含沙量;

$\quad\quad L$——泥沙粒径及浑水层的厚度;

$\quad\quad I_O$、$I$——穿过蒸馏水和浑水后的光强。

对式（5.3-24）推导得:

$$\frac{I_O}{I} = C^{kC_s L/D}$$

两边取对数得:

$$2.3\lg\frac{I_O}{I} = \frac{kC_s L}{D} \tag{5.3-25}$$

式中:$\lg\dfrac{I_O}{I}$——消光量,当悬液厚度一定时,与消光系数、悬液含沙量及泥沙粒径有关。

在混匀状态的悬液中,各不同粒径泥沙的消光作用具有近似的独立性。在分析水样中,将水样中全部粒径按大小区分开来,分别求出每一种粒径在水样中混匀状态下的含沙量（假设其他粒径不存在）,并测出消光量,则水样中各种粒径混合在一起混匀状态下的消光量,等于各种粒径分别在混匀状态下测得的消光量之和。用公式表示为:

$$\lg\frac{I_O}{I} \geqslant \lg\frac{I_O}{I_1} + \lg\frac{I_O}{I_2} + \cdots + \lg\frac{I_O}{I_i} + \cdots \tag{5.3-26}$$

式中:$I_1$,$I_2$,$\cdots$,、$I_i$ $\cdots$——水样中单纯由粒径为 $D_1$,$D_2$,$\cdots$,$D_i$ 引起消光后的光强;

$\quad\quad \lg\dfrac{I_O}{I_1}$,$\lg\dfrac{I_O}{I_2}$,$\cdots$,$\lg\dfrac{I_O}{I_i}$——各种粒径单独形成的消光量。

进一步可以推出,悬液中介于某两种粒径之间的含沙量与消光量之间的关系。设水样混匀后 $t_1$ 时刻水面层等于 $D_1$ 粒径的泥沙刚刚沉到入射光线上,此时消光量等于:

$$\lg\frac{I_O}{I_{t1}} = \lg\frac{I_O}{I_1} + \lg\frac{I_O}{I_2} + \cdots + \lg\frac{I_O}{I_i} + \cdots \tag{5.3-27}$$

在 $t_2$ 时刻,粒径大于 $D_2$ 的泥沙皆沉到入射光线以下,粒径为 $D_2$ 的泥沙则刚沉到入射光线上,其消光量为:

$$\lg\frac{I_O}{I_{t_2}} = \lg\frac{I_O}{I_1} + \lg\frac{I_O}{I_2} + \cdots + \lg\frac{I_O}{I_i} + \cdots \tag{5.3-28}$$

式中:$I_1$、$I_2$——对应粒径 $D_1$、$D_2$ 消光后的光强度。

设在 $D_1$、$D_2$ 的泥沙还有许多粒径,则以上两式相减,并用 $I_{1,2}$ 表示粒径介于 $D_1 \sim D_2$ 的泥沙引起消光后的光强度,则:

$$\lg \frac{I_O}{I_{t1}} - \lg \frac{I_O}{I_{t2}} = \lg \frac{I_O}{I_{1,2}} \tag{5.3-29}$$

$\lg \dfrac{I_O}{I_{1,2}}$ 为粒径介于 $D_1 \sim D_2$ 泥沙的消光量。按照式(5.3-29),上式可写成:

$$\lg \frac{I_O}{I_{1,2}} = \frac{1}{2.3} \frac{kC_S L}{D} \tag{5.3-30}$$

即

$$\lg \frac{I_O}{I_{t1}} - \lg \frac{I_O}{I_{t2}} = \frac{1}{2.3} \frac{kC_{S1,2} L}{D_{1,2}} \tag{5.3-31}$$

因此,粒径介于 $D_1 \sim D_2$ 的泥沙含沙量为:

$$C_{S1,2} = \frac{2.3 D_{1,2}}{kL} \left( \lg \frac{I_O}{I_{t1}} - \lg \frac{I_O}{I_{t2}} \right) \tag{5.3-32}$$

同理,粒径介于 $D_2 \sim D_3$ 的泥沙含沙量为:

$$C_{S2,3} = \frac{2.3 D_{2,3}}{kL} \left( \lg \frac{I_O}{I_{t2}} - \lg \frac{I_O}{I_{t3}} \right) \tag{5.3-33}$$

由于悬液水样中总的含沙量等于各种粒径含沙量之和,则:

$$C_S = C_{S1,2} + C_{S2,3} + C_{S3,4} + \cdots + C_{Si,i+1} + \cdots \tag{5.3-34}$$

在混匀悬液中,小于某粒径沙重的百分数,可用小于某粒径以下的各粒径组的含沙量与总含沙量之比求得:

$$Pi = \frac{C_{Si,i+1} + C_{Si+1,i+2} + \cdots}{C_{S1,2} + C_{S2,3} + \cdots + C_{Si,i+1} + C_{Si+1,i+2} + \cdots}$$

$$= \frac{\sum\limits_{i=i}^{n} C_{si,i+1}}{\sum\limits_{i=1}^{n} C_{si,i+1}} = \frac{\sum\limits_{i=i}^{n} \frac{2.3 D_{i,i+1}}{kL} \left( \lg \frac{I_O}{I_i} - \lg \frac{I_O}{I_{i+1}} \right)}{\sum\limits_{i=1}^{n} \frac{2.3 D_{i,i+1}}{kL} \left( \lg \frac{I_O}{I_i} - \lg \frac{I_O}{I_{i+1}} \right)} \tag{5.3-35}$$

设在各粒径下的消光系数 $k$ 为常数,上式为:

$$P_i = \frac{\sum\limits_{i=i}^{n} C_{si,i+1} \left( \lg \frac{I_O}{I_i} - \lg \frac{I_O}{I_{i+1}} \right)}{\sum\limits_{i=1}^{n} C_{si,i+1} \left( \lg \frac{I_O}{I_i} - \lg \frac{I_O}{I_{i+1}} \right)} \tag{5.3-36}$$

根据上述原理,可以设计出不同型号的光电分析仪。

2)激光粒度分析仪。

激光粒度分析法是利用激光(单一波长)的特殊光源,根据颗粒的光散射现象而进行颗粒分析的一种方法。当一束平行的激光束与颗粒接触时,会产生向各个方向散射且强度不同的散射光,其中在其向前方的散射光强度最大,这一现象称为衍射。由于颗粒大小不同,衍射光线的角度与强弱也不同,这样形成的衍射光环图亦代表了一定大小的颗粒。数目众多的颗粒所造成相互重叠的光环,包含了粒度分布的信息,用多台检测器收集这些信息后,再利用数学及光学衍射等理论来计算粒度的分布。

COULTER LS 系列仪器是美国库尔特公司根据上述原理,利用库尔特双镜头技术研制生产的。由于在颗粒衍射现象中,颗粒的大小不同,产生的衍射角度也不同,一般大颗粒的衍射角度比较小,小颗粒的衍射角度大,见图 5-24(b)。在一般情况下的激光分析仪器中,要进行一个分布较宽的粒度测量,必须更换或移动镜片以配合不同的衍射角度,收集所有的光线,这样一个样品往往要几次分段地进行测量。采用了库尔特双镜头技术后(图 5.3-3(a)),在一个宽粒度范围内,大小颗粒的衍射光线都能直接被采集到检测器平面上。这种仪器分析效率高,同时避免了用计算机合并多次测量数据造成的误差。

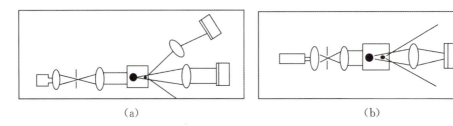

(a)                                        (b)

**图 5.3-3　库尔特双镜头技术示意图**

### 5.3.2.4　泥沙颗粒分杆资料的整理

泥沙颗粒分杆资料整理的主要内容是推求悬移质、推移质和河床质的断面平均颗粒级配,断面平均粒径和断面平均沉速。它们的计算方法相似,下面以悬移质泥沙为例进行介绍。

(1)悬移质垂线平均颗粒级配的计算

1)以垂线取样分析的级配代表垂线平均级配。

凡用积深法、垂线定比混合法和十字线法的各垂线取样进行颗粒分杆的成果,以及推移质、河床质各取样垂线的颗粒分杆成果,都可以作为该垂线的平均颗粒级配。

2)以测点取样分析的级配计算垂线平均级配。

凡用积点法取样分析的垂线,垂线平均颗粒级配均采用计算法求得。计算方法与计算垂线平均含沙量一样,须用加权计算法才能合理地求得垂线平均颗粒级配。现以三点法为例,介绍其计算方法。

图 5.3-4 为畅流期三点法分析成果推算垂线平均级配曲线示意图。平均级配曲线的"小于粒径 $D_i$ 沙重百分数 $P_{m1}$",必须用测点输沙率加权计算,计算公式为:

$$P_{m1} = \frac{P_{0.2}C_{S0.2}v_{0.2} + P_{0.6}C_{S0.6}v_{0.6} + P_{0.8}C_{S0.8}v_{0.8}}{C_{S0.2}v_{0.2} + C_{S0.6}v_{0.6} + C_{S0.8}v_{0.8}}$$

$$= \frac{P_{0.2}q_{S0.2} + P_{0.6}q_{S0.6} + P_{0.8}q_{S0.8}}{\sum q_s}$$

$$= \frac{q_{S0.2}}{\sum q_s} P_{0.2} + \frac{q_{S0.6}}{\sum q_s} P_{0.6} + \frac{q_{S0.8}}{\sum q_s} P_{0.8}$$

$$= K_{0.2} P_{0.2} + K_{0.6} + P_{0.6} + K_{0.8} P_{0.8} \tag{5.3-37}$$

式中：$P_{0.2}$、$P_{0.6}$、$P_{0.8}$——0.2、0.6、0.8 相对水深测点沙样小于粒径 $D_1$ 的沙重百分数；

　　$C_{S0.2}$、$C_{S0.6}$、$C_{S0.8}$——0.2、0.6、0.8 相对水深测点的含沙量；

　　$\nu_{0.2}$、$\nu_{0.6}$、$\nu_{0.8}$——0.2、0.6、0.8 相对水深测点的流速。

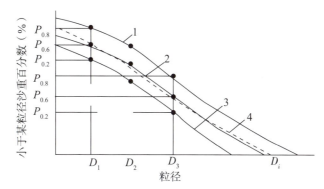

注：1—0.8 水深级配曲线；2—0.6 水深级配曲线；3—0.2 水深级配曲线；4—垂线平均级配曲线

**图 5.3-4　三点法垂线平均级配曲线的计算**

同理，粒径 $D_2$ 的垂线平均沙重百分数 $P_{m2}$ 的计算公式为：

$$P_{m2} = \frac{P'_{0.2} C_{S0.2} v_{0.2} + P'_{0.6} C_{S0.6} v_{0.6} + P'_{0.8} C_{S0.8} v_{0.8}}{C_{S0.2} v_{0.2} + C_{S0.6} v_{0.6} + C_{S0.8} v_{0.8}}$$

$$= K_{0.2} P'_{0.2} + K_{0.6} P'_{0.6} + K_{0.8} P'_{0.8} \tag{5.3-38}$$

式中：$P'_{0.2}$、$P'_{0.6}$、$P'_{0.6}$——0.2、0.6、0.8 相对水深测点沙样小于粒径 $D_2$ 的沙重；

其余符号含义同前。

小于其他粒径 $D_3$、$D_4$、$D_5$，$\cdots$，$D_n$ 的垂线平均沙重百分数 $P_{m3}$、$P_{m4}$、$P_{m5}$，$\cdots$，$P_{mn}$ 计算公式依此类推。

有了 $P_{m3}$、$P_{m4}$、$P_{m5}$，$\cdots$，$P_{mn}$ 数值后，即可绘制垂线平均颗粒级配曲线。

同理，可以推出畅流期五点法和二点法的计算公式：

五点法：

$$P_{m1} = \frac{P_{0.0} C_{S0.0} v_{0.0} + 3P_{0.2} C_{S0.2} v_{0.2} + 3P_{0.6} C_{S0.6} v_{0.6} + 2P_{0.8} C_{S0.8} v_{0.8} + P_{1.0} C_{S1.0} v_{1.0}}{C_{S0.0} v_{0.0} + 3C_{S0.2} v_{0.2} + 3C_{S0.6} v_{0.6} + 2C_{S0.8} v_{0.8} + C_{S1.0} v_{1.0}}$$

$$= K_{0.0} P_{0.0} + 3K_{0.2} P_{0.2} + 3K_{0.6} P_{0.6} + 2K_{0.8} P_{0.8} + K_{1.0} P_{1.0} \tag{5.3-39}$$

二点法：

$$P_{m1} = \frac{P_{0.2} C_{S0.2} v_{0.2} + P_{0.8} C_{S0.8} v_{0.8}}{C_{S0.2} v_{0.2} + C_{S0.8} v_{0.8}} = K_{0.2} P_{0.2} + K_{0.8} P_{0.8} \tag{5.3-40}$$

$P_{m2}$、$P_{m3}$，$P_{m4}$，$\cdots$，$P_{mn}$ 计算公式依此类推。

关于封冻期，计算原理与此相同，这里不再赘述。

（2）悬移质断面平均颗粒级配的计算

1）用全断面混合法取样作颗粒分析。

用全断面混合法取样作颗粒分析，将其成果作为断面平均级配曲线。

2）采用其他方法取样作颗粒分析。

使用部分输沙率加权法计算断面平均颗粒级配，具体计算方法见图5.3-5。假定断面上有5条取沙颗粒分杆垂线的平均级配曲线，现根据这5条垂线的平均级配曲线，计算全断面的平均级配曲线。

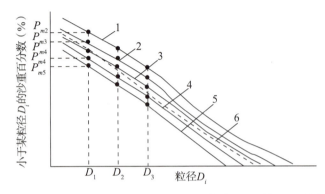

注：1. 垂线（2）平均级配曲线；2. 垂线（3）平均级配曲线；3. 垂线（4）平均级配曲线；

　　4. 垂线（1）平均级配曲线；5. 垂线（5）平均级配曲线；6. 断面平均级配曲线

**图5.3-5　由垂线平均级配曲线求断面平均级配曲线**

全断面平均级配曲线的横坐标仍为粒径 $D_1, D_2, D_3, \cdots, D_n$，但与此对应的纵坐标值 $\overline{p_1}, \overline{p_2}, \overline{p_3}, \cdots, \overline{p_n}$ 应分别根据5条垂线平均级配曲线 $p_{m1}, p_{m2}, \cdots, p_{m5}$（图5.3-5），应用部分输沙率加权法进行计算。现以小于粒径 $D_1$ 的全断面平均颗粒级配 $\overline{p_1}$ 为例介绍如下：

①以各取沙颗粒分杆垂线为界计算部分输沙率 $q_{s0}, q_{s1}, q_{s2}, \cdots, q_{s5}$。

②确定 $p_{m1}, p_{m2}, \cdots, p_{m5}$ 的输沙率加权数值如下：

$p_{m1}$ 的加权数值为 $\left( q_{s0} + \frac{1}{2}q_{s1} \right)$；

$p_{m2}$ 的加权数值为 $\left( \frac{1}{2}q_{s1} + \frac{1}{2}q_{s2} \right)$；

$p_{m5}$ 的加权数值为 $\left( \frac{1}{2}q_{s4} + q_{s5} \right)$。

$\overline{p_1}r$ 的加权计算。将 $p_{m1}, p_{m2}, \cdots, p_{m5}$ 分别与其加权数值相乘，然后求其代数和除以总加权数值（$\sum q_s = Q_s$）即得。计算公式如下：

$$P_1 = \frac{\left( q_{s0} + \frac{1}{2}q_{s1} \right)p_{m1} + \left( \frac{1}{2}q_{s1} + \frac{1}{2}q_{s2} \right)p_{m2} + \cdots + \left( \frac{1}{2}q_{s4} + q_{s5} \right)p_{m5}}{Q_s}$$

$$= \frac{(2q_{s0}+q_{s1})p_{m1}+(q_{s1}+q_{s2})p_{m2}+\cdots+(q_{s4}+2q_{s5})p_{m5}}{2Q_s}$$

$$= \frac{2q_{s0}+q_{s1}}{2Q_s}P_{m1}+\frac{q_{s1}+q_{s2}}{2Q_s}P_{m2}+\cdots+\frac{q_{s4}+2q_{s5}}{2Q_s}P_{m5}$$

$$= K_1 P_{m1}+K_2 P_{m2}+\cdots+K_5 P_{m5} \tag{5.3-41}$$

（3）断面平均粒径的计算

悬移质断面平均级配曲线绘制后，可按以下方法计算断面平均粒径。

1）将断面平均级配曲线分成若干级。把曲线按 $D_i = D_1 D_2, D_2 D_3, \cdots, D_6 D_7$ 共分 6 组，见图 5.3-6。

2）用几何平均法计算每一组的平均粒径 $\overline{D}_i$，例如：

$$\overline{D}_1 = \frac{D_1+D_2+\sqrt{D_1 D_2}}{3}$$

$$\overline{D}_2 = \frac{D_2+D_3+\sqrt{D_2 D_3}}{3}$$

$$\overline{D}_i = \frac{D_上+D_下+\sqrt{D_上 D_下}}{3} \tag{5.3-42}$$

3）求各种粒径 $D_i$ 对应的沙重百分数 $P(\%)$，图 5.3-6 中 $D_1$ 对应的为 $\overline{P}_1$，$D_2$ 对应的为 $\overline{P}_2, \cdots, D_n$ 对应的为 $\overline{P}_n$。

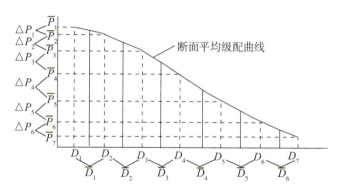

**图 5.3-6　断面平均粒径的计算**

计算各组平均粒径 $\overline{D}_i$ 对应的沙重百分数 $\Delta P_i$，如：

$$\Delta P_1 = \overline{P}_1 - \overline{P}_2, \quad \Delta P_2 = \overline{P}_2 - \overline{P}_3 \cdots$$

最后代入下列公式计算断面平均粒径 $\overline{D}_A$：

$$\overline{D}_A = \frac{\sum \Delta p_i \overline{D}_i}{100} \tag{5.3-43}$$

（4）悬移质断面平均沉降速度的计算

断面平均沉降速度的计算与上述断面平均粒径的计算方法相同，做法如下：

将断面平均级配曲线用分级粒径 $D_1, D_2, D_3, \cdots, D_n$ 和施测水温,在水文测验手册的沉降速度表中查出各粒径对应的沉降速度 $\overline{\omega}_1, \overline{\omega}_2, \overline{\omega}_3, \cdots, \overline{\omega}_n$。

以 $\overline{\omega}_i$ 和对应的 $\overline{P}_i$ 为坐标即可绘沉降速度的级配曲线。

把曲线分成若干组,计算每一组的平均沉降速度 $\overline{\omega}_i$:

$$\overline{\omega}_i = \frac{1}{3}\left(\overline{\omega}_{\text{上}} + \overline{\omega}_{\text{下}} + \sqrt{\overline{\omega}_{\text{上}}\ \overline{\omega}_{\text{下}}}\right) \tag{5.3-44}$$

式中:$\overline{\omega}_{\text{上}}$、$\overline{\omega}_{\text{下}}$ ——某组上限、下限粒径的沉降速度。

用加权法计算断面平均沉降速度 $\overline{\omega}$,即

$$\overline{\omega} = \frac{1}{100}\sum \Delta P_i \overline{\omega}_i \tag{5.3-45}$$

式中:$\Delta P_i$——某组沙重百分数(%)。

## 5.4 河道勘测资料整编

### 5.4.1 资料整编基本内容

(1)资料考证

主要内容包括河段考证、基本平面控制及高程控制的考证、断面考证、水尺考证、钻孔考证等。

(2)地形资料整编

主要内容包括平面控制、高程控制、水道控制、水道地形、固定断面等实测资料的抽审、合理性检查,以及各种成果表图的绘制。

(3)水力要素资料整编

主要内容包括水位、比降、流速流量、水面流速流向等各项资料的抽审。合理性检查以及编制各种成果图表。

(4)泥沙资料的整编

主要内容包括悬移质、推移质、河床质各种泥沙测验资料和泥沙颗粒分杆成果的抽审、合理性检查以及编制各种成果图表。

### 5.4.2 整编工作的步骤

(1)准备工作

在整编工作开始之前,应做好各项准备工作,搜集有关原始资料、任务书、技术总结、成果资料、历史资料及工作底图等,按河段组织整理、编制资料目录,并根据各个河段和观测项目进行组织分工、制订整编工作计划,进行资料整编技术培训,使整编人员全员熟悉或掌握

整编方法,然后进行整编工作。对整编所用的成果表格和河段观测平面布置图等应事先准备,以便工作的顺利开展。

（2）资料考证

资料考证工作如在整编之前已经进行改正的,只须对已经考证的资料进行了解其是否满足整编需要,缺者补充考证,并根据已经考证清楚的资料成果,以供整编时应用。若在整编时未进行考证的,则需要按资料考证的要求,在整编工作之前进行,或结合资料抽审工作平行进行,避免由于考证工作中可能出现的问题引起大量连锁返工。

（3）资料审核

审核工作应在资料考证工作之后,合理性检查之前进行。在资料审核过程中,应严格执行相关规范、任务书（合同）和专业技术设计书要求。

（4）合理性检查

在资料审核完毕后,按段次和全年各段次进行单项和综合性的合理性检查。单项合理性检查是各段次、各观测项目以一个测次的资料进行检查。综合性合理性检查是将全年各测次的观测资料进行全面的各测次相互之间的综合性的合理性检查,最后确定整编成果。

合理性检查的对象是:凡是整编刊印成果均须进行检查。例如:水位资料中的水位、比降、垂线流速、断面面积、流量均须逐项进行合理性检查。其检查方法应根据各河段各测次的具体情况,选用适宜的方法进行。如一个方法难以确定时,应首先着重分析第一测次资料;再用其他方法进行检查,以资对比。

合理性检查是定性地判别资料合理程度,是发现问题的有效工具和处理问题的有力参考,但绝不是改正资料的必然依据。

凡是经过合理性检查所发现的问题,必须对原始资料和运算资料进行认真、全面审查,据有关资料充分论证,然后做出正确的处理。处理有以下几种方法:

1）当原始资料和中间计算资料确有错误时,按相关规范和专业技术设计书要求进行错误改正。

2）凡是原始资料和中间计算资料查不出错误的,经过分析研究,确有明显不合理现象的视情况而定,即在数量上有把握确定的,可改正;在数量上无把握确定的,可舍去或以疑问符号表示或者用文字加以说明情况。

以上处理原则必须经过外业数据采集人员、内业数据处理人员及项目负责人、技术负责人充分讨论后确定。

（5）编制实测成果图表

依据相关规定的要求编制各种实测成果图表。

（6）整编成果图表的审查

整编成果图表是刊印和应用资料的最终成果,必须进行校对审查,以确保成果质量。

（7）编制整编说明书和清理结束工作

资料经过整编以后，需要编制整编说明书和资料清理结束工作，编制整编说明书和资料清理结尾工作是整编最后一道工序。

整编说明书内容包括：河段观测布置；观测方法和情况；资料审查情况；合理性检查；资料成果鉴定；对观测布置、资料审查方法和资料合理性检查方法的意见；附件（包括整编过程中所绘算的各种图表）；存在问题等。

历年资料整编说明书可按河段分测次编写阶段性说明书，全年编写综合说明书。阶段性说明书可详细些，以供最后综合编写时参考，综合说明书的编写要求文字简要。

资料清理结尾工作包括原始资料清理成套归档，整编成果汇集编号、装订成册以便刊印，以及处理一切结尾工作等。

### 5.4.3 资料成果的审查要求

#### 5.4.3.1 编印成果审查要求

（1）编印成果审查程序

从资料考证开始，到汇编出刊印成果为止，要经过初作、一校、二校、审查等 4 个工序。各个工作项目需要经过的工作程序见表 5.4-1。

**表 5.4-1**            **成果审查程序**

| 序号 | 程序 | 初作 | 一校 | 二校 | 审查 |
|:---:|:---:|:---:|:---:|:---:|:---:|
| 1 | 资料考证 | √ | √ | — | √ |
| 2 | 资料审核 | √ | — | — | √ |
| 3 | 资料合理性检查 | √ | √ | — | √ |
| 4 | 编制刊印成果图表 | √ | √ | — | √ |
| 5 | 写整编说明书 | √ | — | — | √ |
| 6 | 综合性检查 | √ | — | — | √ |
| 7 | 汇编刊印 | √ | — | — | √ |

其中，初作指第一次进行的计算和制图工作；一校指对初作成果逐字逐名的校核工作；二校指对一校成果的复核工作，如一校已达到质量标准，可以不进行二校；审查工序是检查以上 3 个工序或所用合理性检查方法是否正确，检查表面是否统一，必要时从成果中抽出一部分成果做全面检查。其余部分做重点检查，保障成果不出现严重质量问题。

表中有"√"记号者，表示应作之工序"—"记号表示不需要作之工序，表列各个项目，其中编制刊印成果图表应普遍进行表面统一审查，消除表面矛盾和规格不统一的现象。综合合理性检查主要指同河段先后测次及邻近河段同项目资料对照检查，有无矛盾不合理现象，并对各项成果图表再一次进行表面统一检查。

（2）整编刊印成果质量的基本要求

1）项目完整,图表齐全。

应刊印的项目和各个项目的刊印图表都应完整,如检查发现缺漏时,均应补齐,无法整理的项目,应作出说明。

2）考证清楚,方法正确。

经过资料审查以后,应保证资料考证清楚和整理方法的合理可靠,尤其是对水尺零点、水准基面、平面控制系统,固定断面和水文断面的位置以及起点桩位置都应该弄得清清楚楚,对于地形、水文、泥沙等资料所用的检查方法均应正确合理。

3）规格统一/数字无误。

对于整编成果同一项目所采用单位和有效数字必须一致（历年资料尽可能统一,如不能统一,则维持原数）,对于各种图表按标准图统一。

对于审核以往成果复制刊印底稿和刊印本按最后一遍校对发现的错误率必须小于1/10000。

4）资料合理,说明完备。

对资料合理性检查所发现的问题和处理情况应作出完备的说明。

#### 5.4.3.2　审查工作流程

长江河道观测资料整编刊印工作,分为整编、汇编、送厂刊印等阶段。整编工作由各生产单位负责、上级主管技术部门分别派人参加,要求整编成果能达到送厂刊印标准。汇编刊印工作主要汇编全流域河道观测资料整编成果和说明,上下游邻近河段的合理性检查、全流域统一图表形式和规格的审查;刊印前的准备工作,以及驻厂校对等,以上综合汇编及送厂刊印校对等工作,由上级技术主管部门负责,项目承担单位熟悉全面整编资料的专业技术人员参加。

### 5.4.4　河道资料汇总提交的方法与内容

#### 5.4.4.1　测次编排方法

1）测次由年份及序号组成,如 1998 年第一个测次写为 98-1,第二个测次写为 98-2,依此类推。如果两个测次之间,另外又加测了部分内容,则在测次后加子号表示。如朱家铺 1963 年弯道河演观测全年测 3 个测次,而 63-2 测次后加测了部分固定断面,则其固定断面测次编为 63-2-1。

2）测次系按项目全年各类观测所有次数排序,不按单项次数排序,如长程固定断面观测单项次数、长程水道地形观测单项次数等。汇总提交时,若某一单项资料不提交,则汇总资料中测次可不连续。

3）以起止时段确定测次的观测项，如某河段河演水流泥沙观测，其某一时段进出口水文断面，在洪峰起止的观测应为同一测次，此种情况测次应写为，对起始时段观测：××—×（1），对终止时段观测：××—×（2）。

4）特殊情况的测次编排在技术设计中规定。

5）测次编排应在成果说明中说明。

#### 5.4.4.2　资料汇总原则

1）当两类观测相结合施测时，其资料只在为主的一类中列出，另一类可在成果说明中说明。但当长程固定断面与河段河演中的河道水文断面结合施测时，则固定断面资料在两类资料中应同时列出。

2）同一河段由多个单位施测时，若未指定汇总单位，则各单位分别汇总，在资料类名称后从上到下分别加注（之一）、（之二）或（之一）、（之二）、（之三）、（之四）等区别号。

3）当同一单位施测的项目中某类资料分多本（册）时，在资料类名称后按序分别加注（之一）、（之二）等区别号。

4）当以河段为汇总单元成册时，应以河段为单元编写总的成果说明，说明中应对河段内汇总的各项成果资料进行全面交代。其中对有特殊情况的资料，则应单独写成果说明于单项成果之前。

5）若以项目内容为汇总单元时，应以项目为单元编写成果说明。

6）成果汇总装订时应加隔页，其具体要求：

一是当多河段及多测段或多河流汇总装订时，用红色软纸隔页分开（若某一河段或河流少于 10 页，其成果前不插蓝色隔页）。其中的分类资料则用蓝色软纸隔页分开。

二是当有说明部分及不同类成果汇总装订时，说明部分与正文资料用红色软纸隔页，其中的分类资料则用蓝色软纸隔页（若某一类少于 10 页，其成果前不插蓝色隔页）。

三是软纸隔页上均须印制河段、测段或河流或资料类名称。

四是当归档时彩色隔页改为白色类别页。

五是隔页不打印页码，但归档时应压印页码。

资料经过审核、合理性检查、综合审查等步骤以后。应立即编制整编成果图表，其内容包括观测河段说明书、河段观测布置图、考证成果表、实测资料成果表及附图等。

#### 5.4.4.3　汇总成册内容及组成

（1）以河段为单元汇总成册编排

1）排序。

按项目—年份—类别—地名—测次—固定断面（水尺）排序。

2）项目。

按成果总表、水位或比降表、流速含沙量表、流速流向特征值统计表、断面表、悬移质级配表、床沙级配表、推移质成果表、常年水位表等排序。其中,控制测量成果及地形图独立成册。

3）年份。

按时间先后排序。

4）类别。

按汊道、分流、护岸、崩岸、微弯、弯道(裁弯)、浅滩(险滩)、水库及其他(按水位、挟沙力、放淤、造滩等)排序。

5）地名。

自上而下排序。

6）测次。

按时间先后排序,若在同测次中,同一项目测有两次以上的资料时,则以观测项目为单元,按施测时间的先后进行排序。

7）固定断面。

排序原则是:①先上后下。②汊道、裁弯河段先左泓后右泓。③遇分、支流河段,先上干、次分支流,后下干。④同一测次中既有全江断面,又有半江断面,则各自集中排序,半江排于全江之后,并加表题"半江断面"。

8）水尺。

排序原则是:①先上后下。②同一断面左、右两岸设尺则先左后右。③遇分、支流河段先上干、次分支流,后下干。

（2）按项目及资料单元成册汇总与排序

1）控制测量。

资料组成:

a. 项目承担单位技术设计文件(一册,下同)。

b. 项目实施单位技术设计书(技术设计书、技术总结<第 e 项>及检查验收报告<第 f 项>特殊情况可根据需要按顺序印成一册)。

c. 控制点埋石点之记,点之记后附控制网图(此项不附成果说明)。

d. 成果表(附成果说明)。当控制点成果较少时,c、d 两项可合并成一册,其合成顺序为封面、副封、工序签名表、目录、成果说明、成果表、点之记、控制网图。

e. 技术总结。

f. 检查验收报告(初检或终检)。

g. 检查验收报告(复检或验收)。

成果说明编写内容:

a. 任务来源与测区简介。

b. 采用基准(包括中央子午线东经度数,测区分带数等)。

c. 已知点情况。

d. 观测布置与施测情况。

e. 成果整理。

包括数据处理与计算方式、计算参数、成果精度情况、问题处理及成果汇总方式等。

2)河道地形及固定断面观测。

①地形。

a. 资料组成:项目承担单位技术设计文件;项目实施单位技术设计书;控制成果(同上,不含技术文件);技术总结;检查验收报告(初检或终检);检查验收报告(复检或验收);地形图(须编写"成图说明",粘贴于底图图夹盖内侧(若为图纸袋则粘贴于其袋外正面)和副本资料盒盖内侧(见河道有关归档要求))。

b. 成图说明编写内容:任务来源与测区简介(包括施测范围、测次等);测图规格;图式标准;施测方法(包括陆上、水下及分别施测日期);成图情况(包括分幅情况,图幅数,结合表数,装盒情况等(字数不超过 A4 幅面一页))。

c. 险工护岸观测成果简要说明

对险工护岸观测,全年最终成果提交时,若需要应写出成果简要说明,内容主要为概述、岸线变化(表格)、深坑点变化(表格)、典型断面套绘图等。说明单独装订成册。

②固定断面。

a. 资料组成:上级技术主管部门项目设计书;承担单位专业技术设计书;控制成果(不含技术文件);断面标点点之记;断面标志考证表;固定断面成果;床沙成果;固定断面图册;技术总结;检查验收报告(初检或终检);检查验收报告(复检或验收)(断面控制成果较少时,前三项可按序合成一册)。

固定断面成果调制具体方法见 5.2.4 节中相关内容。

b. 床沙成果说明编写内容:任务来源与测区简介(包括观测范围等);观测布置;取样方法;成果整理(包括断面平均的计算方式);成果简析(包括典型断面级配图、特征粒径变化等)附床沙取样一览表。

③河演观测。

a.资料组成:承担单位技术设计文件;实施单位技术设计书;控制成果(不含技术文件);固定断面标志考证表(有固定断面观测时);水流泥沙成果(附成果说明,有水位或比降观测时,在成果说明后附河段水位观测综合说明表、河段水位观测高程控制考证表);固定断面图册(附成果说明,当固定断面表较多时,固定断面成果可另单独成册,其成果说明应单独编写);技术总结;检查验收报告(初检或终检);检查验收报告(复检或验收)。

c.成果说明编写内容:河段概况;

水沙特性(概述并列表);使用基准及控制测设;观测布置及施测情况(包括测次情况);资料整理与成果提交(包括数据处理、存在问题处理、成果质量、资料编排方式、数据格式及电子文件等);河床演变简述:河相关系(列表)(包括弯道、汊道特征等),分流分沙情况,岸线变迁(概述),护岸冲刷坑变化(摆动及高程列表),深泓线平面变化(典型断面列表),典型断面变化(与上一年或测次套绘图),河床冲淤(概述)。

④长程河道水位观测。a.资料组成:测验报告。其合成顺序为封面、副封、工序签名表、目录、正文、河段水位观测高程控制考证表、成果质量评定表。

成果。其合成顺序为封面、副封、工序签名表、目录、成果说明、河段水位观测基本情况说明表、水位观测布置示意图、成果表。

项目承担单位检查文件。

b.测验报告编写内容:测区简况;采用基准及控制与考证;观测布置;测验情况;资料整理(整编)与提交,包括成果计算、问题处理、资料整理或整编及汇编情况、数据格式及电子文件等;成果质量;水文(位)特征值变化情况。

c.成果说明编写内容:观测段次;测站布设及变动情况;不同基面水位换算关系(列表)。

⑤工程类观测。

资料组成包括点之记、控制成果、各项成果表、地形图、断面图、技术文件、有关附件及相关电子文件与有关报告或文字材料等,但采用的表式、图式及总体合成方式一般应与上述观测相同,具体在相应的任务与技术要求中规定。

(3)总体合成方式

①资料成册总体合成规则为:说明部分+成果部分,其中说明部分包括成果说明与图,图按大范围图、小范围图排序。

②资料成册合成的具体排序为:封面、副封面、责任页、说明部分、红色隔页、成果部分。当有其他附件时放入成果部分后。

③对各类成册方式,其目录应反映各项成果,对每项成果只标注其起止页码(单独的报告除外)。点之记、考证表册有附图时列目录,否则不列目录。

#### 5.4.4.4 资料汇总整理及印制

(1)汇总整理符号

为真实反映汇总整理成果表中数字的特殊情况,规定以下河道汇总整理专用符号,以代替文字说明。

1)※——可疑符号:凡其数字欠准可疑,对质量有较大影响者,于该数字的右上角注此符号。

2)——缺测符号:凡规定应该有而没有,对质量或对用户易产生误解者(如缺测、因质量太差而舍弃、因沙样损失或混合而缺少等情况),均用此符号。

3)＋——改正符号:凡因原测资料明显不合理,后用其他方法加以改正者,于其数字的右上角注此符号。

4)△——插补符号:凡因原资料缺测,后用相关法予以插补者,于其数字的右上角注此符号。

5)()——判别符号:凡非实际的名称或数字,均加此符号。

6)〃——省略符号:凡其文字与上行相同者,用此符号代替。

(2)汇总成果(或文件)标题拟写

1)标题名称应简练、概括、准确地反映汇总资料的性质及内容

2)标题结构。

项目名称(合同或任务或观测项目)＋扩大单位工程(或任务)名称＋单位工程(或任务)。

名称＋分部工程(或观测区段或观测河段)名称＋分项工程(任务或观测类别)名称＋单元工程(任务)名称＋(测次)＋资料类名(或文件类名)＋(区别号)。

①项目名称、扩大单位工程(或任务)名称、单位工程(或任务)名称、分部工程(或观测区段或观测河段)名称、分项工程(任务或观测类别)名称、单元工程(任务)名称等,依据项目科学规范划分确定。

②资料类名称或文件类名称指在生产中产生的不同性质或不同类型的资料群名称(或文件群名称),如综合性类、质量管理文件类、检查验收类、设备类、图表资料类等。

③当河段内分不同段时,按长程"××河段",分"××河段""××段""××测段"排序。

3)范例。

一般性:

①西陵长江大桥　　左岸锚碇　　施工测试检查记录

合同项目　　　　分部工程　　　　资料

②三峡坝区十四小区　　食堂楼工程　　质量评定报告

　　　　合同项目　　　　分项工程　　　　资料

③三峡杨家湾港口工程 施工综合管理文件

　　　　项目名称　　文件类名

④三峡左岸　拌合系统工程　　制冷系统89#氨压机组　设备成套文件

　　　　合同项目名称　　单位工程名称　分部工程名称　文件类名

对基本和专题观测,在标题中应加观测类名,如:

①2003 年长江三峡工程 库区变动回水区 土脑子浅滩河段 河床演变观测 水流泥沙成果

合同项目名　分部工程名称　分项工程名称　观测类别　资料类名

②2002 年长江宜昌至长江口河段长程固定断面观测 南京河段八卦洲汊道段　固定断面图册

观测项目名称　观测区段　资料类名

对为专业工程服务的观测,标题中一般不列观测类别,如:

2004 年长江荆江河段河势控制应急工程可行性研究　沙市河弯段水道地形图

任务项目名　分部工程名称　资料类名

对为专业工程服务的观测,当测段有桩号时,对文本成果桩号写在测段后并加括号,对图则写在图后并加括号,如:

①2004 年长江荆江河段河势控制应急工程可行性研究 沙市河弯段水道地形图(757＋948－745＋220)

任务项目名 分部工程名称 资料类名 桩号

②2004 年长江荆江河段河势控制应急工程可行性研究 沙市河弯段(757＋948－745＋220)

断面成果 任务项目名 分部工程名 桩号 资料类名

对同一项目由各单位分别施测或同一成果分多本,加"之一""之二"等区别号时,如三峡库区固定断面观测,按以下方式拟写:

2003 年长江三峡工程库区 大坝至李渡镇干支流 固定断面观测 断面图册 (之一)

合同项目名　分部工程名称　分项工程名称　观测类别　资料类名

若以上项目按测次提交,在观测名称后加测次,按以下方式拟写:

2003 年长江三峡工程　库区大坝至李渡镇干支流　固定断面观测（03-1）　断面图册（之一）

合同项目名　分部工程名称　分项工程名称　观测类别　测次　资料类名　区别号

对地形图资料类名不加比例尺。

当盒内资料不为单纯的某项成果时,如含有报告、成果表或含有图等,则资料类名写为"技术资料"。

(3)资料册印制

1)汇总文本及报告为 A4 幅面。

2)对图形,其常规观测类为 A3 幅面,工程类观测,图纸高度为 A3 高度,长度一般控制在 100cm 以内,装订时折叠成 A3 幅面(此种情况的封面、目录、责任页及成果说明文字注记按 A3 幅面控制),具体在技术设计书中规定。印制组版应以美观协调为原则。

3)成果装订成册分为平装与精装两种,采用平装时封面(底)统一采用白色,纸质为白色花纹纸(180g)或白色铜版纸(157g)。当有特殊要求时可制作精装,其精装的程度根据需要决定。

4)为区别不同类别不同阶段的成果，以利于用户合理使用，在副封左上角须印制标志线，分为工程阶段标志线与成果标志线。工程阶段标志线，7磅线粗，与左上角构成内边长30mm的三角形。当为一般性观测时，可不加此标志线，如河道基本观测。

不同设计阶段与类型色样应按照以下样式：

a. 规划设计、项目建议书及水行政管理为浅绿；

b. 可行性研究（等同电口预可行性研究）、初步设计（等同电口可行性研究）阶段为金黄；

c. 招投标文件阶段为粉红；

d. 施工设计及验收为浅蓝；

f. 安全鉴定、竣工验收为海绿；

g. 科技攻关、专题研究为浅灰；

f. 监理阶段为紫色；

g. 工程运行维护及质量管理阶段为大红。

成果标志线色样：

在工程阶段标志线外侧相间1mm印制线粗12磅的不同阶段成果标志线，色样要求如下：

a. 中间成果（经初检合格所提交的部分成果），用大红表示。分多次提交时，首次用大红色、第二次用粉红色、第三次用玫瑰红色、第四次用梅红；

b. 阶段性成果（经审查通过的分阶段完成的项目成果），用金黄色表示；

c. 初检成果用绿色表示；

d. 最终检查（复检）成果用蓝色表示；

f. 初验成果用紫色表示；

g. 验收（或审查）及最终提交成果，用深绿色表示。

观测技术设计书、技术总结不印两标志线，检查验收报告印制成果标志线，其他技术报告皆须印制上述两标志线。

分析或试验报告成果标志线色样要求如下：

a. 阶段性成果为淡蓝色；

b. 全年综合性成果为蓝灰色；

c. 最终成果为灰色（40%）。

分析或试验报告外封面可印制成上述彩色。

5)封面印制时，一般情况下标题第一行字上边距封面顶边控制在 $55\pm5$ mm，落款及日期下边线距封面底边控制在 $40\pm5$ mm。

6)封面成果标题注记要求。

成果标题根据字数多少，分一行或两行注记，最多不超过三行，以美观协调为宜。第一行为观测项目名称，第二行为资料类（文件）名称，或第一、二行为观测项目名称，第三行为资料类(文件)名称。

当观测项目有大项目名与单项目名时,则可将大项目名组合在成果标题中。

但当大项目名无法组合在成果标题中时或字数较多(一般超过 10 个)且其进入正文标题使之标注超过三排时,可将大项目名注记在封面的左上角,否则仍应进入正文标题。注记在封面的左上角时用矩形框线框定,注记格式为:当超过 2 行时,字号相应缩小半号。大项目名在各项注记中仍应反映。

如 2004 年长江重要堤防隐蔽工程建设工程质量观测项目,其观测项目为大项目名,则左上角矩形框内分两排写为"长江重要堤防隐蔽工程质量缺陷整改及建设期维护测量工作(第二批)"。正文标题名称注记单项目名,可写为:第一行"××年武汉市堤三标段",第二行写为"龙王庙段(桩号)护岸工程观测",第三行写为"断面成果"。外封样式见附录 A3。

为区别不同类别的观测项目,可采用相关规定要求的方式。

当注记在左上角的大项目由多项内容组成,如包括类别名、专题及子题名时,可采用不加左上角框线形式,而直接在左上角分项分行注记,其中若某一项题目太长时,分两行注记。

7)副封右上角印制密级,用细点线组成矩形框标注,框大小为 2.2cm×1.3cm。当密级有规定时,印制规定密级,当无规定时,印制"内部"。

8)首页为副封,作为正式交付的成果,副封必须加盖单位公章。

9)当用户有规定的封面时,则采用用户规定样式的外封及内封或副封,当需要注记标志线时采用特定方式,密级不注记。

10)特定用户规定封面样式时,如三峡工程水文泥沙观测,三峡总公司有专门的封面样式。则其字体统一规定为黑体字,字号统一为三号,若字数较多,除"编制单位"与"编制时间"字体字号不变外,其他按版位按字数调整字号。

11)在封面中,对落款日期用中文注记为×年×月,若需注明起止时间则用阿拉伯数字写为"年．月．日",但标题中的日期一律用阿拉伯数字写为中文注记。

12)在卷内备考表、卷内目录中,标题栏用黑体字注记,其他用宋体注记。对日期则用阿拉伯数字写为"年．月．日"。

13)第 2 页为工序签名表(对成果与资料),对分析报告和技术报告为责任页。用于对外使用或验收的责任页参考格式为:

报告的标题(黑体加粗三号)

批(核)准:(签字)

审定:(签字)

审查:(签字)

校核:(打印并手签)

编写(设计):(打印并手签)

参加人员(必要时):(打印)

以上各项可根据情况调减或整合,需要时增加"项目负责人"(此项打印人名及职务,不手签)及"项目技术负责人"(此项打印人名,不手签)。

14)单位落款印制承担单位,写为"长江水利委员会水文局"或"长江水利委员会×××勘测局"。日期排为第二行。

15)封面一般不印制长江水利委员会徽记。

16)报告、文字说明或文本正文版式一般要求。

a. 报告版芯尺寸:长×宽为 240mm×165mm(含页码±5mm),即在标准 A4 纸幅面中,上白边(天头)宽 30mm,下白边(地脚)宽 27mm,左白边宽 25mm,右白边宽 20mm。对成果表格(本)可按河道有关归档的版芯进行调制。

b. 正文字号字体:四号仿宋。行距:约为正文字体的 4/5。

c. 正文标题用小二号黑体,文内有小标题时用三号黑体。

d. 目录采用格式(正式)按二级编排,四号黑体,"目录"二字为二号黑体。对 A3 及以上幅面,目录为黑体三号。除责任页外皆应进入目录,但页码应从正文开始编排。

e. 当有文字说明需要控制页数时(1~2 页),字号可根据打印版芯调整。

f. 表格(文内插表):

表序—距左版芯空一字,小四号黑体。

表名—居中,小四号黑体。

表单位—距右版芯空一字,小四号黑体。

表头及表文—五号仿宋。

表底注:五号仿宋。

数值:Times New Roman。

在一页内排不完的表下页续排时,要重排竖表头,并注记"表××(续)"字样(若表格另有规定的按单独规定执行)。

### 5.4.5 控制测量资料整编内容

1)在基本控制网选点完成后,应绘制控制网展点图,此图宜在测区河势图的基础上添加控制展点信息,提交格式为 *.dwg;主要包括平面控制网网形图、高程控制网图(水准线路图)。

2)GNSS 控制网数据处理输出信息应包括复测基线的长度较差、同步环闭合差、异步环闭合差、无约束平差成果(2000 国家大地坐标系中各点的三维坐标、各基线向量及其改正数和其精度)、约束平差成果(相应坐标系中的三维或二维坐标、基线向量改正数、基线边长、方位、转换参数及其相应的精度)、高程拟合模型内符合和外符合精度评定。

3)RTK 控制测量成果选用单基站两次测量的平均值,提交成果格式参见《全球定位系统实时动态测量(RTK)技术规范》(CH 2009—2010)附录 C 和附录 D。

4)采用数字水准仪进行水准测量时应每天完成水准测量 $i$ 角检校统计表和电子水准测量记录手簿,并统计测段长度(站数)和高差,利用平差软件进行平差计算。

5）采用电磁波导线进行控制测量时，在完成电磁波导线观测记录簿的基础上，统计测段长度（站数）和高差，利用平差软件进行平差计算。

### 5.4.6　过程资料整编内容

#### 5.4.6.1　水位观测成果

1）采用全站仪接测水位时，导出全站仪原始数据，如徕卡 idx 格式，用中游河道勘测数据处理系统生成水位（水尺零点）接测表，水尺零点接测表中水尺读数应和临时水尺记载表对应。

2）采用水准测量方式接测时，应编制水准测量数据制表，并打印水准观测表格，通过水准平差计算得水尺零点高程，分别提供电子水准测量记录手簿和平差报告。

3）采用 RTK 方法接测时，观测方法和精度指标采用图根测量方法控制，并填写 RTK 水位接测统计表。

4）当采用附近水位站观测数据时，应提交水位站该时段水位观测数据，可采用正式水位报表或填写临时水尺记载表，并注明摘录水文（水位）站名称。

5）附近若无可利用水位站水位观测数据，且测区河段的测时水位随时序变化明显时，应设立临时水尺，水位观测数据记录在临时水尺读数记载表。

6）水位推算表格。该表格应能正确反映测区该时段落差、比降关系，包含水位推算步骤；当采用程序推算水位时，须提供完整水尺信息（含水尺名称、位置、时间、水位），通过程序计算各水下点水位并计算河底高程，输出推算结果。

7）提交水位（尺）接测布置图，此图可在测区河势图的基础上添加水位（尺）接测点、专用水文站或水位站位置、临时水尺位置等信息，提交格式为 *.dwg。

#### 5.4.6.2　测深数据整理

1）测深数据应严格按照回声纸进行逐一校对，对特征点进行内插。校核完回声纸后生成 XYH 文件，形成水下数据表格。该表格能反映断面名称、测点点名、坐标、原水深、改正水深、测量日期、测量时间及特征点内插数据。

2）声速资料。对原始文件按日期分类，一般长江、汉江等内河可不使用声速剖面仪，但在水库（水深大于 50m）等静水水域必须进行声速测量，保证声速剖面仪入水后保留 2min 以上，提升时应保持匀速缓慢，声速数据采用从水底至水面的记录数据，Hypack 声速文件为 *.vel。

3）在水生植物密集回声测深仪回波信号微弱时，采用杆测或绳测的方式施测水深；在封闭水域等测船无法到达的位置采用便携式数字测深仪施测的部分，应在记录本上现场记录 RTK 定位点名、水深等信息，并在内业把水深数据整理成表，计算成河底高程，录入至地形图中。

### 5.4.6.3　精度统计表格

精度统计表格主要包括:RTK 比测精度统计表,水下地形测量 RTK 比测精度统计表,水下地形测量测深仪比测精度统计表,全站仪地形测量重合点精度统计表,平面、高程导线测量精度统计表,水准测量精度统计表等。

精度统计表在提交检查时应单独装订成册,作为技术总结或报告附件或支撑材料时出于保密考虑,应采取适当的脱密处理。

## 5.4.7　地形资料整编

地形数据包括陆上及水下测点数据,地形观测的数字化成果主要以 AUTOCAD 的 * .DWG(2004 版以下)格式地形图反映,以下均为地形资料整编时抽审及合理性检查项。

1)测点数据整理。根据 RTK、全站仪原始数据或电子平板原始数据以及水下水位改正后的测点数据整理形成测点坐标文件。

2)地形数据的图幅分层应满足相关规范要求,当顾客有特定要求时,图幅分层应满足特定要求。

3)对于实测点、等高线等具备高程属性的图形要素,CAD 图中一般应填写其高程(标高或 Z 值)。等高线应为多线段(而非三维多线段)。

4)一个测次应形成本测次的工作小结,小结内容包括地形、测验项目的名称、时间、测次、工作量、精度统计等信息。

5)每个测区、测次地形图完成后应进行分幅,根据大小比例尺不同形成不同的图幅结合表。

6)地形图检查。

图面整饰检查:坐标系统或高程基准检查;图幅名称、施测单位名称、作业时间、测次、作业成图方法等检查;河流流向河流名称检查;注记检查。

重要地物(堤防、水工建筑物、泵站、涵闸、渡口、道路、沟渠、公里碑、居民地、地类界、管线等)错漏检查。

拓扑关系检查:线状地物交叉、悬挂,面状地物未封闭等。

图面高程检查:错误高程点剔除,等高线错漏、未赋值、同一等高线赋多个高程值。

图层标准化检查:图层是否满足规定的标准图层,是否存在地物放错图层、用错编码现象。

## 5.4.8　断面资料整编

为便于成果的利用与检查,断面资料整编应规范整理的中间成果包括以下几个部分:

1)断面测点坐标文件( * .xls),测量数据应整理出统一的格式:点号,$X$,$Y$,$H$,属性,数据来源等。

2)断面线文件(*.lr),格式为:①左右标文件。即零点标和右标的坐标都已知的情况。格式:断面名,$X$(左标),$Y$(左标),$X$(右标),$Y$(右标),起始点起点距,结束点起点距。②方位角文件。即已知零点标和断面方位角的情况。格式为:断面名称、零点$X$、零点$Y$、方位角。其中方位角要求如141.0307(141°3′7″)。即分、秒部分必须占4位。

3)起点距文件:通过计算,每个断面生成一个起点距文件,内容包括测点点名、起点距、高程、测点属性、$X$、$Y$、点距—偏距。

4)附属属性表:格式为断面名称,断面序号,起算标$L_1(R_1)$,起算标$X$,起算标$Y$,起算标$H$,结束标$L_1(R_1)$,结束标$X$,结束标$Y$,结束标$H$,陆上施测时间,水下施测时间,水位,测次。

5)dm文件:通过起点距文件和附属属性表,利用中游河道勘测数据处理系统—断面—dm文件生成,用于后续的断面成果表、断面图的生成。

# 5.5 河道水力泥沙要素资料整编

## 5.5.1 悬移质泥沙资料整编

悬移质泥沙资料整编工作的内容包括:收集有关资料;审核与分析原始资料;编制实测悬移质输沙率成果表;决定推求断面含沙及输沙率的方法;推算日平均含沙量、输沙率并编制洪水含沙量或洪水水文要素摘录表;进行合理性检查;编写泥沙整编说明书等。

### 5.5.1.1 单沙过程线分析

单样含沙量(单沙)是指与断面平均含沙量有稳定关系的断面上有代表性的垂线和测点含沙量,是推求断沙的依据,若单沙出现问题,必将造成断沙以及以后推求输沙率和输沙量等一系列的错误,故单沙是基础,应认真地分析检查。在水文测验中还要分析单沙、断沙的关系,通过单沙的变化来推求出断沙的变化过程,在单沙测次不足时还要通过直线内插法、过程线插补法、流量、含沙量相关曲线插补法、上下游站相关插补法来进行单沙的插补。河道勘测项目直接测量输沙数据,对单沙没有要求,单沙的取样和分析在此不做赘述。

### 5.5.1.2 逐时断面平均含沙量的推求

进行逐时断面平均含沙量推求的目的在于推算逐时悬移质输沙率,进而利用逐时输沙率推算日、月、年或某一时段的悬移质输沙量和进行月、年极值的挑选。断沙推求方法如下:

(1)单、断沙关系法

单、断沙关系法是我国应用比较广泛的一种方法。它适用于单、断沙关系比较稳定的测站。关系线的形式因测站特性不同有以下几种。

1)单一曲线法。

当点绘的单、断沙关系测点密集成带状,不依时序或水位而有系统偏离,且有75%的以上测点与相关曲线的偏离,高沙不超过±10％,低沙不超过±15％时,可用此法。

2)多线法。

单、断沙测点,当依水位、时间或单沙测取位置和方法,明显分布成几个独立带组时,可分别用水位、时间或单沙取样位置、方法作参数,绘制多条单、断沙关系曲线。

3)比例系数法。

当单、断沙关系不好,无法制定相关曲线时,则可采用比例系数法,即用实测输沙率的断沙 $\overline{C_s}$ 与其相应单沙 $C'_s$ 之比,得比例系数(图5.5-1)。

(2)流量与输沙率关系曲线法

当单、断沙关系不好,而且比例系数法也不理想时,可试用此法。若流量与输沙率关系较好,可以流量为纵坐标,输沙率为横坐标,点绘相关图。此法要求测点能控制沙峰的整个变化过程,定线时一般采用连时序法。推算时,用流量(瞬时或平均值)在关系线上直接查读相应输沙率,除以流量,即得断沙(图5.5-2)。

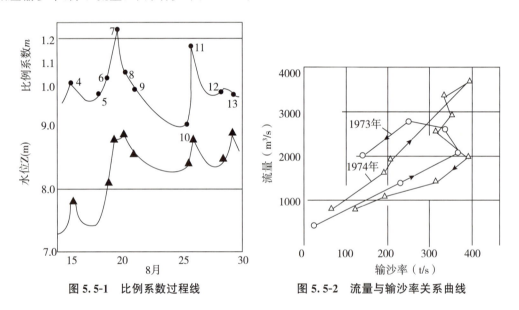

图5.5-1　比例系数过程线　　　　图5.5-2　流量与输沙率关系曲线

(3)近似法

对输沙率测次太少,或单、断沙关系不好,以及仅测单沙未测输沙率的站,可用此法。此法是直接以单沙代替断沙。

### 5.5.1.3　单、断沙关系曲线的延长

在沙峰期间,因各种原因未能施测输沙率,从而在单、断沙关系的高沙部分缺少测点而难以定线。当条件允许时,可作单、断沙关系曲线的高沙延长。

若单、断沙关系测点比较散乱,规律难以掌握,为了不使外延的曲线出现较大的问题,对高沙曲线延长的规定比较严格。当单、断沙关系为直线,测点不少于10个,最大相应单沙的

数值为最大实测单沙数值的 50% 以上时,可作高沙延长。

若单、断沙关系为曲线型或折线型,测取单沙的位置及方法与历年不一致,断面形状有较大变化,均不宜作高沙延长。

延长方法:顺原单、断沙关系曲线中,低沙部分的趋势,并参照历年单、断沙关系,作直线延长。

#### 5.5.1.4　单、断沙关系曲线检验

单、断沙关系曲线检验的内容包括关系曲线检验和实测点标准差计算。具体方法与流量的检验方法一样。

(1)关系曲线检验

对输沙率实行间测的站,当年有校测资料时,应作 $t$ 检验,以判定历年综合单、断沙关系曲线是否发生了变化。单、断沙关系为单一线(或多线中的主要曲线)时,应进行符号检验、适线检验和偏离数值检验,以判定曲线是否正确。

(2)实测点标准差计算

为了解关系点的离散程度,应计算单一线及多线中主要曲线的标准差。

#### 5.5.1.5　日平均含沙量、输沙率的推算方法

为了建立逐日平均含沙量和逐日平均输沙率表,首先应进行日平均值的推算。上述两项逐日表,是计算月、年输沙量及反映泥沙各种特征值的重要表格。

(1)计算日平均值的资料

计算日平均值,根据情况分别选用以下资料:

1)实测点资料。

直接使用实测单、断沙或经过换算后的断沙,进行日平均值的计算。当转折点有缺测或两点间流量、含沙量变化很大时,应采用合适的方法予以插补。

2)过程线摘录资料。

根据绘制的单沙或断沙过程线,在过程线上摘录足够控制流量、含沙量变化的点,计算日平均值。

(2)由单沙推求断沙时日平均值的计算方法

第一种方法,日平均值的推算方法:

1)一日仅取 1 次单沙者,即以该次单沙推求的断沙作为日平均含沙量,再乘以日平均流量得该日的日平均输沙率。

2)几日取 1 次单沙者,在未测单沙期间,各日的平均含沙量,以前后测取之日的断沙用直线内插求得,分别乘各日平均流量,得各日的日平均输沙率。

3)当含沙量很小,采用若干天水样混合处理时,以混合水样的相应断沙作为各日的日平

均含沙量,并用以推算日平均输沙率。

4)一日内取多次单沙者,根据情况分别采用算术平均法、面积包围法、流量加权法或积分法计算日平均含沙量,一般可按以下几种情况处理。

①算术平均法。

当流量变化不大,单沙测次分布均匀时,将一日内单沙推得的断沙,用各次断沙的算术平均值作为日平均含沙量,据以推求日平均输沙率。

②面积包围法。

对流量变化不大,但含沙量变化较大且点次分布不均匀者,可用各次断沙以时间加权求平均值,作为日平均含沙量,然后再用上述方法计算日平均输沙率。

日平均含沙量的计算公式为:

$$\overline{C_s} = \frac{1}{48}\left[C_{s0}\Delta t_1 + C_{s1}(\Delta t_1 + \Delta t_2) + C_{s2}(\Delta t_2 + \Delta t_3) + \cdots + C_{sn-1}(\Delta t_{n-1} + \Delta t_n) + C_{sn}\Delta t_n\right]$$

(5.5-1)

式中:$\overline{C_s}$——日平均含沙量($kg/m^3$);

$C_{s0}$,$C_{sn}$——0时及24时的含沙量($kg/m^3$);

$C_{s1}$,$C_{s2}$,$\cdots$,$C_{sn-1}$——日中各瞬时的含沙量($kg/m^3$);

$\Delta t_1$,$\Delta t_2$,$\cdots$,$\Delta t_n$——相邻两瞬时含沙量间的时距(h)。

③流量加权法。

当流量和含沙量变化都比较大时,可采用流量加权法计算日平均输沙率,然后除以日平均流量得日平均含沙量。计算方法如下:

第一种方法:以瞬时流量乘以相应时间的断沙,得瞬时输沙率,再用时间加权求出日平均输沙率,然后用日平均输沙率除以日平均流量得日平均含沙量。其计算公式为:

$$\overline{Q_s} = \frac{1}{24}\left[\frac{1}{2}(q_0C_{S0} + q_1C_{S1})\Delta t_1 + \frac{1}{2}(q_2C_{S1} + q_2C_{S2})\Delta t_2 + \cdots + \frac{1}{2}(q_{n-1}C_{Sn-1} + q_nC_{Sn})\Delta t_2\right]$$

$$= \frac{1}{48}\left[q_0C_{S0}\Delta t_1 + q_1C_{S1}(\Delta t_1 + \Delta t_2) + q_2C_{S2}(\Delta t_2 + \Delta t_3) + \cdots + q_nC_{Sn}\Delta t_n\right]$$ (5.5-2)

式中:$\overline{Q_s}$——日平均输沙率($kg/s$);

$q_0$,$q_n$——日平均输沙率($m^3/s$);

$q_1$,$q_2$,$\cdots$,$q_{n-1}$——各瞬时的流量($m^3/s$);

$C_{S1}$,$C_{S2}$,$\cdots$,$C_{Sn-1}$——相应各瞬时流量的断沙($kg/m^3$);

$\Delta t_1$,$\Delta t_2$,$\cdots$,$\Delta t_{n-1}$——相邻两瞬时含沙量间的时距(h)。

计算可列表进行,见表5.5-1。

表 5.5-1 　　　　　　　　　×× 站流量加权法(第一种方法)日平均含沙量计算

| 时间 | | 流量 | 含沙量 | 输沙率 | 权重 | 积数 | 日平均 | 日平均 |
| 日 | 时:分 | $(m^3/s)$ | $(m^3/s)$ | $(kg/s)$ | $(\Delta t_i + \Delta t_{i+1})$ | (输沙率 ×权重) | 输沙率 $(kg/s)$ | 含沙量 $(kg/m^3)$ |
|---|---|---|---|---|---|---|---|---|
| (1) | | (2) | (3) | $(4)= (2)\times(3)$ | (5) | $(6)= (4)\times(5)$ | $(7)= \frac{1}{48}\sum(6)$ | $(8)=(7)/\overline{Q}$ |
| 2 | 00:0 | 2.33 | 18.3 | 42.64 | 8.0 | 341.1 | 7230 | 375 |
| | 08:00 | 1.96 | 16.2 | 31.75 | 18.0 | 571.5 | | |
| | 18:00 | 1.50 | 43.2 | 64.80 | 12.0 | 777.6 | | |
| | 20:00 | 69.5 | 332.0 | 23 070.00 | 3.0 | 69210.0 | | |
| | 21:00 | 47.9 | 476.0 | 22 800.00 | 1.7 | 38760.0 | | |
| | 21:00 | 36.8 | 467.0 | 17 190.00 | 1.0 | 17190.0 | | |
| | 22:00 | 69.5 | 463.0 | 32 180.00 | 1.3 | 41834.0 | | |
| | 23:00 | 150.0 | 502.0 | 75 300.00 | 2.0 | 150600.0 | | |
| | 24:00 | 143.0 | 195.0 | 27 890.00 | 1.0 | 27890.0 | | |

第二种方法。以相邻瞬时断沙的平均值与瞬时流量平均值的乘积,得时段平均输沙率,再用时间加权,计算日平均输沙率,然后用日平均输沙率除以日平均流量得日平均含沙量。其计算公式为:

$$\overline{Q_s}=\frac{1}{24}\Big[\frac{1}{2}(q_0+q_1)\times\frac{1}{2}(C_{S0}+C_{S1})\Delta t_1+\frac{1}{2}(q_1+q_2)\times\frac{1}{2}(C_{S1}+C_{S2})\Delta t_2+\cdots+$$

$$\frac{1}{2}(q_{n-1}+q_n)\times\frac{1}{2}(C_{Sn-1}+C_{Sn})\Delta t_2\Big]$$

$$=\frac{1}{96}\Big[(q_0+q_1)(C_{S0}+C_{S1})\Delta t_1+(q_1+q_2)(C_{S1}+C_{S2})\Delta t_2+\cdots+(q_0+q_1)(C_{Sn-1}+C_{Sn})$$

$$\Delta t_n\Big]$$

$$(5.5\text{-}3)$$

式中符号的含义与式(5.5-2)相同。

计算可列表进行,见表5.5-2。

表 5.5-2 　　　　　　　　　×× 站流量加权法(第二种方法)日平均含沙量计算

| 时间 | | 流量($m^3/s$) | | 含沙量($m^3/s$) | | 时段 输沙率 $(kg/s)$ | 时段 $\Delta t_i$ $(h)$ | 积数 | 日平均 输沙率 $(kg/s)$ | 日平均 含沙量 $(kg/m^3)$ |
| 日 | 时:分 | 瞬时 | 时段 平均 | 瞬时 | 时段 平均 | | | | | |
|---|---|---|---|---|---|---|---|---|---|---|
| (1) | | (2) | (3) | (4) | (5) | $(6)= (3)\times(5)$ | (7) | $(8)= (6)\times(7)$ | $(9)= \frac{1}{24}\sum(8)$ | $(10)=(9)/\overline{Q}$ |

| 时间 | | 流量(m³/s) | | 含沙量(m³/s) | | 时段 输沙率 (kg/s) | 时段 $\Delta t_i$ (h) | 积数 | 日平均 输沙率 (kg/s) | 日平均 含沙量 (kg/m³) |
|---|---|---|---|---|---|---|---|---|---|---|
| 日 | 时:分 | 瞬时 | 时段 平均 | 瞬时 | 时段 平均 | | | | | |
| 2 | 00:00 | 2.33 | 2.15 | 18.3 | 17.3 | 37.20 | 8.0 | 297.6 | | |
| | 08:00 | 1.96 | 1.73 | 16.2 | 29.7 | 51.38 | 10.0 | 513.8 | | |
| | 18:00 | 1.50 | 35.5 | 43.2 | 188 | 6647 | 2.0 | 13350 | | |
| | 20:00 | 69.5 | 58.7 | 332 | 404 | 23710 | 1.0 | 23710 | | |
| | 21:00 | 47.9 | 42.4 | 476 | 472 | 20010 | 0.7 | 14010 | 6820 | 353 |
| | 21:40 | 36.8 | 53.2 | 467 | 465 | 24740 | 0.3 | 7422 | | |
| | 22:00 | 69.5 | 110 | 463 | 483 | 53130 | 1.0 | 53130 | | |
| | 23:00 | 150 | 147 | 502 | 349 | 51300 | 1.0 | 51300 | | |
| | 24:00 | 143 | | 198 | | | | | | |

④积分法。

在 $\Delta t$ 时段内,当流量、含沙量均呈直线变化时,则计算时段 $\Delta t$ 初的流量与含沙量分别为 $q_1$ 和 $C_{S1}$,输沙率 $Q_{S1} = q_1 Q_{S1}$;时段末的流量与含沙量分别为 $q_1$ 和 $C_{S2}$,输沙率 $Q_{S2} = q_2 C_{S2}$,流量和含沙量的变化率分别为 $k_1$ 和 $k_2$,见图 5.5-3。

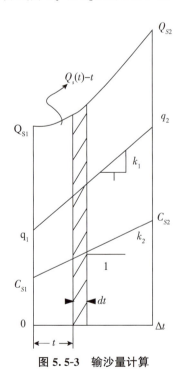

图 5.5-3 输沙量计算

在 $\Delta t$ 时段内的任一微分时段 $dt$ 的输沙量 $dW_s(t)$ 可表示为:

$$dw_s(t) = (q_1 + k_1 t)(C_{S1} + k_2 t)d \tag{5.5-4}$$

任一时刻的输沙率为：

$$Q_S(t) = \frac{dw_s(t)}{dt} = (q_1 + k_1 t)(C_{S1} + k_2 t)$$

$$= q_1 + C_{s1} + k_2 q_1 + k_1 C_{s1} t + k_1 C_{s1} t + k_1 k_2 t^2 \tag{5.5-5}$$

$\Delta t$ 时段内的输沙量则为：

$$w_s = \int_0^{\Delta t} Q_s(t)dt = \int_0^{\Delta t}(q_1 C_{s1} + k_2 q_1 t + k_1 C_{s1} t + k_1 k_2 t^2)dt$$

$$= q_1 C_{s1} \Delta t + \frac{k_2}{2} q_1 (\Delta t)^2 + \frac{k_1}{2} C_{s1} q_1 (\Delta t)^2 + \frac{k_1 k_2}{3}(\Delta t)^3 \tag{5.5-6}$$

这是用严格的数学推导求得的 $\Delta t$ 时段的输沙量，即为"积分法"的结果。用这种方法计算起来比较麻烦。我们知道，流量加权法中的第一种方法（简称"第一法"）计算比较方便，下面来分析一下"积分法"与"第一法"的关系。

按相同条件，"第一法"计算 $\Delta t$ 时段的输沙量为：

$$W_{S1} = \frac{1}{2}\big[q_1 C_{S1} + (q_1 + k_1 \Delta t)(C_{S1} + k_2 \Delta t)\big]\Delta t$$

$$= q_1 C_{S1} \Delta t + \frac{k_2}{2}(\Delta t)^2 + \big(\frac{k_1}{2} C_{S1}(\Delta t)^2 + \frac{k_1 k_2}{2}(\Delta t)^3 \tag{5.5-7}$$

$$W_s - W_{s1} = q_1 C_{S1} \Delta t + \frac{k_1}{2} C_{S1}(\Delta t)^2 + \frac{k_1 k_2}{2}(\Delta t)^3 -$$

$$\big[q_1 C_{S1} \Delta + \frac{k_2}{2} q_1 (\Delta t)^2 + \frac{k_1}{2} C_{S1}(\Delta t)^2 + \frac{k_1 k_2}{2}(\Delta t)^3\big]$$

$$= -\frac{k_1 k_2}{6}(\Delta t)^3 \tag{5.5-8}$$

比较式(5.5-6)和式(5.5-7)可知，每个时段"第一法"比"积分法"大 $\frac{k_1 k_2}{6}(\Delta t)^3$，只要将"第一法"中多出的这一部分扣掉，便可以得到"积分法"的结果，计算表格见表5.5-3。

表 5.5-3　　　　　　　　　××站流量加权法(积分法)日平均含沙量计算

| 时间 | | 时段 $\Delta t_i$ (h) | 流量 $Q$ (m³/s) | 含沙量 $C_s$ (kg/m³) | 输沙率 $Q_s$ (kg/s) | 权重 ($\Delta t_i + \Delta t_{i+1}$) | 积数 | 流量变率 $k_1$ | 流量变率 $k_2$ | 差值 | $\sum(7)$ /2— $\sum(10)$ | 日平均输沙率 (kg/s) | 日平均输沙率 (kg/m³) |
|---|---|---|---|---|---|---|---|---|---|---|---|---|---|
| 日 | 时: 分 | | | | | | | | | | | | |
| (1) | | (2) | (3) | (4) | (5)= (3)× (4) | (6) | (7)= (5)× (6) | (8) | (9) | (7)= $\frac{k_1 k_2}{6}$ | (11) | (12)= $\frac{(11)}{24}$ | (13)= $\frac{(12)}{Q}$ |

| 时间 | | 时段 $\Delta t_i$ | 流量 $Q$ | 含沙量 $C_s$ | 输沙率 $Q_s$ | 权重 $(\Delta t_i + \Delta t_{i+1})$ | 积数 | 流量变率 $k_1$ | 流量变率 $k_2$ | 差值 | $\sum(7)$ $/2-$ $\sum(10)$ | 日平均输沙率 (kg/s) | 日平均输沙率 (kg/m³) |
|---|---|---|---|---|---|---|---|---|---|---|---|---|---|
| 日 | 时:分 | (h) | (m³/s) | (kg/m³) | (kg/s) | | | | | | | | |
| 2 | 0:00 | 8.00 | 2.33 | 18.3 | 42.46 | 8.0 | 339.68 | −0.046 | −0.263 | 1.03 | | | |
| | 8:00 | 10.00 | 1.96 | 16.2 | 31.75 | 18.0 | 571.5 | −0.046 | 2.700 | −20.7 | | | |
| | 18:00 | 2.00 | 1.50 | 43.2 | 64.80 | 12.0 | 777.6 | 34.000 | 144.40 | 6546 | | | |
| | 20:00 | 1.00 | 69.50 | 332 | 23 070 | 3.0 | 69210.0 | −21.600 | 144.00 | −518.4 | | | |
| | 21:00 | 0.67 | 47.90 | 476 | 22800 | 1.67 | 38076.0 | −16.567 | −13.43 | 11.2 | 166835 | 6950 | 360 |
| | 21:40 | 0.33 | 36.80 | 467 | 17190 | 1.0 | 17190.0 | 99.091 | −12.12 | −7.2 | | | |
| | 22:00 | 1.00 | 69.50 | 463 | 32180 | 1.33 | 42799.4 | 80.500 | 39.00 | 523.3 | | | |
| | 23:00 | 1.00 | 150.00 | 502 | 75300 | 2.0 | 150600.0 | −7.000 | −307.00 | 358.5 | | | |
| | 24:00 | 1.00 | 143.00 | 195 | 27885 | 1.0 | 27885.0 | | | | | | |

注：对表中(11)是在(7)中用 48 加权,在(10)中用 24 加权,故在(11)中应乘 1/2。

流量加权法与积分法计算精度分析。

对比两种计算方法,二者在相同条件下,主要区别是计算时段输沙量采用的简化方法不同。下面以一个计算时段为研究对象,对两种计算方法进行对比分析。

采用与"第一法"相同的方法,推得"第二法"与"积分法"结果的区别是：

采用"第二法",计算 $\Delta t$ 时段的输沙量为：

$$W_{S2} = q_1 C_1 \Delta t + \frac{k_2}{2} q_1 (\Delta t)^2 + \frac{k_1}{2} C_{S1} (\Delta t)^2 + \frac{k_1 k_2}{4} (\Delta t)^2 \tag{5.5-9}$$

与"积分法"的差为：

$$W_S - W_{S2} = q_1 C_1 \Delta t + \frac{k_2}{2} q_1 (\Delta t)^2 + \frac{k_1}{2} C_{S1} (\Delta t)^2 + \frac{k_1 k_2}{4} (\Delta t)^3 -$$

$$\left[ q_1 C_{S1} \Delta t + \frac{k_2}{2} q_1 (\Delta t)^2 + \frac{k_1}{2} C_{S1} (\Delta t)^2 + \frac{k_1 k_2}{4} (\Delta t)^3 \right]$$

$$= \frac{k_1 k_2}{12} (\Delta t)^3 \tag{5.5-10}$$

通过以上分析可清楚地看到,"第一法"计算的结果比"积分法"计算的结果系统偏大 $\frac{k_1 k_2}{6} (\Delta t)^3$,而"第二法"计算的结果比"积分法"计算的结果系统偏小 $\frac{k_1 k_2}{12} (\Delta t)^3$。

通过对两种计算方法的分析可以得知：

a. 一日内,在流量、含沙量变化较大的情况下,无论采用"第一法"还是"第二法"都可能会产生误差,只有当流量和含沙量均不变化,或者至少有一个不变化时($k_1$ 和 $k_2$ 至少有一个为零),"第一法""第二法"的计算结果才与"积分法"一致。

b. 在流量和含沙量同向变化时($k_1$ 和 $k_2$ 同号),即涨水涨沙或落水落沙时,"第一法"计算出的时段输沙量系统偏大,"第二法"计算出的时段输沙量系统偏小;当流量和含沙量异向变化($k_1$和$k_2$异号),即涨水落沙或落水涨沙时,误差可能相互抵消一部分。在生产实践中,一般情况下涨水涨沙或落水落沙的情况较多,涨水落沙或落水涨沙出现的相对少(尤其大河),因此系统误差难以抵消,误差的大小又不易控制,特别是当流量、含沙量变化较大时,由此产生的日平均输沙率的计算误差可能比较大。

c.采用"积分法"计算时,在流量、含沙量最大涨落段,不需要再进行直线内插即可求出精确的计算结果。为减少"第一法"计算误差,应在流量、含沙量最大涨落段,直线内插1~2个点再进行计算。这种内插点的方法,实际上是为了让"第一法"的计算结果更接近"积分法",以减少误差。见图5.5-4,在$\Delta t$时段内,用"积分法"求得的时段输沙量为凹形面积$abcd$,用"第一法"求得的时段输沙量为梯形面积$abcd$,其误差比较大。当内插一个点后,"第一法"的时段输沙量为梯形面积$afed$和$fbce$之和,这样比梯形面积$abcd$更接近凹形面积$abcd$,从而减小了误差。而采用"积分法"则直接可以得到凹形面积$abcd$的结果。

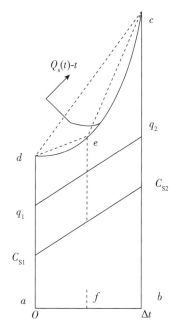

**图 5.5-4 "积分法"与"第一法"比较**

## 5.5.1.6 月、年特征值统计

利用计算的日平均输沙率、含沙量资料,可以编制逐日平均悬移质输沙率表及逐日平均含沙量表。表中的主要月、年特征值如下:

(1)月、年平均输沙率

用全月或全年逐日平均输沙率的总和除以相应的月、年总日数:

$$\overline{Q}_{s月或年}=\frac{\sum_{i=1}^{n}\overline{Q}_{si}}{n}$$

(5.5-11)

（2）年输沙量

为通过河流中某一过水断面的悬移质泥沙总重量，以全年逐日平均输沙率之和，乘以一日的秒数（86400）得，单位以万 t 或亿 t 表示，即

$$WS = 86400 \sum_{i=1}^{n} \overline{Q}_{si} \qquad (5.5\text{-}12)$$

（3）输沙模数

用年输沙量除以集水面积得到，单位以 t/(a·km²) 表示，即

$$M_s = \frac{W_s}{A} \qquad (5.5\text{-}13)$$

（4）月、年平均含沙量

用月、年平均输沙率除以月、年平均流量得到，即

$$\overline{C}_{s月或年} = \frac{\sum_{i=1}^{n} \overline{Q}_{s月或年}}{Q_{月或年}} \qquad (5.5\text{-}14)$$

### 5.5.1.7　合理性检查

悬移质泥沙资料的合理性检查，分单站合理性检查和综合合理性检查两种。在河道勘测项目中单站的测次比较少，主要以综合合理性检查为主。通过检查，对发现的矛盾和问题应进行认真处理，以提高整编成果的质量。

（1）单站合理性检查

单站合理性检查有历年关系曲线对照和含沙量变化过程的检查，历年关系曲线对照是指当单沙取样位置、取样方法没有大的变化，断沙的推求也与往年一致时，可用历年单断沙关系或水位比例系数关系曲线进行对照。含沙量变化过程的检查主要是将全年分月在同一张图上，绘制逐日流量、含沙量、输沙率过程线进行对照。

（2）综合合理性检查

综合合理性检查主要包括上下游含沙量、输沙率过程线对照和上下游月、年平均输沙率对照，在同一张图上，用同一纵、横坐标，将上下游各站逐日平均含沙量、输沙率（或瞬时含沙量、输沙率）以不同的颜色或符号点绘过程线进行对照检查。当没有支流汇入或支流来沙影响较小时，上下游站之间常有一定的对应关系，利用这一特性检查过程线的形状，峰、谷传播时间，沙峰历时等是否对应、合理。编制上下游月、年平均输沙率对照表，检查输沙率沿河长的变化是否合理，当洪峰跨月时，可用两月的月平均输沙率之和作比较；当区间支流有来沙影响时，应将上游站与支流站输沙率之和列入，再与下游站比较。

### 5.5.2　推移质输沙率资料整编

推移质输沙率资料整编的内容有：审查和分析原始资料，编制实测推移质输沙率成果

表,确定推移质输沙率的推求方法,编制逐日平均推移质输沙率表,以及编写整编说明书等。

(1)实测资料的分析

推移质泥沙运动非常复杂,其脉动现象比悬移质大得多,尤其是卵石推移质。推移质输沙率在断面内的分布很不均匀,一般情况下,推移质的数量与流速的大小有密切关系,主流摆动的测站,推移质横向变化大。

推移质输沙率一般随悬移质输沙率,以及流速(流量、水位)的增减而增减。在比降很大的山溪河流,平水期虽然流量、含沙量并不大,但推移质输沙率仍有相当的数量。

根据测站特性和资料情况,可进行以下两种分析:

1)推移质输沙率与某种水力因素(流速、水位、流量、悬移质输沙率等)过程线对照。

2)推移质输沙率与某种水力因素(流速、水位、流量悬移质输沙率等)相关曲线分析。

(2)逐日推移质输沙率的推求方法

目前,推移质输沙率测验和整编正处在探索阶段,推求逐日平均推移质输沙率的方法,可在资料分析后选定。当实测资料很少时,也可积累数年资料后,合并整编。整编时,有推移质输沙率与水力因素关系曲线法,实测推移质输沙率过程线法、推移质输沙率与悬移质输沙率比值过程线法和单推、断推关系曲线法。

### 5.5.3　泥沙颗粒级配资料整编

泥沙颗粒级配资料整编,包括悬移质、推移质和河床质3种。其整编方法基本相似,内容为审查分析原始资料,编制有关实测及整编图表,推算日、月、年平均颗粒级配,合理性检查等。

#### 5.5.3.1　实测颗粒级配资料的分析

对原始资料进行重点检查和校核,以了解资料的正确性和合理性。同时将实测的悬移质、推移质、河床质断面平均颗粒级配曲线绘于同一张图上,检查三者的对应关系。一般情况下,悬移质最细,河床质最粗,推移质居中,表现为小于或等于某一粒径的沙重的分数,悬移质为最大,河床质最小,推移质在中间,若有反常,应检查分析原因。

绘制单颗、悬移质断面平均颗粒级配(以下简称“断颗”)关系图进行分析时,应以单沙水样颗粒级配小于某粒径沙重百分数为纵坐标,相应的断面平均颗粒级配小于某粒径沙重百分数为横坐标,点绘相关图,不同粒径级用不同符号表示,并在测点旁边注明测次。若关系点有系统偏离,可能是单颗取样方法或取样位置不当所致。若关系点分布散乱,可能是单颗代表性差,或者是分析操作上误差较大、计算错误、特殊水情、洪水来源不同、河道变化等因素所引起的,经过分析,确认为错误是由计算引起时,应设法予以改正,属测验精度不高或其他自然因素影响者,应在整编成果中予以说明。

#### 5.5.3.2　悬移质断面平均颗粒级配的推求

断颗的推求有单、断颗关系曲线法和近似法两种,各种方法的操作步骤如下:

（1）单、断颗关系曲线法

在方格纸上点绘的单、断颗关系图，应符合以下规律：若测点密集成一带状，各粒径级均有 75％以上的测点与关系曲线的偏离在＋10％以内（绝对误差），可定成单一关系曲线。

若测点分布虽较散乱，但依时间顺序有系统规律，形成两个以上的带组，可以时间为参数，定出多条曲线。

所定关系线，不管是曲线还是直线，其下端均应通过纵横坐标为零的点，上端能否通过纵横坐标为 100％处，应根据测点分布情况而定。单、断颗小于某粒径沙重百分数关系见图 5.5-5。

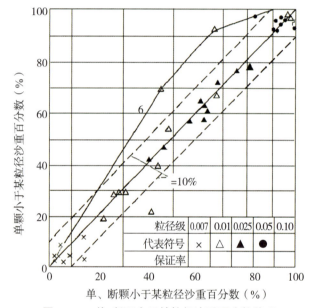

图 5.5-5　单、断颗小于某粒径沙重百分数关系

推求断颗。当单、断颗关系上端通过纵横坐标为 100％点时，可直接以单颗各粒径级百分数在关系曲线上查取相应断颗各粒径百分数；当单颗比断颗系统偏细时，先以单颗为 100％的粒径级在关系线上查读相应粒径级的断颗百分数，按规定向上再增加一个粒径级，作为断颗 100％的粒径级；当单颗比断颗系统偏粗时，只推求相应于断颗为 100％及其以下的单颗各粒径部分，以上部分不再使用。

2）近似法

当单、断颗关系散乱，不能绘制相关曲线，或仅测单颗者时，可用此法，即以实测单颗代替断颗，进行日、月、年平均颗粒级配的计算。

### 5.5.3.3　悬移质日、月、年平均颗粒级配的计算

（1）日平均颗粒级配的计算

1）对 1 日实测 1 次单颗或断颗者，可推算或直接作为该日的平均颗粒级配。

2)1日内实测2次以上者,其中任一粒径级(小于某粒径)的沙重百分数最大最小值之差小于或等于20％(绝对值)者,用算术平均法计算;大于20％者,且日平均输沙率采用流量加权法计算者,应采用输沙率加权法计算。

（2）月平均颗粒级配的计算

1)1月内仅有1日或1次实测颗粒级配资料时,即以该日或该次资料作为该月的月平均颗粒级配。

2)1月内有2日或2次以上实测资料时,根据该月输沙率变化情况,采用下述方法之一进行计算。

①1月内输沙率变化较小时,用算术平均法计算:

$$P_月 = \frac{\sum_{i=1}^{n} P_i}{n} \qquad (5.5\text{-}15)$$

②1月内输沙率变化较大时,用时段输沙量(或输沙率)加权计算:

$$P_月 = \frac{\sum_{1}^{n} (P_i Q_{s日})}{\sum_{1}^{n} Q_{s日}} \qquad (5.5\text{-}16)$$

式中:$P_月$——月平均小于某粒径的沙重百分数(％);

$P_i$——月内各日或各测次断面平均小于某粒径沙重的百分数(％);

$n$——月内颗粒分析的日(或测次)数;

$Q_{s日}$——各日(测次)代表的时段输沙量或时段日平均输沙率之和。

代表时段划分的原则。两测日或两测次间输沙率变化较小时,一般以两者日数的1/2处为分界;输沙率变化较大时,以输沙变化的转折点为分界。上月末及下月初2测日或2测次间,如果输沙率变化较小,则以上月末1天的24时为分界;若两测次之间有沙峰出现,而沙峰转折之日无测次,则其分界应以月界和沙峰转折点结合起来考虑。

（3）年平均颗粒级配的计算

年平均颗粒级配用月输沙量(或输沙率)加权计算:

$$P_年 = \frac{\sum_{1}^{12} (P_月 Q_{s月})}{\sum_{1}^{12} Q_{s月}} \qquad (5.5\text{-}17)$$

式中:$P_年$、$P_月$——平均小于某粒径的沙重百分数(％);

$Q_{s月}$——月输沙量或一月内各日平均输沙率之和。

（4）日、月、年平均粒径的计算

日、月、年平均粒径,是根据相应的级配曲线分组,用沙重百分数加权计算:

$$\overline{D} = \frac{\sum (\Delta P_i D_i)}{100} \qquad (5.5\text{-}18)$$

$$D_i = \frac{D_上 + D_下 + \sqrt{D_上 D_下}}{3} \qquad (5.5\text{-}19)$$

式中：$\overline{D}$——日、月年平均粒径(mm)；

  $\Delta P_i$——日、月、年平均粒径级配中某沙重百分数(％)；

  $D_i$——某分组平均粒径(mm)；

  $D_上$、$D_下$——某分组上、下限粒径(mm)。

### 5.5.3.4 泥沙颗粒级配资料的合理性检查

泥沙颗粒级配资料的合理性检查,同样分为单站合理性检查和综合合理性检查两种。

(1)单站合理性检查

1)与历年悬移质颗粒级配曲线对照。

以当年与历年的年平均或同月的颗粒级配曲线进行对照,一般是各相应时期的曲线形状相似,且密集成一狭窄的带状分布。若发现当年或某月曲线,或某个时期前后曲线偏离成另一系统,应深入分析其变化原因。自然因素影响,如特大洪水、特别枯水、洪水来源不同等;人类活动影响,如流域内垦荒、水土保持、水利工程施工、河道疏浚、水库及灌溉引水等;受各时期测验、颗粒分析、水样处理的方法不同等影响。

在颗粒分析中,移液管法精度比较高。用粒径计法分析,其级配成果均存在偏粗现象。经历年曲线对照,当发现某个时期颗粒级配曲线偏离时,应与移液管法对比试验,若肯定误差确实属于粒径计法引起,应做适当的改正处理。

2)悬移质颗粒级配沿时间变化与流量、含沙量过程线对照。

泥沙颗粒级配与流量、含沙之间常有一定的关系,本法是在历年格纸上绘制各因素的综合过程线作对照检查。图的上部绘逐日平均流量、含沙量(或输沙率)过程线,图的下部绘各日平均颗粒级配粒径小于某粒径的沙重百分数过程线。分析各种过程线之间的关系是否与历年三种过程线之间的变化规律相符,借以发现当年资料中存在的问题。

一般情况下,各粒径小于某粒径沙重百分数随时间的变化过程是渐变的,在某些多沙河流上,洪水期往往是粗颗粒泥沙比重减少,细颗粒增加,枯水期则相反。由于各流域自然地理、气候条件不尽相同,这一规律不一定适合各个河流,应根据历年资料找出本站泥沙变化规律,进行检查。

(2)综合合理性检查

此项检查是绘制小于某粒径的沙重百分数沿河长演变图(图5.5-6)。必要时也可用月年平均颗粒级配曲线进行比较。

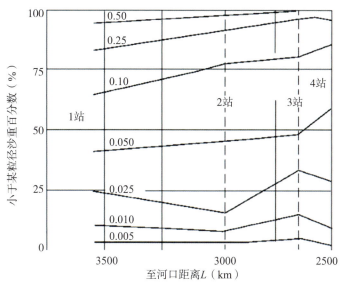

**图 5.5-6 小于某粒径的沙重百分数沿河长演变**

当流域内土壤地质等自然地理条件基本相同,而河段内又没有冲淤时,一般是悬移质颗粒沿程变细,即较细的泥沙沿程相对增多,较粗泥沙沿程相对减少,若有反常情况,应分析原因。当河流经过不同的土壤地质地带,有冲淤的河段以及局部暴雨区时,都可能出现反常现象。

# 5.6 成果质量检验与验收

## 5.6.1 检查验收基本规定

### 5.6.1.1 一般规定

(1)二级检查二级验收

项目实施单位对测绘成果质量实行二级检查二级验收方式进行控制。二级检查指过程检查、专业检查。二级验收指管理单位的项目验收、业主单位的成果交接验收。

(2)检查验收环节

各级检查验收工作应独立、按顺序进行,不得省略、代替或颠倒顺序。

(3)检查验收成果资料的要求

提交检查验收的成果资料必须齐全、各级检查完备(含质量检查记录及整改)。否则承担检查或验收的部门有权拒绝检查验收。

(4)质量问题处理

过程检查、专业检查以及验收工作中发现有质量问题时应及时提出处理意见,交承担单位进行改正。

检查阶段当问题较多或性质较重时，或者验收单位成果不合格时，可将部分或全部成果退回承担单位重新处理，然后再进行检查和验收。

当对质量问题的判定存在分歧时，由单位相关技术领导裁定。

验收工作中，当对质量问题的判定存在分歧时，由委托方或项目管理单位裁定。

（5）成果质量认定

在完成市场项目专业检查后，项目实施单位要组织对项目成果质量认定工作，并出具《测绘产品质量认定报告》。

### 5.6.1.2　检查验收依据

检查验收依据包括：有关的法律法规、国家标准、行业标准、设计书、测绘任务书、合同书和委托验收文件等。

### 5.6.1.3　检查验收流程

（1）过程检查

1）作业部门组织的过程检查。

一般由主任工程师或单位负责人组织对项目成果资料进行全数检查，不作成果质量评定；送检必须是通过作业组自查、互查的单位成果。检查时间应安排在专业检查之前完成（专业检查时，单位成果就是指项目成果；抽样检查时，单位成果就是指以样品所代表的测区范围和涉及的测绘成果种类为单位的成果，以下同）。

2）产品实现过程中的过程检查。

包括作业部门及上级单位在产品实现过程中组织的跟踪检查、质量检查、安全生产检查、工作综合检查。在项目多或测区范围广、作业组多的情况下，也可委托质量检查代表负责完成。产品实现过程中应定期或不定期组织过程检查。

过程检查应填制检查情况说明及测绘产品工序管理质量检查记录表。对于检查出的错误整改后应复查，直至检查无误为止，通过过程检查的成果方可提交专业检查。

（2）专业检查

1）专业检查也是项目实施单位级的最终检查，由技术管理部门组织实施。

2）送检的成果必须是通过过程检查的单位成果。

3）专业检查一般为全数检查，也可根据情况采用抽样检查，涉及野外检查项的可抽样检查，但样本以外的应实施内业全数检查。

4）专业检查应填制测绘成果质量检验记录表，专业检查应审核过程检查记录及问题的整改情况。审核中发现的问题作为资料质量错漏处理，参与测绘产品质量等级评定，对于检查出的错误整改后应复查，直至检查无误为止，方可提交最终检查或验收。

5）专业检查不合格的成果退回处理，处理后再进行专业检查，直至检查合格为止。

6)专业检查完成后,应编写《测绘产品检查报告》随成果一并提交最终检查;市场项目应书面申请验收。

（3）检验

一般在过程检查阶段对测绘成果进行检测或复测,在专业检查、最终检查和验收时对测绘成果进行检验。根据成果的内容和特性,检验分别采用详查和概查的方式。

详查是根据各单位成果的质量元素及检查项,按有关的规范、技术标准和技术设计的要求逐个检验单位成果,统计存在的各类差错数量并评定单位成果质量。

概查是指对影响成果质量的主要项目和带倾向性的问题进行一般性检查,一般只记录A、B类错漏和普遍性问题。概查中未发现 A 类错漏或 B 类错漏少于 3 个则为合格,否则为不合格。

（4）验收

1)项目验收由规划计划部门组织,市场项目验收由项目实施单位组织,项目验收由技术管理部门承担。

2)单位成果必须通过最终检查全部合格后才能进行验收。

3)验收采用抽样检查的方式,样本内成果应详查,样本外成果根据需要进行概查。

4)验收应审核最终检查记录及问题的整改情况。审核中发现的问题作为资料质量错漏处理,参加测绘产品质量评定。

5)及时对验收检查中发现的错误进行修改,并通过复查。验收不合格的批成果退回处理,并重新提交验收。重新验收应重新抽样。

6)验收工作完成后,应编写《测绘成果质量检验报告》随成果一并提交和归档。

#### 5.6.1.4　质量等级评定

本规定以专业检查时项目全数成果资料为样本,成果质量采用优、良、合格和不合格四级评定。通过 3 次及以上重新验收的成果质量最高等级只能评定为合格。按表 5.6-1 评定项目质量等级。

表 5.6-1　　　　　　　　　　　成果质量等级评定标准

| 质量等级 | 质量得分（分） |
| --- | --- |
| 优 | $S \geqslant 90$ |
| 良 | $75 \leqslant S < 90$ |
| 合格 | $60 \leqslant S < 75$ |
| 不合格 | $S < 60$ |

#### 5.6.1.5　编制报告

专业检查工作完成后,应编写《测绘产品检查报告》;验收工作完成后,应编写《测绘产品检验报告》。检查报告和检验报告分别随测绘成果一并归档，报告的内容、格式按《数字测绘成果质量检查与验收》（GB/T 18316—2008）的规定执行。报告中质量统计章节应将表 5.6-4 和表 5.6-5 分别统计在内。

## 5.6.2　水道测绘成果分类

目前，水道测绘成果基本类型分 5 大类，除专业技术文件外共 25 种测绘成果，见表 5.6-2。

表 5.6-2　　　　　　　　　　　　　　水道测绘成果种类统计表

| 序号 | 基本类型 | 成果种类 | 总数 |
|---|---|---|---|
| 1 | 控制测量 | 平面控制测量（GPS 测量、三角测量、导线测量）、高程控制测量（水准测量、三角高程、GPS 拟合高程）、专业技术文件（专业技术设计书、专业报告、检查报告等） | 6 |
| 2 | 地形测量 | 专业技术文件、控制测量、陆上地形、水下地形 | 3 |
| 3 | 断面测量 | 专业技术文件、控制测量、陆上断面、水下断面、床沙观测 | 4 |
| 4 | 河道演变观测 | 专业技术文件、控制测量、陆上地形、水下地形、陆上断面、水下断面、水力泥沙观测 | 6 |
| 5 | 水力泥沙观测 | 专业技术文件、沿程水面线、比降、水沙断面测量、流速流向、河床组成勘测、其他水力泥沙观测 | 6 |

## 5.6.3　成果质量评定

### 5.6.3.1　质量表征

单位成果质量水平以百分制表征。

### 5.6.3.2　质量元素与错漏分类

单位成果质量元素及权、错漏分类按《水道测绘成果质量检验与认定规定》第 8 章执行。

### 5.6.3.3　权的调整原则

质量元素、质量子元素的权一般不作调整，当检验对象不是最终成果（一个或几个工序成果、某几项质量元素等）时，按本标准所列相应权的比例调整质量元素的权，调整后的成果各质量元素权之和应为 1.0。

### 5.6.3.4　质量评分方法

（1）一般规定

1）质量元素、质量子元素得分预置分别为 100。

2）错漏统计计算单位按全项、类项、处计；当计算单位为"本""册""幅"时，则按相应单位计1处。

（2）计算单位扣分原则

1）全项。从成果种类最终得分中扣分，重要要素直接从项目得分中扣分；

2）类项。从质量元素最终得分中扣分；

3）处。从质量子元素最终得分中扣分。

### 5.6.3.5　成果质量错漏扣分标准

成果质量错漏扣分标准按表5.6-3执行。

表 5.6-3　　　　　　　　　　　成果质量错漏扣分标准

| 差错类型 | 扣分值（分） |
|---|---|
| A 类 | 42 |
| B 类 | 12 |
| C | 4 |
| D | 1 |

### 5.6.3.6　数学精度评分方法

一般项目按《水道测绘成果质量检验与认定规定》执行。

### 5.6.3.7　质量子元素评分办法

根据《单位成果质量元素及错漏分类》相应的错漏分类表中，对质量子元素中相应的 B 类错漏、C 类错漏、D 类错漏出现的个数按全项、类项、处逐个扣分。

### 5.6.3.8　质量元素评分方法

根据质量子元素在扣除处（本、册、幅）错漏后的得分，再扣除类项错漏的分，最后为质量元素得分（表5.6-4）。

表 5.6-4　　　　　　　　　　［基本类型]成果质量元素检查评分表

| 质量元素 | 权 | 质量子元素 | 权 | 处（本）扣分 | | | | 类项扣分 | | | | 全项扣分 | | | | 得分 | |
|---|---|---|---|---|---|---|---|---|---|---|---|---|---|---|---|---|---|
| | | | | A | B | C | D | A | B | C | D | A | B | C | D | 子元素 | 元素 |
| | | | | | | | | | | | | | | | | | |

### 5.6.3.9　单位成果质量评分

（1）控制测量

项目成果质量检查评分（控制测量）见表5.6-5。

表 5.6-5　　　　　　项目成果质量检查评分表(控制测量)　　　　(单位:分)

| 成果类型 | 权 | 分类得分 | 成果得分 | 全项扣分 | 项目得分 |
|---|---|---|---|---|---|
| 专业技术文件 | 0.2 | 100 | 20 | | |
| 平面控制测量 | 0.4 | 100 | 40 | | 100 |
| 高程控制测量 | 0.4 | 100 | 40 | | |

(2)地形测量

项目成果质量检查评分(地形测量)见表 5.6-6。

表 5.6-6　　　　　　项目成果质量检查评分表(地形测量)　　　　(单位:分)

| 基本类型 | 权 | 成果类型 | 权 | 分类得分 | 成果得分 | 全项扣分 | 项目得分 |
|---|---|---|---|---|---|---|---|
| 控制测量 | 0.15 | 图根控制 | | 100 | 15.0 | | |
| 地形测量 | 0.70 | 陆上地形 | 0.35 | 100 | 24.5 | | |
| | | 水下地形 | 0.40 | 100 | 28.0 | | 100 |
| | | 地形图 | 0.25 | 100 | 17.5 | | |
| 专业技术文件 | 0.15 | | | 100 | 15.0 | | |

(3)断面测量

项目成果质量检查评分(断面测量)见表 5.6-7。

表 5.6-7　　　　　　项目成果质量检查评分表(断面测量)　　　　(单位:分)

| 基本类型 | 权 | 成果类型 | 权 | 分类得分 | 成果得分 | 全项扣分 | 项目得分 |
|---|---|---|---|---|---|---|---|
| 断面测量 | 0.85 | 陆上断面测量 | 0.35 | 100 | 29.75 | | |
| | | 水下断面测量 | 0.45 | 100 | 38.25 | | |
| | | 断面图 | 0.10 | 100 | 8.50 | | 100 |
| | | 断面成果表 | 0.10 | 100 | 8.50 | | |
| 专业技术文件 | 0.15 | | | 100 | 15.00 | | |

(4)水力泥沙要素观测

项目成果质量检查评分(水力泥沙要素测量)见表 5.6-8。

表 5.6-8　　　　　　　　　项目成果质量检查评分表(水力泥沙要素观测)

| 基本类型 | 权 | 成果类型 | 权 | 分类得分 | 成果得分 | 全项扣分 | 项目得分 |
|---|---|---|---|---|---|---|---|
| 控制测量 | 0.2 | | | 100 | 20.0 | | |
| 水力泥沙要素 | 0.7 | 沿程水面线 | 0.15 | 100 | 10.5 | | 100 |
| | | 水沙断面 | 0.35 | 100 | 24.5 | | |
| | | 流速流向 | 0.25 | 100 | 17.5 | | |
| | | 床沙观测 | 0.10 | 100 | 7.0 | | |
| | | 河床组成 | 0.15 | 100 | 10.5 | | |
| 专业技术文件 | 0.1 | | | 100 | 10.0 | | |

### 5.6.3.10　单位成果质量评定

1)当单位成果出现以下情况之一时,即判定为不合格:

①单位成果中出现 A 类错漏;

②单位成果高程精度检测、平面位置精度检测及相对位置精度检测,任一项粗差比例超过 5%;

③质量子元素质量得分小于 60 分。

2)单位成果的质量得分按表 5.6-1 划分质量等级评定。

### 5.6.3.11　错漏数量确定

根据错漏分类表中计算单位,处(本、册、幅)错漏应逐个统计,对质量子元素逐个扣分;出现全项、类项错漏对相应的质量子元素只计 1 次,在检查时应按规定的样本量完成检查并进行错漏个数统计。

## 5.6.4　最终检查批成果质量评定

最终检查批成果合格后,按以下原则评定批成果质量等级。

(1)优级

优良品率达到 90%以上,其中优级品率达到 50%以上。

(2)良级

优良品率达到 80%以上,其中优级品率达到 30%以上。

(3)合格

未达到上述标准时。

## 5.7 产品归档

### 5.7.1 基本工作流程

1)项目组完成资料整理工作、组级检查,生产部门组织完成项目一级检查(过程检查)。

2)项目组对一级检查提出的问题进行整改验证,然后按照资料一级提交的要求打印装订并提交至项目实施单位技术管理部门。

3)承担单位技术管理部门对一级提交资料进行二级检查(专业检查)。

4)项目组对二级检查提出的问题进行整改验证,然后按照产品归档的要求打印装订资料并提交至项目实施单位技术管理部门,项目实施单位技术管理部门对提交的产品进行内部验收并签字确认。

5)项目组把经过内部验收的产品移交至项目实施单位档案接收部门完成归档。

6)项目提交至上级单位或业主单位组织最终验收。

上述流程对于多测次的项目,各个测次均应执行流程1)至4)。

### 5.7.2 资料打印装订

#### 5.7.2.1 提交资料打印装订

(1)资料一级提交

资料在一级提交时,应按照原始数据、中间成果、运行管理文件、成果数据分类,并分别打印装订成册,各种正式成果须相应配备成果目录和成果说明。

1)测量所有原始观测记录簿(含地形测量记录簿、GNSS 水下地形测量记录簿、水位记载表、水准测量记录簿等)。

2)GNSS 静态网观测数据。应包含封面、工序签名、目录、引据点文件、GNSS 点位分布图、GNSS 静态网基线解算、网平差文件等,并顺序打印装订,当数据量很大时,可分册装订。

3)导线观测数据。应包含封面、工序签名、目录、引据点文件、导线点分布图、导线网平差文件等,并顺序打印装订。

4)水准观测数据。应包含封面、工序签名、目录、引据点文件、水准观测路线图、水准观测记录表格、水准测量平差文件、水准测量精度统计文件,并顺序打印装订,当数据量很大时,可分册装订。

5)水下测量资料。应包含封面、工序签名、目录、水下数据表格、声速资料、水位资料(包括水位接测数据、水位推算)、水位摘录数据等,并顺序打印装订;水下数据表数据量很大时,可单独分册装订。

6)管理体系运行相关记录。在资料一级提交时,可不汇编成一册,内容应包括会议签名记录文件,作业跟踪检查记录表(如果有),中间检查记录表,项目一级检查记录表(作业过程检查),作业记事(单独打印装订),投入仪器设备配置表(附仪器鉴定证书扫描件)等。

7)控制成果(新设)。应包含封面、工序签名、目录、成果说明、转换参数、控制成果表、点之记、控制网图,并顺序打印装订;成果说明格式见《河道资料汇总与提交导则》。

8)地形图成果。含分幅图、图幅接合图,无需盖章、折叠装盒;电子文件需另提供总图,格式为2004版以下的dwg文件;视需要编写成图说明,格式见《河道资料汇总与提交导则》。

9)固定断面成果表。应包含封面、内封、工序签名表、目录、成果说明、观测布置图、成果表部分,并顺序打印装订;成果说明格式见《断面成果调制规定》。

10)固定断面图册,应包含封面、内封、工序签名表、目录、成图说明、观测布置图、断面图部分,并顺序打印装订;成图说明格式见《断面成果调制规定》;当断面个数较少时,断面成果表与断面图册可合并为断面成果汇编,装订A4幅面。

11)技术文件(含专业技术设计书、作业实施计划(如有)、专业技术总结、测绘产品检查报告),视需要汇编装订成一册(含封面、内封、目录、正文)或分别打印装订。

12)资料在一级提交时,项目组需编制资料提交清单,并签字确认,技术管理室核对资料的完整性和规范性后,接收人签字确认,完成资料的移交工作。

(2)资料二级提交

项目实施单位技术管理部门视需要组织二级提交资料的汇编工作。二级提交资料的编排项目和顺序与归档资料一致,资料提交内容以任务单、合同或专业技术设计书为准。

项目资料向项目管理单位移交时,还需额外编制以下内容:

1)档案盒封面,由档案室打印档案盒封面;

2)卷内目录、卷内备考表,一般由档案管理系统输出。

3)项目管理单位文件材料交接单。

### 5.7.2.2　测绘类资料档案整理

(1)测绘类资料电子档案整理要求

1)按照年份分别整理。

2)按照项目分别整理,序号尽可能与归档的档案号一致,便于校核。

3)项目内的文件夹的顺序建议如下:1.原始资料;2.成果资料;2.1控制成果;2.2断面成果;2.3断面图;2.4水文泥沙成果(含泥沙颗分成果);2.5地形图(多个测次分开,不同比例尺分开;文件名命名方法:国际分幅建议用"图号+中文图名"命名,自由分幅建议按照"项目名称+流水号"命名;地形图文件夹里要把模版附上);3.技术文件(含专业设计书、技术总结、检查报告、测验报告、作业细则之中的一个或多个);4.不可编辑格式(PDF格式)文档。

(2)归档资料的编排项目和顺序

与一级提交基本一致,不同的部分如下:

1)运行管理文件。应包括封面、内封、目录;任务单或合同扫描件;设计书评审、确认、学习记录;会议签名表、会议记录表;作业跟踪检查记录表(如果有)、中间检查记录表、项目一级检查记录表(作业过程检查)、项目二级检查记录表(专业检查);作业记事(单独打印装订);投入仪器设备配置表(附仪器鉴定证书扫描件);评审验收意见等,并顺序散装。

2)地形图成果。含分幅图、图幅接合表,盖实施单位出图章;电子文件需另提供总图,格式为 2004 版以下的 dwg 文件;视需要编写成图说明,格式见《河道资料汇总与提交导则》。

3)电子文件按照 5.4.4 节中相关资料文件组织汇总要求刻录归档光盘。

4)资料在归档时,项目组需编制资料提交清单,并签字确认,技术管理室核对资料的完整性和规范性后,验收人签字确认,档案室(接收人)签字确认。

### 5.7.3　产品资料紧急放行

在特殊情况下,产品资料需紧急放行时,需要填写"产品紧急放行申请单"。应经局领导同意,技术管理室完成一般性检查后,由技术管理室或项目组把中间成果提交至业主。

紧急放行资料最终成果提交按标准流程执行。

### 5.7.4　归档实施细则

#### 5.7.4.1　归档资料基本要求

产品归档的资料必须是经过审查的最终版本,一般包括纸质和电子两部分。一般情况下,除提交委托单位外,提交实施单位档案室归档时,根据任务单上的要求提交各项资料,项目实施过程中产生的各项过程文件、记录、成果、验收(或审查)意见皆须进行归档。提交时应同时一式两份提供资料提交清单,实施单位档案室和提交单位各存一份。

#### 5.7.4.2　纸质档案归档要求

(1)纸质档案一般要求

一个项目的纸质文件包括技术文件、分析报告、成果资料、各种过程痕迹材料、图纸等。关于技术文件、技术报告、分析报告等编写的详细格式和要求可见相应的行业规范或要求;成果资料中各种表格的详细要求见 5.4.4 节;图纸的要求按照相应行业规范执行。

(2)纸质档案印刷原则

1)纸张要求。

纸质文件采用国标 A4 纸张,其纸张质量至少达到 $70g/m^2$。不能使用热敏纸、复写纸等易褪色的纸张,如果个别文件为此类纸张应复印后装订。纸质文件的封面不得采用塑料介质,应采用可以盖章且不易磨损的纸张,最好是 $180\sim250g/m^2$ 的布纹铜版纸。

2)资料排序。

纸质档案每册资料合成的基本排序结构为:封面(若外加硬封面时则为外封与内封)、副封面(如果有)、工序签名表(成果与资料)或一般性责任页(分析报告和技术报告)、说明部分、成果或者报告的正文部分(如果成果资料和报告装订在一册的时候,报告在前,成果资料在后)、附图(如果有)。

3)打印格式要求。

①基本要求。

内、外封面均需打印,一般内封应该盖章,外封如果项目有要求也应盖章,所盖行政公章与落款的单位名称必须完全一致,责任页、工序签名表应打印人名之后再手签。除了内、外封面、责任页、工序签名表外,从目录开始的正文均双面打印,附图单面打印,横向打印的表格装订的时候表头应朝向装订边。文件印制组版应以美观协调为原则,文件的目录宜采用文档结构图生成的目录,不推荐采用手工输入的目录。

资料中使用的计量单位及符号应符合法定计量单位要求,数字用法应符合国家语言文字工作委员会《关于出版物上数字用法的试行规定》的规定。

②封面打印要求。

资料命名原则一般为:年份+项目名称简称(合同、任务、观测项目或工程类别)+观测河段名称(或工程性质)+(划分段或观测区段)+观测类别名称+(测次)+资料类名(或文件类名),封面标题根据字数多少,分一行或两行注记,最多不超过三行,以美观协调为宜。一般情况下第一行为工程项目名称,第二行为资料类(文件)名称,当工程项目名称很长时第一、二行为工程项目名称,第三行为资料类(文件)名称。

封面印制时,一般情况下标题第一行字上边距封面顶边控制在 $55\pm5$mm,落款及日期下边距封面底边控制在 $40\pm5$mm,为了便于编辑,建议采用文本框方式,详见附例。

对资料类文件,当用户有特定需求时,按用户要求执行。

③成果表格式要求。

最终成果表汇总成册提交时,其各项成果表底均不打印"制表""校核"等字样,责任人统一汇入总的工序签名表(点之记不能采用此种方式,应每页签名)。

(3)纸质档案装订原则

纸质档案印刷时每册厚度印制完成后不得超过 30mm,若一册中的文件厚度超过30mm 则划分为分册。当厚度超过 5mm(含)时,在装订时应该在脊背上印刷文件题名,脊背的字体以美观、清晰为宜,一般情况下脊背的字上边距顶边控制在 $55\pm5$mm,纵向长度一般不超过纸张长度的 2/3。如果文件页数少于 20 可采用线装,外表粘贴外封。

纸质文件不得用金属装订,只能线装或者胶装;文件的左侧与右侧厚度相差较大时,左侧需夹硬纸条。装订好的文件应做到牢固、整齐、美观,无错页、倒页、压字,便于保管与利用。

### 5.7.4.3 装盒组卷原则

工程项目在完成前期的内外业工作后,就要开始进行档案资料的整理和立卷,将各种文件材料进行实体分类、组合。

（1）案卷题名命名原则

某一册资料进行组卷的时候，首先要确定的是资料的案卷题名，其命名的一般原则是：年份＋项目名称简称（合同、任务、观测项目或工程类别）＋观测河段名称（或工程性质）＋划分段或观测区段＋观测类别名称＋测次＋资料类名（或文件类名）。

其中资料类名一般分为"成果资料""技术文件""分析报告"等，当某一册/卷资料不为单纯的某项成果时，如含有报告、成果表或含有图等，则资料类名宜写为"技术资料"，如果某一册/卷资料为多种类别的成果时，资料类名可写为"综合资料"。

（2）合册要求

某一项目由多个单位或部门参与完成时，由其中一个主要单位负责资料的整合，在归档的时候统一格式并确保资料的完整性和一致性。当项目包括水文测验、地形测量等多项工作内容时，如果项目委托方有要求，应将各项工作的技术文件也进行整合。资料装订成册（合成）时，前面应编制资料目录，其样式见附录。

（3）装盒标签

装盒的粘贴标签采用白色打印纸，纸张质量不低于 $80\,g/m^2$；考虑美观和精确性的要求，装盒标签的制作推荐采用 Coral Draw 软件。

### 5.7.4.4　电子文档要求

（1）调制一般要求

纸质文件均需提交对应的电子文档，采用 CD 或者 DVD 均可，盘片的介质必须是只读的，不可使用可擦写盘片。

光盘刻录的时候，写速度宜采用较低的刻录倍数，刻录时应选择"完毕后校验数据"选项，以保证刻好的光盘有较好的兼容性，能够在其他机器正确读出。

光盘中的电子文件的内容除在保留原始的文件以外，必须有不可编辑的文件格式，如 PDF 或者是扫描的 TIF 格式等可供对外利用；严禁将病毒、木马等恶意软件写入光盘，刻录光盘前必须进行病毒检测，确保系统没有病毒，为安全起见，建议在刻录光盘时，将计算机断开网络进行操作。

对于每张存放电子文件的光盘应在成果文件前面建有电子文件说明，文件名建议取"README. TXT"或"README. DOC"。内容包括本张光盘中存放的电子文件的内容与名称、文件名及创建日期、专用格式文件（如清华山维的 .MDB 格式图形、长江水文泥沙管理信息系统的 .GEO 格式等）在光盘中应说明支持软件及版本、其他需要说明的信息等。

（2）建文件夹及文件命名原则

1）文件夹顺序原则。

首先按照年份分别整理，然后按照项目分别整理，序号尽可能与归档的档案号一致，便于校核。项目内的文件夹顺序建议如下：

\1\原始资料;\2\成果资料;\2\1\控制成果;\2\2\断面成果;\2\3\断面图;\2\4\水文泥沙成果;\2\5\地形图;\3\技术文件;\4\不可编辑格式(PDF 格式)文档

2)电子文件的命名方式及排列顺序原则。

电子文件的文件名与内容相对应。一个文件夹中多个文件在一起的时候,文件名的命名前应加流水号;文件数小于 100 个的时候,流水号从"01"开始,采取两位数编号;编号的原则与文件组卷的顺序尽可能一致。

(3)提交电子资料内容

原始资料包括所有原始电子数据。

成果资料的电子文件应包括除原始记录资料以外的所有最终资料(技术文件、点之记或考证资料、成果、图),中间成果不必提交。当需满足一般用户的需要和目的时,提交给用户使用的最终产品(技术文件或报告)的电子文件应转换成 PDF 格式。

地形图多个测次分开,不同比例尺分开。文件名命名方法:国际分幅建议用"图号+中文图名"命名,自由分幅建议按照"项目名称+流水号"命名;地形图文件夹里要把模版附上。

技术文件含专业设计书、技术总结、检查报告、测验报告、作业细则之中的一个或多个。

不可编辑格式文件包含纸质成果、技术文件的扫描文件(PDF 格式)。

(4)电子文件格式及版本要求

考虑到兼容性和通用型,提交电子文件格式及版本要求的一般原则如下:

1)文字类电子文件推荐采用 DOC(建议采用 WORD 2003 格式)、TXT、PDF (Portable Document Format)格式。表格类电子文件推荐采用 XLS(建议采用 Excel 2003 格式)。

2)图像类电子文件推荐采用 PDF、TIFF、JPEG 格式。

3)查勘等工作的视频类电子文件推荐采用 AVI、WMV 格式,对于高清格式推荐采用支持 H.264 的 avi 或者 f4v 格式。

4)会议录音等音频类电子文件推荐采用 MP3 格式,对于音质有特殊要求的推荐采用.AAC 格式(Advanced Audio Coding)。

5)图纸类电子文件推荐采用 DWG(建议采用 AutoCAD 2004)或 DGN(建议采用 Micro Station 2004/V8)格式,对于内部归档的清华山维的。MDB 格式图形,归档的时候应附所采用的模板。

(5)纸质文件数字化的要求

1)收集整理的纸质文件如果没有相同内容的电子版,视文件重要程度均须通过扫描,实现纸质文件的数字化,如重要文件的手签字、盖章页,设备质量证明文件。一般而言,每本纸质文件做成 1 个电子文件,文件名与内容相对应。

2)报告之后的图纸电子文档可以做成单个或多个文件,但是文件标识应清晰,如文件名前或后面加流水号;也可以把文字与图纸合并在一个图形文件。

3)纸质文件数字化扫描分辨率参数大小的选择,原则上以扫描后的图像清晰、完整、不影响图像的利用效果为准。采用黑白二值、灰度、彩色几种模式对档案进行扫描时,其分辨率选择大于或等于 200dpi;在特殊情况下,如文字偏小、密集、清晰度较差等,可适当提高分辨率。

4)扫描文件的存储格式选择。

①采用黑白二值模式扫描的图像文件,一般采用多页 TIFF(G4)或 PDF 格式存储。

②采用灰度模式和彩色模式扫描的文件,一般采用 JPEG 格式存储,也可采用多页 TIFF(G4)或 PDF 格式存储。

③保存多页 TIFF 或 PDF 文件时,要注意核对好页码顺序,不得缺漏页,应避免使用 Word 的插入图片功能来保存多页图像文件。

5)存储时压缩率的选择。

在保证扫描图像清晰可读的前提下,尽量减小存储容量为准则。

6)扫描的时候应注意原件与扫描仪尽可能紧密接触,避免出现局部模糊不清的情况;对于较厚的纸质文件,应尽可能避免扫描件有黑边或倾斜,如果情况严重的宜重新扫描或者进行处理。

### 5.7.4.5 资料提交清单

一般情况下采用《河道资料汇总与提交导则》的样式,如任务委托方有特殊要求则采用其规定样式。

单个项目的资料提交清单一般制作在一页纸上,如果项目的资料种类复杂、条目很多,一页纸难以容纳,可以制作在多页纸上,但应注明"第×页 共×页"字样,并且在每页上面均须盖章。

同时提交的多个项目资料,其资料提交清单可以做在一起,详见示例。

资料提交清单所填写档案资料的名称要与任务书、任务单、设计书的名称相一致,不能缩写和简写,在盖章之前要仔细核对提交清单,清单上的成果数量要准确、内容要正确、外观要整洁、不能涂改。

提交清单中的"成果名称"栏应该尽可能简洁,避免随意性和自创名称,做到分类科学、通俗易懂、名副其实、避免歧义,使用诸如成果资料、综合资料、原始数据、整编成果、技术文件、地形图、分析报告等较为通用的名称。在"内容及附件情况"栏可以对本项成果的内容和附件加以简单描述,其他需要在提交清单说明的则在"备注"栏加以简单说明。

提交清单中的"成果光盘"栏要注明项目的全称、光盘数量、光盘制作责任人、生产单位、生产时间、光盘的刻录格式及内容的简要说明。

## 5.8 小结

本章对常规河道勘测产品生产周期各个环节进行了介绍,主要包括河道勘测数据处理与整编、河道水力泥沙要素数据处理与整编、成果质量检验与验收、资料归档、产品提交等方面。随着河道勘测工作的发展进步,河道勘测数字产品生产已形成相对完善的主流体系,体系的建立为近年河道勘测产品的生产提供了有力保障。随着河道勘测技术的快速发展,多波束测深系统、无人机航空摄影测量、三维激光扫描测量、机载激光测深等新技术也日臻成熟已在局部投入使用并以迅速扩张之势,运用到测绘项目之中,传统常规河道勘测产品生产模式所形成的完整流程体系为新技术全面投入使用提供了基本保障。

# 第 6 章 长江中下游河道基本观测

## 6.1 概述

长江中下游河道基本观测是长江中下游流域防洪的非工程措施之一,是一项长期的工作,由于防洪、河道治理开发、水资源利用等需要,应保持资料的连续性。自 20 世纪 50 年代,以防洪为重点,对长江开展了系统的河道观测和资料分析工作。目前,正在实施的长江中下游河道基本观测项目主要包括长程水道地形测量、固定断面观测、河道演变观测 3 个方面。观测项目、内容互相补充,成果形式多样,对于研究长江河道演变、综合治理长江、保护开发长江资源提供了重要的基础资料。

## 6.2 长程水道地形测量

长程水道地形测量自 20 世纪 50 年代以来,对长江干流中下游河道共进行了 16 次全程系统性测量,其中,长江中游城陵矶—九江河段,全长约 513km,水陆范围内施测面积约 1340km$^2$,从上游至下游包括岳阳、陆溪口、嘉鱼、簰洲湾、武汉、叶家洲、团风、鄂黄、韦源口、田家镇、龙坪、九江等 12 个河段。全河段右岸多山矶,岸坡抗冲性总体好于左岸。除簰洲湾河湾外,总体呈宽窄相间的藕节状分汊河型。

### 6.2.1 长程水道地形测量基准的建立

平面系统和高程系统是地形图的两大基础地理框架。自 1954 年以来,长江长程水道地形测绘资料的平面系统主要采用的 1954 年北京坐标系、高程基准分别采用吴淞高程、1956 黄海高程和 1985 国家高程基准。从 2018 年 7 月 1 日起,平面坐标系统全面采用 2000 国家大地坐标系,高程基准采用 1985 国家高程基准。

不同的基准之间存在基准转换的问题、同一基准在不同的时期存在不一致性的问题,主要表现在以下几个方面:

1)由于旧 1954 年北京坐标系成果不是统一平差,而是分块平差,跨区块之间的平面坐标存在裂隙。

2)新 1954 年北京坐标系成果采用了整体平差,克服了旧 1954 年北京坐标系的分块平差的问题,但是新旧测绘成果之间存在裂隙。

3)1954 年北京坐标系是参心坐标系,2000 国家大地坐标系是地心坐标系,将已有 1954 年北京坐标系的测绘成果转换成 2000 国家大地坐标系成果,存在转换方法、转换精度问题。

4)不同时期采用不同的高程基准以及与不同基准之间的转换问题。

5)同一高程基准,由于不同地区地面沉降程度不同,存在地区之间的裂隙。

6)不同省市所采用的独立平面与高程系统与国家统一采用的平面与高程基准之间的转换问题。

为了保证长程水道地形资料具有一致的测绘基准,方便成果的利用,需要研究不同的测绘基准之间、同一测绘基准的不同时期的基准转换问题。通过 GNSS 三维高精度控制网测量,可以检验 1954 年北京坐标系区域之间是否存在平面坐标不相容性,可以判断控制网区域内高程点高程值的相容性,为长程水道地形测量的控制成果提供裂隙解决方案,实现无缝基准转换。

#### 6.2.1.1 控制网设计

长程水道地形平面基准是依据国家的平面基准网而建立的。1954—2018 年长程水道地形测量的平面控制采用 1954 年北京坐标系,首级平面控制框架成果来自国家测绘局发布的国家大地三角网测量成果。1980 年以后,国家颁布采用整体平差的新 1954 年北京坐标系成果,长程水道地形的平面坐标采用新 1954 年北京坐标系成果。国家Ⅰ、Ⅱ、Ⅲ、Ⅳ平面控制点不能满足长程水道地形测量需求,需要在首级控制网框架内布设测站控制网。长程水道测量平面基准控制网为满足此目的布设,主网设计为 C 级,内嵌 D、E 级网进行加密。

基本控制一般每 5 年进行一次整顿,主要是对测区内受损的控制点进行同精度的恢复,对不稳定的标石进行连测,使测区控制网修复如初。

#### 6.2.1.2 控制点的埋设

(1)选点

根据测区范围实地查勘,按照以下选点原则确定点位:

1)充分考虑标石的抗毁性和永久性。C 级点便于观测墩的建造,E 级点侧重于方便日常观测工作。

2)C 级点选在所处河段历史最高洪水位 3m 以上高度,D、E 级点高于该河段历史最高洪水位 1m 以上。

3)为方便使用和长期保管,部分 C、D、E 级控制点选在水文站、水位站、闸管所的楼顶或水闸的基础平台上。

4)C 级点一般为现场浇筑的观测墩,部分 C 级点选用原高等级水准点或稳定性好、抗沉降性及抗毁性强的原 GNSS 点。

5)D、E 级点选择稳固、受自然及人类活动影响小的临水地区布设。

6)GNSS 网点位均匀分布,相邻点间距离最大不超过该网平均点间距的 2 倍。

7)对某些必须选择,又不确定 GNSS 信号是否会受到干扰的点位,用双频 GNSS 接收机采集静态数据 12h 以上,采用 TEQC 软件或华测的 CHCDATA 软件对所测数据进行质量检查,检查数据利用率、多路径误差 Mp1、Mp2、观测数据与周跳比。

（2）造标

C级点标石主要采用混凝土标（矮墩）、观测墩、钢管标等几种规格，均安装强制对中装置。

1）混凝土标：适用于建筑物或构筑物在顶部建造的标石（图6.2-1）。

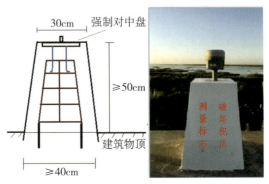

**图6.2-1　C级点混凝土标样式**

2）观测墩：适用于无建筑物或构筑物的地区在地表建造的标石，地面标采用具有强制归心装置的观测墩（图6.2-2）。

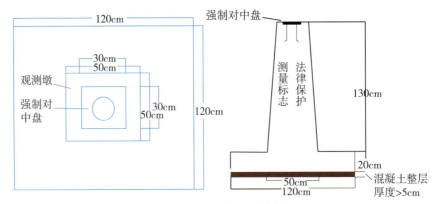

**图6.2-2　C级点观测墩样式**

3）钢管标：适用于直接在建筑物或构筑物顶部安装强制对中盘的标石。钢管与底板及建筑物接触面应做混凝土防护和防漏处理（图6.2-3、图6.2-4）。

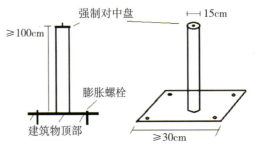

**图6.2-3　C级点钢管标样式**

4)强制对中盘,即连接件垂直于底座不锈钢平板的组合构件。强制对中盘上刻有单位、等级、点号等信息。

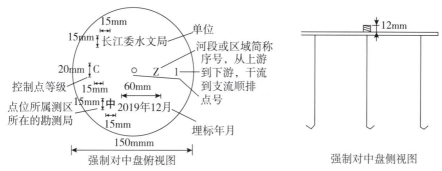

图 6.2-4 C 级点强制对中盘样式

E 级点标石主要有混凝土标和镶嵌标两种规格(图 6.2-5)。

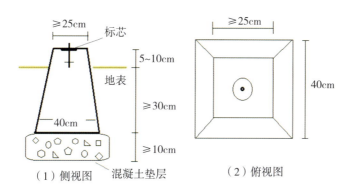

图 6.2-5 E 级点混凝土标样式

5)混凝土标:标石为现场浇筑或预制。

6)镶嵌标。

不锈钢标芯,将标芯镶嵌于物体内至面板与物体表面一致。施工时携带小型电动切刀和电动冲击钻,将标面面板外边框或其他文字用电动切刀割出,电动冲击钻钻出标芯孔位,将标芯嵌入孔内并用水泥浆固定(图 6.2-6)。

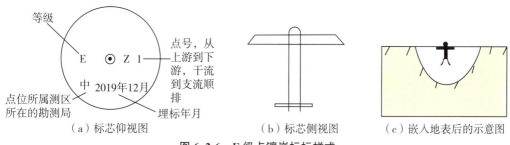

图 6.2-6 E 级点镶嵌标标样式

（3）埋设

控制标石一般都埋设在近水的堤防、临水的坡顶、坎顶及沿江建筑物或构筑物上，直接面向水域。而水道的水位涨落现象频繁，为了能在高水期正常开展工作，要求控制标石埋设高度高于当地的最高洪水位，并定期对标石进行稳定性复测（图6.2-7）。

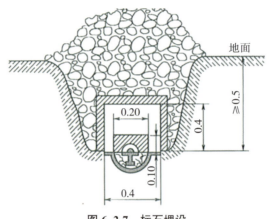

图6.2-7　标石埋设

### 6.2.1.3　平面控制测量

由于GNSS技术的普及，现阶段的平面控制测量多采用GNSS的方法测定。

（1）GNSS控制网的布设

GNSS静态控制网一般采用分级布设的方式，并根据测区的近期需要和远期发展分阶段开展。按照就近的原则，将高等级控制点和待测的C、E级点构成网，其中C级主要用于首级基本控制网，E级主要用于加密控制网。采用多台GNSS接收机，对相邻的网点进行同步观测。静态观测按照《全球定位系统（GPS）测量规范》（GB/T 18314—2009）的技术规定实施，C级点静态数据采集3h以上，E级点静态数据采集1h以上。均采用TEQC等软件对所测数据进行质量检查，包括数据利用率（90％以上）、多路径误差Mp1、Mp2（0.60以下）等。在完成一个时段的同步观测后，再迁移到其他的测站上进行同步观测，每次同步观测都可以形成一个同步环，整个GNSS网由这些同步环构成，在测量过程中，不同的同步环间一般有若干个公共点相连，一般采用边连式或网连式连接。部分控制点网图构成见图6.2-8。

（2）GNSS控制网野外观测步骤

野外观测主要包括天线安置、观测作业和观测记录等步骤。

1）天线安置。

天线安置应严格对中、整平，天线基座上的圆水准气泡必须居中，使天线严格处于水平状态。安置完毕，在天线互为120°方向上量取天线高。

2）观测作业。

连接电缆，待确认无误后开机，接收机预热进入正常跟踪任务状态后，输入测站名、天线高、观测单元和时段等基本控制信息。

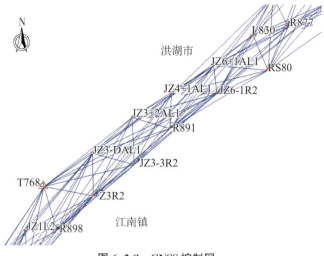

图 6.2-8　GNSS 控制网

观测中不能进行接收机重新启动、自测试、改变卫星截止高度角及数据采样间隔、天线位置、关闭文件和删除文件等功能键操作。

3）观测记录。

开机后，GNSS 接收机会自动记录观测信息，包括载波相位观测值、伪距观测值、GNSS 观测时间等。观测人员需在观测开始与结束前各记录一次测站名、时段号、天线高、观测卫星号、天气状况、近似经纬度和大地高、PDOP 值等辅助信息。

（3）GNSS 控制网的解算

控制网计算包括基线解算、无约束网平差、约束平差 3 个步骤。虽然 GNSS 基线解算及网平差软件很多，但其解算方法步骤大致相同，一般步骤是：

1）建立项目的新工程，确定坐标系统、投影参数等。

2）导入 GNSS 静态观测数据，确定每一个观测数据的站点名称或编号、接收机类型、天线类型、天线相位中心到标石高程点位高度的信息。

3）设置基线解算参数，确定解算方法，选择需要解算的基线进行解算。

4）检查基线解算的质量，基线解算的质量控制指标包括：单位权方差因子、RMS、RATIO、同步环闭合差、异步环闭合差及重复基线较差。

①RMS 表明观测值的质量，观测值质量越好，RMS 越小，反之，观测值质量较差，则 RMS 越大，RMS 不受观测条件好坏的影响。

②RATIO 反映了所确定出的整周未知数参数的可靠性，这一指标取决于多种因素，既与观测值的质量有关，也与观测条件的好坏有关。

③同步环闭合差是由同步观测全部基线所组成的闭合环的闭合差。在超限的情况下，同步环至少有一条基线是错位的。但是没有超限的情况下还不能说明全部基线合格。

④异步环闭合差是不完全同步观测全部基线的闭合环的异步环的闭合差。当异步环闭

合差满足限差要求时,说明基线的向量是合格的。反之,不合格。

⑤重复基线较差是不同观测时段,对同一条基线的观测结果。

(4)网平差

1)无约束网平差。

无约束网平差可以检查全网的观测质量、全网的内符合精度,是 GNSS 控制网主要精度验证方法,同时获得 WGS84 自由网平差成果一套。

2)约束网平差。

约束网平差是给定两个以上已知点的三维坐标,或一个以上已知点和一条以上观测边长及方位角等限制条件下的网平差。约束网平差目的是得到目标坐标系的控制网成果。2018 年长程水道 C 级控制网通过约束平差,取得了 1954 年北京坐标系控制点成果和 CGCS2000 坐标系控制点成果各一套。

### 6.2.1.4 高程控制测量

GNSS 控制网不仅仅需要提供平面控制成果,还需要为每个控制点接测高程。GNSS 点高程接测不低于四等水准精度,起算点成果采用各省市的二、三等高程控制网成果。水准测量时严格按照《国家三、四等水准测量规范》(GB/T 12898—2009)的规定操作。

水准测量主要技术指标见表 6.2-1,三、四等水准测量测站观测限差表 6.2-2,三、四等水准往返高差不符值及闭合差指标表表 6.2-3。

表 6.2-1　　　　　　　　　　　　水准测量主要技术指标

| 等级 | 仪器类型 | 视距（mm） | 前后视距差（mm） | 每站的前后视距累积差（mm） | 视线高度（mm） | 数字水准仪重复测量次数（次） |
|---|---|---|---|---|---|---|
| 三等 | Ds3 | ≤75 | ≤2.0 | ≤5.0 | 三丝能读数 | ≥3 |
| | Ds1、Ds05 | ≤100 | | | | |
| 四等 | Ds3 | ≤100 | ≤3.0 | ≤10.0 | 三丝能读数 | ≥2 |
| | Ds1、Ds05 | ≤150 | | | | |

注:1.相位法数字水准仪重复测量次数可以为上表中数值减少一次;

2.所有数字水准仪,在地面振动较大时,尤其是过桥水准时,应增加重复测量次数。

表 6.2-2　　　　　　　　　　三、四等水准测量测站观测限差　　　　　　　　(单位:mm)

| 等级 | 观测方法 | 基辅分划(黑红面)读数的差 | 基辅分划(黑红面)所测高差之差 | 单程双转点观测时,左右路线转点差 |
|---|---|---|---|---|
| 三等 | 中丝读数法 | 2.0 | 3.0 | — |
| | 光学测微法 | 1.0 | 1.5 | 1.5 |
| 四等 | 中丝读数法 | 3.0 | 5.0 | 4.0 |

表 6.2-3                          三、四等水准往返高差不符值及闭合差指标表

| 等级 | 测段、路线往返测高差不符值 | 测段、路线的左右路线高差不符值 | 附合路线或环形闭合差 | | 检测已测测段高差的差 |
|------|------|------|------|------|------|
| | | | 平原 | 山区 | |
| 三等 | $\pm 12\sqrt{K}$ | $\pm 8\sqrt{K}$ | $\pm 12\sqrt{L}$ | $\pm 15\sqrt{L}$ | $\pm 20\sqrt{R}$ |
| 四等 | $\pm 20\sqrt{K}$ | $\pm 14\sqrt{K}$ | $\pm 20\sqrt{L}$ | $\pm 25\sqrt{L}$ | $\pm 30\sqrt{R}$ |

注:$K$ 为路线或测段的长度,km。$L$ 为附合路线(环线)长度,km。$R$ 为检测测段长度,km。当长度小于 1km 时,按 1km 计算。山区指高程超过 1000m 或路线中最大高差超过 400m 的地区。

(1)水准网的布设

由于长程水道地形整体上为带状地形,因此附合水准路线为其水准网的主要布设形式,见图 6.2-9。

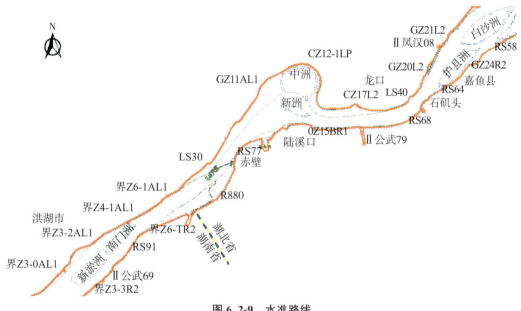

图 6.2-9 水准路线

(2)测量方法

长程水道测量的高程基准采用不低于四等水准接测,选用自动安平数字水准仪,标尺采用条码式铟瓦标尺,水准路线以附合路线为主,长度不超过 80km;个别困难地区采用闭合路线,环线周长不超过 100km;同级网中结点间距离不超过 30km。采用数字水准仪观测时,四等水准照准顺序为后—后—前—前;整个作业期间需在每施测前进行 $i$ 角测定。观测时前、后标尺至仪器的距离要大致相等,尽可能地削弱与距离有关的误差影响。一个测段测的站数应为偶数,以尽可能地消除标尺零点差的影响。由往测转为返测时,两标尺要互换位置。水准测量中,对每一测站、每一测段、每一路线的往返高差不符值、路线闭合差、环线闭合差均要进行检校,使之符合规范限差要求。

（3）过河水准

为消除两岸高程系统差，在每 60～80km 河段的水准路线中增加过河水准。过河水准可依托沿岸的桥、隧、坝、闸，开展过桥（坝、隧、闸）水准观测，采用夜测的方法进行。由于长江干流河道宽度较宽，一般为 1.5～2.0km，因此主要采用 GPS 跨河的方式进行。

在实际应用中一般要将 GPS 大地高转化为目前我国使用的正常高。进行 GPS 高程转换要考虑 WGS 84 椭球和本地参考椭球的差异，以及大地水准面和似大地水准面相对本地参考椭球的高差，即大地水准面高和高程异常。大地高、正常高和高程异常之间有如下关系：

$$H_G = H_N + \xi \tag{6.2-1}$$

式中：$H_G$——大地高；

$H_N$——正常高；

$\xi$——高程异常。

GPS 定位技术在水准高程方面一直存在难以逾越的障碍，但高程异常变化对于某一具体位置而言是恒定的，它取决于该地地球的形状及该地地下介质的质量（即该地的重力加速度），同时对于某一个区域而言高程异常变化值是有规律可循。地球介质的质量变化，导致该地重力加速度的变化，从而导致高程异常变化。但是，对于某一个区域而言，地球介质的质量变化是渐进的过程，是地球在几亿年变化过程中逐渐形成的，从而导致重力加速度的变化也是渐进的过程，最终导致高程异常变化也是渐进的过程。因而，对于某一个较小区域而言，高程异常变化率呈现逐渐递增或者逐渐递减的变化趋势。

对于一条直线而言，见图 6.2-10，从 AB 区间的高程异常变化率，到 BC 区间的高程异常变化率，再到 CD 区间的高程异常变化率，必然是一个渐进的过程。因此，AB 区间的高程异常变化率是 BC 区间的高程异常变化率与 CD 区间的高程异常变化率的平均值。这也是 GPS 跨河的理论依据。

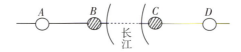

●跨河点　　　○非跨河点

**图 6.2-10　GPS 跨河布置示意图**

本项目 GPS 过河参照《国家一、二等水准测量规范》（GB/T 12897—2006）中 GPS 跨河水准部分二等水准测量要求实施。采取见图 2.6-11 的布设方式，河流同岸的非跨河点 $A_1$、$A_2$ 或以 $D_1$、$D_2$ 可以在同一个点位附近埋设，但点位位置应位于沿跨河方向轴线上或在其两侧且大致对称，非跨河点距跨河点的距离大致与跨河距离相等。非跨河点偏离跨河方向轴线的垂直距离不超过跨河距离的 1/4，各段垂直距离互差不大于 BC 的 1/25。

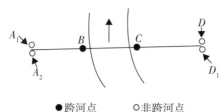

●跨河点　　　○非跨河点

**图 6.2-11　GPS 跨河布置示意图**

GPS 跨河观测基本要求见表 6.2-4。

表 6.2-4　　　　　　　　GPS 跨河观测基本要求（静态测量）

| 项目 | 级别 |
|---|---|
| 卫星高度角(°) | ≥15 |
| 有效卫星总数 | ≥4 |
| 时段长度(min) | ≥120 |
| 观测时段数 | 4 |
| 数据采样间隔(s) | 10 |
| PDOP 或 GDOP | ≤6 |

（4）平差计算

水准测量一般均为往、返测量，有了多余观测，势必在观测结果之间产生误差，水准平差目的就在于消除这些误差而求得观测量的最可靠结果，并评定测量成果的精度。

1）高差改正。

影响高差计算的主要因素为水准标尺尺长的误差以及水准面不平行的误差。其中，水准标尺尺长误差改正公式为：

$$\delta = h \times f \tag{6.2-2}$$

式中：$\delta$——尺长误差改正数，mm；

$h$——测段往测或返测高差，m；

$f$——标尺改正系数，mm/m。

四等水准不平行改正计算公式为：

$$\varepsilon_i = -A \times H_i \times (\Delta\varphi_i)' \tag{6.2-3}$$

$$\Delta\varphi'_i = \varphi_2 - \varphi_1 \tag{6.2-4}$$

式中：$\varepsilon_i$——水准测量路线中第 $i$ 测段的正常水准面不平行改正数，mm；

$A$——常系数，$A = 1537.11 \times 10^{-9} \times \sin 2\varphi$；

$H_i$——第 $i$ 测段始末点的近似平均高程。

2）水准路线闭合差计算与分配。

对于构成环线或附合路线的单一水准路线，按下式计算闭合差：

$$\omega = H_0 + \sum_{i}^{n} h_i + \sum_{i}^{n} \varepsilon_i - H_n \qquad (6.2\text{-}5)$$

式中：$\omega$——环闭合差；

$H_n$——起止点的已知高程（当构成闭合环时，$H_0 = H_n$）；

$h_i$——加入尺长改正后的各测段往返高差中数；

$\varepsilon_i$——各测段的正常水准面不平行改正数。

水准路线闭合差 $\omega$ 符合规范限差时，将其闭合差值 $\omega$ 反号、按比例分配到各测段高差中。

3）水准测量精度评定。

水准测量中误差可用式（6.2-6）表示。

$$m = \pm \mu \sqrt{l} \qquad (6.2\text{-}6)$$

式中：$\mu$——水准测量每千米中误差；

$l$——以千米为单位的高差观测值的路线长度。

定义高差观测值的权为：

$$p = \frac{C}{l} \qquad (6.2\text{-}7)$$

式中：$C$——根据水准网中各路线长度具体情况而定的常数，$C$ 的选择应使高差观测值的权 $p$ 便于平差计算。

### 6.2.1.5　不同基准间的转换方法

基准转换是空间实体的位置描述，是从一种坐标系统变换到另一种坐标系统的过程。它通过建立两个坐标系统之间一一对应关系来实现，是各种比例尺地图测量和测绘中建立地图数学基础必不可少的步骤。两个及以上的坐标转换时由极坐标相对参照确定维数空间。因为当下主要采用 GNSS 定位技术测量，需要将 GNSS 所在的三维坐标转换成工程坐标系的二维或三维坐标，这个过程叫作基准转换。

（1）平面基准的转换

1）四参数转换。

在一个椭球的不同坐标系中的平面坐标之间转换则会用到平面转换。目前一般分为四参数和平面网格拟合两种方法，以四参数法在国内用得较多。

通常至少需要两个公共已知点，以及在两个不同平面直角坐标系中的四对 $XY$ 坐标值，才能推算出这四个未知参数，计算出了这四个参数，就可以通过四参数方程组，将一个平面直角坐标系下一个点的 $XY$ 坐标值转换为另一个平面直角坐标系下的 $XY$ 坐标值。

四参数模型转换模型为：

$$\begin{bmatrix} X_2 \\ Y_2 \end{bmatrix} = \begin{bmatrix} \Delta X \\ \Delta Y \end{bmatrix} + K \begin{bmatrix} X_1 \cos\alpha & Y_1 \sin\alpha \\ -X_1 \sin\alpha & Y_1 \cos\alpha \end{bmatrix} \qquad (6.2\text{-}8)$$

1）两个坐标平移量（$\Delta X$，$\Delta Y$），即两个平面坐标系的坐标原点之间的坐标差值；

2)平面坐标轴的旋转角度 $\alpha$ ,通过旋转一个角度,可以使两个坐标系的 $X$ 轴和 $Y$ 轴重合在一起;

3)尺度因子 $K$ ,即两个坐标系内的同一段直线的长度比值,实现尺度的比例转换。

（2）七参数转换

七参数转换是针对将地理坐标系所对应的空间直角坐标转换为另一坐标系的空间直接坐标。七参数法（包括布尔莎模型、一步法模型、海尔曼特等）是解决坐标转换比较严密和通用的方法,通常应用较为普遍的模型为布尔莎模型。

七个参数可以通过在需要转化的区域里选取三个以上的转换控制点对而获取。其转换方程为其转换方程为:

$$\begin{bmatrix} X_2 \\ Y_2 \\ Z_2 \end{bmatrix} = (1+m) \begin{bmatrix} X_1 \\ Y_1 \\ Z_1 \end{bmatrix} + \begin{bmatrix} 0 & \varepsilon_z & -\varepsilon_y \\ -\varepsilon_z & 0 & \varepsilon_x \\ \varepsilon_y & -\varepsilon_x & 0 \end{bmatrix} + \begin{bmatrix} \Delta X \\ \Delta Y \\ \Delta Z \end{bmatrix} \tag{6.2-9}$$

1)三个坐标平移量（$\Delta X$ ,$\Delta Y$ ,$\Delta Z$ ）,即两个空间坐标系的坐标原点之间坐标差值;

2)三个坐标轴的旋转角度（$\varepsilon_x$ ,$\varepsilon_y$ ,$\varepsilon_z$ ）,通过按顺序旋转三个坐标轴指定角度,可以使两个空间直角坐标系的 $XYZ$ 轴重合在一起;

3)尺度因子 $m$ ,即两个空间坐标系内的同一段直线的长度比值,实现尺度的比例转换。

七参数在选取合适公共点下,应用范围一般为 $50km^2$ ,如果区域范围不大,最远点间的距离不大于 $30km$（经验值）,这可以用三参数（莫洛登斯基模型）,即 $\Delta X$ 平移,$\Delta Y$ 平移,$\Delta Z$ 平移,而此时将 $\varepsilon_x$ 旋转,$\varepsilon_y$ 旋转,$\varepsilon_z$ 旋转,尺度因子 $m$ 均视为 0。所以三参数只是七参数的一种特例。三参数只需通过一个控制点就能获取。

（2）高程基准的转换

随着 GNSS 技术的快速发展,GNSS 测高得到越来越多的应用,GNSS 测高难点是将测量的高精度大地高转换为正常高,用以代替常规水准测量。高程转换主要是确定局部区域似大地水准面,主要表现为高程异常的求解。高程异常解算常用的方法有高程拟合、地球模型法。

高程拟合是通过一种数学方法,获得正常高。主要有二次多项式曲面拟合法、多面函数拟合法、二次曲面拟合、BP 神经网络法。但是不同的高程拟合方法普适性低,在不同环境下具有一定的局限性,难以将模型优势充分利用,在平原区域,BP 神经网络拟合法具有较高的拟合精度,且明显优于其他三种拟合方法。

地球模型法是基于重力场的模型,如 EGM2008 重力场模型,是由 GRACE 卫星重力、卫星测高、地面重力数据和高分辨率的地形数据构建,EGM2008 模型（2190 阶）在全球范围内的精度标准偏差为 13cm,在国内,章传银等由 EGM2008 模型计算的中国大陆似大地水准面总体精度为 20cm,其精度在华北地区可达 9cm,由此衍生出高精度的似大地水准面精化模型。

## 6.2.2  近岸地形测量

近岸一般是指水体至挡水堤（坝）内脚之间的陆地;当水边线 1km 范围内无堤防时,近岸部分界定为水边线后 600m 的陆域;若与水边界相邻为山丘、高地等自然屏障时,近岸部分界定为历史最高水位或水库最大库容水位以上1m之间的陆域。

长程水道地形近岸部分的测量主要是指这段区域间的陆地部分测量,重点为涉水建筑物及构筑物、堤防工程、护岸加固工程、滩地等的测绘和说明。具体测量内容如下:

1)堤线、坎线、堤线里程碑、护岸界碑等。

2)护岸工程起止范围、护岸类别,如散抛、干砌、浆砌、条砌、崩岸等。

3)水文(位)站、气象站、渡口、码头、分洪码头、航标灯、过河灯塔、过江电缆、过江高压线等。

4)涵闸、排水沟、取水口、抽水管、水沟渠等。

5)居民地、特殊建筑物、桥梁、道路、砂场、防汛石等。

6)所在行政地、地名、村名、矶头名、闸名等。

7)植被和土质等测绘与注记。

8)实地照片、录像等辅助资料。

长程水道地形近岸地形测量施测比例尺为1:10000,目前常规的方法一般采用全站仪数字化测量、GNSS-RTK数字化测量及无人机低空数字摄影测量等方法。无论哪种方法施测,其基本等高距、测点间距、断面间距均需满足表6.2-5、表6.2-6要求。

表6.2-5 地形图基本等高距

| 测图比例尺 | 平原水道 | 丘陵水道 | 山区水道 | 高山区水道 |
|---|---|---|---|---|
| 1:10000 | 1.0 | 1.0或2.0 | 2.0或5.0 | 5.0或10.0 |

表6.2-6 地形测点及断面间距

| 测图比例尺 | 陆上 | 水下 | |
|---|---|---|---|
| | 地形点间距(m) | 断面间距(m) | 测点间距(m) |
| 1:10000 | 80～150 | 200～250 | 60～100 |

### 6.2.2.1 全站仪数字化测量

采用全站仪测记法并现场绘制草图(或全站仪配合电子平板测图),作业小组的设备配备为全站仪、笔记本电脑(掌上电脑)、测图软件等。

架设全站仪的控制点,可采用GNSS-RTK技术按照图根点的精度施测。

全站仪观测时,测量前需量取气温、气压,并设入仪器参数中,一天当中还应根据气温气压的变化情况,适时调整参数。测前对全站仪水平度盘和垂直度盘做$2C$差及指标差检校,$2C$差及指标差应≤±15″。

地形是最大测距应在1200m以内,每个测站测前应在已知点上进行检校,或两站之间进行重点检校,现场计算出平面坐标较差和高程较差,平面坐标较差应≤0.2m,高程较差应≤0.1m。若误差超限应找明原因或更换测站。

仪器应严格对中,每施测50个点左右应至少检查一次后视方向,后视角度差应≤±1′。若超限则此站所测地形应予全部重测。

记录人员应现场绘制详细草图,详细记录测点编号、地貌特征等信息。

## 6.2.2.2　GNSS-RTK **数字化测量**

GNSS-RTK 数字化测图能够实现图根控制与细部地形测量同步实施,同时不要求点间通视,有效提高了作业灵活性。动态 GNSS 数字化测图系统一般由 1 台基准站接收机(或 CORS 站点)、1 台或多台流动站接收机以及差分数据链组成。基准站(或 CORS 站点)不断地对可见卫星进行观测,将接收到的卫星信号通过电台或(移动网络)发送给流动站接收机,流动站接收机将采集到的 GNSS 观测数据和基准站(或 CORS 站点)发送来的信号传输到控制手簿,组成差分观测值,进行实时差分及平差处理,从而得到观测点的三维坐标。

**表 6.2-7**　　　　　　　　　　　　**RTK 碎部点测量主要技术要求**

| 等级 | 点位中误差<br>(图上,mm) | 高程中误差 | 与基准站<br>的距离(km) | 观测次数 | 起算点等级 |
|---|---|---|---|---|---|
| 碎部点 | ≤±0.1 | ≤1/5 基本等高距 | ≤7 | ≥1 | 图根点等级及以上 |

每次作业开始前或重新架设基准站后,均应进行至少一个同等级或高等级已知点的检核,检校时间不少于 60s。平面坐标较差应≤0.2m,高程较差应≤0.1m,观测手簿中平面收敛精度应≤2cm,高程收敛精度应≤3cm。

在进行 RTK 测量时,要注意观察所测平面和高程的合理性,防止由于 GNSS 天线上方遮挡造成卫星数量减少,从而造成所测数据精度不高或浮点解的现象。

采用 RTK 测记法,除对施测的平面高程记录外,还应对地貌特征、测点编号、天线高等信息进行记录,并现场绘制地形草图。

## 6.2.2.3　**机载 LiDAR 测量**

长程水道地形部分河段的洲滩地形常规测量施测安全风险较大、施测难度大、效率低,多采用机载 LiDAR 配合正射影响的方式施测。如 2021 年汛前测次,南门洲、黄盖湖、中洲、福囤洲、白沙洲、罗霍洲、人民洲、戴家洲、牯牛洲、新洲、单家洲等区域(图 6.2-12)。这些区域以洲滩地形为主,低矮植被、芦苇分布较为密集,机载 LiDAR 具有较强的穿透性,精度可靠,作业效率高。机载 LiDAR 测图总面积 186.05km²,占陆上总测图面积的 29.27%。

**图 6.2-12　机载 LiDAR 测绘河段**

（1）作业流程

生产作业包括航摄准备、数据采集、数据处理、成果生成等 4 个阶段，具体作业流程从内外业细分为资料准备、数据采集、像对定向、立体测图、外业调绘和补测、图形编辑与接边、质量检查、数据整理等（图 6.2-13）。

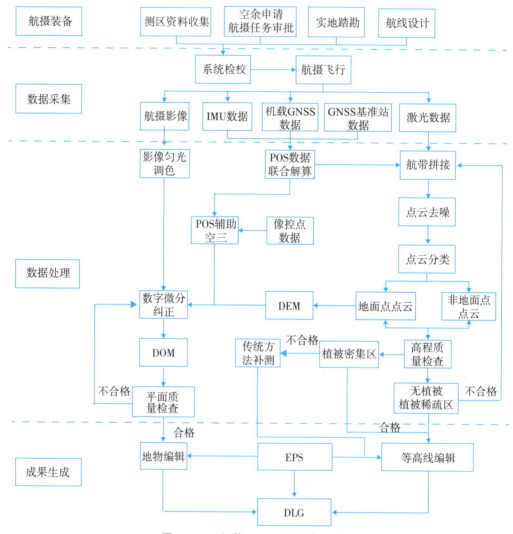

图 6.2-13　机载 LiDAR 测图作业流程

（2）测前准备

作业前应做好资料收集和仪器测具的检查工作；针对测区植被覆盖情况进行分区，划定测量范围，分区进行航线和航高的设计规划，密集植被区域应降低航高或提高重叠度。该项目航高一般应控制在 200m 左右。

项目实施前，需进行系统检校。既作为检校数据的计算依据，也作为 LiDAR 测图方案的可行性验证，主要通过点云数据检测进行评估（图 6.2-14）。

1）机载 LiDAR 系统检校。

①机载 LiDAR 检校场的要求。

a. 检校场包含平坦裸露地形，有用于检校的建筑物或明显凸出地物；

b. 检校场内目标应具有较高的反射率，存在明显地物点（如道路拐角点等）。

**图 6.2-14　江滩公园作为 LiDAR 检测场地**

②检校飞行方案。

飞行航线为 $3 \times 3$，旁向重叠度大于 50%，单向飞行（图 6.2-15）。

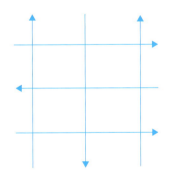

**图 6.2-15　机载 LiDAR 系统检校航线**

③检校场地面控制点的布设及测量要求。

a. 在检校场内布设地面控制点（含检查点）进行控制点测量；地面控制点（含检查点）宜布设为一个平面或一条直线，可按数据高程模型格网间距的 5 倍进行布设。

b. 用于高程精度检校的控制点应布设在裸露的平坦地面上；平面精度检校的控制点需要时可布设为三维地面标志点。

c. 地面控制点平面位置精度应不低于五等，高程精度应不低于图根的精度要求。

④检校值计算。

利用 Terrasoild 软件 TerraMatch 模块进行。

2)航空摄影系统检校。

①相机检校参数应包括主点坐标、主距和畸变差方程系数。

②相机检校时应在地面或空中对检校场进行多基线多角度摄影,通过摄影测量平差方法得到相机参数最终解,并统计精度报告。

③检校精度应满足:主点坐标中误差不应大于 $10\mu m$,主距中误差不应大于 $5\mu m$,经过畸变差方程及测定的系数值拟合后,残余畸变差不应大于 $0.3$ 像素。

(3)数据采集

1)飞行实施要求。

根据航飞区域面积的大小及走向,划分为若干个飞行分区,然后完成每个分区的航带设计,进行航带划分应综合考虑如下问题:

①飞行高度的确定应综合考虑点云密度(以满足测图需求为准且不低于表 6.2-8 要求)和精度要求、激光有效距离及飞行安全的要求。该项目航高一般应控制在 200m 左右。

表 6.2-8　　　　　　　　　　点云精度和密度要求

| 地形<br>地形类别 | 地面倾角<br>(°) | 地物点平面位置允许<br>中误差(图上,mm) | 岸上高程注记点<br>允许中误差(m) | 有效点云密度<br>(点/m²) |
|---|---|---|---|---|
| 平原水道 | <6 | ±0.50 | ±0.15 | ≥0.25 |

对植被茂密区域,为确保有足够的原地面点应适当加密航线或增加航次,使得点云密度不低于 $80\sim100$ 点/$m^2$,地形图上 $1cm^2$ 范围内不少于 1 个有效高程点。

②为有效避免 IMU 误差累积,每条航线的直线飞行距离时间不超过 45min。

③航摄设计应同时满足点云获取和影像采集对旁向重叠度的要求。点云获取规范要求为航线旁向重叠设计应达到 20%,最少为 13%;为增加有效点云密度,本项目要求点云旁向重叠度不低于 20%;应保证飞行倾斜姿态变化较大情况下不产生数据覆盖漏洞,在丘陵山地地区,设计时应适当加大航线旁向重叠度。规范要求影像采集航向重叠度一般应为 60%~80%,最小应不小于 53%,旁向重叠度一般应为 15% ~60%,最小应不小于 8%;为提高 DOM 质量,本项目影像旁向重叠度不低于 30%。

④本项目航带按河流走向分区。整个作业区域内,飞行速度应尽可能保持一致。

2)地面 GNSS 基站布设。

设站点平面位置精度应不低于 E 级点精度要求,高程精度应不低于等外水准的精度要求。

(4)数据处理

1)POS 数据处理。

POS 数据解算利用 IE(Inertial Explore)软件进行(图 6.2-16)。

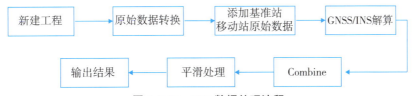

图 6.2-16　POS 数据处理流程

将 GNSS 基站、流动站、IMU 数据进行组合导航解算,得到航迹文件。计算 GNSS 流动站天线到 IMU 中心的偏心矢量,并在软件设置;为每一个 GNSS 基站输入天线高和基站点坐标;解算完成后查看处理精度报告(图 6.2-17、图 6.2-18),包括姿态、位置精度、IMU 处理状态、姿态、位置分离等,确认无误后输出航迹文件和照片 POS 文件。

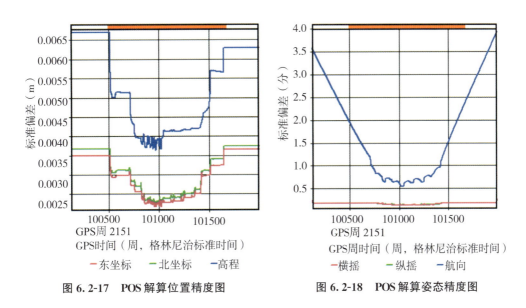

图 6.2-17　POS 解算位置精度图　　　　图 6.2-18　POS 解算姿态精度图

2)点云数据解算、预处理。

①联合 POS 数据和激光测距数据,附加系统检校数据,进行点云数据解算,生成三维点云,点云数据采用 LAS 格式存储。点云数据解算采用海达数据融合软件,加载激光测距数据、航迹文件,设置坐标系投影参数,计算三维点云。

②点云解算完成后做如下检查:

a. 点云数据覆盖整个测区;

b. 航带之间没有漏洞;

c. 点云密度满足要求;

d. 点云相对精度分析。

使用 TerraSoild 软件的 tscan 模块,拉取横截面检查航带误差,见图 6.2-19。

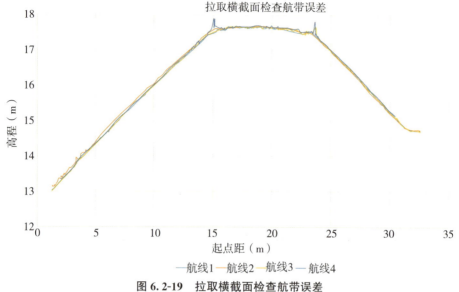

图 6.2-19　拉取横截面检查航带误差

使用 TerraSoild 软件的 tmatch 模块，快速计算出点云的航带误差，航带误差报告见图 6.2-20。

```
Used loaded points

Average magnitude:      0.02651

Flightline   Points Magnitude        Dz
1           2702010   0.0257      +0.0085
2           2221559   0.0239      -0.0005
3           3590295   0.0279      +0.0150
4           2421853   0.0242      -0.0006
5           1901939   0.0263      -0.0093
6           3821750   0.0289      -0.0148
```

图 6.2-20　航带误差报告

3）数字正射影像（DOM）制作。

DOM 制作采用 Pix4Dmapper 商业软件进行。将外业拍摄的照片导入 Pix4Dmapper，导入照片 POS 文件，导入地面像控点文件。经过初始化处理（快速检测），刺取像控点，初始化处理（全面高精度）等步骤，生成点云和正射影像。影像生成后查看正射影像精度报告，见图 6.2-21；检查影像质量，生产的 GEOTIFF 格式应影像清晰，色调均匀，无扭曲、变形、拉花，见图 6.2-22。

**Ground Control Points**

| GCP Name | Accuracy XY/Z [m] | Error X [m] | Error Y [m] | Error Z [m] | Projection Error [pixel] | Verified/Marked |
|---|---|---|---|---|---|---|
| 330001 (3D) | 0.020/0.020 | -0.009 | 0.030 | -0.021 | 0.648 | 35/35 |
| 330002 (3D) | 0.020/0.020 | 0.016 | 0.023 | -0.008 | 0.847 | 20/20 |
| 330003 (3D) | 0.020/0.020 | 0.027 | -0.005 | 0.021 | 0.702 | 15/15 |
| 330004 (3D) | 0.020/0.020 | 0.009 | -0.026 | -0.016 | 0.720 | 22/22 |
| 330005 (3D) | 0.020/0.020 | -0.028 | 0.011 | 0.026 | 0.464 | 14/14 |
| 330006 (3D) | 0.020/0.020 | -0.003 | 0.000 | -0.029 | 0.567 | 15/15 |
| 330007 (3D) | 0.020/0.020 | 0.001 | 0.018 | 0.037 | 0.556 | 12/12 |
| 330008 (3D) | 0.020/0.020 | -0.021 | -0.012 | 0.081 | 0.598 | 7/8 |
| 330009 (3D) | 0.020/0.020 | 0.036 | -0.006 | 0.012 | 0.681 | 34/34 |
| 330010 (3D) | 0.020/0.020 | -0.011 | 0.006 | -0.032 | 0.628 | 30/30 |
| 330011 (3D) | 0.020/0.020 | -0.033 | -0.010 | 0.052 | 0.590 | 18/18 |
| 330012 (3D) | 0.020/0.020 | -0.008 | -0.007 | -0.004 | 0.568 | 17/17 |
| 330013 (3D) | 0.020/0.020 | 0.010 | -0.022 | 0.023 | 0.640 | 37/37 |
| Mean [m] | | -0.001087 | -0.000029 | 0.010883 | | |
| Sigma [m] | | 0.019677 | 0.016385 | 0.032092 | | |
| RMS Error [m] | | 0.019707 | 0.016385 | 0.033887 | | |

图 6.2-21　正射影像精度报告

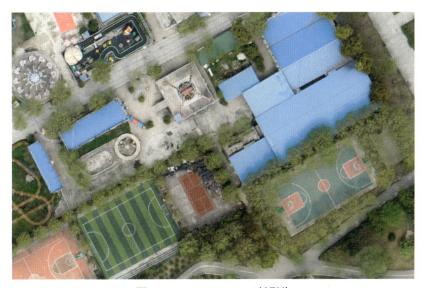

图 6.2-22　GEOTIFF 正射影像

4)点云分类。

点云分类的基本流程见图 6.2-23。

采用 TerraSoild 软件进行点云分类。

①编辑宏命令,进行噪声点滤除、点云自动分类,分类出默认类、低点、地面点、植被点、建筑点等。

②根据地面点生成可编辑模型,在模型上可以直观地看出自动分类不合理处,使用 Assign Point Class 工具直接在可编辑模型上的异常位置单击,即可将错分的地面点重分为默认类,同时可编辑模型也会实时更新,见图 6.2-24。

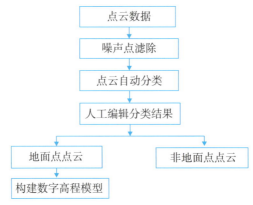

图 6.2-23 点云分类流程图

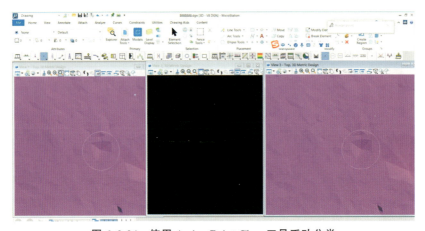

图 6.2-24 使用 Assign Point Class 工具手动分类

③使用 tphoto 模块将 DOM 添加到 TerraSoild 软件,点云与 DOM 叠加,与可编辑地面模型关联查看,目视检查有无错分、漏分,使用分类编辑工具进行修改(图 6.2-25),整个图幅检查修改完毕后,保存修改后的点云。

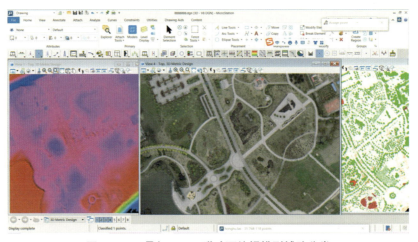

图 6.2-25 叠加 DOM,联动可编辑模型辅助分类

（5）成果生成

1）数字正射影像（DOM）制作。

DOM 制作可采用 PIX4D、CC 等商业软件进行。生产的 GEOTIFF 格式应影像清晰、无扭曲、变形、拉花等。

2）数字线划图（DLG）的制作。

使用 DOM 成果、原地面点云，进行地物、地貌等的绘制。

（6）数据检测

通过与 RTK 或全站仪所施测的平高点进行同精度检测。数据检测应与机载 LiDAR 测量同步进行。为提高检测样本量，2020 年汛后施测的长江固定断面成果，武汉河段、簰洲湾河段、江湖汇流河段成果等均可参与精度检核。其中地形图套绘检测量不低于 LiDAR 测图总面积的 10%。

1）检测形式。

检测形式包括碎部点检测、断面套绘检测、区域平均高程变化检测、地形图套绘检查等。其中，检校场点云检测采用以上四种方式；全扫测区域的点云检测采用碎部点检测、断面套绘检测、地形图套汇检查三种方式。碎部点检测应均匀覆盖扫测测区，每千米河段检测点不少于 5 个；检测断面宜统计 2020 年汛后施测的长江城陵矶至九江河段全部固定断面；地形图套汇面积不少于 LiDAR 测图面积的 10%，且均匀分布于各 LiDAR 测图区域。

2）数据检测技术路线（图 6.2-26）。

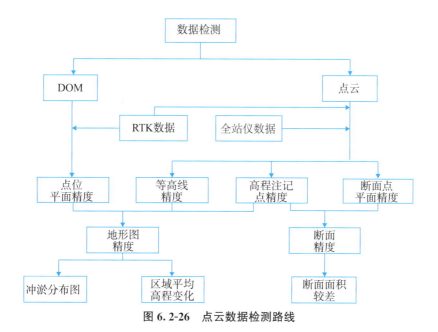

图 6.2-26　点云数据检测路线

### 6.2.3 水下地形测量

水下地形测量主要利用测量仪器确定水底点三维坐标,其基本原理是测量载体在导航仪的辅助下,通过定位仪获取测点瞬时的平面坐标,利用测深仪获取测点处的水深值。因此水下地形测量的主要内容包括水边线定位测量、水位控制测量、水深测量三部分。

水边线定位信息数据可通过 GNSS 定位系统、全站仪、激光全自动跟踪定位仪等定位设备获得;潮(水)位数据可通过设立临时潮(水)位站进行观测,或直接接测水位获得;水深数据获取主要有量测和探测两种方法,量测指采用带长度刻划的测具(如测杆、测锤等)直接量取水深值,探测是指通过测深设备(如单波束测深仪、多波束测深仪等)对河道水体进行探测,根据反演计算获得水深值。目前,水深探测主要采用声波探测方法,介于声波在不同水体介质沿程传播速度变化及探测平台运动姿态影响,水深数据获取还应考虑声速数据和平台姿态数据两个要素。

水下地形测量水下测点一般按横断面布设,即断面方向与岸线(或主流方向)垂直;水面宽度较小、水面面积较小或极为复杂的水体亦可采用散点法或按"之"字形布设。断面间距和测点间距随着测图比例尺的不同而有所不同,一般要满足表 6.2-9 要求。

表 6.2-9 水下地形测量断面间距及测点间距 (单位:m)

| 测图比例尺 | 测深线间距 | 测点间距 |
| --- | --- | --- |
| 1:10000 | 200~250 | 60~100 |

注 1. 当河宽小于测深线间距时,测深线间距和测点间距均应适当加密,当河宽超过 3km,且地形平坦时,测线间距可放宽 20%。

2. 山区性河道、河道弯度较大时宜加密布设。在崩岸、护岸、陡坎、峭壁附近及深泓区,测点应适当加密。

#### 6.2.3.1 水边线定位测量

水边线是陆地与水域的分界线,又称岸边界、水边界或水崖线。它是水体边界测量的重要地形要素之一,是陆上与水下地形图合并的重要依据。水边线以能准确确定水体边界为原则,由若干个具有控制性的转折水边测点经过线性拟合而成。水边测点间距及测量精度与相应地形测图比例尺要求一致。

水边线测量一般与水深测量同步进行,也可单独测量。单独测量时,要求水体边界或岸坡相对稳定,水位保持平稳,且没有明显的水位涨落变化。若有水位涨落变化,则要求水边线与水深测量严格同步。

水边线测量时,需要记录每天开收工水位控制测量断面位置、水位陡涨陡落的断面,并注明施测水位时间及相应水位。水边线测量的主要方法有直接水边线观测、水面线推算法、影像提取法等。当水位变幅不大时,也可采用航测影像提取的水边线。飞行采用航带飞行,一般情况下沿水边布设两条航线。飞行相对航高 150m,航带朝历史水边内外各扩展 75m,航带共 150m 宽,旁向重叠率 65%,航向重叠率 80%,获取优于 5cm 地面分辨率的影像。

### 6.2.3.2 水位控制测量

水位控制测量的目的就是将陆地的高程基准引到水面上,得到水面高程基准(瞬时水面基准),然后将测得的水深数据通过水位转换为河床测点高程。因此,水位控制测量对河道成果质量有直接的、重要的影响,也是获取长程水道地形河床数据的重要内容之一。水位控制点布置的合理性及水位控制测量等级与方法等,都直接影响到长程水道测量成果,并且对河床数据的影响具有区域性或整体性,所以水位控制测量属于长程水道河床测量中的关键性数据和重点控制环节,是外业测量、室内资料检查的重点和工作难点。

长程水道河床水位值,应充分依据河流已建的基本水文(水位)站的信息,并在测区内非控区建立控制水位变化的临时水尺,通过水位站自计仪、固定或临时水尺人工观测、水位遥测系统观测等方法获取。

(1)水位测量技术要求

水位控制测量的高程引据点一般不低于四等水准精度;测定水面点高程应不低于五等几何水准精度或相应于五等水准的三角高程,即采用水准仪进行联测时,线长在 1km 以内其高程往返闭合差应不大于 3cm,超过 1km 时按五等水准限差计算;当采用 2″ 及以上全站仪极坐标测量高程时,其高程精度也应达到五等水准精度。用于比降观测使用水尺的零点高程,不得低于四等几何水准精度。

目前,水位控制,测量常用测量方法,主要有几何水准、三角高程测量、RTK 测高及无验潮模式等方法。目前,常规方法多为几何水准和三角高程测量,本书重点说明三角高程测量。按全站仪测角精度为 2″,距离精度为 $\pm(1.5+2\times10^{-6}D)$ 计算出一个测站上观测水平距与天顶距对测量高差所产生误差影响的关系图(图 6.2-27)。根据水准测量规范要求,四等、五等水准测量的单程观测高差的偶然中误差分别为 $\pm5.0mm$、$\pm7.5mm$。由此可知,此全站仪采用极坐标法测量时,从理论上讲,当水平距小于 300m 时可达到四等水准精度,水平距小于 500m 时可以达到五等水准精度。

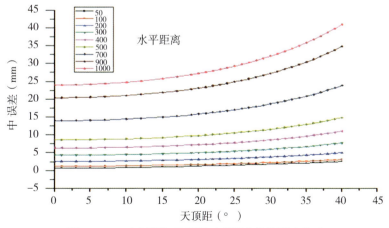

图 6.2-27 水平距与天顶距对观测高差的影响关系

水位控制点布设应能充分控制沿程水位变化,且同一地点水位观测频次根据水位变化速度而定,对于非感潮河段应符合表 6.2-10 规定。

表 6.2-10　　　　　　　　　水位控制测量频次(非感潮河段)

| 区域 | 水位变化特征 | 观测次数 | 备注 |
|---|---|---|---|
| 长江中下游河道 | $\Delta H<0.1m$ | 测深开始及结束时各一次 | 两尺间距最大不超过 20km,遇分汇流河段、跌坎、弯道主泓等位置必须加密水位测点 |
|  | $0.1m\leqslant\Delta H\leqslant0.2m$ | 测深开始、中间、结束各一次 |  |
|  | $\Delta H>0.2m$ | 每 1h 一次 |  |
|  | 充泄水影响 | 10~30min | 水利枢纽影响河段 |

注:$\Delta H$ 为日水位变化值,使用自记水位计自记水位,采集时间间隔宜为 10min。

测点水位推算,必须先按时间内插水位,然后再按距离内插水位;若水位较平稳,可只按断面个数或距离推算。

（2）水位节点的布设

水位节点的布设除在水道观测开工、收工处布设外,还应在较大支流分汇流、分流显著的洲滩汊道、水体边界窄深宽浅突变处、主流贴岸弯道的内外侧布设(图 6.2-28)。平原河流可按 5~8km 控制,山区河流水位落差较大,间距适当缩短至 3~5km 控制。水位推算宜采用二步内插法、平面内插法、距离加权法等方法,不能简单按水下预制断面数推算。对于复杂楔形水体可采用 RTK 三维水深测量,不单独进行水位设测。

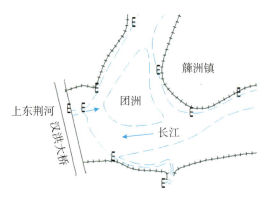

图 6.2-28　水位节点的布设

### 6.2.3.3　水深测量

水深是指水面到水底的垂直距离,在长江中下游沿程,水深变化较大,同时受长江上下游来水、潮汐等影响,同一河道位置其水深值在不同时间变化也较大。因此,要准确表述长程水道水深数据,应包含时、空两个要素。水深数据主要包括定位测量和水深测量两个方面。

（1）定位测量

定位测量的目的是获取测点所在位置的实时平面坐标$(X,Y)$,由于水下测点无法到达,一般得到的是测量载体的平面坐标。近年来随着 GNSS 技术的突飞猛进,差分 GNSS 定位(RTK)技术已成为水上定位方法的主流。

根据差分基准站发送的信息方式可将差分工作模式分为4类,即位置差分、伪距差分、相位平滑伪距差分和载波相位差分,其中载波相位差分定位精度较高。实时载波相位差分技术也称为RTK技术,是将基准站的相位观测数据及坐标信息通过数据链方式及时发送给动态用户,动态用户将收到的数据链联同自采集的相位观测数据进行实时差分处理,从而获得动态用户的实时三维位置(图6.2-29),是目前长程水道地形水下定位测量的主要方法。

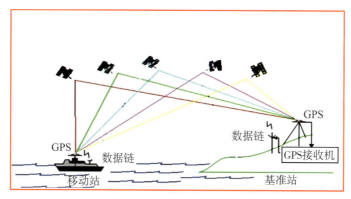

图6.2-29　水下定位测量

(2)水深测量

水下地形测量采用预置断面测船走航式测量方法,采用距离定标,按点间距80m、偏离距小于1m、断面间距200m控制,近岸及深槽进行加密测量。水下地形测点定位采用高精度GNSS双频接收机以RTK(含网络RTK)测定平面位置,检校平面位置允许较差应不超过±0.4m。

1)测深平台要求。

主河道不应采用橡皮艇、小快艇、小渔船等辅助船舶进行走航测深,测船行进应平稳,船速应稳定,最大船速应小于6节。当测船行进至近岸处、浅水区时船速应控制在1节以内。测船及航行状态应保证获取的河道地形数据能满足地理精度的要求。

2)水下地形测量采用横断面法(小支流、沟汊可采用"Z""S"形测线布设),预置断面线(计划线)方向应大致与主流方向垂直;个别汊道河段,左右汊道(特别是洲头和洲尾)要分别预置断面。计划线应与上测次基本保持一致。

3)测前及测中应定期在已知点进行GNSS检校比测,或与水域中已知坐标的固定目标(如固定码头、灯塔、矶头等某一角)做重合点检测,较差应不大于0.4m,并做好相关的记录和统计。

4)项目测前和结束时应进行精度校对,每次应检查4点,即不小于8m水深1点,小于5m水深1点,中间2点(一般在2m、4m、6m、8m水深处比测),其误差不大于±0.07m。此时按测时水温,测量水深,并记录在回声纸上和测深仪比测记录表中。

5)每天测前应进行水深校验比测。水深比测一律采用比测板进行;比测时要求在3m、4m、5m水深各比测一点,共比测3点,比测限差应小于±0.07m。

6)每天测前后应检测一次声速、零线校正、换能器垂直度,在一天过程中还须监测 1～3 次。采用测深仪测深,测前应进行测深仪数字记录与回声图或数据检校,两两应一致,否则应进行调校;测深数据以数字记录为准。

7)断面间距按 200m 控制,测点间距为 60～80m。近岸为陡岸时,距水边 50m 范围以内测点间距应适当加密,保证水下岸坡上至少应有 1～3 个水深测点,以真实反映岸坡地形特征。

8)特征点应进行插补。数字记录应全部打印,内容包括断面编号与点号、原始观测数据、成图采用数据、备注(说明修改或内插)并有校核记录。

9)每天测量前,应与前一天所测最后一个断面进行重合测量一次。测时每天应进行重复断面检查,检测量(检测断面个数)应达到当天工作量的 5%,重复断面检查应在每天开始、结束时选择合适时段分别进行。

10)采用温度计观测水温时,温度计应放至水深大于 1m 处,观测时间不少于 7min。每天开工、收工前需要观测水温,中间尚需监测 1～2 次,并采用式(6.2-10)间接计算,得出声速值。

$$C = 1410 + 4.21T - 0.037T^2 + 1.14S \qquad (6.2\text{-}10)$$

式中:$T$——水温(℃);

$S$——含盐度(‰)。

## 6.2.4 资料整理

成果整理应采取集中工作方式,定期开展资料第一次整编(初整)工作,除完成所有资料初步整理形成成果外,同时要完成全部的技术文件编制(含过程检查说明、专业报告等)。在完成初整(过程检查)后,集中进行资料整编(复整/专业检查)并完成测绘产品专业检查报告的编制,成果应达到最终检查的要求,在最终检查后进行集中整改及再整编(终整)。

对项目成果应集中进行"标准整编",标准整编按水文局水文河道〔2021〕01 号函的要求执行。整编工作结束时要及时编写整编说明。具体要求如下:

1)各项资料整理应符合相应规范和技术要求,必须完成算、校、审三道手续。

2)外业工作每阶段要及时编写测量日志,做好作业组自查(或互查)。

3)平面控制、高程控制、水位控制(接测及推算)等关键性的数据,必须重点校审,各种类型资料应齐全,提交的各种表格均须按统一要求打印和装订。

4)水深校核。测量中必须将测深仪记录纸模拟记录与数字记录进行 100% 校对,模拟记录与数字记录差值控制在 5cm 以内,以测深仪记录纸模拟记录为准,修改测深数据。数字记录测深数据取位数应为小数点后 2 位。

5)地形图的绘制一律由 EPS 软件完成,在绘制地形图之前,应做好陆上、水下的数据编辑、整理、合并工作,对合并后的草图应加强合理性检查。

6)地形图幅整饰和清绘

①图幅清绘未尽事宜按《水道观测规范》(SL257—2017)执行,不够明确的按《水利水电

工程测量规范》(第十一章中的有关规定)和《国家基本比例尺地图图式 第2部分:1∶5000
1∶10 地形图图式》(GB/T 20257.2—2006),图式标准执行。

②图幅整饰应按《国家基本比例尺地图图式 第2部分:1∶5000 1∶10 地形图图式》
(GB/T 20257.2—2006),图式标准及水文局相关要求执行。

③加强与相关勘测单位间的沟通,落实好两勘测单位间的地形图图幅接边工作。原则
上以图廓为界,由上游单位负责接边图幅的完善(生成整幅图)和接边;或由接边图幅所测范
围占比较大的勘测单位负责接边图幅的完善和接边工作,并编入接合表。

④地形图、数字高程模型成果样式。长程水道地形图样式见图 6.2-30,数字高程模型见
图 6.2-31。

图 6.2-30 长程水道地形图样式

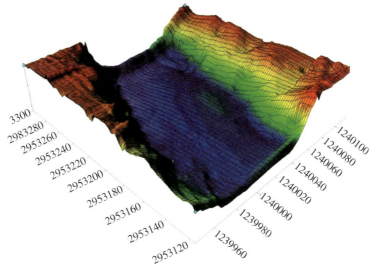

图 6.2-31 数字高程模型

7)编制整编说明书和清理结整工作。

资料经过整编以后,需要编制整编说明书和资料清理结整工作,编制整编说明书和资料清理结整工作是整编的最后一道工序。整编说明书内容包括:

①河段观测布置;

②观测方法和情况;

③资料审查情况;

④合理性检查;

⑤资料成果鉴定;

⑥对观测布置、资料审查方法和资料合理性检查方法的意见;

⑦附件:包括整编过程中所绘算的各种图表;

⑧存在问题。

历年资料整编说明书可按河段分测次编写阶段性说明书,全年编写综合说明书。阶段性说明书可详细些,以供最后综合编写时参改,综合说明书的编写,要求文字简要。

资料清理结尾工作包括原始资料清理成套归档,整编成果汇集编号、装订成册以便刊印,以及处理一切结尾工作等。

## 6.3 固定断面观测

三峡水库正常蓄水运用后,清水下泄,坝下游河床将长时段处于冲刷状态,长江中下游河道年内冲淤也较大。水道地形可掌握冲淤及演变情况,但地形观测一次工作量大,耗时较长,不可能年年观测,且受测次影响,未能宏观掌握长江中下游河道年内的冲淤变化。因此为进一步分析河段横向变化并对无地形观测年份资料进行补充,为掌握长江中游河道年内的冲淤变化,有必要开展固定断面观测并加密年内测次,尤其是在地形测量测次布置较稀、河道基本资料收集较少的河段。

### 6.3.1 断面布设

固定断面应根据河段特性,并结合河段内原有水文断面选设。选定后,应保持断面位置相对稳定,长期不变。断面的方向应垂直水道主流方向,也可按特殊需求进行布置。

#### 6.3.1.1 布设原则

固定断面的布设原则在 2.2.2 节基础上细化如下:

1)应控制水道形态变化。如干、支、汊流分、汇口处,河道急弯、卡口、宽阔段、游荡剧烈段、浅滩、主流顶冲段,险工险段、滑坡、崩岸、比降明显变化处,遇江心洲、岛屿等分汊水流不平行河段,左、右汊道可分开布设。

2)应利用水文站测验断面、水位站水尺断面,重要城镇、工矿企业等部位应布设固定断面,坝址、桥址、矶头等特殊部位宜布设断面。

3)护岸、崩岸等险工险段,根据需要可设局部范围(通常测过半江或半河)横断面。

4)断面应避开险滩、急流和漩涡等部位,遇较长距离的危险河段,断面间距可放宽或不布设断面。

5)横断面布设宜垂直主流流向。水库横断面应垂直设计正常蓄水位线所形成的水库中心线。

6)固定断面布设应考虑河床床沙取样的代表性。

7)河势发生变化或科学研究需要,应对局部河段已布设固定断面进行调整或加密。断面调整后,应至少同步观测两个测次,以保持资料的连续性。

8)对于局部弯道、汊道等特殊河段,固定断面不能反映水道特征及变化,应布设同比例尺地形观测。

断面布置见图 6.3-1。

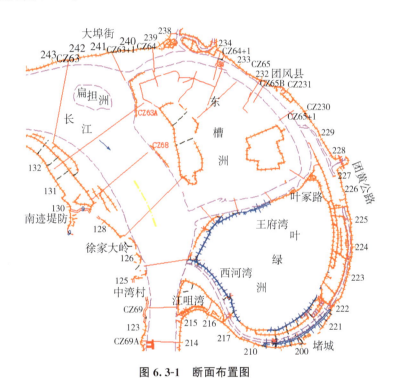

图 6.3-1　断面布置图

### 6.3.1.2　断面编名

固定断面编名,一般采用由辖区河流或河段名拼音第一个字的首字母加编号组成断面名称,从上游至下游连续编号,如"CZ01"断面表示 CZ(长江中游)+ 01(编号),"J186"断面表示 J(长江荆江河段)+ 186(编号)。

在两个断面间增加一个断面时,增设的断面编号为××(断面名称)+×××(编号)+1(子号)。例如,后期在"CZ31"与"CZ32"断面间需增设一个断面,则该断面名为"CZ31+1"。

### 6.3.1.3　断面标石埋设

固定断面要求埋设固定断面标志。对于长程固定断面,两岸至少需各埋设 1 个起点标和1个方向标(图6.3-2)。断面左、右岸标点号分别由L+×(编号)和R+×(编号)组成。当某一编号标点损毁时,另设(恢复设测)标点编号应顺着编号,如L1损毁时,另设标点应编为L2。

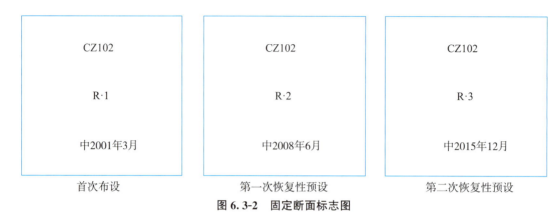

|  |  |  |
|---|---|---|
| CZ102 | CZ102 | CZ102 |
| R·1 | R·2 | R·3 |
| 中2001年3月 | 中2008年6月 | 中2015年12月 |
| 首次布设 | 第一次恢复性预设 | 第二次恢复性预设 |

图6.3-2 固定断面标志图

### 6.3.2 断面标控制测量

#### 6.3.2.1 平面控制测量

固定断面标石可采用一级图根点以上精度测定其平面位置。以E级及以上等级GNSS控制点为引据点,采用GNSS接收机以RTK方法进行平面定位。GNSS控制测量有关规定依据《全球定位系统(GPS)测量规范》(GB/T 18314—2009)和《全球定位系统实时动态(RTK)测量技术规范》(GH/T 2009—2010)进行。RTK图根点测量主要技术要求应符合表6.3-1规定。

表6.3-1 　　　　　　　　　　RTK图根点测量主要技术要求

| 等级 | 图上点位中误差(mm) | 高程中误差 | 与基准站的距离(km) | 观测次数 | 起算点等级 |
|---|---|---|---|---|---|
| 图根点 | ±0.1 | ≤1/10等高距 | ≤7 | ≥2 | 平面五等、高程五等外以上 |

#### 6.3.2.2 高程控制测量

固定断面标高程控制测量采用《国家三、四等水准测量规范》(GB/T 12898—2009)中"四等几何水准"方法进行观测,起算点须选择国家正式刊布的高等级水准点(Ⅲ等以上)。水准路线必须布设成附合路线,尽量避免布置成单独的环线。四等水准路线主要技术要求应符合表6.3-2规定。

表6.3-2 　　　　　　　　　四等水准往返高差不符值及闭合差指标表

| 等级 | 测段、路线往返测高差不符值 | 测段、路线的左右路线高差不符值 | 附合路线或环形闭合差 | | 检测已测测段高差的差 |
|---|---|---|---|---|---|
| | | | 平原 | 山区 | |
| 四等 | $\pm 20\sqrt{K}$ | $\pm 14\sqrt{K}$ | $\pm 20\sqrt{L}$ | $\pm 25\sqrt{L}$ | $\pm 30\sqrt{R}$ |

### 6.3.3　断面测点测量

断面测点即断面要素测量点,固定断面测点测量分为断面陆上测点测量及断面水下测点测量。

#### 6.3.3.1　陆上部分测量

固定断面的陆上部分测量,一般采用全站仪或 GNSS 预设断面法施测。测时应测至两岸大堤内脚或最高洪水位 1m 以上处。当 1km 内无堤防时,则测至老坎后 600m,一般洪水位能淹没的边滩、洲滩应全部施测。对陆上断面的岩石、悬崖、陡壁、护坡及人工固定建筑部分,第一次应详细施测。施测时应详细测记断面上地形转折点及特殊地形点,如陡坎、悬崖、坎边、水边、地质钻孔、取样坑点等,并详细填记测点说明,如堤顶、堤脚、山坡、岩石、泥沙、树林、草地、耕地、建筑物等。需要研究过水断面糙率时,还应测出植被和土质的分界点,并注明其属性。断面测点间距,根据测图比例尺的精度要求按表 6.3-3 的规定执行。

表 6.3-3　　　　　　　　水道断面陆上测点间距要求

| 水道断面比例尺 | 1∶2000 | 1∶5000 | 1∶10000 | |
|---|---|---|---|---|
| 断面测点间距(m) | ≤20 | ≤50 | ≤100 | |

对通视条件差、遮挡物多、人员难到达的困难地区,如高植被、陡崖、淤泥滩、礁石滩等复杂区域陆上断面可采用激光测距无人立尺、全站仪旁测、摄影测量、激光三维扫描等观测方法进行。

#### 6.3.3.2　水下部分测量

水下部分测量采用单波束测深与 GNSS 同步定位采集水深。作业前应进行设备同步时钟设定,GNSS 天线与测深换能器应在同一轴线上,不在同一轴线时应进行归心改正。施测过程中采取距离定标方式。水下测点间距,根据测图比例尺的精度要求按表 6.3-4 的规定执行。

表 6.3-4　　　　　　　　水道断面水下测点间距要求

| 水道断面比例尺 | 1∶2000 | 1∶5000 | 1∶10000 |
|---|---|---|---|
| 断面测点间距(m) | 15~25 | 40~80 | 60~100 |

(1)水深测量

水深测量前,应预先开机,待仪器收、发声记录正常和转速稳定后,对测深仪进行比对工作,包括精度校对、校验比测两项内容。精度校对是为了测定测深仪的改正数,并检验测区测深精度的稳定性。校验比测应选择测区内水流平缓、水底较平坦的区域进行,比对时应使用伸缩性很小的专用测深绳,尺码标应用钢尺准确丈量,在一定流速的情况下还需加偏角改正。水深测量允许极限误差需满足表 6.3-5 的要求。

表 6.3-5　　　　　　　　　　　　水深测量允许极限误差

| 水深范围(m) | 水深测量极限误差(m) |
| --- | --- |
| <20 | ±0.2 |
| ≥20 | ±0.01H |

注:1. H 为水深;2. 表中数值为进行了全部测深改正后的中误差。

在仪器进行测深工作时,随着水深的变化,相应调整灵敏度。当水深变幅较大时,应及时变换相位,保证使回声线能清晰连续显示记录下来,并相应做好现场记载。

在测深过程中,如果变换使用第二个相位及以上的相位测量水深,这时记录纸上将不再出现发声线零点,应在每测一个断面的前、后及中间都要将相位盘(或者相位开关)重拨至第一相位,使之再出现一小段发声线,以便于把记录纸从仪器上取下后校量水深,观察发声线零点有无变动。因仪器暂无回声线或回声分辨不清时,应现场注明,并及时进行补测或重测;仪器出现异常和故障时,应及时停机进行检查、排除故障后才能再进行测深工作。

每天作业前,在记录纸上应填记相关信息,以便存查。填记内容为施测日期、观测河段、观测类别及测次、水温、转速(声速)、停泊比测数据、换能器入水深度等。作业进行时,在记录纸上每个断面应填记相关信息,确认无误后才能进行下一断面测量。填记内容为:施测断面号、施测时间、使用相位、点次、水深量值等。通常有定点线漏测水下地形转折点或特征点现象,需将转折点、特征点用直线比例法插补。

项目作业期间应每天应进行重复断面检查,重复断面检查一般选择断面形态基本平坦的区间进行。

(2)平面定位

测深点平面定位主要采用星站差分平面定位技术进行测深点平面坐标采集。利用长程水道沿江布设的各等级控制网成果,每天施测前均进行 GNSS 的检校和精度比测。

(3)水位控制

1)断面水位观测宜布设在断面线上。断面的水位观测,当上、下游断面间水面落差小于0.2m 时,可数个断面观测一处;水面落差大于 0.2m 时,应逐个断面观测。横比降超过0.1m 时,应进行横比降改正。

2)断面水位可通过水位自记仪、固定水尺或临时水尺,或采用水位遥测系统、几何水准、光电测距三角高程、RTK 及 GNSS 三维水下测量等方法获取。

3)用以计算水下固定断面测点高程的水位或水尺零点,应用几何水准、光电测距三角高程、GNSS 按不低于五等水准高程精度要求接测;对特别困难测区,如偏远山区控制点稀少等情形,可适当放宽。

4)感潮河段断面水位宜采用 GNSS 三维水下测量方法获取,也可采用测区潮位站数据进行推算改正。当测区河段已有水尺或自记水位站、水位遥测系统时,可以直接利用水位资料,但所用基面应考证清楚,并求出不同高程基面间的转换关系。

5)对于无法立尺的陡峭峡谷、崩岸河段,可采用免棱镜全站仪测量,但测量精度不得低于图根高程。

6）断面水位可依据每天设置的临时水尺、测区内已有水位站及已有资料进行合理性检查。

### 6.3.4　断面绘制

编制断面成果或断面图，应按断面号顺序排列。断面首次测量，宜统一以左岸正标为零点计算起点距，零点确定后，历年应保持不变，断面各测点一律以确定后的零点计算起点距，其左为负、右为正。

绘制断面图，统一以图左为左岸，图右为右岸。断面图的纵横比例，应根据用图需要及河床断面形态而定。比例尺确定后相对固定，纵横比例执行表6.3-6的规定。在特殊情况下，断面图比例尺可做适当调整，但比例尺分母应保持100的整数倍。

表6.3-6　　　　　　　　　　　　横断面图纵横比例表

| 横比 | 1∶10000 | 1∶5000 | 1∶2000 | 1∶1000 | 1∶500 |
|---|---|---|---|---|---|
| 纵比 | 1∶200 | 1∶200 | 1∶200 | 1∶200 | 1∶200 |

同一断面的各测次成果可套绘成图，一般套绘前一测次进行分析对比，各测次以不同线条符号表示。每一断面均要注记编号及名称，横、纵比例尺和高程系统，水位线（注明施测日期）。

资料说明及图题则在每张图右下角注记。资料说明及图例包括：施测单位、平面、高程系统、施测时间和测量、绘图、检查人员及负责人签名，见图6.3-3。

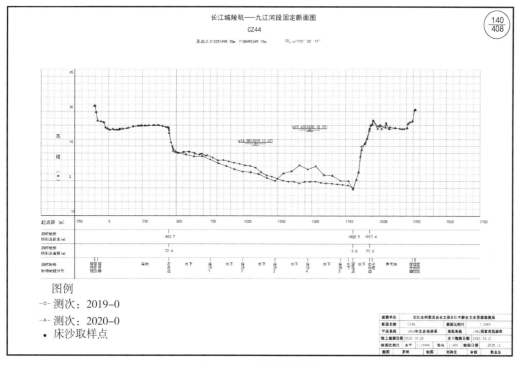

图 6.3-3　某固定断面图

273

## 6.4 河道演变观测

三峡水库蓄水后,坝下游河道水沙条件显著改变,尤其是输沙量的大幅度减少,水流高度次饱和的条件下,长江中下游河道河床进入长距离、长历时的冲刷调整过程,坝下游河段演变特性主要表现为河床大幅度冲深下切,崩岸发生加剧,局部河势显著调整,使下游河道水沙条件出现不平衡状态,从而引起河道河床形态的调整。长江与洞庭湖汇流河段江湖来水之间存在相互顶托作用,水流运动具有较强的三维性,泥沙运动也非常复杂,并随着不同的来水组合和流量过程而呈现出不同的变化特点。为全面地分析汇流段水流特性与泥沙冲淤变化规律,为江湖关系分析研究、湖区综合治理等提供基础资料;为及时了解三峡水库坝下游重点河段河势、河道演变及水流条件等变化,为研究三峡水库建成后长江中下游河道演变趋势及其对防洪、航道的综合影响提供基本资料。根据相关计划安排,水文中游局开展了"长江三峡工程杨家脑以下河段长江与洞庭湖江湖汇流段河道演变观测""长江三峡工程杨家脑以下簰洲湾河道演变观测""长江三峡工程杨家脑以下武汉河段河道演变观测"等河演项目。

### 6.4.1 观测项目

#### 6.4.1.1 长江三峡工程杨家脑以下河段长江与洞庭湖江湖汇流段河道演变观测

(1)项目范围

长江干流自七弓岭荆181至螺山长约50km,洞庭湖出口由岳阳至城陵矶长约8km,累计观测河段总长约58km。汛前两岸测至老坎,汛后两岸测至大堤顶。

(2)项目内容

1)1:10000水道地形测量,汛前和汛后各施测一次。

2)流场断面观测(与地形同测次)。

观测范围为汇流口上荆江河段3个、洞庭湖出口2个,汇流口下长江河段至白螺矶布设4个。汇流口区断面间距加密。

3)断面床沙取样(与地形同测次)。

长江干流观测范围内均匀布设11个,洞庭湖出口段布设3个,共布设14个床沙取样断面。

4)一级水文测验断面观测(与地形同测次)。

在七弓岭、荆186布设2个断面,按河道一级水文断面要求进行观测,其测验项目包括水位、流量、水温、悬移质输沙、悬移质与床沙颗粒。城陵矶(七里山)水文站与其同步观测。

5)比降观测(时间段应覆盖地形观测)。

在58km观测河段内设置10组水尺(其中,含原布设的观音洲、捉鱼洲、丁家洲、城陵矶

（七里山）、莲花塘、荆186等6组水尺）。汛前、汛中、汛后10组比降水尺分别观测1个月、2个月、1个月，每日8时至8时30分。

#### 6.4.1.2 长江三峡工程杨家脑以下簰洲湾河道演变观测

（1）项目范围

上起潘家湾下至纱帽山，全长约73.75km。两岸测至大堤顶。

（2）项目内容

1）1∶10000水道地形测量，汛末（10月）中水位施测一次。

2）全河段1∶10000水面流速流向（与地形同测次）。

3）断面床沙取样（与地形同测次）。

在长江干流观测范围内均匀布设22个床沙取样断面。

4）一级水文测验断面观测（与地形同测次）。

在测区内均匀布设5个断面，按河道一级水文断面要求进行观测，其测验项目包括：水位、流量、水温、悬移质输沙、悬移质与床沙颗粒。

5）比降观测（时间段应覆盖地形观测）。

在73.75km观测河段内设置6组比降水尺（其中一组为弯顶的横比降水尺）。在地形观测时同步进行观测。

#### 6.4.1.3 长江三峡工程杨家脑以下武汉河段河道演变观测

（1）项目范围

测区河段位于长江中游干流武汉市境内，上起汉南区纱帽镇（纱帽山），下至阳逻开发区（电塔），全长约70.3km，开展河道演变观测。地形测量两岸测至堤内脚。

（2）项目内容

1）1∶10000水道地形测量，汛中（7—8月）及汛后（11—12月）各观测一次。

2）一级水文测验断面观测（与地形同测次）。

在白沙洲和天兴洲分别布置3个一级水沙断面，共布置6个断面，按一级水沙断面要求进行观测，其观测项目有水位、水温、流速、流向、流量、悬移质含沙量、输沙率测验、悬移质颗粒级配与床沙颗粒级配分析。

3）断面床沙取样（与地形同测次）。

床沙取样只施测一次，测次分布在汛后，与地形测量同步观测。

### 6.4.2 水道地形测量

河道演变观测项目中涉及的1∶10000水道地形测量相关内容在6.2节中已叙述，本章节不再赘述。河道演变观测项目，水道地形测量根据河道演变形势及分析研究的需要，选择相应比例尺或单个项目中选择不同的区域采用不同的比例尺进行测绘。

### 6.4.3 一级水沙断面测验

各项目根据要求布设一级水沙测验断面,测验项目包括水位、水温、流速、流向、流量、含沙量、输沙率、悬移质与床沙颗粒级配。测量年观测 3 次,洪、中、枯水分别施测 1 次。根据时间节点和当时测验情况,可选择在中水期(或枯水期)其中的 1 个测次与地形测量同步施测。测区内布设的河道一级水沙断面位置历年基本保持一致。

#### 6.4.3.1 观测断面布置

(1)断面布设基本要求

1)断面应垂直于断面平均流向,若与流向不垂直时,由于流向偏角会使测得的流量产生误差。当流向偏角为 10°时,其误差约为 1.5%,其值虽小,但这一误差为系统误差,会使测得成果系统偏大,因此其影响较大,不能忽视。

2)若一个断面不能同时满足不同时期(高、中、低水)的测流,可设置不同时期的断面,且要求断面不同时期均应垂直于断面平均流向,偏角不得超过 10°。当超过 10°时,应根据不同时期的流向分别布设断面,不同时期各断面之间也不应有水量加入或分出。

3)低水期河段内有分流、串沟存在,且流向与主流相差较大时,可设置不同方向的几个断面。

4)若断面不与基本水尺断面重合,应尽量缩短两断面之间的距离,中间不能有支流汇入与水流分出,以满足两断面间的流量相等。

5)当断面与基本水尺断面相距较远时,断面也应设立水尺,以便在测流期间观读水位,供计算面积、流量之用。

6)在水库、堰闸等水利工程的下游布设流速仪断面,应避开水流异常紊动影响区。

(2)断面布设情况

长江三峡工程杨家脑以下河段长江与洞庭湖江湖汇流段河道演变观测:全河段共布设七弓岭、荆 1862 两个一级水文测验断面。

长江三峡工程杨家脑以下簰洲湾河道演变观测:全河段共布设有 5 个一级水沙要素观测断面,每个一级水文断面左岸均布置一组水尺,与比降水尺不重合。

长江三峡工程杨家脑以下武汉河段河道演变观测:全河段共布设汉流 07、汉流 08、汉流 07A、汉流 Z13+1、汉流 Z14、汉流 Z16+1 等 6 个一级水沙断面,包括在白沙洲顺直分汊段、天兴洲微弯分汊河段各布置 3 个,开展水沙要素观测。

#### 6.4.3.2 水位、水温观测

(1)水位观测

在各个河道一级水沙断面上布设水尺,采用四等水准测量接测水尺零点高程。测验期间,分别于上午 10 时和下午 16 时同步各观测 1 次水位,共 2 次。同时在测流开始和结束时

应观测水位,并按算术平均法计算相应水位,水位读记至0.01m。

(2)水温观测

水温观测与悬移质颗粒级配测验同步,施测位置与取样垂线一致,水温读记至0.1℃。

### 6.4.3.3 流量测验

一级水文断面采用ADCP走航测验,测船在左、右岸间往返测验,采用GPS定位,利用外接GPS罗经辅助测量流向,根据测流水位和大断面查算左、右水边的起点距,推算出距水边的距离。采集数据包括断面流速、流量、水深、河宽、流向等。流量实测时测船作匀速运动,按两个测回布置,任一半测回(往测或返测)BTM或GGA模式下测量值与平均值的相对误差不应大于5%。当第一测回任一次BTM或GGA模式下测量值与平均值的相对误差小于2%时,可不施测第二测回,否则应施测第二测回直至满足要求,流量取一个测回(满足要求)的平均值。现场分析ADCP数据合理性,有无掉块,水深流速分布是否合理,单次成果与算术平均流量相差在规范范围内,上下游流量是否满足流量闭塞差要求。

### 6.4.3.4 流速、流向测验

断面垂线布设,深泓必须布设垂线,应满足水面宽小于1000m时,提供5~7条垂线平均流速,水面宽大于等于1000m时提供10条以上垂线平均流速。测速垂线应能控制河床及流速变化转折点。每条垂线提供测点流速,当水深≥5.0m时,每条垂线按五点法布置测点流速、流向;当2m≤水深<5.0m时,每条垂线按三点法布置测点流速、流向;当水深≤2m时,按一点法(相对水深0.6位置处)布置测点流速、流向。计算垂线平均流速、流向和断面流量。流速从与断面流量接近的单次成果中提取,断面测速垂线提取可根据历年的固定垂线提取。采用ADCP走航式测流,根据GPS定位数据查找固定起点距相关测流数据,根据多层水速概化垂线流速分布,插补出相对水深五点法的测点流速。计算垂线平均流速,在流量测验的同时,观测开始、终止水位,采用左岸水位为测流断面水位。流向观测时间与流量测验同步,采用走航式ADCP测流时同步观测垂线测点流向,并且每条垂线及测点流向均与测点流速位置重合。垂线平均流向采用矢量法计算。

### 6.4.3.5 悬移质含沙量、输沙率测验

各断面均施测悬移质含沙量,测次安排同流量测验。垂线布设同流速垂线一致,采用横式采样器取样,烘干法处理,万分之一天平称重。按选点法测验,计算测点含沙量,采用流速加权法计算垂线平均含沙量、断面含沙量和断面输沙率。

1)在一级水沙断面上完成悬移质含沙量、输沙率测验,各断面悬移质含沙量测验时间与流量测验同步。

2)每个断面布设垂线数与流速垂线数一致,各断面悬移质含沙量测验时间与流量测验同步,悬移质含沙量垂线必须与流速垂线重合。每条垂线按选点法取样,当水深≥5.0m时,每条垂线按五点法布置测点;当2.0m≤水深<5.0m时,每条垂线按三点法布置测点;当水

深≤2.0m 时,每条垂线按一点法布置测点,其测点取样位置及点数与测点流速一致。

3)悬移质含沙量采用横式采样器取样,烘干法处理,万分之一天平称重。计算垂线平均含沙量、断面含沙量和断面输沙率。

#### 6.4.3.6 悬移质颗粒级配测验

悬移质颗粒级配测次安排同流速测验。每条垂线按选点法取样,垂线及测点布设同悬移质含沙量测验,横式采样器取样,分析水样采用垂线混合法,取样时同时施测水温,计算断面平均粒径的水温采用各垂线平均值。含沙量较小时,不满足分析对沙重的要求时均加倍取样。

分析方法:根据对每点沙样粒径的大小,采用激光粒度仪分析,粒径级采用 Φ 分级法基本粒径级,各垂线颗粒级配按垂线混合法单独分析,并计算垂线及断面平均颗粒级配,绘制断面悬移质颗粒级配曲线图。

#### 6.4.3.7 断面流场观测

长江三峡工程杨家脑以下河段长江与洞庭湖江湖汇流段河道演变观测项目有流场断面观测要求,测次与河道地形相同,观测范围包括洞庭湖出口 2 个,汇流口下长江河段至白螺矶 4 个,共计 6 个断面。流场断面观测采用 ADCP 进行,测一测回,流场观测应提交河段流场成果表,分 5 层择录成果,以第一层代表水面流速流向成果,并绘制流向分布图,绘于同测次地形图上,标注流速图示比例尺。

### 6.4.4 比降观测

#### 6.4.4.1 观测布置

长江三峡工程杨家脑以下河段长江与洞庭湖江湖汇流段河道演变观测项目,在 58km 观测河段内设置 10 组水尺(其中,含观音洲、捉鱼洲、丁家洲、城陵矶(七里山)、莲花塘、荆 186 原布设的 6 组水尺)。汛前、汛中、汛后 10 组比降水尺分别观测 1 个月、2 个月、1 个月,每日 8 时至 8 时 30 分。

长江三峡工程杨家脑以下簰洲湾河道演变观测,在 73.75km 观测河段内设置 6 组比降水尺(其中一组为弯顶的横比降水尺)。在地形观测时同步进行观测。

测区内比降观测断面沿左、右岸均匀布设,其中簰州湾顶布设 1 个横比降断面,比降水尺断面进行同步观测。断面位置历年保持一致,也可根据现场情况适当微调。

#### 6.4.4.2 观测方法

1)比降水尺零点高程采用水准仪按照四等水准标准接测,高程采用 1985 国家高程基准。

2)比降水尺同步进行观测,每日观测一个时段(8 时至 8 时 30 分)。每 5 分钟观测一组水位数据。

3)比降水尺观测时间段覆盖整个水下地形测量时段,在水下地形测量始末提前和推迟1～2天为有效观测时间。

4)比降水尺观测的其他要求见3.8节。

## 6.4.5　床沙观测

为了掌握河床组成分布特征及其变化规律,为河流泥沙科学研究、河道演变分析及河道整治工程等提供科学依据,床沙观测一般在河道演变观测项目中同步开展。

### 6.4.5.1　观测布置

（1）断面布置

水下床沙观测一般采用断面床沙取样,若无重大河势变化,取样垂线相对固定。

（2）垂线布置

测线布设要能反映床沙沿河宽的变化特征。若河宽在1000m以内,一般每断面取样5点,且主泓必布一线;若河宽超过1000m,一般每断面取样5～10点;遇分汊河道在左、右汊各取3点,露出的边滩、江心洲视宽度增加取样,至少3点。为了资料的连续性和便于分析研究,取样断面与前测次取样断面的床沙取样垂线位置一致。

### 6.4.5.2　取样方法

（1）取样器

一般采用挖斗式采样器进行床沙取样,纯砂质河床可用锥式采样器取样,见图6.4-1、图6.4-2。

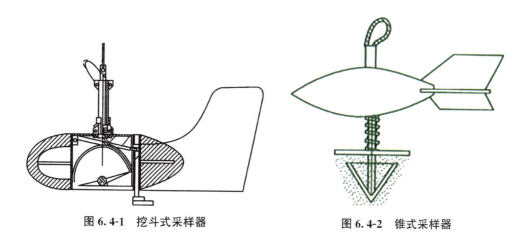

图6.4-1　挖斗式采样器　　　　图6.4-2　锥式采样器

1)取沙定位。

取样垂线采用 GNSS 定位,按同比例尺断面测点精度执行。

2)取沙量。

为满足泥沙粒径分析要求,床沙采样沙量视粒径而定。一般细砂或砂质黏土取样不少于 50g;粗砂取样 100～300g,直径大于 2mm 者取样不少于 1000g。如一次取样数量不足,可分次采取。一般连续 3 次都取不到沙样时,可不再取样,但要在资料中说明情况。具体取样的样品重量见表 6.4-1、表 6.4-2。

表 6.4-1　　　　　　　　　　　　水下床沙样品取样要求

| 沙样颗粒级配组成情况或沙样粒径组成情况 | 样品重量(g) |
|---|---|
| 不含大于 2mm 的颗粒 | 50～100 |
| 粒径大于 2mm 的样品重小于样品总重的 10% | 100～200 |
| 粒径大于 2mm 的样品重占样品总重的 10%～30% | 200～2000 |
| 粒径大于 2mm 的样品重大于样品总重的 30% 以上 | 2000～20000 |
| 含有大于 100mm 的颗粒 | >20000 |

表 6.4-2　　　　　　　　　　　　露水洲滩床沙样品取样要求

| 河床类型 | 最大粒径(mm) | 样品重量(kg) | 取样深度(m) |
|---|---|---|---|
| 大卵石夹沙 | >100 | >30 | >0.3 |
| 中小卵石夹沙 | ≤100 | >20 | >0.2 |
| 沙质、淤泥 | <2 | 0.05～0.1 | >0.2 |

取样前应全面检查采样器,保证采样器内无泥沙和杂物。测船应准确定位在所测断面垂线上,采样器入水后,应尽可能不扰动河底淤泥。

### 6.4.5.3　泥沙颗粒分析

泥沙颗粒分析包括:测定样品的颗粒大小;测量样品中不同粒径组的沙量(用质量占沙样总质量的百分数表达)。

(1)泥沙颗粒分析法

泥沙颗粒分析法分为取样现场分析及室内分析。取样现场分析($D$>2mm)可采用筛析法、尺量法。室内分析($D$<2mm)可采用筛析法、粒径计法、吸管法、消光法、离心沉降法、激光粒度仪法。泥沙颗粒分析法按照粒径的测量方法进行分类。

1)直接量测法。

①尺量法。

用卡尺或直尺在野外现场直接量测泥沙样品的尺寸,适用于测量粒径大于 100mm 的大颗粒。

②容积法。

将颗粒放入水中,根据它排开水的体积,计算颗粒的等容粒径。

③筛析法。

适用于分析粒径为 0.1~100mm 的砂、砾石和卵石样品。

2)沉降法。

①清水沉降法。

适应于粒径为 0.05~2.0mm 沙量较少时的泥沙颗粒分析。该类方法主要有粒径计法、沉沙计法和累计沉降管法等。

②混匀沉降法。

适用于粒径为 0.002~0.05mm(或 0.1mm)的泥沙颗粒分析。这类方法主要有吸管法、比重计法、底漏管法、消光法等。

③离心沉降法。

适应于粒径小于 0.005mm 的胶粒分析。

3)激光粒度仪法。

激光粒度仪法适用于快速泥沙颗粒分析。

泥沙颗粒分析方法的适用粒径范围及沙量要求见表 6.4-3。

表 6.4-3 泥沙颗粒分析方法的适用粒径范围及沙量要求

| 分析方法 | | 测得粒径类型 | 粒径范围(mm) | 沙量或浓度范围 | | 盛样条件 |
| --- | --- | --- | --- | --- | --- | --- |
| | | | | 沙量(g) | 质量比浓度(%) | |
| 直接量测法 | 尺量法 | 三轴平均粒径 | >64.0 | — | — | — |
| | 筛分法 | 筛分粒径 | 2.0~64.0 | — | — | 圆孔粗筛,框径 200mm/400mm |
| | | | 0.062~2.0 | 1.0~2.0 | — | 编织筛,框径 90mm/120mm |
| | | | | 3.0~5.0 | — | 编织筛,框径 120mm/200mm |
| 沉降法 | 粒径计法 | 清水沉降粒径 | 0.062~2.0 | 0.05~5.0 | | 管内径 40mm,管长 1300mm |
| | | | 0.062~1.0 | 0.01~2.0 | | 管内径 25mm,管长 1050mm |
| | 吸管法 | 混匀沉降粒径 | 0.002~0.062 | — | 0.05~2.0 | 圆筒 1000mL/600mL |
| | 消光法 | 混匀沉降粒径 | 0.002~0.062 | — | 0.05~0.5 | |
| | 离心沉降法 | 混匀沉降粒径 | 0.002~0.062 | — | 0.05~5.0 | 直管式 |
| | | | <0.031 | — | 0.05~1.0 | 圆盘式 |
| 激光粒度仪法 | | 衍射投影球体直径 | $2 \times 10^{-5}$~2.0 | — | — | 烧杯或专用器皿 |

泥沙颗粒分析方法种类较多,用时根据具体情况而定。对于大于 100mm 的颗粒,一般采用直接测量法;沙量较多的粗砂、砾石和卵石样品可采用筛析法;沙量较少,粒径在 0.05~

2.0mm 范围内的粗砂、中砂、细砂，可采用清水沉降法做分析；对于粒径小于 0.05mm 的细砂样品，则视沙量的多少和设备条件分别选用比重计法、吸管法、底漏管法和消光法等；含胶粒较多的极细泥沙样品，则可采用离心沉降法或激光粒度仪法。对于粒径分布范围较大的天然河流泥沙，需要运用几种方法结合进行分析。

（2）泥沙粒径和级配的表达

泥沙粒径的表示方法和相互关系：

天然粒径具有不规则形状，同一颗粒运用不同的颗粒分析方法测定，会得出不同的结果。

①三轴平均粒径。

泥沙在相互垂直的长、中、短三轴上长度的平均值，尺量法所得的结果常用这种粒径表达。

②等容粒径。

与泥沙颗粒同一体积的球体直径，容积法所得的结果常用的粒径表达。

③投影粒径。

系圆的直径，颗粒具有最大稳定度的平面，正好包围着它的投影图像。

④筛析粒径。

筛析法所得的粒径，其值等于颗粒恰能通过的正方形筛孔的边长。

⑤沉降粒径。

在同一沉降液中，在同一温度条件下与某给定颗粒具有同一相对密度和同一沉速的球体直径。

对于粒径范围很宽的泥沙样品，常需要采用几种不同的分析方法，颗粒级配常出现不连续现象。为使几种颗粒分析方法所得的级配曲线保持连续光滑，提出了沉降粒径、筛析粒径和投影粒径之间的近似关系：

$$D_{sd} = 0.94D_{sa} = 0.67D_{pd} \tag{6.4-1}$$

式中：$D_{sd}$ ——沉降粒径，mm；

$D_{sa}$ ——筛析粒径，mm；

$D_{pd}$ ——投影粒径，mm。

（3）泥沙粒径分级方法

河流泥沙颗粒级配采用中分级法划分，也可采用其他分级法划分。

（4）颗粒分析的上、下限

颗粒分析的上限点，累计沙重百分数应在 95% 以上，当达不到 95% 以上时，应加密粒径级。级配曲线上端端点，以最大粒径或分析粒径的上一粒径级处为 100%。

悬移质分析的下限点，分析至 0.004mm，当查不出 $D_{50}$ 时，应分析至 0.002mm。推移质和床沙分析的下限点的累积沙重百分数应在 10% 以下。

（5）泥沙颗粒级配表达方法

泥沙颗粒级配可用频率曲线表达。见图6.4-3为某断面泥沙颗粒级配曲线图。

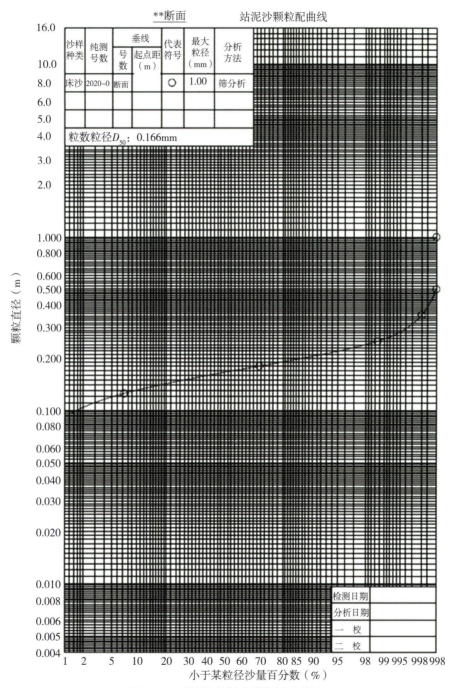

图 6.4-3 某断面泥沙颗粒级配曲线图

# 第7章 崩岸预警监测

## 7.1 概述

### 7.1.1 崩岸类型及其形成的原因

由土石组成的河岸、湖岸因受水流冲刷,在重力作用下土石失去稳定,沿河岸、湖岸的岸坡产生崩落、崩塌和滑坡等现象,产生这种现象的河岸、湖岸统称之为崩岸。一般的崩岸分为条形倒崩、弧形坐崩和阶梯状崩塌等类型。崩岸的发展可使河床产生横向变形。崩岸险情发生的主要原因是:水流冲淘刷深堤岸坡脚。在河流的弯道,主流逼近凹岸,深泓紧逼堤防。在水流侵袭、冲刷和弯道环流的作用下,堤外滩地或堤防基础逐渐被淘刷,使岸坡变陡,上层土体失稳而最终崩塌,危及堤防。为了整治河道,控导河势,与险工相结合,在河道的关键部位常建有垛(短丁坝、矶头)、丁坝和顺坝等。由于这些工程的阻水作用,常会在其附近形成回流和漩涡,导致局部冲刷深坑,进而产生窝崩,从而使这些垛、丁坝的自身安全受到威胁。

### 7.1.2 长江中游河段崩岸基本情况

长江中游干流河道内,崩岸险工段众多。根据长江流域防洪规划、长江中下游河道治理规划及长江流域防汛(工情)等资料不完全统计,城陵矶至九江河段两岸崩岸险段200多km,占堤段的25%左右。1998年长江发生特大洪水以后,沿江各地都对长江大堤进行了加固,但护岸工程是一项动态工程,不可能"一劳永逸",需要连续不断地维护才能保持稳定。近年来,随着长江水情工情变化,中下游水沙条件发生了较大改变,引起河道崩岸险情呈现多发态势,长江中下游岸坡都已经处于一个极限状态。

其一,长江中上游一些大型水利工程运行后长期"清水下泄",引起河床冲刷加剧,造成中下游岸堤崩岸频发。多年河道观测资料证明上游"清水下泄",长江干流中游河道冲刷剧烈导致岸坡失稳。据调查,三峡水库蓄水以来,长江干流崩岸险情日益加剧,多处守护工程出现崩塌、吊坎险情,未守护段也出现新的崩岸。长江干流中游部分河段河床地质表层为粉细砂层,"清水下泄"后堤脚、坎坡易冲易崩。

其二,长江干流中游河段局部河势发生变化,现有堤防难以适应河势调整。据调查,2010 年以来,长江连续遭遇较大洪水,近岸河床冲刷严重,尤其是深泓贴岸或弯道迎流顶冲河段,特别是 2012 年汛后以来,长江中下游河道部分迎流顶冲且地质条件较差的河段,发生了不同程度的崩岸险情,部分老险工险段在较长时间较大流量冲刷下也出现新险情,如 2017 年 4 月和 2017 年 11 月长江中游簰洲河段鄂江左 413+250～413+325 和鄂江左 412+500～412+610 发生两次崩岸,两次崩岸距离大堤最近约 20m;2021 年 12 月 18 日,湖北省咸宁市嘉鱼县境内长江右岸簰洲湾河段肖潘段谷洲民垸外滩发生窝崩险情,窝崩口最宽处约 142m,崩深约 112m,吊坎高 11.5m,窝崩外形呈"Ω"形,为 1998 年以来咸宁江段发生的最大窝崩。

其三,民垸民堤基本"放养"隐患多。据调查,湖北 1000 余 km 的长江大堤外,还有很多大大小小的民垸,有的甚至是整个乡镇、大农场和企业。这些民垸民堤一直处于"放养"状态,财力允许和险情危及的县乡政府会支持一下,有的省里也投资维护,但是一直没有系统全面地做过监测和管护,造成这些堤防崩岸险情多且复杂。

## 7.1.3　崩岸监测项目及观测布置

针对长江中下游河段面临长时期、长距离、大幅度冲刷,为收集长江中下游干流重点险工段资料,同时为长江中游防洪、河道综合整治、险工护岸和水利工程建设等提供科学依据,实现长江中游地区经济社会可持续发展,根据水利部、国家发展和改革委员会、国务院三峡工程建设委员会办公室相关要求,长江中游河段崩岸监测项目主要包括重点险工护岸监测和三峡后续工作长江中下游影响处理河道监测两种。

两种崩岸监测项目的观测布置情况见表 7.1-1。

表 7.1-1　　　　　　　　　　　两种崩岸监测项目的观测布置情况

| 监测项目 | 监测频率 | 监测要素 | 比例尺 | 测次安排 |
|---|---|---|---|---|
| 重点险工护岸监测 | 1 年/周期 | 地形 | 1∶2000 | 汛前<br>汛后 |
| 三峡后续工作长江中下游影响处理河道监测 | 2 年/周期 | 地形、断面 | 地形:1∶2000;<br>断面:1∶1000 | 汛前<br>汛期<br>汛后 |

崩岸监测对象一般为动态调节,当河势变化、河床趋于稳定、水流冲刷对护岸工程影响较小时,可更换崩岸监测对象。目前,长江干流中游河段正在监测的重点险工护岸有以下三段:叶家洲河段吊尾险段,起止点桩号(242+580～245+730),长 3.15km;簰洲湾河段邓家口险段,起止点桩号(373+500～377+800),长约 4.3km;簰洲湾河段虾子沟险段,起止点桩

号(410+300～416+300),长约 6.0km;

分布情况见图 7.1-1。

**图 7.1-1　长江干流中游河段重点险工护岸监测分布图**

目前,三峡后续工作长江中下游影响处理河道监测对象有以下七段:①咸宁干堤邱家湾段,起止桩号(312+000～318+000),长约 6.0km。②洪湖监利干堤燕窝段,起止桩号(426+000～429+320),长约 3.3km。③簰洲河段潘家湾段,起止桩号(271+000～275+950),长约 4.95km。④武汉市堤武青堤段,起止桩号(24+620～28+930),长约 4.3km。⑤武汉市堤月亮湾段,起止桩号(35+505～36+105),长约 1.5km。⑥黄冈大堤陈港口段,起止桩号(170+630～174+800),长约 4.2km。⑦粑铺大堤刘楚贤段,起止桩号(111+500～118+800),长约 7.3km。

分布情况见图 7.1-2。

**图 7.1-2　长江干流中游河段三峡后续工作长江中下游影响处理河道监测分布图**

### 7.1.4　崩岸监测目的与意义

通过监测汛前、汛期、汛后重点险工段和崩岸段近岸河床冲淤、冲刷坑和水流主流摆动特性,一方面可全面掌握三峡水库运用后长江中游河段重点险工、崩岸段近岸河床冲淤和岸坡变化,以便及时发现问题、采取对策,满足长江中游河势及岸坡影响工程项目实施方案的需要,保证堤防防洪安全;另一方面,可为系统、深入研究长江中游河道崩岸规律,保障长江中游防洪安全提供基础支撑,也可为险工崩岸变化研究治理对策提供依据。

# 7.2　崩岸监测技术设计

## 7.2.1　基本要求

### 7.2.1.1　观测范围的界定

崩岸监测目的是近岸部分水流冲刷对工程的影响,所以陆上地形测至老坎,无老坎时,测至平滩水位相应高程,水下地形测宽不超过 400m。

长江中游河段近期主要的崩岸监测项目为三峡后续工作长江中下游影响处理河道监测,该项目除考量近岸部分水流冲刷对工程的影响,还要考量工程治理的设计与分布,所以观测范围界定如下:

1)水下测至深泓外 100m,最宽不超过半江;最窄不小于 500m。

2)陆上从测时水边测至大堤内脚;当河滩滩坎至大堤间的宽度大于 200m 时,从滩坎测至滩地内 50m。

### 7.2.1.2　观测时机的选择

长江汛期一般为 5 月 1 日至 10 月 15 日,重点险工护岸监测安排在汛前阶段 4 月 30 日前完成汛前测次外业测量,11 月底前完成汛后测次的外业测量。

三峡后续工作长江中下游影响处理河道监测一般年内施测 3 次,分别为汛前、汛期、汛后各一次。汛前测次外业工作在 4 月 30 日前完成,汛期测次外业工作在 8 月 31 日前完成,汛后测次外业工作在 11 月 15 日前完成。

### 7.2.1.3　技术指标与规格

(1)平面控制

平面控制一般采用 CGCS2000 坐标系统(如有历史沿革,同时使用 1954 年北京坐标系),高斯正形投影,统一 3°分带。平面基本控制 GNSS E 级。

(2)高程控制

高程控制采用 1985 国家高程基准,高程基本控制四等水准精度及以上。

(3)地形测图

1)测图分幅:比例尺 1:2000 半江水道地形图采用正方形标准分幅(50cm×50cm 规格,整公里分幅),基本等高距为 1.0m。

2）地形图主要要素取位：图上控制点高程取至 0.01m，陆上、水下高程点及水位注记取至 0.1m。

3）地形图基本精度执行表 7.2-1 的规定。

表 7.2-1　　　　　　　　　　　　　地形图基本精度要求

| 比例尺 | 地物点平面位置允许中误差（图上）（mm） | 高程注记点允许中误差（m） | 等高线高程允许中误差（m） | |
|--------|------------------------------|----------------------|:---:|:---:|
| | | | 陆上 | 水下 |
| 1：2000 | ±0.50 | ±0.20 | ±0.50 | ±1.00 |

4）水下地形高程注记点允许中误差执行表 7.2-2 的规定。

表 7.2-2　　　　　　　　　　　　地形图水下高程注记点精度要求

| 水深范围（m） | 高程注记点允许中误差（m） |
|:---:|:---:|
| 0～20 | ±0.25 |
| 30 | ±0.26 |
| 50 | ±0.27 |
| 100 | ±0.50 |

5）水深测量允许极限误差执行表 7.2-3 的规定。

表 7.2-3　　　　　　　　　　　　　水深测量允许极限误差

| 水深范围（m） | 水深测量极限误差（m） |
|:---:|:---:|
| <20 | ±0.2 |
| ≥20 | ±0.01$H$ |

注：1. 表中 $H$ 为水深；

2. 表中数值为水深数据修正后的中误差。

## 7.2.2　技术设计

### 7.2.2.1　技术路线

项目实施工作主要分为前期工作、准备阶段、外业实施、成果整理及分析、检查与验收等几个阶段。

（1）前期工作

依据项目技术要求及时编制专业技术设计书。结合测区的实际情况，总结以前相关工作的经验，开展测区查勘，组织相关技术部门对专业技术设计、观测方案研讨与论证，完成设计评审并报项目管理单位审批和备案。落实项目管理职责，进行任务分解，确保项目有序展开。

（2）准备阶段

项目专业技术设计通过审批后，按工期要求组织实施。首先落实并完成项目所需投入主要仪器的送检。根据近期测区内基本控制、标石损毁、植被环境、地形变化以及水情等具体情况，合理调配作业人员和仪器设备，先期安排控制作业组负责完成测区内的基本控制。

（3）外业实施

陆上地形测绘主要采用 RTK 施测。水下地形测量采用 RTK（含网络 RTK）定位，测深仪同步测深，特殊困难测区也可采用其他测深器具测深。水下地形测量时，按要求同步进行水位接测，对水位资料要适时做好分析，如水位接测出现倒流时，根据顺直河段和分汊河段的水位变化规律及水位涨落情况进行分析，对不合理的水位进行补测或对相关的水位进行重测，不允许出现对怀疑有问题的水位采取跳过不用或随意删除的现象发生。水下与陆上衔接时，陡岸或无滩地区水边以陆上实测水边为准，浅滩和淤滩水边以水下施测时的水边为准；每天必须对完成的地形数据进行拼接，杜绝出现空白区现象。

（4）成果整理与分析

外业数据采集后，要进行数据整理与分析工作，基础数据的计算及整理要在现场完成后才能转入内业资料整理工序。外业资料整理分析工作主要包括数据整理与分析、成果计算、表格调制、成果比对分析等；内业资料整理分析工作主要包括地形图编绘、资料整制、成果合成，成果综合检查与分析、资料整编及技术报告编制等。

（5）检查与验收

对项目成果质量采用三级检查（过程检查、专业检查、最终检查）二级验收（管理单位的项目验收、业主单位的成果交接验收）的方式进行控制。各项目组在完成当日作业后，必须对所测资料进行整理分析，作合理性检查，完成作业组的自查与互查，发现问题及时处理，必要时进行返工，杜绝不合格产品流入下道工序。

### 7.2.2.2 控制测量

（1）基本控制

崩岸监测分为前期监测、工程治理、后期监测三个阶段。整个过程为减小监测误差，需建立一个统一平面和高程基准。平面控制一般建立 E 级 GNSS 控制网，高程控制需纳入四等水准线路。

1）E 级 GNSS 控制网观测。

①E 级 GNSS 控制网观测选用多台双频接收机进行静态观测，接收机应在检定的有效期内，并提交有效的仪器检定资料。

②基本技术要求见表 7.2-4。

表 7. 2-4 基本技术要求

| 等级 | 卫星截止高度角 (°) | 同时观测 有效卫星数 | GPDOP | 观测平均重 复设站时段数 | 时段长度 （min） | 采样间隔 （s） |
|---|---|---|---|---|---|---|
| E | ≥15 | ≥4 | ≤6 | ≥1.6 | ≥60min | 15 |

注：外业观测时段长度应根据同步观测点间距离、观测条件等情况适当调整。

③外业观测前应编制 GNSS 卫星可见性预报表，研究所要观测点的最佳时间段，并制定工作计划。

④出发前应检查电池电量、接收机内存或磁盘容量是否充足。

⑤天线基座应严格对中置平。天线的高度应在测前、测后各量取一次，较差应≤3mm，取中数使用。

⑥接收机在观测期间应防止振动、移动，防止人和物体靠近天线。

⑦测量手簿按作业程序认真逐项填写，要清晰、整洁，不允许事后补记或追记。

⑧接收机在观测期间，不应在旁边使用对讲机。雷雨过境时应关机停测，并卸下天线以防雷击。

⑨观测中应保证接收机工作正常，数据记录正确，每日观测结束后，应及时将数据转存至计算机硬、软盘上，确保观测数据不丢失。接收机内存数据文件在卸载到外存介质时，不得进行任何剔除或删改，不得调用任何对数据实施重新加工组合的操作指令。

2）基线解算及检核。

3）E 级 GNSS 控制网平差计算。

当各项质量检验符合要求时，应以所有独立基线组成闭合图形，以三维基线向量及其相应方差协方差阵作为观测信息，以一个点的 WGS－84 系三维坐标作为起算依据，进行 GNSS 网的无约束平差。

在无约束平差确定的有效观测量基础上，进行二维约束平差。

4）水准观测。

①四等水准测量的基本技术要求和观测技术要求。

四等水准测量最弱点中误差不得大于±25mm，基本技术和观测技术要求分别按表 7.2-5、表 7.2-6 执行。

表 7. 2-5 四等水准测量基本技术要求

| 每千米高差中数中误差(mm) | | 附合路线或环线 闭合差(mm) | | 检测已测段 高差之差(mm) |
|---|---|---|---|---|
| 偶然中误差 | 全中误差 | 平地、丘陵地 | 山地、高山地 | |
| ±5 | ±10 | $\pm 20\sqrt{L}$ | $\pm 25\sqrt{L}$ | $\pm 30\sqrt{L_i}$ |

注：表中 $L$ 为水准附合路线长度或环线周长，$L_i$ 为检测测段长度，单位为 km。

表7.2-6                            四等水准测量观测技术要求

| 等级 | 标尺类型 | 视线长度 | | 前后视距差(m) | 前后视距累积差(m) | 视线高度(m) | 两次读数高差的差(mm) |
|---|---|---|---|---|---|---|---|
| | | 仪器类型 | 视距(m) | | | | |
| 四等 | 折叠铟瓦尺 | DS23以上 | ≤100 | ≤5.0 | ≤10.0 | 三丝读数 | 5 |

②水准外业观测。

a.四等水准观测采用电子水准仪(标称精度±0.7mm/km)。

b.作业开始后的一周内应每天检校一次 $i$ 角,若 $i$ 角保持在10s以内时,以后可每隔15天检校一次。

c.四等水准观测按照"后—后—前—前"的顺序进行施测。

③水准网平差计算。

a.外业观测结束后,需计算四等水准网附合路线的闭合差。

b.上述各项合限后,按严密平差程序进行平差计算。

c.外业计算取位按表7.2-7规定。

表7.2-7                            四等水准测量外业计算取位要求

| 等级 | 往返测距离总和(km) | 往返测距离中数(km) | 各测站高差(mm) | 往返测高差总和(mm) | 往返测高差中数(mm) | 高程(mm) |
|---|---|---|---|---|---|---|
| 四等 | 0.1 | 0.1 | 0.1 | 0.1 | 1 | 1 |

(2)图根控制

1)崩岸监测地形测量一般采用GNSS RTK技术施测,主要精度指标遵循表7.2-8规定。

表7.2-8                            GNSS RTK图根平面控制精度要求

| 相邻点平均边长(m) | 点位中误差(cm) | 边长相对中误差 | 起算点等级 | 流动站到单基准站距离(km) | 测回数 |
|---|---|---|---|---|---|
| ≥100 | ±5 | ≤1/4000 | 二级以上 | ≤4 | ≥2 |

2)进行GNSS RTK测量时,对每个图根控制点均应独立测定2次;2次测定图根点坐标的点位互差不应大于±5cm,符合限差要求后取中数作为图根点坐标测量成果。

3)用GNSS RTK技术施测的控制点成果应进行100%的内业检查和不少于总点数10%的外业检测,平面控制点外业检测可采用相应等级的卫星定位静态(快速静态)技术测定坐标、全站仪测量边长和角度等方法。检测点应均匀分布测区,检查结果应满足表7.2-9。

表 7.2-9　　　　　　　　　　　GNSS RTK 图根控制精度检测要求

| 等级 | 边长校核 | | 角度校核 | | 坐标校核 |
|---|---|---|---|---|---|
| | 测距中误差(mm) | 边长较差的相对误差 | 测角中误差(″) | 角度较差限差(″) | 坐标较差中误差(cm) |
| 图根 | ≤±20 | ≤1/3000 | ≤±20 | ≤60 | ≤±7.5 |

### 7.2.2.3　陆上地形测量

陆上地形观测时间与水下地形测量时间要求同步。陆上地形测量,数据采用 RTK(含网络 RTK)测记法全野外数字化采集,无形数据(包括比高、地物尺寸、属性注记、重量注记等)现场上图并进行校对,电子记录要求记录项目齐全、完整、安全。

(1)一般要求

1)作业前必须对各种仪器进行检校、比测并做好记录,随资料一并上交。

2)采用 RTK 测记法测图时,GNSS 工作半径一般控制在 5km 以内,最大工作半径不得大于 7km。采用网络 RTK 测量时,应在网络覆盖的有效服务范围内且信号相对稳定状态下进行观测。

3)测点间距为 20～40m。地形明显转折处应适当加密,陡坎的上沿线、坎脚以及护坡的上沿线、护坡脚、水边必须测出,护坡两端点、分类线等重要地物必须测注完整。

4)采用 RTK 进行地形测量,在作业前或重新架设基准站后,宜检测不少于 2 个图根精度以上的已知点,检核高等级点时平面位置允许较差为 ±5cm,高程允许较差为 ±4cm,检核同等级点时平面位置允许较差为 ±7cm,高程允许较差为 ±5cm。极端困难条件下,应至少检测 1 个不低于图根精度的已知点,允许较差放宽 $\sqrt{2}$ 倍。

5)测站迁移或重新设站时,应测量 1～2 个地形重合点,测量要求同设站检查。重合点检校精度平面不应大于图上 1.5mm,高程不应大于 0.2m。

6)连续采集一组地形碎步点数据超过 50 点,应重新进行初始化,并校核一个重合点,当校核点位坐标校差满足重合点校核精度要求时,方可继续测量。

(2)采用网络 RTK 作业技术要求

根据本次测区所分布的地理位置,可选择网络 RTK 方式进行测量。施测时应注意以下几点:

1)点位所在的区域应被移动网络信号有效覆盖,确保接收机能够通过 GPRS 或 GSM 方式稳定地连接网络。

2)网络 RTK 作业应尽可能安排在良好的天气状况下进行。作业前应查询网络运行状态、进行星历预报及电离层、对流层活跃度分析,以避开不利时段,合理制订作业计划。

3)网络 RTK 测量开始作业时,至少应在一个不低于图根精度的已知点上进行检核。

4)网络 RTK 测量应注意 GNSS 卫星数量、分布等观测窗口状况,其作业条件应符合

表 7.2-10 的规定。

**表 7.2-10** 　　　　　　　　　　　　**网络 RTK 测量卫星状况的基本要求**

| 观测窗口状态 | 15°以上的卫星个数 | PDOP 值 | 作业要求 |
|---|---|---|---|
| 良好 | ≥6 | <4 | 允许测量 |
| 可用 | 5 | ≤6 | 尽量避免 |
| 不可用 | <5 | >6 | 禁止测量 |

5)网络 RTK 观测应符合下列要求：

①对仪器进行初始化。

②数据采样率一般设为 1s,模糊度置信度应设为 99.9％以上。

③观测控制手簿设置,碎部点的平面收敛精度应≤±2cm,高程收敛精度应≤±4cm。

④观测值应在得到网络 RTK 固定解,且收敛稳定后开始记录。

⑤RTK 碎部点测量流动站观测时可采用固定高度对中杆对中、整平,观测历元数应大于 5 个,取平均值作为定位结果。

⑥经、纬度取位到 0.00001″,平面坐标和高程记录到 0.0001m。

6)每天作业结束后,应及时将各类原始观测数据、中间过程数据、转换数据和成果数据等转存至计算机或移动硬盘等其他媒介上。

7)外业观测数据在转存时,应提交完整的原始观测记录,不得对数据进行任何剔除或修改。同时还应做好备份工作确保数据安全。

8)由于网络 RTK 测量是直接得到 CGCS2000 坐标,实时转换需在接收机内配置加密转换参数。

### 7.2.2.4 水下地形测量

(1)测深平面定位

平面定位采用高精度 GNSS 双频接收机以实时动态 RTK 测定平面位置的方法。每天测前,GNSS 要对已知点进行检校比测,或与水域中已知坐标的固定目标(如固定码头、灯塔、矶头等某一角)做重合点检测,其相互检校平面允许较差应不大于±0.4m,填写"GNSS 水下测量记录表";若误差超限,应检查原因。

(2) 水位控制

水位控制采用全站仪接测或配合临时水尺观测。

1)全站仪水位接测要求。

①采用全站仪三角高程接测水位,精度应满足五等水准的精度要求。

②最大测距不大于 1000m。

③直接法接测水位时,棱镜杆宜采用支架固定,选择间距大于 5m 的两个水面点,各观测两测回,进行落尺点差错和观测误差检校。测回间高程较差不大于±5cm(特别困难地

区,可放宽至±10cm)。

④采用接测水尺零点的方法接测,应在架站点变动仪器高至少相隔0.1m后,再进行观测。每次也应各观测两测回。测回间高程较差不大于±5cm(特别困难地区,可放宽至±10cm)。

2)水尺布设要求。

①水尺的布设应能控制测区的水位变化。

水尺应避开回水区,不直接受风流、急流冲击影响,同时考虑不受船只碰撞,能在测量期间牢固保存。

②水尺应设立在测区两端。

若测区长度较长,中间水面变幅较大(或呈现脉动变化)时,应加密水尺,加密水位观测。

③水尺设定应满足测量期间水位的变幅范围。

④水尺零点高程应采用不低于五等几何水准或与其同等精度的方法接测。采用全站仪接测时,应变动仪器高0.1m以上,仪器高变动前后各观测两个测回,两个测回高差较差的绝对值应小于5cm,否则须重新观测。最终测量成果取两测回平均值。易沉降区,水尺零点高程设置超过48h应进行校核。

⑤水尺倾斜时应立即校正,并校核水尺零点高程,自记水位零点也应及时校正。

3)水位观测与水位改正要求

①水位观读应精确到0.01m。

②水位观测频次应符合表7.2-11的规定。

③当上下游接测水位差小于0.1m时,取平均值作为水位改正数;当水位差大于0.1m时,应按断面或分段配赋,或根据情况进行线性内插。

表7.2-11 水位观测频次

| 水位变化特征 | 观测频次 | 加密频次 |
|---|---|---|
| 水位变幅剧烈 | 1次/10～30min | 1次/5min |
| $\Delta H < 0.1m$ | 测深开始及结束时各1次 | |
| $0.1m \leq \Delta H \leq 0.2m$ | 测深开始、中间、结束各1次 | |
| $\Delta H > 0.2m$ | 每1h进行1次 | 1次/5min |

注:1. $\Delta H$ 为日水位变化值,单位为m;

2. 若水位变化超过0.1m且呈非线性变化或脉动时,应布设临时水尺进行连续观测。

(3)水深测量

水下地形测量,采用RTK(含网络RTK)定位,测深仪同步测深,同一测区每次采用相同型号的测深仪。特殊困难区域也可采用其他能满足要求的测深器具测深。

水下地形测量采用横断面法,预置断面(计划断面)线方向应大致与主流方向垂直;个别测区岸线与主流夹角很大时,预置断面线方向应调整与岸线垂直。

同一测区每次采用测深仪型号应一致。每天测前应进行仪器参数设置检查、换能器静态吃水深度检查。

每天测前应进行水深校验比测,测深仪水深比测一律采用比对板进行,比测时要求在深度 3m、4m、5m 分别比测 1 点,比测较差不超过±0.1m。

断面间距为 40m,测点间距小于 25m。近岸为陡岸时,水边以外 50m 范围内测点间距应加密,保证水下岸坡上至少有 3 点水深数据,以真实反映岸坡地形特征。

时间延迟应进行改正并控制在规范要求限差以内,测深时控制好测船速度,最大船速不超过 3m/s,尽量保持匀速行驶。

动吃水测定及改正。测量前,应对所有测船进行动吃水测定,每条船分别在不同的速度下测定动吃水值。当动吃水大于 0.05m 时应作动吃水改正,动吃水改正宜在数据后处理中进行。实测时,测船航行速度宜与动态吃水测定时的速度保持一致。

GNSS RTK 固定台架站点等级不得低于一级图根点。

测深数据以数字记录为准。测量中必须将测深仪记录纸模拟记录与数字记录进行 100%校对,模拟记录与数字记录差值控制在 0.2m 以内,否则应以测深仪记录纸模拟记录为准,修改测深数据。

特征点应进行插补。数字记录应全部打印,内容包括断面编号与点号、原始观测数据、成图采用数据,备注(说明修改或内插)并有校核记录。

(4)水边测量

水边测量采用 RTK(含网络 RTK)施测,与水下地形测量保持同步。测点精度满足表 7.2-12 要求。

表 7.2-12　　　　　　　　　水边点测量精度要求一览表

| 图上点位<br>中误差(mm) | 高程中误差 | 与基准站<br>的距离(km) | 观测<br>次数 | 起算点等级 |
| --- | --- | --- | --- | --- |
| ±0.5 | 符合相应比例尺成图要求 | ≤7 | ≥1 | 平面、高程图根以上 |

(5)资料整理

1)各项资料整理应符合相应规范和技术要求,必须完成算、校、审三道手续。河道勘测中心应进行 100%过程检查,并保存有相应的质量检查记录。

2)地形图的绘制采用 EPS 软件完成。陆上地形图在与水下地形图合并之前,应在现场与实地地形进行校对,保证地形图的地理精度;水下数据在现场经过格式编辑整理后,要与陆上地形图进行拼接,并进行合理性检查,杜绝出现空白区、错漏项的现象。

3)长江堤防险工护岸监测各测次完成后,需对监测资料进行比较分析,对发生重大变化的地方要进行复查或验证。

4)图廓整饰规定

①按标准的正方形分幅(50cm×50cm 规格,整公里分幅)进行图幅整饰。

②图号按测区统一顺序流水编号,在图廓外东北角注记直径 20mm 的圆圈,内为分子式,分母为测区图幅总数,分子为该图图幅流水编号。西南角坐标(完整 $X-Y$ 坐标)为图幅号,注记在图名下方。

③九宫格内注记相邻图幅流水编号。

④图名统一为:××险工护岸河段地形图。

(6)数据安全要求

1)为了保证数据安全,全部原始数据应妥善保存。对电子数据需做两类备份,一是纯原始数据备份,二是整理数据备份。第一类数据须在现场未做任何编辑前异地备份 2 份,其中一个转换为 PDF 格式,作为原始数据检查用;第二类只需现场分别使用 2 个存储设备或由 2 个人分别备份,并明确数据安全负责人和责任人。对项目整理资料(如中间成果,最终成果)在未入库(归档)前,应制定专人保管全部的电子成果与纸质成果。对第一类备份,应保留至成果应用符合要求后方可作保密销毁。

2)项目外业工作结束后,立即将全部资料交内业组由专人保管,内业管理人员必须对各类资料进行登记,对各种电子数据进行备份,严禁将中间成果、正式成果及各类资料向无关人员泄露,加强成果资料进出管理工作。

# 7.3 崩岸监测实施关键节点

## 7.3.1 水深数据采集质量控制

### 7.3.1.1 对水深检校装置的改进

水深检校是水深测量必不可少的工作内容,检校方式也随着技术的发展而改变,从最初的测深锤、测深杆检校发展到近年的链式检校板检校,虽然精度在逐步提高,但链式检校板多用于换能器侧舷安装,对于船底安装换能器并不适用,且易受水流影响,操作复杂,为改变该现状,一种适用于船底安装的测深检校装置,解决了船底安装换能器和链式检校板易受水流影响的问题,进一步提高了检校精度,主要体现在以下方面:

1)已有的测深换能器安装方式,主要分为侧舷安装和船底安装,一般非专业测量船都属于临时用船,在不破坏船体结构的前提下只能侧舷安装。首先,侧舷安装需临时采用上下、前后拉绳固定,测量过程中容易发生移位或倾斜,稳定性不好;其次,侧舷安装环能器发射声波时易受船体影响,而且江面漂浮物对换能器的正常工作也有一定影响,针对上述问题,船底安装换能器可有效解决上述问题。

2)已有的测深检校装置,如测深锤、测深杆是最原始的检校装置,测深锤往水中抛时易受水流冲击影响很难垂直到河底,其反映的锤测水深精度不高;测深杆可保证垂直测到河底,但测深杆长度根据水深不同,特别是大水深时难以保证,近年的链式检校板可解决上述问题,但对于船底安装的换能器并不适用,其检校板很难放到船底换能器的正下方,且很难保证检校板会垂直升降保证水深精度。

3)新型船底安装换能器保证了安装的稳定性和排除了船体、漂浮物的影响;通过在水槽垂直安装检校装置保证了安装垂直度,通过不断增加 1m 组合杆可满足不同水深比测要求,很好地解决了上述问题。具体结构见图 7.3-1。

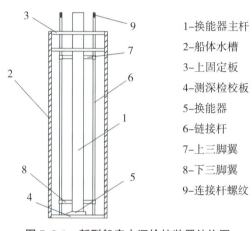

1—换能器主杆
2—船体水槽
3—上固定板
4—测深检校板
5—换能器
6—链接杆
7—上三脚翼
8—下三脚翼
9—连接杆螺纹

**图 7.3-1 新型船底水深检校装置结构图**

#### 7.3.1.2 减小时延对水深采集的影响

按照 6 节船速计算,0.267s 的时延将会在定位点和测深点间引起约 0.83m 的距离偏差,为此,在大比例尺测量中进行时延改正必不可少。

测深延时的产生可以从以下两个方面来分析:

(1)船速延时

船速过快使测深仪发出的往复声波无法及时反馈,使得测深仪在 $T_2$ 位置时刻才接收到 $T_1$ 位置时刻的测深回波。设水体声速为 $C$,船速为 $v$,声波往复时间 $T$,忽略其他的水深参数、船体摇滚和换能器基线等所引起的误差,声波所在水体传输的距离可近似认为是垂直距 $H_1$ 和边缘距 $H_2$ 之和(图 7.3-2)。用下式表示:

$$\Delta t = 2H_2 / C$$
$$\Delta S = v \Delta t = 2vH_2 / C$$
$$H_1 = \sqrt{H_2{}^2 - (vH_2 / C)^2}$$
$$D = \Delta S / 2$$

式中:$H_2$——实际测深距;

$H_1$——理论测深距;

$D$——延时偏移距。

假定声速 1500m/s、船速 10.0m/s、实际测深为 100m，可计算得 $H_1$ 约为 99.99m、$D$ 为 0.2m。由此可以看出在大部分情况下船速延时对测深值影响不大，可以忽略其影响。

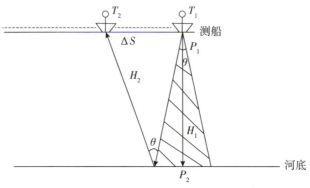

图 7.3-2　船速效应示意图

（2）测深与定位延时

在实际测量中，由于测深和定位设备的数据采集率以及传输通道出现"瓶颈"现象，导致计算机记录数据不同步，出现数据记录与采集时刻错位。由于这样的延时依赖测量设备信号和计算机记录数据处理，延时效应表现得非常明显。

在综合分析各断面往返测数据以确定时延量后，对所有已经过姿态改正的数据进行时延改正计算，可有效地消除 GNSS 定位、测深定标及导航软件记录等系统内各单元的综合延时影响（图 7.3-3）。

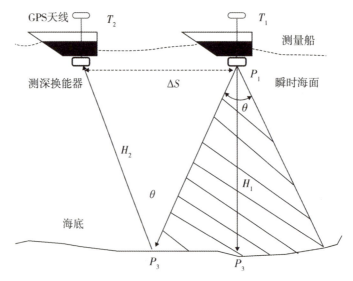

图 7.3-3　时延改正

#### 7.3.1.3　采用动态吃水进行水深改正

长江中游河段一般通过以下方法来获得不同船速下的动态吃水数据。

1)为了提高观测精度,应该选择在至少7倍测量船吃水的水域内测定动态吃水,以利于减弱水流对校准的影响。先求取测量船漂泊状态下的 GNSS RTK 水面高程(均值)。

2)测量船按照工作船速沿直线航行,一般选择没有横比降的横断面施测,且不同速度值均施测同一段面,以免引入不同水域水位差值产生的误差,取稳定航行段的天线高程和船舶升沉数据,每个航速段稳定航行 10～15min,同时人工记录各航速段起止时间,求平均得到经过天线倾斜修正的工作航速状态下的 GNSS RTK 水面高程均值。

3)静态和动态平均 GNSS RTK 水面高程相减,即得工作航速时的船体下坐量。

4)船舶的动态瞬时吃水等于船体航行时的下坐量加上船舶静态吃水。

### 7.3.2　资料整理与成果生产

#### 7.3.2.1　资料整理要求

1)崩岸观测资料整理,应突出实效性,中间成果经检核无误后可用于应急使用,事后再整理或整编最终成果。

2)水下测量,当天测量水位应及时编制水位登记表,包括水位观测时间、地点、测时水位及对应水下断面号、临时水尺读数等,然后推算断面水位,生成水位推算成果表。

3)水深数据应对照数字(或纸质)模拟记录进行校核,近岸部分或特征点应适当插补或加密。

4)地形图应重点检查近岸部分在高水、低水时的合理性,尤其是近岸固定物体在高水时的合理性处理如石垛、丁坝,加固陡坎等。

5)崩岸观测外业结束后,应及时进行崩岸观测报告编制,并报送上级单位或有关部门。

#### 7.3.2.2　提交成果要求

崩岸监测成果主要包括:技术文件(专业技术设计书、专业技术总结、产品检查报告、简要分析报告),成果汇编(控制成果、断面成果、水文泥沙成果总表等),断面图、断面布置图、局部范围水道地形图。

#### 7.3.2.3　成果编制样式

1)断面观测布置图编制样式见图 7.3-4。

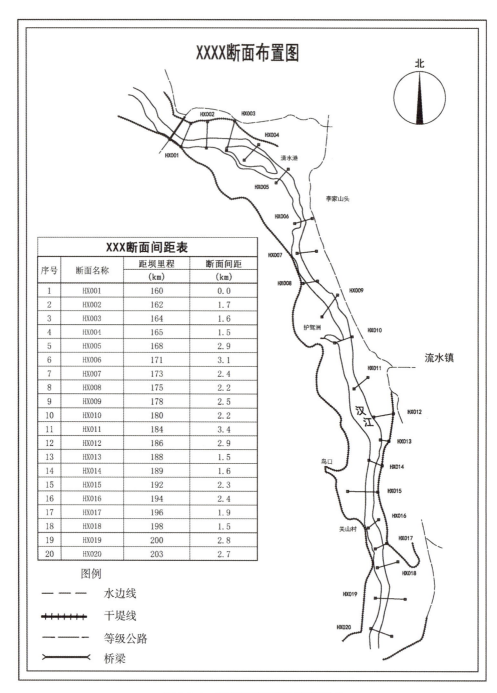

図 7.3-4　断面観測布置図編制様式

2)断面図編制様式見図 7.3-5。

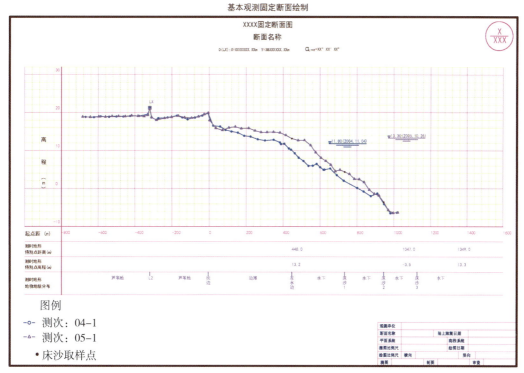

图 7.3-5 断面图编制样式

3）局部地形图编制样式见图 7.3-6。

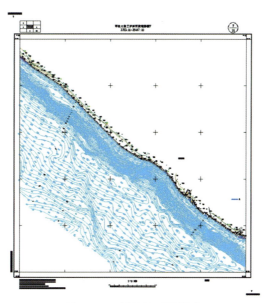

图 7.3-6 局部地形图样式

4）崩岸观测报告编制样式见图 7.3-7。

崩岸观测报告编写样式

H.1 概述

H.1.1 河段基本情况

H.1.2 近期水沙情况

H.2.1 河段冲淤变化情况

　　岸线变化、深泓变化、典型断面变化等。

H.2.2 冲刷坑变化

　　险工护岸冲刷坑平面变化见图 H.1,对比图中应确定标准岸线与标准线。特征值变化见表 H.1。

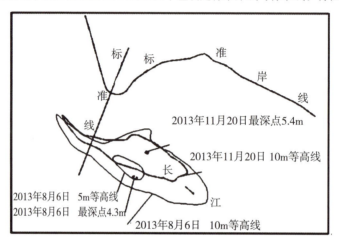

图 H.1　险工护岸冲刷坑平面变化图

表 H.1　　　　　　　　　　　险工护岸段冲刷坑特征值变化

| 项目 | 测次 | 施测时间 | 水位（m） | 冲刷坑 | | | | 最深点 | | | 备注 |
| | | | | 等高线 | 长（m） | 宽（m） | 面积（m²） | 高程（m） | 距标准线距离（m） | 距标准岸线距离（m） | |
| --- | --- | --- | --- | --- | --- | --- | --- | --- | --- | --- | --- |
| 历年最深 | | | | | | | | | | | |
| 上一测次 | | | | | | | | | | | |
| 本测次 | | | | | | | | | | | |

H.3 发展趋势预估

H.4 有关建议

图 7.3-7　崩岸观测报告编制样式

# 7.4　崩岸监测新技术应用案例

## 7.4.1　多波束测深技术应用案例

　　邓家口河段采用 Sonic 2024 型多波束测深仪进行水下测量,并同步展开常规水下测量工作。

#### 7.4.1.1 测线布设

主测线平行于等高线大趋势方向或岸线方向。检查线垂直于主测线方向均匀布设。重要区域,测线间距取有效扫宽的1/2;一般区域,测线间距不得大于有效扫宽的4/5。

在保证全覆盖的前提下,测线部分地段超宽(小于测线长的1/5)不需要补线。垂直于主测线方向均匀布设3条以上(含)检查线,进行单、多波束测深检查。作业前必须测定从测量从静止到最大航速间不同速度的下沉量。

#### 7.4.1.2 外业实施过程

1)在测量水底地形前,利用GNSS RTK根据提供的参数设立基站,基站架设在测区适当已知控制点上,流动站安装船上和测深换能器的连接杆相接。用多波束测量软件导航,把布置好的测线导入多波束测量软件里,设置正常的参数,实时数据采集。

2)安装测深仪换能器。

测深换能器安装在距测量船船艏1/3~1/2的船长处,采用舷侧安装并焊接和环扣螺丝固定。

在安装前先检查换能器与安装杆的垂直度,通过螺丝的调节使换能器的发射面与安装杆垂直,安装杆的固定采用固定夹板和钢缆,见图7.4-1。

**图7.4-1 调整换能器与安装杆的垂直度**

3)系统设备安装及连接。

罗经(姿态传感器)及多波束主机安装在船舱内。安装GNSS流动站天线时,将连接天线的对中杆与换能器的安装杆捆绑在一块,使GNSS流动站接收机的定位中线与测深中心一致。各系统设备安装完成后用线缆进行连接,见图7.4-2。

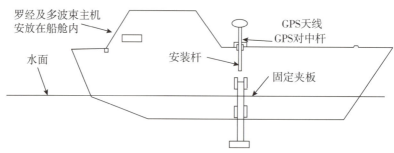

**图 7.4-2 多波束测深设备安装布置图**

4)测量船坐标系(VFS)的建立。

船体坐标系原点位于换能器中心与水面交点,$y$ 轴指向航向,$z$ 轴垂直向上,$x$ 轴指向侧向(船右舷方向),与 $y$、$z$ 轴构成右手正交坐标系。将主机、换能器、罗经、GNSS 天线等组装连接完成后,分别量出 GNSS 天线、罗经等在该坐标系下的偏移量。

5)设置多波束的各项参数(图 7.4-3)。

脉宽(Pulse Length)在主参数控制内,可以直接调整脉宽大小。脉宽的大小会直接影响系统分辨率。在同样的发射能量下,更小的脉宽可以提供更高的分辨率,更大的脉宽,可以提供更高的量程。

量程(Range),对声呐的控制至关重要。量程决定了声呐所能(听)看到的水深范围。如果量程设置过小,会丢失水深,如果设置过大,系统会收到过多的噪声。理想的量程设置应该是使水深线刚好处于扇区最宽位置的上部。

增益(Gain),是对声呐接收到的信号进行放大处理,以得到更好的水深数据。当然,在放大回波信号的同时,噪声也会被放大,所以增益的设置也是需要注意的。最好的效果是水深点均为高质量,噪声点基本很少。

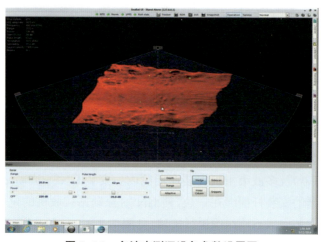

**图 7.4-3 多波束测深设备参数设置图**

6)多波束系统校准测量(图 7.4-4):按照多波束系统校正要求,选择一定的水深且变化明显的水域作为校正场,进行两条平行测线的测量,在一条测线上不同速度同向测量两次并反向测量一次分开记录,另一条测线上任选一个方向测量一次,分别用于 Latency(时延)、

Roll(横偏)、Pitch(纵偏)、Yaw(艏偏)的校正。

校准测量一般要求：

Latency offset——同向，不同测量船速，同一条计划测线，垂直于斜坡或从特征物正上方通过，仅使用正下方波束的数据。

Roll offset——反向，正常测量船速，同一条计划测线，平坦区域，使用横向数据。

Pitch offset——反向，正常测量船速，同一条计划测线，垂直于斜坡或从特征物正上方通过，仅使用正下方波束的数据。

Yaw offset——同向，正常测量船速，两条平行计划测线，垂直于斜坡或从距特征物2倍水深处通过，使用2倍水深处的数据。

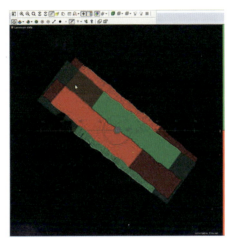

**图7.4-4　多波束系统校准测量**

7)数据采集。

数据采集设置包括GNSS数据采集、水深数据采集，按设定记录距离间隔记录数据。使用多波束测深系统测深时，不仅要采集回波数据，还要测定完整的姿态信息，以便对测深及定位数据进行综合改正。

多波束采用自动化作业设备对测线定位、水深数据进行实时综合采集与记录，能较好地反映水下地形地貌。

①水深记录手簿应完整记录下列内容：测量日期、测量人员、仪器编号、仪器安装信息、声速、测线号、测线起止点号。

②记录测量过程中出现的异常情况，如换能器吃水深度、天线高度变化。

③每天外业结束后，应及时备份全部原始记录数据，由专人进行数据管理，并对当天的数据进行全面的检查，对有怀疑的数据应查明原因并改正或安排重测、补测。

采用GNSS导航，测点均匀无漏洞，能较好地反映水下地形地貌。

### 7.4.1.3 数据处理过程

(1)创建测船配置文件

创建测船配置文件主要是创建所有传感器的船体坐标系与空间坐标参考系的关系。在编辑船配置文件之前,必须先检查数据是否已经过运动传感器改正、声速改正、安装偏差改正等(图7.4-5)。

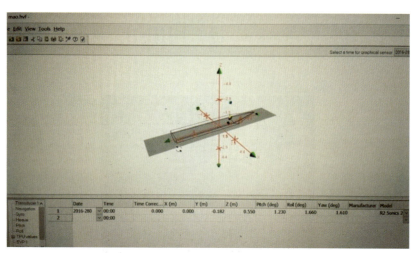

图7.4-5 创建船文件

(2)创建工程与原始数据转换

主要是定义项目名、项目用船及日期等工作,以便后续生成测量报告。

将原始水深数据格式转换成 HDCS 格式,以适用软件进行后处理。

(3)导航、声速等数据处理与改正

声速改正的目的是将以波束角和声波来回传播时间格式记录的多波束测量原始数据转换成沿航迹、垂直航迹及深度格式的数据。计算过程见图7.4-6、图7.4-7。

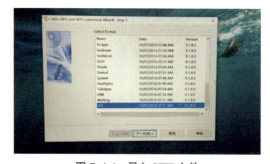

图7.4-6 导入 XTF 文件

图7.4-7 声速改正

(4)水位改正、数据合并处理

多波束系统实测得的水深值是换能器下的水深,如要将其归算到一定的高程坐标,就要通过潮位文件实现。对每条测线都必须在做合并前读入一个潮位数据文件。

原始水深数据经过声速剖面改正后，已经将（波束角 ＋ 声传播时间）格式的数据转成（相对船的水平位置 ＋ 相对安装的深度）水深值。"合并"计算是根据罗经数据、GNSS 定位数据和潮位数据，将每个水深点的坐标从船坐标转换为地球坐标下的 $X$、$Y$、$Z$ 数据。计算并应用 GNSS 潮位见图 7.4-8。

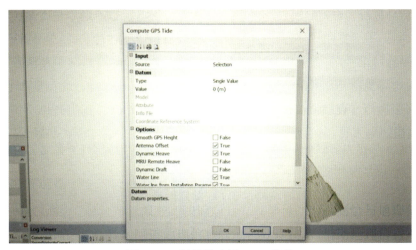

图 7.4-8　计算并应用 GNSS 潮位

（5）数据编辑处理及输出

1）实测地域图是根据选定的地图投影，由用户指定的一个地域或地图范围。

2）建立水深数据曲面（CUBE），见图 7.4-9。水深数据曲面即网格化的水下地形高程数据图（DTM），生成 DTM 见图 7.4-10。它是根据实测的水深数据在前述定义的地域图范围内用加权平均算法生成的水深数据网格曲面。用该网格曲面可生成彩色水深图或光照阴影图，这些图可用于帮助数据处理，数据处理见图 7.4-11、图 7.4-12。在数据处理完成后，还可以在根据水深数据曲面产生等值线图、水深数据图和剖面图等。

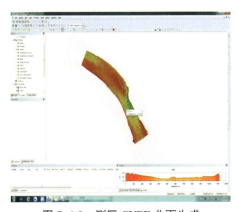

图 7.4-9　测区 CUBE 曲面生成

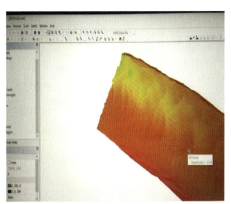

图 7.4-10　生成 DTM

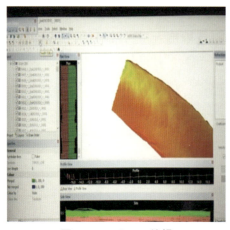

图 7.4-11　Swath 编辑

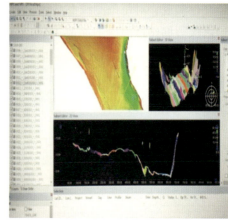

图 7.4-12　Subset 编辑

3）检查编辑数据，包括检查编辑 GNSS 数据、检查编辑船姿态（罗经和运动传感器）数据、编辑测线条带水深数据。

4）三维显示。图 7.4-13 为河道测量 3D 影像数据显示图。

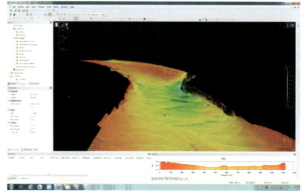

图 7.4-13　河道测量 3D 影像生成

#### 7.4.1.4　质量评定

水深测量采用多波束与单波束测量相结合的方式进行（单波束测量主要起对比检校作用）。多波束测量水位测量控制采用 RTK 无验潮的方式进行；单波束测量水位测量控制采用全站仪三角高程接测、测区水尺涨落观测，再按中心线法逐点推算水位进行。

质量评定以单波束、多波束共点检测方式进行。统计单波束测点周边 0.5m 为半径提取单波束、多波束共点，提取了 397 个地形特征点。经试验结果计算，Sonic 2024 多波束与单波束 HY1601 水深测量互差统计见表 7.4-1。

表 7.4-1　　　　　　　　　　　邓家口测区多波束与单波束水深测量互差统计

| 特征值 | 最大值 | 0.63 | 最小值 | 0.05 | 平均值 | 0.12 |
|---|---|---|---|---|---|---|
| 互差 $\lvert \Delta h \rvert$ | $\leqslant 0.1$ | $0.1 \leqslant \lvert \Delta h \rvert < 0.2$ | | $0.2 \leqslant \lvert \Delta h \rvert < 0.3$ | $0.3 \leqslant \lvert \Delta h \rvert < 0.4$ | $\geqslant 0.4$ |
| 统计个数 | 119 | 159 | | 87 | 24 | 8 |
| 百分比(%) | 30 | 40 | | 22 | 6 | 2 |

通过多波束与单波束所测高程对比,发现互相之间吻合较好,证明多波束测深系统在安装校准完善的基础上精度稳定可靠。

#### 7.4.1.5　多波束测深崩岸测量优势

1)多波束测深系统所测地形精细度大幅提升,可反映崩岸区水下地形细节问题,可为工程治理提供精细数据,提高工程效能。波束的开角越小,其"脚印"越小,代表其声学探测能力越强,多波束开角一般为 0.5°,较传统单波束开角 8°大幅提升,而且一个发射面可发射波束越来越多,可达 1024 条波束,所测地形越来越精细。

2)可提供崩岸区地形可视化效果。崩岸区经多波束扫测后,基于密集点云显示提供可视化效果,见图 7.4-14。

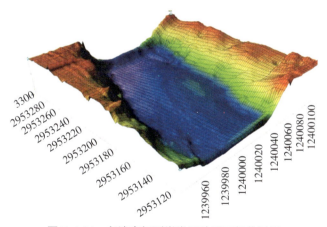

**图 7.4-14　多波束扫测崩岸区地形可视化显示**

3)崩岸监测地形成果更加丰富,传统单波束水下地形一般提供有点、线构成的 DLG 文件,基于多波束扫测的地形可以提供 DLG、DEM、点云、三维模型等多种成果文件。特别是三维模型可为工程治理提供基于 BIM 设计理念的数据源。

4)多波束测深系统应用于崩岸监测较传统测深手段精度更高,作业效率也更高。

### 7.4.2　Trimble SX10 影像扫测应用案例

Trimble SX10 影像扫测系统陆上地形扫测在汉南邓家口险段进行,同步开展常规陆上地形测量工作。

### 7.4.2.1 影像扫测系统工作模式选择

其提供了两种设备内部坐标系到当地坐标系转换的解决方案。

(1)设置测站工作流

根据设备的轴系关系可知,内部坐标系与测站坐标系是简单的平移(平移量即架站点在测站坐标系的坐标)和 $xoy$ 平面的旋转(旋转量通过后视定向等方式得到)关系,依此建立两个坐标系统的关系。

此方案为 SX10 影像扫描系统区别于普通激光扫描仪的特有工作流,扫描获取的点云坐标即为测站坐标系成果,避免了引入配准误差。

(2)自由设站工作流(免建站)

由于此种作业方式在扫描作业前未建立两个坐标系统的关系,因此需要通过配准的方式将扫描数据配准到测站坐标系。配准的原理就是根据靶标或特征点在两个坐标系统的坐标,求得内部坐标系到测站坐标的转换关系,一般以布尔莎七参数法求得,即

$$
\begin{pmatrix} X \\ Y \\ Z \end{pmatrix} = (1+m)\begin{pmatrix} x \\ y \\ z \end{pmatrix} + \begin{pmatrix} 0 & \varepsilon_z & -\varepsilon_y \\ -\varepsilon_z & 0 & \varepsilon_x \\ \varepsilon_y & -\varepsilon_x & 0 \end{pmatrix}\begin{pmatrix} x \\ y \\ z \end{pmatrix} + \begin{pmatrix} X_0 \\ Y_0 \\ Z_0 \end{pmatrix} \tag{7.4-1}
$$

此方案为普通激光扫描仪的工作流,设站点更灵活,免除了设站误差对成果精度的影响,但也引入了配准误差。

### 7.4.2.2 外业数据采集

(1)控制测量

控制测量以 RTK 一级精度施测,全测区共布设 34 个控制点,基本分布于护坡顶、堤顶等测区制高点,并能保证任意或至少邻近 3 个点位间相互通视。观测成果分布见图 7.4-15。

图 7.4-15 实验控制点点位分布图

(2)碎部点扫测

本次扫测作业两种工作流模式共存,以 SX10 特有的设站工作流为主进行,以检测不同

作业模式对点云精度的影响程度。

扫描作业前用全站仪采集测区房角等特征点坐标。对计划进行自由设站作业的测站，在通视范围内所有控制点设立靶标，用于配准作业和检核。对采用设置测站工作流作业的测站，选择在通视范围内部分控制点设立靶标，用于精度检核。

设站观测测序为：

$$yx4 \rightarrow yx3 \rightarrow yx2 \rightarrow yx1 \rightarrow yx5 \rightarrow yx6 \rightarrow yx7 \rightarrow \cdots \rightarrow yx19 \rightarrow yx20$$

为确保精度可控，选择 $yx2 \rightarrow yx1$ 两处靶标布设密集、特征点多的区域进行连续自由设站作业实验。

设置测站时，进行对中相机检查对准精度。设站完成后应检查设站精度，并在已知点作检核，具体检核成果见表 7.4-2。

表 7.4-2　　　　　　　　　　　设站精度检查

| 比测点名 | 原始成果 | | | 检测成果 | | | | | 偏差 |
| --- | --- | --- | --- | --- | --- | --- | --- | --- | --- |
| | X | Y | H | X | Y | H | dx | dy | dh |
| yx3 | 3168.922 | 944.364 | 16.365 | 3168.942 | 944.353 | 16.392 | 0.020 | −0.011 | 0.027 |
| yx4 | 3108.155 | 060.550 | 24.253 | 3108.122 | 060.547 | 24.272 | −0.033 | −0.003 | 0.019 |
| yx7 | 4070.651 | 765.278 | 15.806 | 4070.633 | 765.285 | 15.813 | −0.018 | 0.007 | 0.007 |
| yx8 | 4262.225 | 182.725 | 20.247 | 4262.238 | 182.736 | 20.233 | 0.013 | 0.011 | −0.014 |
| yx13 | 4247.470 | 110.466 | 16.721 | 4247.485 | 110.458 | 16.741 | 0.015 | −0.008 | 0.020 |
| yx14 | 4260.168 | 238.213 | 16.350 | 4260.158 | 238.203 | 16.366 | −0.010 | −0.010 | 0.016 |
| yx15 | 4225.737 | 985.614 | 15.877 | 4225.753 | 985.642 | 15.836 | 0.016 | 0.028 | −0.041 |
| yx17 | 4230.436 | 990.162 | 16.449 | 4230.451 | 990.155 | 16.447 | 0.015 | −0.007 | −0.002 |
| yx18 | 4190.828 | 773.210 | 17.098 | 4190.846 | 773.186 | 17.092 | 0.018 | −0.024 | −0.006 |
| yx19 | 4186.370 | 781.325 | 16.892 | 4186.358 | 781.302 | 16.872 | −0.012 | −0.023 | −0.020 |

由表 7.4-2 可见，建站精度可靠。

扫描区域的选择必须包含设计书要求的施测范围，在手簿控制端可选矩形、多边形、水平带、全景等。扫描密度视需求选择粗略、标准、精细、超精细，对水边、护坡、大堤等重点地物应适当加大密度。作业时进行影像数据采集，用于后期点云数据合理性检查和相关产品制作。每站扫描完成后，应重点检查测区预先布设的特征点和靶标是否采集到；同时在手簿控制端检查空白区，特别是与上一站交接区域的点云覆盖情况，框选空白区选择更精细的模式重新扫描，仍然无法完整覆盖时必须加密测站设置。

### 7.4.2.3 点云数据处理

(1)外业数据导入 TBC(Trimble Business Center)软件

通过手簿预装的 Trimble Access 软件导出的 JobXML 文件直接在 TBC 软件、TRW (Trimble Real Works)软件中打开,处理前再次精细检查空白区。点云宜配色处理,展现近实景效果,便于参照编辑。

(2)点云配准及精度检核

采用自由设站工作流的数据应进行配准,并形成配准报告。本次试验有 yx2 和 yx1 两站数据需进行配准处理。分别采用基于上一站设站工作流数据配准和基于预设靶标点和特征点手动配准两种配准方式进行处理。

1)基于上一站设站工作流数据配准。

在工业厂房等的扫描测量中,一般选择此方法进行配准。本实验中 yx3→yx2→yx1 测段,采用此方法的配准顺序为:选取 yx3 站作为参考站,对 yx2 站进行配准,配准通过后选取配准后的 yx2 站作为参考站,对 yx1 站进行配准。其配准过程的效果见图 7.4-16、图 7.4-17。

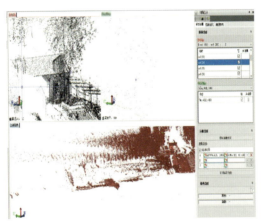

图 7.4-16 配准过程截图

图 7.4-17 配准后效果

配准完成后,选取各测段两测站获取的特征房角、靶标、规则坎脚等特征点对进行内符合精度和外符合精度检查,统计结果见表 7.4-3。

表 7.4-3 yx3→yx2→yx1 测段内部吻合性检查表

| 点位 | 自动配准后 yx3 和 yx2 站点对信息 | | | | | | | |
| --- | --- | --- | --- | --- | --- | --- | --- | --- |
| | yx3 站坐标 | | | yx2 站坐标 | | | 较差 | |
| | $x$ | $y$ | $h$ | $x$ | $y$ | $h$ | ds | dh |
| 靶标 2 | 3258.974 | 764.943 | 19.18 | 3258.934 | 764.933 | 19.26 | 0.04 | 0.08 |
| 房脊 1.1 | 3184.205 | 979.657 | 33.81 | 3184.175 | 979.657 | 33.81 | 0.03 | 0.00 |

续表

| 点位 | 自动配准后 yx3 和 yx2 站点对信息 | | | | | | | |
|------|------|------|------|------|------|------|------|------|
| 点位 | yx3 站坐标 | | | yx2 站坐标 | | | 较差 | |
| | $x$ | $y$ | $h$ | $x$ | $y$ | $h$ | ds | dh |
| 电杆 1 | 3171.604 | 965.795 | 31.40 | 3171.644 | 965.815 | 31.44 | 0.04 | 0.04 |
| 指示牌 1.1 | 3135.988 | 045.03 | 26.14 | 3135.958 | 045.11 | 26.23 | 0.09 | 0.09 |

| 点位 | 自动配准后 $yx2$ 和 $yx1$ 站点对信息 | | | | | | | |
|------|------|------|------|------|------|------|------|------|
| 点位 | yx2 站坐标 | | | yx1 站坐标 | | | 较差 | |
| | $x$ | $y$ | $h$ | $x$ | $y$ | $h$ | ds | dh |
| 趸船 1.1 | 3179.616 | 845.963 | 16.14 | 3179.636 | 846.003 | 16.06 | 0.04 | −0.08 |
| 趸船 1.2 | 3220.641 | 795.518 | 16.47 | 3220.591 | 795.528 | 16.42 | 0.05 | −0.05 |
| 电杆 2 | 3196.793 | 994.747 | 36.48 | 3196.793 | 994.797 | 36.55 | 0.05 | 0.07 |
| 指示牌 2.1 | 3171.585 | 942.813 | 26.44 | 3171.635 | 942.763 | 26.45 | 0.07 | 0.01 |

| 点位 | 自动配准后 yx3 和 yx1 站点对信息 | | | | | | | |
|------|------|------|------|------|------|------|------|------|
| 点位 | yx3 站坐标 | | | yx1 站坐标 | | | 较差 | |
| | $x$ | $y$ | $h$ | $x$ | $y$ | $h$ | ds | dh |
| 靶标 2 | 3258.974 | 764.943 | 19.18 | 3258.984 | 764.953 | 19.06 | 0.01 | −0.12 |
| 趸船 2.1 | 3183.622 | 838.923 | 22.76 | 3183.772 | 838.933 | 22.77 | 0.15 | 0.01 |
| 滑道点 | 3155.399 | 957.385 | 20.31 | 3155.539 | 957.355 | 20.36 | 0.14 | 0.05 |

由于各测站间缺少大的特征面,自动配准效果一般。

计算得 yx3 站与 yx2 站点对平面较差中误差为 0.05m,高程较差中误差为 0.06m;yx2 站与 yx1 站点对平面较差中误差为 0.06m,高程较差中误差为 0.07m;yx3 站与 yx1 站点对平面较差中误差为 0.12m,高程较差中误差为 0.08m。逐站配准后,邻站较差无明显差异,但累积效应明显(图 7.4-4)。

**表 7.4-4**　　　　　　　　**yx3→yx2→yx1 测段外部吻合性检查表**

| 点位 | 自动配准后外复核精度检查 | | | | | | | | 测站 |
|------|------|------|------|------|------|------|------|------|------|
| 点位 | 已知坐标 | | | 自动配准后坐标 | | | 较差 | | 测站 |
| | $x$ | $y$ | $h$ | $x$ | $y$ | $h$ | ds | dh | |
| 靶标 2 | 3258.991 | 764.901 | 19.17 | 3258.951 | 764.891 | 19.21 | 0.04 | 0.04 | |
| 房脊 1.1 | 3184.255 | 979.657 | 33.79 | 3184.275 | 979.657 | 33.74 | 0.02 | −0.05 | |
| 电杆 1 | 3171.554 | 965.815 | 31.34 | 3171.564 | 965.855 | 31.30 | 0.04 | −0.04 | yx3 |
| 指示牌 1.1 | 3135.978 | 045.07 | 26.15 | 3135.968 | 045.09 | 26.19 | 0.02 | 0.04 | |
| 趸船 2.1 | 3183.572 | 838.923 | 22.73 | 3183.542 | 838.913 | 22.76 | 0.03 | 0.03 | |
| 滑道点 | 3155.399 | 957.385 | 20.33 | 3155.399 | 957.375 | 20.31 | 0.01 | −0.02 | |

| 点位 | 已知坐标 | | | 自动配准后坐标 | | | 较差 | | 测站 |
|---|---|---|---|---|---|---|---|---|---|
| | $x$ | $y$ | $h$ | $x$ | $y$ | $h$ | ds | dh | |
| | | | | | | | | | |

自动配准后外复核精度检查

| 点位 | 已知坐标 | | | 自动配准后坐标 | | | 较差 | | 测站 |
|---|---|---|---|---|---|---|---|---|---|
| | $x$ | $y$ | $h$ | $x$ | $y$ | $h$ | ds | dh | |
| 靶标 2 | 3258.991 | 764.901 | 19.17 | 3258.971 | 764.951 | 19.07 | 0.05 | −0.10 | |
| 房脊 1.1 | 3184.255 | 979.657 | 33.79 | 3184.325 | 979.587 | 33.69 | 0.10 | −0.10 | |
| 电杆 1 | 3171.554 | 965.815 | 31.34 | 3171.594 | 965.875 | 31.42 | 0.07 | 0.08 | |
| 指示牌 1.1 | 3135.978 | 045.07 | 26.15 | 3136.028 | 045.11 | 26.25 | 0.06 | 0.10 | yx2 |
| 趸船 1.1 | 3179.697 | 845.803 | 16.01 | 3179.687 | 845.873 | 16.05 | 0.07 | 0.04 | |
| 趸船 1.2 | 3220.52 | 795.38 | 16.40 | 3220.47 | 795.45 | 16.45 | 0.09 | 0.05 | |
| 电杆 2 | 3196.91 | 994.86 | 36.55 | 3196.85 | 994.83 | 36.60 | 0.07 | 0.05 | |
| 指示牌 2.1 | 3171.66 | 942.7 | 26.30 | 3171.66 | 942.71 | 26.20 | 0.01 | −0.10 | |
| 趸船 1.1 | 3179.697 | 845.803 | 16.01 | 3179.817 | 845.663 | 16.00 | 0.18 | −0.01 | |
| 趸船 1.2 | 3220.52 | 795.38 | 16.40 | 3220.42 | 795.27 | 16.33 | 0.15 | −0.07 | |
| 电杆 2 | 3196.91 | 994.86 | 36.55 | 3197 | 994.88 | 36.70 | 0.09 | 0.15 | |
| 指示牌 2.1 | 3171.66 | 942.7 | 26.30 | 3171.54 | 942.75 | 26.38 | 0.13 | 0.08 | yx1 |
| 靶标 2 | 3258.991 | 764.901 | 19.17 | 3259.011 | 764.981 | 19.06 | 0.08 | −0.11 | |
| 趸船 2.1 | 3183.572 | 838.923 | 22.73 | 3183.452 | 838.953 | 22.68 | 0.12 | −0.05 | |
| 滑道点 | 3155.399 | 957.385 | 20.33 | 3155.519 | 957.385 | 20.42 | 0.12 | 0.09 | |

计算得 yx3 站点位绝对中误差为 $ms=\pm0.03m, mh=\pm0.04m$，yx2 站点位绝对中误差为 $ms=\pm0.07, mh=\pm0.08$，yx1 站点位绝对中误差为 $ms=\pm0.13, mh=\pm0.09$。可见，精度不均衡，逐站配准因为缺少约束条件，精度逐步降低。

2）基于预设靶标点和特征点手动配准。

为探寻进一步提高自由设站点云的配准精度的方法，实验进行了手动配准，以比较两种配准方式对精度的影响。对 yx2 测站，选取靶标 2、房脊 1.1、电杆 1、电杆 2、指示牌 1.1 五个点位进行手动配准，效果见表 7.4-5。

表 7.4-5　　　　　　　　　　　yx2 站手动配准后精度检查

| 点位 | 已知坐标 | | | 手动配准后坐标 | | | 较差 | | 备注 |
|---|---|---|---|---|---|---|---|---|---|
| | $x$ | $y$ | $h$ | $x$ | $y$ | $h$ | ds | dh | |
| 靶标 2 | 3258.991 | 764.901 | 19.17 | 3259.011 | 764.941 | 19.22 | 0.04 | 0.05 | |
| 房脊 1.1 | 3184.255 | 979.657 | 33.79 | 3184.245 | 979.697 | 33.78 | 0.04 | −0.01 | 内符 |
| 电杆 1 | 3171.554 | 965.815 | 31.34 | 3171.584 | 965.815 | 31.39 | 0.03 | 0.05 | 合精 |
| 指示牌 1.1 | 3135.978 | 045.07 | 26.15 | 3135.968 | 045.1 | 26.15 | 0.03 | 0.00 | 度 |
| 电杆 2 | 3196.91 | 994.86 | 36.55 | 3196.9 | 994.88 | 36.51 | 0.02 | −0.04 | |

续表

| 点位 | 已知坐标 | | | 手动配准后坐标 | | | 较差 | | 备注 |
|---|---|---|---|---|---|---|---|---|---|
| | $x$ | $y$ | $h$ | $x$ | $y$ | $h$ | ds | dh | |
| 指示牌2.1 | 3171.66 | 942.7 | 26.30 | 3171.65 | 942.68 | 26.33 | 0.02 | 0.03 | 外符合精度 |
| 趸船1.1 | 3179.697 | 845.803 | 16.01 | 3179.667 | 845.783 | 16.02 | 0.04 | 0.01 | |
| 趸船1.2 | 3220.52 | 795.38 | 16.40 | 3220.55 | 795.41 | 16.36 | 0.04 | −0.04 | |

计算得 yx2 站配准的内符合精度 $ms=\pm0.03$，$mh=\pm0.04$，外符合精度 $ms=\pm0.03$，$mh=\pm0.04$，效果良好。

对 yx1 测站，选取电杆 2、指示牌 2.1、靶标 2、滑道点 4 个点位进行手动配准，效果如表 7.4-6 所示。

表 7.4-6　　　　　　　　　　yx1 站手动配准后精度检查

| 点位 | 已知坐标 | | | 手动配准后坐标 | | | 较差 | | 备注 |
|---|---|---|---|---|---|---|---|---|---|
| | $x$ | $y$ | $h$ | $x$ | $y$ | $h$ | ds | dh | |
| 电杆2 | ＊3196.91 | ＊994.86 | 36.55 | ＊3196.92 | ＊994.88 | 36.59 | 0.02 | 0.04 | 内符合精度 |
| 指示牌2.1 | ＊3171.66 | ＊942.7 | 26.30 | ＊3171.64 | ＊942.74 | 26.25 | 0.04 | −0.05 | |
| 靶标2 | ＊3258.991 | ＊764.901 | 19.17 | ＊3259.001 | ＊764.901 | 19.22 | 0.01 | 0.05 | |
| 滑道点 | ＊3155.399 | ＊957.385 | 20.33 | ＊3155.369 | ＊957.345 | 20.35 | 0.05 | 0.02 | |
| 趸船1.1 | ＊3179.697 | ＊845.803 | 16.01 | ＊3179.667 | ＊845.773 | 16.05 | 0.04 | 0.04 | 外符合精度 |
| 趸船1.2 | ＊3220.52 | ＊795.38 | 16.40 | ＊3220.56 | ＊795.35 | 16.45 | 0.05 | 0.05 | |
| 趸船2.1 | ＊3183.572 | ＊838.923 | 22.73 | ＊3183.602 | ＊838.903 | 22.78 | 0.04 | 0.05 | |

计算得 yx1 站配准的内符合精度 $ms=\pm0.04$，$mh=\pm0.04$，外符合精度 $ms=\pm0.04$，$mh=\pm0.05$。由于参与配准点不多，效果比 yx1 站略差。

可见各测站手动配准精度分布更均匀，较自动配准整体精度更高。其原因在于自动配准是基于面提取特征点对，而险工测区有别于工业厂房等测区，鲜有大面积规则立面，且本实验中未对房屋等进行多测站、多角度扫描。

本次实验采用基于预设靶标点和特征点手动配准方法，精度可靠。

此外 TBC 还能配准处理其他测量方式生成的点云数据，对本实验数据进行补充，达到更好的展示效果，提高判读精准度（图 7.4-18、图 7.4-19）。

图 7.4-18　SX10 数据

图 7.4-19　SX10＋航测数据

（3）点云编辑

1）点云分割。

导入测区范围底图（dwg 格式），剔除目标区域外的数据，对区域内飞点进行剔除（参照影像数据进行，见图 7.4-20、图 7.4-21）。

图 7.4-20　剔除目标区域外的数据

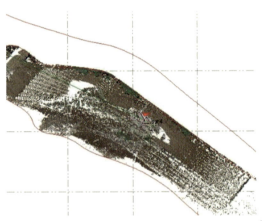

图 7.4-21　剔除区域内杂点

2）点云分类。

应用滤波工具提取原地面、建筑物、高植被、电杆等数据，进行分类存储；对于滤波不能提取的数据进行人工判读分类。

### 7.4.2.4　相关产品制作及对比分析

点云数据编辑完毕后，即可开始生产线划图、DEM 等产品。

（1）DLG 和 DEM 制作

生产 DLG 无需如此庞大的点云数据，需进行特征点线面的采集和点云重采样。可在 TBC 平台测站视图下参照影像数据采集勾绘水边、护坡顶、地类界、点状地物等特征信息，同时按一定密度进行点云重采样以表示测区地貌信息（图 7.4-22、图 7.4-23）。

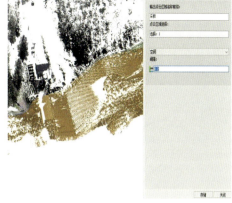

图 7.4-22　测站视图下勾绘水边线　　　　图 7.4-23　点云重采样

应用提取的原地面点云通过创建表面和添加纹理生成 DEM 和 DOM。根据 DEM 生成相关衍生产品,如土方量计算和等高线图等(图 7.4-24、图 7.4-25)。

图 7.4-24　DEM 贴图模型　　　　　　　图 7.4-25　生成等高线

将陆上点云数据与水下数据融合,生成该河段的 DEM(图 7.4-26),进行河势分析。可见该河段深泓逼岸,其岸坡冲刷必然较严重。

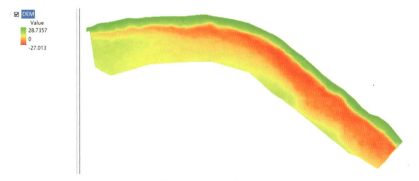

图 7.4-26　生成 DEM

（2）与传统 RTK 测图法制作的地形图比较

将使用 TBC 制图模块勾勒出的水边、护坡顶、房子等特征地物信息导入传统法测制的地形图中，比较特征点线的整体偏差（图 7.4-27）。

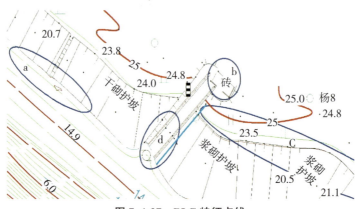

**图 7.4-27　DLG 特征点线**

①水边线。TBC 平台勾绘的水边线更精细，任何小的弯曲和水中沙包都能体现出来，而传统测图受制于采集手段和比例尺，难以表现足够精细。

②房角。RTK 测量受信号制约，房角一般无法准确施测。

③护坡。无植被遮挡区域吻合性良好。

④其他。SX10 不受视场和植被覆盖影响的区域，RTK 不受信号制约的区域，均匹配良好，SX10 采集的海量点云和影像更能精准地表述地形地貌信息。

（3）DEM 求差分析

①根据 RTK 测图形成的地形图，生成 DEM（图 7.4-28）。

②提取 SX10 初编辑后的点云，生成 DEM（图 7.4-29）。

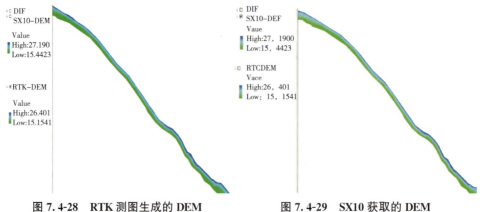

**图 7.4-28　RTK 测图生成的 DEM**　　　**图 7.4-29　SX10 获取的 DEM**

DEM 偏差分布图见图 7.4-30，初编辑后 DEM 求差直观图见图 7.4-31。

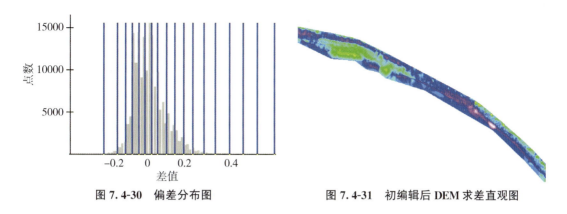

图 7.4-30　偏差分布图　　　　图 7.4-31　初编辑后 DEM 求差直观图

可见基本服从正态分布,差值主要集中在−0.2～+0.2。从直观图中可以看出,部分高亮区域的点云需要再编辑。

对于负值和部分正值的解释:本次测图比例尺为 1∶2000,RTK 测图点位密度不大于40m,必然存在地图综合,部分细微区域起伏无法体现,根据其有限的点难以生产高精度 DEM。

对于绝大部分正值的解释:测区植被较密集,SX10 扫描中难以获取地面点,在内业点云编辑中,受数据处理平台限制,无法快速准确剔除植被,导致植被区域高程点整体偏高。

(4)DEM 再编辑后求差分析

对提取初编辑后高程互查较大的区域范围核实原因,对点云进行再编辑,DEM 重生成和再求差(图 7.4-32)。

图 7.4-32　再编辑后 DEM 求差直观图

再编辑后,高植被区域叠合效果明显好转。

### 7.4.2.5　质量评定

(1)点云密度检查

受测区自然条件限制,激光入射角普遍较小,点云密度极不均衡。扫描仪与原地面高差在 1～8m;测区 50m 范围外,地形起伏对入射角的影响程度相较距离增加对入射角的影响,其影响因素可以忽略不计。同时随着距离增加,植被对扫测空白区的影响逐步增大。查验各单独测站,统计其点云覆盖情况见表 7.4-7。

表 7.4-7　　　　　　　　　　　　　　　点云覆盖情况

| 距离(m) | 入射角(°) | 最大点距(剔除遮挡造成的空白区,m) |
|---|---|---|
| 0～50 | 90.00～1.14 | 1.3 |
| 50～100 | 9.10～0.57 | 5 |
| 100～200 | 4.60～0.29 | 20 |

可见实际作业中需严格控制扫测距离,外业中应仔细检查各测站边缘区域覆盖情况。

(2)精度检查

统计实验区域内所有特征点和靶标点的 SX10 采集坐标与传统测量方式采集坐标的差值,计算平面位置中误差和高程中误差。共选取了 63 个点进行了对比,平面较差统计结果见表 7.4-8。

表 7.4-8　　　　　　　　　　　　　　　平面较差统计结果　　　　　　　　　　　　　　　(单位:m)

| 特征值 | 最大值 | 0.172 | 最小值 | 0.01 | 平均值 | 0.039 |
|---|---|---|---|---|---|---|
| 平面较差 | $\Delta s \leqslant \pm 0.05$ | | $\pm 0.05 \leqslant \Delta s < \pm 0.1$ | | $\Delta s \geqslant \pm 0.1$ | |
| 统计个数 | 48 | | 11 | | 4 | |
| 百分比(%) | 76 | | 17 | | 7 | |

高程较差统计结果见表 7.4-9。

表 7.4-9　　　　　　　　　　　　　　　高程较差统计　　　　　　　　　　　　　　　(单位:m)

| 特征值 | 最大值 | 0.232 | 最小值 | 0.01 | 平均值 | 0.042 |
|---|---|---|---|---|---|---|
| 平面较差 | $\Delta s \leqslant \pm 0.05$ | | $\pm 0.05 \leqslant \Delta s < \pm 0.1$ | | $\Delta s \geqslant \pm 0.1$ | |
| 统计个数 | 47 | | 10 | | 6 | |
| 百分比(%) | 75 | | 16 | | 9 | |

计算的平面位置中误差为 0.042m,高程中误差为 0.045m。

对于植被覆盖较严重区域,基本无法提取到原地面高程,其高程较差最小值为 0.11m,最大值为 0.83m。本实验中采用近似处理的方法,分区域选择进行高程修正。提取植被层顶部的扫测数据,减去平均植被高。

### 7.4.2.6　影像崩岸扫测系统应用优势

1)影像扫测系统的观测精度较高,满足大比例尺测图的要求。

2)在山坡陡崖、崩岸险情等监测方面,良好的观测条件加上无接触式测量使影像扫测系统具有极大的优势。

3)影像扫测系统操作简捷,数据量大。

4)基于高密度点云的数据表达形式,方便建立高精度崩岸立体三维模型,能够方便设计单位基于 BIM 模式的工程治理设计。

### 7.4.3 倾斜摄影技术应用案例

利用倾斜摄影技术实施邓家口险段险工陆上地形测量。

#### 7.4.3.1 外业实施

(1)像控点布设

野外控制点是航测内业加密控制点和测图的依据,主要分为平面控制点、高程控制点和平高控制点三种。此次航飞最低分辨率 2cm,为便于后期处理,像控靶标≥10 个像元,靶标按照十字形设计,采用黄色油漆刷在地面硬质石头或路面上,十字靶标长 30cm,宽 4cm。

本次作业共布设 20 个像控点,其中平高点 15 个,主要分布于堤顶和护坡顶区域;平面控制点 5 个,主要分布于护坡顶和护坡脚区域(图 7.4-33、图 7.4-34)。

图 7.4-33 像控点测设        图 7.4-34 像控点分布

同时,在路口、房角等特征点以及护坡脚等精度薄弱区布设有 18 个检测点,用于检测空三精度。

(2)像控点测量

1)像控点的精度。平面控制点和平高控制点相对邻近基础控制点的平面位置中误差不超过 0.05m。高程控制点和平高控制点相对邻近基础控制点的高程中误差不超过 0.10m。

2)GNSS RTK 测量使用 Trimble R10 GNSS 接收机搭配电子手簿进行数据采集。所用仪器已经国家认可的计量授权的测绘仪器检定单位年检合格。

3)数据采集满足如下要求:

①流动站测量时应正确设置各项内置参数和天线高等,设置平面收敛阈值不超过 2cm,高程收敛阈值不超过 3cm。

②开始作业前利用 1 个以上的高等级控制点进行了检测,其平面坐标较差不大于 5cm。

③观测前进行仪器的初始化,得到稳定的固定解后方开始记录。

④每个像控点观测 2 次,每次观测 20 个历元,采样间隔为 2s,并应取平均值作为观测结果,经纬度应记录到 0.00001″,平面坐标和高程均记录到 0.001m。

⑤测回间重新进行初始化,测回间的时间间隔大于 60s。

⑥测回间的平面坐标分量较差不大于 2cm,高程较差不大于 3cm,取各测回的平均值作为最终观测成果。

(3)航线设计

本项目按照作业范围东西走向敷设航线,根据设计技术要求,影像分辨率优于 0.02m,飞行高度为 65m 左右。为了严格保证三维数据生产成果质量,采用大重叠率:航向 75%,旁向 75% 的方法敷设航线,充分保障作业范围边界部分的三维数据生产效果。总航线规划见图 7.4-35。

图 7.4-35　总航线规划示意图

根据总的航线规划,结合无人机的航程,共安排 3 个架次。航值设计基本参数见表 7.4-10。

表 7.4-10　　　　　　　　　　航线设计基本参数表

| 项目 | 邓家口 | | |
|---|---|---|---|
| 架次 | 1 | 2 | 3 |
| 面积(km²) | 0.1 | 0.06 | 0.05 |
| 焦距(mm) | 35 | 35 | 35 |
| CCD尺寸(mm×mm) | 35.9×24 | 35.9×24 | 35.9×24 |
| 幅面大小 | 7592 | 7592 | 7592 |
| (像素) | 5304 | 5304 | 5304 |
| 相对航高(m) | 65 | 65 | 65 |
| 绝对航高(m) | 97 | 97 | 97 |
| 设计航向重叠度(%) | 75 | 75 | 75 |

续表

| 项目 | 邓家口 | | |
|---|---|---|---|
| 最高点航向重叠度(%) | 75 | 75 | 75 |
| 航线间隔（m） | 30 | 30 | 30 |
| 航线数量（条） | 48 | 29 | 27 |
| 航线长度(km) | 11.9 | 7.2 | 6.7 |

各架次航线布置见图 7.4-36 至图 7.4-38。

图 7.4-36　第 1 架次航线布置　　　　图 7.4-37　第 2 架次航线布置

图 7.4-38　第 3 架次航线布置

本实验起降场地选择在大堤顶,既满足了起降的安全要求,同时也保证飞控手良好的视场。

(4)航空影像获取

传统摄影测量本质上是利用光学摄影器材获取被摄物体相片,通过各种处理方式来获取被摄物体的形状、大小、位置、特性及其相互关系等,从而达到测量的目的。倾斜摄影测量在传统摄影测量的基础上增加了多角度拍摄,一般通过同一个飞行平台搭载多台传感器,同时从一个垂直、多个倾斜角度采集影像,从而达到符合实际观察的真实直观视觉环境。

倾斜摄影的优势在于能够多角度、多方向观察地物,能够真实反映地物的实际情况,建筑物等地物的侧面纹理可以采集,能够清晰还原被摄物的直观视觉。

无人机飞行姿态平稳,飞行高度低,基于无人机的倾斜摄影系统能够快速获取被摄物的细节纹理以及多角度高清晰影像。在此基础上进行的三维模型建模具有纹理清晰、相对关系准确、测量精度高等特点,一定程度上能够满足测量和模型制作精度要求。

1)飞行平台及航摄仪。

本项目所使用飞行平台选择多旋翼大疆 M600 Pro 无人机,航摄仪选择双鱼倾斜相机 4.0。

①飞行平台。

大疆 M600 Pro 无人机由大疆创新科技有限公司生产,延续了 M600 的高负载和优秀的飞行性能,采用模块化设计,可靠性进一步提升,使用更便捷(图 7.4-39)。该平台配备 3 套高精度 IMU 和 GNSS 模块,配合软件解析余度实现 6 路冗余导航系统,大幅提升了飞行可靠性,提供厘米级定位精度,满足倾斜摄影飞行平台的要求。

图 7.4-39　大疆 M600 Pro

多旋翼无人机大疆 M600 Pro 主要参数见表 7.4-11。

表 7.4-11　　　　　　　　　　　多旋翼无人机大疆 M600 Pro 主要参数

| 型号 | 旋翼数 | 最大起飞重量<br>(kg) | 空机重量<br>(kg) | 巡航速度<br>(km/h) | 上升速度<br>(m/s) | 飞停时间<br>(min) |
|---|---|---|---|---|---|---|
| 大疆 M600 Pro | 6 | 16 | 10 | 65 | 5 | 16 |

②航摄仪。

大疆 M600 Pro 搭载双鱼倾斜相机 4.0 采集数据。双鱼倾斜相机 4.0 搭载两台全画幅超高品质相机,单个传感器像素为 4240 万;作业采用双鱼系列产品的摆动工作方式,可达到 6 台相机同时工作的效果,则作业有效像素高达 2.5 亿(图 7.4-12)。

**图 7.4-40　双鱼倾斜相机 4.0**

双鱼倾斜相机 4.0 主要参数见表 7.4-12。

表 7.4-12　　　　　　　　双鱼倾斜相机 4.0 主要参数

| 单传感器像素 | 4240 万 | 相机焦距 | 35mm |
|---|---|---|---|
| 单周期照片数 | 6 张 | 单周期总像素 | 2.5 亿 |
| 整机重量 | 950g | 工作方式 | 摆动 |

2）影像采集。

作业中严格按照方案要求进行航摄飞行，实际航高与设计航高之差小于设计航高的 5％；在航摄飞行中飞机姿态平稳，飞机倾斜角不大于 15°，GNSS 信号连续稳定（图 7.4-41、图 7.4-42）。

**图 7.4-41　起飞前调试**

**图 7.4-42　开始影像采集**

影像与 pos 数据一一对应，未出现丢片。经检查影像旁向重叠度达 78％、航向重叠度达 80％，满足要求。影像清晰，无漏洞，层次丰富，反差适中，色调柔和，能辨认出与地面分辨率相适应的细小地物影像，能建立清晰的立体模型。

### 7.4.3.2　内业数据处理

（1）影像数据预处理

将获取的原始影像数据使用双鱼系列软件进行图像后处理，严格按照匀光、匀色步骤对航摄影像进行调整生成,最终获得最佳成像效果的影像数据。

影像预处理是航摄影像从不可见到可见、实现其色彩还原的重要步骤。在数码航摄中,影像预处理对后期成果的影响在于处理亮度和匀光匀色的调校。

数据预处理的质量控制流程见图7.4-43。

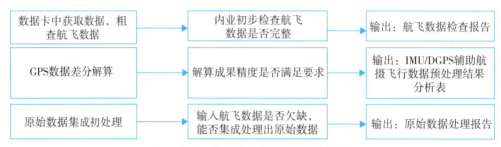

图7.4-43 数据预处理的质量控制流程

(2)空三处理

航摄数据的空三处理使用Bentley公司的Context Capture Center Master软件。Context Capture Center Master软件的AT模块采用光束法区域网平差空中三角测量,支持垂直影像和倾斜影像同时导入参与空三计算(图7.4-44)。具体方法为:

1)导入相机检校文件与每张像片的外方位元素,创建作业区空三工程文件。根据外方位元素配置工程。

图7.4-44 影像导入

2)将作业区外业像控点量测到空三工程中。为保证控制点的量测精度,每个控制点在每个镜头上至少刺2~3个点位,根据点位信息将控制点量入软件模块。作业区像控点量测示意图见图7.4-45。

图 7.4-45　像控点量测示意图

3)设置作业区所有垂直和倾斜影像全部参与空三计算，量测的像控点、POS 数据等均参与计算(图 7.4-46、图 7.4-47)。

图 7.4-46　像控点参与空三计算

图 7.4-47　POS 数据参与空三计算

4)航摄空中三角测量成果检查。

Context Capture Center Master 软件 AT 模块经过 Extracting Keypoints(提取特征点)、Selecting Pairs(提取同名像对)、Initialization Orientation(相对定向)、Matching Points(匹配连接点)、Bundle Adjustment(区域网平差)等步骤的运算处理,得到作业区空中三角测量成果。为提高空中三角测量成果的精度,使用软件对航摄作业区进行两次空三运算,最终得到更精确的航摄作业区空三结果。

依据《低空数字航空摄影测量内业规范》(CH/Z 7003—2010),精度检查选取像控点计算基本定向点残差,同时计算检查点误差和公共点较差,按 1∶500 成图比例尺精度要求执行。基本定向点残差、检查点误差、公共点较差见表 7.4-13。

表 7.4-13 基本定向点残差、检查点误差、公共点较差

| 类别 | 平面(m) | | 高程(m) | |
|---|---|---|---|---|
| | 中误差 | 规范限差 | 中误差 | 规范限差 |
| 基本定向点 | 0.16 | 0.30 | 0.13 | 0.26 |
| 检查点 | 0.22 | 0.50 | 0.17 | 0.40 |
| 公共点 | 0.37 | 0.80 | 0.32 | 0.70 |

(3)实景三维模型制作

建模处理工作站采用并行 GPU 框架硬件,专用硬盘存储可保证快速数据读取及高效计算。另外,并行处理能力极大提高了计算速度,减少了运行时间。三维模型的生产使用 ContextCapture Center Master 软件处理的空三成果作为数据源。空中三角测量处理得到特征点。模型制作的计算任务量较大,为提高数据处理速度,处理过程中按架次分割成 3 个模型单元进行处理。

数据成果提供 S3C 格式,是 Context Capture Center Master 的自有格式,带有压缩、动态金字塔和分页,可使用 Acute3D Viewer 进行本地或在线浏览。

Context Capture Center Master 软件根据航摄获取的影像数据制作三维模型成果,可以真实还原地物的空间位置、形态、颜色和纹理(图 7.4-4、图 7.4-48)。

图 7.4-47 局部效果图

图 7.4-48 测区整体效果图

### 7.4.3.3 质量评定

针对本研究制作的实景模型,依据《城市三维建模技术规范》(CJJ/T 157—2010)从数据完整性、几何精度、逻辑一致性三个方面进行了检查。

（1）数据完整性检查

本测区实景模型包含了地形模型、建筑模型、交通设施模型、管线模型、植被模型等，要素表示完整，全测区无空白，无错漏情况。

（2）几何精度检查

包括模型数据的平面位置、高程、形状、比例等几何精度的准确性。

模型几何精度检测点分布见图 7.4-49，实景模型数学精度检测记录见表 7.4-14。

**图 7.4-49　模型几何精度检测点分布**

表 7.4-14　　　　　　　　　　　实景模型数学精度检测记录表

| 序号 | 较差（m） | | 备注 |
|:---:|:---:|:---:|:---:|
| | d$s$ | d$h$ | |
| 1 | 0.26 | 0.12 | 路口 |
| 2 | 0.01 | −0.23 | 房角 |
| 3 | 0.26 | 0.16 | 水泥地角 |
| 4 | 0.22 | 0.23 | 房角 |
| 5 | 0.09 | 0.27 | 水泥墩角 |
| 6 | 0.30 | 0.15 | 水泥墩角 |
| 7 | 0.31 | 0.15 | 房角 |
| 8 | 0.18 | −0.02 | 水泥墩角 |
| 9 | 0.26 | −0.14 | 水泥墩角 |
| 10 | 0.30 | −0.02 | 路口 |
| 11 | 0.21 | 0.22 | 台阶角 |

| 序号 | 较差(m) | | 备注 |
| --- | --- | --- | --- |
| | ds | dh | |
| 12 | 0.29 | 0.36 | 房角 |
| 13 | 0.22 | −0.20 | 路灯 |
| 14 | 0.05 | −0.09 | 坎拐点 |
| 15 | 0.24 | −0.39 | 路灯 |
| 16 | 0.16 | −0.29 | 路灯 |
| 17 | 0.13 | 0.14 | 路口 |
| 18 | 0.28 | 0.13 | 路口 |
| 19 | 0.32 | 0.13 | 路口 |
| 20 | 0.15 | −0.05 | 路口 |
| 21 | 0.35 | −0.28 | 房角 |
| 22 | 0.24 | −0.36 | 栈桥 |
| 23 | 0.05 | −0.22 | 栈桥 |
| 24 | 0.10 | 0.08 | 路口 |
| 25 | 0.28 | 0.13 | 路口 |

计算得平面精度 $Ms=0.23\text{m}<0.25\text{m}$。依据《水道观测规范》(SL 257—2017),平面满足 1:500 水道地形图精度要求。高程整体精度 $Mh=0.20\text{m}>0.15\text{m}$,依据《水道观测规范》(SL 257—2017),不能整体使用。分析不同高程误差的检测点平面分布,堤顶等平坦开阔无植被分布区域(路口点)高程精度 $Mh_1=0.11\text{m}$,满足水道地形观测高程精度要求。堤脚等区域精度相对较差 $Mh_2=0.24\text{m}$,需谨慎使用。

(3)逻辑一致性检查

通过检查模型纹理的准确性和清晰度,以及纹理与几何模型的一致性,可判断研究三维实景模型逻辑一致性良好。

#### 7.4.3.4 倾斜摄影崩岸测量应用优势

倾斜摄影技术在崩岸监测应用具有很好的推广性,与传统测量手段相比较,有如下优势:

1)传统的竖直摄影只能获取地物顶部信息,对于地物侧面信息则无法获得,倾斜影像能让用户从多个角度观察地形地貌,更加真实地反映地物的实际情况,极大地弥补了基于正射影像分析应用的不足。

2)通过配套软件的应用,可直接利用成果影像进行包括高度、长度、面积、角度、坡度等属性的量测,扩展了倾斜摄影技术在行业中的应用。

3)为崩岸治理提供三维实景模型,可支撑基于 BIM 设计理念的工程设计。

# 第8章 应急监测技术

## 8.1 概述

应急监测是为各类突发公共事件提供地理信息和现代测绘技术的基础支撑,是国家突发事件应急体系的重要组成部分,是指挥决策和抢险救灾的保障和依据。河道应急监测一般出现在与水有关的突发事件中,如堰塞湖、滑坡、溃口、崩岸等,可通过对水体等进行临时、紧急的监测,以及时获取突发事件河段的河道、水文等基本资料。

河道应急监测服务是贯穿突发事件的预防、应对、处置和恢复全过程中的重要基础工作,是突发事件应急体系的重要内容,是新时期基础地理信息工作的重要业务。

### 8.1.1 应急监测特点

河道应急监测具有临时、紧急和及时的特征,因其工作环境及工作条件,对应急监测工作有一个客观的、正确的、科学的认识,是开展好应急监测工作的基础,同时对应急监测工作的作用的评价也更为科学。应急监测是河道勘测工作的重要内容,但与日常的监测工作相比,又有很多的不同。认识和理解其差异,不仅对河道应急监测工作有益,也使得政府及领导的决策更为科学和合理。

与日常的监测工作相比,河道应急监测有以下特点。

(1)工作环境不便利

常规监测工作开展通常具备完整、可靠的基础设施如断面标识、测船、平面和高程系统,而应急监测的工作环境通常没有上述便利条件,即没有基础设施,平面、高程系统需要重新建设和确定等。

(2)水文测验控制条件较差

开展日常水文测验工作的水文站,通常具有非常好的测站控制条件(断面控制、河槽控制)。这使得水文要素容易收集,水位流量关系一般为较稳定的单一关系,测验断面稳定或者测站水文工作人员对测验断面的变化情况了如指掌;而开展应急监测工作所在地往往不具备设站条件,测站控制条件和河段控制条件较差,测验断面的变化情况未知,在部分条件恶劣的情况下,断面资料难以采用常规手段准确获取。

（3）监测时机难以把握

日常监测工作的开展，受外在的因素影响较小，可以在白天、黑夜的任何时候实施，而应急监测工作因周边环境潜在危险因素较多，一般只能在白天实施，同时应急监测工作可能受交通条件等的影响，监测时机的把握存在不确定性。

（4）安全作业环境恶劣

日常监测工作的安全是可控的，只要作业人员遵守操作规则，安全生产是有保障的。而应急监测工作可能因工作环境恶劣，作业人员的安全受到严峻挑战，如"5·12"汶川特大地震后，应急监测突击队对堰塞湖基本水文、河道信息的收集，就随时面临着余震不断、山体垮塌等风险。

（5）尚无技术标准及技术规范

一般来说，日常水文测验工作都严格执行国家和行业的技术规范及标准，而应急监测工作目前尚无技术标准及技术规范。受工作条件及工作环境的限制，考虑应急监测工作的风险及安全性，某些时候只能参照国家和行业的技术规范及标准开展应急监测工作，对一些水文要素，存在用经验公式或者把情况简化后进行估测、估算的情况，如堤防（坝体）溃口流量的监测和成果的获得。

（6）监测精度要求略宽

应急监测工作是在特殊环境、特殊条件及特殊时间开展的河道勘测工作，由于时效性、现场性的要求，使得开展河道应急监测工作的一些水文基础设施欠缺，其水文要素的测验精度较日常水文测验工作所得到的水文要素的测验精度低。监测现场常规勘测手段难以高效完成监测区地形资料的获取，航测、遥感影像等实时、历史资料可以提供基础数据支撑，精度略低，但仍然在政府及领导的决策中发挥重要的作用，能够满足应急处置施工单位对水文、地形信息的精度要求。

## 8.1.2 应急监测工作内容

不同类型与水有关的突发事件的发生，决定了应急监测工作的内容。通过对与水有关的突发事件及政府对监测信息的需求情况整理总结，河道应急监测工作内容及类型主要体现在以下几个方面。

（1）堰塞湖观测

堰塞湖是由火山熔岩流或地震活动等引起山崩滑坡体、泥石流等堵截河谷或河床，河谷、河床被堵塞后贮水，贮水到一定程度便形成堰塞湖。堰塞湖是一种次生灾害，其影响范围较大、影响程度较深。监测对象通常为堰塞坝体及堰塞湖水体，其主要工作内容包括以下几点。

1）调查堰塞湖名称、所处河流的河名。

2)堰塞湖地理位置,坐标(东经、北纬)、山崩滑坡体入河位置的岸别(左岸、右岸或者二者兼具)。

3)堰塞湖形状及特征:主要包括堰长、堰高、堰宽、堰塞坝体体积。

4)库前水面到坝顶的高度,堰塞湖局地区域地形。

5)堰塞湖的入、出库流量及堰塞湖的蓄水量等。

6)监测范围则为堰塞湖上、下游,湖区及堰塞湖上游主要支流的河道、水文要素信息。

**(2)滑坡体监测**

滑坡体监测是观测和分析各种滑坡前兆现象,记录滑坡形成活动过程的各种工作集合。

主要监测内容包括:斜坡不同部位各种裂缝发展过程、岩土体松弛以及局部坍塌、沉降隆起活动;各种地下、地面变形位移现象;地下水水位、水量、水化学特征;树木倾斜和各种建筑物变形;降雨以及地震活动等外部环境变化。通过这些工作,取得有关数据和资料,为滑坡预报和灾害防治提供依据。

除一般地表调查和宏观观察外,还应用多种仪器进行观测和记录。常用的有测定滑坡体位移和裂缝发展的倾斜仪,还有应变仪、测震仪、地音仪、地电仪等。各种监测手段相互配合,形成较完整的立体监测系统。

**(3)崩岸监测**

在河道自然演变过程中,崩岸的发生具有普遍性。崩岸是河流运动和变化的具体体现,是河道变形的具体表现形式。崩岸的发生由冲积河流河床演变规律所支配,它与水流动力条件、泥沙输移条件、河床边界条件以及河道形态具有密切的联系。从水流动力条件及泥沙动力学角度出发,崩岸的发生、发展是以泥沙运动为纽带,通过水流与河床的相互作用来实现的,近岸泥沙运动对河道崩岸的发生有着重要的影响。同时由于局部河段崩岸的发生对于河势控制、已建岸坡防护工程以及开发利用长江岸线等会产生不利的影响,因此研究河道崩岸监测在工程实践中具有重要的意义。

崩岸监测的相关内容在第7章中已介绍,本章节不再赘述。

**(4)溃口监测**

溃口监测包括自然河流、水库、堰塞湖的溃口地形、水文要素监测,监测对象为溃口,主要工作内容有:溃口宽度、溃口附近地形、溃口水面流速、溃口上下游的流量、堤防管涌数量及水流大小,而监测范围可能受地理条件限制。需要指出的是对堤防溃口的监测,需要事先选定安全的观测位置,应急监测方案要考虑到堤防(坝体)半溃、全溃的安全应对措施,确保应急监测作人员的安全。

发生其他类型的应急监测对象时,可参照上述方法,确定应急监测的对象及工作内容。

### 8.1.3 应急监测基本要求

（1）安全生产

应急监测工作是一种在非常时期、特殊工作环境及条件下的河道勘测工作，受地理环境及施工影响很大，安全隐患多，风险极大，河道应急监测工作通常面临着安全生产的严峻挑战。因此，应急管理自上而下都必须重视安全生产，在开展河道应急监测工作时，充分注重监测过程中的安全性，确保应急监测安全有保障。

应急监测工作的安全生产通过狠抓安全措施的落实来保障应急监测工作人员的安全，水文工作组进行测前动员，组织应急监测突击队学习应急监测方案及安全保障实施方案，加强安全生产的宣传教育，全体参与人员必须服从指挥，团结配合，齐心协力。同时，强化安全生产过程控制尤为重要，野外作业过程实行定时汇报制，应急监测突击队队长必须每隔一定时间通过适当方式向水文工作组报告作业情况及工作环境、工作条件情况，加强安全检查，每个应急监测突击队队长为兼职安全员，作业前注意提醒安全事项，作业中有不安全的行为要及时制止，对有影响安全的苗头，要尽快妥善处理。整个作业过程都有一定的安全保障措施，如在"5·12"汶川特大地震中的水文应急安全管理工作，针对特大地震后余震不断，测量条件及工作环境极为复杂，每个水文应急监测突击队根据实际情况布设2～4人的瞭望岗，对飞石、泥石流等影响测量人员安全的情况进行监视，以保证测量过程中人员的安全，同时水文应急监测突击队队员互相监视，及时发现不安全的苗头，减小安全事故的发生。

（2）质量控制

开展应急监测工作的难度及风险极大，其收集的水文、河道资料必须要满足政府及相关领导决策的需要，为此，需要对应急监测测验产品进行质量控制，其主要内容包括以下几点。

1）工作组组长为应急监测的总负责人，工作组其余成员按照分工分别负责技术、安全、通信、后勤保障等工作。

2）应急监测突击队队长负责组织突击队员按照工作组的要求完成所负责站点的水文、河道资料的收集、分析，并将成果上报工作组。

3）所有应急监测的仪器设备都必须经过严格的检校，检校结果为合格时才能投入使用。

4）应急监测全过程按"三环节"进行质量管理，即事先技术指导、中间对测量资料进行分析、检查和测量成果的专家会商发布。

5）各应急监测突击队队长根据任务和应急监测技术方案，制定详细的观测实施细则，进行作业时，坚持现场检查，发现质量问题及时处理，重大问题及时报送工作组协调解决。

6）应急监测突击队对实测的各种水文、河道资料须按"三清四随"经过认真校核和应急监测突击队队长的现场审定后方能报工作组。

7）应急监测过程控制。工作组根据各应急监测突击队所报回的测量资料，及时组织专家进行分析、整理，必要时进行专家会商，并将对成果的意见及时反馈到各应急监测突击队，使应急监测过程得到有效控制，更好地为政府及领导的决策提供技术支撑。

8)资料的整理、归档。所有的应急监测资料,都必须及时地进行整理和归档。

## 8.1.4 应急监测方案

出现与水有关的突发事件,需要水文部门为政府及领导提供特定时间、特定区域的水文、河道基本信息作为决策的科学依据时,水文部门就必须尽快启动应急监测工作,而应急监测方案的制定是开展应急监测工作的前提和基础。

### 8.1.4.1 准备工作

制定科学合理及可操作性方案前,必须对突发事件发生的情况及对社会、民众的影响特别是水体状态深入了解。在此基础上,明确制定应急监测方案的目的及意义,研究决定应急监测的对象及工作范围,为使所制定的应急监测方案具有很强的可操作性,还必须对重点区域、重点河段进行现场查勘。

(1)明确目的及意义

根据突发事件发生后政府及领导对水文、河道信息的需求情况,明确制定应急监测方案的目的及意义。该项工作应该贯穿制定应急监测方案过程的始终。监测目的需切合实际,是通过河道应急监测工作可以达到的,而不是假、大、空。对监测意义也应有一个客观的评价,既不要盲目夸大,也不要否定河道应急监测工作所具有的积极意义。

(2)监测对象及工作范围的确定

根据需求情况,确定河道应急监测工作的类型、监测对象及工作范围,制定应急监测的工作内容。一般情况下,根据突发事件的影响范围,河道应急监测工作有一个总的布局。其内容不仅包括监测站点的数量、地理位置,还包括建立信息采集—传输—处理—发布与反馈等4个子系统的应急监测系统。

(3)现场查勘

现场查勘是保证应急监测可操作性的保证,通过现场查勘,可以进一步了解和掌握河道应急监测工作的环境及条件,便于制定安全措施,也便于检验应急监测方案技术路线的正确性,是完善和提高应急监测方案质量的重要工作。

现场查勘前,需要确定所查勘的重点区域及重点河段,做好查勘前的准备工作,包括使用的查勘仪器设备、查勘交通路线以及查勘日程安排、查勘工作内容等。现场查勘通常2～4人为一组,由于此时的查勘工作为特殊时期、特殊状态下的工作,作业人员必须特别要注意安全,一般情况下,不得单独一人完成现场查勘任务。现场查勘后,由工作人员现场对应急监测方案实施的可操作性进行评估,同时确定完成该重点区域、重点河段需要投入的作业人员及应急监测设备等。

### 8.1.4.2 主要内容

编制应急监测方案,首先明确河道应急监测工作是在特定时间、特定工作环境及特定工作条件下开展的一种非常规的工作;其次注重河道应急监测工作的安全性、测验手段、测验技术的先进性,最后强调河道应急监测工作的可操作性。

一般应急监测方案应包括以下主要内容,各单位可根据与水有关的突发事件出现情况、政府及领导对应急工作的需求,参照执行。

(1)基本情况

概要介绍突发事件发生的情况、影响,国家、社会对水文部门所需求的水文、河道信息内容,应急监测的目的、意义等。

(2)监测对象及工作范围

明确监测对象及工作范围,确定应急监测工作总的布局和主要内容,如水位站、水文站的数量、断面布设位置及地形测量范围等。

(3)依据和原则

制定应急监测方案的依据通常包括现行的法律、法规,开展河道应急监测工作需要执行或者参照执行的国家、行业技术规范(标准)原则需要充分体现一致性、安全性、可操作性和先进性。应急监测工作作为抢险排灾的一部分,制定应急监测方案时,不但要尽可能地考虑技术路线的一致性,还要考虑整个抢险排灾的统一协调和指挥,在抢险排灾的不同阶段,应急监测工作需要与抢险排灾的其他工作相一致,自觉地满足国家抢险排灾的需求。安全性则主要是考虑河道应急监测工作作业人员的安全,安全生产是河道应急监测工作的基础。为此,必须有强有力的安全保障措施。可操作性重点考虑应急监测方案的顺利实施,所采用的技术路线、测量手段、仪器设备及测量方法必须与工作环境、工作条件相适应。先进性则主要考虑应急设备及测量方法,河道应急监测工作与日常的勘测工作相比,先进仪器、先进技术的使用显得特别重要。

### 8.1.4.3 技术路线

技术路线是制定应急监测方案的灵魂,技术路线的主要工作内容为针对不同水文特性、监测环境,分别确定各水文要素、地形信息采集的测验手段,如仪器设备的选用及配置,测验技术方法,水文信息传输、处理与发布,工作进度等,以及与技术路线相配套的各水文要素、地形信息采集、传输的操作规程及办法。

### 8.1.4.4 实施保障措施

应急监测作为一种非常规的监测工作,整个过程必须有坚强的保障措施,才能保证应急监测任务的执行。应急监测工作的实施保障措施包括组织机构、工作体制、资源配置、安全生产措施等。

组织机构包括实施应急监测工作的领导机构、现场作业的应急监测工作抢险突击队、管理仪器设备配置的后勤保障组及对外、对内的联络小组。

工作体制则明确应急监测工作中各组织、单位及作业人员的责任、权利和义务以及相关工作方式、方法等。

资源配置包括应急监测工作的仪器设备配置、各作业单位的人力资源配置及特殊条件下开展应急监测的工作、生活必需品的配置。

安全措施则是根据应急监测工作的作业环境,制定的一系列保证作业人员安全的方案、办法。

### 8.1.4.5 成果质量控制

成果质量控制是应急监测工作最大限度地满足政府及领导决策的需要。

### 8.1.4.6 后期工作

后期工作主要包括应急监测任务完成后资料整理、整编、技术总结,应急监测工作的效益评估、应急监测工作经验总结等。

### 8.1.4.7 附录

附录包括有关术语、定义,应急监测方案管理与更新,制定与解释部门,应急监测方案实施或生效时间,各种规范化格式文本,相关机构和人员通讯录等。

## 8.1.5 应急监测关键技术

随着科技的进步,河道地理信息技术在理论水平、精准程度、应用方向等方面都取得了极大发展,大幅提升了应急监测保障水平。现阶段河道应急监测保障的关键技术主要包括无人船数据采集、无人机数据采集、激光雷达数据采集、应急数据快速处理、地理信息平台、虚拟现实技术等。

### 8.1.5.1 GNSS 定位技术

GNSS 定位技术发展大致经历了四个阶段。第一代定位技术以伪距单点定位、载波静态定位、伪距差分定位等为代表;逐步发展为已常规 RTK、广域差分定位技术为代表的第二代定位技术;第三代定位技术以非差相位精密单点定位(PPP)、网络 RTK 技术为代表;为拓展 RTK 服务范围,同时提高 PPP 初始化时间,以 PPP—RTK 为代表的第四代定位技术应运而生。

目前,主流 GNSS 定位技术手段分类见图 8.1-1。

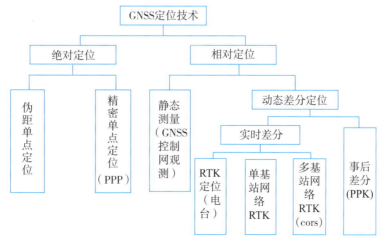

**图 8.1-1 GNSS 定位技术手段分类**

（1）PPK 定位

PPK 的工作原理：利用进行同步观测的一台基准站接收机和至少一台流动接收机对卫星的载波相位观测量；事后在计算机中利用 GNSS 处理软件进行线性组合，形成虚拟的载波相位观测量值，确定接收机之间厘米级的相对位置；然后进行坐标转换得到流动站在地方坐标系中坐标。

PPK 技术是一种与 RTK 相对应的定位技术。这是一种利用载波相位观测值进行事后处理的动态相对定位技术。由于是进行事后处理，因此用户无需配备数据通信链，自然也无需考虑流动站能否接收到基准站播发的无线电信号等问题，观测更为方便、自由，适用于无需实时获取定位结果的领域。

（2）PPP 精密单点定位

PPK 的工作原理：利用预报的卫星的精密星历或事后的精密星历作为已知坐标起算数据；同时利用某种方式得到的精密卫星钟差来替代用户 GNSS 定位观测值方程中的卫星钟差参数；用户利用单台 GNSS 双频双码接收机的观测数据在数千万平方千米乃至全球范围内的任意位置都可以 2～4dm 级的精度进行实时动态定位或以 2～4cm 级的精度进行较快速的静态定位。

PPP 定位的优点在于处理非差码与相位观测值，可利用的观测值多且不相关；可估计位置、钟差及对流层延迟等参数；支持静态模式和动态模式作业；只要有通信链路支持，可在全球范围内应用；直接得到 ITRF 框架坐标。

PPP 定位的关键技术及难点在于精密卫星轨道及精密卫星钟差估计；非差模糊度求解问题；相对于双差定位模式，非差定位误差处理更为复杂。

### 8.1.5.2　天空地一体化数据快速采集

通过倾斜摄影技术、激光雷达等先进技术的相互配合，目前已经实现了无缝的天空地一体化应急监测数据采集。

（1）航天遥感数据采集

航天遥感主要通过航天飞机或卫星进行数据采集。航摄飞机飞行高度为 10km 左右，陆地卫星的卫星轨道高度达 910km 左右，从而可及时获取大范围的信息。航天遥感数据采集有以下特点：一是速度快、周期短。卫星能及时获取所经地区的最新数据，并对原有数据进行更新或根据新旧数据的变化进行动态监测，这是人工实地测量和航空摄影测量无法比拟的。二是数据获取受条件限制少。在沙漠、沼泽、高山峻岭等自然条件极为恶劣的地方，采用不受地面条件限制的航天遥感技术，能够方便及时地获取各种宝贵资料。并且根据不同的任务，利用不同波段对物体不同的穿透性，还可获取地物内部信息。例如，地面深层、水的下层、冰层下的水体、沙漠下面的地物特性等，微波波段还可以全天候工作。

（2）航空遥感数据采集

航空遥感主要通过无人机或小型飞机低空进行数据采集。

低空遥感可实现数据实时传输,短时间内获取精确遥感图件,在第一时间了解现场详情,为灾害救助提供客观灾情数据及决策支持;为地面灾情解译提供丰富的数据源,辅助分析灾害严重程度及其空间分布。

无人机低空航拍具有灵活机动、高效快速、精细准确的特点,在小区域和飞行困难地区高分辨率影像快速获取方面具有明显的优势。

无人机及小型飞机通过搭载倾斜摄影系统,利用倾斜摄影测量,可以从多个角度完整地获取建筑物表面的纹理信息,可采集倾斜摄影实景三维模型。通过搭载机载激光雷达以及配合航拍相机,可以获取具有影像真实感的高精度数字表面模型数据(DSM)和数字高程模型数据(DEM)。

(3)地面单兵系统

见图8.1-2,地面单兵系统主要由高清摄像机、通信系统、GNSS定位系统组成。可以准确获取灾情位置(定位精度可以达到0.3m),并可以通过通信系统将现场实时视频与位置信息传回指挥中心,为指挥决策提供更详细的现场数据,便于现场指挥和营救。

**图8.1-2 地面单兵系统**

(4)地面激光雷达数据采集

地面激光雷达按照平台分为地面、车载、船载和手持等类型。地面激光雷达小型便捷、精确高效、安全稳定、可操作性强,能在几分钟内对数据采集区域进行点云数据采集,建立详尽准确的三维立体影像,能提供准确的定量分析。同时,可以将机载激光雷达低空采集的点云数据与地面采集的点云数据进行拼接融合,实现无缝的天地一体化点云数据采集,从而更加迅速地为应急监测提供更加精确可靠的数据支持。

### 8.1.5.3 应急监测数据快速处理技术

应急监测中获取的原始数据必须经过一定的加工处理,制作成便于识别应用的图件,才能在突发事件处置中发挥其重要作用。应急监测数据的快速处理,是在遥感影像一体化测图系统、应急快速制图系统以及各种专业软件的支撑下,将多种类、多来源、多格式的应急数据进行数据融合,形成应急监测数据成果。

1)遥感影像一体化测图系统通过利用摄影测量技术从序列影像中恢复物体位置、形状、大小及其他信息,可以快速处理获得空三加密成果、全景图、点云、三维模型和 DEM/DOM 等数据。其主要过程包括正射校正、图像拼接、影像融合、色彩调节等。

2)应急快速制图系统则可以在利用现有数据成果的基础上,结合应急监测中采集的数据,快速对采集数据中的关键地物进行数据提取,在编辑后与现有数据进行数据融合处理,最后通过快速注记、符号化与地图整饰得到应急图件。

#### 8.1.5.4　地理信息平台数据服务

地理信息平台应整合多年度、多种类、多来源的地理信息资源。应急监测中快速采集的现场数据,经过处理之后可以通过平台快速发布地图服务,并结合平台中的各种地理信息数据,真实体现事件现场及周边情况。

通过平台对这些多源、多专题、多时态的数据进行联动分析、数据挖掘,可以得到更为详细、准确的决策支持信息,便于科学部署救援力量、制定应急方案、辅助决策指挥。

#### 8.1.5.5　虚拟现实应急应用

虚拟现实技术也称灵境技术或人工环境,利用电脑模拟一个三维空间的虚拟世界,提供使用者视觉、听觉、触觉等感官的模拟,可以及时、没有限制地观察三维空间内的事物。通过结合监测数据采集和监测数据融合制作的"三维电子地图",虚拟现实技术可用于应急情景设计以及日常应急演练和宣传培训。虚拟现实系统具备事件模拟与分析的功能。在水淹分析模拟中,可以根据降雨量的多少模拟城市水灾的淹没情况。

## 8.2　堰塞湖应急监测

堰塞湖是由火山熔岩流、冰碛物或由地震活动使山体岩石崩塌下来等引起山崩滑坡体等堵截山谷、河谷或河床后贮水而形成的湖泊。

### 8.2.1　堰塞湖的形成

通常堰塞湖的形成有 4 个步骤:第一步,原有的水系、地质、降水等基础条件。第二步,原有河道被堵塞物堵住。堵塞物可能是由火山熔岩流、地震活动等引起的山崩滑坡体、泥石流,也可能是其他外来的物质。第三步,河道被堵塞后,流水聚集并且往四周漫溢。第四步,储水到一定程度便形成堰塞湖。

以唐家山堰塞湖为例介绍堰塞湖的形成。

第一步:原有的水系、地质、降水等基础条件。

唐家山堰塞湖(图 8.2-1),位于涪江支流湔江上,在北川县城上游约 6km 处。湔江流域位于四川盆地西北边缘山区地带,系涪江一级支流,控制集水面积 4520km$^2$,主河长 173km,流经江油市青莲场附近注入涪江右岸。湔江流至北川境内,山高谷深,相对高差较大,一般海拔高程均在 1500m 以上,最高峰插旗山 4769m。据北川县气象站资料统计,多年平均年降水量 1355.4mm,5—10 月降水量占全年降水量的 91.1%。历年一日最大降水量为 323.4mm。6 月一日最大降水量为 201.4mm。5 月下旬至 6 月上旬平均来水量为 7000 万 m$^3$。早期右岸地质调查表明:堰塞湖部位原始地貌为 30°左右斜坡地貌,斜坡下部为寒武系清平组长石石英粉砂岩及硅质板岩,岩层倾向左岸,倾角 50°～ 85°,上部分布厚度较厚的坡残积层。

**图 8.2-1 唐家山堰塞湖**

第二步:原有河道被堵塞物堵住。

该堰塞坝是由唐家山基岩滑坡堆积形成。由于"5·12"大地震的作用引起滑坡,使该部位山体整体下滑滑坡壁高 600 多 m,滑床原为光滑的基岩面,现被新的崩塌物覆盖,堆积于通口河河谷,堵塞通口河形成规模巨大的堰塞坝。从堰塞坝物质组成和结构特征分析,其基岩主要堆积于坝体左岸及右岸下部,上部坡残积碎石土层主要堆积在右岸上部及堰塞坝坝前,该滑坡为典型的高速滑坡。堰塞坝左岸与自然坡接触地带可见滑坡堆积区中的硅质板岩由于强烈冲击作用十分破碎,甚至形成碎屑流通过。走访当地老乡,了解到该滑坡下滑时间非常短暂,不到 1min 时间下滑 600 多 m,由此推算该滑坡下滑速度大于 10m/s,具备高速滑坡的特征。

第三步:河道被堵塞后,流水聚集并且往四周漫溢。

经过测量,堰塞体平面形态近似为长条形,顺河长约 803m,河宽最大约 611m,顶面宽 150～30m,高 82～124m,平面面积约 30 万 m$^2$,初估体积约 2037 万 m$^3$。堰塞体表面地形起伏较大,横河方向大致呈左高右低,左侧最高点高程 793.9m,右侧最高点高程 775m。偏右侧沿顺河方向有一贯通上下游沟槽,沟槽为右弓形,沟槽底宽 20～40m,其挡水前缘最低高程 752.2m。堰塞湖上游集水面积约 3550km$^2$,最大蓄水量约 3.2 亿 m$^3$。截至 5 月 21 日,堰塞湖的蓄水量约 7250 万 m$^3$,水位为 711.0m,与堰塞体挡水前缘最低处的高差约 42.2m。

第四步:储水到一定程度便形成堰塞湖。

湖水以 1.5~3m/d 的速度上涨,到唐家山堰塞湖处置时,库容达到 29339 万 m³。

### 8.2.2 应急基础控制方案

应急控制网的测量方案主要遵循便捷、快速、安全的原则:平面控制测量主要采用 GNSS 静态控制网、导线网、RTK;高程控制测量主要采用水准测量、三角高程测量、RTK、大地水准面精化;控制测量的仪器主要采用 GNSS、全站仪、电子水准仪进行测量。GNSS 成为控制测量特别是首级控制的主要手段,包括静态和动态测量,静态主要用于高等级(四等以上平面控制和大地水准面精化)控制测量,随着技术的发展和精度的提高,动态 RTK 测量广泛用于四等以下平面控制和图根控制测量。全站仪直接进行边、角和三角高程测量,可以完成平面、高程控制测量,电子水准仪直接进行高程控制测量。

河道应急监测控制测量服务范围包括四等及以下平面控制网、平高控制网、高程控制网的建立和控制点加密,其参照的主要技术依据见表 8.2-1。

在堰塞湖形成的区域,在需要开展应急监测的堰塞坝坝体及其上下游河段的断面设置水准点、固定断面桩点、临时仪器观测点等,形成应急控制网,对其进行平面及高程控制测量。

**表 8.2-1** 控制测量布设层次及精度规定

| 项目 | 平面布设层次和精度要求 | | 高程布设层次和精度要求 | |
|---|---|---|---|---|
| 基本控制(平面/高程) | GNSS C、D 级网/五等控制 | 五等平面最弱点点位中误差不大于图上 0.05mm | 三、四等高程 | |
| 图根控制(平面/高程) | 解析图根 | 最后一级图根点点位中误差不大于图上 0.1mm | 五等高程 | 五等高程最弱点高程中误差不大于 $\pm h/20$(m) |
| 测站点控制(平面/高程) | 解析测站 | 测站点点位中误差不大于图上 0.2mm(GB/T 12898—2009) | 五等、一级高程 | 最后一级高程中误差不大于 $\pm h/10$(m) |

注:1. 三、四等高程测量按《国家三、四等水准测量规范》(GB/T 12898—2009)中的有关规定执行;

2. 图根高程可发展解析高程,解析高程中误差不大于 $h/6$,只允许接测测点高程。$h$ 为基本等高距。

#### 8.2.2.1 一般要求

充分利用测区已有的控制成果,作为测区的基本控制,应急监测可以采用 GNSS 建立独立控制网,作为测区的基本控制。

增补和加密的控制设测要求如下:

1)满足控制等级发展原则,由高级向低级逐级和越级扩展,见表 8.2-1。

2)控制点增补精度要求根据已有控制成果确定,可采用四等(GNSS D 级或 E 级)、五等、图根点、测站点等精度要求设测。

3)加密控制点(五等)可埋石,也可采用刻标。

4)局部小范围基本控制点布设困难时,可布设一级图根点作为河道观测的首级控制。

#### 8.2.2.2　平面控制测量

(1)GNSS 测量

基本平面控制是测区控制成果,测区首级平面控制网按 GNSS D 级精度要求进行设测,加密控制网平面按五等导线或 GNSS E 级精度要求进行设测。GNSS 网相邻点间距应符合表 8.2-2 中规定,GNSS 网图形设计技术要求应符合表 8.2-3 中规定,GNSS 控制测量主要技术要求见表 8.2-4。

表 8.2-2　　　　　　　　　GNSS 网相邻点间距　　　　　　　　　(单位:km)

| 项目 | 四等 | 五等 | |
|---|---|---|---|
| 相邻点最小间距 | 1 | 0.5 | 0.2 |
| 相邻点平均间距 | 4 | 2 | 1 |

表 8.2-3　　　　　　　　　GNSS 网图形设计技术要求

| 项目 | 等级 | |
|---|---|---|
| | 四 | 五 |
| 图形设计总体可靠性(即多余观测值数与总观测值数之比) | ≥0.3 | ≥0.2 |
| 重复测量的基线占独立确定的(不相关)基线总数的百分数(%) | ≥10 | ≥10 |
| 每条基线边所在的异步环数 | ≥1 | ≥1 |
| 环线边数(条) | 4~5 | 4~5 |

表 8.2-4　　　　　　　　各等级 GNSS 网观测的基本技术规定

| 项目 | 等级 | |
|---|---|---|
| | 四 | 五 |
| 卫星截止高度角(°) | 15 | 15 |
| 同时观测有效卫星数 | ≥4 | ≥4 |
| 有效观测卫星总数 | ≥4 | ≥4 |
| 观测时段数 | ≥1.6 | ≥1.6 |
| 时段长度(min) | ≥60 | ≥40 |
| 采样间隔(s) | 5~15 | 5~15 |

注:1. 计算有效观测卫星总数时,应将各时段的有效观测卫星数扣除其间的重复卫星数;

2. 观测时段长度,应为开始记录数据到结束记录的时间段;

3. 观测时段数≥1.6,指采用网观测模式时,每站至少观测一个时段,其中二次设站点数应不少于

GNSS 网总点数；

4.采用基于卫星定位连续运行基准站点观测模式时,可连续观测,但观测时间应不低于表中规定的各时段观测时间的和。

GNSS 基线解中距离残差的标准差对于四等点不得大于 30mm,对于五等点不得大于 50mm。GNSS 网异步环各坐标分量闭合差应符合式(8.2-1)的规定,同步环各坐标分量闭合差的限差值为异步环闭合差限差的一半。

$$W_x \leqslant 3\sqrt{n}\sigma$$
$$W_y \leqslant 3\sqrt{n}\sigma \qquad\qquad (8.2\text{-}1)$$
$$W_z \leqslant 3\sqrt{n}\sigma$$

式中:$W_x$、$W_y$、$W_z$——$x$、$y$、$z$ 坐标的分量闭合差;

$n$——闭合环的边数;

$\sigma$——相应级别规定的精度(按平均边长计算)。

当静态观测数据与连续运行基准站联合解算时,解算总体过程如下:

1)观测数据质量分析。

利用 TEQC 软件对外业观测数据进行质量分析,数据观测时长,数据利用率,多路径影响值 MP1、MP2 统计等。

2)数据预处理。

①数据标准化与整理。

使用 RINEX 2.1x 标准化观测数据文件 SITEDAYS. YYO 和导航电文文件 SITEDAYS. YYN、SITEDAYS. YYP,其中 SITE 为点位编码,DAY 为年积日,S 为观测时段号,YY 为观测年号,O 为观测数据,N 为导航电文,P 为导航电文。依据外业观测资料,将观测数据按年积日整理,数据格式为 rinex 格式,并进行点号一致性与正确性、接收机与天线型号的正确性、年积日的一致性等检查。

②天线高的归算。

GNSS 观测数据的原始观测值为设备天线相位中心观测值,GAMIT 软件可根据测站信息中的天线类型及天线罩信息,自动选取天线相位中心改正模型将其原始观测值归算至天线前置放大器底部位置;再根据天线高,将最终坐标归算至测站标石中心。

③收集周边基准站数据。

3)起算基准站分析

起算基准站选取应满足:①连续性原则。测站在近 3 年连续观测。②稳定性原则。站点坐标时序稳定性好,具有稳定"可知"的点位变化速度。③高精度原则。速度场精度优于 3mm/a。④平衡性原则。站点尽量均匀分布。

坐标序列中包含了时空相关的有色噪声,在进行基准站稳定性分析时为真实反映点位的变化规律,就要求尽量降低噪声的影响。利用时间序列,可判断区域内站点的运动特征,分析基准站运动规律与变化量。

4)基线解算。

在收集的周边基准站的控制下,对待定点进行单日数据处理。单日数据处理是以每站每日的 GNSS 载波相位观测量,伪距观测量,计算的未知参数包括观测站位置、接收机钟差与卫星钟差、GNSS 卫星轨道参数,大气延迟参数、地球定向参数 EOP 等多种参数,最终获得测站和卫星轨道的单日区域松弛解(h-file),这个单日解给出了区域测站、极移和卫星参数的松弛解和方差—协方差矩阵。

主要任务包括:先验坐标的获取、主要参数设置和基线解算结果的检验等。

5)平差计算。

连续运行基准站参与解算时,一般基线均较长,宜采用 GLOBK 软件进行平差。

基线平差前一般应进行卡方检验,基线数据参数相容、结果可靠方能进行整体平差。平差参数设置一般包含待定点的坐标松弛、微信轨道松弛、$n$ 地球定向参数 EOP 松弛约束等。

(2)导线测量

五等或五等以下平面导线控制测量限差应符合表 8.2-5 的规定。

平面图根导线测量应满足表 8.2-6 所列的技术要求。

表 8.2-5　　　　　　　　　　　　电磁波测距导线主要技术要求

| 等级 | | 导线全长（m） | 测角中误差（″） | 最多折角数（n） | 方位角闭合差（″） | 导线全长相对闭合差 | 点位闭合差（图上,mm） | 备注 |
|---|---|---|---|---|---|---|---|---|
| 五等 | | $4.0M$ | $\pm 5$ | 20 | $10\sqrt{n}$ | 1/14000 | | 仅选择一种 |
| | | $2.5M$ | $\pm 10$ | 15 | $20\sqrt{n}$ | 1/10000 | | |
| 图根 | 磁导 1 | $1.5M$ | $\pm 20$ | 15 | $60\sqrt{n}$ | | 0.3 | 共发展二次 |
| | 磁导 2 | $1.0M$ | $\pm 20$ | 10 | $60\sqrt{n}$ | | 0.26 | |
| | 磁导 T | $2.0M$ | $\pm 20$ | 15 | $60\sqrt{n}$ | | 0.4 | 只发展一次 |

注:1. 表中 $M$ 为测图比例尺分母,$n$ 为实测转折角数。

2. 狭长困难地区导线长度可适当放长,但折角数不得超过表中规定。

表 8.2-6　　　　　　　　　　　　平面图根导线测量技术要求

| 等级 | 路线 | 气象元素 | | 边长 | | | 天顶距 | | |
|---|---|---|---|---|---|---|---|---|---|
| | | 时间间隔 | 取用数据 | 测距仪等级 | 测回数 | | 使用的仪器 | 方法 | 测回数 |
| | | | | | 往 | 返 | | | |
| 五等 | 单程 | 每边测量一次 | 测站端的数据 | Ⅰ、Ⅱ | 2 | — | DJ2 级 | 往返测 | 各二测回 |
| 图根 | 单程 | 每边测量一次 | 测站端的数据 | Ⅰ、Ⅱ | 2 | — | DJ2、DJ6 级 | 往返测 | 各二测回各四测回 |

### 8.2.2.3 高程控制测量

三等高程控制测量采用几何水准方法,四等及以下高程控制可根据测区具体情况,采用相应等级的水准测量或电磁波测距三角高程测量布设。三、四等水准应参照表8.2-7所列技术指标。

表 8.2-7　　　　　　　　　　　三、四等水准测量技术要求

| 测量等级 | 三等 | 四等 |
|---|---|---|
| $M_{\triangle}$(每千米高差中数偶然中误差,mm) | 3.0 | 5.0 |
| $M_W$(每千米高差中数全中误差,mm) | 6.0 | 10.0 |

五等水准测量和五等电磁波测距三角高程测量、图根电磁波测距三角高程测量的技术规定应符合表8.2-8的规定。

表 8.2-8　　　　　　　　　　　电磁波高程导线测量技术要求

| 等级 | 总长 (km) | 附合或环线闭和差(mm) 山区 | 垂直角测回数 中丝法 | 垂直角较差(″) | 指标差较差(″) | 对向观测高差较差(mm) | 斜距测回数 | 垂直角取位(″) 观测 | 垂直角取位(″) 计算 |
|---|---|---|---|---|---|---|---|---|---|
| 四等 | 80 | $\pm25\sqrt{L}$ | 4 | 5 | 5 | $\pm45\sqrt{D}$ | 3 | 1 | 0.1 |
| 五等 | — | $\pm35\sqrt{L}$ | 2 | 7 | 7 | — | 2 | 1 | 1 |

注:1.斜距每测回照准一次,读数三次。

2.$L$ 为导线总长,km。

3.$D$ 为测站至照准点间的观测水平距离,km。

在测量条件困难的条件下,对五等高程控制,当精度满足要求时,可进行 GNSS 高程拟合测量,其技术要点如下:

1)GNSS 拟合高程测量,适合于五等及以下的等级高程测量。

2)GNSS 拟合高程测量,宜与 GNSS 平面控制测量一起进行。

3)GNSS 网应与四等及以上水准点联测,联测的点宜分布在测区的四周或中心,若测区为带状,则联测的点宜分布在测区的两端及中部。

4)联测的点数宜大于选用模型的未知参数的 1.5 倍,点间距宜小于 10km。

5)地形高差变化较大的地区,宜增加联测的点数。

6)GNSS 高程拟合计算应符合以下技术规定:

①充分利用当地的重力大地水准面模型和参数。

②对联测的已知高程点进行可靠性检验,提出不合格点。

③对于地形平坦的小测区可采用平面拟合模型,对于地形起伏较大的大面积测区,宜采用曲面拟合模型。

④对拟合高程模型进行优化。

⑤GNSS 高程的计算，不宜超出拟合高程模型覆盖的范围。

7)GNSS 拟合高程成果应进行检验，检验点数不少于总数的 10% 且不少于 3 点，高差检验可采用相应等级的水准测量方法或三角高程测量方法进行，高差较差不大于 $30\sqrt{D}$ mm（D 为检查路线长度，单位为 km）。

### 8.2.2.4　RTK 控制测量

考虑到测区观测条件的特殊性，在满足精度规定的条件下，可采用 GNSS-RTK 进行图根控制测量工作。

（1）一般规定

1)RTK 控制测量前，应根据任务需要，收集测区高等级控制点的地心坐标、参心坐标、坐标系统转换参数和高程成果等，进行技术设计。

2)RTK 平面控制点按精度划分等级为一级控制点、二级控制点、三级控制点。RTK 高程控制点按精度划分等级为等外高程控制点。一级、二级、三级平面控制点及等外高程控制点，适用于布设外业数字测图和摄影测量与遥感的控制基础，可以作为图根测量、像片控制测量、碎部点数据采集的起算依据。

3)平面控制点可以逐级布设、越级布设或一次性全面布设，每个控制点宜保证有一个以上的等级点与之通视。

4)RTK 测量可采用单基准站 RTK 测量和网络 RTK 测量两种方法进行。在通信条件困难时，也可以采用后处理动态测量模式进行测量。

5)已建立 CORS 网的地区，宜优先采用网络 RTK 技术测量。

（2）RTK 平面控制点测量

1)RTK 平面控制点测量主要技术要求应符合表 8.2-9 的规定。

表 8. 2-9　　　　　　　　RTK 平面控制点测量主要技术要求

| 等级 | 相邻点间平均边长(m) | 点位中误差(cm) | 边长相对中误差 | 与基准站的距离(km) | 观测次数 | 起算点等级 |
|---|---|---|---|---|---|---|
| 一级 | 500 | ≤±5 | ≤1/20000 | ≤5 | ≥4 | 四等及以上 |
| 二级 | 300 | ≤±5 | ≤1/10000 | ≤5 | ≥3 | 一级及以上 |
| 三级 | 200 | ≤±5 | ≤1/6000 | ≤5 | ≥2 | 二级及以上 |

注：1. 点位中误差指控制点相对于最近基准站的误差。

2. 采用单基准站 RTK 测量一级控制点需至少更换一次基准站进行观测，每站观测次数不少于 2 次。

3. 采用网络 RTK 测量各级平面控制点可不受流动站到基准站距离的限制，但应在网络有效服务范围内。

4. 相邻点间距离不宜小于该等级平均边长的 1/2。

2)RTK 控制点平面坐标测量时,流动站采集卫星观测数据,并通过数据链接收来自基准站的数据,在系统内组成差分观测值进行实时处理,通过坐标转换方法将观测得到的地心坐标转换为指定坐标系中的平面坐标。

3)测区坐标系统转换参数的获取:

①在获取测区坐标转换参数时,可以直接利用已知的参数。

②在没有已知转换参数时,可以自己求解。

③2000 国家大地坐标系与参心坐标系(如 1954 年北京坐标系、1980 西安坐标系或地方独立坐标系)转换参数的求解,应采用不少于 3 点的高等级起算点两套坐标系成果,所选起算点应分布均匀,且能控制整个测区。

④转换时应根据测区范围及具体情况,对起算点进行可靠性检验,采用合理的数学模型,进行多种点组合方式分别计算和优选。

(3)RTK 高程控制点测量

1)RTK 高程控制点的埋设一般与 RTK 平面控制点同步进行,标石可以重合。

2)RTK 高程控制点测量主要技术要求应符合表 8.2-10 的规定。

表 8.2-10       RTK 高程控制点测量主要技术要求

| 大地高中误差 | 与基准站的距离(km) | 观测次数 | 起算点等级 |
|---|---|---|---|
| ≤±3cm | ≤5 | ≥3 | 四等及以上水准 |

注:1. 大地高中误差指控制点大地高相对于最近起算点的误差。

2. 网络 RTK 高程控制点测量可不受流动站到基准站距离的限制,但应在网络有效服务范围内。

3)RTK 高程控制点测量设置高程收敛精度不应大于 3cm。

4)RTK 高程控制点测量流动站观测时应采用三角架对中、整平,每次观测历元数应不小于 20 个,采样间隔 2~5s,各次测量的大地高较差应不大于 4cm。

5)应取各次测量的大地高中数作为最终结果。

6)RTK 控制点高程的测定,通过流动站测得的大地高减去流动站的高程异常获得。

7)流动站的高程异常可以采用数学拟合方法、似大地水准面精化模型内插等方法获取,拟合模型及似大地水准面模型的精度根据实际生产需要确定。

### 8.2.3  堰塞坝监测

堰塞湖的坝体监测主要是对坝体的形状和构成进行监测。应急突击队到达现场需首先确定堰塞湖属于哪一类,一般分为高危性堰塞湖、稳态型堰塞湖和即消即生型堰塞湖。坝体监测包括堰塞坝区域局部地形测量,以及为监测坝体稳定性、研判溃坝可能性等而进行的坝体变形监测。为确保应急监测人员和设备安全、提高监测工效,监测方式宜采用非接触式测量手段进行,如靶标自动跟踪测量、地面三维激光扫描、低空遥感技术等。

### 8.2.3.1 坝体测量

几何特征对堰塞坝的溃决破坏有重要影响,在地貌指数评价法中,堰塞坝的高度、长度、宽度和体积等变量常作为堰塞坝稳定性分析的关键因素。除了用于堰塞坝的稳定性分析外,几何特征还是研究堰塞坝溃决机理和过程以及开展模型试验的基础。由于堰塞坝的几何形态很不规则,因此不同堰塞坝漫顶时的溃口位置不同,如著名的叠溪和红石岩滑坡堰塞坝,见图 8.2-2。

(a)叠溪滑坡堰塞坝　　　　　　　　(b)红石岩滑坡堰塞坝

**图 8.2-2　叠溪和红石岩滑坡堰塞坝**

绝大多数堰塞坝的破坏方式为漫顶侵蚀。由图 8.2-2 可见,堰塞坝的几何特征决定了漫顶时的溃口位置,溃口位置又影响漫顶时坝体的侵蚀过程。当溃口位于坝体侧面时,坝体受到的侧向侵蚀为单侧侵蚀;当溃口位于坝体中间时,侧向侵蚀为双侧侵蚀。可见堰塞坝的几何特征是堰塞坝稳定性分析、破坏侵蚀过程分析以及开展模型试验的基础,应急监测现场获取堰塞坝的几何特征具有极其重要的作用。

堰塞坝几何特征一般通过局部大比例尺地形测量方式获取。在应急控制网建立的基础上,可采用电子平板、RTK 编码法、三维激光扫描等方式施测,比例尺不小于 1∶500。

### 8.2.3.2 坝体体积计算

体积计算常用方法有断面法、不规则三角网法、DEM 内插法等。

（1）断面法

断面法是在局部地形测量的基础上,按适宜的间距进行分割,使其成为一系列相互平行的横截面,根据每条断面线所围成的面积进行计算;用相邻两断面面积的算术平均值乘以两断面之间距离即为两断面间体积。各相邻断面体积累加即得坝体体积,见式(8.2-2)。

$$V_{总} = \sum_{i=1}^{n-1} \frac{1}{2}(A_i + A_{i+1})L_i \tag{8.2-2}$$

式中,$A_i$、$A_{i+1}$——相邻两断面的截面积;

$L_i$——相邻断面的间距。

在断面法实际应用中,应最大限度地确保相邻断面平行,断面宜垂直于坝轴线。截面积计算通常采用几何图形法、求积法和计算机法等。其中,几何图形法也叫积距法,即将不规则图形分割成梯形或三角形等简单图形分别计算面积并累加;求积法是用求积仪量出绘制在方格纸上截面的面积。

(2)不规则三角网法

不规则三角网法是利用两个 TIN 模型计算其围成的不规则体的体积。

(3)DEM 内插法

根据输入的各种空间数据(包括高程点、等高线),构建 TIN,利用 TIN 或者方格网等不同建模方法建立数字高程模型 DEM。在建立的 DEM 模型的基础上,进行空间体积微分计算。

### 8.2.3.3　坝体变形监测

(1)水平位移监测

水平位移监测方法有视准线法、引张线法、前方交会法等。

1)视准线法。

视准线法是在坝体两端稳定的点位埋设固定工作基点,其连线构成视准线,沿视准线在坝体上每隔适当的距离埋设水平位移观测点,在这两个固定的工作基点上架设全站仪观测这些测点相对视准线的偏距。

2)引张线法。

引张线法是拉紧 1 根钢丝作为基准线,然后观测坝体上各测点对该基准线的距离变化量来计算水平位移。为了防止风等外界环境因素的影响,引张线需套在保护管内。

3)前方交会法。

前方交会法是利用河道两岸 2 个及以上的稳定已知点,在其上架设经纬仪,观测坝体上各位移观测点的角度,进行边角网平差,就得到坝体位移点的坐标值,不同时间观测的坐标值之差就是该点的相对水平位移。

(2)垂直位移(沉降)监测

垂直位移监测方法有水准测量、三角高程测量、液体静力水准测量等。

1)水准测量。

水准测量是在坝体两岸不受坝体变形影响的地方设置水准基点或起测基点,在坝体上设置适当的垂直位移点,用水准测量原理进行测量垂直位移点的高程变化。由于工程要求的精度不同,水准测量可分为精密水准测量和普通水准测量。

2)三角高程测量。

三角高程测量法,可在坝顶合适位置安置靶标,在坝体两岸基点架设具有自动跟踪功能的全站仪实现实时连续观测。

3)液体静力水准测量。

液体静力水准测量是将起测基点和各垂直位移点用连通管连接,再灌入液体,待液体平静后测量各点到液面的高度,从而可计算出各垂直位移点相对起测基点的高度,不同时间的计算高度之差,就是坝体的相对垂直位移。

(3)自动化变形监测系统

1)激光准直变形监测系统。

激光准直变形监测系统,是利用激光的方向性强、亮度高、单色性和相干性好等特点和波带板激光衍射原理进行设计的。激光源和光电探测器分别安装在大坝一侧的发射端和另一侧的接收端(大坝两端点的位置可由正倒垂线法进行测量),波带板安装在坝体变形观测点处。当需要测量大坝某变形点时,调节该点的波带板在工作位置,从激光器发射出的激光束照满波带板后在接收端上形成干涉图像,按照三点准直方法,在接收端上测定图像的中心位置,从而就可求出水平位移、垂直位移。

2)传感器变形监测系统。

传感器变形监测系统,以传感器为基础的坝体自动化变形监测系统主要有电气式传感器、光纤传感器两种类型。电气式传感器是把被大坝变形观测的几何量或垂线法、引张线法、连通管法等人工变形监测系统观测到的几何量转换成与之成比例的电气量,转换方法有电压、电容、电感、电阻等方式。光纤传感器是利用大坝变形几何量来调制光纤的光参数,然后将这些光参数变化转化成电信号进行测量,从而进行变形监测,具有防潮、不锈蚀和抗电磁干扰能力强的优点。

3)全站仪 TPS 变形监测系统。

全站仪 TPS 是集电子经纬仪、光电测距仪于一体,进行自动采集、处理和贮存观测数据。带电动马达驱动和程序控制的 TPS 全站仪结合激光、通信及 CCD 技术,可以实现测量的全自动化,集自动目标识别、自动照准、自动测角、自动测距、自动跟踪目标、自动记录于一体的测量系统,俗称测量机器人。在坝体周围通视条件好并且稳定的地方设置基准站架设测量机器人,在坝体两端稳定的地方设置基准点和坝体上合理的布置位移监测点架设反射棱镜。测量机器人在计算机的控制下,自动照准目标棱镜,采集基准点、变形测点的水平角、垂直角和距离数据,全自动实时平差得到变形监测点的三维坐标,两次结果之差就是大坝的相对水平位移、垂直位移。

4)GNSS 变形监测系统。

全球定位系统 GPS 具有速度快、精度高、全天候、能提供三维坐标等优点,除在飞行器导航成功应用外,还在大地测量、精密工程测量、地壳变形监测等领域得到成功应用。GNSS坝体变形监测主要用于测定水平位移、垂直位移。通常在坝体两岸不受坝体变形影响的地方设置 GNSS 基准站,在坝上合理布置几个位移观测点,然后在各点架设 GNSS 接收机进行接收 GNSS 卫星信号,通过传输网络把各点的 GNSS 数据送到中心服务器结合基准站已知的坐标进行 GNSS 网平差,得出位移观测点的空间三维坐标,两历元(周期)的空间三维坐标之差就是大坝相对水平位移、垂直位移。

### 8.2.4　堰塞湖水位监测

堰塞湖水位监测的重点和难点是高程控制系统的确立,在 8.2.2.3 节中已详细说明了高程控制测量的各种要求和方案,实际应急监测中,待高程控制系统测定后,需设立人工水尺,再根据堰塞湖的特点选择压力式水位一体机或机载激光雷达水位计的方式实时监控水位。

设立人工水尺时应根据现场地形和堰塞湖的特点选择适宜观测、安全且具有代表性的监测断面,依据前期堰塞湖水位上涨规律测算人工水尺的量程。压力是水位一体机根据测压方式分为直接感压式的投入式压力水位计、气泡式压力水位计和振弦式压力水位计。振弦式压力水位计基本上不用于水文监测,主要是直接或间接感应水体静水压力的投入式压力水位计、气泡式压力水位计。需注意,压力式水位计不适合于含沙量高的水体。

雷达水位计也称微波水位计,采用发射、反射、接收的工作模式。雷达水位计的天线发射出电磁波,这些波经水体表面反射后,再被天线接收,电磁波从发射到接收的时间与到水面的距离成正比,采用电磁波在空气中的传播速度计算距离。雷达水位计测量时发出的电磁波可在空气和真空中传播,不受温度、湿度、蒸汽、风、雾等环境变化的影响,雷达水位计要将换能器安装在水面上的支架上,装在最高水位以上,没有盲区,需严格垂直安装,保证微波波束角范围内无阻挡,一般要同时安装太阳能电池板等供电系统和数据传输系统。仪器上方应有遮阳、挡雨措施,并要考虑防雷问题。一般在堰塞湖水位监测中,严格垂直安装较难实现,可以采用无人机机载。

### 8.2.5　库容测量

#### 8.2.5.1　基础数据的获取

基础数据的获取包括陆上地形测量和水下地形测量。由于堰塞湖区域一般伴有较大规模滑坡等地质灾害,地形地貌变化比较大,因此历史图件一般难以满足计算要求,需立即开展实测工作,测量比例尺一般不小于 1∶5000。

陆上地形测量可采用电子图板、RTK 编码法等传统方式,处于安全和效率考虑,推荐采用低空遥感体系成套技术施测。水下采用 GNSS+测深仪的单波束测深模式或多波束测深模式,推荐采用无人船 GNSS 三维水深测量(单波束测量),保证安全的同时效率更高。

### 8.2.5.2　库容计算

库容计算的数学模型有断面法、等高线容积法、格网法等。

(1)断面法

断面法是一种常规的计算方法,应用比较广泛,但有一定的局限性。主要适用于典型的河槽式河流。断面法计算模型建立在把水体沿水流流程分割成 $n$ 个梯形体,整体库容由 $n$ 个梯形体体积积分所得。考虑到梯形体的不规则性,其数学模型见式(8.2-3)。

$$V_{总} = \sum_{i=1}^{n-1} \frac{1}{3}(A_i + A_{i+1} + \sqrt{A_i \times A_{i+1}}) \times L_i \tag{8.2-3}$$

式中:$A_i$、$A_{i+1}$——相邻两断面的截面积;

$L_i$——相邻断面的间距。

(2)等高线容积法

等高线容积法计算水库库容是一种计算精度较高的方法之一。该计算模型建立在把水体按不同高程面微分成 $n$ 层梯形体,整体库容由梯形体体积积分求得。考虑梯形体的不规则性,等高线容积法计算库容数学模型见式(8.2-4)。

$$V_{总} = \sum_{i=1}^{n-1} \frac{1}{3}(S_i + S_{i+1} + \sqrt{S_i \times S_{i+1}}) \times \Delta h_i \tag{8.2-4}$$

式中:$S_i$——第 $i$ 根等高线包围的面积;

$\Delta h_i$——等高距。

(3)格网法

格网法是在已建立的数字高程模型(DEM)基础上进行空间积分,分为方格网法和三角网格法。此方法与 8.2.3.2 节中 DEM 内插法计算坝体体积方法相似。

1)方格网法。

方格网法是利用已建立的数字高程模型(DEM),将水体微分成若干个正方体,通过每个正方体的体积空间积分,即得库容,其数学模型之一见式(8.2-5)。

$$V_{总} = \sum_{i=1}^{n} P_s(H - (h_i + h_{i+1} + h_{i+2} + h_{i+3})/4) \tag{8.2-5}$$

式中:$P_s$——单个 DEM 格网的面积值;

$H$——指定水位的高程面;

$n$——$(h_i + h_{i+1} + h_{i+2} + h_{i+3})/4$ 小于 $H$ 的 DEM 格网个数,当 $(h_i + h_{i+1} + h_{i+2} + h_{i+3})/4$ 大于 $H$ 时该格网不参与计算。

数学模型之二见式(8.2-6)。

$$V_{总} = \sum_{i=1}^{n} P_s(H - h_i) \tag{8.2-6}$$

式中：$h_i$——高程小于指定水位的格网高程值；

　　　$n$——高程值小于 $H$ 的 DEM 格网个数。

2）三角网格法。

三角网格法是利用已建立的数字高程模型（DEM），根据库底形态特征将水体微分成 $n$ 个三棱柱体，通过每个三棱柱体的体积空间积分，即得库容。其数学模型见式(8.2-7)。

$$V_总 = \sum_{i=1}^{n} P_s (H-(h_i+h_{i+1}+h_{i+2})/3) \tag{8.2-7}$$

式中：$P_s$——单个三角网格的面积值；

　　　$H$——指定水位的高程面；

　　　$h_i$——三角格网角点高程；

　　　$n$——DEM 三角格网个数。

### 8.2.5.3　库容量算误差

库容量算误差来源主要有两类：①计算库容数学模型的选取和微分量级。数学模型与水库形态、大小和复杂程度有关，不合适的数学模型和微分量级会带来较大的计算误差。②基础资料的精度对库容计算结果精度的影响。计算库容的基础资料主要是地形图及由此生成的 DEM 数据，当地形图精度较差时，其库容计算精度必然差。库容计算结果的质量与基础资料的精度成正比。

### 8.2.5.4　库容计算案例

本节以西藏湖泊容积测量为例，基于 ArcGIS 平台进行库容计算的方法。总体步骤分为数据准备和库容快速分层计算。

（1）数据准备

1）数据格式转换：需要将 CAD 文件（dwg 文件格式）转换为 GIS 文件（shp 文件格式），才能参与 GIS 的分析计算。

2）添加计算范围面数据。

3）制作区域河道内的不规则三角网（TIN），根据提供的高程点、等高线、计算边界面构建三角网（图 8.2-3）。

4）根据 TIN 构建 DEM(Tin To Raster)。选择已构建的 TIN 数据，Output Raster 选择生成栅格数据的路径。特别注意：Sampling Distance(optional)该下拉框的选择 Cellsize，修改该值为 2m 或者 5m，这个值代表生成栅格数据的单元格尺度。可以根据自己的需要进行修改，一般设置越小则分辨率越高（图 8.2-4）。

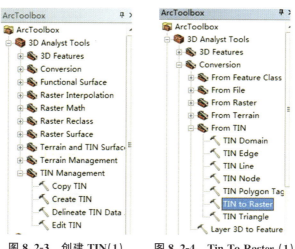

图 8.2-3　创建 TIN(1)　　　图 8.2-4　Tin To Raster (1)

(2)库容快速分层计算

构建参与库容计算的面图层文件。

①根据等高线高程值,得到西藏湖泊容积计算时采用的最大、最小高程值。最小高程值4394m,最大高程值 4450m。

②根据最大、最小高程值建立高程值间隔为 1m 或者任意间隔的面图层,需要开编辑复制相同的面图层(图 8.2-5)。

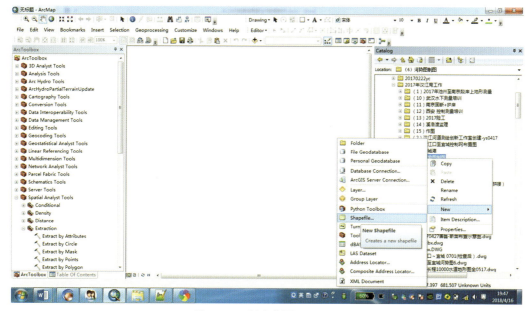

图 8.2-5　创建范围面 shp(1)

采用字段计算器,实现高程间隔字段的赋值,构造参与计算的高程间隔值(图 8.2-6)。

**图 8.2-6　范围面高程赋值**

至此,建立了参与库容计算的表面模型和参与计算的面图层。

(3)计算每个高程值对应下的面积和体积

1)采用 ArcGIS 的 Terrain and Tin Sruface——Polygon Volume 工具进行计算。主要参数选择 Reference Plan——BELOW。不同高程对应的库容和水体面积计算见图 8.2-7。

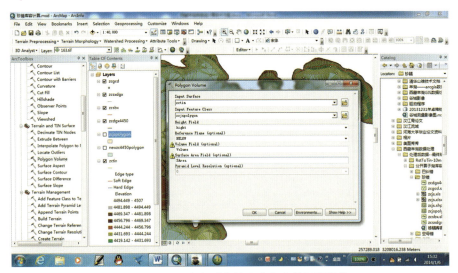

**图 8.2-7　不同高程对应的库容和水体面积计算**

2)也可以写 python 语言,代码如下:

♯输入 Arcpy 站点包

import arcpy

from arcpy import env

arcpy. CheckOutExtension("3D")

files ＝arcpy. ListFiles()

for fc in files:

for i in range(n,m):

♯循环计算各水位值,间隔为 1m,$n$ 为起算高程值,$m$ 为终止高程值。

dl＝fc＋str(i)＋". txt"

arcpy. SurfaceVolume_3d(fc,dl,"BELOW",mgs,1,0)

（4）输出结果

在图层列表中,右键计算面的属性表,可以得到计算间隔高程值,对应的容积及面积（图 8.2-8）。属性表可以导出 excel 或者 txt 文件。

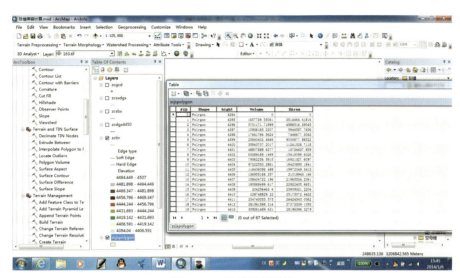

**图 8.2-8　计算结果输出**

### 8.2.6　下游河道地形测量

下游河道地形测量,主要是为溃坝预报水文计算用,全溃、半溃、1/3 溃时,堰塞湖水体下泄时要算下泄水量经过下游河道地形的水量和时间。

因为时间紧,堰塞湖处置指挥部应及时掌握下游河道概略地形情况。基于这个要求,应采用测固定断面的方式,断面布置按水道观测规范 2km 左右布设一个,固定断面作为地形的简化大致代表水道地形。断面测设在准确反映断面形态的同时应标识各断面延河流中心线距离坝轴线的距离。断面布置个数应满足最下游断面距坝轴线距离不小于堰塞湖长度。各断面测量的横向范围要求是断面两岸端点高程不高于堰塞湖水位(或堰塞坝坝顶最低高程)。断面设测完毕后即开始下游河道地形勘测。测量范围同断面测量范围要求,即不小于堰塞湖长度。

## 8.3 滑坡应急监测

### 8.3.1 滑坡的形成

滑坡是自然界的一种常见灾害,它是土地表层受地震震动、大面积雨水、河流冲刷和浸泡后产生整体土层下滑、大幅度变位的灾变征象,具有发生频繁、分布广泛、成因复杂、危害性大、发展趋势难以预测等特点。

滑坡的形成主要是受到以下几个因素的影响:

(1)地形地貌

地形的开放程度对滑移距离的大小有很大影响,即地形越宽,滑移距离越大。

(2)地质构造

如果组成斜坡的岩土体发生分离则会让降雨等水流渗入其中从而造成滑坡现象。

(3)水文地质条件

滑坡灾害大部分发生在雨季,大量的雨水浸泡会使岩土发生软化,并渗透到滑坡体中使其重量增加从而造成滑坡现象。

(4)地层岩性

地层岩性主要体现在力学强度上,如果构成滑坡体的岩、土的力学强度越高则滑坡发生的概率越小。

(5)人为因素

随着经济的快速发展,人类越来越多的工程活动破坏了自然坡体从而引发滑坡现象,比如在修建一些铁路和公路时大力爆破、强行开挖,或是工业生产用水和生活用水的排放不当而流入坡体等。

所以如果对上面这些因素进行有效的监测并获得大量关键数据就能对滑坡的正确预测预报提供可靠的数据和科学依据。

### 8.3.2 滑坡动态监测

自然斜坡或人工边坡在各种动力因素和环境条件的影响和作用下,产生变形破坏,丧失坡体稳定性,诱发滑坡灾害,这一灾变的过程是动态变化和发展的过程。监视和观测滑坡在其孕育、发展和灾变的全过程中的各种特征因素和参量,即称为滑坡动态监测。河道应急监测主要包括滑坡变形监测、水文要素监测等内容。

#### 8.3.2.1 滑坡变形监测

河道滑坡变形监测一般针对地表变形监测,在此重点介绍地表变形监测的相关内容。

（1）监测目的

地表变形监测的目的在于了解和掌握滑坡体表面的变形活动状况和变化规律，可以用于确定滑坡体的变形范围、滑坡体的变形发展阶段，掌握滑坡体变形的基本性质和发展趋势，为滑坡工程地质勘察、滑坡灾害预测预报奠定基础。

（2）监测内容

当前，地表变形的监测工作内容主要有地表裂缝监测、坡体位移监测和地面倾斜监测。由于置仪部位和监测方法的不同，又可以把它们分为地表绝对变形监测和地表相对变形监测。

（3）监测方法

1）简易监测。

简易监测不需要特殊的仪器设备，监测部位也比较灵活便利，并且只需进行简单的分析计算就可以得出基本可靠的监测结论。

最常见的是对地表裂缝变形进行监测。在裂缝位置布设简易的监测标志（裂缝两侧分别埋设一个简易监测木桩的形式监测裂缝变化，木桩埋设应垂直于裂缝），定期地对裂缝长度、宽度、深度进行测量，及时地掌握裂缝的形态及其延伸方向等。由于坡体在滑动过程中受力部位的性质以及受力的大小不同，滑动速度也不同。那么坡体不同位置就会产生不同程度的裂缝，有的是因为受到滑坡后部的拉张力形成裂缝、有的是坡体中前部受力导致剪切裂缝，以及滑坡舌部的扇形裂缝等。该方法的优点是可以直接获取滑坡信息，简单、经济，实用。缺点是内容单一、精度较低、劳动强度大而且有时候还会伴随着一定的危险性等。

2）精密监测。

滑坡精密监测一般是指建立在监测网的基础上进行滑坡地表变形监测的一种监测方法。对于那些地表裂缝不甚明显、滑动方向尚不确切、坡体变形比较微小的滑坡，采用简易的监测方法对滑坡地表变形监测有一定的难度，难以达到其监测目的和工程实践的客观要求，则必须建立监测网，采用精密仪器进行监测。或者，由于滑坡的规模较大，滑坡性质复杂，且其危害比较严重，简易监测方法只能反映滑坡体的局部变形活动动态，无法控制和掌握滑坡体的整体变形状态和规律，此时必须采用精密监测方法进行滑坡地表变形监测。

监测网的布置可参照 8.2.2.1 节关于控制网建立的要求。精密监测方法包括大地测量法、基准线测量法、摄影测量法、测量机器人监测法、GNSS 监测法、InSAR 监测法、三维激光扫描法等。

长江中游某支流沿岸滑坡监测网布置见图 8.3-1。

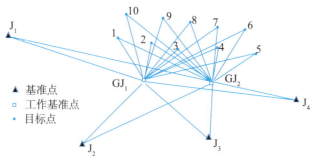

图 8.3-1 长江中游某支流沿岸滑坡监测网布置图

①精密大地测量法。

这类方法是采用传统的光学或者电子仪器如全站仪等,对坡体的角度、距离、高差等进行周期性的反复测量,从而达到对边坡体的水平位移和垂直位移进行监测的目的。通常运用前方交会法以及距离交会法对边坡的水平位移进行测量;采用几何水准测量法以及精密三角高程测量法等对边坡的垂直位移进行测量。该方法的优点是应用性广泛、操作简便、精度高等。缺点是工作效率较低、监测点位有限;工作量大、采集的数据多;对地形的要求大、各点之间要求必须通视等。

大地测量法是变形监测技术的传统方式,此种方法主要使用传统大地测量理论、方法对监测目标进行水准测量、三角测量、交会测量等。测量仪器主要有经纬仪、水准仪、测距仪等。

②基准线测量法。

基准线测量法是指先构建一条基准线(基准面),通过测量获取沿基准线所布设的点到基准线(或基准面)的偏离值,以确定测量点相对于基准线的距离。基准线测量法可以测量水平、竖直或任意方向的不变直线。其主要测量类型有视准线、引张线、垂线法等几种。

③摄影测量法。

摄影测量法是在坡体四周布设控制点,控制点上安置摄影机,对边坡进行实时的动态监测,将各个时刻摄影测量的数据传输出来,然后使用摄影测量数据处理软件进行数据处理,得到监测点的空间三维坐标,可以通过直观的坐标比较判断监测点的坐标周期变化量、累计变化量以及变化速度等,进而来判断边坡的位移情况。还可以运用无人机低空摄影测量采集数据,然后对拍摄影像进行处理,可以对边坡的各个部位进行观察。该方法的优点是无接触测量、可以快速地获取大量的测量数据、外业工作量小、具有相当高的测量精度。其主要工作方法可描述为:使用光学或数字摄影机获取观测目标的像片,利用计算机图形学方法对像片进行处理,获取观测目标的形状、大小、位置、特征及相互关系。摄影测量技术的监测精度可达到毫米级,其具有以下优点:

a. 可瞬间精确地记录被摄物体的点位关系,工作方法有较大的灵活性;

b. 像片信息丰富,显示能力客观,适用于测量规则或不规则物体的外形;

c.与传统大地测量方法相比,可大大减少外业工作量;

d.像片可长期保存,有利于检查、分析及对比。

④测量机器人监测法。

测量机器人目前已经广泛应用于变形监测中,相对于上述几种监测方法,使用测量机器人进行监测具有较大的特点和优势,表现为:

a.可实现全天候,实时连续性观测;

b.可扩展性,根据工程特点开发机载程序;

c.精度高,稳定性强;

d.自动化测量,减少人为因素影响;

e.使用方法灵活,即可进行全天候监测,也可进行半自动监测。

⑤GNSS监测法。

GNSS测量方法是现代大地测量技术的一种重要的技术手段,在变形监测方面,多用于大型滑坡监测、露天矿边坡监测、城市地面沉陷监测等。GNSS技术用于滑坡监测也存在不足之处,如接收机在大山深处、河流低谷、地下或者建筑物密集的闹市区时,卫星信号会被遮挡或受到多路径效应影响,测量的精度和可靠性就会很差,甚至无法进行监测。GNSS监测的优点是速度快、实时监测、操作简便等。但是其动态测量的精度只能达到厘米级,对于微小的变形,GNSS测量到的变形一般不能满足监测要求,这是GNSS动态监测急需解决的关键问题。

⑥InSAR监测法。

InSAR技术可以用于研究地表的水平位移变化和垂直位移变化,用于大型工程的监测、地质灾害的监测等。D−InSAR监测技术具有全天候作业、无接触测量、外业简单等优点,可以满足大面积($100km\times100km$)范围内监测到坡体的微小变化量,不需要测量人员深入灾害区域,并且D−InSAR技术的一幅图像就可提供空间分辨率达$5m\times20m$的1万$km^2$的地表变化量的监测数据,与传统监测手段相比具有明显的优势。但其监测数据质量容易受到许多因素的影响,以至于技术在应用中会存在许多实际困难,精度也会受到一定限制。另外,InSAR卫星的运行周期是固定的,不能满足特定时间上的高分辨率,无法适用于高动态的监测工作。

⑦三维激光扫描法。

三维激光扫描法是GNSS之后的又一次测绘技术方面的突破,通过激光扫描的方法获取物体表面的三维信息,能够快速准确地获得高密度、高精度的空间三维点云数据,利用扫描仪获取的"面"式点云数据,方便进行变形体的特征提取,准确地把握扫描变形体表面任意时刻的变化情况。这个方法在于不需要埋设太多密集的监测标志点,不需要接触危险区域,监测速度较快,测量精度较高,能够全面地反映山体地变化趋势。三维激光扫描技术能够快速准确地生成监测对象的三维模型,应用于桥梁、滑坡、地震、泥石流、文物保护等领域。

三维激光扫描技术不需要在山体上布置控制点,即非接触测量。此外,传统的变形监测是基于点的变形监测,而三维激光扫描技术是利用点、面结合的方法对滑坡体进行检测,确定滑坡区域,为治理灾害以及预防灾害提供依据。三维激光扫描技术作为一种新的测量技术,可以快速地获取物体表面点的三维坐标,同时点云作为数据支持格式的转换,可以导入CAD等软件中进行数据的再处理,一定程度上弥补了传统测量的不足之处。

3)重点监测。

滑坡地表变形重点监测方法,一般是在滑坡地表裂缝两侧沿滑动变形方向分别设置置仪点和监测点。置仪点必须设置基础,要求深入当地冻结深度以下的稳固地层之中,一般埋深不小于1m,并确保仪器底座与基础连接牢固。监测点的设置与上述滑坡地表变形精密监测之中的监测桩的设置方法和技术要求基本相同,只是桩顶小钉和细钢筋只作固定监测线使用。监测线一般采用铟钢丝,并设保护管加以保护,铟钢丝的有效长度,即置仪点到监测点之间的距离,一般以不超过20m为宜,以避免受监测线附加变形的影响。如因特殊情况或地形要求的需要,可以增设滑轮支座解决其延长或转向的问题。如果需要监测滑坡某一断面的地表变形,则常采用多台仪器沿该断面方向接力设置的方法解决。滑坡地表变形重点监测所采用的仪器称为滑坡自记位移计,常用来监测地表裂缝的伸缩变形或位移,因此又称伸缩计。

4)监测成果。

在滑坡地表变形监测完成之后,或者在其监测工作实施过程中,必须对所取得的数据资料进行判断,鉴别监测资料是否正确,并对大量的监测资料进行去粗取精、去伪存真的计算、分析和整理。必要时尚需进行现场校核和更正,以确保所得监测资料完全准确可靠。

#### 8.3.2.2 水文要素监测

(1)降雨量监测

1)监测目的。

大气降雨是陆地滑坡灾害的主要触发因素之一(水下滑坡灾害与降雨量常无直接联系)。一般地,在每年雨季或雨季过后,常有大量的滑坡灾害发生和其他类型的坡体变形破坏,特别是在丰水年份或强暴雨期,滑坡灾害损失更为严重。对潜在滑坡灾害发生区域或滑坡场地进行降雨量监测,可以更清楚地掌握滑坡灾害的发生机理、活动状态和发展趋势,并为滑坡灾害预警、预报服务。

2)监测内容。

在潜在边坡失稳发生滑坡灾害区域或滑坡场地设置降雨量监测,定期记录监测数据,如年降雨量、月降雨量、日降雨量、小时降雨量和十分钟降雨量。或者是连续记录监测数据,即每隔几分钟记录一次数据。

3)监测方法。

降雨量监测的监测方法一般都较简单,通常采用普通雨量计进行监测,定期记录降雨量数据,如每天抄记一次,或每次降雨抄记一次,遇有大暴雨时,尚应记录暴雨强度和持续时间。近年来,随着电测技术的发展和进步,降雨量实时监测成为可能,即自动采集记录降雨量数据,从而使降雨量监测资料更全,监测精度更高,而且监测工作更为便利可靠。

4)监测成果。

通过对滑坡区域或滑坡场地的降雨量监测数据资料进行整理、分析和归纳,可以得到其年降雨量、月降雨量、日降雨量和小时降雨量等历时动态水平和变化规律,以及降雨持续时间等,并以各种图表方式进行表达和体现。其中,区域降雨量监测成果可以通过研究分析提取临界降雨量指标,从而对潜在边坡失稳区域进行滑坡灾害区划和评估,并提出比较可靠的滑坡灾害预警结论。场地降雨量监测成果能够反映滑坡场地的坡体变形动态与降雨量变化水平的相关关系,依此可以预测滑坡坡体变形发育状态和发展趋势。

(2)孔隙水压力监测

1)监测目的。

在滑坡体的变形破坏过程中,滑带岩土的孔隙水压力变化将直接影响坡体的稳定状态和坡体变形的活动规律。滑坡孔隙水压力监测的目的,其一是用于滑坡稳定性分析和滑坡推力计算;其二是研究滑坡滑带岩土与滑坡坡体变形的相关特性和动态规律。特别是对于江河、库岸或海岸等浸水或水下斜坡,孔隙水压力监测更为重要。

2)监测内容。

滑坡孔隙水压力监测,一般是利用滑坡地质勘探钻孔或水文地质钻孔,在滑坡滑带附近布设测点,有条件且有必要时,也可在滑坡前缘出口开挖探坑布设测点,监测其滑带岩土内部孔隙水压力的活动状态和变化规律。

3)监测方法。

滑坡孔隙水压力一般采用专用仪器设备(孔隙水压计)实施监测,孔隙水压力量测设备包括孔隙水压计(探头)、电缆线和读数器三个部分。在滑坡孔隙水压力的监测实践过程中,常有两种监测方式。首先,在滑坡地质钻孔勘探的同时,当其钻孔深度达到某重要地层时(如滑动面附近),即在钻头上安装可回收使用的孔隙水压力探头进行量测,常称滑坡体孔隙水压力即时状态监测,量测完毕继续向下钻孔勘探;在地质勘探钻孔完成,即成孔之后,根据地质勘探的成果资料和工程实践需要,在孔内布设测点,并按照一定的技术要求埋置孔隙水压探头,可以定期进行流动监测,或者进行不间断连续记录实时监测,一般为长期动态监测,直至滑坡变形活动终止。

4)监测成果。

通过分析滑坡滑动面孔隙水压力监测的即时状态资料,可以比较准确可靠地分析计算滑坡体的稳定状态和下滑推力,并为滑坡整治工程设计计算提供可靠的数据资料,确保工程的合理性和可靠性。另外,滑坡孔隙水压力的动态监测资料可与滑坡体的动态变形资料或降雨量资料等进行对比分析,抽象和归纳它们之间的相互关系和作用规律,预测滑坡的稳定状态和发展趋势。

### 8.3.3 滑坡变形预测

#### 8.3.3.1 滑坡变形预测的基本原理

一般情况下,滑坡变形预测首先要建立合理的边坡监测系统,然后通过合理、先进的测量技术手段全面、准确地测出边坡的相关数据;其次是通过采集到的丰富数据,使用合理的预测方法来推测数据反映出的变形规律,从而达到预测的目的。因此,需要对预测模型进行研究,预测成功的关键是建立最能反映实际数据变形规律的模型。

#### 8.3.3.2 常用的滑坡变形预测模型

滑坡监测采集的数据能够反映出其变形规律,而预测预报的关键所在是如何找出其中的内在规律性。如数据拟合、回归分析等方法即在得到足够的数据前提下,分析、计算出参数变量间的内在规律,以定量的方式用数学表达式来表述参数变量与另外一个或多个参数变量间的关系。常用的数据预测模型有很多,如数据拟合分析法、回归分析法、指数平滑法、基于灰色理论的预测方法和基于数值模拟的预测方法等。下面简单介绍它们的基本原理和数学模型。

(1)数据拟合分析法

数据拟合是一种趋势分析法,又被称为曲线回归和趋势曲线分析方法,是指用平滑连续曲线去近似地比拟参数数据间函数关系的方法。数据拟合定量预测方法是目前研究最广泛也是最流行、实用的一种方法。通常通过使用一类或一种解析表达式来近似描述所研究数据的背景规律,用以反映事物的基本发展趋势,见式(8.3-1):

$$Y_t = f(t,\theta) + \varepsilon_t \qquad (8.3-1)$$

式中,$Y_t$——所要预测的对象;

$\varepsilon_t$——预测误差;

$f(t,\theta)$——依据具体情况,现实选取相应的函数形式,式中的参数 $\theta$ 表示实际情况中特定的参数。

几种常见的趋势预测模型在实际问题处理过程中被广泛应用,比如:

1)对数趋势预测模型。

$$Y_t = a + b\ln t \qquad (8.3-2)$$

2)幂指数趋势预测模型。

$$Y_t = at^b \qquad (8.3-3)$$

3)指数趋势预测模型。

$$Y_t = a\,e^{bt} \qquad (8.3-4)$$

对于滑坡变形监测数据使用上述趋势预测法,能够定量反映出数据的变化特点,同时制作示意图的方法能够更加直观地显示出变形数值的发展趋势,是预测预报滑坡方面非常有效的方法。但是,此技术方法仅仅是依据已有的监测数据参考其变化趋势预测未来滑坡的变化,对于滑坡的整个发生过程,影响因素非常多,它的干扰性和不定性比较强,所以仅靠一种方法很难准确地预测预报滑坡的发生。

（2）回归分析法

回归分析法是由非线性回归分析法和多元线性回归分析法两种组成。在整理研究测得的监测数据的属性时,多元线性回归分析法仍然是最佳的选择,因为它是研究自变量与因变量之间相互联系的一种手段。一般情况下,某种表象或事项通常都是和众多因素相互关联的,使用数个影响因素的最佳模型同时来预测预估这种表象或事项的变化发生规律也叫因变量,比仅使用单独的自变量进行预测更具有效果、更贴合实际,所以多元线性回归分析方法在实际工作生产中非常实用。

假设变量 $y$ 与 $m$ 个自变量 $x_1,x_2,x_3,\cdots,x_m$ 具有线性相关关系,见式(8.3-5)。

$$y_t = a_0 + a_1 x_{t1} + a_2 x_{t2} + \cdots + a_m x_{tm} + \varepsilon \tag{8.3-5}$$

式中：$t$——监测变量,共有 $n$ 组观测数据；

$m$——影响因子的个数；

$a_i$——回归方程系数；

$\varepsilon$——随机误差。

通过将多组观测值代入,然后利用最小二乘的原理,可以求解出回归方程系数 $a_i$,进而建立模型,最后参照对应的参数变量实现对另一参数变量进行预测的效果。

由于有很多复杂的因素影响着边坡变形,诸如人为干扰因素、水文气象条件、岩土体性质、区域地质构造、并行界面的力学性质等,因此边坡的变形过程十分复杂且是非线性的。滑坡变形过程的性质决定了只有非线性的预测模型才能较为准确地预测滑坡的变形。由于线性的原理求解不能真实地反映现实情况,因此对于求解非线性回归模型,一般的做法是使用辅助变量的方法将非线性的问题变成线性化,之后进行转换和还原,建立模型,从而开始进行相关预测。

（3）指数平滑法

所谓指数平滑法属于非统计性方法,它是时间序列分析方法中的一种。这种方法的原理指出,所有的单独时间序列自身都具有一种独有的规律,即具有一种常见的数学模式。就从滑坡监测中测得的具体数据而言,它自身就具有某个常见数学模式的基本特征,并且也具有不确定的变动性。使用指数平滑法能够"剔除"测得的监测数据中的概率性变动影响,继而显示出它具有的基本数学模式,这便是在消除监测数据中的噪声值后所得到的时间序列"平滑值",同时将该平滑值看作参照标准使其成为预测后期变化的参量值,在预测进程中,指数平滑法使用误差反馈机制持续不停地纠正新生成的预测值。指数平滑法包括二次曲线指数平滑法、单指数平滑法、移动算术平均法等。对于一部分模型和方法,二次曲线指数平滑法在预测平稳时间序列方面能够得到较好的结果,因为此方法可以依据增长的时间序列不停地调整预测值,在中、短期滑坡预测预报方面,一般情况能够获得较为良好的预报精度。

对于指数平滑法,其基本原理主要是用以前观测值的加权和充当预测值,同时对不同的数据给予不同的权重,一般情况给新数据的权比旧数据的权要高。当然要根据不同的数据类型和实际情况科学地设计相关的权重,以达到最优的拟合。

指数平滑法主要有一次指数平滑、二次指数平滑和三次指数平滑等。设时间序列为 $x_1, x_2, x_3, \cdots, x_t$,则一次指数平滑公式为式(8.3-6)。

$$S_t^1 = \alpha x_t + (1-\alpha)' S_0^1 \tag{8.3-6}$$

式中:$S_t^1$——第 $t$ 周期的一次指数平滑值;

$\alpha$——加权系数,$0 < \alpha < 1$。

将上式展开,当 $t \rightarrow \infty$,$(1-\alpha)^t \rightarrow 0$ 时,则式(8.3-6)变成式(8.3-7):

$$S_t^1 = \alpha \sum_{i=0}^{\infty} (1-\alpha)^i x_{t-i} \tag{8.3-7}$$

由此可见:$S_t^1$ 实际上是 $x_t$,$x_{t-1}$…的加权平均值,加权系数为 $\alpha$,$\alpha(1-\alpha)$,$\alpha(1-\alpha)^2$,$\cdots$,是按几何级数衰减的,近的数据权数较大,远的数据权数较小。因为加权系数具有指数规律,并且具有平滑数据的功能,所以称之为指数平滑。

而二次指数平滑和三次指数平滑本质上就是对一次指数平滑和二次指数平滑的数据再进行一次指数平滑,原理是一样的。

$\alpha$ 值代表了预测模型对时间序列数据变化的反应速度,在实际应用中,$\alpha$ 值是根据时间序列的变化特性来选取。若时间序列波动不大,则 $\alpha$ 取小一些,如 0.1~0.3;若变化速率明显,则取大一些。实质上一个经验数据,是通过多个 $\alpha$ 值进行试算比较而定。

(4)基于灰色理论的预测方法

20 世纪 90 年代,我国著名学者邓聚龙教授提出并创立了一门新的学科,我们称之为灰色系统理论。灰色系统理论的特点是研究由已知信息和未知信息组成的小样本、贫信息不确定系统,它是利用已知数据文件中的关键信息开发并延伸出更有利用价值的信息,以此来帮助人们正确地使用系统,使其得到更好的运行。对于灰色系统理论预测模型,其原理是通过数据序列生成或序列算子对数据的随机性进行弱化,来更好地探索数据中的内在规律性。对于大多数边坡工程,影响其滑坡发生的因素非常多,研究这些繁杂的不确定性因素,属于典型的灰色系统。经典的灰色预测模型有 GM(1,1)模型、灰色 Verhulst 模型。

(5)基于数值模拟的预测方法

数值模拟又可以理解为计算机模拟,它是以计算机运算为基础,以有限元或有限容积的思想为指导,将图像显示和数值计算两种方式相结合,实现对现实工程难题和物理难题等方面的研究。近些年,在滑坡预测预报的研究方向,使用较多的数值模拟方法是有限元数值方法。

在使用有限元分析方法处理现实中常遇到的问题时,所处理的单元个体必须拥有三个基础要素,即元素、节点和自由度。构成有限元系统的基本元素是节点,节点包含拥有实际物理意义的自由度,这些自由度表述了结构被外力影响而使系统产生的反应;并且节点与节点是相互联系的,它们形成了元素,具有不一样性质的工程系统,能够使用不一样种类的元素。有限元分析方法的优点在于研究边坡变形情况时同时考虑了岩石主体的形变特点,因此它能够如实地显示出边坡的受力情况。这种方法在模拟连续介质和不连续介质两方面都比较适用;既能够分析破坏边坡稳定性的受力情况又能表述边坡在松软构成区域的变形破坏,是现实工作中一种非常适用和实用的预测方法。

### 8.3.4 集成 GNSS 的多传感器滑坡自动监测方案

为有效治理滑坡,为潜在的滑坡灾害及应急监测工作提供科学依据,本章节重点介绍目前应用较为广泛的集成 GNSS 的多传感器滑坡自动监测方案。

#### 8.3.4.1 系统框架结构

见图 8.3-2,通过在潜在滑坡体的适当位置布置专门的监测仪器,用来监测滑坡体的地表位移、表面裂缝、深部位移、倾斜变形、地下水位以及环境降雨量。这些监测仪器通过专门的数据采集装置进行自动采集并记录,再通过 GPRS 无线传输方式将采集的数据发送到远程的中心数据接收站,远程中心数据接收站只需要一台台式机配合相应的 Internet 网络(需要公网 IP 或 ADSL),通过配套的数据采集软件即可实现数据的现场采集、实时监控、异常测值报警的目的,从而可远程监控该滑坡体的地表位移、深部变形和相应的变形速率,以及环境量变化等实时状况,实现对动态监控滑坡体变形发展及灾害预警。

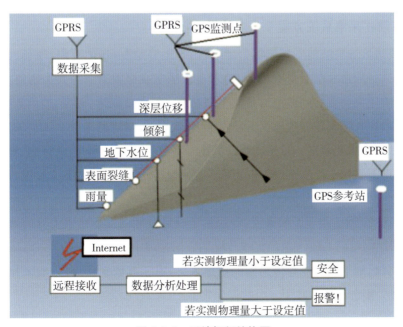

**图 8.3-2 系统框架结构图**

### 8.3.4.2 仪器选择与布设

对于高危滑坡体或高边坡,以其变形监测为重点,即对监测对象在表面布设若干个GNSS位移测点,同时在两个不同高程各布设一套深部位移监测仪器,共同监测边坡或滑坡体的位移变形或倾斜情况,实时监测其稳定状态(图8.3-3)。对处于高地下水区域的边坡或滑坡体,可以增设地下水位观测点。考虑到降雨对地质灾害的诱发作用,需要布置雨量观测点。

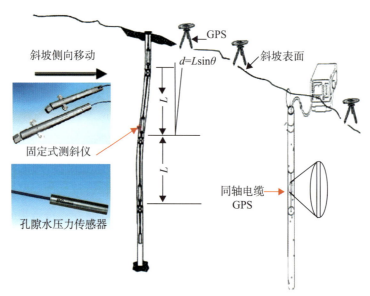

**图 8.3-3 测斜仪、孔隙水压传感器、同轴电缆和 GNSS 天线布置示意图**

### 8.3.4.3 自动化采集系统方案

在野外高边坡或滑坡体安装监测仪器后,由于地势险要,场地有限,现场大多无法提供便利、安全的人行通道及配套供电设施,特别是在汛期或梅雨季节需要加密监测时,现场塌方、落石及滑坡还将会威胁到监测人员的生命安全。但要获取第一手的监测数据,沿线散布的监测仪器,采用人工观测方式不仅劳动强度大、效率低,受道路条件或天气的影响,往往还不能及时获取现场观测数据。采用常规的数据采集装置由于体积大、功耗高、通信布线难度大,在现场无电源供应的环境下也难以实现长期自动监测,因此非常有必要选择低功耗的数据采集设备。

对于 GNSS 变形监测子系统来说,专门用于变形监测的接收机本身具有数据采集的模块,其数据通过内置的 GPRS 模块无线传输到数据处理中心。

对于测斜仪、地下水位计等传感器的数据采集,由于其数据量小,一般采用通用的智能型数据采集器,多个传感器共用一个数据采集器图(8.3-4)。

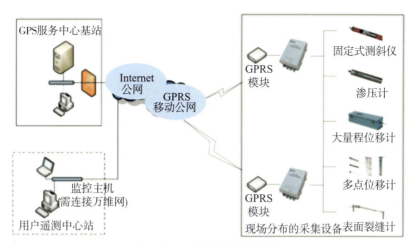

**图 8.3-4　智能型数据采集器**

### 8.3.4.4　滑坡监测信息管理与分析系统

（1）系统总体功能结构

滑坡监测信息管理与分析系统主要包括滑坡地质地理信息管理、滑坡监测信息管理和监测信息分析三大功能。系统功能结构见图 8.3-5。

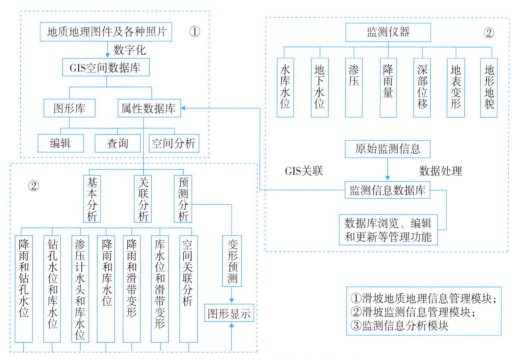

**图 8.3-5　滑坡监测信息管理与分析系统**

滑坡地质地理信息管理模块主要是将滑坡所在区域的地质图、地形图、剖面图、钻孔柱状图以及仪器、钻孔岩芯、地貌等照片组织起来，实现系统的管理。滑坡监测信息管理模块

369

主要完成所有监测点所有监测仪器的监测数据的采集、处理,形成监测数据库,以用于后续分析。监测信息分析模块包括监测信息随时间变化的各种图形显示,各个监测项目的关联分析以及辅助预测分析等功能。这三大模块通过 GIS 技术将滑坡空间信息和监测信息结合在一起,实现滑坡信息的系统化管理、快速查询和可视化分析。

(2)地质地理信息管理

将滑坡所在区域的地形图、剖面图、地质图和钻孔柱状图等图件数字化,得到 GIS 中可用的矢量数据,以图层形式加入系统中,监测点、钻孔、监测设备等信息都进行对象化以图层形式存入 GIS 数据库中。根据实际管理的需要,可将图层分为剖面线层、地形层、建筑物层、等高线层、地质层等。仪器、钻孔岩芯、地貌等照片以二进制形式存入关系数据库,并有相应的照片管理子模块进行管理。利用 GIS 技术可对各种图形进行放大、缩小、漫游以及图层管理等各种地图操作功能,并实现滑坡体、监测点、钻孔、监测设备的图形与属性的双向交互查询功能。通过这些功能操作,可以了解不同滑坡、监测点、钻孔等对象的空间位置、分布、特征等相关信息。

(3)监测信息管理

把监测点、钻孔、仪器的相关信息,如钻孔的编号、孔径、深度、位置等,仪器的编号、各种参数、安装位置等。根据监测仪器的不同,分别具有相应的数据处理模块,对原始监测信息进行滤波、插值、剔除和曲线拟合等操作功能,最后得到 GNSS 地表位移数据库、深部位移数据库、地下水位数据库、空隙渗压数据库、雨量数据库等。

监测点、钻孔、监测设备等都可进行图形对象化,根据其具体位置以图形符号的形式直观地显示在滑坡体地图上。在地图上点击不同监测点即可对相应的数据信息进行浏览、编辑、更新等操作,相反通过属性查询也可实现监测点、设备等信息的图形定位。

(4)监测信息分析

根据不同的监测项目和所用不同的仪器监测所得到的结果及所反映的物理量变化大小和规律,绘制成果图表进行分析,主要包括:①基本监测信息分析;②监测信息的关联分析;③预测分析。基本监测信息分析将地表(整体)形变、深部位移渗压、地下水位、降雨等监测信息随时间变化情况及深部位移沿测斜孔深度的分布以图形方式显示出来。监测信息的关联分析包括不同监测项目之间的关联分析和相同监测项目的空间关联分析,如降雨与库水位、降雨与地下水位、地下水位与渗压、地下水压与变形等之间的关联分析。系统可根据需要(如选择特定的时间段)绘制相应的图件和报表,分析这些项目的关系变化规律。预测分析主要是综合各种影响因素对滑动带的变形做回归分析,绘制其未来的变形曲线,为滑坡的预测预报提供依据(图 8.3-6)。

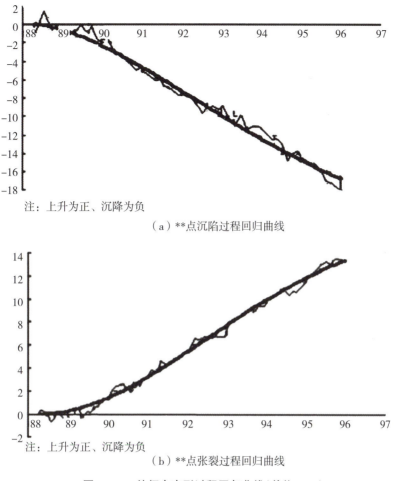

注：上升为正、沉降为负

（a）**点沉陷过程回归曲线

注：上升为正、沉降为负

（b）**点张裂过程回归曲线

**图 8.3-6　特征点变形过程回归曲线（单位：mm）**

# 8.4　溃口(溃坝)应急监测

## 8.4.1　形成及特点

### 8.4.1.1　溃口(溃坝)的形成

分洪溃口一般多发生在洪水季节，尤其是汛期非常高水时期。溃坝则由人为开挖导引和自然垮坝等造成。溃口可分为两大类：一类是人为分洪；另一类是自然溃口。人为分洪是人们为保证沿河某些重点城市或地区安全度汛，对超过河道安全泄量的超额洪水量有计划地把超额洪水量导入事先规划好的蓄洪区，以较小的代价避免可能出现的较大损失。人为分洪其时间、地点、口门大小等均可事先设计好。自然溃口为非人为控制的溃口，溃口多发生在堤防的薄弱部位，溃口时间、地点和溃口断面变化等都具有很大的不确定性，常造成灾害和严重后果，甚至造成河道改道。

溃坝情况取决于坝体材料和结构型式,一般情况下可分为两类:一类是一次性的瞬时全毁或者局部溃毁,常见于混凝土重力坝或者拱坝等刚性坝体;另一类是渐溃,常见于土石坝,坝体被洪水逐渐冲溃。后者是一个水、土(坝体材料)二者相互作用的过程,持续时间较长。一方面坝体填筑材料受水流冲刷作用,溃口不断展宽,溃口的底部高程不断下降,溃口横断面面积不断扩大;另一方面由于溃口的发展造成溃坝洪水流量不断变化,同时被冲刷的坝体材料进入水流中也引起水流结构和挟沙能力等的变化。土石坝溃坝的发生、发展和溃决程度受到多种因素(如溃坝原因,坝体结构、尺寸和材料,水库库容及下游水位等)的影响,其溃决的梯形口门初时较小,而后随水流的剧烈冲刷而逐渐加深加宽,到最大泄量时,缺口达最大。土石坝的溃决,当坝址狭窄时多为全溃,如坝址很宽,则多半只是在主流部分造成局部溃决。

### 8.4.1.2 溃口(溃坝)的特点

无论以何种形式的溃口(溃坝),其产生的洪水与一般暴雨洪水相比有显著的特征,体现在以下几点:

(1)突发性

溃口(溃坝)的发生和洪水的形成通常只在几秒钟的短暂时刻内,而且往往难以事先预测,故有很强的突发性。洪水波在起始时段又常以立波形式向下游急速推进,速度可达20～30km/h,使下游临近地区难以从容防护。

(2)峰高量大、变化急骤

溃口(溃坝)洪水以崩溃初瞬或者稍后时刻为最大,其洪峰流量常高出平常雨洪的数倍甚至数十倍,所形成的立波,其陡立的波峰在传播初期可高达数米甚至数十米。立波经过之处,河槽水位瞬息剧增,水流急湍汹涌。

溃口(溃坝)洪水是危害特大的灾害性现象,重大溃坝的发生常常造成坝下游数十千米范围社会经济和交通运输的严重破坏,导致国家和人民的生命、财产的重大损失。河道应急监测工作所对应的溃坝监测,主要是考虑土石坝溃决的水文、河道信息采集,如地震形成的堰塞坝,通过对溃口口门的变化过程、溃口附近地形、溃口表面流速、水位、溃坝前的坝前平均水深等进行监测,推算溃口最大流量及进行下游沿程最大流量估算。

(3)流量监测难度大

分洪溃口、溃坝洪水流量监测的主要难度表现在:

1)溃口水流急,流速大(尤其是溃口初始阶段),且流向复杂,有跌水、各种水跃,上下口门有回流、泡漩、鼓水等,故水文测站常用的定点测流方法(流速仪法)一般在溃口处难以直接使用(过流断面和流速直接量取有难度)。

2)溃口地点、时间随机性大,突发性强(特别是自然溃口),野外测流条件恶劣,测流现场作业困难,沿程监测站点的勘选和布设反应时间短,基础条件尤其薄弱。

3)溃口溃坝测流的水流条件和边界条件复杂,且施测的数据还需及时传送到防洪决策部门,故一般的测流仪器设备难以适应,尤其是高流速、漂浮物多等状态下无法直接施测水深等。

## 8.4.2　口门宽度及水位监测

发生溃口(溃坝)后,随着泄流槽溯源淘刷的不断加强,口门不断加大,速度不断加快,为了确保应急监测人员安全,测量人员必须尽可能远离溃口,采用非接触式测量手段监测,如免棱镜激光测距、低空航测影像解析、大功率无人船等。

### 8.4.2.1　常规测验法

常规测验多采用免棱镜激光测距法,其主要计算方法如下:

(1)口门宽度计算

由图8.4-1,根据余弦定理,口门宽度 $B$ 计算公式见式(8.4-1)。

$$B = \sqrt{D_1^2 + D_2^2 - 2\cos\beta \cdot D_1 \cdot D_2} \tag{8.4-1}$$

式中,$D_1$、$D_2$——设站点距口门两侧的平距;

$\beta$——视线水平夹角。

若考虑大气折光对垂直角观测的影响 $f$,则平距 $D$ 的计算公式见式(8.4-2)。

$$D = S \cdot \cos(\alpha + f) \tag{8.4-2}$$

其中垂直角观测的影响 $f$ 计算见式(8.4-3)。

$$f = (1 - K) \cdot \rho'' \cdot \cos\alpha / (2R) \tag{8.4-3}$$

式中,$K$——大气折光系数;

$S$——仪器所测的斜距;

$R$——地球曲率半径。

当无法开展溃口口门宽度测量时,可根据经验公式对可能的溃口宽度进行估算,计算公式见式(8.4-4)至式(8.4-6)。

黄河水利委员会公式:

$$b_m = K(W^{1/2} B^{1/2} H_0)^{1/2} \tag{8.4-4}$$

铁道部科学研究院公式:

$$b_m = K(W^{1/2} B^{1/2} H_0)^{1/2} \tag{8.4-5}$$

谢任之公式:

$$b_m = KWH_0 / (3E) \tag{8.4-6}$$

式中,$K$——坝体土质有关的系数;

$W$——水库蓄水量;

$B$——坝顶宽度;

$H_0$——坝前水深;

$E$ —— 坝址横断面面积。

（2）水位计算

采用考虑大气折光因素影响的三角高程计算方法，计算公式见式（8.4-7）。

$$h = S\sin\alpha + (1-K)\frac{S^2}{2R}\cos2\alpha + i - v \tag{8.4-7}$$

式中，$h$ —— 测站与棱镜之间的高差；

$i$ —— 仪器高；

$v$ —— 棱镜高。

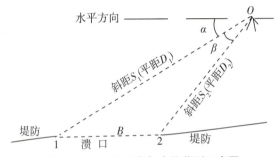

**图 8.4-1 口门宽度与水位监测示意图**

### 8.4.2.2 航测影像解析法

航测影像解析法属于典型的非接触测量手段，在溃口等应急监测中，影像快拼技术（实时建图技术）和免像控技术是精度可行、效率更高的方法。其中，影像快拼也是基于免像控的硬件需求。

（1）基于免像控的影像快拼技术简介

要做到免像控就需要精确地确定航测过程中，航拍照片内外方位元素的精确度，重要的是外方位元素，而外方位元素涉及位置和姿态，该技术需要具备以下条件：

1）厘米级导航定位系统。

像控点的主要作用是为了获取准确的位置信息，而无人机是能够提供精准的位置信息的。大疆等测绘无人机将高精度导航定位系统引入无人机，通过 RTK 模块可为无人机提供实时厘米级定位数据。

无人机虽然可以提供高精度的定位信息，但却做不到免像控，要做到免像控仅提供高精度的位置信息是不够的。市面上有很多搭载 RTK 模块的无人机，但是它们做不到免像控。这是因为 RTK 模块得到的精准定位数据是模块本身的。而我们需要的是照片的数据，还要进行数据同步。数据同步要考虑到飞机当时的姿态及 RTK 模块与相机模块的位置关系。除此之外，还要考虑到照片记录的定位数据是拍照瞬间的数据。

2）高精度三轴云台。

高精度的三轴云台能提供精准的高精度相机镜头姿态信息，同时通过惯性导航技术，实时同步无人机和相机的姿态信息,每张照片都可以得到准确的姿态信息(图 8.4-2)。

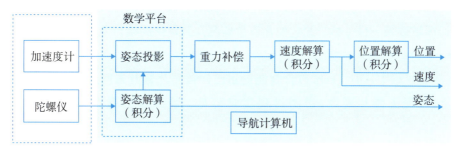

图 8.4-2　高精度云台

3)精准的数据采集系统。

通过精准的数据采集系统实现飞控、相机与 RTK 的时钟系统微秒级同步,并对相机镜头光心位置和 RTK 天线中心点位置进行了补偿,减少位置信息与相机的时间误差,为影像提供更精确的位置信息。

只有打通 RTK 模块、飞控模块及相机云台模块之间的通信,并且具有同步系统,才能获取影像的精确位置信息。

4)相机的内方位元素。

航测相机需定期进行严格的标定,确定内方位元素;相机的外方位元素则通过无人机高精度的定位坐标和姿态给出,通过精准的数据采集系统对相机镜头光心位置和 RTK 天线中心点位置进行补偿,为影像提供更精确的位置信息和姿态信息(图 8.4-3)。通过时间同步系统能让每个镜头的坐标都是准确的。

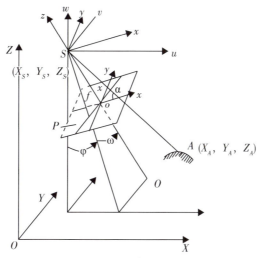

图 8.4-3　航测内外方位元素

(2)以大疆平台为例的影像快拼技术

通过无人机实时生成正射影像,在影像上区分溃口标识,并量测溃口点间距离确定溃口宽度。

在无人机飞行作业过程中,实时回传单张影像照片数据并进行纹理压缩影像快拼,无需等待,飞行区域效果一目了然。此功能在应急监测及其他泛测绘行业应用非常广泛,提升了工作效率。

外业实施过程中,DJI Terra 软件智能提示已回传照片数及未回传照片数,实时回传照片稍有延迟,但无漏片现象,拼图过程实时可见。最终输出测区快拼 DSM/DOM 成果(图 8.4-4)。

**图 8.4-4 DJI Terra 软件实时建图画面**

外业具体作业步骤如下:

1)对飞行器进行起飞前检查,开启飞行器、遥控器电源;

2)点击进入 DJI GS RTK APP,进行网络诊断,确保 4G 联络正常,打开网络接收网络 RTK 信号,确保飞行器进入 RTK 固定状态;

3)连接航拍飞行器的遥控器与计算机,将遥控器模式切换至 PC 模式;

4)进入 DJI Terra 软件,根据溃口大致位置进行航拍建图任务规划,生成航行,进行参数设置,打开实时建图开关,飞行高度 100m;

5)点击开始飞行,相机开始实时拍照并传回控制电脑在软件中显示实时建图画面;

6)飞行完成后,飞行器自动返航,软件进行合成正射影像,并量测溃口宽度;

7)量测溃口坐标信息、口门宽度信息。

### 8.4.2.3 免像控技术

影像快拼依托集成基准惯导的航测设备和 DJI Terra 软件(现阶段其他商用软件暂无法

实现实时建图)。以下介绍基于 Pix4D 的免像控处理的分步骤操作流程。

1)导入影像。

新建项目,导入影像(图 8.4-5)。

图 8.4-5 Pix4D 软件导入影像

2)图片属性。

图片属性有三项可供调整的设置:①基准面坐标系;②地理定位;③相机型号(图 8.4-6)。

图 8.4-6 图片属性

3)图像坐标系。

图像坐标系的选择主要取决于 POS 的格式,如果为 BLH 格式,通常选择默认的 WGS84,如果为 XYZ 格式,则通常根据实际情况选择坐标系,一般为 Xian 80、Beijing 54 、CGCS 2000,本组展示数据为根据 Beijing 54 转换过来的地方坐标系,因为和 54 坐标差异较大,展示项目使用任意坐标系(图8.4-7)。

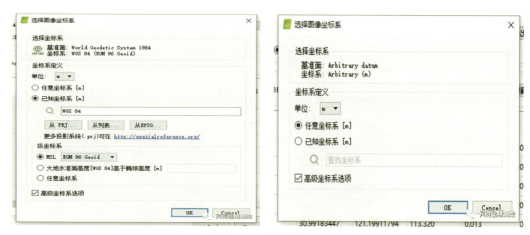

图 8.4-7　图像坐标系

4)地理定位。

一旦将图像坐标系设定为投影坐标系或者用高精度地理坐标替换低精度地理坐标就要重新导入 POS,需要注意的是,Pix4d 里面 Y 代表北方向,X 代表东方向(图 8.4-8)。

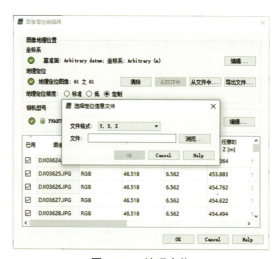

图 8.4-8　地理定位

导入完成后,下方坐标系即被替换,针对 Pix4d 来讲,替换 POS 的好处是,一旦按照准确的参数将 POS 转换为目标坐标系,就可以尝试免像控。免像控的第一步就要保证影像坐标系与输出坐标以及控制点坐标系一致,并且越准确越好。

5)相机参数。

打开相机型号编辑器(图8.4-9),新建模板,依次填写相机参数。

相机参数获取方法见图8.4-10。

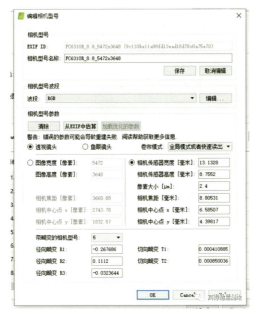

图 8.4-9 相机型号编辑　　　　　图 8.4-10 相机参数查询

6)输出坐标系。

输出坐标系需选择与控制点一致的坐标系,到这一步就可以直接选择 3D MAPS 标准模板处理选项,校准项目内方位元素优化选择为不优化,开始处理项目(图 8.4-11)。

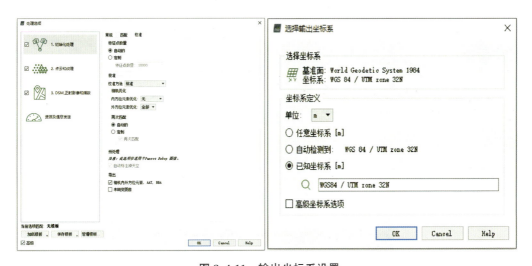

图 8.4-11 输出坐标系设置

## 8.4.3 溃口水下地形测量

为制定有效完善的溃口抢险措施,详细了解溃口局部水深情况,研判溃口发展趋势并计算溃口堵塞抢险准确方量需求等,进行水下地形测量是当务之急。

溃口区域安全作业风险高,水下地形施测一般采用无人船测深手段(图 8.4-12)。

图 8.4-12　无人船测深系统

无人船测深系统包括船体、推进系统、数据采集系统、数据传输系统、导航系统、数据处理系统、控制系统、视频传输系统等。本书以中海达 iBoat 系列无人船为例介绍无人船系统相关操作。

### 8.4.3.1　测前准备

（1）参数准备

计算到项目目标平面和高程控制系统的参数。

（2）设备连通及测试

设备连通及测试包括设备连接测试、测深定位（流动站）设置、测深仪设置等（图 8.4-13 至图 8.14-15）。

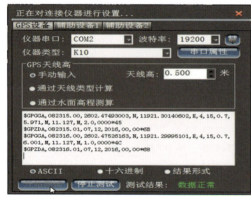

图 8.4-13　设备连接

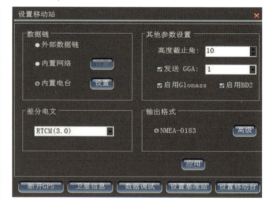

图 8.4-14　流动站设置

图 8.4-15　测深仪设置

（3）航线规划

根据现场环境情况，逐步规划测量区域，有需要补测的区域及时补测（图8.4-16）。

图 8.4-16　航线规划

## 8.4.3.2　数据采集

进入 Hi-max 软件，输入测线名称，则可以开始记录数据（图8.4-17）。

图 8.4-17　测深数据采集

## 8.4.3.3　数据后处理

（1）水深采样

模拟回波与数字水深匹配，对假水深进行处理，可通过回波强度进行滤波处理；处理完毕后可按测图比例尺进行测点重采样（图8.4-18）。

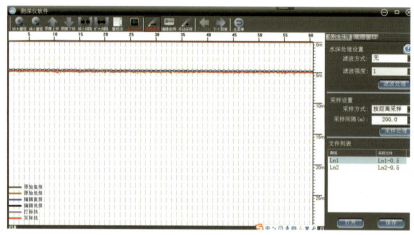

图 8.4-18 测深数据采样

（2）数据改正

可实现转换参数改正、延迟改正、水位改正、吃水改正、声速改正等，对测深前可能的错误参数设置进行修正（图 8.4-19）。

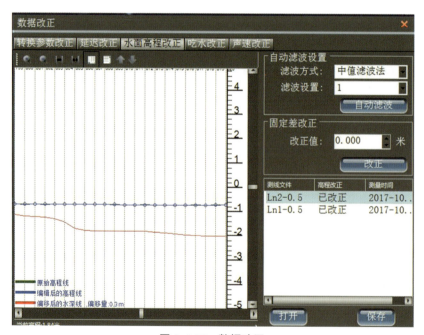

图 8.4-19 数据改正

（3）成果预览与输出

数据处理完毕后，可预览测深成果，直观了解测深区域水情，合理性检查更便捷；同时可自定义格式输出测深成果（图 8.4-20）。

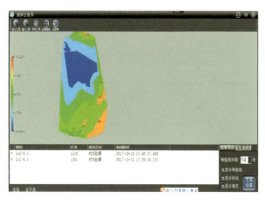 

图 8.4-20　成果输出

## 8.4.4　溃口水文测验

### 8.4.4.1　溃口表面流速监测

对于分洪溃口流量的监测,由于流速变化大,溃口发展快,随时存在崩塌的危险,常规仪器使用受到很大限制,在离溃口较远的安全位置,可以使用电波流速仪或机载雷达波流速仪测量溃口水面流速,通过水面流速系数的换算、溃口断面面积的估算达到测量流量的目的。电波流速仪或机载雷达波流速仪是测量水面流速的非接触式流速测量仪器,采用无接触测流,不受含沙量、漂浮物影响,具有操作安全、测量时间短、速度快等优点。

（1）电波流速仪

测速雷达在军事、警用、运动测速领域得到广泛应用,电波流速仪由运动型雷达升级改造,增加了流速平均、回波强度指示、角度改正输入和计时秒表功能,专门用于水面流速测量。电波流速仪是一种利用多普勒原理的测速仪器,可以称为微波多普勒测速仪,使用电磁波,频率可高达 10GHz,属微波波段,在空气中传播时衰减很慢,可以很好地在空气中传播。因此,使用电波流速仪测量流速时,仪器不必接触水体,即可测得水面流速。

电波流速仪工作时发射的微波斜向射到需要测速的水面上,由于有一定斜度,除部分微波能量被水吸收外,一部分会折射或散射损失掉。但总有一小部分微波被水面波浪的迎波面反射回来,产生的多普勒频移信息被仪器的天线接收,测出反射信号和发射信号的频率差,计算出水面流速,实际测到的是波浪的流速。可以认为,水的表面是波浪的载体,它们的流速相同。

电波流速仪发射波呈椭圆状发散在水面,其椭圆形区域大小与测程、电磁波发射角有关,因此电波流速仪测量的水面流速是椭圆形区域的面平均流速。这与机械转子式流速仪测量的原理是不一样的,机械转子式流速仪测得的是点平均流速（图 8.4-21）。

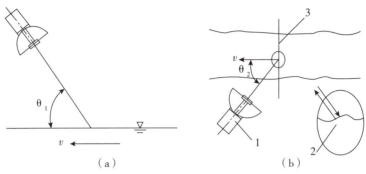

图 8.4-21　电波流速仪测速示意图

（2）机载雷达波流速仪

雷达是利用目标对电磁波的反射（或散射）现象来发现目标并测定其位置和速度等信息的，雷达利用接收回波与发射波的时间差来测定距离，利用电波传播的多普勒效应来测量目标的运动速度，并利用目标回波在各天线通道上幅度或相位的差异来判别其方向。

雷达波流速仪用到了 Bragg 散射理论，当雷达电磁波与其波长一半的水波作用时，同一波列不同位置的后向回波在相位上差异值为 $2\pi$ 或 $2\pi$ 的整数倍，因而产生增强性 Bragg 后向散射（图 8.4-22）。

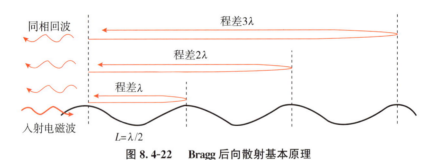

图 8.4-22　Bragg 后向散射基本原理

当水波具有相速度和水平移动速度时，将产生多普勒频移。在一定时间范围内，实际波浪可以近似地认为是由无数随机的正弦波动叠加而成的。这些正弦波中，必定包含有波长正好等于雷达工作波长一半、朝向和背离雷达波束方向的二列正弦波。当雷达发射的电磁波与这两列波浪作用时，二者发生增强型后向散射。

朝向雷达波动的波浪会产生一个正的多普勒频移，背离雷达波动的波浪会产生一个负的多普勒频移。多普勒频移的大小由波动相速度 $V_p$ 决定。受重力的影响，一定波长的波浪的相速度是一定的。在深水条件下（即水深在大于波浪波长 $L$ 的一半）波浪相速度 $V_p$ 满足以下定义：

$$V_p = \sqrt{\frac{g l}{2\pi}}$$

由相速度 $V_p$ 产生的多普勒频移为：

$$f_B = \frac{2V_p}{\lambda} = \frac{2}{\lambda}\sqrt{\frac{g\lambda}{4\pi}} = \sqrt{\frac{g}{\lambda\pi}} \approx 0.102\sqrt{f_0}$$

其中,雷达频率 $f_0$ 以 MHz 为单位,多普勒频率 $f_B$ 以 Hz 为单位。这个频偏就是所谓的 Bragg 频移。朝向雷达波动的波浪将产生正的频移(正的 Bragg 峰位置),背离雷达波动的波浪将产生负的频移(负的 Bragg 峰位置)。

在无表面流的情况下,Bragg 峰的位置正好位于 $f_B$ 公式描述的频率位置。

当水体表面存在表面流时,上述一阶散射回波所对应的波浪行进速度 $V_s$ 便是河流径向速度 $\overrightarrow{V_{cr}}$ 加上无河流时的波浪相速度 $\overrightarrow{V_P}$ 。即

$$V_s = V_{cr} + V_P$$

此时,雷达一阶散射回波的幅度不变,而雷达回波的频移为:

$$\Delta f = \frac{2V_s}{\lambda} = 2\frac{V_{cr} + V_P}{\lambda} = \frac{2V_{cr}}{\lambda} + f_B$$

通过判断一阶 Bragg 峰位置偏离标准 Bragg 峰的程度,就能计算出波浪的径向流速。

### 8.4.4.2 溃口流量测验与估算方法

(1)溃口浮标测流法

对于流速仪法无法进行施测的水流,浮标测流是一种简便有效的测流方法。对于溃口水流,由于水流和边界条件比较复杂,测船有时难以直接进入溃口施测,此时采用浮标法测流量具有独到的优点,其包括天然浮标或无人机抛投电子浮标。

溃口浮标系数的确定是溃口浮标测流的关键问题之一,影响浮标系数的因素很多,如风向、风力、浮标的型式和材料、入水深度、水流情况、河道过流断面形状和河床糙率等;浮标系数是一个受多因素影响的综合参数,河流的水力因素、气候因素及浮标类型等都与浮标系数有密切关系,所以必须综合各种影响因素,根据不同河段水流的具体实际情况,选用不同的浮标系数,才能取得溃口浮标测流好的效果。确定浮标系数,比较稳妥可靠的办法是对即将采用的同类(材料、制作型式相同)浮标在野外同类河流进行比测率定。

浮标法测流另一个关键因素是溃口过流断面(面积)的确定,水文站浮标测流往往采用借用断面作为虚流量的计算断面,但分洪溃口无断面可借(借用断面往往带来借用断面误差)。可参考采用以下办法得到溃口过流面积:①对口门不太大且比较稳定的溃口,可取溃口过流断面面积。②对口门不稳定的溃口(无法从溃口堤防两端施测水深,因为安全无保障),口门水深可近似取溃口大堤中央水面高程减去内堤角的高程。

(2)溃口电波流速仪测流法

溃口电波流速仪测流速见8.4.4.1节,采用类似浮标法测流计算的方法处理,求得溃口水流的流量。

(3)邻近水文测站水量平衡法

对洪峰涨落较缓的长江中下游河段,当分洪溃口处外江河道上下游有效距离内有水文

控制测站时,可利用水文测站监测的测流资料,由一元流连续方程(水量平衡原理)推求分洪溃口处的流量。需要注意的是,当入流与出流水文站两者相距较远时,需要考虑水流传播的时间差。

(4)体积库容法

体积库容法就是根据分洪区的最新地形图,事先(分洪前)作出分洪区的高程($Z$)—体积(库容 $W$)曲线,分洪时通过设在分洪区内的水位(高程),再通过高程($Z$)—体积(库容 $W$)曲线可随时查出分洪溃口水量的体积,通过水量体积求出某一时段的平均流量。

(5)龙口测流法

大型水电工程截流形成龙口与分洪溃口、溃坝口门是一个逆过程,因为其水流和边界条件有很大程度的相似,测流的技术难度也基本相当(溃口的野外现场作业施测难度可能大于龙口)。两者所不同的是:龙口的过流面积是由大变小(流速由小增大);而溃口的过流面积是由小变大(流速由大变小)。由于龙口测流有着成功的施测经验,因而可将龙口的测流方法作为分洪溃口流量直接监测的途径之一。

(6)溃口堰流测流法

当分洪溃口口门比较稳定,且口门宽度不太宽时,溃口水流可近似作为河流测验的出流。

当溃口堤防平均堤宽与溃口口门前水深的比值在 2.5～10 范围内时,溃口水流可作为宽顶堰流处理。分洪溃口水流按下游分洪区水位对溃口出流的影响,可主要分为自由出流和淹没出流两种情况考虑。

对分洪溃口初期,分洪区水位(高程)较低,溃口水流为自由出流,当溃口出流经历一段时间后,下游分洪区内水位逐渐升高,溃口水流逐渐由自由式出流变化到淹没出流,堰流计算公式见相关规范和文献。

# 第9章 河道监测成果应用分析

## 9.1 概述

根据河床演变学的基本定义,所谓河势是指一条河流或一个河段的基本流势,有时也称基本流路。长江中下游的冲积平原河道是在挟沙水流与河床相互作用的漫长过程中逐渐形成的,具有一定的几何形态和演变规律。三峡水库蓄水前的半个多世纪,长江中游河道演变受自然因素和人为因素的双重影响,且人为因素的影响日益增强。

三峡工程运用后改变了坝下游的来水来沙条件,水库下泄水流挟带的泥沙大量减少,颗粒变细;洪峰削减,中水流量持续时间增加。坝下游河道冲刷强度明显大于水库蓄水前,来水来沙条件的改变导致长江中下游干流河道将经历较长时间的调整。大量实测资料表明,长江中下游河道平面形态仍保持总体稳定,但河床冲刷处于不断发展的状态,河床冲刷调整过程中也出现了一些新的特点,局部河势出现调整,崩岸塌岸现象时有发生。

本章主要以长江中游干流城陵矶至九江河段近几十年来的水文、河道等观测资料,对长江中游河道演变,特别是近期演变较为剧烈的典型河段进行分析研究,主要包括:河道平面变形(包括岸线、深泓),纵向变形(深泓纵剖面及其形态),洲滩、深槽及分布格局变化,重点汊道段主、支汊河床冲淤特性与分流分沙变化,河床冲淤与断面形态变化,河型出现的新变化等。

## 9.2 长江中游城陵矶至九江河段冲淤特征分析

### 9.2.1 城陵矶至汉口河段

1)三峡水库蓄水后至2016年,城陵矶至九江河段年际间有冲有淤,总体呈冲刷状态。

城陵矶至汉口河段全长251km,由表9.2-1和图9.2-1可知,2003—2016年,河段枯水河槽、平均河槽、平滩河槽累计冲刷量分别为4.30亿m³、4.39亿m³、4.13亿m³,且2013年后冲刷幅度明显增大。全河段多年平均冲刷强度为13.13万m³/(km·a)(平滩河槽)。

表 9.2-1 城陵矶至汉口河段河道泥沙冲淤统计表

| 河段 | 河长(km) | 时段 | 冲淤量(万 m³)(按水位级累计,淤:"+";冲:"—") | | | |
|---|---|---|---|---|---|---|
| | | | 枯水河槽 | 平均河槽 | 平滩河槽 | 洪水河槽 |
| 城陵矶至汉口 | 251 | 2003—2004 | 1033 | 2033 | 2445 | 1665 |
| | | 2004—2005 | −4742 | −4713 | −4789 | −5294 |
| | | 2005—2006 | 2070 | 1265 | 1153 | 573 |
| | | 2003—2006 | −1639 | −1415 | −1191 | −3056 |
| | | 2006—2007 | −3443 | −3261 | −3370 | −4742 |
| | | 2007—2008 | −104 | 1295 | 3567 | 5625 |
| | | 2006—2008 | −3547 | −1966 | 197 | 883 |
| | | 2008—2009 | −383 | −1489 | −2183 | −4397 |
| | | 2009—2010 | −3349 | −2851 | −2857 | −1813 |
| | | 2010—2011 | 1204 | 1050 | 1586 | 1630 |
| | | 2011—2012 | −2499 | −2792 | −3309 | −3062 |
| | | 2012—2013 | 3334 | 3808 | 4734 | / |
| | | 2013—2014 | −13523 | −14245 | −14066 | −15461 |
| | | 2014—2015 | −2991 | −2794 | −3017 | −2777 |
| | | 2015—2016 | −19617 | −21192 | −21236 | −20463 |
| | | 2008—2016 | −37824 | −40505 | −40348 | −46343 |
| | | 2003—2016 | −43010 | −43886 | −41342 | / |

注:城陵矶至汉口河段枯水河槽、基本河槽、平滩河槽分别对应螺山流量 6500m³/s、12000m³/s、33000 m³/s。

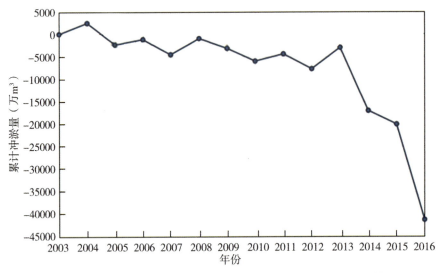

图 9.2-1 城陵矶至九江河段 2003—2016 年累计冲淤量(平滩河槽)

2)随着蓄水进程的推进,城陵矶至汉口河段沿程冲刷发展显著。

由图9.2-2可知,2003—2008年,城陵矶至九江河段的上段总体表现为淤积,其中白螺矶河段和陆溪口河段在2006—2008年淤积明显,嘉鱼河段及以下则以冲刷为主;2008—2016年,城陵矶至汉口河段沿程呈一致冲刷状态,且冲刷强度有一定程度的增大,其中白螺矶河段和陆溪口河段冲刷最为剧烈。从图9.2-2可以看到,除最下游的武汉(上)河段外,其余河段在2008—2016年的平均冲刷强度均有显著增大,且嘉鱼以上河段冲刷强度总体较嘉鱼以下河段大。

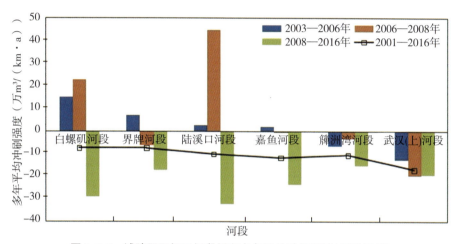

**图9.2-2  城陵矶至汉口河段沿程多年平均冲刷强度(平滩河槽)**

3)河段冲淤沿程不均匀,且有冲有淤,2008年三峡水库试验性蓄水期后河段总体上表现为冲刷强度沿程减小。

2003—2006年,嘉鱼及以上河段一致表现为淤积,白螺矶、界牌、陆溪口、嘉鱼河段河床分别淤积泥沙(平滩河槽,本段下同)0.163亿 $m^3$、0.181亿 $m^3$、0.032亿 $m^3$ 和0.033亿 $m^3$,淤积强度分别为15.21万 $m^3$/(km·a)、7.09万 $m^3$/(km·a)、2.63万 $m^3$/(km·a)、2.08万 $m^3$/(km·a),最大淤积强度是最小淤积强度的7.3倍;嘉鱼以下段河段则以冲刷为主,簰洲湾河段和武汉(上)河段冲刷量分别为0.246亿 $m^3$ 和0.282亿 $m^3$,冲刷强度分别为6.43万 $m^3$/(km·a)和12.44万 $m^3$/(km·a),相差近2倍。

2006—2008年,白螺矶河段和陆溪口河段显著淤积,其余河段冲刷。白螺矶、陆溪口河段分别淤积泥沙(平滩河槽,本段下同)0.097亿 $m^3$、0.221亿 $m^3$,淤积强度分别为22.76万 $m^3$/(km·a)、44.86万 $m^3$/(km·a),相差近2倍;界牌、嘉鱼、簰洲湾、武汉(上)河段冲刷量分别为0.064亿 $m^3$、0.004亿 $m^3$、0.052亿 $m^3$、0.178亿 $m^3$,冲刷强度分别为6.30万 $m^3$/(km·a)、0.61万 $m^3$/(km·a)、3.42万 $m^3$/(km·a)、19.55万 $m^3$/(km·a),最大淤积强度是最小淤积强度的32倍。

2008—2016年,城陵矶至汉口河段一致冲刷,白螺矶、界牌、陆溪口、嘉鱼、簰洲湾、武汉(上)河段冲刷量(平滩河槽,本段下同)分别为0.497亿 $m^3$、0.698亿 $m^3$、0.628亿 $m^3$、

0.596 亿 m³、0.920 亿 m³、0.696 亿 m³，冲刷强度分别为 29.04 万 m³/(km·a)、17.08 万 m³/(km·a)、31.93 万 m³/(km·a)、23.34 万 m³/(km·a)/15.01 万 m³/(km·a)、19.15 万 m³/(km·a)，整个河段最大冲刷强度和最小冲刷强度之间相差 2 倍，总体上段冲刷强度较下段大。

4)三峡水库蓄水后，城陵矶至汉口河段横断面形态的变化主要体现在枯水河槽的冲刷。

由表 9.2-1 和图 9.2-3 可以看出，城陵矶至汉口河段枯水河槽的冲淤状态基本决定了河段的冲淤状态。其中，2003—2006 年、2006—2008 年两个蓄水时段，枯水河槽冲刷量均超过了平滩河槽冲刷量；2008—2016 年，枯水河槽冲刷量占平滩河槽冲刷量的 94%；2003—2016 年总体，枯水河槽冲刷量也超过了平滩河槽冲刷量，这说明城陵矶至九江河段冲刷几乎都发生在枯水河槽，枯水河槽与平滩河槽之间则体现为少量的淤积。

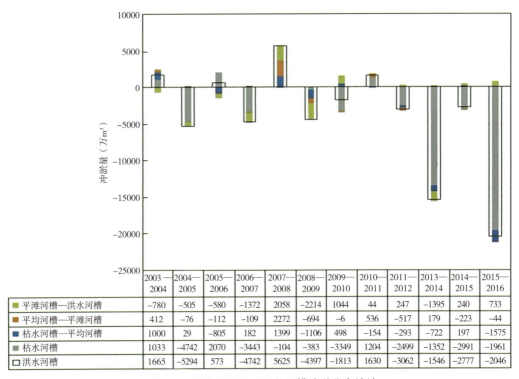

| | 2003—2004 | 2004—2005 | 2005—2006 | 2006—2007 | 2007—2008 | 2008—2009 | 2009—2010 | 2010—2011 | 2011—2012 | 2013—2014 | 2014—2015 | 2015—2016 |
|---|---|---|---|---|---|---|---|---|---|---|---|---|
| 平滩河槽—洪水河槽 | −780 | −505 | −580 | −1372 | 2058 | −2214 | 1044 | 44 | 247 | −1395 | 240 | 733 |
| 平均河槽—平滩河槽 | 412 | −76 | −112 | −109 | 2272 | −694 | −6 | 536 | −517 | 179 | −223 | −44 |
| 枯水河槽—平均河槽 | 1000 | 29 | −805 | 182 | 1399 | −1106 | 498 | −154 | −293 | −722 | 197 | −1575 |
| 枯水河槽 | 1033 | −4742 | 2070 | −3443 | −104 | −383 | −3349 | 1204 | −2499 | −1352 | −2991 | −1961 |
| 洪水河槽 | 1665 | −5294 | 573 | −4742 | 5625 | −4397 | −1813 | 1630 | −3062 | −1546 | −2777 | −2046 |

**图 9.2-3　城陵矶至汉口河段河槽冲淤分布统计**

### 9.2.2　汉口至九江河段

1)蓄水后至 2016 年，汉口至九江河段年际间有冲有淤，总体呈冲刷状态。

汉口至九江河段全长 251.4km，由表 9.2-2 和图 9.2-4 可知，2003—2016 年，河段枯水河槽、平均河槽、平滩河槽累计冲刷量分别为 4.27 亿 m³、4.07 亿 m³、3.81 亿 m³，且 2013 年后冲刷幅度明显增大。全河段多年平均冲刷强度为 11.66 万 m³/(km·a)(平滩河槽)。

表 9.2-2 　　　　　　　　　　汉口至九江河段河道泥沙冲淤统计表

| 河段 | 河长(km) | 时 段 | 冲淤量(万 m³)(按水位级累计,淤:"+";冲:"—") | | | |
|---|---|---|---|---|---|---|
| | | | 枯水河槽 | 平均河槽 | 平滩河槽 | 洪水河槽 |
| 汉口至九江 | 251.4 | 2003—2004 | 2021 | 1045 | 1325 | 1116 |
| | | 2004—2005 | −8659 | −9864 | −9746 | −9547 |
| | | 2005—2006 | 1383 | 908 | 919 | −264 |
| | | 2003—2006 | −5255 | −7911 | −7502 | −8695 |
| | | 2006—2007 | 326 | 443 | 413 | 356 |
| | | 2007—2008 | −1570 | 768 | 1540 | 2719 |
| | | 2006—2008 | −1244 | 1211 | 1953 | 3075 |
| | | 2008—2009 | −5673 | −7601 | −7955 | −8863 |
| | | 2009—2010 | 454 | 2257 | 2607 | 2432 |
| | | 2010—2011 | −7466 | −5929 | −5148 | −4637 |
| | | 2011—2012 | 336 | 2349 | 2255 | 1971 |
| | | 2012—2013 | −2991 | −3099 | −2297 | |
| | | 2013—2014 | −7540 | −7078 | −7239 | −8970 |
| | | 2014—2015 | −4259 | −4872 | −5108 | −5710 |
| | | 2015—2016 | −9040 | −9983 | −9657 | −9701 |
| | | 2008—2016 | −36179 | −33956 | −32542 | −33478 |
| | | 2003—2016 | −42678 | −40656 | −38091 | −39098 |

注:汉口至湖口河段枯水河槽、基本河槽、平滩河槽分别对应汉口流量 7000m³/s,14000m³/s,35000 m³/s。

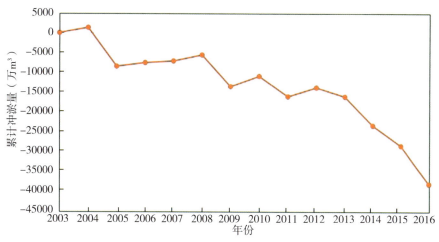

图 9.2-4 　汉口至九江河段 2001—2016 年累计冲淤量(平滩河槽)

　　2)2003—2008 年,汉口至九江河段沿程冲淤相间,总体上表现为冲刷;2008 年后该段河段表现为沿程一致冲刷。

由图 9.2-5 可知,2003—2006 年、2006—2008 年两个时段,武汉(下)、戴家洲、韦源口、九江河段均表现为冲刷,叶家洲、团风、黄州、黄石、龙坪河段有冲有淤,田家镇河段两个时段均表现为淤积;2008—2016 年时段,汉口至九江河段一致冲刷。

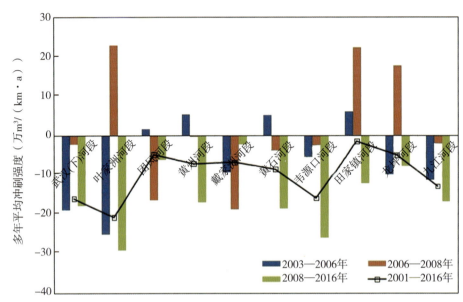

图 9.2-5 汉口至九江河段沿程多年平均冲刷强度(平滩河槽)

3)河段冲淤沿程不均匀,且有冲有淤,沿程冲淤变幅较大。

2003—2006 年,团风、黄州、黄石、田家镇河段表现为淤积,分别淤积泥沙(平滩河槽,本段下同)0.020 亿 $m^3$、0.087 亿 $m^3$、0.042 亿 $m^3$、0.103 亿 $m^3$,淤积强度分别为 1.6 万 $m^3$/(km·a)、5.46 万 $m^3$/(km·a)、5.15 万 $m^3$/(km·a)、6.03 万 $m^3$/(km·a),最大淤积强度是最小淤积强度的 3.6 倍;武汉(下)、叶家洲、戴家洲、韦源口、龙坪、九江河段表现为冲刷,冲刷量分别为 0.235 亿 $m^3$、0.331 亿 $m^3$、0.078 亿 $m^3$、0.089 亿 $m^3$、0.112 亿 $m^3$、0.113 亿 $m^3$,冲刷强度分别为 18.84 万 $m^3$/(km·a)、24.97 万 $m^3$/(km·a)、9.22 万 $m^3$/(km·a)、5.33 万 $m^3$/(km·a)、9.75 万 $m^3$/(km·a)、11.25 万 $m^3$/(km·a),最大冲刷强度是最小冲刷强度的 4.7 倍。

2006—2008 年,叶家洲、田家镇、龙坪河段表现为淤积,分别淤积泥沙(平滩河槽,本段下同)0.121 亿 $m^3$、0.153 亿 $m^3$、0.081 亿 $m^3$,淤积强度分别为 22.87 万 $m^3$/(km·a)、22.27 万 $m^3$/(km·a)、17.69 万 $m^3$/(km·a),最大淤积强度是最小淤积强度的 1.3 倍;武汉(下)、团风、黄州、戴家洲、黄石、韦源口、九江河段均表现为冲刷,冲刷量分别为 0.011 亿 $m^3$、0.079 亿 $m^3$、0.002 亿 $m^3$、0.064 亿 $m^3$、0.013 亿 $m^3$、0.016 亿 $m^3$、0.008 亿 $m^3$,冲刷强度分别为 2.25 万 $m^3$/(km·a)、16.32 万 $m^3$/(km·a)、0.33 万 $m^3$/(km·a)、18.71 万 $m^3$/(km·a)、3.87 万 $m^3$/(km·a)、2.33 万 $m^3$/(km·a)、2.06 万 $m^3$/(km·a),最大冲刷强度是最小冲刷强度的 49.4 倍。

2008—2016 年,汉口至九江河段一致冲刷,武汉(下)、叶家洲、团风、黄州、戴家洲、黄石、韦源口、田家镇、龙坪、九江河段冲刷量(平滩河槽,本段下同)分别为 0.354 亿 m³、0.616 亿 m³、0.118 亿 m³、0.429 亿 m³、0.031 亿 m³、0.242 亿 m³、0.690 亿 m³、0.335 亿 m³、0.142 亿 m³、0.269 亿 m³,冲刷强度分别为 17.77 万 m³/(km·a)、29.04 万 m³/(km·a)、6.10 万 m³/(km·a)、16.86 万 m³/(km·a)、2.26 万 m³/(km·a)、18.47 万 m³/(km·a)、25.90 万 m³/(km·a)、12.21 万 m³/(km·a)、7.76 万 m³/(km·a)、16.72 万 m³/(km·a),整个河段最大冲刷强度和最小冲刷强度之间相差 12.9 倍。

4)三峡水库蓄水后,汉口至九江河段横断面形态的变化主要体现在枯水河槽的冲刷。

由表 9.2-3 和图 9.3-6 可以看出,汉九河段冲刷较显著的年份均主要表现为枯水河槽的冲刷。其中 2003—2006 年、2006 年—2008 年、2008—2016 年三个蓄水时段,枯水河槽冲刷量均超过了平滩河槽冲刷量,这说明汉九河段冲刷几乎都发生在枯水河槽,枯水河槽与平滩河槽之间则主要表现为淤积。

**表 9.2-3**　　　　　　　　　汉口至九江河段河道泥沙冲淤统计表

| 河段 | 河长<br>(km) | 时段 | 冲淤量(10⁴m³)(按水位级累计,淤:+;冲:—) | | | |
| --- | --- | --- | --- | --- | --- | --- |
| | | | 枯水河槽 | 平均河槽 | 平滩河槽 | 洪水河槽 |
| 汉口至九江 | 251.4km | 2003—2004 | 2021 | 1045 | 1325 | 1116 |
| | | 2004—2005 | −8659 | −9864 | −9746 | −9547 |
| | | 2005—2006 | 1383 | 908 | 919 | −264 |
| | | 2003—2006 | −5255 | −7911 | −7502 | −8695 |
| | | 2006—2007 | 326 | 443 | 413 | 356 |
| | | 2007—2008 | −1570 | 768 | 1540 | 2719 |
| | | 2006—2008 | −1244 | 1211 | 1953 | 3075 |
| | | 2008—2009 | −5673 | −7601 | −7955 | −8863 |
| | | 2009—2010 | 454 | 2257 | 2607 | 2432 |
| | | 2010—2011 | −7466 | −5929 | −5148 | −4637 |
| | | 2011—2012 | 336 | 2349 | 2255 | 1971 |
| | | 2012—2013 | −2991 | −3099 | −2297 | |
| | | 2013　2014 | −7540 | −7078 | −7239 | −8970 |
| | | 2014—2015 | −4259 | −4872 | −5108 | −5710 |
| | | 2015—2016 | −9040 | −9983 | −9657 | −9701 |
| | | 2008—2016 | −36179 | −33956 | −32542 | −33478 |
| | | 2003—2016 | −42678 | −40656 | −38091 | −39098 |

备注:汉口至湖口河段枯水河槽、基本河槽、平滩河槽分别对应汉口流量 7000m³/s、14000m³/s、35000m³/s

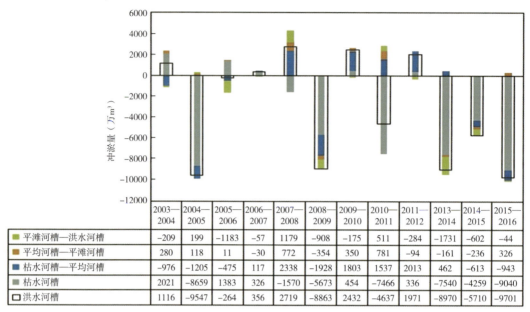

| | 2003—2004 | 2004—2005 | 2005—2006 | 2006—2007 | 2007—2008 | 2008—2009 | 2009—2010 | 2010—2011 | 2011—2012 | 2013—2014 | 2014—2015 | 2015—2016 |
|---|---|---|---|---|---|---|---|---|---|---|---|---|
| 平滩河槽—洪水河槽 | −209 | 199 | −1183 | −57 | 1179 | −908 | −175 | 511 | −284 | −1731 | −602 | −44 |
| 平均河槽—平滩河槽 | 280 | 118 | 11 | −30 | 772 | −354 | 350 | 781 | −94 | −161 | −236 | 326 |
| 枯水河槽—平均河槽 | −976 | −1205 | −475 | 117 | 2338 | −1928 | 1803 | 1537 | 2013 | 462 | −613 | −943 |
| 枯水河槽 | 2021 | −8659 | 1383 | 326 | −1570 | −5673 | 454 | −7466 | 336 | −7540 | −4259 | −9040 |
| 洪水河槽 | 1116 | −9547 | −264 | 356 | 2719 | −8863 | 2432 | −4637 | 1971 | −8970 | −5710 | −9701 |

图 9.2-6　汉口至九江河段河槽冲淤分布统计

## 9.3　长江中游城陵矶至九江河段河床演变研究

长江中游河段,上起长江与洞庭湖出口交汇处的城陵矶,下至鄱阳湖湖口,全长547km。城陵矶至九江河段承接长江干流荆江河段和洞庭湖来水,河段左岸有东荆河、汉江、沧水等支流,右岸有陆水、金水等支流入汇。河段沿程分布有南阳洲、南门洲、中洲、护县洲、团洲、铁板洲、白沙洲、天兴洲等江心洲。河道两岸或为低山节点控制或为堤防约束。自上至下,左岸有白螺矶、杨林矶、螺山、纱帽山、大军山、小军山、沌口矶、龟山、谌家矶、阳逻等节点,右岸有城陵矶、道人矶、龙头山、赤壁、石矶头、赤矶山、龙船矶、石咀、蛇山等节点。这些节点沿江分布,或两岸对峙,或一岸突出,纵向直线间距5~40km不等,控制着河型的形式和河势的转换。城陵矶至九江河段两岸岸坡以亚黏土亚砂土质为主,而洲滩岸坡以粉细砂为主河段岸坡结构多变,抗冲强度不均;河段床沙组成以细沙为主。

汉口至鄱阳湖湖口河段为宽窄相间分汊型河道,主要由叶家洲、团风、黄州、戴家洲、黄石、蕲洲、龙坪、九江河段组成。本河段左岸有举水、巴河、浠水入汇;右岸主要有富水和鄱阳湖水系汇入。其中,黄石西塞山至武穴段,两岸受山体、阶地控制,河宽较小,江心洲滩发育受到一定限制,呈现单一型河型。近百年来,河段河势基本稳定,但分汊河段主流线有所摆动,江心洲滩冲淤变化较为剧烈,如叶家洲河段已由分汊河段向单一河段转化。

### 9.3.1　白螺河段

#### 9.3.1.1　河道概况和历史演变特征

白螺矶河段是下荆江与洞庭湖来水的汇流区,上自城陵矶洞庭湖长江汇流处,下至杨林山,全长21.4km。河段进口为城陵矶单侧节点,中间和河段出口分别有白螺矶—道人矶、杨林山—龙头山对峙节点控制。在两对对峙节点之间,水流流速变缓,泥沙落淤形成江心洲——南门洲。第四纪的松散沉积物在该河段两岸均有分布,右岸为冲积砾石层或沙砾层、夹沙层或黏土、淤泥层,前第四系基岩也有出露;而左岸上部主要分布为黏土、亚黏土和亚沙土,下部为沙层,局部夹淤泥或砾石。河段河势图见图 9.3-1。

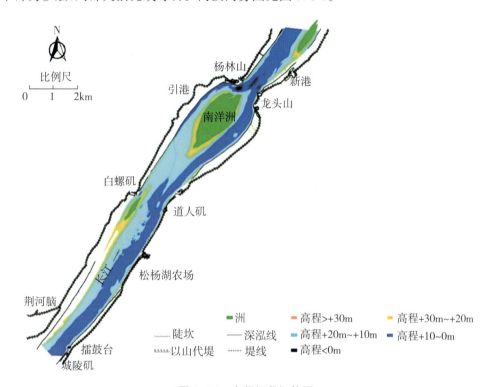

**图 9.3-1　白螺河段河势图**

近百年来白螺河段一直较为顺直,南阳洲汊道基本稳定,两岸边界无大的变化,河道历史变迁主要表现为江心洲滩的形成与发展。

据历史河道资料记载,该河段早在公元前 420 年已有彭城洲出现,至公元 1279 年,彭城洲靠岸,使得江面缩窄,河段暂时成为单一河道。公元 1861 年,杨林矶与彭城卡口上游扩张段生成一江心滩,逐渐露出水面成为江心洲,当地命名为南阳洲,与此同时,白螺矶卡口上游北岸形成一长条形边滩。1934 年,南阳洲进一步扩大,边滩被冲刷,形成两个小的江心滩。至 1960 年,南阳洲继续增长,而两个小的江心滩逐渐合并成一个大的江心滩,从而形成仙峰洲。

近百年来(1861—1961 年),南阳洲平面位置较为稳定,历年来洲体有所淤长,但淤长速度缓慢;而仙峰洲形成较晚,虽然有冲有淤,但仍属雏形江心滩型式,中、洪水期淹没成为江心潜洲。

### 9.3.1.2　河道形态变化分析

（1）岸线变化

自三峡水库蓄水以来,白螺矶河段右岸历年来保持稳定态势,但左岸局部变化幅度较大,主要表现在河段泥沙淤积导致左岸白螺矶上游约 5km 的范围内 20m 等高线大幅向下游延伸,在白螺矶区域形成大片边滩(图 9.3-2)。

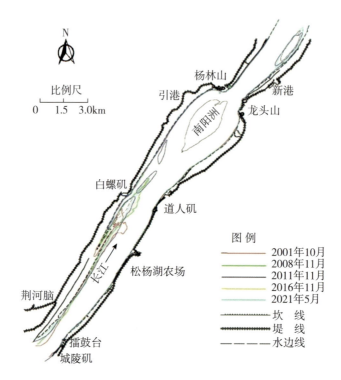

**图 9.3-2  白螺河段岸线变化图(20m 等高线)**

(2)深泓线变化

白螺矶河段节点控制明显,河段河势基本稳定,平面变化较小。在白螺矶—道人矶对峙节点以上河段,洞庭湖来水平稳进入本河段,下荆江来水则基本垂直从左岸进入本河段,逼向右岸的城陵矶,而本河段由于右岸地质条件良好,致使主流位置基本稳定且靠右下行。在道人矶与杨林山河段之间,由于有南阳洲的存在,导致河道分汊,右汊为主汊。南阳洲左汊进口处深泓线变动相对较大,1981—2001 年主泓左摆幅度最大 600m 左右,分流点略有下移,南阳洲右汊深泓线摆动较小,南阳洲左、右汊深泓线汇流点均位于杨林山—龙头山一带,多年来其位置变化较小。

自三峡水库蓄水运行以来,受南阳洲洲头淤长冲退的影响,南阳洲左汊进口处的深泓线摆动相对较大,年际间最大摆幅 400m 左右,但未见趋势性发展,分流点略有上移,南阳洲右侧主汊深泓线则较为稳定(图 9.3-3)。

(3)洲滩变化

南阳洲是白螺矶河段最大的江心洲,多年来南阳洲平面位置及洲体形态较为稳定,洲体由于泥沙淤积有所淤长,主要表现在洲头和洲体向上、向左淤长,而其右缘则相对稳定(图 9.3-4)。南阳洲(20m 等高线)历年变化见表 9.3-1。

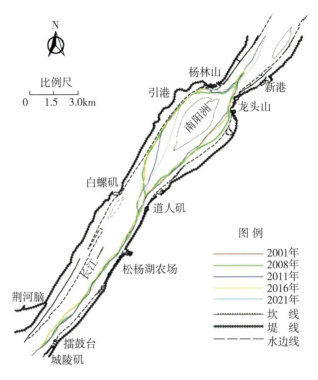

**图 9.3-3 白螺河段深泓线平面变化图**

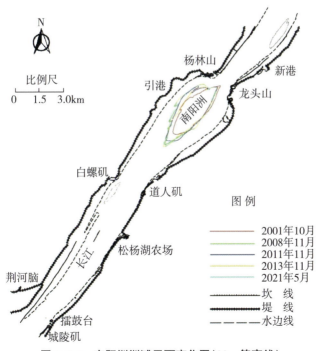

**图 9.3-4 南阳洲洲滩平面变化图(20m 等高线)**

表 9.3-1　　　　　　　　　　　南阳洲(20m等高线)历年变化表

| 时间(年-月) | 最大洲长(m) | 最大洲宽(m) | 面积(km²) | 洲顶最高高程(m) |
|---|---|---|---|---|
| 2001-10 | 4069 | 1406 | 3.84 | 30.5 |
| 2006-05 | 4053 | 1634 | 4.36 | 31.5 |
| 2008-11 | 4730 | 1778 | 5.23 | 32.2 |
| 2011-10 | 4501 | 1687 | 5.03 | 31.6 |
| 2013-10 | 4854 | 1417 | 4.74 | 31.8 |
| 2016-11 | 4867 | 1569 | 5.85 | 31.8 |
| 2021-05 | 4668 | 1766 | 5.52 | 31.8 |

### 9.3.1.3　河道纵、横断面变化分析

（1）河道纵剖面变化

由于南阳洲的存在,本河段主流线在道仁矶附近分汊,于杨林山一带汇流。白螺矶河段深泓高程总体上基本稳定,但仍然表现为冲淤交替变化的基本规律,如城陵矶至白螺矶区间,蓄水前(1981—2001年)总体表现为小幅度淤积,最大淤高5m左右,而蓄水后又表现为冲刷下切;南阳洲左汊在1981—1996年冲深相对明显,最大下切深度约9m,1996年后表现为淤积抬高,局部区域河底高程大致回到1981年的水平;而右汊的演变与左汊大致相反,1981—1996年深泓高程最大抬高约9m,1996年以后下切深度最大为6m左右。

三峡水库蓄水后,总体上2001—2016年南阳洲左右汊深泓纵向变化表现为冲刷下切,2016—2020年则表现为小幅淤积。河段深泓纵向上表现为上段冲刷,下段淤积;左汊深泓变化幅度较大,右汊深泓则相对较小(图9.3-5)。

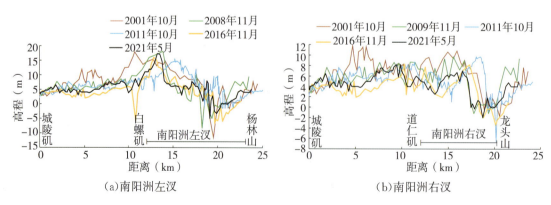

图 9.3-5　白螺河段深泓纵剖面变化图

（2）典型横断面变化

白螺矶河段分别选取 CZ01、CZ04-1、CZ05 三个断面分析其河床演变特征(表9.3-2)。图 9.3-6 白螺河段典型断面变化图。

CZ01 断面为河段进口代表断面,2001—2016年该断面总体呈微冲态势,由于主槽冲刷

扩展,枯水河槽下断面过水面积增加明显,与蓄水前相比增加29%,河宽增大170m,断面河底高程下降0.31m,但年际断面宽深比变化很小,亦无趋势性的单向发展。

CZ04-1断面为南阳洲代表断面,断面呈"W"形,2001—2016年该断面两侧岸坡较为稳定,南阳洲冲淤变化明显,断面总体表现为冲刷,断面面积较蓄水前增加45.1%,平均水深较蓄水前增加了1.88m,宽深比交替变化,总体上较蓄水前减小,断面冲刷下切明显。

CZ05断面为河段出口代表断面,2001—2016年该断面总体上表现为冲刷,断面面积较蓄水前增加22.9%,河宽较蓄水前拓宽了81m,平均水深交替变化,总体上较蓄水前增加了1.46m,宽深比先增大后减小,总体上较蓄水前略微减小,断面向有拓宽下切的趋势,最深点高程较蓄水前冲刷下切了5.1m。

表 9.3-2　　　　　　　　　　　白螺河段典型横断面要素变化

| 断面 | 年份 | 水位 (m) | 断面面积(m²) | 河宽 (m) | 平均水深 (m) | 宽深比 | 平均河底高程(m) | 最深点高程(m) |
|------|------|--------|-------------|---------|-------------|--------|----------------|--------------|
| CZ01 | 2001 | 16.68 | 6503 | 683 | 9.52 | 2.74 | 7.16 | 2.5 |
| | 2006 | | 5247 | 659 | 7.96 | 3.23 | 8.72 | 3 |
| | 2008 | | 7057 | 777 | 9.09 | 3.07 | 7.59 | 3.7 |
| | 2011 | | 4649 | 578 | 8.04 | 2.99 | 8.64 | 3.4 |
| | 2013 | | 5714 | 721 | 7.92 | 3.39 | 8.76 | 3.3 |
| | 2016 | | 8390 | 853 | 9.83 | 2.97 | 6.85 | 3.1 |
| | 2021 | | 7733 | 942 | 8.21 | 3.74 | 8.47 | 3.1 |
| CZ04-1 | 2001 | 16.33 | 5846 | 1215 | 4.81 | 7.24 | 11.52 | 6.2 |
| | 2006 | | 5835 | 1257 | 4.64 | 7.64 | 11.69 | 7.4 |
| | 2008 | | 5707 | 1133 | 5.04 | 6.68 | 11.29 | 3.9 |
| | 2011 | | 7567 | 1292 | 5.86 | 6.14 | 10.47 | 6.7 |
| | 2013 | | 7386 | 1472 | 5.02 | 7.65 | 11.31 | 7.2 |
| | 2016 | | 8484 | 1269 | 6.69 | 5.33 | 9.64 | 6.5 |
| | 2021 | | 6836 | 1130 | 6.05 | 5.56 | 10.28 | 6 |
| CZ05 | 2001 | 16.28 | 10471 | 933 | 11.22 | 2.72 | 5.06 | −0.9 |
| | 2006 | | 9915 | 924 | 10.73 | 2.83 | 5.55 | −2.1 |
| | 2008 | | 10162 | 938 | 10.83 | 2.83 | 5.45 | −4.2 |
| | 2011 | | 9811 | 921 | 10.65 | 2.85 | 5.63 | −1.9 |
| | 2013 | | 10352 | 912 | 11.35 | 2.66 | 4.93 | 0.5 |
| | 2016 | | 12864 | 1014 | 12.68 | 2.51 | 3.60 | −6 |
| | 2021 | | 10463 | 974 | 10.74 | 2.91 | 5.54 | −2 |

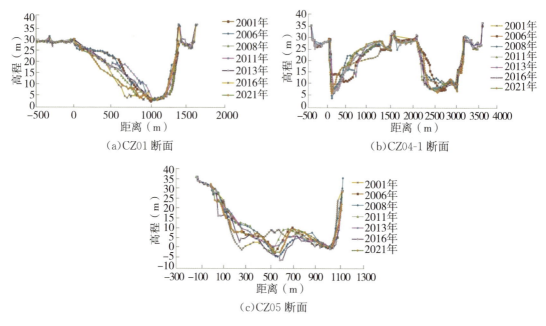

(a)CZ01 断面          (b)CZ04-1 断面

(c)CZ05 断面

图 9.3-6    白螺河段典型断面变化图

### 9.3.1.4    河床冲淤变化分析

2001—2020 年白螺河段,河床有冲有淤,总体上呈冲刷趋势,其枯水河槽、基本河槽、平滩河槽、洪水河槽的累积冲刷总量分别为 4089 万 m³、3827 万 m³、2967 万 m³、1319 万 m³。可见总体表现为冲槽淤滩的趋势(图 9.3-7)。

从时间上看,冲刷主要发生在 2008—2016 年,2016 年以后小幅淤积。

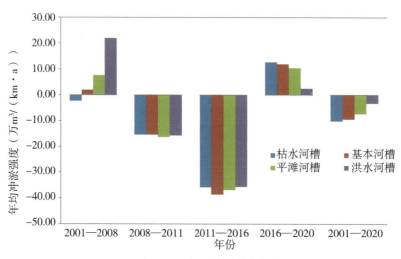

图 9.3-7    河段冲淤强度变化

### 9.3.1.5    河床演变的特点及成因

白螺河段受上游来水来沙的影响较为敏感,表现为河床冲淤、洲滩消长。由于该河段边界条件相对较好,河道岸线变化较小,主流基本保持稳定,河道将继续保持顺直分汊的河道形态。

### 9.3.1.6　本章小结

白螺河段河道平面形态、深泓线基本稳定,南阳洲分流点略有下移,近期南阳洲洲体淤积速度略有加快,面积扩大。2001—2020 年,该河段河床总体上呈冲刷趋势,其枯水河槽、洪水河槽冲刷量分别为 4089 万 $m^3$ 和 1319 万 $m^3$,河床"冲槽淤滩"趋势较为明显。

## 9.3.2　界牌河段

### 9.3.2.1　河道概况和历史演变特征

界牌河段位于长江中游,上起湖北省洪湖杨林山,下至赤壁市赤壁山,全长 51.1km。河段为顺直分汊型,左、右岸交替出现边滩,江中有新洲、南门洲等江心洲。河段内节点较多,入口有杨林山、龙头山对峙节点,出口右岸有赤壁山,中间有螺山、鸭栏对峙节点。河段左岸堤防为洪湖大堤,右岸为咸宁长江干堤。在主流顶冲堤段、堤外滩地狭窄与堤外无滩处,筑有矶头、平顺护岸及丁坝等防洪工程。其中,右岸护岸工程长约 30km,1974 年在鸭栏矶头的基础上,修建了长 100m 的丁坝一座;左岸有朱家峰和叶王家洲两处护岸工程。河段内涵闸、泵站等水利设施众多,左岸有螺山泵站、马家闸、新堤大闸、新堤老闸、石码头泵站、腰水闸,右岸有鸭栏闸、新洲脑闸、孙家门闸、群英闸、赤壁闸。其中,新堤大闸控制洪湖入长江的出口,规模最大,设计流量 800$m^3$/s。河段两岸地质组成为二元结构,上层为第四纪全新世松散沉积物,在高程 10～20m 以上为黏土、亚黏土、亚砂土,厚度为 10～20m;下层为砂土,厚度为 20～40m。河床主要由中砂和细砂组成。河段河势见图 9.3-8。

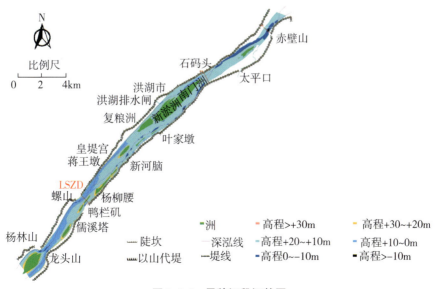

**图 9.3-8　界牌河段河势图**

据《水经注·江水》记载,在南北朝以前,河道较今偏右,紧逼东部丘陵,鸭栏尚在江心。在螺山以下河段,受螺山矶挑流的影响,古河道在现今河道以东。古河道自鸭栏开始,郭家棚、晓洲、横河堤至黄盖山挑流北上,直抵乌林,又折回余家湾。当时已有沙洲记载,如彭城矶附近有彭城洲。南北朝以后,古云梦泽消亡,大量泥沙泄入长江,随着河道主流左偏,晓洲、篾洲等江心洲相继靠岸,迫使河段向左岸摆动。螺山矶以北河段地势开阔,摆动幅度最大,可达 5km 之多。

河段近百年的变迁表现为河岸展宽及江心洲南门洲的形成和变化,1795 年螺山—赤壁河段属单一河道,后因泥沙在江中落淤。19 世纪 60 年代后期出现 3 个小江心滩,到 1927 年3 个小江心滩合并为一个雏形江心洲——南门洲,1950 年南门洲进一步淤高扩大,洲淤岸崩,河道不断展宽。经过 100 多年的演变,单一河道变成了分汊河道,主泓由左岸摆至右汊。

### 9.3.2.2 河道形态变化分析

(1)岸线变化

河段入口左右岸分别有杨林山、龙头山,上中段分别有螺山、鸭栏矶对峙,出口有赤壁山节点,这些节点对河段平面的变化起着控制作用。三峡工程蓄水运用前,界牌河段岸线稳定。2001—2016 年左岸岸坡变化幅度较小,历年左岸岸坡较为稳定;河段右岸岸坡变化幅度相对较大,尤其是新洲脑、叶家墩至篾洲(新淤洲右汊)以及太平口附近岸坡冲淤交替,在2008—2016 年 20m 等高岸线向江中摆移幅度较大,移动最大幅度约 296m,2016 年形成了边滩式江心洲,至 2021 年,边滩式江心洲向江侧移动(图 9.3-9)。

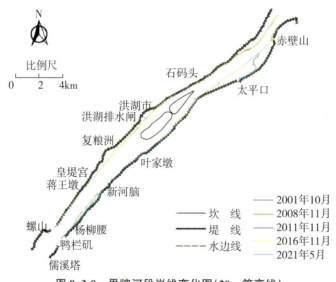

**图 9.3-9 界牌河段岸线变化图(20m 等高线)**

(2)深泓线变化

三峡工程蓄水运用前,界牌河段深泓线平面变化则主要表现为过渡段(杨林山—石码头段,长约 38km)摆动频繁、南门洲汊道段分流点上提下移交替。

三峡工程蓄水运用前,1981—2001 年界牌河段岸线稳定,深泓线平面变化则主要表现为过渡段(杨林山—石码头段,长约 38km)摆动频繁、南门洲汊道段分流点上提下移交替。1981 年时,南门洲左、右汊分汊点靠右岸新河脑与叶家墩之间;此后,分汊点左摆并下移,1993 年时已经位于左岸复粮洲附近,靠向左岸的同时下移近 3km;1998—2001 年,分汊点又上移约 3.7km,大致回到 1981 年的位置略上游。

2008—2016 年,由于叶家墩附近的新洲发生冲刷,南门洲分流点向右摆动至叶家墩。南门洲左右汊交汇点平面摆动相对较小,历年大致位于石码头附近,近期左右汊道内深泓平面位置基本稳定。石码头至赤壁山之间长约 11km 的河段内,2008—2016 年深泓基本稳定在左岸附近,往下摆移至赤壁山自然节点附近,此处深泓位置历年稳定在右岸。2016—2020年,深泓平面变化不大(图 9.3-10)。

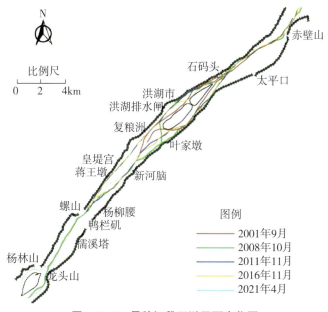

**图 9.3-10　界牌河段深泓平面变化图**

(3)洲滩变化

界牌河段内主要有南门洲、新淤洲等江心洲。南门洲平面形态相对稳定,尤其洲尾变化较小,洲头变化相对较大。2001—2006 年,洲头有所冲刷,而新淤洲洲尾右缘明显淤积,淤积长、宽分别为 1.76km 和 293m,局部洲滩面积增加约 0.41km²;2006—2008 年、2011—2013 年,南门洲总体发生小幅度冲刷,20m 等高线包围的洲体面积减小约 4%,南门洲左缘20m 等高线冲刷崩退约 220m,新淤洲洲头左缘淤积发展约 180m,其余区域变化不大。2013—2016 年南门洲洲体变化较小,洲顶高程 30.3m(表 9.3-3、图 9.3-11)。

表 9.3-3　　　　　　　　　　南门洲洲滩特征统计表(20m等高线)

| 年份 | 最大洲长(m) | 最大洲宽(m) | 面积(km²) | 洲顶高程(m) |
|---|---|---|---|---|
| 2001 | 9247 | 1528 | 10.33 | / |
| 2006 | 9226 | 1501 | 9.97 | 30.7 |
| 2008 | 9186 | 1484 | 9.63 | 30.6 |
| 2011 | 9265 | 1580 | 9.58 | 31.4 |
| 2013 | 9250 | 1695 | 9.76 | 30.5 |
| 2016 | 9303 | 1969 | 9.84 | 30.3 |
| 2021 | 9134 | 1879 | 9.87 | 29.5 |

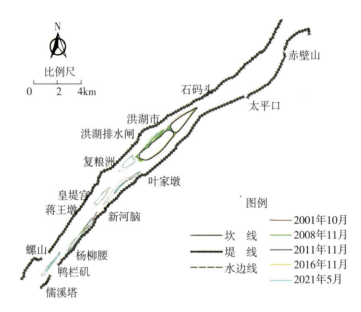

图 9.3-11　界牌河段洲滩变化图(20m等高线)

(4)深槽变化

界牌河段0m深槽主要分布于新淤洲、南门洲右汊以及南门洲两汊的汇流段(石码头至赤壁山)。三峡工程蓄水运用前河段历年0m深槽总体呈萎缩趋势,尤其新淤洲、南门洲右汊深槽淤积尤为明显,2001—2016年深槽逐年发展扩大;2016—2021年南门洲右汊原深槽下游约2km处,有新的深槽开始形成并发展(图9.3-12)。

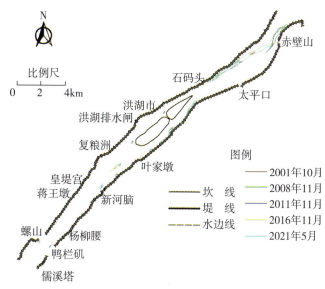

**图 9.3-12　界牌河段深槽变化图(0m 等高线)**

### 9.3.2.3　河道纵、横断面变化分析

（1）河道纵剖面变化

杨林山至新河脑长度约 17km 的河段内，经历了先淤后冲的过程，其中 1959—1996 年为淤积，最大淤积深度约 10m；1996—2001 年为冲刷但幅度不大。

新河脑至南门洲分汊点附近约 6km 的河段为南门洲分汊过渡段，变化比较频繁，1981—1996 年为冲刷，最大冲刷深度近 15m；1996—2001 年为淤积，但淤积幅度不大。

南门洲左汊表现为"淤积—冲刷"，1981—1998 年南门洲左汊淤积，最大淤厚约 12m，平均淤积 5m；左汊分流比大幅度减小。1998—2001 年则为冲刷，2001 年深泓高程与 1981 年相近；三峡工程蓄水后，南门洲左汊总体上表现为小幅度冲刷，河底高程较 2001 年平均降低 2m 左右，局部区域河床下切接近 20m，分流分沙比大致保持在 50% 左右。

右汊则表现为"冲刷—淤积"，1981—1996 年深泓高程降低约 20m，1996 年以后右汊为淤积，河床抬高 15m 左右，三峡工程蓄水后右汊仍表现为冲淤交替，但变化幅度较小，2008 年河床高程与 2001 年相当。

石码头至赤壁山段 1981—2001 年深泓则平均抬高近 8m，三峡蓄水后总体上稳定，但在太平口附近淤积近 10m，而在赤壁山附近冲刷 10m 左右。

三峡工程蓄水初期(2001—2006 年)，该河段淤积大于冲刷，淤积主要发生在新洲、新淤洲左汊，南门洲右汊以及太平口附近，最大淤积幅度达 10m；2011—2016 年河段总体冲刷，最大冲刷幅度近 10m，2016—2021 年河段略有淤积(图 9.3-13)。

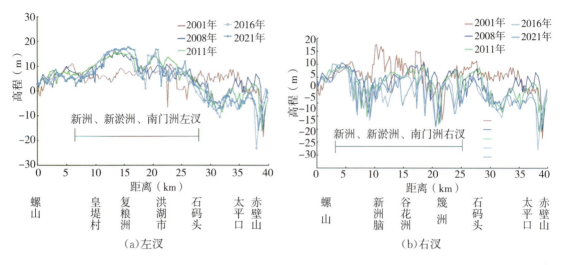

图 9.3-13 界牌河段深泓纵剖面变化图

（2）典型横断面变化

界牌河段分别选取 LSZX、界 Z6、CZ09 三个断面分析其河床演变特征（表 9.3-4、图 9.3-14）。

表 9.3-4 界牌河段典型横断面要素变化

| 断面名称 | 年份 | 水位 | 断面面积（m²） | 河宽（m） | 平均水深（m） | 宽深比 | 平均河底高程（m） | 最深点高程（m） |
|---|---|---|---|---|---|---|---|---|
| LSZX | 2001 | 16.07 | 7165 | 1302 | 5.50 | 6.56 | 10.70 | 5.1 |
|  | 2006 |  | 7074 | 1195 | 5.92 | 5.84 | 10.15 | 4.8 |
|  | 2008 |  | 6309 | 1139 | 5.54 | 6.10 | 10.53 | 5.4 |
|  | 2011 |  | 7430 | 1146 | 6.48 | 5.22 | 9.59 | 3.8 |
|  | 2013 |  | 8721 | 1235 | 7.06 | 4.97 | 9.01 | 2.5 |
|  | 2016 |  | 7292 | 1120 | 6.51 | 5.14 | 9.56 | 5 |
|  | 2021 |  | 8815 | 1180 | 7.47 | 4.6 | 8.6 | −1.7 |
| 界 Z6 | 2001 | 15.5 | 7588 | 1160 | 6.54 | 5.21 | 8.91 | 3.4 |
|  | 2006 |  | 8124 | 1324 | 6.14 | 5.93 | 9.36 | −2.2 |
|  | 2008 |  | 10099 | 1442 | 7.00 | 5.42 | 8.50 | 2.7 |
|  | 2011 |  | 9638 | 1460 | 6.60 | 5.79 | 8.90 | 4.2 |
|  | 2013 |  | 10619 | 1458 | 7.28 | 5.24 | 8.22 | 5.1 |
|  | 2016 |  | 12471 | 1457 | 8.56 | 4.46 | 6.94 | 3.5 |
|  | 2021 |  | 12696 | 1479 | 8.58 | 4.48 | 6.92 | 0.3 |

续表

| 断面名称 | 年份 | 水位 | 断面面积（m²） | 河宽（m） | 平均水深（m） | 宽深比 | 平均河底高程（m） | 最深点高程（m） |
|---|---|---|---|---|---|---|---|---|
| CZ09 | 2001 | 15.24 | 10559 | 801 | 13.18 | 2.15 | 2.07 | −12.1 |
| | 2006 | | 13085 | 676 | 19.35 | 1.34 | −4.11 | −21.8 |
| | 2008 | | 9744 | 847 | 11.50 | 2.53 | 3.74 | −10.5 |
| | 2011 | | 11522 | 890 | 12.94 | 2.30 | 2.30 | −23.3 |
| | 2013 | | 9979 | 882 | 11.31 | 2.63 | 3.93 | −10.6 |
| | 2016 | | 14958 | 925 | 16.17 | 1.88 | −0.93 | −23.1 |
| | 2021 | | 13916 | 940 | 14.81 | 2.07 | 0.43 | −15 |

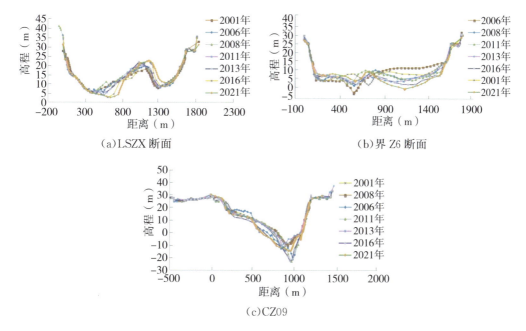

(a)LSZX 断面　　　(b)界 Z6 断面

(c)CZ09

**图 9.3-14　界牌河段典型断面图**

LSZX 断面为河段进口代表断面,该断面呈"W"形,2001—2016 年该断面两侧岸坡较为稳定,主槽冲淤交替变化,总体呈冲刷态势,断面面积交替变化,总体较蓄水前变化不大,河宽较蓄水前缩窄 182m,平均水深较蓄水前增大 1.01m,宽深比往复变化,总体上较蓄水前减小,断面向窄深型发展,最深点高程冲淤交替变化,总体上较蓄水前变化不大。

界 Z6 断面为河段中部代表断面,断面呈"U"形,2001—2016 年该断面冲淤交替变化,总体表现为冲刷,断面面积较蓄水前明显增大,增幅达 64.4%,河宽较蓄水前拓宽 297m,平均水深较蓄水前增加了 2.02m,宽深比较蓄水前略微减小,断面不断拓宽下切。

CZ09 断面为河段出口代表断面,断面呈"V"形,2001—2016 年该断面冲淤交替,总体冲刷明显,断面面积总体上较蓄水前增加 41.7%,河宽较蓄水前拓宽了 124m,平均水深交替变化,总体上较蓄水前增加了 3.01m,宽深比较蓄水前略微减小,断面拓宽下切明显,最深点高程较蓄水前冲刷下切明显,冲深幅度达 11.0m。

### 9.3.2.4 河床冲淤变化分析

2001—2020 年界牌河段河床有冲有淤,总体上冲刷强度远大于淤积强度,其枯水河槽、基本河槽、平滩河槽、洪水河槽的累积冲刷总量分别为 7879 万 m³、7661 万 m³、7651 万 m³、7690 万 m³(图 9.3-15)。可见,总体以主槽冲刷为主。

从时间上看,冲刷主要发生在 2011—2016 年,四级河槽冲刷量分别为 7674 万 m³、7969 万 m³、7659 万 m³、8686 万 m³,枯水河槽冲刷强度达到 30.04 万 m³/(km·a)。

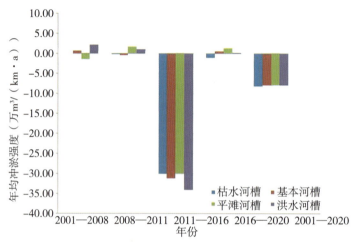

图 9.3-15 河段冲淤强度变化图

### 9.3.2.5 河床演变的特点及成因

界牌河段上段有螺山—鸭栏矶对峙节点,下段有赤壁山节点,这些节点控制了河段河势变化。受河床边界条件和上游来水来沙特性综合作用,该河段河床演变特点主要表现为:主泓的摆动与洲滩的消长,深泓过渡段频繁摆动、河床变化冲淤交替,而本河段滩、槽位置相对稳定,维持南门洲主、支汊道的河势格局。

### 9.3.2.6 本章小结

界牌河段河势总体较为稳定,顺直段深泓较为稳定,南门洲汊道段深泓变化频繁,尤其过渡段、南门洲分流区以及汊道内深泓平面摆动较大;南门洲洲体冲刷,2020 年面积较 2001 年减小 4.5%(20m 等高线),2001 年以来左汊淤积,右汊冲刷;河段总体冲刷,2001—2020 年枯水河槽冲刷 7879 万 m³,洪水河槽冲刷 7690 万 m³,冲刷均发生在枯水河槽,枯水水位以上河槽微淤。

## 9.3.3 陆溪口河段

### 9.3.3.1 河道概况和历史演变特征

陆溪口河段上起赤壁山,下至石矶头,长约 24.6km。上段赤壁山至宝塔洲为鹅头分汊段,长约 11.8km;下段宝塔洲至石矶头为顺直单一段,长约 12.8km。本段进口左岸为乌林矶,右岸为赤壁山节点控制。江水流经赤壁山后,分别进入左、中、右三汊,于宝塔洲汇合后进入顺直单一河段。该河段进口因有赤壁山卡口,河宽约 1100m,汊道段最大河宽达6200m,汇流段则河宽又缩窄至 1100m。河段河势见图 9.3-16。

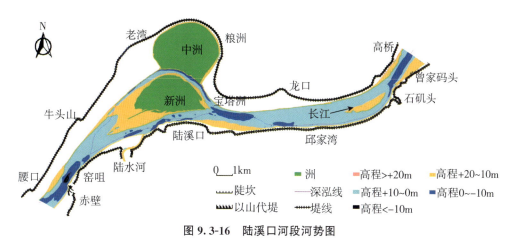

**图 9.3-16　陆溪口河段河势图**

### 9.3.3.2　河道形态变化分析

(1)岸线变化

三峡工程蓄水运用后,陆溪口河段总体格局未发生明显变化,河段受两岸节点控制,15m 等高岸线历年来较为稳定,仅在中洲宝塔洲附近略有摆动,2001—2016 年宝塔洲 15m等高线逐年向岸侧冲刷崩退,变幅约 180m,2016—2021 年变化不大(图 9.3-17)。

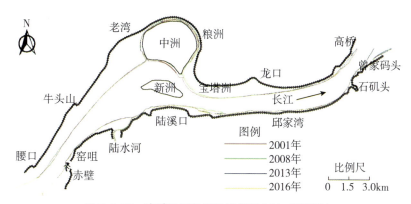

**图 9.3-17　陆溪口河段岸线变化图(15m 等高线)**

(2)深泓线变化

受上赤壁山挑流作用,水流过赤壁后被挑至左岸,进入中洲汊道,多年来主流一直走中汊(其中 1986 年存在四股水流,主流走紧靠右岸的新淤洲右汊)。近几十年来,陆溪口河段在中洲附近深泓平面变化相对较大,主要为分汊点位置上提、下移变化较大,汊道内深泓摆动明显。分汊点历年顺流向变化幅度约 3.2km,其中以 1981—1986 年变化较大,其余时段变化较小,三峡工程蓄水运用后这种变化规律没有发生较大的变化。中洲中汊深泓位置总体上看是逐渐右移,其中以1981—2001年变化明显,累计摆动幅度约1000m。

三峡工程蓄水运用后这种变化规律没有发生较大的变化,2008年分汊点位置较2006年下移约1.6km,而至2011年分汊点位置又上延约1.9km,2011—2021年深泓线较为稳定。

中洲汊道段三股汊流在宝塔洲下游汇合后,沿右岸而行,多年变化不大,尤其是石矶头节点附近深泓基本稳定。深泓线平面变化见图9.3-18。

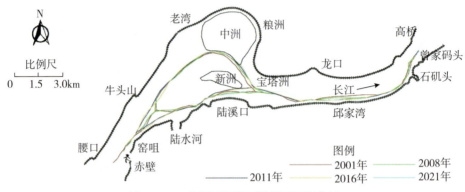

图9.3-18 陆溪口河段深泓线平面变化图

(3)洲滩变化

该河段为鹅头型分汊河段,弯顶处有江心洲中洲,中洲上游侧陆溪口附近有新洲。三峡工程蓄水运用以来,中洲趋于稳定,仅尾部局部有轻微萎缩,但新洲则淤长冲缩较明显,主要表现为洲头周期性上延及回缩、洲左缘向中洲一侧外延淤长,洲尾较为稳定。如2006年,新洲洲头洲体面积为3.6km²,洲顶高程26.9m;2006—2008年新洲淤积发展,洲体面积增加到5.5km²,洲顶高程27.6m,洲头上移1.4km左右;2008—2016年,新洲洲头有所回缩,洲尾较为稳定;2016年洲体面积5.8km²,洲顶高程27.1m,新洲体面积呈缓慢扩大的趋势(图9.3-19)。

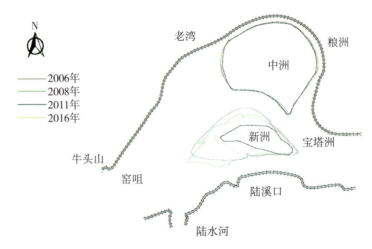

图9.3-19 陆溪口河段中洲平面变化图(20m等高线)

### 9.3.3.3 河道纵、横断面变化分析

(1)河道纵剖面变化

陆溪口河段进口段由于赤壁山挑流形成冲刷坑,冲刷坑最深点高程约为−20m,在汊道分流处,由于水流弯曲,洲头阻力增加,分汊口门附近的环流将底沙带入口门附近堆积,导致口门附近河床抬高,进入汊道后,由于水流单宽流量增大,河床又逐渐降低;在汇流后的单一段,深泓高程起伏变化减小,但在河段出口石矶头节点附近,由于河道束窄,同时河道微弯,深泓高程降低为−10m左右,个别年份达到−25m左右。

该河段河床纵向变化较大的区域位于中洲汊道段,如中洲中汊1981—1986年局部最大淤高近10m,而1986年之后又冲刷下切,其中1986—2001年最大下切厚度达到16m左右;右汊的变化趋势与中汊相反,但变化幅度略小。本河段单一河段河床纵向变化较小,历年变化一般小于10m。

三峡工程蓄水运用后,陆溪口河段纵向变化规律没有发生较大变化,中汊略有冲刷,右汊略有淤积,幅度均不大。如石矶头附近,2006年深泓高程为−10.2m,2008年时冲刷降至−12.5m,至2013年深泓高程淤积抬高至−7.8m,2006—2016年的变幅4.7m,2016—2021年深泓变化不大(图9.3-20)。

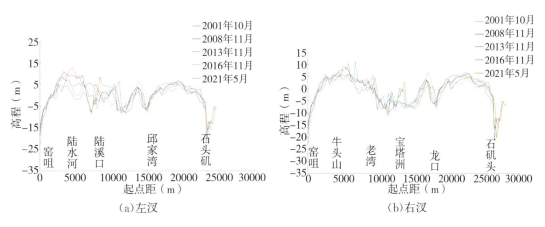

图 9.3-20 陆溪口河段深泓纵剖面变化图

(2)典型横断面变化

陆溪口河段分别选取CZ10-1、CZ16、CZ18-1三个断面分析其河床演变特征(图9.3-21、表9.3-5)。

411

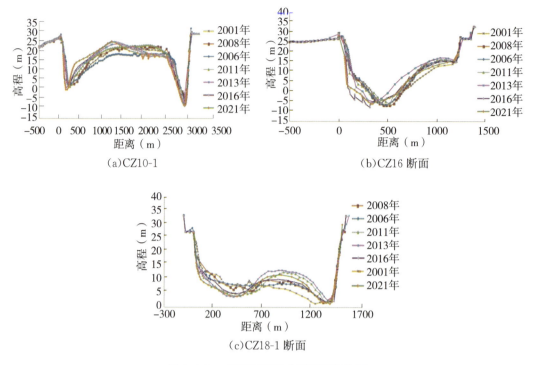

(a)CZ10-1

(b)CZ16 断面

(c)CZ18-1 断面

图 9.3-21　陆溪口河段典型断面变化图

表 9.3-5　　　　　　　　　　　陆溪口河段典型横断面要素变化

| 断面 | 年份 | 水位(m) | 断面面积 (m²) | 河宽 (m) | 平均水深 (m) | 宽深比 | 平均河底 高程(m) | 最深点 高程(m) |
|---|---|---|---|---|---|---|---|---|
| CZ10-1 | 2001 | 15.09 | 8839 | 1067 | 8.28 | 3.94 | 6.85 | −7.8 |
| | 2006 | | 9398 | 1192 | 7.89 | 4.38 | 7.20 | −7.7 |
| | 2008 | | 9494 | 1013 | 9.37 | 3.40 | 5.72 | −7.3 |
| | 2011 | | 8554 | 993 | 8.61 | 3.66 | 6.48 | −7.3 |
| | 2013 | | 7799 | 957 | 8.15 | 3.80 | 6.94 | −7.6 |
| | 2016 | | 9043 | 985 | 9.18 | 3.42 | 5.91 | −8.7 |
| | 2021 | | 8572 | 858 | 9.99 | 2.93 | 5.1 | −8 |
| CZ16 | 2001 | 14.94 | 11227 | 1077 | 10.42 | 3.15 | 4.47 | −6.4 |
| | 2006 | | 10148 | 886 | 11.46 | 2.60 | 3.48 | −6.8 |
| | 2008 | | 10375 | 880 | 11.79 | 2.52 | 3.15 | −7.1 |
| | 2011 | | 9632 | 811 | 11.88 | 2.40 | 3.06 | −6.1 |
| | 2013 | | 8586 | 798 | 10.76 | 2.63 | 4.18 | −5.2 |
| | 2016 | | 12012 | 933 | 12.87 | 2.37 | 2.07 | −8 |
| | 2021 | | 11782 | 1040 | 11.32 | 2.85 | 3.62 | −6 |

续表

| 断面 | 年份 | 水位(m) | 断面面积(m²) | 河宽(m) | 平均水深(m) | 宽深比 | 平均河底高程(m) | 最深点高程(m) |
|------|------|---------|-------------|---------|------------|--------|----------------|--------------|
| CZ18-1 | 2001 | 14.74 | 10758 | 1377 | 7.81 | 4.75 | 6.92 | 1.2 |
| | 2006 | | 9959 | 1391 | 7.16 | 5.21 | 7.58 | 1.9 |
| | 2008 | | 9488 | 1344 | 7.06 | 5.20 | 7.68 | 1.5 |
| | 2011 | | 9708 | 1411 | 6.88 | 5.46 | 7.86 | 2 |
| | 2013 | | 8396 | 1396 | 6.02 | 6.21 | 8.72 | 2.5 |
| | 2016 | | 10250 | 1424 | 7.20 | 5.24 | 7.54 | 1.8 |
| | 2021 | | 9836 | 1534 | 6.41 | 6.11 | 8.33 | 2.8 |

CZ10-1 断面为中洲汊道前代表断面,该断面呈"W"形,2001—2016 年该断面两侧岸坡较为稳定,心滩冲淤变化明显,断面总体略微冲刷,断面面积交替变化,总体较蓄水前变化不大,河宽较蓄水前缩窄了 82m,平均水深较蓄水前略微增大,宽深比交替变化,总体上较蓄水前轻微减小。

CZ16 断面为河段中部代表断面,2001—2016 年该断面冲淤交替变化,总体表现为冲刷,断面面积较蓄水前变化不大,河宽较蓄水前缩窄 144m,平均水深较蓄水前增加了 2.45m,宽深比总体上较蓄水前单向减小,断面不断缩窄下切。

CZ09 断面为河段出口代表断面,断面呈"U"形,2001—2016 年该断面冲淤交替,总体略微淤积,断面面积总体上较蓄水前变化不大,河宽较蓄水前轻微拓宽,平均水深较蓄水前减小了 0.61m,宽深比较蓄水前略微增大,断面有向宽浅型发展的趋势。

#### 9.3.3.4　河床冲淤变化分析

陆溪口河段 2001—2020 年,仅 2001—2008 年呈小幅淤积,其余时段均呈冲刷趋势,其枯水河槽、基本河槽、平滩河槽、洪水河槽的累积冲刷总量分别为 4584 万 m³、5168 万 m³、5566 万 m³、8943 万 m³(图 9.3-22)。可见,总体表现为滩槽皆冲的趋势。

从时间上看,冲刷主要发生在 2011—2016 年,2016 年以后冲刷强度明显减弱。

#### 9.3.3.5　河床演变的特点及成因

陆溪口河段的河床边界条件与上游来水来沙长期作用的结果,塑造了现在的鹅头分汊河型,河道的变化主要反映在汊道及江心洲的冲淤变化上,河道形态总体变化不大,岸线变化较小,主流线基本稳定。

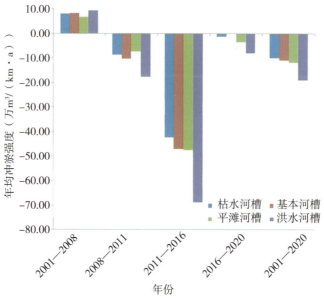

图 9.3-22　河段冲淤强度变化图

#### 9.3.3.6　本章小结

陆溪口河段新洲右汊为主汊,左汊为支汊,右汊水流动力轴线逐渐右摆;新洲冲淤变化较大,洲体有左移趋势,面积有所扩大;而中洲变化相对较小,洲体相对稳定。河床总体表现为冲刷,2001—2020 年枯水河槽、洪水河槽冲刷泥沙分别为 4584 万 $m^3$、8943 万 $m^3$。枯水河槽冲刷占河床冲刷总量的 51%。

### 9.3.4　嘉鱼河段

#### 9.3.4.1　河道概况和历史演变特征

嘉鱼河段地处长江中游城陵矶和武汉之间,位于湖北省境内,左岸属洪湖市,右岸为嘉鱼市。河段上起石矶头,下至潘家湾,全长 36km。

嘉鱼河段属于典型的顺直分汊河型。上段嘉鱼水道平面呈弯曲放宽状,其进口有嘉鱼节点控制,洪水水面宽由 1300m 逐渐放宽至 4200m。中部有护县洲和复兴洲将水流分为三汊。其中,护县洲右汊枯水期基本断流,洪水期分流比不超过 5%。左汊左岸蒋家墩—汤二家岸边筑有 3 个护岸矶头,其中以三矶头伸出江面最多,中洪水期在其下游产生较大回流,二矶头与三矶头之间终年有水翻花,流态紊乱。下段燕子窝水道平面呈弯曲收缩状,洪水河宽由 5000m 缩窄至 2000m,出口有殷家角节点控制,右侧有平安洲、福屯洲等。江中常年有心滩存在,将水道分为左、右两槽。

嘉鱼河段两岸均建有堤防,左岸为洪湖长江干堤,右岸为咸宁长江干堤,均属 2 级堤防。河道中的护县洲、复兴洲以及平安洲上均建有子堤。清朝时期,在嘉鱼至燕子窝河段左岸蒋家墩及彭家码头附近建了 3 个护岸矶头,阻止河岸后退。嘉鱼燕子窝沿岸修筑了很多护岸工程,不仅稳定了岸线、加固了堤防,对河势的控制也起到了积极作用。除左岸 3 个护岸矶头及人工护岸等节点的控制外,两岸均由河流松散冲积物组成,以沙质岸坡居多。河床及洲滩由粉细砂组成,上部地质松散,往下为稍密、中密到密实状态。河段河势见图 9.3-23。

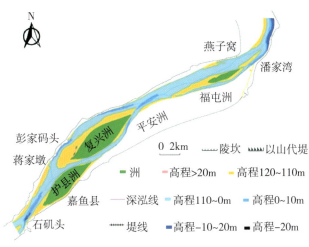

**图 9.3-23　嘉鱼河段河势图**

该河段远在公元 280 年,江中已有大型江心洲,称为蒲圻洲,即石矶头一带近岸沙洲,当时洲上还设置了蒲圻县。《光绪湖北舆地记·卷二》曾有记载,蒲圻山北有南洲(一名擎洲)和白面洲合并的大沙洲。晋太康元年(公元 280 年)于洲头设置蒲圻县。嘉鱼县城所在地六朝为江中之中洲,鱼狱山孤峙中洲之上。六朝鱼狱山北江中还有扬子洲,其东北为金梁洲和渊洲,渊洲位于今燕子窝一带。六朝至明代,嘉鱼一带江道逐渐北移,中洲靠向右岸,原来江中的鱼狱山在明代时距江已有五里之遥。由此可见,本河段的主河槽不仅仅只作向左移动的单向运动,当其摆动强度与幅度达到一定限度时,河道受到边界条件、水流动力条件等因素的综合作用以后,又会作向右的往复运动,嘉鱼河段在 1860—1970 年的 110 年内,除左移0.5km 外,又向右摆动了 2km,河道移动至今天所在的位置。

嘉鱼河段近百年来的历史演变还表现在由微弯单一河型逐渐转化为三洲错列、略似"品"字形的微弯分汊河型。本河段在 1861 年以前还是单一河道,后因左岸大量崩塌,河道展宽。到 1912 年江中出现较多的潜洲和边滩,这些潜洲经过 20 多年的淤长合并,到 1934年已发展成为现在的微弯分汊河型,江中主要分布有护县洲、白沙洲和复兴洲等 3 个较大的江心洲,其中护县洲与复兴洲逐渐靠近右岸,因此护县洲与复兴洲右汊枯季已基本断流,成为边滩式江心洲。

#### 9.3.4.2 河道形态变化分析

**(1)岸线变化**

嘉鱼河段为分汊河段,河段中洲滩较多,分汊段洲头洲尾附近受洲滩的消长冲淤变化,2001—2016年,谷洲附近20m等高线向左岸摆动约100m,其他位置两岸岸线历年变幅较小,岸坡较为稳定,最大冲淤变化在80m以内。从总体上来看,河段在2001—2021年岸线变幅较小(图9.3-24)。

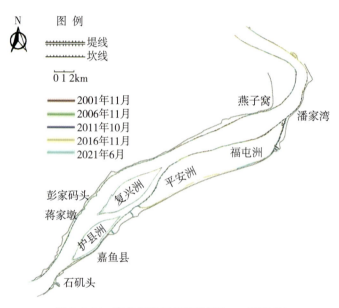

**图9.3-24 嘉鱼河段岸线变化图(20m等高线)**

**(2)深泓线变化**

嘉鱼水道深泓平面变化主要表现为上下深槽间过渡段主流线的上提下挫。上段嘉鱼水道深泓历年走左汊,但上下深槽间过渡段深泓在左汊内有所摆动;下段燕窝水道深泓线随着心滩年际间的大幅度冲淤而在左右汊交替。

三峡工程蓄水运用前(1981—2001年),上段嘉鱼水道深泓线摆动幅度较大,1986年深泓偏靠左岸,至1993年右移约1km,紧贴护县洲左缘而下,此后至2001年深泓在左汊内微幅左右摆动;下段燕窝水道1981—1998年深泓走心滩右汊紧贴福屯洲边缘而行,至2001年,深泓移至心滩左汊。

2001—2021年,河段整体河势没有大的变化:嘉鱼河道深泓仍沿走护县洲、复兴洲左汊,就目前情况来看,深泓在左汊内年际间摆幅有所减小,下段燕窝水道维持蓄水前2001年深泓走心滩左汊的格局(图9.3-25)。

**图 9.3-25 嘉鱼河段深泓平面变化图**

（3）洲滩变化

该河段形成了三个大的江心洲，从上至下依次为护县洲、白沙洲、复兴洲，三洲呈"品"字形排列，其中三洲之中复兴洲最大，从测图上来看，近年来复兴洲右汊已基本淤积堵塞，复兴洲已逐渐演变成为边滩式江心洲，洲体发育较为缓慢，基本保持相对稳定状态。

复兴洲位于白沙洲下游，其洲头伸至白沙洲右侧中部，洲体靠近河道右侧，由于洲体邻近右岸，加之复兴洲右汊逐年淤积，近年洲体与河道右岸连为一体形成边滩式江心洲，从套绘历年复兴洲 20m 等高线看，2001—2016 年复兴洲平面位置较为稳定，受水沙作用，复兴洲左缘以及洲尾局部有冲淤变化，表现为洲左缘中部淤积展宽，洲左缘尾部冲刷缩窄，冲刷幅度大于淤积，洲头及洲右缘受边界条件所限，冲淤变化有限。

洲滩特征统计结果表明，复兴洲洲长历年最大变幅仅为 200m，最大洲宽变幅为 257m，复兴洲洲体总体变化不大，历年基本稳定（图 9.3-26、表 9.3-6）。

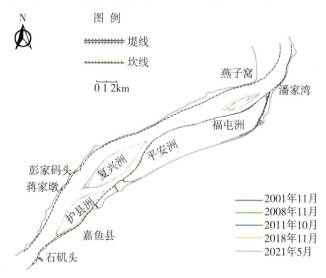

**图 9.3-26 嘉鱼河段洲滩变化图（20m 等高线）**

表 9.3-6  复兴洲洲体特征统计表（20m 等高线）

| 年份 | 洲长（km） | 最大宽度（m） |
| --- | --- | --- |
| 2001 | 16.91 | 2454 |
| 2008 | 16.85 | 2453 |
| 2011 | 16.84 | 2455 |
| 2013 | 16.84 | 2565 |
| 2016 | 16.90 | 2560 |
| 2021 | 16.25 | 2560 |

### 9.3.4.3 河道纵、横断面变化分析

（1）河道纵剖面变化

嘉鱼河段深泓年际冲淤幅度较大，其中嘉鱼水道浅滩、燕子窝水道心滩位置冲淤变形尤甚。如三峡工程蓄水前 2001 年相对于 1993 年嘉鱼水道浅滩最大冲刷约 21m，燕子窝水道心滩处 1998 年相对于 1986 年最大冲刷 18m。但整个河道冲淤相间，总体冲淤平衡。

三峡工程蓄水运用后，2001—2021 年河段进口石矶头节点和出口潘家湾处深槽冲淤交替，冲淤幅度 5～6m，嘉鱼水道浅滩以及燕窝水道心滩冲淤幅度相对较小，无明显累积性冲刷或淤积趋势（图 9.3-27）。

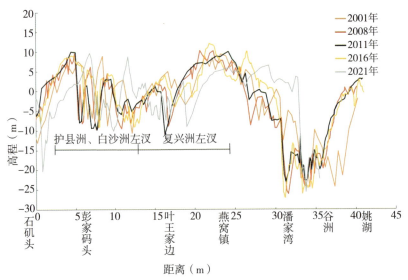

图 9.3-27  嘉鱼河段深泓纵剖面变化图

（2）典型横断面变化

嘉鱼河段分别选取 CZ21、CZ28 两个断面分析其河床演变特征（表 9.3-7、图 9.3-28）。

CZ21 断面为护县洲主汊代表断面，断面呈"U"形，2001—2016 年该断面两侧岸坡较为

稳定,主槽冲淤交替变化,总体表现为冲刷,断面面积较蓄水前增大30.2%,河宽较蓄水前拓宽了166m,平均水深有累积性增加的趋势,宽深比交替变化,总体上较蓄水前减小,断面不断拓宽淤积。

CZ28断面为河段中部代表断面,断面呈"U"形,2001—2016年该断面两侧岸坡基本稳定,冲淤主要集中在主槽,断面总体表现为冲刷,断面面积交替变化,总体上较蓄水前增加49.4%,河宽变化不大,平均水深较蓄水前明显增大,增幅为2.12m,宽深比呈逐年减小的趋势,断面不断冲刷下切,最深点高程较蓄水前冲刷下切了5.0m。

表 9.3-7                       嘉鱼河段典型横断面要素变化

| 断面 | 年份 | 水位(m) | 断面面积 (m²) | 河宽(m) | 平均水深 (m) | 宽深比 | 平均河底 高程(m) | 最深点 高程(m) |
|---|---|---|---|---|---|---|---|---|
| CZ21 | 2001 | 14.57 | 7958 | 1718 | 4.63 | 8.95 | 9.96 | −3.3 |
| | 2006 | | 8905 | 1876 | 4.75 | 9.12 | 9.82 | 4 |
| | 2008 | | 8062 | 1849 | 4.36 | 9.86 | 10.21 | 1.8 |
| | 2011 | | 9368 | 1878 | 4.99 | 8.69 | 9.58 | −0.1 |
| | 2013 | | 8891 | 1890 | 4.70 | 9.24 | 9.87 | 3.4 |
| | 2016 | | 10361 | 1884 | 5.50 | 7.89 | 9.07 | 1.6 |
| | 2021 | | 10612 | 1898 | 5.59 | 7.79 | 8.98 | −4 |
| CZ28 | 2001 | 14.23 | 7538 | 1644 | 4.59 | 8.84 | 9.56 | 6.1 |
| | 2006 | | 8903 | 1666 | 5.34 | 7.64 | 8.89 | 7.8 |
| | 2008 | | 9188 | 1659 | 5.54 | 7.35 | 8.69 | 6.6 |
| | 2011 | | 9389 | 1669 | 5.62 | 7.27 | 8.61 | 7.1 |
| | 2013 | | 8950 | 1658 | 5.40 | 7.55 | 8.83 | 7.3 |
| | 2016 | | 11260 | 1677 | 6.71 | 6.10 | 7.52 | 1.1 |
| | 2021 | | 11357 | 1702 | 6.67 | 6.18 | 7.56 | 4.4 |

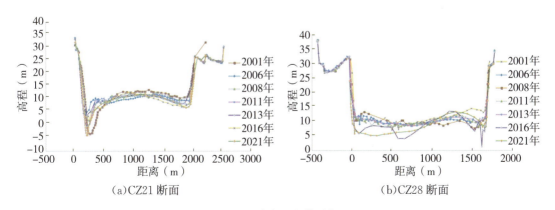

(a)CZ21断面                      (b)CZ28断面

图 9.3-28   嘉鱼河段典型断面图

#### 9.3.4.4 河床冲淤变化分析

2001—2020 年嘉鱼河段河床有冲有淤,总体上呈冲刷趋势,其枯水河槽、基本河槽、平滩河槽、洪水河槽的累积冲刷总量分别为 6852 万 m³、7165 万 m³、7020 万 m³、5378 万 m³(图 9.3-29)。可见,总体表现为冲槽淤滩的趋势。

从时间上看,冲刷主要发生在 2008—2016 年,2001—2008 年河段总体表现为冲槽淤滩,2016—2020 年表现为小幅淤积。

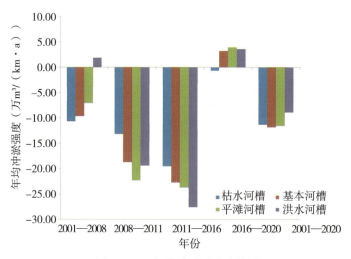

图 9.3-29 河段冲淤强度变化图

#### 9.3.4.5 河床演变的特点及成因

该河段河床演变主要受河床边界条件、水流动力条件等因素的综合作用,主泓左右往复摆动,主泓的变化与河段洲滩发育有关,洲头、洲尾等局部滩槽部位冲淤频繁,汉道分汇流点随之上提下移,而洲滩平面形态较为稳定,河段两岸岸线变化较小,总体河势将保持相对稳定。

#### 9.3.4.6 本章小结

嘉鱼河段仍然冲淤交替,无明显累积性冲刷或淤积趋势,主流线基本稳定,洲滩变化较小。河床为“冲槽淤滩”,2001—2020 年枯水河槽冲刷泥沙 6852 万 m³,而枯水水位至洪水水位之间的河槽淤积 1474 万 m³。

### 9.3.5 簰洲湾河段

#### 9.3.5.1 河道概况和历史演变特征

簰洲湾河段上起潘家湾,下至纱帽山,全长 76.6km,为一弯曲型河段,河段内有著名的簰洲弯道,上从花口起下至双窑,长约 53.9km,其弯颈处最窄距离仅约 4.2km,其弯曲系数达 12 以上。簰洲湾河段进口段右岸花口处,由于边滩切割而形成江心洲——土地洲(又名谷洲),在簰洲镇下游弯顶处又有一较大的江心洲——团洲(原名大兴洲),20 世纪 70 年代以来,在邓家口对岸江中逐渐形成一近岸潜洲,多年来潜洲不断淤长,已发展成为近岸江心洲。

该河段内入汇支流较少,仅有东荆河于新滩口汇入。该河段河床质组成均为细砂,河岸的物质组成主要有黏土、亚黏土、亚砂土和粉细砂土等四大类及由不同土质所组成的互层和夹层结构,2006 年汛后床沙中值粒径为 0.168mm。河段河势见图 9.3-30。

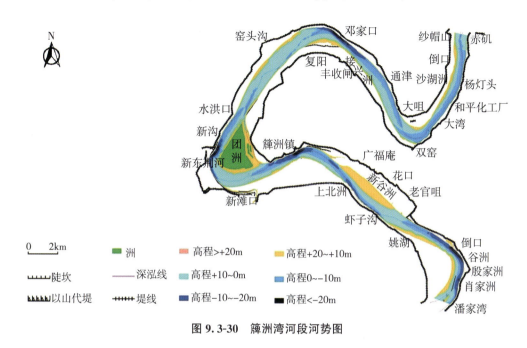

**图 9.3-30　簰洲湾河段河势图**

据北魏郦道元《水经注》中记载,在六朝(公元 420 年)时,簰洲湾河段仍为一顺直分汊型河段,曲流尚未形成。当时长江在今簰洲湾颈部流过,江中有一大型沙洲名为沙阳洲,在沙洲左侧有一支汊名为长洋港,其流向与今簰洲湾道基本一致,故长洋港即为当今簰洲湾道的雏形。据中国科学院地理所研究,在南宋以前簰洲湾道曲流已经形成,主要是受局部地区新构造运动的影响。六朝以后,长江主流已沿长洋港作大幅度转弯,原有的顺直分汊型长江河道则因构造运动抬升而断流。

《入蜀记·卷五》记载,陆游于公元 1170 年从鄂州(今武昌)乘船去巴陵(今岳阳)须绕簰洲湾作近百里的大回旋,表明当时的长江顺直分汊故道已完全淤死而不能通行了。元、明以后,簰洲湾曲流仍在不断地发展变化中。明嘉靖二十五年(公元 1546 年),簰洲湾河段已成为微弯单一河道,左岸与长塔湖相连,右岸在今肖家洲、姚湖一带,有一个较大的湖泊——九湾汇湖。由于河道两岸均为松软沙土,抗冲性较差,因而弯道上下弯颈不断崩退,并向下游发展。从清顺治三年(公元 1646 年)到乾隆十一年(公元 1746 年),河道的弯曲形式已经很明显了,在今簰洲以下河道,其下段向右岸发展,而上段则向左岸发展,此时弯道曲折系数约为 2.0。在清乾隆十一年(公元 1746 年)至清道光二十六年(公元 1846 年)的百余年间,簰洲湾道已与近代的河道平面形态非常相似,在清道光二十六年(公元 1846 年)以后该河段已完全变成现有的弯曲性河型,在 1860 年的英国海军实测的航道图上,该河段的平面形态与现在已相差不大。清光绪十五年(公元 1889 年),在新滩口下游,簰洲镇对面形成一江心洲,名为大兴洲,后由于该洲不断淤长、扩大,因而改称为团洲,其后此段江面因团洲的存在而逐渐拓宽。

1901年,在今燕子窝以西的江中又形成一江心洲,后因水流顶冲右岸,左岸则不断淤积,致使该江心洲与左岸连成一片。在1901—1935年的30多年期间,河道的平面变化较为明显,表现为肖家洲一带不断崩退,而燕子窝至上北洲一带的边滩则不断淤长,同时簰洲镇也不断崩退,新沟、水洪口、邓家口一带岸坡崩塌也较为剧烈,至今仍是重要的崩岸险工,大咀处由于上游崩塌,水流顶冲点下挫,导致对岸居子号也有相当规模的崩岸,清光绪二十六年(公元1900年)至民国二十四年(公元1935年),此处左岸又崩退数百米,此期间团洲逐渐淤长,1935年团洲左右两汊均可四季通航,其后右汊不断淤积、变窄,形成现有的河势。

#### 9.3.5.2 河道形态变化分析

(1)岸线变化

该河段由于河段两岸筑有堤防,岸坡边界条件良好,2001—2021年该河段岸线摆动幅度不大,仅在弯道进、出口附近岸线有轻微摆动(图9.3-31)。

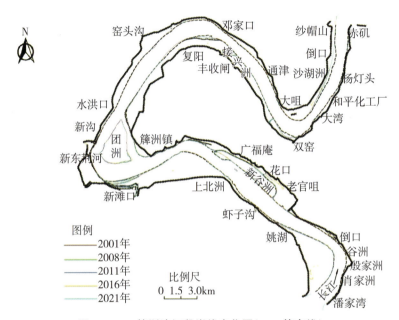

**图9.3-31 簰洲湾河段岸线变化图(20m等高线)**

(2)深泓线变化

簰洲河段深泓平面变化主要表现为弯道处深泓位置的摆动和顶冲点位置逐渐下挫,以及两个弯道之间过渡段的摆动,而在顶冲点下游一段区域内深泓多年稳定。例如,1981—2001年新滩口附近弯顶处,顶冲点下移约1.8km,顶冲点上游深泓向河心摆动约640m;窑头沟—邓家口弯顶附近,顶冲点上游段左右摆动幅度约400m,顶冲点下移约800m;双窑弯顶处,顶冲点下移约1100m,顶冲点上游深泓向河心摆动约550m。

三峡水库蓄水后,簰洲湾河段深泓平面变化规律基本没有发生明显变化,其中由于2006年该河段属于"少水少沙"年份,顶冲点位置略有上提,如新滩口附近弯道处,顶冲点较2001年上移约500m,窑头沟至邓家口弯道附近,顶冲点上移约500m,双窑弯顶处,顶冲点上移约1000m,2006—2008年各弯顶又下挫700~1000m,2008—2021年又有所上移。其他局部深泓线平面变动不大,保持相对稳定(图 9.3-32)。

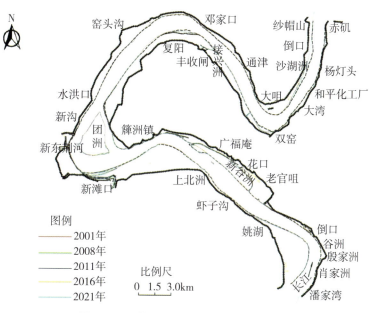

**图 9.3-32 簰洲湾河段深泓平面变化图**

(3)洲滩变化

团洲为簰洲湾河段江心洲,套绘 15m 等高线团洲洲滩变化图(图 9.3-33),其变化主要表现为洲头的冲刷崩退和左右缘的冲淤交替。三峡工程蓄水运用后,团洲主支汊格局没有发生变化,其中右汊有所淤积,团洲洲头最大冲刷后退 40m,洲尾最大下延约 60m,洲体平面位置及洲体面积变化较小。

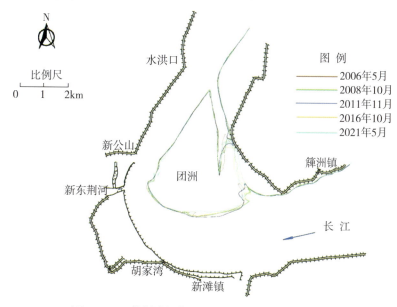

**图 9.3-33 簰洲湾河段团洲变化图(20m 等高线)**

（4）深槽变化

河段大咀附近,受弯道环流的影响,弯道凹岸河床受到大幅度冲刷,多年来在河道右侧形成了较大深槽,从大咀起向下延伸至倒口附近,—5m 深槽长约 10km。

该河段深槽多年来平面位置较为稳定,槽首上移及槽尾下延趋势不太明显,深槽两缘左右摆动幅度较小,其变化主要发生在弯道段。统计深槽特征值,见表 9.3-8。

表 9.3-8　　　　　　　　簸洲湾河段深槽(—5m 等高线)历年变化表

| 年份(年-月) | 深槽面积(km²) | 最深点高程(m) |
| --- | --- | --- |
| 2001-10 | 2.97 | —14.8 |
| 2006-5 | 2.72 | —13.8 |
| 2008-10 | 2.87 | —14.8 |
| 2013-10 | 2.87 | —15.7 |
| 2016-11 | 3.14 | —14.3 |
| 2021-5 | 3.88 | —15.0 |

2001—2021 年,河段内深槽平面位置保持相对稳定的状态,其主要变化体现在弯道河段槽首的上移下延与左右摆动上,但幅度不大,多年来深槽面积均保持在 3km² 左右,最深点高程相差在 3m 上下。深槽的变化还体现在数量的改变上,主要表现为深槽的分分合合,但总体而言河段内深槽相对较为稳定(图 9.3-34)。

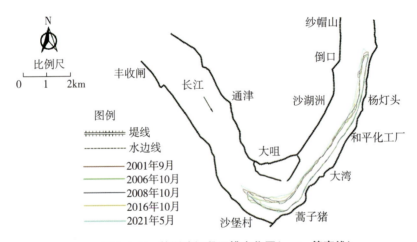

图 9.3-34　簸洲湾河段深槽变化图(—5m 等高线)

### 9.3.5.3　河道纵、横断面变化分析

（1）河道纵剖面变化

尽管簸洲湾河段弯道处深泓平面有所摆动,顶冲点位置发生一定变化,深泓纵向高程抬高与下切互现,但多年来变化较小。1981—1998 年,深泓高程略有抬高,局部最大淤高约10m,以虾子沟、新滩镇、下新洲附近相对明显,其余区域变化较小;1998—2001 年,深泓高程下切,一般不超过 5m,局部区域最大降低 10m 左右,如虾子沟附近。

三峡工程蓄水后,2001—2021 年在簰洲湾进、出口等深泓过渡段,深泓线逐年下降。从总体上来说,2001—2021 深泓总体上有所下切,但变化幅度不大(图 9.3-35)。

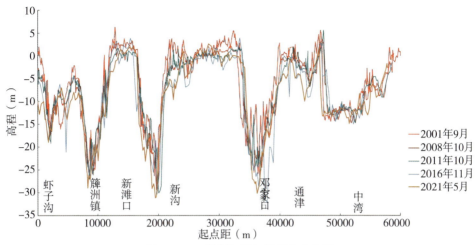

**图 9.3-35　簰洲河段深泓纵向变化图**

(2)典型横断面变化

簰洲河段分别选取 CZ33、CZ38、CZ49 三个断面分析其河床演变特征(表 9.3-9 和图 9.3-36)。

CZ33 断面为河段进口代表断面,2001—2016 年该断面左侧岸坡较为稳定,主槽呈交替性冲淤变化,断面总体表现为冲刷,断面面积较蓄水前略微增大,河宽较蓄水前拓宽了 226m,平均水深总体较蓄水前增大,宽深比较蓄水前变化不大,断面拓宽下切。

CZ38 断面为河段中部代表断面,2001—2016 年该断面总体表现为冲刷,断面面积较蓄水前增大 29.1%,河宽较蓄水前略微拓宽,平均水深较蓄水前增加 1.26m,宽深比总体上较蓄水前减小,断面有拓宽下切的趋势。

CZ49 断面为河段出口代表断面,2001—2016 年该断面明显为冲刷,断面面积交替变化,总体上较蓄水前增大 30.9%,河宽变化不大,平均水深较蓄水前增加 29.2m,宽深比总体上较蓄水前减小,断面向冲刷下切发展。

**表 9.3-9　　　　　　　　簰洲河段典型横断面要素变化**

| 断面 | 年份 | 水位(m) | 断面面积<br>(m²) | 河宽<br>(m) | 平均水深<br>(m) | 宽深比 | 平均河底<br>高程(m) | 最深点<br>高程(m) |
|------|------|---------|------------------|-------------|----------------|--------|--------------------|-------------------|
| CZ33 | 2001 | 13.77 | 7152 | 955 | 7.49 | 4.13 | 5.52 | −3.4 |
| | 2006 | | 7628 | 1000 | 7.63 | 4.14 | 6.14 | −5.8 |
| | 2008 | | 7659 | 994 | 7.71 | 4.09 | 6.06 | −1.5 |
| | 2011 | | 7923 | 882 | 8.98 | 3.31 | 4.79 | −7 |
| | 2013 | | 8191 | 1146 | 7.15 | 4.74 | 6.62 | −4.3 |

| 断面 | 年份 | 水位(m) | 断面面积(m²) | 河宽(m) | 平均水深(m) | 宽深比 | 平均河底高程(m) | 最深点高程(m) |
|------|------|---------|-------------|---------|-------------|--------|----------------|----------------|
| CZ33 | 2016 | 13.77 | 9948 | 1181 | 8.43 | 4.08 | 5.34 | −7.8 |
|      | 2021 |       | 10882 | 1245 | 8.74 | 4.04 | 5.03 | −11 |
| CZ38 | 2001 | 13.43 | 8425 | 1397 | 6.03 | 6.20 | 6.85 | 1.4 |
|      | 2006 |       | 9144 | 1508 | 6.06 | 6.4 | 7.37 | 1.3 |
|      | 2008 |       | 9574 | 1454 | 6.58 | 5.79 | 6.85 | 2.2 |
|      | 2011 |       | 9799 | 1488 | 6.59 | 5.86 | 6.84 | 0.1 |
|      | 2013 |       | 9442 | 1420 | 6.65 | 5.67 | 6.78 | 1.7 |
|      | 2016 |       | 10877 | 1491 | 7.29 | 5.29 | 6.14 | −2.3 |
|      | 2021 |       | 11202 | 1554 | 7.21 | 5.47 | 6.22 | 1.1 |
| CZ49 | 2001 | 12.77 | 13118 | 1268 | 10.34 | 3.44 | 2.29 | −13.5 |
|      | 2006 |       | 12318 | 1319 | 9.34 | 3.89 | 3.43 | −12.5 |
|      | 2008 |       | 15818 | 1250 | 12.65 | 2.79 | 0.12 | −13.4 |
|      | 2011 |       | 12405 | 1300 | 9.54 | 3.78 | 3.23 | −13.1 |
|      | 2013 |       | 9992 | 1179 | 8.48 | 4.05 | 4.29 | −0.9 |
|      | 2016 |       | 17172 | 1294 | 13.27 | 2.71 | −0.5 | −11 |
|      | 2021 |       | 16052 | 1271 | 12.63 | 2.82 | 0.14 | −12 |

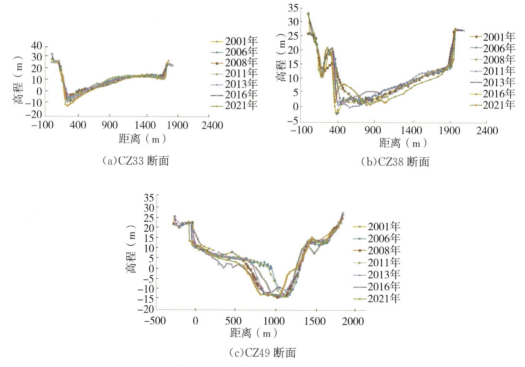

(a)CZ33 断面　　　　　　　　(b)CZ38 断面

(c)CZ49 断面

图 9.3-36　簰洲湾河段典型断面图

#### 9.3.5.4 河床冲淤变化分析

2001—2020 年,簰洲河段河床均表现为冲刷趋势,其枯水河槽、基本河槽、平滩河槽、洪水河槽的累积冲刷总量分别为 14249 万 m³、15354 万 m³、15999 万 m³、18609 万 m³。可见总体表现为滩槽皆冲的趋势。

从时间上看,冲刷强度最大的时间段同样发生在 2011—2016 年,且 2016—2020 年冲刷强度较三峡初期蓄水运用更强。

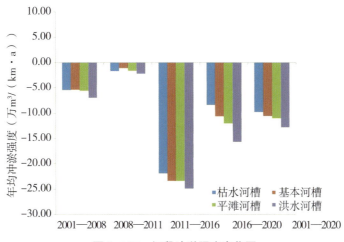

图 9.3-37 河段冲淤强度变化图

#### 9.3.5.5 河床演变的特点及成因

该河段具有弯曲性河道的河床演变规律,主要体现在弯道顶冲点随水流的变化发生上提下移,主泓贴近凹岸而行。三峡水库蓄水前,河段岸线变化主要发生在弯道及洲滩部位,河段主流线平面位置保持相对稳定态势,其摆动主要发生在弯顶之间的过渡段;河段内深槽以及洲滩平面位置基本稳定;河段河床形态变化主要发生在弯道附近,冲淤幅度比河段进、出口以及过渡段大。三峡水库蓄水后,该河段以冲刷为主。但河段受节点控制明显,在不发生较大地质运动的条件下,今后河段河势仍将保持总体稳定。

#### 9.3.5.6 本章小结

簰洲河段河势基本稳定,洲滩变化较小,弯道内主泓贴近凹岸,2006 年各弯顶处顶冲点位置略有上提 1000m 左右,2008 年又下挫 700～1000m。河床总体呈冲刷状态,且冲刷主要发生在枯水河槽,2001—2020 年枯水河槽冲刷量为 14249 万 m³,占河床冲刷总量的 77%。

### 9.3.6 武汉(上)河段

#### 9.3.6.1 河道概况和历史演变特征

武汉河段上起纱帽山,下至阳逻镇(电塔),全长约 70.3km,河道自上而下分布有纱帽山—赤矶山、大军山—龙船矶、蛤蟆矶—石咀、龟山—蛇山、十里长山—青山五对对峙节点。

这些天然节点较好地控制着河床的横向摆动。武汉河段分为上、中、下三段,上段为铁板洲顺直分汊段,自纱帽山至沌口,长约19.9km;中段为白沙洲顺直分汊段,自沌口至龟山、蛇山,长约15.1km;下段为天兴洲微弯分汊段,自龟山、蛇山至阳逻,长约35.3km。河道主流自纱帽山下行,经沌口走白沙洲左汊,过龟山、蛇山节点,沿武昌深槽下行,平顺进入天兴洲右汊,在洲尾水口附近与左汊水流汇合后,贴左岸阳逻下行。河段内洲滩甚为发育,分别有江心洲、潜洲以及边滩等洲滩分布。沌口下游有江心洲白沙洲,白沙洲下游杨泗港附近有潜洲,左岸武汉关至谌家矶段有汉口边滩,长江二七大桥下游有江心洲天兴洲,青山附近有青山边滩等。河段河势见图9.3-38。

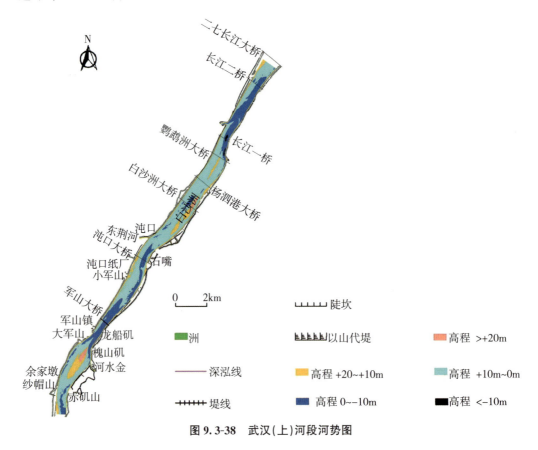

**图9.3-38 武汉(上)河段河势图**

武汉河段位于古云梦泽东南角沼泽地带,由于水流挟带大量泥沙落淤,江湖分离,水流归槽,形成河道的雏形。通过水流与河床相互作用,汊道合并,洲滩与河道反复分合,逐渐形成今天的双汊形态。

根据历史文献图籍记载,龟山、蛇山以上河段以叹洲和鹦鹉洲最为著名。早期的鹦鹉洲并不是靠近汉阳,而是靠近武昌,洲尾距蛇山黄鹤楼不远,鹦鹉洲与武昌之间的夹江称"船官浦",即为现在潜洲右侧的鲇鱼套。至明洪武(公元1368年前后)时鹦鹉洲并岸,至明末崇祯年间(公元1628年前后)被冲刷。鹦鹉洲消失后,靠近武昌鲇鱼套又淤出白沙洲,至清乾隆年间(18世纪中叶),白沙洲又被冲没,靠近汉阳又淤了新洲,复命名为鹦鹉洲。清中叶以后,鹦鹉新洲复并岸,江中出现潜洲。现今的白沙洲是此后逐步淤成的。史书上关于叹洲的记载较少。

据史书记载,汉江历史上是多口入江,每一个时期有一个主要入江口。汉江最早是在阳逻以上沙口一带入江。三国时期至唐以前,汉水主要入江口上移至龟山以北。唐以后,主要入江口改至龟山以南,至明成化时又恢复到龟山以北。

据考证,自明末清初以来,沌口至长江大桥河段主流曾发生过两次大的变迁。17世纪以前即鹦鹉洲存在时期,该段主流偏靠左岸,17—18世纪,主流自左岸摆到右岸,19世纪末20世纪初,该段主流又从右岸摆到左岸,一直持续至今。主流的变迁不仅带来河势的改变,也促使洲滩发生相应的变化。第一次主流摆动使江中鹦鹉洲冲刷消失,第二次主流变迁,白沙洲和潜洲淤长形成,河道成为双汊河道。

河段右岸的武昌深槽形成年代已久,近百年来位置稳定。

### 9.3.6.2 河道形态变化分析

(1)岸线变化

根据地形图资料,套绘武汉(上)河段历年15m等高线,分析河段岸线平面变化情况(图9.3-39)。图9.3-39表明,武汉(上)河段河道两岸15m等高线平面变化幅度均较小,岸坡较为稳定。

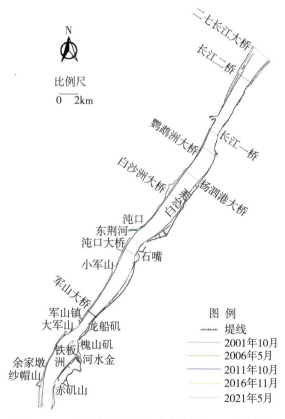

**图9.3-39　武汉(上)河段岸线变化图(15m等高线)**

（2）深泓线变化

武汉（上）河段主流从上游簰洲河段进入该河段后，沿右岸至铁板洲水流被分为两汊。在大军山附近汇合后，主流基本居中而行，至石咀附近偏右岸；在沌口摆向左岸并分为两汊进入白沙洲；汇合后主流偏左岸行至鲇鱼套附近沿右岸武昌深槽而行。该河段深泓平面位置除了分汇流区的上提下挫外无大的变化。铁板洲、白沙洲汊道左主右支的格局已维持了半个多世纪，河道的平面变化不大。2001—2011 年，河段深泓平面位置较之于蓄水前无明显差异，2011—2016 年，军山大桥下游至小军山段深泓右摆，最大摆动幅度约 400m，2016—2021 年，该段深泓继续右摆。铁板洲、白沙洲汊道依然维持左主右支的格局（图 9.3-40）。

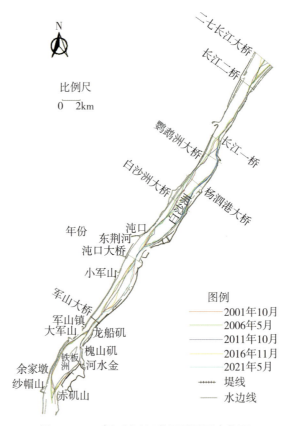

**图 9.3-40　武汉（上）河段深泓平面变化图**

（3）洲滩变化

武汉（上）河段有江心洲——铁板洲。套绘该洲 15m 等高线（图 9.3-41）；统计 15m 等高线洲体特征，列于表 9.3-10。

表 9.3-10　　　　　武汉(上)河段铁板洲(15m 等高线)历年变化表

| 年份 | 最大洲长(m) | 最大洲宽(m) | 面积(km²) | 洲顶高程(m) |
|---|---|---|---|---|
| 2001 | 2824 | 920 | 1.764 | / |
| 2006 | 3104 | 946 | 1.968 | 27.2 |
| 2008 | 2442 | 912 | 1.504 | 26.5 |
| 2011 | 2236 | 911 | 1.293 | 26.2 |
| 2016 | 2928 | 826 | 1.497 | 27.0 |
| 2021 | 2029 | 561 | 0.715+0.228 | 26.1 |

铁板洲的演变主要表现为洲头的上提下移和左右缘的崩退与展宽。2001—2016 年,铁板洲洲头及洲头附近左右缘冲淤交替,其中洲头冲淤变幅约 861m,洲体左右缘变幅约 280m;洲尾较为稳定。2016—2021 年,铁板洲一分为二,面积有所减小。从总体上,铁板洲历年洲体演变以洲头附近局部变形为主,其面积有所缩小,洲体形态有所变化,而洲顶高程变化有限。

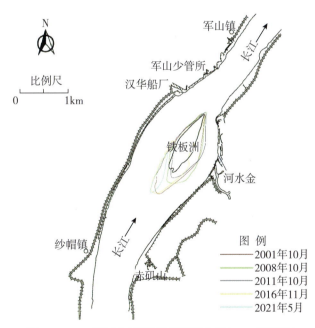

图 9.3-41　武汉(上)河段铁板洲变化图(15m 等高线)

(4)深槽变化

武汉河段较大深槽位于武汉河段(上段),武昌深槽紧靠右岸武昌,槽首在鲇鱼套附近,槽尾在徐家棚附近,深槽形成年代久远,一般深槽槽长约 9000m,槽首和槽尾最大变幅约 3000m,深槽的宽度,槽首鲇鱼套以上宽度约 100m,中段长江大桥以下宽度约 500m,槽尾宽度约 300m。槽首、槽尾宽度变幅 100～200m,中段宽度变化较大,多年来深槽总的位置比较稳定(表 9.3-11 和图 9.3-42)。

表 9.3-11　　　　　　　　　　武昌深槽(0m)历年变化统计表

| 时间 | 槽长(km) | 最大槽宽(m) | 最深点高程(m) | 深槽面积(km²) |
|------|---------|-----------|-------------|-------------|
| 2001 | 6.01 | 555 | −14.1 | 1.65 |
| 2008 | 9.55 | 640 | −15.0 | 3.52 |
| 2011 | 9.60 | 491 | −14.6 | 2.81 |
| 2016 | 10.97 | 953 | −12.7 | / |
| 2021 | 11.82 | 1010 | −14.5 | / |

2001年武昌0m深槽范围较小,面积1.65km²,三峡工程蓄水后在2008年深槽范围扩大,主要表现为深槽长度的增加,槽宽有所缩窄;2008—2021年深槽范围扩展,反映在深槽长度、宽度均呈增加趋势;2016—2021年深槽面积再度扩大,武昌0m深槽下延至下游天兴洲右汊,与右汊0m深槽贯通。可见,受上游水沙作用,武昌深槽历年冲淤交替,总体以冲刷为主。

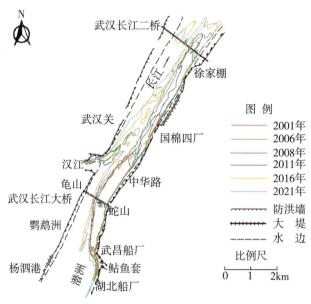

图 9.3-42　武汉(上)河段武昌深槽变化图(0m等高线)

### 9.3.6.3　河道纵、横断面变化分析

(1)河道纵剖面变化

三峡工程蓄水前(1981—2001年),上段铁板洲汊道深泓有冲有淤,基本冲淤平衡,且变化幅度不大,其高程变化一般不超过3m。

三峡工程蓄水后,铁板洲、白沙洲汊道段,左、右汊河床的冲淤交替,冲淤变化幅度一般在4～9m,左汊河底高程低于右汊,主汊均稳定在左汊河道。

武汉长江大桥至三十七码头段,武汉长江大桥附近的汇流过渡段和三十七码头分汊过渡段冲淤变化相对较大,一般为6～10m。武汉长江大桥附近由于潜洲洲尾受水流的作用,冲淤变化较大,受此影响该段的深泓纵向变化相对较大,2001—2016年武汉(上)河段深泓纵断面总体略呈冲刷趋势(图9.3-43)。

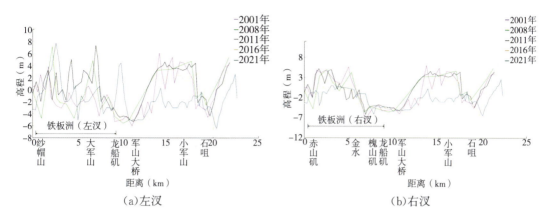

图9.3-43 武汉(上)河段深泓纵剖面变化图

(2)典型横断面变化

武汉(上)河段分别选取汉流CZ54、汉流Z06、汉流Z11-1三个断面分析其河床演变特征(表9.3-12和图9.3-44)。

汉流Z06断面为河段进口代表断面,2001—2011年该断面左侧岸坡较为稳定,主槽冲淤变化幅度较小,2013年断面右侧冲深近20m,形成一个深槽,至2016年该深槽逐渐淤平,断面总体轻微冲刷。

汉流Z11-1断面为河段中部代表断面,2001—2016年该断面右侧岸坡较为稳定,主汊冲淤交替变化,断面总体表现为冲刷,断面面积较蓄水前略微增大,河宽变化不大,平均水深较蓄水前增加1.28m,宽深比总体变化不大,断面总体冲深下切。

表9.3-12　　　　　　　　武汉(上)河段典型横断面要素变化

| 断面 | 年份 | 水位(m) | 断面面积(m²) | 河宽(m) | 平均水深(m) | 宽深比 | 平均河底高程(m) | 最深点高程(m) |
|------|------|---------|--------------|---------|-------------|--------|-----------------|---------------|
| CZ54 | 2001 | 12.26 | 8638 | 1424 | 6.07 | 6.22 | 6.21 | 2 |
|      | 2006 |       | 9497 | 1459 | 6.51 | 5.87 | 5.75 | 2.3 |
|      | 2008 |       | 9254 | 1443 | 6.41 | 5.93 | 5.85 | 2.9 |
|      | 2011 |       | 9327 | 1456 | 6.41 | 5.95 | 5.85 | 2.6 |
|      | 2013 |       | 11733 | 1468 | 7.99 | 4.79 | 4.27 | −1.6 |
|      | 2016 |       | 11701 | 1489 | 7.86 | 4.91 | 4.40 | −2.8 |
|      | 2021 |       | 13877 | 1464 | 9.48 | 4.04 | 2.78 | −2 |

| 断面 | 年份 | 水位(m) | 断面面积 (m²) | 河宽(m) | 平均水深 (m) | 宽深比 | 平均河底 高程(m) | 最深点 高程(m) |
|---|---|---|---|---|---|---|---|---|
| 汉流 Z06 | 2001 | 12.07 | 8040 | 1535 | 5.24 | 7.48 | 6.84 | 1.5 |
| | 2006 | | 8675 | 1568 | 5.53 | 7.16 | 6.54 | 3.3 |
| | 2008 | | 8528 | 1548 | 5.51 | 7.14 | 6.56 | 3.7 |
| | 2011 | | 8750 | 1568 | 5.58 | 7.10 | 6.49 | 4.2 |
| | 2013 | | 12484 | 1565 | 7.98 | 4.96 | 4.09 | −10.2 |
| | 2016 | | 7528 | 1397 | 5.39 | 6.94 | 6.68 | 1.4 |
| | 2021 | | 10557 | 1577 | 6.69 | 5.93 | 5.38 | 1.8 |
| 汉流 Z11-1 | 2001 | 11.66 | 11180 | 1215 | 9.20 | 3.79 | 2.46 | −1.9 |
| | 2006 | | 10563 | 1208 | 8.75 | 3.97 | 2.91 | −3.6 |
| | 2008 | | 12158 | 1202 | 10.11 | 3.43 | 1.55 | −3.7 |
| | 2011 | | 10325 | 1214 | 8.51 | 4.09 | 3.15 | −3.4 |
| | 2013 | | 11817 | 1202 | 9.83 | 3.53 | 1.83 | −4.6 |
| | 2016 | | 12815 | 1223 | 10.48 | 3.34 | 1.18 | −4.5 |
| | 2021 | | 12576 | 1186 | 10.60 | 3.25 | 1.06 | −5 |

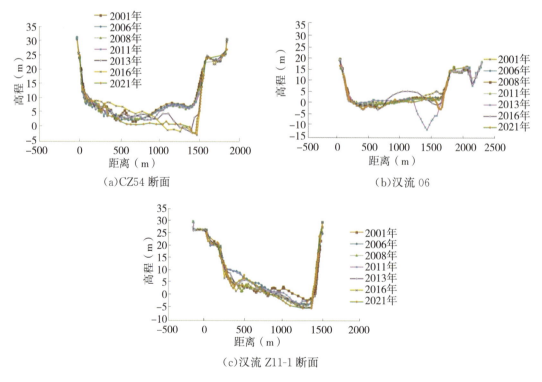

(a)CZ54 断面

(b)汉流 06

(c)汉流 Z11-1 断面

图 9.3-44　武汉(上)河段典型断面图

#### 9.3.6.4　河床冲淤变化分析

武汉(上)河段 2001—2020 年,仅 2008—2011 年呈小幅淤积,其余时段均呈冲刷趋势,其枯水河槽、基本河槽、平滩河槽、洪水河槽的累积冲刷总量分别为 11368 万 $m^3$、12376 万 $m^3$、12869 万 $m^3$、15396 万 $m^3$(图 9.3-45)。可见总体表现为滩槽皆冲的趋势。

从时间上看,冲刷强度最大的时间段同样发生在 2011—2016 年,且 2016—2020 年冲刷强度较三峡初期蓄水运用略强。

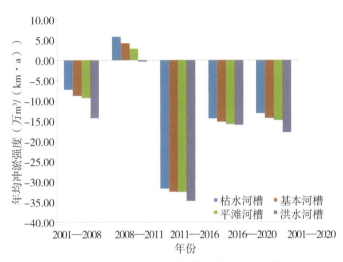

图 9.3-45　武汉(上)河段冲淤强度变化图

#### 9.3.6.5　河床演变的特点及成因

该河段沿江两岸受节点及堤防的控制,河道外形基本稳定,岸线变化相对较小,河床演变主要表现在河床冲淤、洲滩消长和汊道的兴衰变化。在上游来水来沙及边界条件不发生重大改变的情况下,该河段仍将保持现有河势。

#### 9.3.6.6　本章小结

武汉(上)河段河势较为稳定。铁板洲、白沙洲汊道依然维持左主右支的格局,天兴洲右汊的主汊地位也依然得以保持,主流摆动较小,洲体面积变化不大。河床总体呈冲刷状态,2001—2020 年枯水河槽和洪水河槽冲刷量分别为 11368 万 $m^3$ 和 15396 万 $m^3$,冲刷主要发生在枯水河槽,占河床冲刷总量的 74%。

### 9.3.7　武汉(下)河段

#### 9.3.7.1　河道概况和历史演变特征

武汉河段上起纱帽山,下至阳逻镇(电塔),全长约 70.3km,河道自上而下分布有纱帽山—赤矶山、大军山—龙船矶、蛤蟆矶—石咀、龟山—蛇山、十里长山—青山五对对峙节点。这些天然节点较好地控制着河床的横向摆动。武汉河段分为上、中、下三段,上段为铁板洲顺直分汊段,自纱帽山至沌口,长约 19.9km;中段为白沙洲顺直分汊段,自沌口至龟山、蛇山,长约 15.1km;下段为天兴洲微弯分汊段,自龟山、蛇山至阳逻,长约 35.3km。河道主流自纱帽山下行,经沌口走白沙洲左汊,过龟山、蛇山节点,沿武昌深槽下行,平顺进入天兴洲右汊,在洲尾水口附近与左汊水流汇合后,贴左岸阳逻下行。河段内洲滩甚为发育,分别有江心洲、潜洲以及边滩等洲滩分布。沌口下游有江心洲白沙洲,白沙洲下游杨泗港附近有潜洲,左岸武汉关至谌家矶段有汉口边滩,二七长江大桥下游有江心洲天兴洲,青山附近有青山边滩等。河段河势见图 9.3-46。

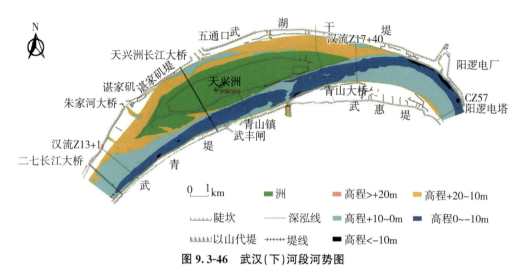

**图 9.3-46 武汉(下)河段河势图**

武汉河段位于古云梦泽东南角沼泽地带,由于水流挟带大量泥沙落淤,江湖分离,水流归槽,形成河道的雏形。通过水流与河床相互作用,汊道合并,洲滩与河道反复分合,逐渐形成今天的双汊形态。

天兴洲上、下游一带曾出现过东城洲、武洲崩岸、冲失、再现等过程。在 1858—1880 年测图上,汉江口门下游靠汉口一侧出现边滩,此后冲淤互现,无累积性淤积。目前的天兴洲系 19 世纪中叶切割青山附近的天兴洲边滩发展形成。据《光绪湖北舆地记·卷二》记载,"青山之北有沙洲横亘江中,曰天兴洲,东西约十里,分江流为二,南为青山夹,水落巨舰阻滞,均由北行"。阳逻水道上游天兴洲汊道段的主流走向自明末清初以来曾发生过两次大的变迁。18 世纪前,长江大桥以下主流靠右岸,19 世纪从右岸摆到左岸。到 20 世纪 30 年代天兴洲右汊形成并开始发展,进口段主流开始向南过渡,在 20 世纪 50—80 年代右汊逐渐成为主汊,左汊逐年淤积萎缩,由主汊演变为支汊。

阳逻水道在 1858 年左岸沙口至阳逻有边滩,1924—1934 年沙口至阳逻的边滩消失,其深泓一直贴左岸下行,20 世纪 50 年代至今,天兴洲两汊水流在洲尾汇合后,主流过渡到水口至阳逻一带贴岸下行;阳逻弯道下游牧鹅洲水道,近百年来的主要变迁表现为,由微弯分汊型转变为微弯单一型河道。据资料记载,1842—1880 年,主流走牧鹅洲右汊,但左汊高水仍可通航。1931 年后左汊逐渐衰亡,1953 年牧鹅洲已靠岸形成边滩形式的江心洲,河段由分汊河型转化为微弯单一河型。

### 9.3.7.2 河道形态变化分析

(1)岸线变化

套绘武汉(下)河段历年 15m 等高线,分析河段岸线平面变化情况(图 9.3-47)。图 9.3-47 中显示,武汉(下)河段河道两岸 15m 等高线平面摆动较小,岸线基本稳定。

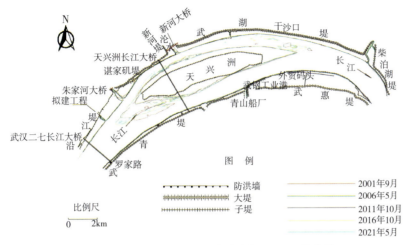

**图 9.3-47 武汉(下)河段岸线变化图(15m 等高线)**

(2)深泓线变化

武汉(下)河段历年深泓线偏靠右岸,平面摆动较小,但是深泓线分汊点及过渡段深泓线的变化较大,其变化规律与天兴洲洲头的淤积发展或冲刷回缩相关。1998 年以后,随着天兴洲洲头护岸工程的逐步完成,加强了对河势的控制,天兴洲洲头部位河床冲淤变化趋小,左、右汊分汊点位置基本稳定在丹水池附近。该河段龟山以下天兴洲汊道自 20 世纪 70 年代完成主支汊易位,左支右主的格局维持至今(图 9.3-48)。

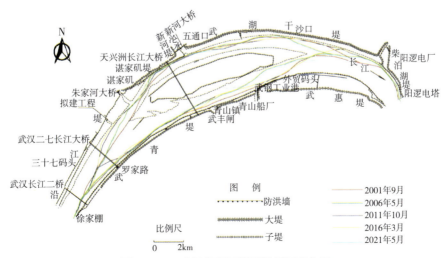

**图 9.3-48 武汉(下)河段深泓平面变化图**

（3）洲滩变化

武汉（下）河段有江心洲——天兴洲。近50年，天兴洲洲头冲刷回缩，洲左缘淤长，右缘崩退，洲尾冲淤变化相对较小。由天兴洲15m等高线所围洲体形态特征可以看出，天兴洲自20世纪90年代以来逐渐缩短，三峡工程蓄水前2001年较1981年洲长减小了16%；洲顶高程以及洲体宽度无趋势性变化。三峡工程蓄水后，天兴洲平面特征变化趋势较之于蓄水前无较大差异。2006—2021年，洲头淤长上延，洲体面积小幅增加，最大洲宽以及洲顶高程上下波动，变幅有限（图9.3-49）。

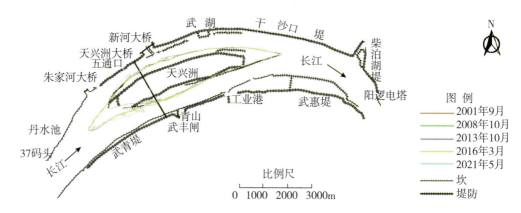

图9.3-49  武汉（下）河段天兴洲洲滩变化图（15m等高线）

表9.3-13  武汉（下）河段天兴洲（15m等高线）历年变化表

| 年份 | 洲长（km） | 最大洲宽（km） | 洲顶高程（m） | 洲体面积（km²） |
|---|---|---|---|---|
| 2001 | 11.83 | 2.36 | 未测 | 18.0 |
| 2006 | 11.68 | 2.49 | 25.7 | 18.0 |
| 2008 | 11.63 | 2.43 | 未测 | 18.4 |
| 2011 | 13.03 | 2.40 | 25.3 | 19.7 |
| 2013 | 14.34 | 2.46 | 25.5 | 20.3 |
| 2016 | 14.37 | 2.46 | 25.4 | 20.4 |
| 2021 | 13.30 | 2.46 | 26.8 | 20.4 |

### 9.3.7.3  河道纵、横断面变化分析

（1）河道纵剖面变化

武汉（下）河段深泓纵向形态特征在天兴洲分汊前河段河床冲淤互现，冲淤变化幅度为5～9m；进入天兴洲汊道段，河床冲淤变化较大，总体呈左淤右冲趋势。历年来左汊河床淤积抬升幅度大于冲刷下切，平均淤积幅度约11.0m；右汊河床高程变化趋势与左汊相反，右汊冲刷幅度大于淤积，历年平均冲刷幅度约12.5m。三峡工程蓄水后（2001—2016年），天兴洲汊道右汊下段有所冲刷，深泓最大冲深约10m；左汊表现为冲淤交替，且变化幅度较右汊小；而天兴洲汊道出口至阳逻弯道之间河段平均淤积约5m（图9.3-50）。

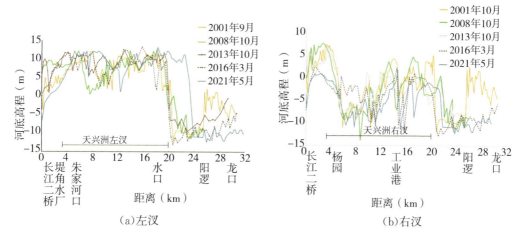

（a）左汉　　　　　　　　　　（b）右汉

**图9.3-50　武汉(下)河段深泓纵剖面变化图**

（2）典型横断面变化

武汉(下)河段分别选取 HL16-1、HL17-0、CZ57 等五个断面分析其河床演变特征（图9.3-51 和表 9.3-14）。

HL16-1 断面为天兴洲主汉代表断面，断面为"U"形，断面呈逐年冲刷的趋势，2001—2013 年该断面冲刷幅度相对较小，2016 年冲刷明显，断面面积较蓄水前增大 49.7％，河宽较蓄水前略微拓宽，平均水深较蓄水前增加 4.55m，宽深比总体上逐年减小，断面不断冲深下切。

HL17-0 断面为天兴洲尾部代表断面，2001—2016 年该断面冲淤交替，总体表现为冲刷，断面面积较蓄水前略微减小，河宽较蓄水前缩窄达 400m，平均水深较蓄水前增大，断面不断冲深下切。

CZ57 断面为河段出口代表断面，2001—2016 年该断面左岸较为稳定，主槽冲淤交替变化，总体略微冲刷，断面面积、河宽变化不大，平均水深略微增加，宽深比变化幅度较小。

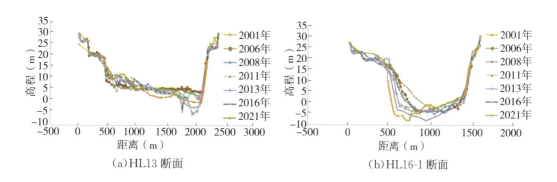

（a）HL13 断面　　　　　　　　　　（b）HL16-1 断面

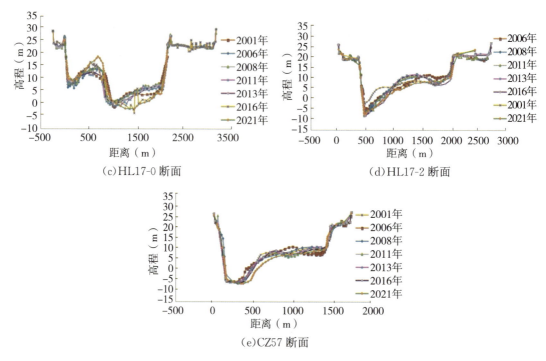

（c）HL17-0 断面

（d）HL17-2 断面

（e）CZ57 断面

**图 9.3-51　武汉（下）河段典型断面变化图**

表 9.3-14　　　　　　　　　　　武汉（下）河段典型横断面要素变化

| 断面 | 年份 | 水位（m） | 断面面积（m²） | 河宽（m） | 平均水深（m） | 宽深比 | 平均河底高程（m） | 最深点高程（m） |
|------|------|----------|----------------|----------|----------------|--------|--------------------|------------------|
| HL13 | 2001 | 11.59 | 7491 | 1641 | 4.56 | 8.87 | 7.03 | 4.3 |
| | 2006 | | 9179 | 1697 | 5.41 | 7.62 | 6.18 | 4.3 |
| | 2008 | | 9029 | 1674 | 5.40 | 7.58 | 6.19 | 1.5 |
| | 2011 | | 10316 | 1701 | 6.06 | 6.80 | 5.53 | −1.9 |
| | 2013 | | 10744 | 1507 | 7.13 | 5.44 | 4.46 | −5.5 |
| | 2016 | | 11338 | 1652 | 6.86 | 5.92 | 4.73 | −4.3 |
| | 2021 | | 11521 | 1527 | 7.54 | 5.18 | 4.05 | 0 |
| HL16-1 | 2001 | 11.39 | 9084 | 891 | 10.20 | 2.93 | 1.06 | −3.9 |
| | 2006 | | 10214 | 856 | 11.94 | 2.45 | −0.55 | −4 |
| | 2008 | | 10934 | 892 | 12.25 | 2.44 | −0.86 | −5.2 |
| | 2011 | | 10978 | 891 | 12.32 | 2.42 | −0.93 | −4 |
| | 2013 | | 11259 | 916 | 12.29 | 2.46 | −0.90 | −3.9 |
| | 2016 | | 13601 | 935 | 14.55 | 2.10 | −3.16 | −8.1 |
| | 2021 | | 12799 | 974 | 13.15 | 2.37 | −1.76 | −8 |

续表

| 断面 | 年份 | 水位(m) | 断面面积(m²) | 河宽(m) | 平均水深(m) | 宽深比 | 平均河底高程(m) | 最深点高程(m) |
|---|---|---|---|---|---|---|---|---|
| HL17-0 | 2001 | 11.25 | 9562 | 1597 | 5.99 | 6.67 | 5.18 | −1.5 |
| | 2006 | | 8184 | 1189 | 6.88 | 5.01 | 4.37 | 0.4 |
| | 2011 | | 7990 | 1184 | 6.75 | 5.1 | 4.5 | −0.4 |
| | 2013 | | 9485 | 1193 | 7.95 | 4.34 | 3.3 | −0.9 |
| | 2016 | | 12343 | 1616 | 7.6 | 5.3 | 3.6 | −3.8 |
| | 2021 | | 13046 | 1520 | 8.58 | 4.54 | 2.67 | −2 |
| HL17-2 | 2001 | 11.16 | 11245 | 1186 | 9.48 | 3.63 | 1.77 | −3.8 |
| | 2006 | | 10062 | 1406 | 7.16 | 5.24 | 4.00 | −11.9 |
| | 2008 | | 9998 | 1559 | 6.41 | 6.16 | 4.75 | −10.1 |
| | 2011 | | 10368 | 1486 | 6.98 | 5.53 | 4.18 | −11.9 |
| | 2013 | | 10233 | 1326 | 7.72 | 4.72 | 3.44 | −11.5 |
| | 2016 | | 11806 | 1482 | 7.96 | 4.83 | 3.20 | −12 |
| | 2021 | | 13829 | 1635 | 8.46 | 4.78 | 2.7 | −11 |
| CZ57 | 2001 | 11.11 | 10553 | 1346 | 7.84 | 4.68 | 3.25 | −9.4 |
| | 2006 | | 10342 | 1342 | 7.71 | 4.75 | 3.40 | −8.9 |
| | 2008 | | 10002 | 1313 | 7.62 | 4.75 | 3.49 | −9.4 |
| | 2011 | | 11250 | 1344 | 8.37 | 4.38 | 2.74 | −9.8 |
| | 2013 | | 10777 | 1344 | 8.02 | 4.57 | 3.09 | −9.3 |
| | 2016 | | 11063 | 1341 | 8.25 | 4.44 | 2.86 | −9.9 |
| | 2021 | | 12858 | 1334 | 9.64 | 3.79 | 1.47 | −10 |

### 9.3.7.4　河床冲淤变化分析

2001—2020 年,武汉(下)河段总体呈冲刷趋势,其枯水河槽、基本河槽、平滩河槽、洪水河槽的累积冲刷总量分别为 7736 万 m³、7026 万 m³、6761 万 m³、8397 万 m³(图 9.3-52)。2001—2008 年表现为滩槽皆冲,2008—2020 年以主槽冲刷为主。

从时间上看,冲刷强度最大的时间段同样发生在 2008—2016 年,且 2016—2020 年冲刷强度有所减弱。

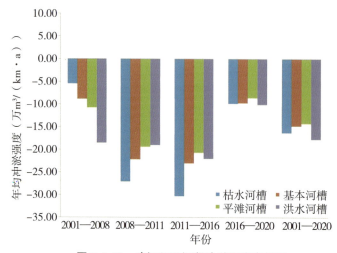

图 9.3-52　武汉(下)河段冲淤强度变化图

### 9.3.7.5　河床演变的特点及成因

在上游来水来沙及边界条件不发生重大改变的情况下,该河段仍将保持现有河势。自20世纪天兴洲主、支汊更易后,天兴洲处于左衰右兴态势,右汊进一步扩大,分流分沙比增大,而左汊进一步淤积萎缩,分流分沙比减小,但目前变化速度已趋缓慢。汇流段以下阳逻水道受左岸抗冲性较强的亚黏土控制,岸线微弯,滩槽冲淤变化较小,多年来河道平面位置及主流走向相对稳定。

### 9.3.7.6　本章小结

武汉(下)河段主流摆动较小,天兴洲右汊依然维持着主汊地位,洲体面积变化不大,河床总体呈冲刷状态,2001—2020 年枯水河槽和洪水河槽冲刷量分别为 7736 万 m³ 和 8397 万 m³,冲刷基本集中在枯水河槽,占河床冲刷总量的 92%。

### 9.3.8　叶家洲、团风河段

#### 9.3.8.1　河道概况和历史演变特征

叶家洲河段上起阳逻,下至泥矶,长约 26.5km,属微弯分汊河型。河段入口处左岸有阳逻节点,出口右岸有泥矶,中间右岸有白浒山、观音山等节点。这些节点对河段平面的变化起着控制作用。该河段上游天兴洲汇合处河宽较大,在阳逻段缩窄为"瓶颈"状,再往下游河宽逐渐增加,在白浒山附近河宽最大,此处有边滩式江心洲沐鹅洲,继续向下游在观音山白浒镇附近河道束窄。河段左岸有倒水入汇,两岸均筑有堤防,左岸有堵龙堤,右岸白浒山以上有武惠堤、白浒山以下有支民堤。该河段河岸多呈二元结构,上层为细颗粒物质,下层为中沙和细沙。河床主要组成为细砂和中砂,并有少量极细砂和粗砂,河床下层的砂砾层较厚。

团风河段上起泥矶,下至黄柏山,全长约 24.2km,属鹅头型多汊河道,汊道内有人民洲、李家洲、东槽洲、新淤洲和罗霍洲(鸭蛋洲)并列。左岸大埠街处有举水入汇。两岸边界物质多呈二元结构,上层为细颗粒物质,下层为中沙和细沙。河床主要组成为细砂和中砂,并有少量极细砂和粗砂,河床下层的砂砾层较厚。河段河势见图9.3-53。

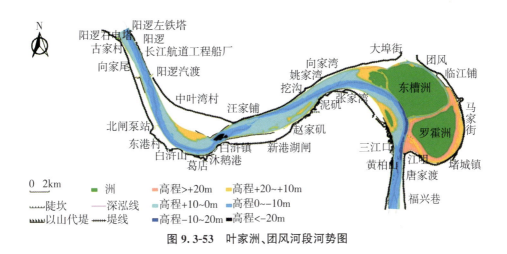

**图9.3-53　叶家洲、团风河段河势图**

叶家洲河段在历史上由于河床长期右摆,导致河段左岸留下了广阔的河漫滩。早在东晋时代(公元317—399年)该河段已属分汊河型。据《水经·江水注》记载:"双柳镇、江中有洲,曰峥嵘洲,有支为当时主流所经。"至南宋时期,分汊河型仍然未变。明末(公元1644年)由于人类活动频繁,长江江面缩窄,上游汉口河段江心洲逐渐与岸相连而形成单一河型,引起阳逻镇以下水流动力轴线的变化,使峥嵘洲逐渐靠向北岸,成为双柳镇边滩,该河段由分汊河型演变为单一弯曲河型。清代中叶以后,双柳镇单一河道顶部开阔的江面上,又有新滩出水,生成两洲,称为沐鹅洲和叶家洲,叶家洲在沐鹅洲之北。在清代同治以前,叶家洲与左岸边滩相连。故自公元1874年以后江中仅有沐鹅洲。公元1842—1880年沐鹅洲左汊高水期可以通航,但主流始终走右汊。1930年12月测图表明,水位16.0m(吴淞)时,沐鹅洲长4.0km,宽1.8km,左汊河宽200m以上,右汊河宽1100m,主汊在右汊。以后左汊逐渐衰亡。从1953年测图上可以看到,沐鹅洲已与左岸相连,演变成边滩式江心洲,该河段又一次由分汊河型转化为单一的弯曲河型。至今,沐鹅洲依然为边滩式江心洲,左汊高水时期通流,中低水干涸。白浒山至泥矶为山体河岸,由于泥矶构造走向急剧转折,使泥矶成为天然的矶头,将水流挑向左岸。因左岸为二元结构的冲积河岸,经水流冲刷后使河床向左展宽,由于河床展宽阻力增大,水流挟沙力降低,泥沙落淤形成洲滩。团风上游河段从白浒山至泥矶为山体河岸,由于泥矶构造走向急剧转折,使泥矶成为天然的矶头,将水流挑向左岸。因左岸为二元结构的冲积河岸,经水流冲刷后使河床向左展宽,由于河床展宽阻力增大,水流挟沙力降低,泥沙落淤形成洲滩。

团风河段鹅头型汊道形成的确切年代已难以考证,但江心洲的形成时代却很早。《水经注》中就有"举洲"的记载,六朝以前(公元420年前),团风河段尚属微弯分汊河型,河床形态与今日迥然不同。由于举洲逼近北岸,故主流位于汊道右支。至南宋时期(公元1127—1279

年),在该河段末端右岸的"三江口"地名已见于记载,《舆地纪胜·卷四十九·黄州》:"三江口去黄冈县三十里,在团风镇之下,有江三路而下,到此会合为一。"这说明宋代该河段在三江口以上的江中已有两个较大的沙洲存在,江流被分为三汊。

明代中后期(公元1500—1644年),《方舆纪要》对该河段的弯曲发展有所叙述:"团风镇府(黄州府)西北五十里,亦曰团风口,滨江要地也。"由此可以看出,明代团风镇滨江现象是随着河道分汊后促使原河道的曲率增大,弯顶下移,逐渐形成鹅头型汊道的反映,至明末清初,团风河段鹅头型汊道已初具雏形。清同治《长江图说》已清楚表明:鹅颈顶部沙洲由牛王洲和新洲组成,主流在牛王洲左侧,自举水口东经团风、罗家沟转西南至西河铺与右汊会合,在右汊支流中也有搭帽洲和无名洲将支汊一分为二。《光绪湖北舆地图》(黄州府)上可以看见,团风鹅颈弯道顶部沙洲形态已和近代相似,总称为鸭蛋洲,主汊仍居洲的东侧,西侧支汊中的搭帽洲、无名洲此时已为李家洲、罗霍洲组成的大型沙洲所代替。

### 9.3.8.2 河道形态变化分析

(1)岸线变化

多年来,河道两岸15m等高线基本稳定,仅在沐鹅洲与东槽洲两处洲滩附近有一定的变化,2001—2016年沐鹅洲边滩15m岸线向左岸摆动幅度最大为545m,2016—2021年沐鹅洲边滩岸线较为稳定,2001—2016年东槽洲左汊15m岸线向右岸摆动最大距离为162m,2016—2021年岸线趋于稳定(图9.3-54)。

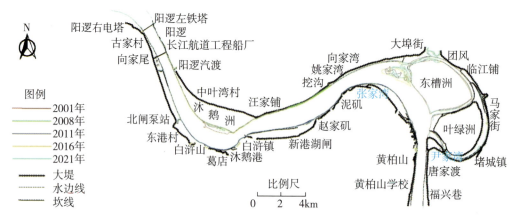

**图9.3-54 叶家洲、团风河段岸线变化图(15m等高线)**

(2)深泓变化

叶家洲河段深泓线随着来水来沙的不同而左右摆动,但总体上变化幅度较小。阳逻至龙口段,历年深泓偏左下行且比较稳定,平面变化幅度约50m。龙口至周杨村为深泓自左向右偏移的过渡段,平面变化大于阳逻至龙口段,历年平面变化最大幅度约450m。周杨村至白浒镇,历年深泓线沿凹岸靠右下行,历年平面变化幅度60～150m。受观音山挑流作用影响,主泓从白浒镇过渡到左岸汪林铺又折向右岸泥矶附近。白浒镇至汪林铺过渡段深泓平面变化相对较大,最大变幅约900m。汪林铺至泥矶深泓变化相对较小。

团风河段深泓自泥矶附近分流后,左汊深泓线至向家湾附近,贴左岸下行,在大埠街附近深泓线局部有较大摆动,右汊深泓则自泥矶过渡至东槽洲右缘,沿其右缘而下,与左汊会合,后贴左岸出团风河段;团风河段东槽洲右汊汊道内河床高程有一个抬高后再降低的过程。2001—2008年,东槽洲洲头淤积上延,左右汊水流分汊点上延约1km。2008—2021年,分汊点位置较为稳定,进入汊道后,深泓贴东槽洲右缘下行,其高程逐渐降低,近年变幅较小(图9.3-55)。

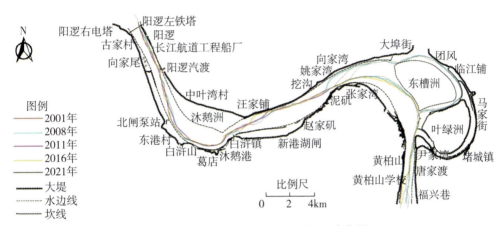

图9.3-55　叶家洲、团风河段深泓平面变化图

(3)洲滩变化

叶家洲、团风河段分别有沐鹅洲边滩和东槽洲江心洲。

1)叶家洲河段沐鹅洲边滩。

沐鹅洲边滩位于白浒山对岸,多年来,随着上游来水来沙的不同,边滩呈冲淤交替变化,2001—2006年,三峡水库建成蓄水运行,沐鹅洲边滩受到大幅冲刷,较之2001年边滩回缩最大宽度近600m;2006—2016年,边滩向江心淤积发展,变化淤积幅度有限;2016—2021年,边滩大幅冲刷,从CS0断面来看,后退379m。

从以上分析来看,多年来沐鹅洲边滩呈冲淤交替规律,边滩平面位置总体稳定,边滩的冲淤变化与上游来水来沙条件密切相关(表9.3-15、图9.3-56)。

表9.3-15　　　　　　　　　叶家洲河段沐鹅洲边滩变化表(10m等高线)

| 年份 | 离左岸大堤距离(m) | 离右岸大堤距离(m) |
| --- | --- | --- |
| 2001 | 3366 | 924 |
| 2006 | 2834 | 1456 |
| 2008 | 2880 | 1410 |
| 2011 | 2903 | 1387 |

| 年份 | 离左岸大堤距离（m） | 离右岸大堤距离（m） |
| --- | --- | --- |
| 2013 | 3055 | 1235 |
| 2016 | 3215 | 1075 |
| 2021 | 2836 | 1454 |

注：每年边滩至大堤的距离均从同一断面CS0（图9.3-56）量算。

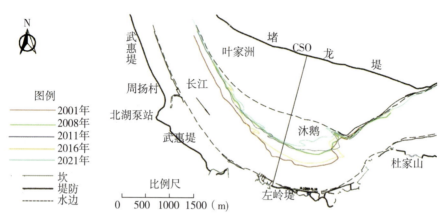

图9.3-56 沐鹅洲平面变化图（10m等高线）

2)团风河段东槽洲江心洲。

从15m等高线变化来看，2001—2008年平面位置较为稳定，发展较为缓慢，洲体面积变化较小。洲体的冲淤变化主要表现在洲头的上提和下移，2008年洲头较2001年下移约1.3km;洲尾的冲淤变化表现为逐年冲刷上提，幅度相对较小。2008—2021年洲体变化趋于稳定，洲体特征值变化不大（表9.3-16、图9.3-57）。

表9.3-16　　　　　　　　　团风河段东槽洲洲滩变化表（15m等高线）

| 年份 | 最大长度(km) | 最大宽度(km) | 面积(km²) |
| --- | --- | --- | --- |
| 2001 | 7.24 | 4.97 | 22.52 |
| 2006 | 7.44 | 4.64 | 22.75 |
| 2008 | 7.10 | 4.88 | 22.86 |
| 2011 | 7.24 | 4.88 | 22.84 |
| 2013 | 7.03 | 4.88 | 22.83 |
| 2016 | 7.40 | 4.88 | 23.83 |
| 2021 | 7.40 | 4.88 | 23.46 |

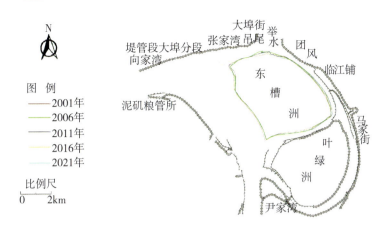

**图 9.3-57 东槽洲平面变化图(15m等高线)**

（4）深槽变化

叶家洲河段为一右凹弯道,深槽变化遵循弯道水流变化规律,右岸常年迎流顶冲并受地形及河床地质条件控制,沐鹅洲深槽靠近右岸(表9.3-17)。

总体上,河段深槽形态与位置基本稳定。2011年以前河段深槽以淤积萎缩为主;2011年后深槽因冲刷而头、尾上下明显扩展,槽底高程明显下降;2011—2016年沐鹅洲深槽向上下游冲刷发展,深槽面积增加35.4%;2016—2021年深槽尾部淤积回缩明显,深槽长度缩减319m,面积减小8.9%。总体上,本河段深槽上下游呈小范围冲淤,尤其下游槽尾冲淤明显,最深点位置较为集中,历年高程变幅较小(图9.3-58)。

表 9.3-17 沐鹅洲深槽变化统计表(一10m等高线)

| 时间 | 长度(m) | 宽度(m) | 面积(km²) | 最深点高程(m) |
|------|---------|---------|-----------|---------------|
| 2001 | 2593 | 657 | 1.234 | −38.1 |
| 2006 | 1965 | 627 | 0.832 | −36.8 |
| 2011 | 2353 | 704 | 1.011 | −33.8 |
| 2016 | 2761 | 837 | 1.369 | −40.2 |
| 2021 | 2442 | 825 | 1.247 | −39.0 |

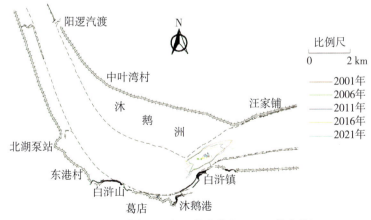

**图 9.3-58 叶家洲河段深槽变化图(一5m等高线)**

### 9.3.8.3 河道纵、横断面变化分析

(1)河道纵剖面变化

叶家洲河段深泓线纵向变化表现为:随年内及年际的来水来沙不同而发生冲淤交替的现象。1998年大洪水后,河床冲刷下切相对突出,平均冲刷下切深度5m左右,局部达到10m左右;2001—2016年,周杨村至白浒山、白浒镇至汪林铺以淤积抬升为主,而汪林铺至泥矶段则表现为下切,在此时段内冲淤变化最大深度为10m左右。

团风河段分汊前深泓高程变化相对较小,最大冲淤变化约为7m。河段分汊后,受黄州边滩冲淤变化的影响,该段深泓纵向变化相对较大,2001—2008年,河段最大冲淤变化较小,仅为3m;2008—2011年,左汊河床大幅淤积,淤高最大幅度达16m,右汊略有淤积,相对较为稳定;2011—2016年,左、右汊均略有冲刷,幅度较小,西山以下河床纵向变化相对较小,冲淤幅度一般在6~8m变化(图9.3-59)。

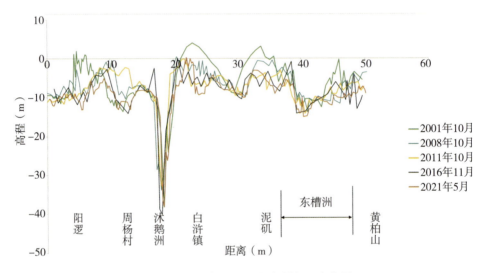

**图9.3-59 叶家洲、团风河段纵剖面变化图**

(2)典型横断面变化

叶家洲、团风河段分别选取CZ59、CZ68-1、CZ69-1三个断面分析其河床演变特征,见表9.3-18和图9.3-60。

CZ59断面为河段进口代表断面,断面左侧有牧鹅洲,2001—2016年该断面左岸呈现交替性的冲淤变化,主槽及右岸较为稳定,断面总体上较蓄水前轻微淤积,断面面积较蓄水前略微增加,河宽较蓄水前拓宽了184m,平均水深总体上较蓄水前减小0.83m,宽深比较蓄水前略微增加,断面向拓宽淤积发展,平均河底高程较蓄水前轻微淤积,最深点高程较蓄水前冲刷下切了0.5m。

CZ68-1断面为东槽洲右汊代表断面,断面为"V"形,2001—2006年该断面左岸冲刷明显,2006年以后断面左岸基本稳定,2001—2016年断面总体上表现为冲刷,断面面积较蓄水

前增加了20.2%,河宽较蓄水前变化不大,平均水深呈交替性变化,总体上较蓄水前增加1.75m,宽深比较蓄水前略微减小,断面向冲刷下切发展,平均河底高程较蓄水前冲刷了1.69m,最深点高程较蓄水前冲刷下切了4.3m。

CZ69-1断面为河段尾部代表断面,断面为"U"形,2001—2016年该断面总体上呈累积性冲刷的趋势,枯水河槽断面过水面积总体上逐年增加,较蓄水前共增加了22.9%,河宽变化不大,平均水深总体上较蓄水前累积增加了2.67m,宽深比总体上逐渐减小,断面不断冲刷下切,平均河底高程较蓄水前明显冲刷,最深点高程较蓄水前变化不大。

表 9.3-18　　　　　　　叶家洲、团风河段典型断面水力要素变化统计

| 断面 | 年份 | 水位（m） | 断面面积（m²） | 河宽（m） | 平均水深（m） | 宽深比 | 平均河底高程(m) | 最深点高程(m) |
|---|---|---|---|---|---|---|---|---|
| CZ59 | 2001 | 10.84 | 8733 | 925 | 9.44 | 3.22 | 1.40 | −8.7 |
| | 2006 | | 9203 | 1165 | 7.90 | 4.32 | 2.94 | −7.8 |
| | 2008 | | 10158 | 1389 | 7.31 | 5.10 | 3.53 | −8.6 |
| | 2011 | | 10846 | 1347 | 8.05 | 4.56 | 2.79 | −8.9 |
| | 2013 | | 10202 | 1141 | 8.94 | 3.78 | 1.90 | −9.2 |
| | 2016 | | 9556 | 1109 | 8.61 | 3.87 | 2.23 | −9.2 |
| | 2021 | | 10848 | 1390 | 7.8 | 4.78 | 3.04 | −9 |
| CZ68-1 | 2001 | 10.21 | 9335 | 1240 | 7.53 | 4.68 | 2.62 | −6.3 |
| | 2006 | | 8581 | 1624 | 5.28 | 7.62 | 4.93 | −6 |
| | 2008 | | 10389 | 1446 | 7.19 | 5.29 | 3.02 | −10.1 |
| | 2011 | | 9806 | 1232 | 7.96 | 4.41 | 2.25 | −10.5 |
| | 2013 | | 9058 | 1187 | 7.63 | 4.52 | 2.58 | −10.1 |
| | 2016 | | 11219 | 1209 | 9.28 | 3.75 | 0.93 | −10.6 |
| | 2021 | | 12014 | 1148 | 10.47 | 3.24 | −0.26 | −13 |
| CZ69-1 | 2001 | 10.02 | 10848 | 1002 | 10.83 | 2.92 | −0.78 | −8.5 |
| | 2006 | | 12022 | 989 | 12.15 | 2.59 | −2.13 | −6.7 |
| | 2008 | | 12189 | 999 | 12.20 | 2.59 | −2.18 | −7.5 |
| | 2011 | | 12800 | 986 | 12.98 | 2.42 | −2.96 | −7.5 |
| | 2013 | | 14108 | 981 | 14.38 | 2.18 | −4.36 | −9.3 |
| | 2016 | | 13332 | 988 | 13.50 | 2.33 | −3.48 | −8.5 |
| | 2021 | | 15775 | 983 | 16.05 | 1.95 | −6.03 | −9 |

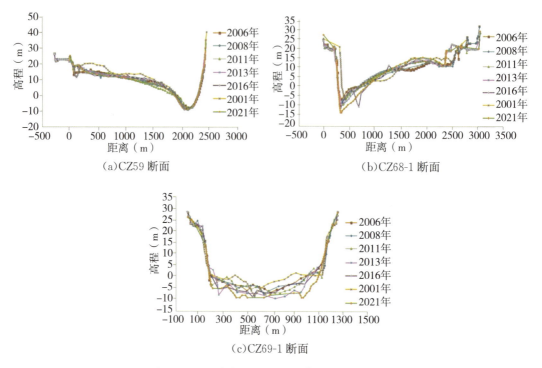

（a）CZ59 断面　　　　　　　　（b）CZ68-1 断面

（c）CZ69-1 断面

**图 9.3-60　叶家洲、团风河段典型断面变化图**

#### 9.3.8.4　河床冲淤变化分析

2001—2020 年叶家洲河段总体呈冲刷趋势，其枯水河槽、基本河槽、平滩河槽、洪水河槽的累积冲刷总量分别为 7565 万 m³、8991 万 m³、9547 万 m³、11263 万 m³，总体表现为滩槽皆冲（图 9.3-61）。

从时间上看，冲刷强度最大的时间段发生在 2008—2011 年，且 2011—2020 年冲刷强度有所减弱。

2001—2020 年团风河段有冲有淤，总体呈冲刷趋势，其枯水河槽、基本河槽、平滩河槽、洪水河槽的累积冲刷总量分别为 5609 万 m³、5983 万 m³、6028 万 m³、6360 万 m³，总体表现为冲槽淤滩图（9.3-62）。

从时间上看，团风河段 2008—2011 年平滩以上河槽略有淤积，冲刷强度最大的时间段发生在 2016—2020 年。

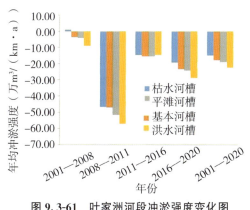

图 9.3-61　叶家洲河段冲淤强度变化图

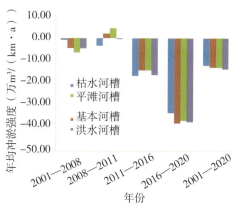

图 9.3-62　团风河段冲淤强度变化图

### 9.3.8.5　河床演变的特点及成因

叶家洲河段阳逻至龙口段河道顺直,河宽较窄,河床高程低;龙口以下河段河道放宽,泥沙落淤,河床高程抬高,深泓逐渐过渡到右岸;河道右岸白浒山挑流形成冲刷坑,深槽靠近右岸,且位置多年稳定少变,左岸则形成牧鹅洲边滩。多年来,叶家洲河段深泓、岸线基本稳定,河道演变主要表现为牧鹅洲边滩的冲淤变化。牧鹅洲边滩为江心洲式的边滩,左汊在汛期高水时过流,枯水期断流并与河岸相连。一般表现为涨水时冲刷、退水时淤积,大沙年淤积、小沙年冲刷。

团风河段左岸鹅头稳定,主泓在右汊与中汊之间摆动,汊道分流段由于河道展宽,水流扩散,泥沙落淤易形成碍航浅滩,且位置随不同来水来沙以及汊道右汊、中汊的相互转化而不定。河段内洲滩切割、合并频繁,近年来罗霍洲崩岸较为剧烈,已成为江心洲式的边滩,主汊位于人民洲与李家洲之间,右汊冲刷发展,左汊、中汊逐渐衰退,李家洲与东槽洲相连。

### 9.3.8.6　本章小结

叶家洲河段河势保持稳定,2001—2020 年河床冲刷下切,反映在深槽、边滩皆冲,该时段枯水河槽冲刷量 7565 万 m³,洪水河槽冲刷量 11263 万 m³。

团风河段河床形态、深泓、岸线基本稳定,河床总体表现为冲刷,枯水河槽冲刷量为 5609万 m³,洪水河槽冲刷量为 6360 万 m³,枯水河槽的冲刷占河床冲刷总量的 88%。

## 9.3.9　黄州河段

### 9.3.9.1　河道概况和历史演变特征

黄州河段上起黄柏山,下至燕矶,长 31.8km,属微弯分汊河型。河段内弯道左岸、右岸五丈港至龙王矶之间分别有江心洲和池湖潜洲。河道两岸堤防、黄柏山、燕矶两个临江控制节点以及山地等所组成的河床边界对河道的横向变化有一定的限制。2006 年汛后黄州河段床沙中值粒径为 0.156mm。河段河势见图 9.3-63。

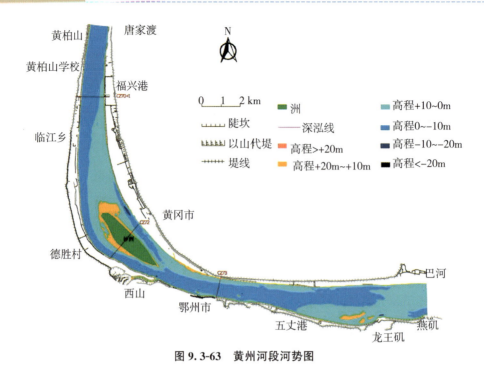

图 9.3-63 黄州河段河势图

黄州河段历史上的主要变迁是河道的右摆动和洲滩的变化。据《水经注》记载："江水左迳赤鼻山南,山临侧江川。"《读史方舆纪要》说:"在府城西北、汉川门外、屹立江滨……下有赤鼻矶。"这说明赤鼻山当时在左岸江边。《入蜀记·卷四》载:乾道六年(公元 1170 年)八月二十晓,陆游离黄州,挽船自赤鼻矶下过,行十四五里江面始稍狭。可见,直至宋朝赤鼻山仍濒临大江。明代中后期赤鼻山仍然濒江,赤鼻矶仍存在。至清代中后期,赤鼻矶距江已有数里,原先侧临的赤鼻矶支汊淤断成牛轭湖,称为鸡窝湖和王家湖。这说明河道在三百年左右的时期内已向右摆动了数里。6 世纪以前,上游的团风河段的举洲右汊主流直趋东南,至黄冈东北故邾城一带受丘陵迫溜,折向西南,经赤鼻山西侧至樊口与来自举洲左汊道在文方口折南流的支汊相汇。两汊之间形成芦洲,其位置在邾城西,南至樊口二十里,相当今新河公社一带地方。芦洲由小逐渐增大,并不断下移,至清时已下移至樊口附近,取名为得胜洲。1882 年得胜洲又下移至樊口湾后,方逐步靠岸。在得胜洲靠岸过程中,其上游又有一沙洲(新淤洲)开始形成。该沙洲初步形成时面积大约为 0.81km²,到 1934 年,它的面积已增大为 2.16km²,而且与原来的位置相比,已下移达 1.2km。1940 年左右,对岸边滩开始形成,随着边滩的向外扩展,沙洲(新淤洲)不仅面积逐渐缩小,而且它的下移速度也减慢了,现在该沙洲已成为潜洲。

### 9.3.9.2 河道形态变化分析

(1)岸线变化

套绘黄州河段 2001—2016 年 15m 等高线分析表明,多年来黄州河段 15m 岸线变化较小,2001—2021 年 15m 等高线平面摆动最大幅度不足 100m(图 9.3-64)。

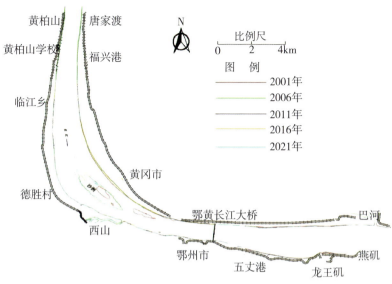

图 9.3-64　黄州河段岸线平面变化图

（2）深泓变化

黄州河段受上游团风河段演变的影响，进口段和分汊段主泓摆动频繁，黄州江心洲与边滩相互转化，左岸边滩附近河段深泓随之而发生相应变化；樊口至鄂黄大桥之间受边界条件控制，主泓稳定少变，河床冲淤变幅较小，历年深泓相对稳定；河段出口处，受池湖港潜洲以及戴家洲洲头的冲淤影响，其分流点上提下移，深泓变幅较大。河段深泓高程冲淤交替，其中黄州边滩、鄂黄大桥、回风矶等附近变化较大，最大冲刷位于鄂黄大桥下游，历年冲刷深度约 7m，其余变化相对较小。

2001—2021 年，黄州河段进口段和分汊段主泓摆动频繁，黄州江心洲与边滩相互转化；下段主泓贴岸下行，稳定少变；出口处则受池湖港潜洲影响，主流平面摆幅相对较大（图 9.3-65）。

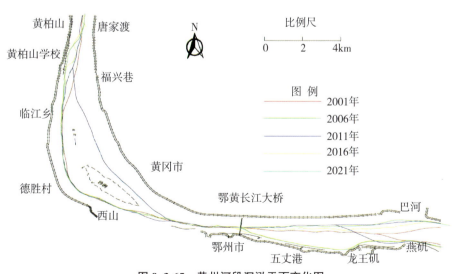

图 9.3-65　黄州河段深泓平面变化图

（3）洲滩变化

黄州河段洲滩位于黄州河段弯道的左岸，其历年变化较大，套绘 2001—2021 年 8m 等高线变化图（图 9.3-66），黄州河段洲滩 8m 等高线变化值见表 9.3-19。

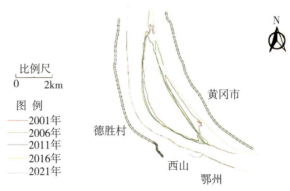

图 9.3-66　黄州河段黄州边滩变化图（8m 等高线）

表 9.3-19　　　　　　　　　　　黄州河段洲滩历年变化表

| 年份 | 最大长度（m） | 最大宽度（m） |
| --- | --- | --- |
| 2001 | 7028 | 1339 |
| 2006 | 8020 | 1459 |
| 2008 | 6762 | 1863 |
| 2011 | 6823 | 1439 |
| 2013 | 6892 | 1556 |
| 2016 | 7078 | 1497 |
| 2021 | 5803 | 1566 |

历年来，边滩总体呈增长趋势，河道深泓逐渐移向右岸，加剧了左岸边滩的发展。2001 年向右岸延伸幅度较大，靠左岸滩面部分已被洪水冲成一条浅槽，最深点高程在 0m 以上，经过洪水长期冲刷，到 2008 年，左岸边滩冲刷明显，边滩面积大幅减小，成为一个较小的近岸边滩，相应地由切滩所形成的江心洲——得胜洲出露，呈发展趋势。2008—2021 年边滩继续发展靠右，左岸继续缩减为一浅滩，得胜洲呈现发育态势。

### 9.3.9.3　河道纵、横断面变化分析

（1）河道纵剖面变化

黄州河段分汊后，受黄州边滩冲淤变化的影响，该段深泓纵向变化相对较大。2001—2008 年，冲淤变化趋缓，最大冲淤仅为 3m；2008—2011 年，左汊河床大幅淤积，淤高最大幅度达 16m，右汊略有淤积；2011—2021 年，左、右汊均略有冲刷，幅度较小，西山以下河床纵向变化相对较小，冲淤幅度一般在 6～8m 变化（图 9.3-67）。

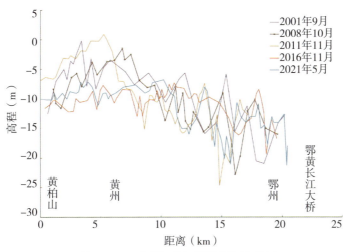

图 9.3-67 黄州河段深泓纵剖面变化图

（2）典型横断面变化

黄州河段选取 CZ70-1 和 CZ72 两个断面分析其河床演变特征（表 9.3-20、图 9.3-68）。

CZ70-1 断面为河段进口代表断面，断面为"U"形，2001—2016 年该断面总体上表现为冲刷，枯水河槽断面过水面积交替变化，总体上较蓄水前共增加了 22.2%，河宽变化不大，平均水深呈交替性变化，总体上较蓄水前增加了 2.16m，宽深比较蓄水前略微减小，断面明显冲刷下切，最深点高程较蓄水前冲刷下切了 6.2m。

CZ72 断面为河段中部代表断面，断面为"W"形，主槽位于右汊，2001—2016 年该断面总体上表现为冲刷，枯水河槽断面过水面积变化不大，河宽先减小后增大，总体上较蓄水前缩窄 145m，平均水深交替变化，总体上较蓄水前增加了 1.97m，宽深比较蓄水前减小，断面左汊明显向窄深型发展，右汊变化不大，平均河底高程较蓄水前明显冲刷下切，最深点高程较蓄水前略微冲刷了 0.5m。

表 9.3-20　　　　　　　　　黄州河段典型断面水力要素变化统计

| 断面 | 年份 | 水位（m） | 断面面积（m²） | 河宽（m） | 平均水深（m） | 宽深比 | 平均河底高程(m) | 最深点高程(m) |
|------|------|-----------|----------------|-----------|---------------|--------|------------------|----------------|
| CZ70-1 | 2001 | 9.97 | 11518 | 1187 | 9.70 | 3.55 | 0.30 | −4.6 |
| | 2006 | | 11809 | 1204 | 9.81 | 3.54 | 0.16 | −6 |
| | 2008 | | 13550 | 1212 | 11.18 | 3.12 | −1.21 | −5.9 |
| | 2011 | | 13035 | 1203 | 10.84 | 3.20 | −0.87 | −7.3 |
| | 2013 | | 13369 | 1207 | 11.07 | 3.14 | −1.10 | −8.8 |
| | 2016 | | 14078 | 1187 | 11.86 | 2.91 | −1.89 | −10.8 |
| | 2021 | | 16211 | 1191 | 13.61 | 2.54 | −3.64 | −11 |

| 断面 | 年份 | 水位（m） | 断面面积（m²） | 河宽（m） | 平均水深（m） | 宽深比 | 平均河底高程(m) | 最深点高程(m) |
|---|---|---|---|---|---|---|---|---|
| CZ72 | 2001 | 9.85 | 9891 | 1209 | 8.18 | 4.25 | 1.70 | −12.9 |
| | 2006 | | 8485 | 1144 | 7.42 | 4.56 | 2.43 | −12.1 |
| | 2008 | | 9947 | 943 | 10.55 | 2.91 | −0.70 | −13.1 |
| | 2011 | | 10789 | 1046 | 10.31 | 3.14 | −0.46 | −12.7 |
| | 2013 | | 9932 | 1052 | 9.44 | 3.43 | 0.41 | −11.5 |
| | 2016 | | 10807 | 1064 | 10.15 | 3.21 | −0.30 | −13.4 |
| | 2021 | | 9507 | 1076 | 8.83 | 3.71 | 1.02 | −12.0 |

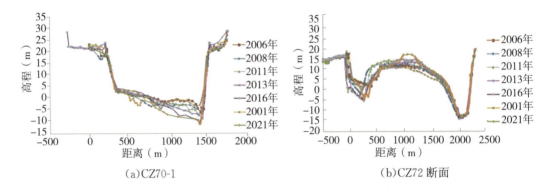

(a)CZ70-1　　　　　(b)CZ72 断面

图 9.3-68　黄州河段典型断面图

### 9.3.9.4　河床冲淤变化分析

2001—2020 年,黄州河段总体呈冲刷趋势,其枯水河槽、基本河槽、平滩河槽、洪水河槽的累积冲刷总量分别为 9051 万 m³、9421 万 m³、8915 万 m³、8455 万 m³,总体表现为冲槽淤滩。

从时间上看,除 2001—2008 年冲刷强度较小外,冲刷强度最大的时间段发生在 2016—2020 年。

### 9.3.9.5　河床演变的特点及成因

受河床边界条件和上游来水来沙等综合作用,黄州河段河床演变主要表现为:主泓摆动与洲滩消长、河岸崩塌与河床冲淤交替等,河段河床局部冲淤往复,变幅较小,河床形态及河势总体相对稳定。

### 9.3.9.6　本章小结

黄州河段河势稳定,进口段和分汊段主泓摆动频繁,黄州江心洲与边滩相互转化;下段主泓贴岸下行,稳定少变;出口处受池湖港潜洲影响,主流平面摆幅较大。深泓纵向变化以冲刷为主,深槽冲刷扩展。2001—2020 年河床总体冲刷,表现为冲槽淤滩,枯水河槽冲刷量为 9051 万 m³（图 9.3-69）。

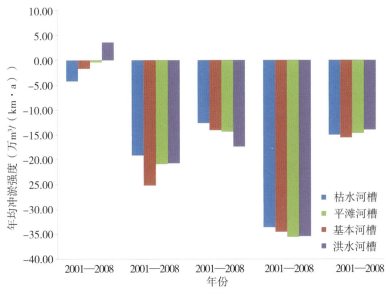

图 9.3-69 黄州河段冲淤强度变化图

## 9.3.10 戴家洲、黄石河段

### 9.3.10.1 河道概况和历史演变特征

戴家洲河段上起燕矶，下至回风矶，长 22km，属微弯分汊河型。河段左岸有巴河和浠水两条支流入汇，戴家洲位于燕矶与回风矶之间，新淤洲位于戴家洲右汊洲洲尾附近。戴家洲右汊为主汊，左汊为支汊。河道两岸堤防以及山地等所组成的河床边界对河道的横向变化有一定的限制。2006 年汛后床沙中值粒径为 0.152mm。

黄石河段上起回风矶，下至西塞山，长 16.4km，属微弯单一河型。弯道左岸散花洲有黄石边滩。河道两岸堤防以及山地等所组成的河床边界对河道的横向变化有一定的限制。2006 年汛后床沙中值粒径为 0.167mm。河段河势见图 9.3-70。

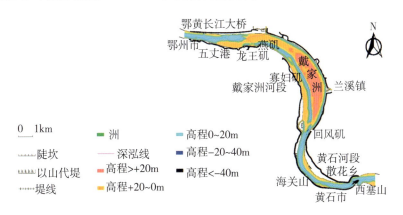

图 9.3-70 戴家洲、黄石河段河势图

6世纪以前,江水受浠水顶托,在浠水口(兰溪)以上江中形成五个串联沙洲,它们的位置在当今浠水县五洲公社及其以南江中一带。《水经·江水注》:"江水左侧巴水注之,谓之巴口。又东迳轪县故城南(今浠水县约20km),南对五洲也,江中有五洲相接,故以五洲为名。东会浠水口。"六朝以后,五洲在经受强烈冲刷的同时,靠向左岸,成为今日五洲公社一带长江边滩,江面展宽成单一河道。直至明末清初,戴家洲河段尚不见沙洲形成的文献记载。这说明该河段保持单一河道的历史近千年之久。

目前,江中的戴家洲形成于清中叶后期,清同治《长江图说》在回风矶西的弹指夹上方至浠水口间,已载有戴家洲、笔架洲和新淤洲。清光绪以来,戴家洲北形成的赵家洲下移与戴家洲相连,笔架洲沦没,新淤洲靠岸成边滩,致使清代中后期的多汊型河道演变成目前的双汊弯曲河型,近百年来本河段河床平面形态变化不大,戴家洲河段的演变基本上是稳定的。

黄石河段远在东汉三国时代江中已出现了三个串连的江心洲。三洲位于回风矶至西塞山之间的古河道中,约在今黄石市北。相传吴国周瑜败曹操于赤壁,吴王迎之至此,散花劳军,故三洲又名散花洲。散花洲是在三国以前(公元220年前)由洪水切割边滩而成的,也是长江中游干流左岸在历史上少数由于切滩形成的分汊河段之一。两宋时期,散花洲左汊已淤为狭江,称散花夹。入明以后(公元1368年后),散花夹完全淤死,散花洲又成为边滩,《读史方舆纪要》名散花滩,该河段由分汊河型转化为微弯单一河型,近百年来没有明显的演变。

#### 9.3.10.2 河道形态变化分析

(1)岸线变化

多年来戴家洲、黄石河段15m等高线变化较小,除了黄石河段散花洲边滩在1998年间淤长约300m外,其余部位年际15m等高线接近重合,2001—2021年15m等高线平面摆动最大幅度不足30m(图9.3-71)。

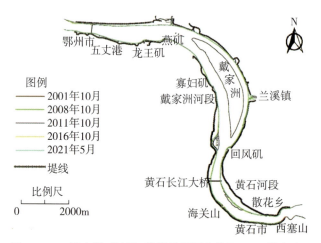

**图9.3-71 戴家洲、黄石河段岸线平面变化图(15m等高线)**

(2)深泓变化

水流紧贴右岸进入顺直放宽的黄州河段后,逐渐过渡到左岸,在龙王矶—燕矶附近遇戴家洲一分为二,左、右两股水流在回风矶附近汇合后进入黄石河段,并紧贴右岸而出。总体上,戴家洲、黄石河段的深泓平面变化主要体现在戴家洲分汇流点的上提下移以及右汊内深泓的左右摆动,下游黄石河段深泓平面位置历年稳定少变。

鄂黄长江大桥至燕矶段,由于池湖潜洲的影响深泓摆动较为明显,戴家洲分汊点的位置上提下移较大。1998 年、2001 年由于池湖潜洲右汊淤积,戴家洲左右汊分流区在龙王矶、燕矶附近,其余年份由于池湖潜洲右汊冲刷,戴家州右汊与池湖潜洲右汊贯通,分汊点上提约 7.5km 位于鄂黄长江大桥附近。

戴家洲汊道段,左汊深泓摆动幅度小于右汊。1970—2016 年,右汊进口最大摆动幅度约 450m,在寡妇矶至洲尾段摆动幅度近 1.1km;左汊最大摆动相对较大的区域为洲头和洲尾附近,在洲头区域,受巴河入汇影响,深泓摆动幅度约 450m,在洲尾附近,最大摆动幅度 470m 左右,其余区域,左汊深泓平面摆动较小,其中浠水河口附近深泓历年摆动幅度约 100m。

戴家洲以下河段回风矶至黄石大桥之间深泓摆动幅度大于黄石大桥以下河段。其中,黄石大桥以上区域深泓最大摆动幅度约 450m,黄石大桥以下区域深泓摆动幅度一般为 100m 左右,局部区域不超过 250m(图 9.3-72)。

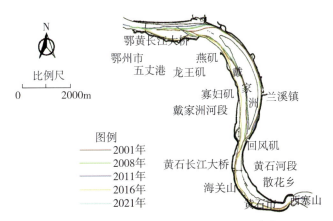

**图 9.3-72　戴家洲、黄石河段深泓平面变化图**

(3)洲滩变化

戴家洲位于戴家洲河段的燕矶与回风矶之间,随着上游的水沙作用,洲头呈冲淤交替之势,洲体左右缘以及洲尾基本稳定。2001—2008 年,戴家洲洲头冲刷,洲头 15m 等高线下移约 1.1km,洲体面积减小;2008—2016 年,戴家洲洲头逐渐淤长,洲头 15m 等高线上延约 1.42km,洲体面积有所增加;2016—2021 年,洲头淤长 1.72km,洲尾变化不大。从总体上看,戴家洲历年平面位置较为稳定。戴家洲河段洲滩(15m 等高线)历年变化见表 9.3-21 和图 9.3-73。

表 9.3-21　　　　　　戴家洲河段洲滩历年变化统计表(15m 等高线)

| 年份 | 洲滩长(km) | 洲滩宽(km) | 面积(km²) |
|------|-----------|-----------|-----------|
| 2001 | 12.7 | 1.67 | 18.7 |
| 2006 | 11.5 | 1.91 | 16.8 |
| 2008 | 11.7 | 1.94 | 17.0 |
| 2011 | 12.1 | 1.88 | 16.5 |
| 2013 | 12.6 | 1.94 | 17.2 |
| 2016 | 12.8 | 1.90 | 18.0 |
| 2021 | 13.1 | 1.95 | 18.1 |

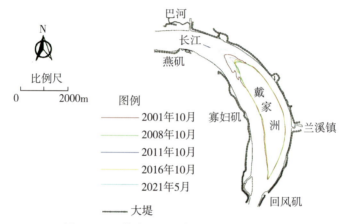

图 9.3-73　戴家洲平面变化图(15m 等高线)

（4）深槽变化

燕矶深槽形态历年较为稳定,深槽范围变化不大。戴家洲左汊 0m 深槽几乎贯穿整个汊道,1970 年以后深槽长和宽度历年均有所增加,深槽长度增加幅度较大,槽宽变化相对略小;2008 年深槽长度达到历史最大值 18468m,2016 年深槽大幅度扩宽,2021 年有所回淤。戴家洲右汊 0m 深槽在 2016 年以前主要集中在右汊下段,至 2021 年,深槽几乎已贯穿左汊。深槽长宽最大值发生在 1970 年,深槽长 7519m,宽 713m。此后,深槽总体呈萎缩的趋势。2001 年之前,右汊深槽宽于左汊,此后,右槽急剧萎缩,槽宽仅为左槽的 1/2。

黄石河段有西塞山深槽,该深槽由特殊地形构造、边界条件以及河道形势所决定的。西塞山附近江面束狭,河床下切,历年最深达 −66.7m（1998 年）。统计 2001—2021 年西塞山 −40m 等高线深槽,受上游水沙作用,深槽冲淤交替,深槽面积变化范围为 0.10～0.33km²,深槽最深点高程变幅为 11.3m。从总体上看,西塞山深槽范围以及最深点高程有所变化,而深槽平面位置相对稳定。深槽变化情况见图 9.3-74、表 9.3-22。

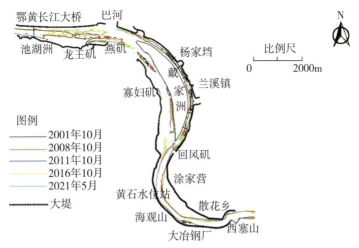

图 9.3-74　戴家洲、黄石河段深槽平面变化图(－40m 等高线)

表 9.3-22　　　　　黄石河段西塞山深槽(－40m 等高线)变化表

| 年份 | 面积(km²) | 最深点高程(m) |
|---|---|---|
| 2001 | 0.23 | －54.4 |
| 2006 | 0.10 | －48.1 |
| 2008 | 0.23 | －50.9 |
| 2011 | 0.14 | －48.4 |
| 2013 | 0.16 | －48.1 |
| 2016 | 0.33 | －59.4 |
| 2021 | 0.31 | －61.9 |

### 9.3.10.3　河道纵、横断面变化分析

(1)河道纵剖面变化

戴家洲河段左汊深泓自 1970 年以来,逐年冲刷降低,到 2016 年左汊冲刷幅度最大上段为 10m,下段为 8m 左右;右汊深泓纵向变化主要表现为冲淤交替,2001—2016 年总体呈淤积变化趋势,2016—2021 年呈冲刷态势(图 9.3-75)。

黄石河段自回风矶到西塞山为单一微弯河道,左凸右凹。多年深泓点的高程均在－10.0m 以下,在河段出口西塞山附近,由于山矶节点挑流,水流顶冲河床,造成河底高程急剧下切,深泓高程－50m 左右。该河段回风矶至石灰窑段深泓平面摆动不大,高程变化也较小,历年变化幅度约 5m。在石灰窑以下,由于顶冲点随着不同水文年份有所上提下移变化,深泓纵向高程冲淤交替,其中 1970—2001 年淤积,最低点高程抬高 15m 左右,2001 年以后变化较小。

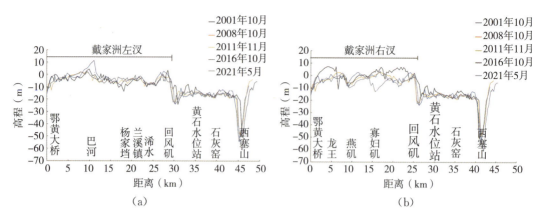

图9.3-75 戴家洲、黄石河段深泓纵剖面变化图

（2）典型横断面变化

戴家洲、黄石河段分别选取 CZ76-1、CZ81、CZ86 三个断面分析其河床演变特征，见表 9.3-23 和图 9.3-76。

CZ76-1 断面为戴家洲洲头代表断面，断面为"W"形，主槽位于右汊，2001—2016 年该断面总体上略微冲刷，枯水河槽断面过水面积较蓄水前显著减小，河宽较蓄水前明显缩窄，平均水深较蓄水前增加了 0.85m，宽深比较蓄水前减小，断面左汊冲淤变化不大，右汊明显拓宽，最深点高程较蓄水前淤积了 1.1m。

CZ81 断面为戴家洲右汊代表断面，断面为"U"形，2001—2016 年该断面总体上表现为冲刷，枯水河槽断面过水面积较蓄水前增大了 61.9%，河宽变化不大，平均水深交替变化，总体上较蓄水前增加了 2.33m，宽深比总体上较蓄水前明显减小，断面不断冲刷下切。

CZ86 断面为河段尾部代表断面，2001—2016 年该断面两侧岸坡较为稳定，冲淤主要集中在主槽，断面总体上轻微冲刷，枯水河槽断面过水面积变化不大，河宽总体上较为稳定，平均水深交替变化，总体上较蓄水前略微增加了 0.61m，宽深比总体上变化不大，断面主槽略微冲刷。

表 9.3-23 戴家洲、黄石河段典型断面水力要素变化统计

| 断面 | 年份 | 水位(m) | 断面面积(m²) | 河宽(m) | 平均水深(m) | 宽深比 | 平均河底高程(m) | 最深点高程(m) |
|---|---|---|---|---|---|---|---|---|
| CZ76-1 | 2001 | 9.5 | 9405 | 1173 | 8.02 | 4.27 | 1.52 | −5.8 |
| | 2006 | | 9288 | 1548 | 6.00 | 6.56 | 3.50 | −5.3 |
| | 2008 | | 4124 | 462 | 8.94 | 2.40 | 0.56 | −6.3 |
| | 2011 | | 4677 | 515 | 9.09 | 2.50 | 0.41 | −4.6 |
| | 2013 | | 5009 | 518 | 9.66 | 2.36 | −0.16 | −6.2 |
| | 2016 | | 4456 | 502 | 8.87 | 2.53 | 0.63 | −4.7 |
| | 2021 | | 14017 | 1555 | 9.02 | 4.37 | 0.47 | −4 |

续表

| 断面 | 年份 | 水位 (m) | 断面面积 (m²) | 河宽 (m) | 平均水深 (m) | 宽深比 | 平均河底 高程(m) | 最深点 高程(m) |
|---|---|---|---|---|---|---|---|---|
| CZ81 | 2001 | 9.37 | 4850 | 1151 | 4.21 | 8.05 | 5.07 | -1.9 |
| | 2006 | | 6207 | 1184 | 5.24 | 6.56 | 4.13 | -2.6 |
| | 2008 | | 5944 | 1186 | 5.01 | 6.87 | 4.36 | 1.7 |
| | 2011 | | 5906 | 1211 | 4.88 | 7.14 | 4.49 | -1.8 |
| | 2013 | | 6356 | 1162 | 5.47 | 6.23 | 3.90 | 0 |
| | 2016 | | 7851 | 1200 | 6.54 | 5.30 | 2.83 | 0 |
| | 2021 | | 8890 | 1181 | 7.53 | 4.56 | 1.84 | -3 |
| CZ86 | 2001 | 8.98 | 12656 | 875 | 14.46 | 2.05 | -5.47 | -17.3 |
| | 2006 | | 12274 | 871 | 14.08 | 2.10 | -5.10 | -15.6 |
| | 2008 | | 12062 | 867 | 13.91 | 2.12 | -4.93 | -16.4 |
| | 2011 | | 13181 | 873 | 15.09 | 1.96 | -6.11 | -17.2 |
| | 2013 | | 12741 | 873 | 14.59 | 2.03 | -5.61 | -17 |
| | 2016 | | 13151 | 873 | 15.07 | 1.96 | -6.09 | -17.8 |
| | 2021 | | 13334 | 865 | 15.41 | 1.91 | -6.43 | -17 |

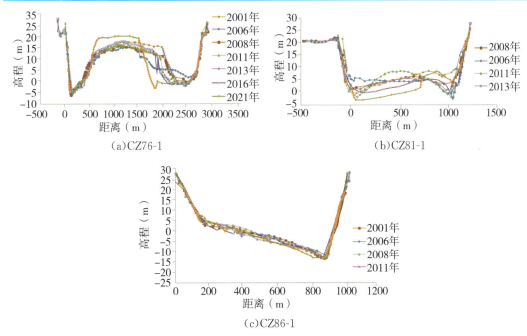

(a)CZ76-1　　(b)CZ81-1

(c)CZ86-1

图 9.3-76　典型断面变化图

## 9.3.10.4　河床冲淤变化分析

2001—2020 年,戴家洲河段有冲有淤,总体呈冲刷趋势,其枯水河槽、基本河槽、平滩河槽、洪水河槽的累积冲刷总量分别为 4810 万 m³、6242 万 m³、6608 万 m³、3890 万 m³,总体表现为冲槽淤滩(图 9.3-77)。

从时间上看,除 2008—2011 年表现为淤积外,其余时段均表现为冲刷。2011 年以后,主要表现为冲槽淤滩。

2001—2020 年,黄石河段有冲有淤,其枯水河槽、基本河槽、平滩河槽、洪水河槽的累积冲刷总量分别为 2265 万 m³、2239 万 m³、1879 万 m³、2928 万 m³,总体表现为冲槽淤滩(图 9.3-78)。

从时间上看,2011 年以前表现为淤积,2011 年以后表现为冲刷,冲刷强度最大的时段表现在 2011—2016 年。

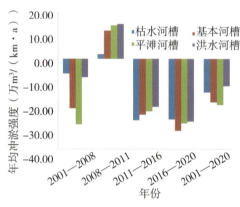

图 9.3-77　戴家洲河段冲淤强度变化图　　　图 9.3-78　黄石河段冲淤强度变化图

### 9.3.10.5　河床演变的特点及成因

戴家洲河段受燕矶、寡妇矶和回风矶的共同控制作用,河段河势历年一直较为稳定,主要的河床演变反映在江心洲洲头的消长和浅滩位置的变化,其变化范围有限,河床形态较为稳定,总体河势基本稳定。

黄石河段受地质和边界条件控制,在水流与河床相互作用的过程中,河岸起着主导作用,在弯道环流作用下,河床平面形态具有左边滩、右深槽的微弯单一河型,河势较为稳定。

### 9.3.10.6　本章小结

戴家洲河段总体河势稳定,深泓分流点上提,左汊深泓稳定,右汊深泓左摆。戴家洲左淤右冲,洲头冲刷,面积萎缩,深槽冲刷发展,河段"冲槽淤滩",2001—2020 年枯水河槽、平滩河槽冲刷泥沙分别为 4810 万 m³、3890 万 m³。

黄石河段深泓冲淤变幅不大,河段河床冲刷,滩岸变幅有限。2001—2020 年枯水河槽、洪水河槽冲刷泥沙分别为 2265 万 m³、2928 万 m³。

## 9.3.11　韦源口河段

### 9.3.11.1　河道概况和历史演变特征

韦源口河段上起黄石西塞山,下止猴儿矶,全长 33.3km。河段两岸分布着众多低山丘陵,左岸有剥皮山、岚头矶等;右岸有大火山、猴儿矶等山丘和矶头。河段宽窄相间呈藕节状,河段上段韦源口附近有牯牛洲,下段蕲州附近有蕲州潜洲,该处平均河宽约 2400m。工程上游约 1.5km 右岸有韦源河河口,韦源河出口段建有月亮湾大桥连接两端大堤堤防(阳新长江干堤)。河段河势见图 9.3-79。

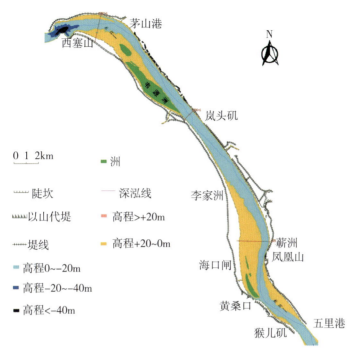

**图 9.3-79　韦源口河段河势图**

该河段河道深切在由古生代和中生代的基岩组成的山地之中,其地貌特征主要表现为左、右两岸众多的低山丘陵,右岸的黄颡口、猴儿矶等处分布着前第四系基岩,其抗冲能力较强;左岸岚头矶至蕲州及右岸的大火山至黄颡口之间呈冲积平原的二元结构,上层为黏土、亚黏土或亚砂土,下层为粉砂层;河床部分主要为细砂。

由于该河段两岸分布有众多天然山矶,具有对制约河道变化十分有利的边界条件,因此历史上河床形态变化较小,河床演变主要表现在江心洲的形成与发展上。

据《水经·江水注》记载分析,6 世纪以前,该河段断面较今略宽,当时大江自黄石西塞山东下,水流紧靠右岸山地,上、下韦山濒临江边,六朝以后江中陆续有沙洲出现,南宋时右岸汉道淤浅而形成"新野夹"。清中叶《水道提纲》载:"韦源口江中有洲","蕲水流至蕲州之北,西入江,其口正对沙洲"。同治年间,韦源口沙洲靠右岸成为牯牛洲边滩,其下游李家洲也靠岸成为边滩,长江过水面积渐渐缩小。自韦源洲靠岸以来,近百年来河床平面形态相对稳定。河段内的蕲州历史上主要表现为分解与合并上,尽管蕲州的合并与分割频繁,但近百年来位置没有大的变化,洲顶高程也保持相对稳定。

### 9.3.11.2 河道形态变化分析

(1)岸线变化

多年来韦源口河段两岸多为低山阶地,抗冲能力强,岸线相对稳定。套绘河段 2001—2021 年 10m 等高线进行分析(图 9.3-80)。图 9.3-80 中可以看出,韦源口河段岸线变化不大,两岸岸坡较为稳定,岸线变化主要集中在牯牛洲上游及海口闸潜洲附近。

**图 9.3-80 韦源口河段岸线变化图(10m 等高线)**

(2)深泓变化

该河段河道深泓线的横向变化不大,在顺直或窄深处基本保持不变,在弯道段,水流顶冲点随水位上升而下挫。受蕲州潜洲的影响,蕲州一带水流被逼近左岸,深泓线贴左岸而行,之后主流随弯道略呈右摆,顺势而下,河道平面形态多年较为稳定,深泓线平面摆动不大(图 9.3-81)。

(3)洲滩变化

河段内最大洲滩为牯牛洲。多年来牯牛洲洲尾平面位置较为稳定,洲滩变化主要反映在洲头的淤积上延,2001—2016 年洲头 15m 等高线上提 2645m,2016—2021 年洲头下挫约 1577m;洲滩左右缘及洲尾基本处于稳定状态,其冲淤变化在较小范围之内(图 9.3-82)。

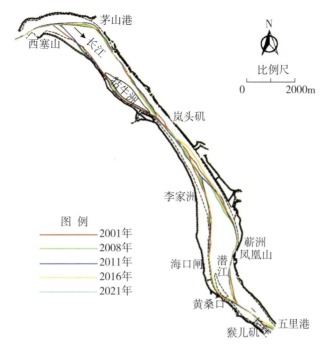

图 9.3-81  韦源口河段深泓平面变化图

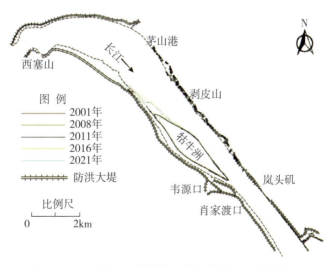

图 9.3-82  韦源口河段洲滩平面变化图(15m 等高线)

（4）深槽变化

韦源口河段牯牛洲左汊有－12m 深槽,历年深槽变化较大。2001 年深槽较历年有所扩大,槽首上延,最深点高程刷深为－16.6m;2006 年河床大幅淤积,－12m 深槽几乎消失;2008 年河床略有冲刷,河槽最深点高程为－14.4m;2011 年河床略有淤积,最深点高程－12.4m 有所抬升;2016 年河床冲刷,形成三个较大范围深槽,上游侧深槽最大,深槽长超过 3.6km,宽 343m,最深点高程－16.3m;2021 年深槽再次合并下移,成为两个较大范围深槽,下游侧深槽较大,长 3.8km,最深点高程－18.7m(表 9.3-24、图 9.3-83)。

从总体上看,该河段深槽受上游水沙作用,深槽范围有冲有淤、冲淤往复,历年深槽位置向右岸偏移,最深点高程升降交替。

表 9.3-24　　　　　　牯牛州附近深槽变化统计表(－12m 等高线)

| 时间 | 最大长度<br>(m) | 平均宽度<br>(m) | 面积<br>(km²) | 最深点<br>高程(m) |
|---|---|---|---|---|
| 2001 | 6395 | 296 | 1.89 | －16.6 |
| | 1606 | 104 | 0.17 | －16.0 |
| 2006 | 136 | 14 | 0.002 | －13.3 |
| 2008 | 1770 | 76 | 0.13 | －15.7 |
| | 258 | 80 | 0.02 | －14.4 |
| 2011 | 1180 | 177 | 0.21 | －14.4 |
| | 487 | 27 | 0.013 | －12.4 |
| 2016 | 3624 | 220 | 0.80 | －16.3 |
| | 1998 | 220 | 0.44 | －16.3 |
| | 1086 | 184 | 0.20 | －15.3 |
| 2021 | 3022 | 66 | 0.20 | －16.9 |
| | 3818 | 309 | 1.18 | －18.7 |

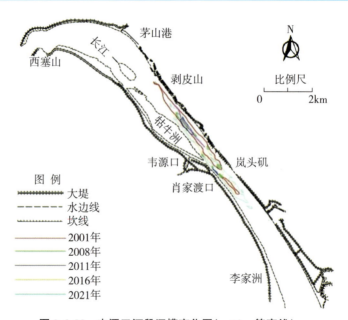

图 9.3-83　韦源口河段深槽变化图(－12m 等高线)

### 9.3.11.3 河道纵、横断面变化分析

(1)河道纵剖面变化

韦源口河段属窄深河型,其深泓高程一般在1985国家高程基准0m以下,受上游来水来沙作用,河道深泓高程呈冲淤交替变化状态,牯牛洲和蕲州潜洲附近河道深泓高程变化幅度较大,牯牛洲附近深泓高程先淤后冲,局部总体略有淤积;蕲州潜洲附近深泓高程则冲刷降低,历年最大深泓高程变幅约为17m。除洲滩附近河床纵向变化幅度较大外,其余河床纵向变化相对较小,深泓高程变幅有限(图9.3-84)。

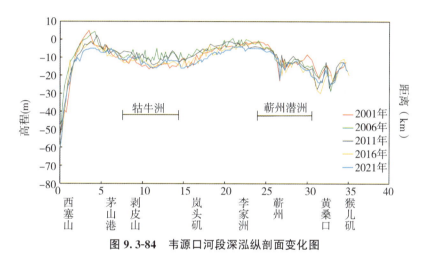

**图9.3-84 韦源口河段深泓纵剖面变化图**

(2)典型横断面变化

韦源口河段分别选取CZ90-1、CZ95两个断面分析其河床演变特征(表9.3-25和图9.3-85)。

CZ90-1断面为河段中部代表断面,断面为"U"形,断面两侧岸坡较为稳定,冲淤变化主要集中在主槽,2001—2016年该断面总体上表现为冲刷,断面面积较蓄水前增大6.5%,河宽变化不大,平均水深交替变化,总体上较蓄水前增加了1.19m,宽深比总体上较蓄水前略微减小,断面向冲刷下切发展,平均河底高程和最深点高程均表现为冲刷,最深点高程较蓄水前冲刷下切了1.3m。

CZ95断面为河段出口代表断面,2001—2016年该断面总体上轻微淤积,断面面积较蓄水前变化不大,河宽呈往复变化,总体上较蓄水前拓宽了233m,平均水深交替变化,总体上较蓄水前略微减小0.36m,宽深比较蓄水前增大,断面向宽浅型发展,平均河底高程表现为轻微淤积,最深点高程较蓄水前冲刷下切了2.5m。

表 9.3-25 　　　　　　　　　　　　韦源口河段典型断面水力要素变化统计

| 断面 | 年份 | 水位(m) | 断面面积(m²) | 河宽(m) | 平均水深(m) | 宽深比 | 平均河底高程(m) | 最深点高程(m) |
|------|------|---------|--------------|---------|-------------|--------|-----------------|---------------|
| CZ90-1 | 2001 | 8.68 | 15894 | 885 | 17.96 | 1.66 | −9.22 | −15.2 |
| | 2006 | | 12728 | 882 | 14.43 | 2.06 | −5.75 | −9.0 |
| | 2008 | | 14450 | 887 | 16.30 | 1.83 | −7.62 | −12.3 |
| | 2011 | | 12696 | 884 | 14.37 | 2.07 | −5.69 | −10.5 |
| | 2013 | | 14274 | 885 | 16.14 | 1.84 | −7.46 | −14.2 |
| | 2016 | | 16926 | 884 | 19.15 | 1.55 | −10.47 | −16.5 |
| | 2021 | | 16734 | 882 | 18.98 | 1.56 | −10.3 | −17.0 |
| CZ95 | 2001 | 8.4 | 10701 | 1863 | 5.74 | 7.51 | 2.71 | −9.3 |
| | 2006 | | 9481 | 1778 | 5.33 | 7.91 | 3.11 | −5.9 |
| | 2008 | | 10073 | 1817 | 5.54 | 7.69 | 2.90 | −8.2 |
| | 2011 | | 9698 | 1791 | 5.41 | 7.82 | 3.03 | −14.8 |
| | 2013 | | 9931 | 1906 | 5.21 | 8.38 | 3.23 | −8.6 |
| | 2016 | | 11268 | 2096 | 5.38 | 8.52 | 3.06 | −11.8 |
| | 2021 | | 12067 | 2097 | 5.75 | 7.96 | 2.69 | −10.0 |

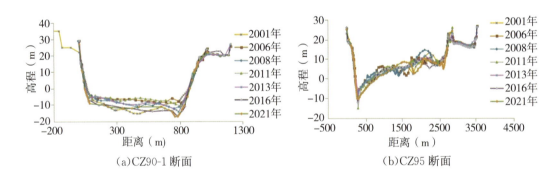

(a)CZ90-1 断面　　　　　　　　　　　(b)CZ95 断面

图 9.3-85 　韦源口河段典型断面变化图

### 9.3.11.4　河床冲淤变化分析

2001—2020 年,韦源口河段有冲有淤,总体呈冲刷趋势,其枯水河槽、基本河槽、平滩河槽、洪水河槽的累积冲刷总量分别为 4576 万 m³、5508 万 m³、4994 万 m³、7652 万 m³,总体表现为滩槽皆冲(图 9.3-86)。

从时间上看,2001—2008 年,河段表现为淤积,其余时段均表现为冲刷,冲刷强度最大的时间段发生在 2011—2016 年,2016—2020 年冲刷强度有所减弱。

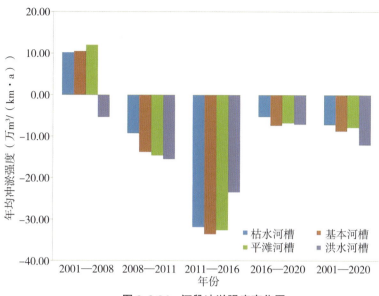

**图 9.3-86 河段冲淤强度变化图**

### 9.3.11.5 河床演变的特点及成因

韦源口河段左右两岸多为低山阶地,抗冲能力强。在水流与河床相互作用中,河床起主导作用,现有河床形态将保持相对稳定,其变化主要随水文年不同,洲滩在演变过程中随之合并与分割,而其平面位置不会有大的变化,总体河势保持相对稳定。

### 9.3.11.6 本章小结

韦源口河段河道平面形态、深泓、岸线变化不大,河势稳定。韦源洲洲头上提、面积扩大,蕲州潜洲右移、面积萎缩,深槽较为稳定。2001—2020 年,河床冲刷且滩槽皆冲,枯水河槽、洪水河槽冲刷量分别为 4576 万 $m^3$、7652 万 $m^3$。

## 9.3.12 田家镇河段

### 9.3.12.1 河道概况和历史演变特征

田家镇河段地处湖北省黄石市境内,上起猴儿矶,下至码头镇,河段全长约 34.3km,为顺直微弯型河段。河道两岸为低山丘陵节点控制分布众多天然山矶,河势较稳定。长江主流过富池闸(对岸为盘塘)后,河道逐渐展宽,由 1000m 逐渐展宽到 2600m,两岸泥沙沉积,沿岸形成大片心滩,尤其右岸边滩受水流冲刷切割形成江心潜洲(鲤鱼洲)。在鲤鱼洲洲尾,长江主流贴右岸下行,王家湾至仙姑山段又逐渐缩窄,其左岸则形成宽大的边滩。拟建码头工程位于鲤鱼山水道下段鲤鱼山附近。河段河势见图 9.3-87。

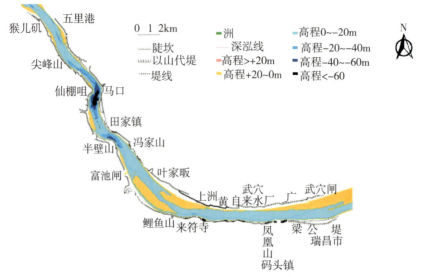

图 9.3-87　田家镇河段河势图

该河段发育在扬子准地台区,属淮阳地盾南缘,南临江南古陆,处于大冶褶皱束、鄂东修水褶皱束和望江拗陷三个次一级大地构造单元的接触带。自全新世以来,构造运动的差异和水流长期作用,而形成了两岸不同的地质、地貌。河段由于半壁山、冯家山交错对峙,在半壁山形成卡口,两岸基本上受山丘、矶头控制,山丘、矶头大部分由页岩、砂岩和灰岩组成。

河段两岸分布有众多天然山矶,制约了河道的平面变化,故历史上河床平面形态变化较小,河势长期相对稳定。

该河段在宋代以前,长江主流在富池口以下的盘塘分河道分为左、右两汊,右汊的走向与目前的河道走向基本相同。左汊自盘塘入流,经武山湖、连城湖、太白湖、杨柳湖、龙感湖、泊湖等处,出望江以东的雷江与右泓汇合而下。到了南宋至明清时期即公元 1279—1644年,左汊逐渐淤塞,长江流路集中,左岸留下大量湖泊。右汊逐渐发展,形成现在的长江河道主槽。右泓一千多年来的变迁总趋势是河槽不断右移,现已紧靠山丘、矶头。而左岸是广阔的冲积平原,河道的右移过程在地貌上能够反映出来。现在的龙坪鹅头型弯道,大约是1840年形成的,从1842年、1923年和1963年的测图看,上段鲤鱼洲河段河道形式变化不大,中段鹅头弯分汊形态基本保持不变,百余年前的河道走势与今大致相同。

### 9.3.12.2　河道形态变化分析

(1)岸线变化

三峡工程蓄水运行以来,田家镇河段两岸岸线较为稳定,未见大的岸线再造现象(图 9.3-88)。

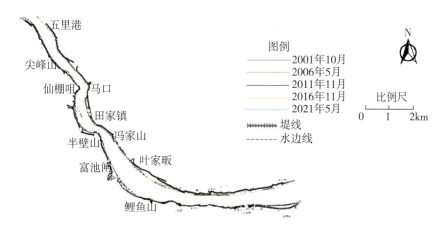

图 9.3-88 田家镇河段岸线平面变化图(15m 等高线)

(2)深泓变化

近十几年来,河道深泓平面变化幅度较小,仅在局部区域随着不同来水来沙而发生小幅度摆动,尖峰山至半壁山河段,特殊的地形构造及边界条件,河床纵向变化多年较为稳定。该段由于两岸矶头夹江对峙,河床不易向两岸拓宽,在竖向涡流作用下,河床向下深切,致使马口附近河底高程在 −100m 左右变化,是长江中游河段的最深之处。

2001—2021 年,河段深泓平面摆动较大的有两处:第一处为鲤鱼山弯道段,2013—2016年局部向左摆幅达 1300m;第二处为狗头矶至武穴闸附近,此处为由于下游鸭儿洲、新洲主流分流点,深泓左右摆动。从总体上看来,河道平面形态多年较为稳定,深泓平面变化不大(图 9.3-89)。

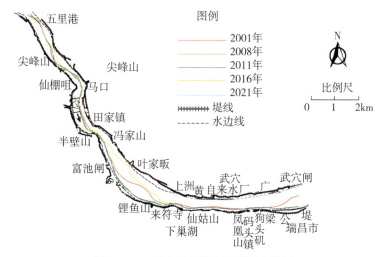

图 9.3-89 田家镇河段深泓平面变化图

(3)洲滩变化

河段内鲤鱼山附有鲤鱼洲洲滩,三峡工程蓄水前 2001 年鲤鱼洲为一潜洲,洲顶高程为

6.6m;2006 年由于泥沙淤积,洲滩出水形成后,总体呈淤长的态势,至 2021 年洲长达到 4.1km,洲顶高程为 12.1m(表 9.3-26、图 9.3-90)。

表 9.3-26　　　　　　　　田家镇河段鲤鱼洲洲滩特征统计表(7m 等高线)

| 年份(年-月) | 洲长(m) | 面积(km²) | 洲顶高程(m) |
|---|---|---|---|
| 2001-10 | / | / | 6.6 |
| 2006-5 | 842 | 0.16 | 8.1 |
| 2011-10 | 1513 | 0.38 | 8.3 |
| 2013-10 | 1225 | 0.22 | 9.2 |
| 2016-11 | 2792 | 0.86 | 9.2 |
| | 1292 | 0.18 | 9.6 |
| 2021-5 | 4102 | 1.53 | 12.1 |

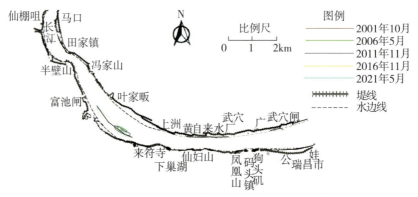

图 9.3-90　田家镇河段鲤鱼洲平面变化图(7m 等高线)

### 9.3.12.3　河道纵、横断面变化分析

(1)河道纵剖面变化

河道深泓高程呈冲淤交替变化状态。尖峰山至半壁山河段,由于特殊地形构造及边界条件,河床纵向变化较为稳定,该段由于两岸矶头夹江对峙,河床不易向两岸拓宽,在竖向涡流作用下,河床向下深切,致使马口附近河底高程在 −100.0m 左右,是长江中游河段的最深之处。鲤鱼山弯道段历年深泓冲淤变化较小,下巢湖至码头镇而受河道边界的控制,该段历年深泓冲淤变化幅度有限(图 9.3-91)。

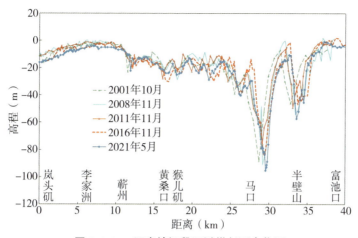

图 9.3-91　田家镇河段深泓纵剖面变化图

（2）典型横断面变化

田家镇河段分别选取 CZ99、CZ102-1 两个断面分析其河床演变特征（表 9.3-27、图 9.3-92）。

CZ99 断面为河段进口代表断面，断面为"U"形，2001—2016 年该断面总体上轻微淤积，2011 年断面深槽冲刷明显，深泓点由断面左侧摆动至右侧，2011 年后断面逐渐回淤，深泓点回到断面左侧，枯水河槽断面过水面积较蓄水前略微减小，河宽总体变化不大，平均水深交替变化，总体上较蓄水前减小 0.5m，宽深比基本不变，断面略微淤高，最深点高程较蓄水前淤高了 5.6m。

CZ102-1 断面为河段中部代表断面，断面两侧岸坡较为稳定，冲淤主要集中在主槽，2001—2016 年该断面总体上轻微冲刷，断面过水面积先增大后减小，总体上较蓄水前略微减小，河宽较蓄水前缩窄了 109m，平均水深呈往复变化，较蓄水前变化不大，宽深比总体上较蓄水前略微减小，断面向窄深型发展，平均河底高程和最深点高程均表现为冲刷，平均河底高程较蓄水前冲刷幅度较小，最深点高程较蓄水前冲刷下切了 5.2m。

表 9.3-27　　　　　　　　　田家镇河段典型断面水力要素变化统计

| 断面 | 年份 | 水位（m） | 断面面积（m²） | 河宽（m） | 平均水深（m） | 宽深比 | 平均河底高程（m） | 最深点高程（m） |
|---|---|---|---|---|---|---|---|---|
| CZ99 | 2001 | 8.11 | 28936 | 754 | 38.38 | 0.72 | −30.27 | −50.6 |
| | 2006 | | 28330 | 734 | 38.58 | 0.70 | −30.47 | −48.3 |
| | 2008 | | 27198 | 740 | 36.77 | 0.74 | −28.66 | −43.3 |
| | 2011 | | 30563 | 738 | 41.42 | 0.66 | −33.31 | −49.7 |
| | 2013 | | 26007 | 741 | 35.12 | 0.77 | −27.01 | −41.2 |
| | 2016 | | 28333 | 748 | 37.88 | 0.72 | −29.77 | −45 |
| | 2021 | | 29037 | 745 | 38.96 | 0.7 | −30.85 | −51 |

| 断面 | 年份 | 水位（m） | 断面面积（m²） | 河宽（m） | 平均水深（m） | 宽深比 | 平均河底高程(m) | 最深点高程(m) |
|------|------|----------|--------------|---------|-------------|--------|---------------|--------------|
| CZ102-1 | 2001 | 7.85 | 11618 | 2032 | 5.72 | 7.88 | 2.14 | −2.3 |
| | 2006 | | 12626 | 1894 | 6.67 | 6.53 | 1.18 | −8.7 |
| | 2008 | | 13049 | 2062 | 6.33 | 7.18 | 1.52 | −6.7 |
| | 2011 | | 12815 | 1943 | 6.59 | 6.69 | 1.26 | −9.2 |
| | 2013 | | 12373 | 1823 | 6.79 | 6.29 | 1.06 | −8.7 |
| | 2016 | | 11341 | 1923 | 5.90 | 7.44 | 1.95 | −7.5 |
| | 2021 | | 11990 | 1661 | 7.22 | 5.65 | 0.63 | −9 |

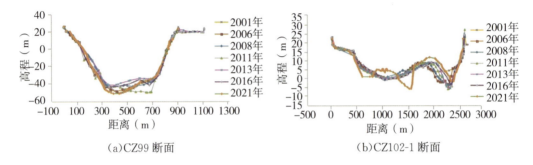

(a)CZ99 断面　　　　　　　　(b)CZ102-1 断面

**图 9.3-92　田家镇河段典型断面变化图**

### 9.3.12.4　河床冲淤变化分析

2001—2020 年,田家镇河段有冲有淤,总体呈冲刷趋势,其枯水河槽、基本河槽、平滩河槽、洪水河槽的累积冲刷总量分别为 3328 万 m³、3117 万 m³、2841 万 m³、7063 万 m³,总体表现为滩槽皆冲(图 9.3-93)。

从时间上看,2001—2008 年,河段表现为淤积,其余时段均表现为冲刷,冲刷强度最大的时间段发生在 2016—2020 年。

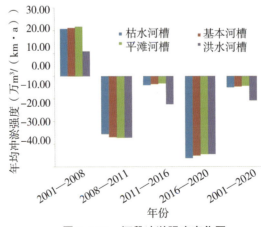

**图 9.3-93　河段冲淤强度变化图**

#### 9.3.12.5　河床演变的特点及成因

田家镇河段两岸分布着众多山体,岸坡抗冲性较强,在水流与河床的相互作用中,河床的自我调整起主导作用。受边界条件控制,该河段河势稳定。

#### 9.3.12.6　本章小结

该河段岸线以及滩槽冲淤变化有限,河道平面位置及主流走向变化较小,洲滩发育缓慢。2001—2020 年,河床滩、槽均呈冲刷趋势,枯水河槽冲刷量为 3328 万 $m^3$,占河床总冲刷量的 47%。

### 9.3.13　龙坪河段

#### 9.3.13.1　河道概况和历史演变特征

龙坪河段地处湖北、江西境内。上起下巢湖,下至大树下,全长 33km。河段左岸为湖北武穴市和黄梅县,右岸属江西瑞昌市。河段内有鸭儿洲、新洲江心洲,洲体将河道分成两汊,右汊为主汊,汊道微弯,左汊为支汊,汊道向下游大拐弯,水流在新洲洲尾汇合,该段弯曲系数 2.03,属鹅头型分汊河段。该河段左岸有黄广大堤,右岸有梁公堤、赤心堤。两岸堤防、低山和矶头组成的河床边界,控制着河道的横向发展,河道特有的地质地貌条件造就了河段沿程宽窄相间。河段河势见图 9.3-94。

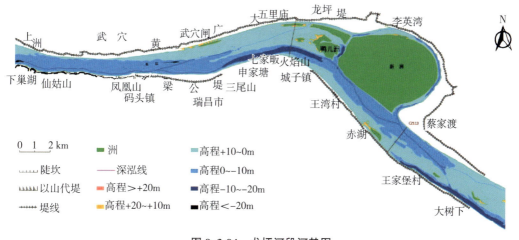

**图 9.3-94　龙坪河段河势图**

该河段发育在扬子准地台区,其中武穴市以上属淮阳地盾南缘,南临江南古陆,处于大冶褶皱束、鄂东修水褶皱束和望江拗陷 3 个次一级大地构造单元的接触带,自武穴市起向东北延伸,由一系列断裂组成。受构造断裂的影响,自全新世以来,构造运动的差异和水流长期作用,而形成了两岸不同的地质、地貌。

龙坪河段由于河道主流长期右摆,左岸已逐渐发育成为广阔的冲积平原,形成具有二元结构特征的疏松沉积物。上层主要为黏砂土,局部为砂壤土和粉细砂;下层主要为细砂、中砂,局部有砾石。龙坪弯道李英一带的岸坡主要由粉细砂、细砂组成,岸坡抗冲力较差,为重点崩岸险工段。河道右岸已紧逼山丘、矶头或阶地。这些山丘、矶头由页岩、砂岩和石灰岩构成。阶地多为棕红色的黏土和棕黄色的砂壤土,河岸抗冲性较好。该河段在宋代以前,长江主流在富池口以下的盘塘分河道分为左、右两汊,右汊的走向与目前的河道走向基本相同。左汊自盘塘入流,经武山湖、连城湖、太白湖、杨柳湖、龙感湖、泊湖等处,出望江以东的雷江与右泓汇合而下。到了南宋至明清时期即公元1279—1644年,左汊逐渐淤塞,长江流路集中,左岸留下大量湖泊。右汊逐渐发展,形成现在的长江河道主槽。右泓近一千多年来的变迁总趋势是河槽不断地右移,现已紧靠山丘、矶头。而左岸是广阔的冲积平原,河道的右移过程在地貌上能够反映出来。现在的龙坪鹅头型弯道,大约是1840年形成的,从1842年、1923年和1963年的测图看,武穴河段河道形式变化不大,鹅头弯分汊形态基本保持不变,百余年前的河道走势与今大致相同。

### 9.3.13.2 河道形态变化分析

(1)岸线变化

该河段受两岸低山矶头控制,岸线总体较为稳定,仅在五里庙附近局部岸线有一定的摆幅,河段其他部位岸线基本保持稳定(图9.3-95)。

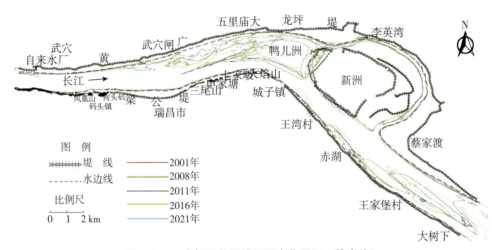

图9.3-95 龙坪河段岸线平面变化图(5m等高线)

(2)深泓变化

龙坪段河道主流线顺直或窄深处变化较小,在弯道以及分汊段,水流顶冲点随水沙的变化而上移下挫。受边界条件控制,主流线历年摆幅有限,河道平面形态多年变化不大。套绘2001—2021年深泓平面变化图(图9.3-96)。

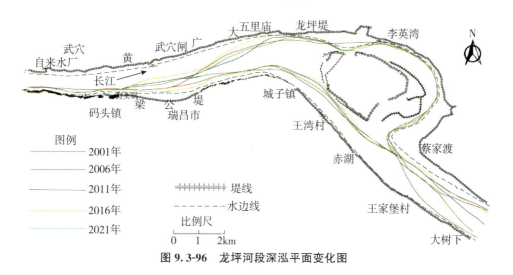

**图 9.3-96　龙坪河段深泓平面变化图**

在一定的河床边界条件下，不同的来水来沙使得河道主泓发生变化，从而引起深泓线平面位置的摆动。多年来，河段两岸均受低山、矶头控制，深泓较为稳定；中段河段内新洲鹅头型汊道段河床冲淤变化较为剧烈，主流经右岸码头矶摆向左岸后又折向龙坪新洲右汊，左汊口门段河床淤积，进口段的浅滩则碍航较为严重，近年来通过航道整治逐渐趋于稳定。

（3）洲滩变化

龙坪河段内有龙坪新洲江心洲。根据实测资料，套绘 2001—2016 年 10m 等高线变化图，分析历年新洲的变化趋势（表 9.3-28、图 9.3-97）。上游来水来沙的不同，龙坪新洲冲淤交替，洲滩呈现周期性冲淤变化，洲尾历年有所淤积，洲右缘略有冲刷，而多年变幅均较小；洲头以及洲左缘冲淤变化相对较大，洲体总体略有冲刷；2001—2021 年，洲体略有下移，洲头回缩约 300m，洲宽略有冲刷，新洲面积变化不大，洲体基本稳定。

**表 9.3-28　　　　　　　　　龙坪河段新洲洲滩特征统计表（10m 等高线）**

| 年份 | 洲长（km） | 洲宽（km） | 面积（km²） |
| --- | --- | --- | --- |
| 2001 | 6.50 | 3.43 | 22.3 |
| 2006 | 5.73 | 4.57 | 21.8 |
| 2008 | 6.25 | 4.55 | 21.8 |
| 2011 | 6.26 | 4.48 | 22.0 |
| 2013 | 6.03 | 4.55 | 21.7 |
| 2016 | 6.15 | 3.35 | 20.6 |
| 2021 | 5.97 | 4.88 | 21.7 |

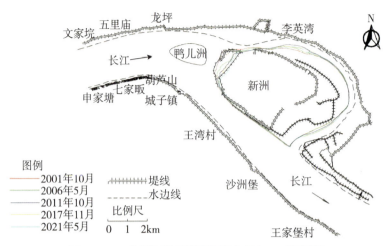

**图 9.3-97 龙坪河段新洲平面变化图（10m 等高线）**

### 9.3.13.3 河道纵、横断面变化分析

（1）河道纵剖面变化

河段深泓的纵向变化，随着年内和年际的来水来沙及其过程的不同而发生冲淤交替变化（图 9.3-98）。

龙坪河段深泓纵向历年呈冲淤交替变化。一般地，单一河段深泓高程历年变化幅度较小，分汊段尤其是分汊过渡带，受洲滩消长变化影响，历年深泓高程冲淤变化较大。

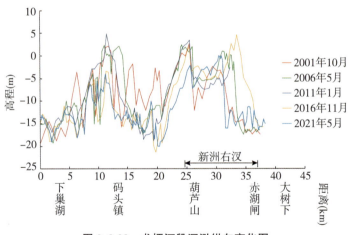

**图 9.3-98 龙坪河段深泓纵向变化图**

（2）典型横断面变化

龙坪河段分别选取 CZ108、CZ113 两个断面分析其河床演变特征（表 9.3-29、图 9.3-99）。

CZ108 断面为河段进口代表断面，2001 年断面呈"W"形，2001 年后断面左汊明显淤积，断面右汊深槽逐渐冲刷下切，断面总体上淤积明显，枯水河槽断面过水面积较蓄水前减小了 17.3%，河宽先增大后减小，总体上较蓄水前拓宽了 133m，平均水深较蓄水前减小了

2.55m,宽深比总体上较蓄水前增大,断面向宽浅型发展,平均河底高程较蓄水前淤高明显,最深点高程较蓄水前冲刷下切了2.4m。

CZ113断面为河段中部代表断面,断面为"U"形,2001—2016年该断面先淤后冲,总体上轻微冲刷,断面右岸基本稳定,冲淤变化主要集中在左岸和主槽,枯水河槽断面过水面积总体上较蓄水前增大15.4%,河宽总体上累积性增加,较蓄水前拓宽了252m,平均水深较蓄水前变化不大,宽深比交替变化,总体上较蓄水前略微增大,断面拓宽明显,2001—2008年平均河底高程逐年淤积,2008年后平均河底高程逐渐冲刷,总体上较蓄水前变化不大,最深点高程较蓄水前淤高了2.8m。

表 9.3-29 龙坪河段典型断面水力要素变化统计

| 断面 | 年份 | 水位 (m) | 断面面积 (m²) | 河宽 (m) | 平均水深 (m) | 宽深比 | 平均河底 高程(m) | 最深点高程 (m) |
|---|---|---|---|---|---|---|---|---|
| CZ108 | 2001 | 7.43 | 13040 | 1277 | 10.21 | 3.50 | −2.69 | −10.8 |
| | 2006 | | 9824 | 1540 | 6.38 | 6.15 | 1.05 | −16.0 |
| | 2008 | | 10065 | 1831 | 5.50 | 7.78 | 1.93 | −13.3 |
| | 2011 | | 11608 | 1775 | 6.54 | 6.44 | 0.89 | −14.1 |
| | 2013 | | 10805 | 1410 | 7.66 | 4.90 | −0.23 | −13.2 |
| | 2016 | | 10805 | 1410 | 7.66 | 4.90 | −0.23 | −13.2 |
| | 2021 | | 11516 | 1630 | 7.07 | 5.71 | 0.36 | −15.0 |
| CZ113 | 2001 | 7.24 | 12495 | 1794 | 6.96 | 6.08 | 0.24 | −6.6 |
| | 2006 | | 12166 | 1992 | 6.11 | 7.31 | 1.13 | −6.4 |
| | 2008 | | 11829 | 2019 | 5.86 | 7.67 | 1.38 | −7.9 |
| | 2011 | | 12232 | 2044 | 5.98 | 7.56 | 1.26 | −6.1 |
| | 2013 | | 12279 | 2022 | 6.07 | 7.41 | 1.17 | −6.8 |
| | 2016 | | 14423 | 2046 | 7.05 | 6.42 | 0.19 | −3.8 |
| | 2021 | | 14521 | 2035 | 7.13 | 6.32 | 0.11 | −6.0 |

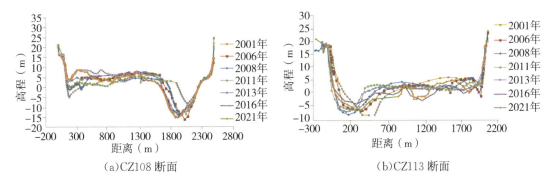

(a)CZ108 断面　　　　　　　　(b)CZ113 断面

图 9.3-99 龙坪河段典型断面变化图

#### 9.3.13.4 河床冲淤变化分析

2001—2020 年,龙坪河段总体呈冲刷趋势,其枯水河槽、基本河槽、平滩河槽、洪水河槽的累积冲刷总量分别为 4232 万 m³、2460 万 m³、2645 万 m³、1900 万 m³,总体表现为冲槽淤滩(图 9.3-100)。

从时间上看,2001—2020 年均表现为冲刷。2016 年以前,以主槽冲刷为主;2016—2020年滩槽皆冲,洪水河槽冲刷强度最大。

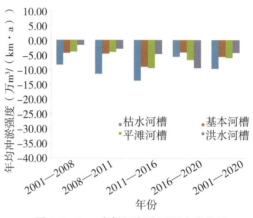

**图 9.3-100 龙坪河段冲淤强度变化图**

#### 9.3.13.5 河床演变的特点及成因

龙坪河段左岸为冲积平原,抗冲能力较差,右岸沿岸有低山、矶头、阶地控制,这种边界条件有利于鹅头弯汊道的形成和发展,若上游不发生大的河势变化,该段的鹅头弯分汊形态将保持相对稳定。

#### 9.3.13.6 本章小结

龙坪河段右岸具有良好的边界条件,较好地控制了河道的横向发展,河道岸线变化较小,主流线相对稳定;受上游水沙作用,河床总体冲刷,局部深槽有所增大,新洲洲头冲刷回缩,其变幅有限。2001—2020 年,枯水河槽、洪水河槽冲刷量分别为 4232 万 m³ 和 1900万 m³,总体表现为冲槽淤滩。

### 9.3.14 九江河段

#### 9.3.14.1 河道概况和历史演变特征

九江河段上起大树下,下至九江锁江楼,全长约 27km。河段内有人民洲江心洲,属顺直微弯分汊河段。本河段左岸有黄广大堤,右岸有梁公堤、赤心堤、永安堤和九江市大堤。两岸堤防、低山和矶头组成的河床边界,控制着河道的横向发展,河道特有的地质地貌条件造就了河段沿程宽窄相间。河段河势见图 9.3-101。

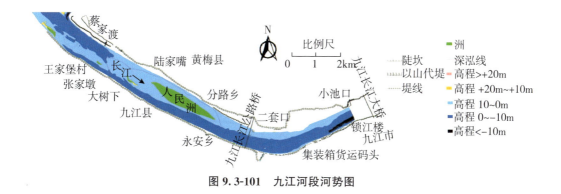

**图 9.3-101　九江河段河势图**

该河段发育在扬子准地台区,其中武穴市以上属淮阳地盾南缘,南临江南古陆,处于大冶褶皱束、鄂东修水褶皱束和望江凹陷 3 个次一级大地构造单元的接触带,自武穴市起向东北延伸,由一系列断裂组成。受构造断裂的影响,自全新世以来,构造运动的差异和水流长期作用,而形成了两岸不同的地质、地貌。九江河段两岸没有山矶出露江边,多系棕黄色黏土,河岸抗冲性较好。该河段河床组成均系现代河流冲积物,河床质粒径为 0.068～1.030mm,平均为 0.150mm,河床砂砾层较厚。

该河段属黄梅冲积扇平原。早在春秋—秦汉时期,即公元前 770 年至公元 220 年,以武穴为起点的入湖三角洲平原已经形成,那时地势平坦,江道分汊。在宋代以前,江流自富池口以下的盘塘起分为左、右两汊,右汊顺江流东下,左汊自盘塘入口,经武穴的武山湖、连城湖、太白湖、龙感湖、泊湖等与右汊汇合而下。到了南宋至明清时期,左汊逐渐淤塞,长江流路集中,左岸流下大片的湖泊。右汊逐渐发展,以致形成现在的长江主槽。右汊在两千多年以来的变迁总趋势是江槽不断的南移,右岸现已紧靠山丘、矶头,而左岸是广阔的冲积平原。现在的龙坪鹅头型弯道,大约是 1840 年形成的,从 1842 年、1923 年和 1963 年的测图看,武穴至九江河段河道形式变化不大,鹅头弯分汊形态基本保持不变,百余年前的河道走势与今大致相同。

### 9.3.14.2　河道形态变化分析

（1）岸线变化

根据地形图资料,套绘历年 10m 等高线,分析河段岸线平面变化情况。河道两岸 10m 等高线最大变化发生在左岸二套口附近,2001—2021 年期左岸岸线冲刷崩退最大约 190m,河段其他位置历年岸线变化较小(图 9.3-102)。

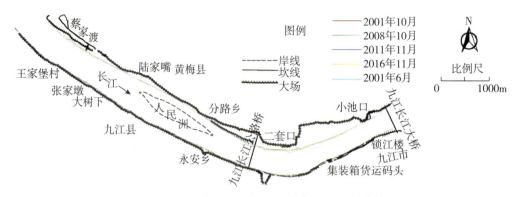

图 9.3-102 九江河段岸线平面变化图(10m 等高线)

(2)深泓变化

九江河段河道主流线顺直或窄深处变化较小,在弯道以及分汊段,水流顶冲点随水沙的变化而上移下挫。受边界条件控制,主流线历年摆幅有限,河道平面形态多年变化不大,深泓靠右岸,人民洲右汊内深泓贴岸。套绘 2001—2021 年深泓平面变化图(图 9.3-103)。

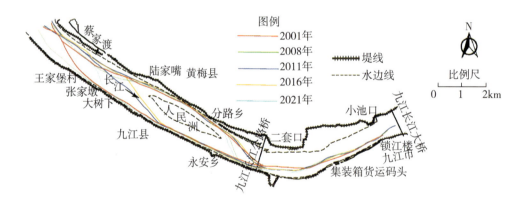

图 9.3-103 九江河段深泓平面变化图

在一定的河床边界条件下,不同的来水来沙使得河道主泓发生变化,从而引起深泓线平面位置的摆动。九江河段系微弯分汊河段,水流在新洲洲尾汇合后进入九江河段,人民洲将水流分成两股,分别沿左、右汊下行,右汊为主汊,深泓平面图显示,主、支汊深泓均较为稳定,受洲尾的变化影响,两汊水流汇合点上、下交替变化,深泓摆动频繁且呈右移趋势,在永安乡以下水流顺着凹岸而行,深泓稳定在右岸直至九江大桥。

(3)洲滩变化

九江河段内有人民洲江心洲,多年来人民洲平面位置基本稳定,洲头、洲尾以及洲体右缘冲淤变化较大,洲体左缘变化相对较小。2001—2008 年,洲头冲刷,10m 等高线洲线下移约 480m;2008—2011 年,洲头较为稳定,洲尾略有淤积;至 2016—2021 年洲体变化不大,洲左缘较为稳定,洲右缘尾部略有淤积。总体洲滩形态变化不大(表 9.3-30、图 9.3-104)。

表 9.3-30　　　　九江河段人民洲洲滩特征统计表（10m 等高线）

| 年份 | 最大长度（m） | 最大宽度（m） | 面积（km²） |
|---|---|---|---|
| 2001 | 6930 | 1041 | 4.71 |
| 2006 | 6065 | 1143 | 4.33 |
| 2008 | 6271 | 1036 | 4.19 |
| 2011 | 7182 | 1003 | 4.12 |
| 2013 | 6541 | 942 | 3.82 |
| 2016 | 6002 | 967 | 3.62 |
| 2021 | 6196 | 983 | 3.84 |

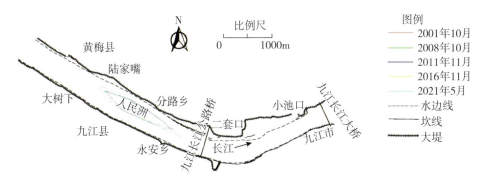

图 9.3-104　九江河段人民洲平面变化图（10m 等高线）

（4）深槽变化

套绘河段 2001—2021 年 10m 等高线深槽,结果受上游水流作用,深槽历年呈冲淤交替变化,深槽尾部上移下延,深槽面积随之增大或缩小。2001—2021 年,深槽尾部受水流作用,冲淤变化较大,深槽尾部面积增加（图 9.3-105）。

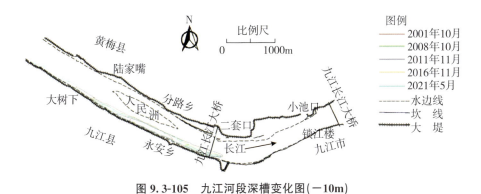

图 9.3-105　九江河段深槽变化图（－10m）

### 9.3.14.3　河道纵、横断面变化分析

（1）河道纵剖面变化

随着年内和年际的来水来沙及其过程的不同,河段深泓纵向变化随之冲淤交替,河段历年主流纵向变化见图 9.3-106。

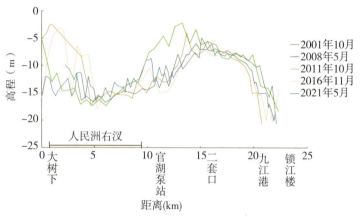

图 9.3-106　九江河段深泓纵剖面变化图

九江河段河道深泓高程沿程冲淤交替，纵向河底呈锯齿状变化。主流出新洲右汊后，深泓高程历年有所抬升；在大树下附近，主流进入人民洲右汊，右汊河床有所降低，历年深泓变化幅度较小；在人民洲洲尾至二套口之间，深泓高程历年下降幅度较大，2001—2008 年纵向深泓呈冲刷趋势，河床高程最大下降幅度近 12m；2008—2016 年人民洲右汊段有所淤积，出人民洲汊道后，历年深泓高程逐渐集中，其纵向变化相对较小，深泓高程基本趋于稳定。

从总体上看，九江河段深泓纵向历年呈冲淤交替变化。一般地，单一河段深泓高程历年变化幅度较小，分汊段尤其是分汊过渡带，受洲滩消长变化影响，历年深泓高程冲淤变化相对较大。

（2）典型横断面变化

九江河段选取 CZ119-1 断面分析其河床演变特征（表 9.3-31、图 9.3-107）。

CZ119-1 断面为河段出口代表断面，断面呈"V"形，2001—2016 年该断面总体上轻微淤积，断面右岸基本保持稳定，冲淤变化主要集中在左岸，枯水河槽断面过水面积总体上较蓄水前略微减小，河宽先减小后增大，总体上较蓄水前拓宽了 110m，平均水深较蓄水前减小0.63m，宽深比较蓄水前略微增大，断面向宽浅型发展。2001—2013 年平均河底高程逐年冲刷，累计冲刷了 2.72m，2013—2016 年平均河底高程淤高 3.38m，最深点高程较蓄水前冲刷下切了 1.7m。

表 9.3-31　　　　　　　　　　　　九江河段典型断面水力要素变化统计

| 断面 | 年份 | 水位（m） | 断面面积（m²） | 河宽（m） | 平均水深（m） | 宽深比 | 平均河底高程（m） | 最深点高程（m） |
|------|------|-----------|----------------|-----------|---------------|--------|-------------------|-----------------|
| CZ119-1 | 2001 | 6.86 | 11641 | 1602 | 7.27 | 5.51 | −0.44 | −6.5 |
| | 2006 | | 12329 | 1522 | 8.10 | 4.82 | −1.24 | −6.4 |
| | 2008 | | 11348 | 1334 | 8.51 | 4.29 | −1.65 | −7.7 |

续表

| 断面 | 年份 | 水位（m） | 断面面积（m²） | 河宽（m） | 平均水深（m） | 宽深比 | 平均河底高程（m） | 最深点高程（m） |
|---|---|---|---|---|---|---|---|---|
| CZ119-1 | 2011 | 6.86 | 11673 | 1174 | 9.94 | 3.45 | −3.08 | −8.1 |
| | 2013 | | 10623 | 1060 | 10.02 | 3.25 | −3.16 | −8.4 |
| | 2016 | | 11364 | 1712 | 6.64 | 6.23 | 0.22 | −8.2 |
| | 2021 | | 12952 | 1554 | 8.34 | 4.73 | −1.48 | −6.0 |

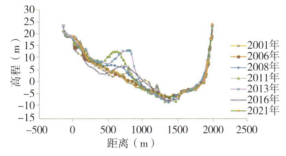

**图 9.3-107　九江河段典型断面 CZ119-1 变化图**

### 9.3.14.4　河床冲淤变化分析

2001—2020 年，九江河段总体呈冲刷趋势，其枯水河槽、基本河槽、平滩河槽、洪水河槽的累积冲刷总量分别为 5731 万 m³、6615 万 m³、6784 万 m³、5255 万 m³，总体表现为冲槽淤滩（图 9.3-108）。

从时间上看，2001—2020 年，河段间均表现为冲刷，主槽均表现为冲刷，枯水位以上则表现为冲淤交替。

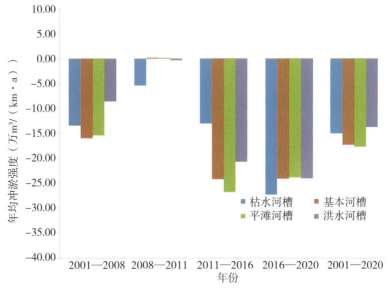

**图 9.3-108　九江河段冲淤强度变化图**

#### 9.3.14.5 河床演变的特点及成因

九江河段系顺直微弯分汊河段,尽管人民洲汊道两岸地质条件相对较差,抗冲能力较弱,在两岸堤防与护岸工程的制约下,河道洲滩平面位置相对稳定,历年河床形态变化较小,河道的变化主要表现为河床的冲淤变化。在上游河势不发生大的变化的情况下,该河段仍将保持目前的洲滩态势与分流格局。

#### 9.3.14.6 本章小结

九江河段河势总体较为稳定,受上游水沙作用,河段深泓线分流点上提下移,人民洲洲体萎缩,右汊汊道深槽发展,河段呈冲刷状态。2001—2020 年,枯水河槽、洪水河槽冲刷量分别为 5731 万 $m^3$ 和 5255 万 $m^3$,河床冲刷量均发生在枯水河槽,枯水水位以上河槽基本稳定。

## 9.4 小结

城陵矶至九江河段受两岸节点控制,岸坡边界条件良好,岸线总体稳定,河段河势基本稳定,三峡水库蓄水后受持续清水下泄的影响,河床演变具有如下特点:

1)河段岸线总体稳定,仅在边滩、洲滩处出现一定的变化,如界牌河段新洲脑、太平口处,以及叶家洲团风河段沐鹅洲边滩、东槽洲岸线明显摆动,其他河段岸线基本稳定不变。

2)深泓平面形态在顺直或窄深处基本保持不变,在弯道以及分汊段,水流顶冲点随水沙的变化而上移下挫,其余河段深泓基本稳定,深泓纵向上冲淤交替,单一河段深泓高程历年变化幅度较小,分汊段尤其是分汊过渡带,深泓高程冲淤变化较大。

3)分汊河段逐渐呈现出主汊冲刷、支汊淤积的"主兴支衰"趋势,如嘉鱼河段的护县洲汊道、簰洲湾河段的团洲汊道、武汉河段的天兴洲。

4)河段深槽呈冲淤交替变化,冲淤变化幅度有限,深槽总体稳定。

5)受三峡水库蓄水后清水下泄的影响,除田家镇河段轻微淤积以外,城陵矶至九江河段均呈现出不同程度的冲刷下切,但冲刷幅度有限。

# 第 10 章 河道海量数据管理及分析系统研发与应用

## 10.1 概述

长江中游河道监测项目及水文泥沙观测项目历经多年的观测，加上历史已有数据形成海量的数据，据不完全统计，目前已收集海量水文泥沙监测数据、6 万余幅地形图。这些数据具有多源、多类、多量、多时态和多主题特征的特点，这些数据除少部分由各类不同的数据库系统进行管理外，绝大部分都是以图形、影像、孤立的电子文档形式存在，这些宝贵数据和资料急需妥善存储和最大限度地应用以服务社会。为此，我们在做了大量系统性的研究工作的基础上开发了长江水文泥沙信息管理分析系统，并建成数据资源中心，形成完整的海量数据管理及分析系统(图 10.1-1)。

长江水文泥沙信息管理分析系统的研发目标是真实、准确、实时搜集并分析长江流域河道水文泥沙及河道变化信息，快速、高效地处理大量的历史数据和实时动态监测数据，并结合现代水文泥沙分析计算和预测模型来进行科学的分析和处理，真实再现长江河道三维地形景观，实时、动态准确地反映长江干流水沙特征及其变化规律。该系统的建成，可为长江水文河道泥沙信息科学管理和永久保存提供条件，实现长江中水文泥沙、河道原型观测和分析信息的三维可视化、数字化管理，有效保证长江水文泥沙信息管理分析的统一性、科学性、实时性、实用性和高效性，为实现数字长江打下基础。

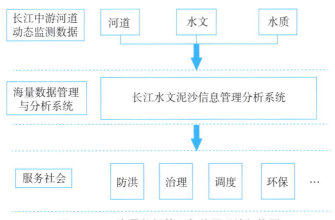

**图 10.1-1 海量数据管理与使用系统架构图**

### 10.1.1 系统研究目的

该系统旨在采用数据库、GIS、遥感和网络等"多S"结合与集成化技术,开发一套专业的信息管理与处理软件系统,实现在网络环境中完成大量的专业计算、数据处理及数据管理目的,解决目前数据处理技术和手段落后于现代信息技术的前进步伐问题,推动长江流域水文河道监测、分析、管理工作的信息化。系统按照信息流程分为信息采集与传输、计算机网络、数据库管理与信息服务等四个主要部分,其中信息服务包括长江河道数据矢量化、长江水文泥沙实时分析计算、河道演变分析、信息查询及成果输出、三维模拟显示和长江网络信息发布系统等。

### 10.1.2 系统研究的作用

归纳起来,长江水文泥沙信息管理分析系统研发与建立,有以下重要作用:

1)有利于长江水文泥沙数据的科学管理和永久保存,并将大大提高各种数据的处理、分析、储存、查询速度和效率,提高其信息化程度。

2)及时搜集和分析长江水文泥沙资料和河道地形资料,动态反映长江水沙状况及河道演变情况,为航运调度提供基本信息和决策依据。

3)实时反映洪水淹没情况和防洪形势变化等,为堤防岸坡维护、水利工程建设、长江防洪抗洪等提供决策依据和信息技术支撑。

4)实现长江水文泥沙及河道原型观测和分析的三维可视化,为长江重大问题的研究和观测规划、方案的制定修改提供直观的决策依据。

5)能有效保证长江水文泥沙信息管理的统一性、科学性、实时性、实用性和高效性,填补国内大型河流水文泥沙信息管理的空白。

## 10.2 信息管理分析系统开发的思路

### 10.2.1 信息管理分析系统的设计原则

信息管理分析系统是一个充分利用计算机技术、管理信息系统(MIS)、地理信息系统(GIS)、数据库技术、数学模型和算法等一系列高新技术的规模庞大、涉及面广的大型软件工程。系统将以实用、创新、高新技术相结合的方式开展,以充分显现当今科学技术的进步与成果。系统采用人机交互式的处理方式,从业务和性能角度出发,系统设计应遵循以下原则:

(1)遵循开放、先进、标准的设计原则

系统的开放性是系统生命力的表现,只有开放的系统才有兼容性,才能保证前期投资持续有效,保证系统可以分期逐步发展和整个系统的日益完善。系统在运行环境的软件、硬件平台选择上要符合工业标准,具有良好的兼容性和可扩充性,能够容易地实现系统的升级和扩充,从而达到保护初期阶段投资的目标。

系统采用的技术解决方案,包括计算机系统、网络方案、操作平台、数据库管理系统以及自行开发的软件和模型,力求技术方向的高起点和先进性,特别是针对水文河道数据的实时监测、管理等需求,广泛采用成熟高效的 GIS 和遥感影像处理技术和算法,保证水文河道信息提取的高效性和先进性。

标准化是系统建设的基础,也是系统与其他系统兼容和进一步扩充的根本保证。由于系统复杂庞大,应在总体系结构的总体思路下开展系统的通用化规范与标准研究,系统开发应遵循全面设计、分步实施、逐步完善的原则,根据项目的总体进度安排,在完成系统初步设计之后,尽快建立一个"原型"系统提交用户初步试用。进一步扩充系统功能、充实数据库内容,最终全面完成系统的开发。

(2)模块化

模块化是数据说明、可执行语句等程序对象的集合,模块化是单独命名的,而且可以通过名字来访问,如过程、函数、子程序、宏等都可以作为模块。模块化就是将程序划分成若干个模块,每个模块完成一个子功能,将这些模块集成组成一个整体,可以完成指定功能满足问题的要求。模块化是为了使一个复杂的大型程序能被人的智力所管理,软件应具备的唯一属性。如果一个大型程序仅由一个模块组成,它将很难被人们所理解。

(3)兼容性和可扩充性

系统具有兼容性,提供通用的访问接口,方便与相关的信息分析管理系统进行交互。系统具有可扩充性,容易扩展,能够根据不同的需求提供不同的功能和处理能力,对数据、功能、网络结构的扩充方便简单,同时可以应用到各个层次,提供给其他系统共享应用和服务。

(4)可靠性和稳定性

可靠性由系统的坚固性和容错性决定。"多病"软件不仅影响使用,而且会对所建信息系统的基础数据造成无法挽回的损失。系统的可靠性是系统性能的重要指标。稳定性包括系统的正确性和健壮性两个方面。一方面应保证系统长期的正常运转;另一方面,系统必须具有足够的健壮性,在发生意外的软件、硬件故障等情况下,能够很好地处理并给出错误报告,并且能够得到及时的修复,减少不必要的损失。

(5)实用性和易操作

实用性是指能够最大限度地满足实际工作要求,实用性是系统在建设过程中所必须考虑的一个重要原则。系统建设要充分考虑用户当前各业务层次、各环节管理中数据处理的便利性和可行性,将满足用户业务需要作为系统开发建设的第一要素进行考虑。在系统建设过程中的人机操作设计均应充分考虑不同的用户需求,用户接口、界面设计要充分考虑人体结构特征及视觉特征进行优化设计,界面尽可能美观大方,操作简便实用。

### 10.2.2　信息管理分析系统开发的设计思路

长江水文泥沙信息管理分析系统基于先进的分布式点源信息系统的设计思路,遵循科学性、实时性、实用性、开放性和安全性相结合的开发原则,以三维可视化地学信息系统——GeoView 为平台,充分利用先进的计算机数据管理技术、空间分析技术、空间查询技术、计算模拟技术和网络技术,建立数据采集、管理、分析、处理、显示和应用为一体的信息管理系统。使系统既具备数据接收、整理、加工、输入、存储和管理能力,又具备强大的数据综合分析能力和图件编绘能力。既具备数据的科学分类管理、快速检索和联机查询的功能,又能够提供面向防洪、发电、泥沙调度等决策的主题信息服务,能够充分发挥水文泥沙信息资源的作用。系统的逻辑分层结构见图 10.2-1。

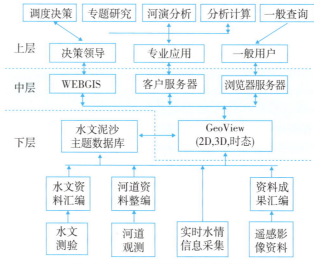

**图 10.2-1　系统的逻辑分层结构图**

## 10.3　信息管理分析系统的总体结构

信息管理分析系统采用基于 Internet 技术的企业局域网模式。Internet 将企业范围内的网络、计算、处理、存储等连接在一起以实现企业内部的资源共享、便捷通信,允许相关用户查询相应信息并具有安全措施。从目前国内外信息系统开发的技术成熟程度来看,客户机/服务器(C/S)体系结构应用于企业内部局网域技术相对完善,在国内有着广泛的应用基础;浏览器/服务器模式是目前流行的体系结构。本系统的设计开发采取 B/S 结构和 CS 结构混合开发模式;同时结合适用于网络开发的数据库系统及前端开发工具,实施本系统的开发。

信息管理分析系统总体上划分为:图形矢量化与编辑子系统、对象关系数据库管理子系统、水文泥沙专业计算子系统、水文泥沙信息可视化分析子系统、长江水沙信息综合查询子系统、长江河道演变分析子系统、长江三维可视化子系统、水文泥沙信息网络发布了系统等8个子系统,其中后6个系统属于信息服务部分(图10.3-1)。

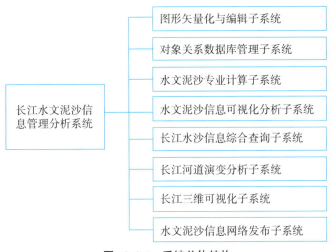

**图 10.3-1 系统总体结构**

# 10.4 信息管理分析系统功能的实现

信息管理分析系统包含8个子系统,本章重点阐述图形矢量化与编辑、数据库管理、水文泥沙专业计算、长江河道演变分析、三维可视化等子系统的相关功能。

## 10.4.1 图形矢量化与编辑子系统

### 10.4.1.1 子系统概述

图形矢量化与编辑子系统,直接使用了 GeoView 平台软件的一个模块——GeoView2D。GeoView2D 软件集图形、图像、数据管理、空间分析、查询等功能于一体的,具有多"S"集成特征的地学信息处理软件系统。

### 10.4.1.2 图形编辑

图形编辑功能是本子系统的主要功能之一,主要包括点图元、文本标注、曲线、多边形区域对象的创建、移动、属性编辑;线上点的增加、删除、移动功能,线对象的连接、剪断,区域的叠加、交集、并集运算;标注字体修改、旋转、平移;图层的显示、隐藏、添加、删除、存储、移动、属性表结构编辑修改;线图层自动拓扑成区;图幅的显示、删除、存储管理,自动和半自动接边;多种方便灵活的图元选取方式;任意多次的 UNDO、REDO 功能。

### 10.4.1.3 图形矢量化

历史图件的矢量化是本系统空间数据的主要来源之一。本系统针对一般图形矢量化作业中把空间数据和属性数据分离输入的弊端,通过对象模板管理技术,实现了对不同行业矢量化、数据录入标准的编辑和支持功能;使得图形输入人员在进行矢量化操作的同时录入相关的属性信息,从总体上提高了系统数据采集的效率和质量。系统通过功能键来控制矢量化的交互过程,与导航图、属性输入界面相互配合使用,操作方便快捷,较好地实现了空间数据和属性数据一次性录入。

### 10.4.1.4  数据转换

系统提供了多种图像文件格式(BMP,JPG,TIF,PCX,PNG,TGA,GIF 等)之间的相互存储转换功能;实现了系统文件与 DBF、MDB 等数据库文件的直接交换功能;系统实现了对 AcrInfo、MapGIS、AutoCAD 等系统文件格式的导入导出支持和 VCT 文件格式支持,提供多级文件目录自动搜索的批处理文件格式转换功能。它还可以进行矢量、栅格数据相互转换,以及多源数据的叠加显示和统一存储管理。

### 10.4.1.5  图像处理

系统图像处理功能支持二进制裸数据导入及波段组合功能,支持多种图像文件格式,包括 BMP、JPG、TIF、PCX、TGA 等的格式图像数据的处理功能。主要包括几何变换(平移、旋转、缩放、镜像、椭圆变换等)、图像正交变换、图像增强(阈值变换、边缘增强、锐化、线性变换等)、图像形态变换(开、闭运算,细化等)、直方图变换、频道拆分、边缘轮廓处理、图像校正等。

### 10.4.1.6  多源数据管理

它负责对空间数据对象、图像对象和属性对象的存储、存取管理。GeoView2D 可以使用文件系统来存储和管理空间几何数据、属性数据和栅格图像数据,也可以使用关系型数据库来存储和管理空间几何数据、属性数据和栅格图像数据,以适应不同用户、不同应用的需求。属性数据可以由系统内置的数据库进行管理,也可以采用后台的关系数据库服务器来进行管理,通过 OLE DB 连接,能支持多种类型的大型商用 RDBMS(Oracle、SQL Server 等),支持客户/服务器体系结构、大型数据管理以及在网络环境中对多用户并发数据访问。在大型关系数据库管理系统支持下,系统提供了用户权限管理和高效的空间数据索引机制,优化了数据查询性能和数据更新机制。

### 10.4.1.7  投影变换与坐标转换

系统实现了我国和世界目前常用的高斯—克吕格投影、通用横轴墨卡托(UTM)、兰勃特、墨卡托等投影。本系统的投影方式涉及方位、圆锥、圆柱、伪方位、伪圆锥、伪圆柱、等角、等积、等距、正轴、横轴、斜轴、切、割等多种投影类型,并提供用户自定义参数进行投影运算。允许用户自定义任意旋转椭球体;能够进行各种投影的正反算和实时运算功能。能够实现地理坐标系与各投影坐标系间及各投影坐标系相互之间的坐标变换及实时转换功能。

### 10.4.1.8  空间分析、查询

空间分析功能提供点、线、面缓冲区生成,单侧、双侧缓冲区生成;点面叠置功能,线面叠

置功能,面面叠置功能,以及叠置的交、差、并选择功能。系统提供了多种查询方式,选择查询包括点选查询、矩形查询、圆查询、多边形查询,拓扑关系查询包括包含查询、落入查询、穿越查询、邻接查询,此外,还实现了缓冲区域查询、几何量算功能及模糊条件查询等功能。

### 10.4.1.9 制图与符号设计管理

符号是地图可视化表现的基础之一,系统提供工具实现线型、子图、填充符号库的添加、编辑、入库、存储功能。

此外,系统提供矩形区域的图幅裁剪功能,和图层调节功能,用于实现各种专题图件的生成与绘制。

## 10.4.2 数据库管理子系统

数据库管理子系统是整个系统的核心,是其他子系统的数据提供者、最终数据的接收和管理者。基本功能是:系统数据库构建、属性数据和空间数据导入、安全策略及用户管理、数据库备份与恢复、数据库表监控、空间数据调度和数据输出等。具体包括:①负责外部数据提取、转换并存入本系统的主题式数据库;②负责系统所有原始数据的存储、管理、备份和维护;③承担系统数据的输出和对外服务;④负责对数据库中数据的安全性、完整性、一致性的维护。

数据库开发的关键,是根据系统信息管理分析的功能需求,对系统数据进行分析、组织和规范化,建立科学、合理的分类管理体制。本系统中的数据类型和应用特点,要求数据库管理系统必须能同时体现关系数据库和面向对象数据库性能优势,能够实现对海量属性数据进行存储、管理和快速的检索访问。数据库管理子系统的主要特性是实现对矢量数据、栅格数据和属性数据的统一存储、管理和查询、检索,实现对系统中各种数据的预处理、安全管理、输入输出和必要的数据维护。数据库管理系统有多种实现途径,本系统的实现采用O—O—Layer方法,即是在一个现成的RDB引擎(Engine)上增加一层"包装",使之在形式上表现为一个OODB,以使数据库管理子系统能适应空间数据、属性数据统一管理的要求。

### 10.4.2.1 数据分类

本系统需要存储管理的数据种类繁多,其原始数据主要有测量控制成果、矢量地图数据、河道地形数据、断面测量数据、断面考证信息、测站属性信息、水文测验数据、泥沙测验数据、水文整编成果、遥感影像数据、文档资料数据、视频片断、录音片断等多媒体数据等。上述数据可以分为空间数据和属性数据两大类,空间数据又分为矢量和栅格两种数据形式。

### 10.4.2.2 系统结构设计

数据库管理子系统的结构分为三个层次:最底层是由商用关系数据库管理系统、前端关系数据库管理程序、自定义格式的空间数据和属性数据的管理程序构成的数据服务层;中间层是基于OLE DB结构体系的空间数据、属性数据统一提供程序;上层是基于提供程序的一系列的工具程序和应用程序,主要包括:数据录入、数据输出、查询检索、文件交换、系统用户管理、数据库维护、数据库监控等。根据系统信息管理的功能对系统数据进行分析和组织,建立合理的逻辑结构,构建数据库表,其数据组织框架见图10.4-1。

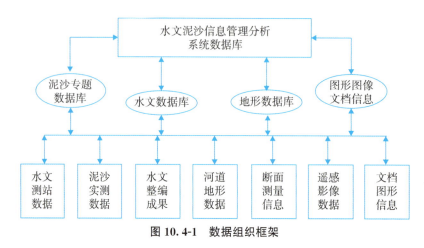

图 10.4-1　数据组织框架

## 10.4.3　水文泥沙专业计算子系统

### 10.4.3.1　概述

本子系统提供各种与水文泥沙相关的计算功能,实现水沙信息和河道形态以及各种计算结果的图形可视化。主要计算水文泥沙各项特征值及河道的槽蓄量、冲淤量、冲淤厚度等,还计算和显示长江河道的泥沙淤积和平面分布情况,可供分析河道内的水沙运动情况及其对泥沙冲淤演变的影响。

系统实现的功能有两个方面:数据专业计算功能,结果分析及图形可视化等。具体的计算功能包括:进行各种水文泥沙因子计算,包括断面水位、水深、流量、断面流速分布、含沙量、推移质输沙率、悬沙级配、推移质级配、河床组成特征等测试数据的计算;并提供各种实时计算成果,包括断面面积、水面线、冲淤量、冲淤厚度等。本子系统的分析计算功能可以基本满足长江水文泥沙计算、分析、信息查询及成果整编等工作的需要。

### 10.4.3.2　水力因子计算

水力因子计算包括断面水深、过水面积、水面宽、水面纵比降、水面横比降等专业计算功能。水力因子计算提供两种形式:一种是菜单调用界面;另一种是函数形式。函数形式仅为一个接口函数,不需要界面交互输入参数,由其他程序传来参数,接收传入的计算参数,计算后传出结果给调用程序。

### 10.4.3.3　断面水面宽、断面面积计算

断面水面宽计算功能通过直接调用数据库中断面实测的地形数据,计算长江河道各断面在各级水位高程下水面宽度。断面面积计算直接调用系统中断面水深和水面宽计算数据,可提供计算长江河段中断面在各级水位高程下过水面积的功能。系统从数据库中提取断面数据绘制出实测的起点距、河底高程,拟合出河底地形线(断面纵剖面),然后用输入的水位高程线切割河底地形线,分别计算交点间的距离,如果遇到心滩,分段处理。

计算选择断面名称、断面测次和计算水位(统一到国家 1985 基准面)。计算结果数据显示在对话框的一个编辑框中,图形显示在图形区,见图 10.4-2。

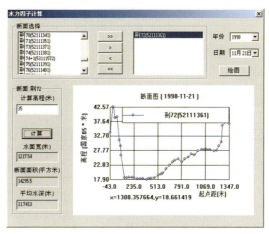

图 10.4-2　水力因子计算对话框

#### 10.4.3.4　水量计算

(1)径流量计算

径流量计算提供长江各水文测站任意时段内径流量计算功能。计算方法为,根据任意时段内逐日平均流量 $Q$,时段内天数 $T$,计算测站任意时段内径流量 $W$。计算公式为:

$$W = Q \times T \times 86400 / 10^8 \tag{10.4-1}$$

计算时可以在系统提供的菜单窗口选择测站名称(编码)、计算年份和计算时段,计算结果以文本形式通过屏幕显示,见图 10.4-3。

图 10.4-3　径流量计算对话框

(2)多年平均径流量计算

多年平均径流量计算提供长江各水文测站的多年平均径流量计算功能。径流量计算参

数包括水文测站和计算时段。根据选择的目标测站和时段在表中检索年径流量值保存在数组中,然后用下式:

$$\overline{W} = \frac{1}{n}\sum_{i=1}^{n}W_i \qquad (10.4\text{-}2)$$

式中:$W_i$——历年同一时段的径流量(亿 $m^3$);

$n$——计算时段的年数。

结果用一个编辑框显示,见图 10.4-4。

图 10.4-4 多年平均径流量计算对话框

(3)水量平衡计算

水量平衡计算根据水量平衡方程式,提供长江固定河段或者任两个固定断面间的水量平衡计算功能。计算公式为:

$$\frac{1}{2}(Q_{入,t} + Q_{入,t+\Delta})\Delta t - \frac{1}{2}(Q_{出,t} + Q_{出,t+\Delta})\Delta t = V_{t+\Delta} - V_t \qquad (10.4\text{-}3)$$

式中:$\Delta t$——计算时段长度;

$Q_{入,t}$、$Q_{入,t+\Delta}$——时段初、末入库流量;

$Q_{出,t}$、$Q_{出,t+\Delta}$——时段初、末出库流量;

$V_t$、$V_{t+\Delta}$——时段初、末河段蓄水量。

水量平衡计算参数包括水文站编码、起止时间。水量平衡通过计算断面过水量、出入库总水量及蓄水变量实现。根据选择的目标测站和时段在表中分别检索上、下测站年径流量值保存在数组中求和得到 $W_下$ 和 $W_上$,$W_区$ 用一个编辑框由用户输入,默认值为 0,注意 $W_区$ 汇水为"+",分水为"-",然后用式(10.4-4)计算。

$$\Delta W = (\,|\,W_下 - W_上 - W_区\,|\,)/\,W_上 \qquad (10.4\text{-}4)$$

当 $\Delta W < 5\%$ 为水量平衡,否则不平衡。结果用一个编辑框显示出来,见图 10.4-5。

图 10.4-5　水量平衡计算对话框

### 10.4.3.5　沙量计算

（1）输沙量计算

输沙量计算提供固定断面输沙量及泥沙监测断面控制区域内泥沙量计算功能。输沙量计算参数包括测站编码、数据测次（时间）。系统根据选择的目标测站和时段在表中检索年平均输沙率、年输沙量显示在对话框的两个编辑框中，测站任意时段内输沙量 $W_S$ 大小根据下式计算：

$$W_S = Q_S \times T \times 86400/10^7 \tag{10.4-5}$$

式中：$Q_S$——逐日平均输沙率（kg/s）；

　　　$T$——时段内天数。

计算的结果用一个编辑框显示出来，见图 10.4-6。

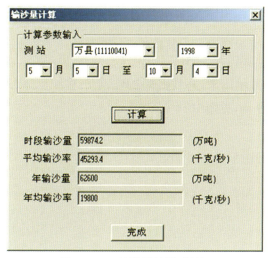

图 10.4-6　输沙量计算对话框

（2）多年平均输沙量计算

多年平均输沙量计算提供长江各水文测站的多年平均输沙量计算功能。多年平均输沙量计算参数包括水文站编码、数据测次、观测年段。系统根据选择的目标测站和时段在数据库中检索年平均输沙率、年输沙量放在两个数组中。然后有两种计算方法，一种是逐年计算，再代入计算式：

$$\overline{W}_s = \frac{1}{n}\sum_{i=1}^{n} W_{s\,i} \tag{10.4-6}$$

结果显示在对话框中标识为"多年平均输沙率"的编辑框里；另一种是直接把年输沙量求和，显示在对话框的标识为"多年平均输沙量"的编辑框里，见图 10.4-7。

图 10.4-7　多年平均输沙量计算对话框

（3）沙量平衡计算

沙量平衡计算提供长江各具有泥沙监测断面的河段的沙量平衡计算功能。系统根据选择的目标测站和时段在表中分别检索上、下测站年输沙量值保存在数组求和得到 $W_{S\text{下}}$ 和 $W_{S\text{上}}$，$W_{S\text{区}}$ 用一个编辑框由用户输入，默认值为 0，注意 $W_{S\text{区}}$ 汇沙为"＋"，分沙为"－"，然后用下式计算：

$$\Delta W_S = (\,|\,W_{S\text{下}} - W_{S\text{上}} - W_{S\text{区}}\,|\,)\,/\,W_{S\text{上}} \tag{10.4-7}$$

结果用一个编辑框显示出来，并且根据 $\Delta W_S$ 给出输沙量是否平衡的提示：当 $\Delta W_S <$ 5% 为沙量平衡，否则不平衡，见图 10.4-8。

图 10.4-8　沙量平衡计算对话框

## 10.4.4　长江河道演变分析子系统

河道演变是水沙运动和相互作用的必然结果。长江河道演变分析子系统提供长江河道演变参数计算、河道演变分析功能及其结果可视化的功能，是为专业研究人员提供分析决策的强有力工具。

### 10.4.4.1　槽蓄量计算

河道槽蓄量计算提供断面间分级槽蓄量的计算功能。河道槽蓄量可以分别采用断面法和地形法(或称数字高程模型法)计算。用断面法计算，是基于数据库中河道各断面地形观测数据；用地形法计算，是基于河道地形的矢量化成果(河道地形图)。

（1）地形法（数字高程模型法）

根据所需计算的矢量数据生成的河道的数字高程模型，累积计算 DEM 在每个小区域上的槽蓄量，即为河道的总槽蓄量。

见图 10.4-9，设三角形的三个顶点为 $A$、$B$、$C$，顶点三维坐标为$(x_a,y_a,z_a)$、$(x_b,y_b,z_b)$、$(x_c,y_c,z_c)$，且 $z_a \geqslant z_b \geqslant z_c$，可以通过排序得到这样的假设。

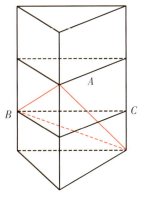

图 10.4-9　三角形区域上的槽蓄量计算示意图

设计算高程面为 $z$，三角形内角 $A$、$C$ 的正弦值分别为 $\sin A$、$\sin C$，$AB$、$BC$、$CA$ 边长分别为 $c$、$a$、$b$，$CA$ 边高为 $bh$，则槽蓄量 vol、接触表面积 area 计算公式为：

如果 $z \leqslant z_c$，则 area $= 0$，vol $= 0$；

如果 $z_c \leqslant z \leqslant z_b$，则：

$$\text{area} = \frac{1}{2} \times a \times b \times \frac{(z - z_c) \times (z - z_c)}{(z_b - z_c) \times (z_a - z_c)} \times \sin C$$

$$\text{vol} = \frac{1}{3} \times \text{area} \times (z - z_c) \tag{10.4-8}$$

如果 $z_b \leqslant z \leqslant z_a$，则：

$$\text{area} = \frac{1}{2} \times b \times c \times \left[1 - \frac{(z_a - z) \times (z_a - z)}{(z_a - z_b) \times (z_a - z_c)}\right] \times \sin A$$

$$\text{vol} = \frac{1}{6} \times \left[2 \times \text{area} \times (z - z_b) + b \times \frac{(z - z_c)}{(z_a - z_c)} \times (z - z_c) \times bh\right] \tag{10.4-9}$$

如果 $z \geqslant z_a$，则

$$\text{area} = \frac{1}{2} \times b \times c \times \sin A$$

$$\text{vol} = \text{area} \times \left[(z - z_a) + \frac{1}{3} \times (z_a - z_b + z_a - z_c)\right] \tag{10.4-10}$$

如果数字高程模型为 TIN（不规则三角网）模型，则直接采用上面的计算公式计算各三角形区域的槽蓄量，然后累加即为河道槽蓄量。如果数字高程模型为规则格网，则把每个格网分作两个三角形也可采用上面的计算公式计算槽蓄量。计算结果见图 10.4-10。

**图 10.4-10　地形法计算槽蓄量对话框**

（2）断面面积法

根据某水面线下沿程断面面积（$A_i$、$A_j$）、断面间距（$L_{ij}$）计算两断面间槽蓄量 $\Delta V_i$，各断

面间槽蓄量之和即为河段槽蓄量 $V$。

计算过程见式(10.4-11)至式(10.4-13)。

1)梯形公式:

$$\Delta V_i = (A_i + A_j) \times L_{ij}/2/10000 \tag{10.4-11}$$

2)截锥公式:

$$\Delta V_i = (A_i + A_j + \sqrt{A_i \times A_j}) \times L_{ij}/3/10000 \tag{10.4-12}$$

注:截锥公式当 $A_i > A_j$ 且 $(A_i - A_j)/A_i > 0.40$ 时使用。

$$V = \sum \Delta V_i \tag{10.4-13}$$

系统考虑了水面比降因素,通过为用户提供输入上断面计算高程和下断面计算高程的接口,用户可以根据不同河段或断面的比降情况输入计算参数。如果上断面计算高程和下断面计算高程输入值相等,表示忽略比降,计算的为净库容(槽蓄量);如果上断面计算高程和下断面计算高程输入值不相等,表示要考虑比降因素,系统自动把输入的高程平均分摊到计算的沿程断面上,计算结果为带比降的槽蓄量。以文本或表格形式通过屏幕显示数值大小及单位,见图10.4-11。

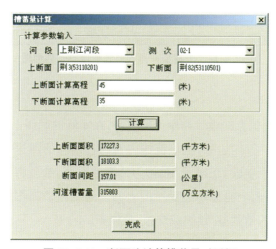

**图 10.4-11　断面法计算槽蓄量对话框**

### 10.4.4.2　槽蓄量与高程关系计算与展示

该功能根据槽蓄量与高程的数据绘制,反映河段槽蓄量与高程的对应关系。可以分为两种计算方法:一种是断面法,另一种是数字高程模型法。

(1)断面法

系统提供一个对话框接收用户交互的参数。根据绘图目标不同,分别实现了河段绘图和断面绘图两种方式。河段绘图初始化时查询河段模型表,提取所有河段用树型控件列出,供计算者选择,选定一个河段后在列表框中列出该河段对应的起止断面,在列表框中列出对应起止断面的公共测次供选择,根据河段的起止断面和测次,自动到数据库中搜索介于起止断面间的断面,调用槽蓄量计算函数计算槽蓄量;断面绘图初始化时查询断面表,列出所有的断面,计算者可以选择任意两个断面作为计算的起止断面,在列表框中列出对应起止断面的公共测次供选择,根据选定的起止断面和测次,自动到数据库中搜索介于起止断面间的断面,调用槽蓄量计算函数计算槽蓄量;根据槽蓄量与高程数据绘图。系统还提供基面选择、起止断面高程和分级高程的选择。图形 $Y$ 轴表示计算高程(m);$X$ 轴表示槽蓄量(万 $m^3$),见图 10.4-12。

图 10.4-12　槽蓄量—高程曲线编绘操作界面图

(2)数字高程模型法

通过 DEM 网格间距信息的设置和年份的选择,在实际的底图上进行范围的选择。选定范围所使用的边界即为计算的边界,把该范围内含高程信息的河道数据(即实测点、首曲线和计曲线)提取出来,用于生成 DEM 模型,作为计算的底面,然后将各分级高程对应的高程联成一个曲面作为顶面,两个曲面和边界所围限的空间就是该高程下河段的槽蓄量。根据各分级高程下计算出来的槽蓄量,绘制成曲线,见图 10.4-13。

图 10.4-13　数字高程模型法对话框界面

### 10.4.4.3 冲淤量计算

（1）冲淤量计算

冲淤量计算提供调用数据库中的断面地形实测数据、水沙实测数据计算河段泥沙冲淤量的功能。计算方法：根据某水位（高程）下同一河段两测次的槽蓄量 $V_1$、$V_2$ 计算河段冲淤量 $\Delta V$。计算公式见下式：

$$\Delta V = V_1 - V_2 \tag{10.4-14}$$

当 $\Delta V > 0$ 时为淤积，$\Delta V = 0$ 时基本冲淤平衡，$\Delta V < 0$ 时为冲刷。

计算时，冲淤量计算提供窗口选择河段或起始断面名称（编码）、计算时段和计算水位。如果上断面计算高程和下断面计算高程输入值相等，表示忽略比降，计算值为不带比降的冲淤量；如果上断面计算高程和下断面计算高程输入值不相等，表示要考虑比降因素，系统自动把输入的高程平均分摊到计算的沿程断面上，计算结果为带比降的冲淤量。计算结果以文本形式通过屏幕显示数值大小及单位（万 $m^3$），见图 10.4-14。

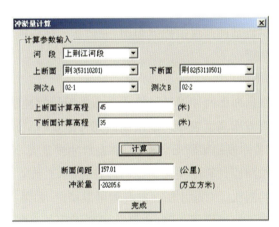

**图 10.4-14 冲淤量计算对话框**

（2）绝对冲淤量计算

地形法计算绝对冲淤量计算：在指定河段不同时段（至少有间隔的两个时间点）的河道的地形图上，圈定计算冲淤量的范围，然后系统根据不同时段的河段的河道地形数据生成 DEM 模型，将所得到的两个模型相减，一般用当前河道对应的 DEM 的减历史河道 DEM，然后用对应格网数据计算，当计算结果大于 0 为淤，小于 0 为冲。最终的结果为数值。

计算河段绝对冲淤量时，系统提供菜单窗口选择河段名称（编码）、计算时段，以及屏幕查询河段绝对冲淤量值，并且减历史河道 DEM 数据文件的形式保存绝对冲淤厚度数据文件，在三维可视化系统中可以打开显示三维的冲淤情况，计算结果以文本形式通过屏幕显示数值大小及单位（万 $m^3$），见图 10.4-15。

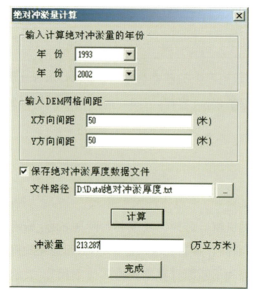

图 10.4-15　绝对冲淤量计算对话框

### 10.4.4.4　冲淤计算成果展示

河道冲淤计算及显示包括冲淤量沿程分布图、冲淤量—高程曲线图、冲淤厚度分布图、冲淤厚度沿程曲线图等功能。

（1）冲淤量沿程分布图

冲淤量沿程分布图根据断面间冲淤量计算成果和断面绘制冲淤量沿程分布直方图,反映冲淤沿程分布情况。直方图高度表示河段或断面间冲淤量(单位:万 $m^3$,冲刷为负值,淤积为正值);$X$ 轴为河段名称或起始断面名称;$Y$ 轴表示冲淤量大小。冲淤量沿程分布图分别实现了按河段计算和按断面计算的功能。按河段计算时,系统在河段模型库中搜索河段对应的起止断面及其公共测次。对起止断面的高程可以指定,如果指定为相等,没有考虑比降;如果指定为不等,考虑了河道沿程比降,比降分摊到沿程各个断面参加计算。按断面计算时,系统搜索所有断面排列在列表框中供选择,选定河段对起止断面及其公共测次后,对起止断面的高程可以指定。如果指定为相等,则没有考虑比降;如果指定为不等,则考虑了沿程比降,比降分摊到沿程各个断面参加计算,见图 10.4-16。

（2）冲淤量—高程曲线图

界面设计和绘制方法:冲淤量—高程曲线图根据分级高程下冲淤量计算成果绘制冲淤量—分级高程曲线,直观显示冲淤量与分级高程的关系。$Y$ 轴表示计算水位或分级高程(注明基准面);$X$ 轴表示冲淤量(单位:万 $m^3$,冲刷为负值,淤积为正值)。同时提供多测次冲淤量—高程曲线功能,见图 10.4-17。

图 10.4-16　冲淤量沿程分布图

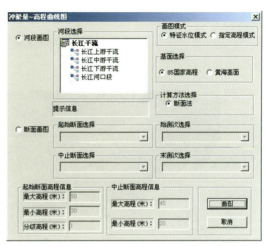

图 10.4-17　冲淤量—高程曲线图对话框界面

（3）冲淤厚度分布图

采取直线内插等方法计算并绘制冲淤厚度平面分布图，反映冲淤厚度平面分布情况。冲淤厚度分布图可分为两种表现形式：①等值线图，即通过河段各网格点冲淤厚度数值进行处理，生成等值线图，并对各等值线进行标记（如冲淤变化较大时，以 1.0m 或 0.5m 为间隔；冲淤变化不大时，则以 0.2m 或 0.5m 为间隔）；②冲淤厚度分布彩色显示图，即以不同的颜色来定义不同的冲淤厚度，并提供相应的色标图例说明，见图 10.4-18。

图 10.4-18　冲淤厚度分布图参数输入对话框

## 10.4.5　三维可视化子系统

地表可视化系统采用面向对象的方法，将组件对象模型（COM）、DIRECTX、三维可视化技术、虚拟现实技术和 GIS 技术等先进技术进行了完美结合，运用了 DEM 金字塔管理与调度技术。系统基于 Windows 平台，集三维建模、交互式操作、大场景数据管理以及模型驱动、特殊效果引擎和 GIS 属性数据管理查询于一身，实现了实时三维场景漫游、虚拟现实、视景仿真及淹没分析等功能（图 10.4-19）。

图 10.4-19　洪水淹没效果图

## 10.5　小结

本章系统地介绍了长江水文泥沙信息管理分析系统的开发过程，说明了长江中游河道勘测及水文泥沙观测海量空间数据与矢量数据的组织、分类，实现了海量数据的存储、管理、专业计算、河床演变分析与仿真显示等功能。

通过长江水文泥沙信息管理分析系统的应用，水文中游局已建立起多年河道地形及水文泥沙数据库，并在一个集成的网络计算环境中完成几乎所有水文泥沙、地形断面数据的专业计算和数据处理工作，提高计算分析精度。该系统应用为保证了长江中游河段信息管理的科学性、统一性、实时性、实用性和高效性，系统相关功能为长江流域开发、防洪调度和河道治理提供了决策依据。

# 第 11 章　主要认识与展望

目前,陆地和海洋测绘已形成相对完整的技术标准体系,测量技术较为成熟。然而,内河勘测因河道形势复杂、水体形态多变、基础设施不完备等因素,测量手段相对落后,技术标准、体系尚不完善。因此,针对长江中游河道勘测特点,重点从河道观测设施、河道勘测项目实施、河道勘测技术应用、河道数据管理、河道崩岸预警及河床演变分析等方面进行了介绍,形成了融合测绘、水文等专业特点的中游河道勘测体系。

## 11.1　主要认识

近年来,河道勘测技术发展日新月异,勘测单位大力开展基础设施建设、技术创新,严控产品质量,连续多年来长江水道地形测量、杨家脑以下水文泥沙观测、固定断面观测、险工险段观测、三峡后续观测项目产品优良率达到百分之百,强有力地支撑了水文中游局的事业发展和经济发展,保障了国家重点发展战略长江经济带建设,为深入践行水利改革发展总基调,为水利行业"补短板、强监管"提供了重要的基础支撑。

(1)河道基础设施建设日趋完善

自 20 世纪 50 年代以来,长江中游河道勘测工作付诸实施。基础设施建设方面构建了遍及中游河段的水文站网,在国家基本控制网的基础上埋设控制点标石、建立河道基本控制,埋设断面标标石、布设河道基本固定断面等。"十三五"期间,长江委水文局立足长江流域大江大河水文监测系统建设工程(一期)项目,开展了长江及汉江中下游干流河道基础设施建设,其中平面控制采用 B、C、E 级 GNSS 网,高程控制采用三、四等水准测量,同时采用跨河水准联测左、右岸及大型江心洲,形成覆盖长江中游、三口洪道及洞庭湖的基础控制网,建设稳定可靠的观测基准,长江中游河道勘测基准体系已建立,为下一步长江水文现代化基准建设奠定了基础,为今后区域的河道观测工作打好基础。

(2)系统、完整地收集河道勘测基本资料

长程水道地形、固定断面测量、重点河道演变观测、水文泥沙测验以及河床边界条件的勘测调查等河道基本观测项目是一项基础性工作,自 20 世纪 50 年初开展首次水道观测以来,已经形成了较为系统的基本资料系列,收集了丰富的水文泥沙原型观测资料,进行了原型资料的分析,进而掌握新的水沙条件下长江中游河道演变规律,为三峡水库蓄水运用及调度、模型验证,长江中下游综合整治、防洪保安、综合规划及水利工程建设提供了重要的依据,为流域防洪减灾、综合治理和各项行政管理提供了有力的基础支撑。

以长江三峡工程杨家脑以下河段水文泥沙观测研究项目为依托,结合三峡工程泥沙问题"九五""十五""十一五"等专题及国家重点基础发展计划("973"计划),综合应用大地测量、水利水电工程测量、摄影测量与遥感、水文测验、地图绘制、泥沙分析及预报等诸多技术和手段,借助"广域动态河床水陆地形一体化高精度快速获取""大时空尺度下的水沙要素快速获取及处理研究"等一系列关键技术研究及应用,开展了长系列、大时空跨度的长江中游河道原型测量及水沙观测工作,全面高效地采集了多源海量基础地理信息和水文泥沙专题信息,填补了长江中游区域的高时空分辨率国家基础地理信息的空白,实现多源河道观测数据的融合分析,进一步完善了我国大型水利枢纽水文泥沙观测技术体系。

通过重点险工护岸监测、三峡后续工作长江中下游影响处理河道监测等崩岸观测项目通过多年观测,对长江中游河段崩岸的成因、发展有了深入的了解,对后期长江崩岸的预警和防护提供科学支撑。

(3)河道勘测技术逐步走向信息化、现代化

鉴于河道勘测项目的时机性很强,成果精度要求较高,在河道勘测技术方面,开展了关键技术开发、研究及应用,使观测实现了自动化,并提高了定位与测深精度,全面保证了资料的时效性与精度。如在床沙取样方面,对采样仪器进行了比选试验,研制了适应不同河床的各种型号仪器,确立了复杂河床综合取样方式与技术;为保证泥沙观测的有效性及精度,通过对长江悬沙测验采样器技术研究,有效解决了测船测站的悬沙取样问题和缆道上远程操作与多点连续取样问题等。

近年来,河道勘测技术紧跟技术前沿,从传统测绘积极向新型测绘转型。在很多重大河道勘测项目中应用了机载激光、船载激光测量等先进技术;无人机、无人船、多波束等智能化测绘装备在生产中作用凸显;在海量地理信息数据处理能力方面不断加强,已经初步建立了三维河道立体监测技术体系。在河道勘测领域,先后获得国家级优秀测绘工程银奖,省级、国家测绘科技进步奖,省部级科技进步奖数项;取得相关实用新型及发明专利多项;先后开发了河道勘测数据处理系统等河道勘测应用,取得国家软件著作权证书十余项,信息化水平逐年提升。

(4)组建科学、规范的河道管理体系

1)为保证河道勘测体系保持系统性、连续性、稳定性的方法、管理体系,借鉴国内外大型项目的管理理念和方法,引进先进的项目管理体系。首创性引入了 ISO 质量管理体系。

2)为保证观测体系的稳定性、连续性,长江委水文局组织编制了项目长序列任务书,组成完整的河道勘测总体规划框架,保证了观测研究工作的系统性与完整性及开展分步实施,保持了观测资料的连续性和完整性,与历史资料相衔接的可靠性。

3)为保证观测要求、技术指标的连续性,长江委水文局组织编写了成体系的技术标准,

如《水道观测规范》(SL257—2000)、《河流流量测验规范》(GB50179—2015)等。

## 11.2　存在的问题

新的形势下,我们正面临着前所未有的机遇与挑战,从传统测绘到数字测绘再到当前的信息化测绘,测绘技术的更新换代速度越来越快,测绘行业正在发生翻天覆地的变化;另外三峡水库运用以来,清水下泄,长江中下游河道持续冲刷,水文情势发生了很大变化,在数据获取及时性、测量精度等多方面对我们河道勘测工作提出了更高的要求。在这样的一个背景下,我们应该意识到河道勘测工作任重道远,在以下几个方面仍然存在很大的提升空间:

一是前沿技术应用方面有待加强。在无人机航测、机载激光技术、无人智能化测验技术等方面还显不足,对河道信息化测绘建设工作重视程度和投入力度不够,距离标准化技术应用体系尚有差距。

二是水下地形测量是我们河道勘测工作最重要、最基础的工作,但在精密测深技术研究方面仍不够深入,有待提升核心技术,开展关键技术开发、研究及应用,提高观测精度,实现观测自动化,全面保证资料的时效性与精度。

三是河道勘测工作综合应用大地测量、水利水电工程测量、摄影测量与遥感、水文测验、地图绘制、泥沙分析及预报等技术和手段,开展了长系列、大时空跨度的长江中游河道观测工作,针对现阶段水文泥沙项目观测内容多、时间长、时效性高等特点,对河道勘测工作提出了新的要求:

1)项目观测历时较长,自20世纪50年代以来开始观测,如何保证长系列、大跨度的长江中游河道勘测工作的系统性、连续性、时效性、稳定性。

2)鉴于长江中游河段空间跨度较大,水下、陆域测量环境复杂多变,如高植被、大面积覆盖的洲滩地形,大水深高边坡条件下的水下地形,浅水区域,形态多变的水边线等,如何在各种复杂多变的环境中快速、准确地获取河道勘测成果。

3)随着多平台、多传感器融合技术的推广应用,海量数据的存储、处理及关键技术控制成为新的课题。

## 11.3　展望

从河道勘测技术历史发展来看,已经完成了从传统模拟技术向数字技术的转变,通过各项数字化设备和手段使得勘测的成果具有规范化、精确度高、综合应用性强等特点。但是在信息网络社会,随着信息化程度的提高,河道勘测单位应在稳定的河道勘测基准、体系基础上,开始从数字化向智能化、信息化转变,使河道勘测工作更加规范、自动化和现代化。

(1)全面完善河道基础观测设施,为河道勘测工作提供基础支撑

河道勘测对资料的系统性、连续性、统一性要求很高,尤其是高程基准。其根本目的是把系统误差降至最低,提高成果可靠性。长江中游河段横跨湖南、湖北、江西等省级行政区,

一直以来基本控制维护依赖于沿江各省测绘系统,不同省份间存在"裂隙差",不同年代间存在"系统差",两岸水准高程存在"路线差","系统"问题一直困扰着长江河道勘测工作,没有得到有效解决。构建"全江统一的现代测绘基准":一是尽快开展长江沿线似大地水准面模型精化工作,固化高程异常值;二是组织安排好1954年北京坐标系下河道勘测成果到2000国家大地坐标系转换工作;三是定期进行基础控制整顿与数据更新。

（2）持续开展长江河道基本观测工作,确保观测资料序列完整

长江河道基本观测包括五年一次的长江水道地形测量、长江及汉江中下游固定断面测量、长江中游河道险工护岸观测、三峡后续工作长江中下游影响处理河道观测等。长江中游河道基本资料是深入践行水利改革发展总基调、服务"水利行业强监管"工作的重要基础支撑;是长江防洪减灾体系的重要组成部分,也是防洪减灾的非工程措施之一;为长江中游综合治理开发与保护和防洪对策科学研究十分重要的基础信息和决策依据;保证长江中游河道观测工作的连续性、完整性、系统性,为长江经济带建设持续提供基础支撑。同时长江河道基本观测也是水文局的基本工作职能。综上,河道勘测工作应积极协调人力资源与仪器设备,大力开展技术创新,充分保障"长江河道基本观测"的顺利开展。

（3）建立三维河道空间数据获取技术体系

数字化测绘与信息化测绘最大的区别在于服务模式和实效性的改变,测绘仪器在原理和精度上并没有本质改变,在一般性的地理信息服务领域不再花费大精力提高精度。但在河道勘测领域,受限于各种复杂水体环境和声学测深原理,综合测深精度的不确定性严重制约了高精度三维河道空间信息的获取,阻碍了河道冲淤分析精度的进一步提升,甚至影响水库排沙调度、江河治理方案决策。当前的测深技术,水体环境对测深仪器的精度影响甚至超过仪器测量误差本身,综合水体环境对测深精度的影响,仍然存在很大的探索空间。因此,基于复杂水体环境对测深精度的多重影响研究,进一步提高三维河床空间数据精度仍将是河道勘测关键技术研究的工作重心。

（4）加强海量、多源空间数据融合处理及分析能力

随着多平台、多传感器融合技术的应用,多学科内容的交叉,多种观测数据的融合处理成为河道勘测技术应用的难点之一。以陆上测图为例,利用GNSS、全站仪测图,通常一天的外业工作,内业整理时间仅需几个小时甚至更快。采用三维激光扫描成图,一天的外业工作,通常需要几天时间进行内业整理甚至更久,当然这其中包含了成果形式转化的原因。在获得高精度、高效率外业观测数据的同时,大量外业观测工作量转换到内业数据处理环节,这其中主要原因是数据处理平台处理海量数据能力不足、软件模型有待优化,同时技术人员的操作水平、熟练程度也是其中一个重要原因,增加了河道勘测产品生产周期,限制了河道地理信息更新的实时性和有效性。就分析能力而言,自主研发基于GIS、RS、数据库等技术的综合信息管理平台,充分利用先进的计算机数据管理技术、空间分析技术、空间查询技术、计算模拟技术和网络技术,建立数据采集、管理、分析、处理、显示和应用为一体的河道

勘测信息系统,实现观测与研究资料成果的科学和高效的数字化管理、分析,加强海量、多源空间数据处理能力建设是河道勘测信息化体系建设的重要内容之一。

(5)丰富传统产品的表达形式

在模拟测绘和数字测绘时代,河道勘测产品主要是 DLG 和断面成果,这主要是由观测技术和成图技术决定的。GNSS、全站仪、测深仪等仪器获取的是点、线数据,测量精度基本取决于技术方法本身,划分地形图比例尺的目的主要源于数据分辨率。信息化测绘时代,基于多平台、多传感器的非接触式点云数据获取技术成为数据采集的主要手段,海量、高密度的数据特点逐渐淡化了地形图比例尺的概念。在河道基础框架服务、河道信息展示、分析等多领域,基于海量点云数据的 DEM 模型、BIM 模型无论在产品展现、精度等多方面都具有明显优势,三维、可视化的地理信息产品是测绘产品发展的必然趋势。以河道冲淤分析为例,以全部点云数据为基础进行分析计算,不受限于断面法、地形法,可大幅度提高冲淤计算的准确性和可靠性。

(6)加快河道勘测专业地理信息服务平台建设

信息化时代,测绘与地理信息服务正快速融合到各学科、专业,测绘与地理信息的基础支撑和平台作用逐渐凸显。基于河道地理信息获取与处理技术,借助地理信息平台和测绘4D 产品,可协助水文、水质等多专业部门建立专题数据库或集成业务化地理信息系统,把平面的、单一的图表信息进行三维展现,从而更直观、有效地向社会提供服务,河道勘测依照行业规范完成测绘产品生产之外,同时应加强与其他专业的集成,主动服务,为多专业、多学科提供基础支撑。

(7)研究专业地理数据保密与生产应用信息化兼顾最佳模式

测绘成果是国家安全的重要保障,是国家秘密的重要内容。当前测绘与地理信息应用越来越广泛,如何在确保测绘成果保密与安全的前提下,发挥好信息化测绘在生产与服务中的优势,值得我们开展深入研究。首先,要认真落实测绘成果保密管理制度,并根据实际保密需要对河道资料进一步细化分级;其次,应加强测绘成果保密管理规定的领会和理解,客观界定测绘成果保密范围、内容和密级;最后,针对当前河道勘测生产、交换与使用过程中的安全防护的现状,开展河道勘测生产环境监控与过程安全管理技术研究,在遵循有关保密法律法规的前提下,建立一套经论证的涉密河道成果加密—脱密算法,有效解决地理信息数据生产、交换、使用与管理过程中的安全防护技术难题,实质性解决测绘成果保密与河道信息化工作的矛盾,为河道勘测信息化服务提供技术保障。

# 参考文献

[1] 杨艳林,邵长生. 长江中游地形起伏度分析研究[J]. 人民长江,2018,49(2):51-55.

[2] 邹家忠. 长江河道观测与研究[J]. 水文,1989(3).

[3] 胡镇守. 基于 GNSS-RTK 边坡形变监测技术研究[D]. 桂林:桂林电子科技大学,2021.

[4] Odolinski R,Teunissen P J G,Odijk D. Combined BDS,Galileo,QZSS and GPS single-frequency RTK. GPS Solut,2015,19(1):151-163.

[5] 朱晓原,张留柱,姚永熙,等. 水文测验实用手册[M]. 北京:中国水利水电出版社,2013.

[6] 牛占,陈松生,余达征,等. 水利行业职业技能培训教材:水文勘测工[M]. 郑州:黄河水利出版社,2011.

[7] 刘春保. 美国 GPS 现代化的进展与未来发展[J]. 国际太空,2007(5):13-16.

[8] 李波. 单历元 GPS 变形监测数据处理与软件研制[D]. 太原:太原理工大学,2007.

[9] 张晓旭. 广播星历误差和电离层矫正精度监测与评估[D]. 石家庄:河北科技大学,2018.

[10] 姜益昊,陶钧,杨超,等. GNSS 基准站原始观测数据的一种虚拟化算法[J]. 测绘地理信息,2020(5):29-34.

[11] 李征航. GPS 测量与数据处理[M]. 武汉:武汉大学出版社,2013.

[12] 王岩,刘茂华,党永超. 小地区 GPS 高程拟合的方法研究与实施[J]. 测绘通报,2012(S1):66-67.

[13] 魏玉明,张永志. 基于抗差最小二乘配置法的 GPS 高程拟合[J]. 工程勘察,2017,45(3):40-42.

[14] 魏猛,冯传勇,徐大安. 无验潮测深技术中影响测深精度的几种因素及控制方法[J]. 测绘与空间地理信息,2014,37(9):199-203.

[15] 马延霞. 多波束条带测深系统测深精度评估方法研究[D]. 哈尔滨:哈尔滨工程大学,2007.

[16] 张旭,李光林,汪正. 多波束与单波束测深系统在长江航道测量中的应用比较[J]. 中国水运航道科技,2016.

[17] 卢凯乐. 多波束测深数据预处理及系统误差削弱方法研究与实现[D]. 南京:东华理工大学,2016.

［18］赵建虎.现代海洋测绘［M］.武汉:武汉大学出版社,2007.

［19］宋玲玲.多波束测量数据预处理研究［D］.南京:南京航空航天大学,2007.

［20］李德仁.摄影测量与遥感的现状及发展趋势［J］.武汉测绘科技大学学报,2000(2).

［21］李学友.IMU/DGNSS辅助航空摄影测量综述［J］.测绘科学,2005(5).

［22］邹勇平.POS辅助航空摄影测量应用方法研究与误差分析［D］.西安:西安电子科技大学,2010.

［23］张剑清,等.摄影测量学［M］.武汉:武汉大学出版社,2003.

［24］赖旭东,等.机载激光雷达技术现状及展望［J］.地理空间信息,2017,15(8).

［25］徐巍,陈帅.机载激光雷达系统定位精度分析［J］.测绘与空间地理信息,2014,37(7).

［26］焦明,等.机载激光雷达在大比例尺DEM生产中的应用［J］.北京测绘,2021,35(12).

［27］马晓泉.地面三维激光扫描技术及其在国内的应用现状［J］.科技信息,2012(29):74-75.

［28］马立广.地面三维激光扫描测量技术研究［D］.武汉:武汉大学,2005.

［29］李海鹏.浅谈地面三维激光扫描技术的应用和发展方向［J］.测绘通报,2016(S2).

［30］刘浩,张冬阳,冯健.地面三维激光扫描仪数据的误差分析［J］.水利与建筑工程学报,2012,10(4).

［31］马晓泉.地面三维激光扫描技术及其在国内的应用现状［J］.科技信息,2012(29):74-75.

［32］黄帆,李维涛,侯阳飞,等.激光点云的隧道数据处理及形变分析研究［J/OL］.测绘科学:1-10［2019-02-25］。

［33］李海滨,滕惠忠,宋海英,等.基于侧扫声呐图像海底目标物提取方法［J］.海洋测绘,2010,30(06):71-73.

［34］李海滨,邓雪清.滕惠忠,等.基于多线程侧扫声呐图像滚动显示框架的编程实现［C］.第二十一届海洋测绘综合性学术研讨会论文集.成都:2009:568-571.

［35］王植,贺寒先.一种基于Camny理论的自适应边缘检测方法［J］.中国图像图形学报,2004,9(8):957-962.

［36］王俊.水文应急实用技术［M］.北京:中国水利水电出版社,2011.

［37］高圣益,李成国.水库库容测量技术研究［J］.人民长江,2007,38(10).

［38］魏小楠.滑坡监测预报方法研究及工程应用［D］.贵阳:贵州大学,2008.

［39］李晓鸽.滑坡变形监测技术与预测模型研究——以鲁地拉水电站对外公路滑坡监测工程为例［D］.西安:长安大学,2019.

［40］章毓晋.图像处理和分析［M］.北京:清华大学出版社,2003.

［41］王俊,熊明,等.内陆水体边界测量原理与方法［M］.北京:中国水利水电出版社,2019.